차량용 임베디드 시스템 플랫폼

저자 이종열 | 김재동 | 우 균 | 임명섭
정진균 | 조민택 | 조정훈

홍릉과학출판사

PREFACE ::

머리말

최근 자동차 산업계에서는 제품 차별화를 통한 시장 경쟁력 확보를 위해 다양한 전장 부품을 적용한 임베디드 시스템의 사용이 증가하고 있다. 자동차 전장용 임베디드 시스템은 기존 자동차 산업계에서 제품 차별화를 위해 집중해온 자동차 디자인, 연비, 서비스와 같은 전통적인 자동차 기술 분야에서 탈피하여 자동차의 편리성 및 안정성과 관련한 미래 지향적이고 혁신적인 기능을 제공할 수 있는 첨단 기술을 적용시킬 수 있어 자동차 산업계에 새로운 전기를 마련하고 있다.

이 책은 이러한 산업계의 수요에 부응하고자 자동차용 임베디드 시스템 플랫폼에 대한 전반적인 내용을 다루고 있다. 1장에서는 일반적인 임베디드 시스템에 대한 내용과 차량용 임베디드 시스템에 사용될 수 있는 국산 임베디드 프로세서인 Core-A의 구조 및 개발 환경에 대하여 설명하고 있다. 2장은 차량에 탑재되는 다양한 하드웨어의 스펙트럼을 고려하여 8비트 마이크로프로세서에서도 동작할 만큼 최소한의 자원만을 이용하도록 설계된 운영체제 표준인 OSEK에 대하여 다루고 있으며, 한양대학교 지능형 차량용 SoC 플랫폼 센터의 차량용 임베디드 시스템의 연구결과를 정리한 내용으로 구성되었다. 3장부터 6장의 내용은 차량용 전장 소프트웨어 개발 플랫폼에 대한 산업계 표준인 AUTOSAR와 소프트웨어 개발 표준인 ISO26262에 대한 내용이다. 7장은 AUTORSAR 소프트웨어 개발 플랫폼인 AutoWorks에 대하여 기술하고 있다. 8장은 차량과 외부와의 통신을 지원하기 위한 WAVE 통신 규약을 지원하기 위한 하드웨어 및 소프트웨어에 대하여 설명하고 있다. 9장은 차량 내 네트워크에서의 데이터 압축을 통한 네트워크 간소화에 대한 내용으로 구성된다.

이 책은 한양대학교 지능형 차량용 SoC 플랫폼 센터의 지원으로 경북대학교, 부산대학교, 전북대학교, 굿소프트웨어랩 등 여러 대학 연구실 및 기업에서 참여하여 저술되었다. 본 교재를 집필하는 과정에서 많은 도움을 주신 한양대학교 지능형 차량용 SoC 플랫폼 센터 관계자 여러 분들께 감사를 드린다.

저자 일동

CONTENTS ::

목 차

제2장 OSEK 차량용 임베디드 운영체제

제3장 AUTOSAR 개요 및 Software Architecture

CONTENTS ::

제7장 AutoWorks AUTOSAR 개발 플랫폼

제8장 WAVE 응용을 위한 AUTOSAR SWC 개발

CONTENTS ::

01

Core-A 임베디드 프로세서

1.1 Core-A 임베디드 프로세서 및 개발 환경

마이크로프로세서가 작고 저렴해짐에 따라 점점 더 많은 전자 제품들이 마이크로프로세서를 '내장(embedded)'하고 있다. 뿐만 아니라 자동차, 비행기, 산업용 자동 제어 장치와 같은 제품들이 마이크로프로세서와 임베디드 소프트웨어에 의해서 작동되고 있다. 사람들은 이와 같이 컴퓨터가 아닌 제품 속에 숨어있는 컴퓨터 시스템을 부르는데 임베디드 시스템이라는 용어를 사용한다.

임베디드 시스템을 위한 소프트웨어는 일반적으로 사용되는 컴퓨터(데스크톱 또는 메인프레임)를 위한 소프트웨어보다 훨씬 더 다양한 문제들을 다룰 수 있어야 한다. 임베디드 시스템은 때때로 한 번에 여러 가지 작업들을 동시에 수행해야 하고 외부 이벤트(예를 들면, 엘리베이터 버튼을 누르는 것 같은 행동)에 응답을 해야 한다. 또한 임베디드 시스템은 사람의 도움 없이 갑작스러운 상황에 대처할 수 있어야 하며 임베디드 시스템의 이러한 작업들은 제한 시간 내에 수행되어야 한다.

일반적인 컴퓨터의 프로그래머는 일반적으로 응용 프로그램이 실행되는 기종과 같은 기종의 컴퓨터에서 프로그램을 개발한다. 예를 들어 윈도우(windows)에서 실행되는 프로그램을 작성하는 프로그래머는 윈도우를 운영체제로 가진 컴퓨터에서 프로그래밍을 한다.

그러나 임베디드 시스템에서는 때때로 프로그램 개발 환경과 실행 환경이 다르다. 따라서 임베디드 시스템을 위한 프로그램을 개발하는 것은 일반적인 프로그램을 개발하는 것과는 여러 가지로 다른 형태의 개발도구와 방법을 필요로 한다. 이번 장에서는 다양한 임베디드 소프트웨어 개발도구들에 대해서 다룰 것이다.

1.1.1 Core-A 구조 호스트와 타깃 시스템

임베디드 시스템의 개발과정에서 소프트웨어가 실제로 실행될 시스템이 아닌 다른 시스템에서 프로그래밍되어야 하는 많은 이유가 있다. 일반적인 임베디드 시스템은 키보드, 스크린, 디스크 드라이브, 또는 프로그래밍에 필요한 다른 주변장치들을 가지고 있지 않다. 어떤 경우에는 프로그램 편집기를 실행할 충분한 메모리를 가지고 있지 않을 수도 있다. 심지어는 어느 누구도 아직 그 시스템이 사용하는 마이크로프로세서용 편집기를 작성하지 않았을 수도 있다. 그러므로 임베디드 시스템을 위한 대부분의 프로그래밍 작업은 모든 프로그래밍 툴이 실행될 컴퓨터 시스템인 호스트(host)에서 진행되어야 한다. 응용 임베디드 프로그램은 호스트에서 작성되고, 컴파일, 어셈블되고, 링크된 후에, 실제로 프로그램이 수행될 시스템인 타깃 시스템에 올라간다. 예를 들어 ARM 프로세서를 가진 타깃 시스템에서 수행되는 프로그램이 윈도우 운영체제를 가진 호스트 PC에서 개발되는 것이다.

1.1.1.1 크로스 컴파일러

호스트로 사용되는 대부분의 데스크톱 시스템은 컴파일러, 어셈블러, 링커 등의 프로그램을 제작하는 툴을 가지고 있다. 이러한 툴들은 네이티브 툴이라고 불린다. 예를 들어 인텔 펜티엄 기반의 윈도우 NT 시스템의 네이티브 컴파일러는 모든 인텔 펜티엄 프로세서에서 돌아가는 프로그램을 제작한다. 만약 타깃 마이크로프로세서가 펜티엄이라면 이 컴파일러는 유용하게 사용될 것이다. 하지만 타깃 마이크로프로세서가 ARM, MIPS 등의 다른 프로세서라면 전혀 쓸모가 없게 된다. 네이티브 컴파일러는 펜티엄 명령어들을 생성하는데, 다른 프로세서들은 바이너리로 되어 있는 펜티엄 명령어를 이해하지 못한다. 결국 필요한 것은 호스트에서 돌아가지만 타깃 마이크로프로세서가 이해하는 바이너리 형태의 명령어들을 생성해내는 컴파일러이다. 이런 컴파일러를 크로스 컴파일러하고 한다.

1.1.1.2 크로스 어셈블러와 툴 체인

어셈블리 언어로 프로그램을 작성해야 한다면, 필요하게 될 개발 툴은 크로스 어셈블러이다. 이름에서 쉽게 유추할 수 있듯이 크로스 어셈블러는 호스트에서 실행되지만 타깃을 위한 바이너리 명령어들을 생성하는 어셈블러이다. 크로스 어셈블러의 입력은 타깃 프로세서의 명령어로 구성된 어셈블리어 프로그램이다. 크로스 어셈블러에 사용되는 프로그램은 네이티브 어셈블러에서 사용되는 것과는 아무런 연관성이 없다고 보면 된다.

그림 1.1은 임베디드 시스템을 위해 소프트웨어를 제작하는 과정을 보여준다. 1.1.2절에서 임베디드 시스템에서 사용되는 특수한 링커에 대해 다룰 것이다. 1.1.3절에서는 호스트 시스템에서 제작된 프로그램을 타깃 시스템에 옮기는 방법에 대하여 다룰 것이다. 그림 1.1에서 볼 수 있듯이, 각각 툴의 출력 파일은 다음 툴의 입력 파일이 된다. 이러한 이유로, 툴들은 서로 호환성을 가지고 있어야 한다. 이렇게 호환성을 가지고 있는 툴들의 집합을

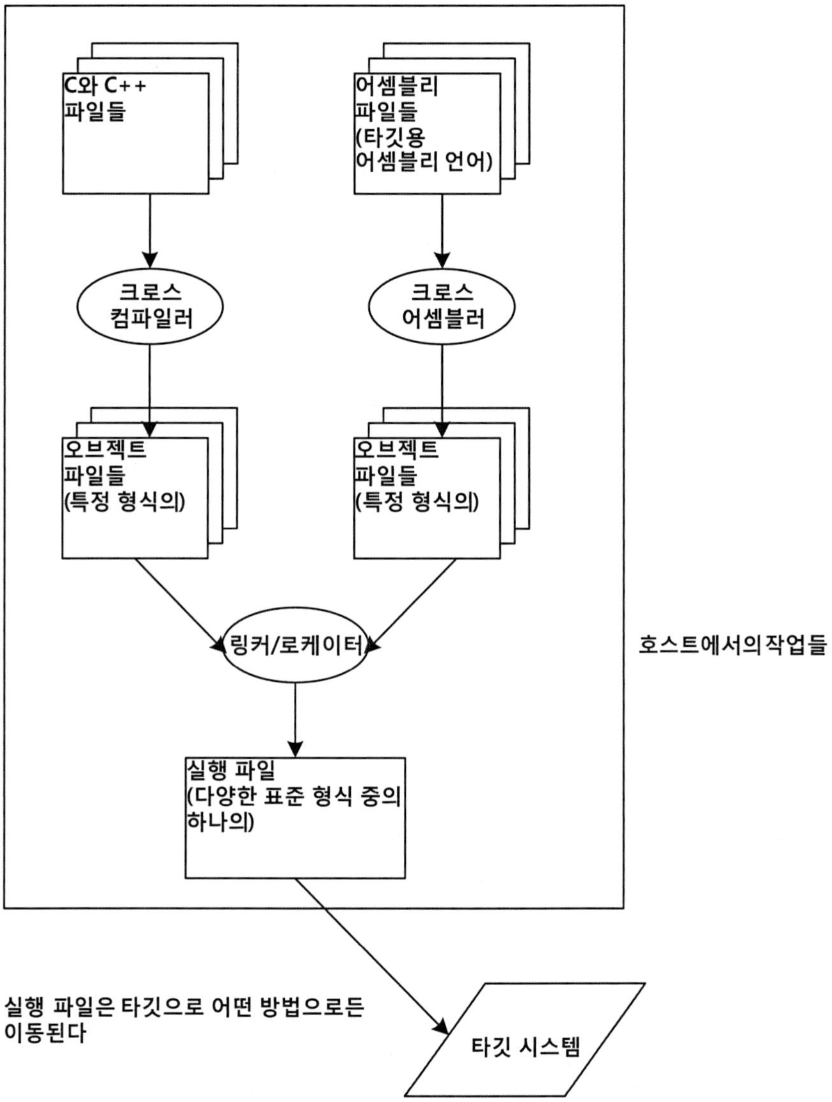

그림 1.1 임베디드 소프트웨어를 제작하는 툴 체인

툴 체인이라고 부른다. 많은 제조사들이 다양한 호스트에서 실행되고 다양한 타깃을 위해서 프로그램을 생성할 수 있는 툴 체인을 제공하고 있다.

1.1.2 임베디드 소프트웨어를 위한 링커/크로스 링커

소스 파일을 읽어서 링커에 적합한 오브젝트 파일을 생성하는 크로스 컴파일러 혹은 크로스 어셈블러의 작업은 네이티브 컴파일러, 네이티브 어셈블러와 큰 차이가 없지만 임베디드 시스템을 위한 링커는 네이티브 링커와는 다른 많은 작업을 해야 한다. 이번 절에서는 크로스 링커와 네이티브 링커의 차이점과 크로스 링커 사용법에 대해서 다룰 것이다.

1.1.2.1 주소 재지정(address relocation)

네이티브 링커와 크로스 링커의 첫 번째 차이점은 출력 파일을 생성하는 방법이다. 네이티브 링커는 사용자가 프로그램을 실행하길 원할 때마다 로더(loader)라고 불리는 운영체제의 일부분에 의해서 읽혀질 수 있도록 호스트 시스템의 디스크 드라이버에 파일을 생성한다. 로더는 프로그램이 올라갈 메모리를 찾고 프로그램을 디스크에서 메모리로 복사하고 프로그램이 시작하기 전에 다른 다양한 처리를 수행한다. 이와는 다르게 크로스 링커는 출력을 타깃 시스템에 복사하는 작업을 할 어떤 프로그램이 사용할 파일을 생성한다. 임베디드 시스템은 운영체제가 없는 경우도 많기 때문에 크로스 링커의 출력은 스스로 실행될 수도 있다. 경우에 따라서 크로스 링커는 응용 프로그램과 RTOS를 결합시키고, 이 결합된 것 모두를 한 번에 타깃 시스템에 올린다. 이러한 차이는 단순히 네이티브 링커와 크로스 링커에서 생성되는 파일의 형식뿐만 아니라 파일들이 반드시 가져야 하는 정보에서도 차이가 나게 한다.

그림 1.2는 네이티브 툴로 응용 소프트웨어를 작성할 때의 절차를 보여준다. 툴 체인이 반드시 해결해야 하는 문제는 많은 마이크로프로세서 명령어는 오퍼랜드(operand)의 주소를 담고 있다는 것이다. 예를 들어 ABBOTT.C에 있는 MOVE 명령어는 idunno 변숫값을 R1 레지스터에 이동시키기 때문에 idunno 변수의 주소를 반드시 갖고 있어야 한다. 마찬가지로 shosonfirst 함수의 호출은 궁극적으로 whosonfirst의 주소를 가지고 있는 바이너리 CALL 명령어로 변환된다. 이러한 문제를 해결하는 작업을 종종 주소 재지정이라고 부른다.

ABBOTT.C를 컴파일할 때 컴파일러는 idunno와 whosonfirst가 어떤 주소가 될지에 대해서 모른다. 그래서 링커를 위한 ABBOTT.OBJ 오브젝트 파일에 "idunno의 주소를 MOVE 명령어에 넣어야 하고 whosonfirst의 주소를 CALL 명령어에 넣어야 한다."는 것을 나타내는 플래그를 남겨둬야 한다. COSTTELLO.C를 컴파일할 때 컴파일러는 COSTTELLO.OBJ 오브젝트 파일 안에 whosonfirst의 주소를 나타내는 플래그를 남겨둬야 한다. 링커는 두 파일을 하나로 합칠 때 실행 이미지의 시작점에서 상대적으로 idunno와 whosonfirst의 위치가 어딘지를 알아내서 실행 파일에 그러한 정보를 넣어야 한다. 로더가 프로그램을 메모리에 복사한 후에 로더는 idunno와 whosonfirst가 메모리 어디에 있는지 정확히 알게 되고, ABBOTT.C로부터 온 CALL과 MOVE 명령어에 이들 주소 값을 반영한다. 프로그램이 복사되는 메모리의 위치는 프로그램이 복사되는 순간의 시스템의 상황에 따라 가변적이다. 따라서 프로그램을 생성하는 시점에서는 복사 위치를 알 수가 없다.

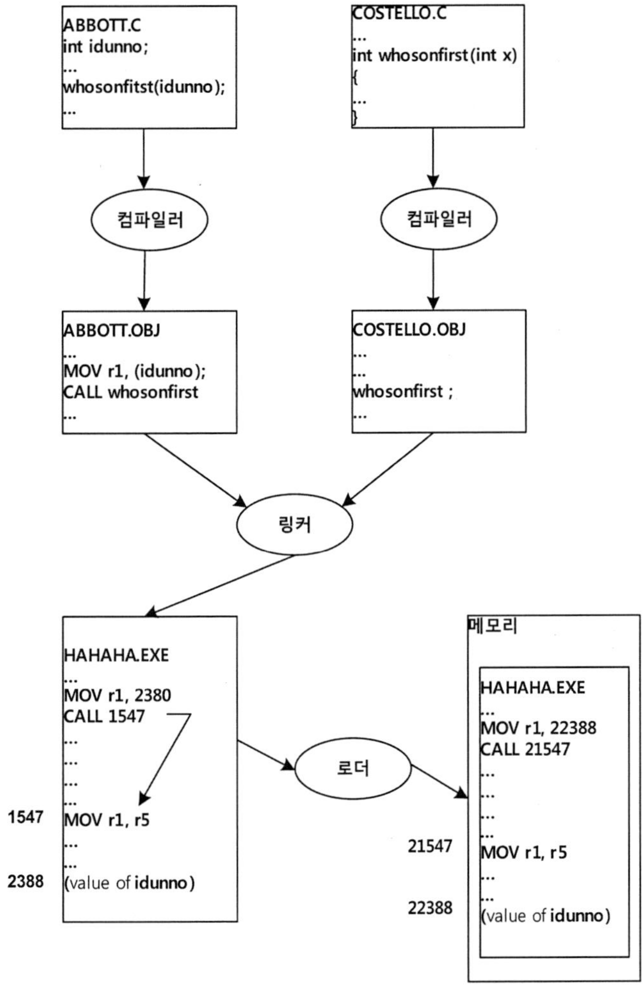

그림 1.2 네이티브 툴 체인

대부분의 임베디드 시스템에서는 로더가 없다. 크로스 링커가 작업을 마쳤을 때 그 결과물은 타깃 시스템으로 복사된다. 그러므로 크로스 링커는 프로그램이 메모리 어디에 올라가는지 알아서 모든 주소를 변경해야 한다. 크로스 링커는 프로그래머가 프로그램이 타깃의 어디로 올라갈지를 말해 줄 수 있도록 허용한다.

크로스 링커는 다양한 수의 다른 출력 파일 형식을 사용하고 1.3절에서 다룰 다양한 툴은 다양한 파일 형식을 받아드린다. 따라서 프로그램을 타깃 시스템에 다운로드 하는 툴은 크로스 링커가 어떠한 파일 형식을 만들어 내는지 알고 있어야 한다. 일반적으로 이러한 형식은 매우 간단하며 많이 쓰이는 파일 형식은 ROM에 복사될 수 있는 단순한 바이너리 형태의 파일이다. 다른 두 가지의 형식은 그림 1.3과 그림 1.4에서 볼 수 있다.

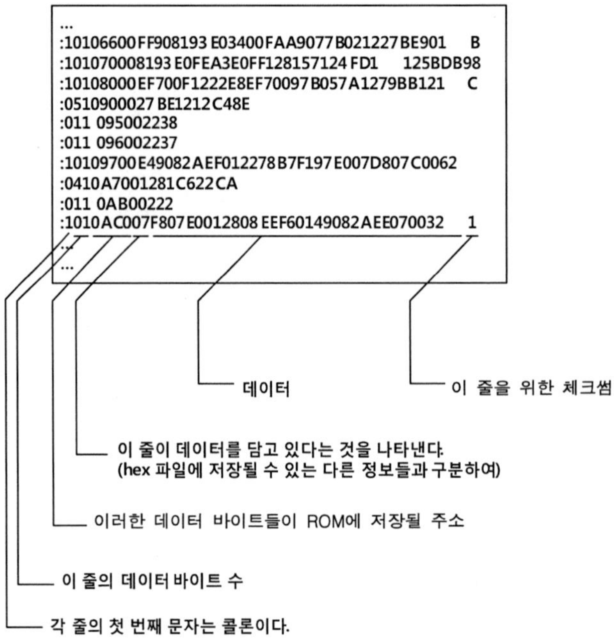

그림 1.3 인텔 Hex 파일 형식

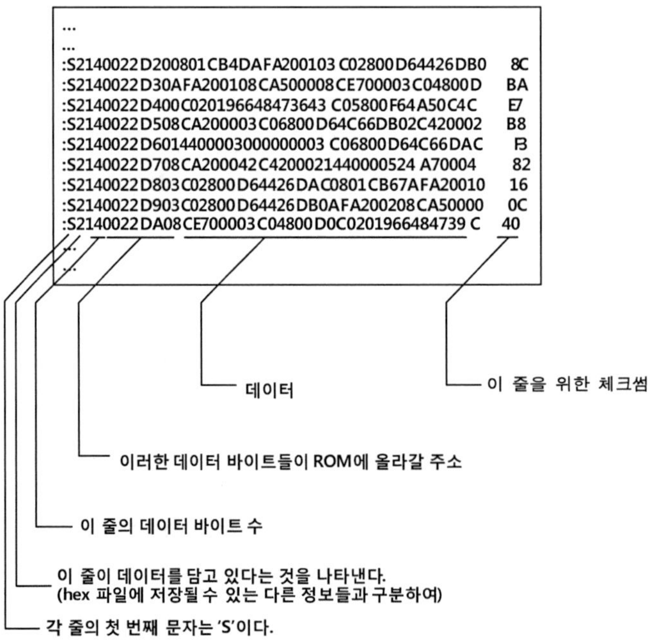

그림 1.4 모토로라 S-레코드 파일 형식

1.1.2.2 프로그램 컴포넌트의 올바른 배치

임베디드 환경에서 크로스 링커가 해결해야 하는 또 다른 문제는 프로그램의 일부분은 ROM에 있어야 하고, 또 다른 부분은 RAM에 있어야 할 필요가 있다는 것이다. 그림 1.2의 예제가 임베디드 시스템을 위해 만들어졌다면 whosonfirst는 프로그램의 일부이고 전원이 꺼지더라도 기억되어야 하기 때문에 ROM에 저장되어야 한다. 그러나 idunno 변수는 데이터이고 값이 변경되어야 하기 때문에 RAM에 위치하게 된다. 로더는 모든 프로그램을 RAM으로 위치시키기 때문에 이러한 문제는 일반적인 프로그램에서는 발생하지 않는다.

대부분의 툴 체인은 프로그램을 세그먼트라는 단위로 나누어서 이러한 문제를 해결한다. 각 세그먼트는 크로스 링커가 다른 세그먼트에 독립적으로 메모리에 위치시킬 수 있는 프로그램의 조각이다. 예를 들어 ROM에 저장될 프로그램을 구성하는 명령어들은 한 종류의 세그먼트에 들어갈 수 있으며 RAM에 위치할 데이터들은 다른 세그먼트에 포함된다.

세그먼트는 임베디드 시스템 프로그래머가 반드시 만나게 되는 다른 문제도 해결할 수 있다. 일반적인 프로그램의 작성자는 일반적으로 명령어가 메모리 어디에 위치하는지에 대해서 신경을 쓰지 않는 반면에, 모든 임베디드 시스템에서는 적어도 코드의 일부분에 대해서는 고려할 필요가 있다. 예를 들어 마이크로프로세서가 전원이 들어올 때 마이크로프로세서에 따라 특정한 주소의 명령어가 실행된다. 임베디드 시스템 프로그래머는 프로그램의 첫 번째 명령어가 그 주소에 있는지를 확인해야 한다. 이렇게 하기 위해서 프로그래머는 보통 어셈블리 코드의 일부로 되어 있는 스타트업(start-up) 코드를 독자적인 세그먼트에 넣어서 크로스 링커에게 그 세그먼트를 특별한 주소에 넣도록 해야 한다.

그림 1.5는 툴 체인이 세 개의 모듈(X.C, Y.C 그리고 Z.ASM)로 구성된 소스코드를 하나의 실행 파일로 만드는 과정을 보이고 있다. X.C에는 명령어들 외에 초기화되지 않은 데이터, 문자열 상수들이 선언되어 있다고 가정하고, Y.C에는 명령어들에 더해서, 초기화되지 않은 데이터와 초기화된 데이터가 있다고 가정하자. Z.ASM에는 잡다한 어셈블리어 함수, 스타트업 코드, 그리고 약간의 초기화되지 않은 데이터가 있다고 가정하자.

크로스 컴파일러는 X.C를 세 개의 세그먼트를 가지고 있는 오브젝트 파일로 나눌 것이다. 명령어를 담고 있는 세그먼트(그림 1.5의 'code'), 초기화되지 않은 데이터를 담고 있는 세그먼트('udata'), 문자열 상수를 담고 있는 세그먼트('string')로 나누어진다. 마찬가지로, 크로스 컴파일러는 Y.C를 명령어, 초기화되지 않은 데이터('udata'), 초기화된 데이터('idata') 세그먼트들로 나눌 것이다. 그러나 어셈블리 코드에 대해서는 프로그래머가 크로스 어셈블러가 무엇을 해야 할지를 정하는 명령어를 추가해서 Z.ASM을 세그먼트로 나누어야 한다.

그림 1.5에서 볼 수 있듯이 크로스 링커는 이러한 다양한 세그먼트들을 다시 섞는다. Z.ASM으로부터 스타트업 코드를 프로세서가 처음 실행시키는 주소에 올린다. 그리고 모든 모듈에서 code 세그먼트를 모아서 ROM에 저장하게 된다. 데이터 세그먼트는 RAM에

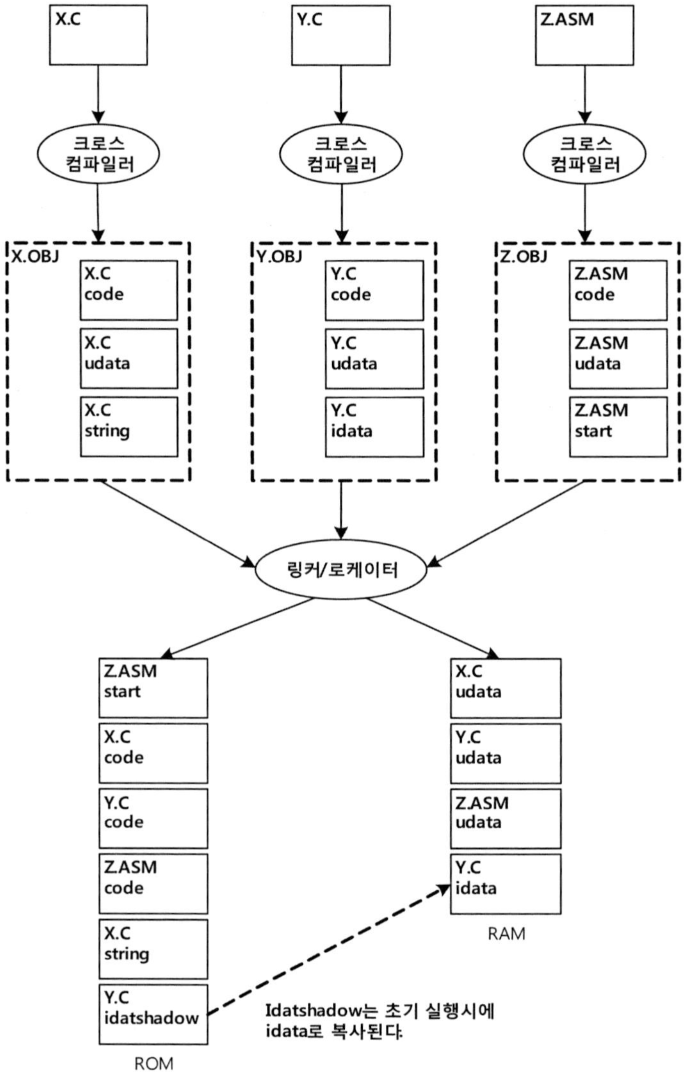

그림 1.5 툴 체인이 세그먼트를 사용하는 방법

위치하게 된다. X.C의 문자열 상수를 담고 있는 세그먼트와 Y.C의 초기화된 데이터를 담고 있는 세그먼트는 나중에 다루게 될 특별한 고려를 필요로 한다.

대부분의 크로스 컴파일러는 자동적으로 각각의 모듈을 둘 또는 더 많은 세그먼트로 나눈다.

- 명령어들(어떤 크로스 컴파일러는 각각 함수를 분리된 세그먼트에 두기도 한다. 다른 크로스 컴파일러는 모듈에 있는 모든 코드를 한 세그먼트에 둔다)

- 초기화되지 않은 데이터
- 초기화된 데이터
- 문자열 상수

대부분의 크로스 컴파일러는 소스코드를 분석하여 위와 같이 자동으로 세그먼트를 분리하게 된다. 만약 사용자가 이와 같은 동작을 제어하고 싶다면 커맨드 라인 옵션이나 C 코드 안에 특별한 #pragmas 전처리 명령을 사용할 수 있다. 그러나 크로스 컴파일러와는 다르게 대부분의 크로스 어셈블러는 자동으로 세그먼트를 분리하지 않기 때문에 프로그래머가 직접 코드가 담길 세그먼트를 정의해야만 한다.

크로스 링커를 올바로 설정하기 위해서 크로스 컴파일러가 모듈을 어떤 세그먼트로 나눌지 결정을 해보자. 이러한 것은 일반적으로 크로스 컴파일러 매뉴얼에 있다.

- 프로그래머는 ROM과 RAM의 주소 영역을 결정할 수 있고, 프로그램이 이러한 주소 영역을 만족하지 못하는 경우 크로스 링커는 경고를 할 것이다. 즉, ROM 영역에 들어가는 코드 세그먼트의 크기가 ROM 영역보다 큰 경우와 같은 경우에 경고를 발생하게 될 것이다.
- 프로그래머는 세그먼트가 끝나야 하는 주소를 정할 수 있고, 크로스 링커는 세그먼트를 그 주소 이전으로 배치시킬 것이다. 이것은 스택 같은 것에 유용하다.
- 프로그래머는 각 세그먼트를 그룹으로 할당해서 크로스 링커에게 각각의 세그먼트를 다루는 대신 그룹이 어디에 올라갈지를 결정할 수 있다. 만약 사용하는 크로스 컴파일러가 각 모듈의 코드들을 별도의 세그먼트에 할당하거나 더 나쁘게 각 함수들의 코드를 별도의 세그먼트에 할당한다면, 아마도 CODE라고 불릴 수 있는 그룹에 이러한 세그먼트들을 묶어서 각각의 세그먼트가 어디에 가야 되는지 걱정하지 않아도 되도록 할 수 있을 것이다.

1.1.2.3 초기화된 데이터와 문자열 상수

초기화된 데이터는 임베디드 시스템에서 특별하게 처리되어야 한다. 다음 코드를 보자.

```
#define FREQ_DEFAULT 2410
...
static int iFreq =FREQ_DEFAULT;
...
void vSetFreq (int iFreqNew){
        iFreq = iFreqNew;
}
```

이 코드에서 iFreq 변수는 어디에 저장되어야 하는가? 초기화된 변수이기 때문에 ROM(전원이 꺼져도 데이터를 저장할 수 있는 유일한 메모리이기 때문에)에 있어야 하는가? 혹은 vSetFreq가 값을 변경시킬 수 있도록(이것은 ROM에서는 불가능하다), iFreq는 RAM에 있어야 하는가? 이 문제에 대한 한 가지 해결책은 변수는 RAM에 저장하고 초기화 값은 ROM에 저장하여 초기 실행 시에 초깃값을 변수에 복사하는 것이다.

일반적인 응용 프로그램 작성자는 로더가 프로그램을 불러올 때 각 변수가 초기화되는 것을 알기 때문에 위와 같은 코드를 자주 사용하고 별다른 노력없이 잘 동작하는 것을 안다. 하지만, 임베디드 시스템에는 로더가 없기 때문에 응용 프로그램 스스로가 초기화 값이 변수에 복사가 되도록 만들어야 한다. 많은 크로스 링커들은 이러한 복사를 위해서 자동적으로 코드를 추가해 주지만 항상 그 코드가 제대로 작동하는지 확인해 보아야 한다. 이러한 것을 다룰 수 있는 일반적인 방법 중의 하나는 초깃값을 담고 있는 'shadow' 세그먼트를 만들어서, 초기 실행 시간에 실제 초기화된 데이터 세그먼트에 값을 복사하는 것이다. 예를 들어 그림 1.5에서 스타트업 코드는 idatshadow에 잇는 값들을 idata 세그먼트에 복사할 것이다. 알아야 하는 다른 문제는 비록 C 표준이 스택에 저장되지 않는 초기화되지 않은 변수들은 0으로 시작해야 한다고 정했지만, 이러한 것은 임베디드 시스템에서는 옳을 수도 있고 아닐 수도 있다. 임베디드 시스템이 전원이 켜졌을 때 RAM은 쓰레기 값들로 채워져 있다. 임베디드 시스템에 있는 스타트업 코드가 그렇게 설정을 해줄 때만 모두 0이 될 수 있다. 툴 체인의 매뉴얼을 읽어서 그것이 그러한 코드를 넣는다는 것을 알기 전에는 툴 체인이 코드를 넣을 것이라는 확신을 가져서는 안 된다.

문자열 상수는 다른 문제를 만든다. 다음과 같은 코드를 작성했다고 가정하자.

```
char *sMsg = "Hello, World!";
```

시스템은 문자열 상수 "Hello, World!"를 어디에 저장해야 하는가? 이 문자열 상수로 수행하는 유일한 작업이 다음과 같은 구문으로 출력을 하는 것이다.

```
printf ("%s", sMag);
```

문자열은 ROM에 있어야 한다. 다른 한편으로, 컴파일러는 메시지를 "Hello, There!"라고 바꾸기 위해, 아래와 같이 프로그램을 작성하지 않으리라는 것을 알 길이 없다.

```
strcpy(&sMsg[7] , "There!");
```

이러한 C 구문의 사용은 적법한 것으로 문자열 상수가 RAM에 있어야 할 것을 요구한다. 다양한 크로스 컴파일러는 이러한 문제를 사용하는 크로스 컴파일러가 어떠한 방법을 이용하는가에 관해서는 매뉴얼을 읽어봐야 한다.

1.1.2.4 크로스 링커 맵

대부분의 크로스 링커는 맵(Map)이라고 불리는 각 세그먼트의 위치를 열거하는 출력 파일을 생성한다. 일반적으로 맵은 공개 함수의 주소와 전역 변수의 주소까지도 포함한다. 크로스 링커가 타깃 하드웨어에 맞는 프로그램을 생성했는지를 확인할 때 맵 파일은 유용하다. 예를 들어 데이터 영역이 RAM에 위치했는가? 혹은 함수의 주소가 ROM에 있는가?

등을 점검해 볼 수 있다. 디버깅을 할 때도 맵이 유용하다. 많은 근래의 디버깅에 사용되는 툴들은 자동으로 실행되는 명령어의 주소를 모듈 이름이나 줄 번호로 변환시켜 주지만 간혹 이러한 툴들이 동작할 수 없는 상황에서 디버깅을 해야 하는 경우가 있다. 이러한 경우 크로스 링커 맵을 통해서 실제로 마이크로프로세서가 어떤 일을 했는지를 아는데 도움을 받을 수 있다. 그림 1.6은 크로스 링커 맵의 예이다.

1.1.2.5 ROM 밖에서의 실행

RAM은 일반적으로 다양한 종류의 ROM이나 플래시보다 훨씬 빠르다. 따라서 ROM보다는 RAM에 프로그램이 있으면 훨씬 더 프로그램을 빠르게 실행시킬 수 있다. 그래서 코드를 RAM에서 실행시키는 경우에는 프로그램을 ROM에 저장한 후에 시스템의 초기 실행 시에 스타트업 코드에서 RAM에 복사한다. 스타트업 코드는 ROM에서 직접 실행되며 다른 부분을 모두 RAM에 저장한 후에 RAM에 저장된 코드의 시작점으로 점프할 것이다. 이렇게 되면 프로그램은 더 빠른 속도로 수행될 수 있다. 경우에 따라서는 사용되는 ROM의 크기를 줄이기 위하여 저장되는 프로그램을 압축한 후 스타트업 코드가 압축을 풀면서 RAM에 복사하기도 한다.

1.1.3 타깃 시스템에 임베디드 시스템 올리기

크로스 링커는 타깃 소프트웨어의 이미지를 담고 있는 파일을 생성한다. 이제 그러한 파일을 타깃 시스템에 올리는 문제로 주제를 바꿔보자. 이렇게 하는 데는 몇 가지 방법이 있다.

1.1.3.1 PROM 프로그래머

크로스 링커의 출력 파일을 타깃 시스템에 올리는 정통적인 방법은 이미지 파일을 이용해서 ROM이나 PROM을 만드는 것이다. ROM에 맞도록 제작하는 비용이 상당히 높기 때문에 소프트웨어 개발이 완전히 끝났을 때가 ROM을 제작하는 적절한 시점이다.

프로그램 이미지를 PROM 프로그래머라는 장치를 통해서 PROM에 넣게 된다. 생산량이 ROM을 사용할 만큼 많지 않고, 소프트웨어를 변경할 계획이거나 또는 디버깅 중이라면 이 방법이 적절하다. 디버깅을 위해서 PROM과 PROM 프로그래머를 사용할 계획이라면 회로에 타깃 시스템에 소켓을 사용해서 PROM의 내용을 변경하기 쉽게 하는 것이 좋다.

1.1.3.2 ROM 에뮬레이터

디버깅을 할 목적으로 소프트웨어를 타깃 시스템에 넣는 또 다른 방법은 타깃 시스템의 ROM을 대체하는 장치인, ROM 에뮬레이터를 사용하는 것이다. 하드웨어의 다른 장치들의 시각에서 에뮬레이터는 그냥 ROM이다. 하지만 ROM 에뮬레이터는 전자 회로의 큰 박스와 호스트와 연결하기 위한 시리얼 포트 또는 네트워크 연결로 구성되어 있다. 호스트에

```
Memory Configuration

Name            Origin          Length          Attributes
*default*       0x00000000      0xffffffff

Linker script and memory map

LOAD isr.o
LOAD main.o

.isr            0x00000010      0x38
 *(.isr)
 .isr           0x00000010      0x38    isr.o
                0x00008000              PROVIDE (__executable_start, 0x8000)
                0x00008000              . = 0x8000

.text           0x00008000      0x2c
 *(.text .stub .text.* .gnu.linkonce.t.*)
 .text          0x00008000      0xc     isr.o
                0x00008000              _start
 .text          0x0000800c      0x20    main.o
                0x0000800c              main
 *(.text.*personality*)
 *(.gnu.warning)
 *(.glue_7t)
 *(.glue_7)

.function_section
                0x00009000      0x38
 *(.function_section)
 .function_section
                0x00009000      0x38    main.o
                0x00009000              sum_it

.fini
 *(.fini)
                0x00009038              PROVIDE (__etext, .)
                0x00009038              PROVIDE (_etext, .)
                0x00009038              PROVIDE (etext, .)

.rodata
 *(.rodata .rodata.* .gnu.linkonce.r.*)

.rodata1
 *(.rodata1)


.data           0x00009138      0x0
                0x00009138              __data_start = .
 *(.data .data.* .gnu.linkonce.d.*)
 *(.gnu.linkonce.d.*personality*)

.data1
 *(.data1)
                0x00009138              _edata = .
                0x00009138              PROVIDE (edata, .)
                0x00009138              __bss_start = .
                0x00009138              __bss_start__ = .

.bss            0x00009138      0x0
 *(.dynbss)
 *(.bss .bss.* .gnu.linkonce.b.*)
 *(COMMON)
                0x00009138              . = ALIGN (0x4)
                0x00009138              . = ALIGN (0x4)
                0x00009138              _end = .
                0x00009138              _bss_end__ = .
                0x00009138              __bss_end__ = .
                0x00009138              __end__ = .
                0x00009138              PROVIDE (end, .)

.stab
 *(.stab)

.stabstr
 *(.stabstr)

.stab.excl
 *(.stab.excl)

.stab.exclstr
 *(.stab.exclstr)

.stab.index
 *(.stab.index)

.stab.indexstr
 *(.stab.indexstr)

.comment        0x00000000      0x12
 *(.comment)
 .comment       0x00000000      0x12    main.o

.stack          0x00080000      0x0
                0x00080000              _stack = .
 *(.stack)

.note.gnu.corea.ident
 *(.note.gnu.corea.ident)

/DISCARD/
 *(.note.GNU-stack)
OUTPUT(isr.out elf32-littlecorea)
```

그림 1.6 맵 파일

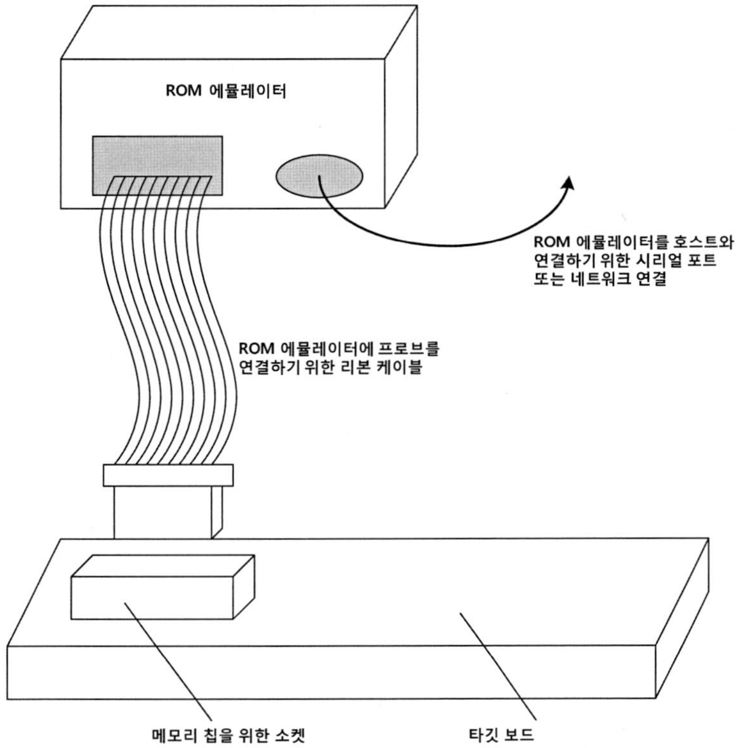

그림 1.7 ROM 에뮬레이터

서 실행되는 소프트웨어는 크로스 링커에서 생성된 파일을 ROM 에뮬레이터에 보낼 수 있고, 그리고 나면 ROM 에뮬레이터는 작성한 프로그램을 담고 있는 ROM처럼 행동한다(그림 1.7 참조).

1.1.3.3 인 서킷 에뮬레이터(in-circuit emulator, ICE)

만약 소프트웨어를 디버깅하기 위해서 ICE를 사용하고 있다면, 디버깅을 위해 소프트웨어를 타깃에 넣을 수 있는 방법으로, ICE의 일반적인 형태인 오버레이 메모리를 사용할 수 있다.

1.1.3.4 플래시

타깃 시스템이 프로그램을 플래시 메모리에 가지고 있다면, 항상 채택할 수 있는 방법은 플래시를 소켓에 넣어서 EPROM처럼 다루는 것이다. 대부분의 PROM 프로그래머는 플래시 메모리를 프로그램 할 수 있다. 하지만 타깃 시스템이 시리얼 포트, 네트워크 연결 또는 다른 통신 수단을 가지고 있다면 플래시 메모리는 다른 방법이 가능하게 해준다. 프로그래머는 호스트로부터 통신 연결을 통해 플래시에 프로그램을 쓸 수 있도록 하는 조그마한 소프트웨어를 작성할 수 있다. 플래시 메모리를 사용하는 경우의 장점은 다음과 같다.

- 프로그래머는 칩을 소켓으로부터 뽑고 다시 꼽을 때 발생할 수 있는 칩의 다리가 휘거나 선이 끊어지거나 다른 망가지기 쉬운 프로토타입 하드웨어에 영향을 줄 수 있는 위험없이 디버깅을 위해 새로운 소프트웨어를 시스템에 다운로드할 수 있다.
- 새로운 소프트웨어를 시리얼 포트나 네트워크 연결을 통해 다운로드하는 것은 칩을 소켓에서 뽑아서 PROM 프로그래머로 프로그램을 하고 다시 소켓에 꼽는 것보다 훨씬 빠르다.
- 제품이 완성된 후에 고객이 새로운 버전의 소프트웨어를 제품에 다운로드 하여 제품을 업그레이드하도록 할 수 있다.

1.2 Core-A 프로세서

1.2.1 Core-A 구조개요

Core-A는 고성능 32비트 임베디드 프로세서로서 독자적인 Reduced Instruction Set Computer(RISC) 명령어구조(ISA)를 가지고 있다. Core-A는 특히 높은 코드의 밀도와 DSP 분야에 효과적으로 사용될 수 있도록 하기 위한 하드웨어 구조를 가지고 있다. Core-A architecture의 하드웨어는 그림 1.8과 같이 processor core, coprocessor, system bus, cache, memory management unit, peripheral device 등으로 구성된다. Core-A processor core의 특징을 정리하면 다음과 같다.

- 32-bit embedded RISC processor

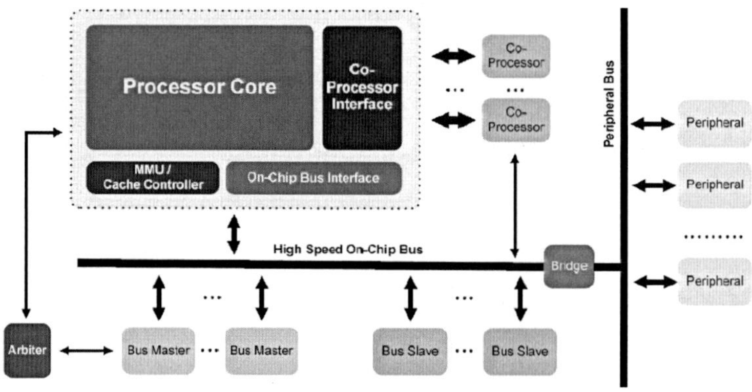

그림 1.8 Core-A architecture

- 5-stage pipeline architecture
- 16 general purpose registers
- Programmable delay slot
- ALU operation with operand shift
- Powerful memory load/store instructions
- Conditional move and branch instructions
- Coprocessor interface

1.2.2 Core-A 파이프라인 구조

Core-A는 5단 파이프라인을 채용한 RISC 구조이며 16개의 범용 레지스터를 갖고 있다. 2개의 프로세서 모드와 7종류의 예외처리(exception)를 지원한다. 부동소수점장치(FPU)와 같은 보조프로세서를 4개까지 지원할 수 있다.

1.2.2.1 Pipeline Stage

Core-A 프로세서는 "Fetch-Decode-Execute-Memory access-register writeback"으로 구성되는 5개의 파이프라인 단(stage)을 가지며, 각 명령어를 수행하는 파이프라인의 동작은 그림 1.9와 같다. 매 clock cycle마다 새로운 명령어가 fetch되어 파이프라인에 hazard가 발생하지 않으면 최대 5개의 명령어가 동시에 수행될 수 있다.

파이프라인 각각의 단은 single clock cycle을 기본으로 수행하고 EX단은 명령어 종류에 따라 multi-cycle을 지원한다. 각 파이프라인의 단에서 수행하는 기본적인 동작은 다음과 같다.

- **Instruction fetch(IF)** : 프로세서에서 계산된 program counter(PC) 값에 따라 명령어 메모리에서 다음 clock cycle에 수행될 명령어를 읽어온다.

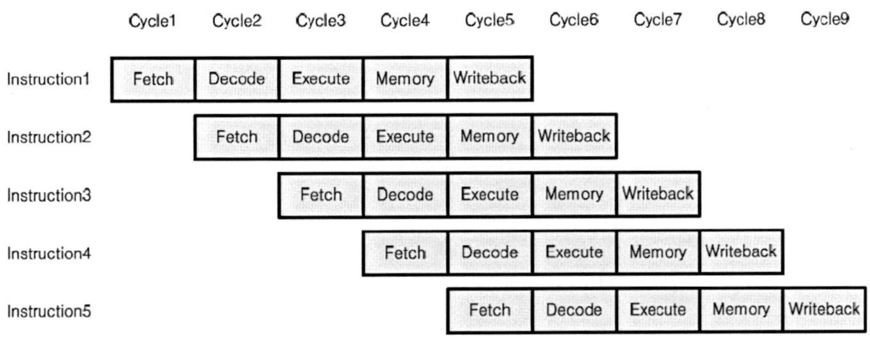

그림 1.9 Core-A 5-stage pipeline

- **Instruction decode(ID)** : IF단에서 읽어온 명령어를 decoding하여 명령어 수행에 필요한 Immediate값을 생성한다. 명령어에 저장된 레지스터 주소 값에 따라 address/data/special purpose register file에 필요한 데이터를 읽어온다. branch 관련 명령어에 필요한 조건(condition)을 판단하고 PC값을 계산한다.
- **Execution(EX)** : ALU operation을 수행하고, 메모리 access에 필요한 주소 값을 계산한다. multiply 관련 명령어의 첫 번째 cycle을 수행하게 된다.
- **Memory access(MEM)** : 메모리 access가 필요한 load/store와 같은 명령어는 EX단에서 계산한 주소 값을 가지고 메모리 시스템에 접근한다. multiply 관련 명령어에서 accumulation이 필요한 명령어에 대해 accumulation을 수행한다.
- **Register writeback(WB)** : Register file에 쓸 데이터를 전달(forwarding)하거나 write-back이 가능할 때에는 명령어에 적혀있는 destination 주소 값의 레지스터에 WB단에서 다음 clock cycle로 넘어가는 시점에 데이터를 기록한다.

1.2.2.2 Pipeline 특징

파이프라인에서 실행중인 명령어의 결과값(destination operand)이 다음 명령어의 입력값(source operand)으로 사용될 때 두 명령어 사이에는 데이터 의존성(dependency)이 발생하며 선행 명령어의 실행이 완료될 때까지 다음 명령어가 파이프라인 내부에서 실행중지(stall)함으로써 파이프라인의 성능이 낮아진다. 이 문제를 해결하기 위하여 NOP 명령어를 의존성을 갖는 명령어들 사이에 삽입하게 되는데 MIPS 마이크로프로세서의 경우 프로그램마다 평균 10%의 NOP 명령어가 차지한다. 이와 같이 많은 양의 NOP 명령어 사용을 줄이기 위하여 Core-A에서는 다음과 같은 특징을 가진다.

- EX단 이전의 no-operation 결정

모든 Core-A 명령어의 MSB를 'N' 필드라고 하며 해당 명령어가 수행되기 이전에 NOP(no-operation 명령어)의 삽입 여부를 결정하게 된다. N = 1일 때 명령어의 execution 전에 자동으로 NOP 명령어를 삽입한다. N = 0일 때는 해당 명령어는 주어진 execution을 실행한다. 명령어에 suffix '+'를 표시하면 'N' 필드가 1인 것을 의미한다. 다음은 'N' 필드를 사용하는 예이다.

```
ADD     r0,     r1,     r2
ADD+    r4,     r0,     r3
```

위와 같은 명령어들은 아래와 같은 동작을 나타내게 된다.

```
ADD     r0,     r1,     r2
NOP
ADD     r4,     r0,     r3
```

앞의 예제에서 볼 수 있듯이 ADD r4, r0, r3를 수행하기 전에 마치 'NOP' 명령어가 code sequence에 있었던 것과 같이 동작하게 된다. 이와 같이 'N' 필드를 사용함으로써 Core-A는 명령어들 간에 data dependency로 인해 컴파일러가 추가하는 'NOP' 명령어에 의한 코드 크기 증가를 최소화할 수 있다. 그림 1.10은 N bit encoding에 따른 NOP 명령어 삽입을 보여준다.

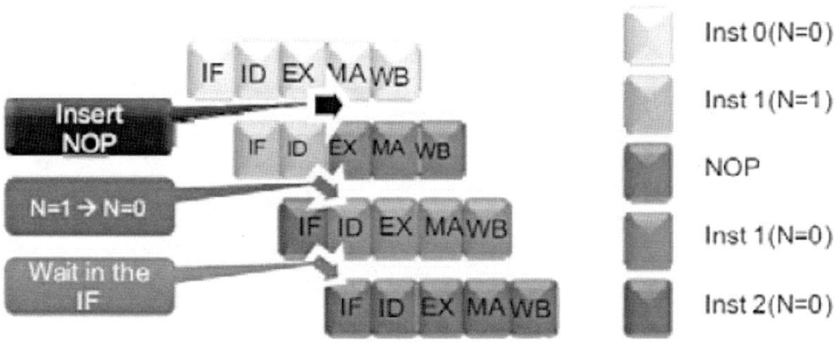

그림 1.10 NOP 명령어의 삽입

- Programmable Branch Slot

Core-A 프로세서는 ID-stage에서 branch target address를 계산한다. 이러한 구조 때문에 1개의 delay slot을 가지게 되어 branch/jump 명령어 이후에 오는 명령어 1개(delay slot에 놓이는 명령어 1개)를 연산한 후에 target address에 있는 명령어를 수행하기 시작한다. 그러나 delay slot에 들어갈 만한 명령어를 컴파일러가 찾아내지 못하는 경우 'NOP' 명령어를 branch/jump의 바로 다음에 넣게 된다.

Core-A 프로세서는 분기명령어에 의한 파이프라인의 성능 저하를 막기 위하여 programmable branch slot 기능을 가지고 있다. 명령어에 'SLOT' 필드를 두고 이 필드의 값이 1이면 delay slot에 위치한 1개의 명령어를 수행하고 target address에 있는 명령어를 수행하기 시작하고 만일 SLOT = 0이면 마치 delay slot에 'NOP' 명령어가 존재하는 것처럼 동작하게 된다. 즉, 이 경우에는 Code sequence상에서 바로 다음에 오는 명령어를 수행하지 않게 된다. 그림 1.11에서 programmable branch slot에 따라 NOP 명령어를 삽입하는 예를 보여준다.

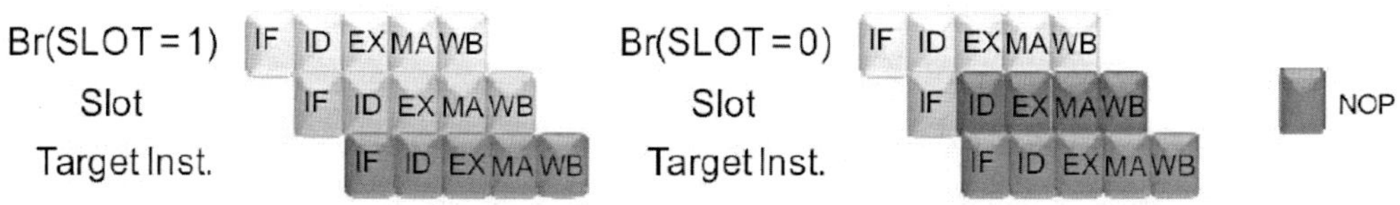

그림 1.11 Programmable branch slot에 따른 NOP의 예

1.2.3 Core-A interface

1.2.3.1 PINOUT description

Core-A synthesizable core는 캐시 메모리 컨트롤러, 메모리관리장치(MMU), co-processor, 버스 컨트롤러 등과 인터페이스할 수 있도록 입출력 핀이 정의되어 있다. 다음 그림 1.12에서 cache controller는 Core-A의 instruction I/F와 data I/F에 cache controller 모듈을 연결함으로써 구성할 수 있다. MMU는 MMU 내부에 있는 co-processor controller가 Core-A 모듈의 co-processor I/F에 연결되어 사용된다.

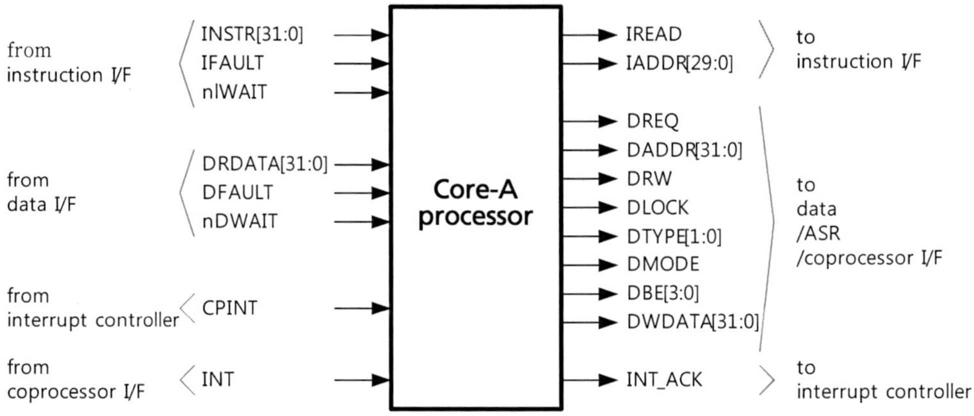

그림 1.12 Core-A 구성도

표 1.1은 Core-A 모듈의 입출력 신호에 대한 설명이다. 모든 신호는 clock의 상승 에지(rising edge)일 때 유효하다.

1.2.3.2 Interrupt signal

- INT asynchronous 인터럽트 신호로 값이 1인 clock의 하강 에지에서 샘플되어 프로세서 파이프라인의 첫 번째 stage에 진입한다.
- INT_ACK INT 신호가 프로세서 파이프라인의 마지막 stage에 진입하면 1이 되며, clock enable이 1인 clock의 다음 상승 에지 이후에 0으로 변한다.

1.2.3.3 Data bus signal

- DREQ Data bus request 신호로 IREAD와 동일하다.
- DaddR[31:0] Data bus address 신호로 Byte 단위의 크기를 가진다. nIWAIT, nDWAIT와 DREQ가 모두 1인 clock의 상승 에지에서 유효하다.
- DRW Data bus write enable 신호로 0이면 read, 1이면 write를 의미한다. nIWAIT,

표 1.1 Core-A 입출력 신호

신호	소스	설명
clock		clock
RST	reset controller	synchronous reset(active high)
interrupt		
INT	interrupt controller	external interrupt
INT_ACK	core	external interrupt acknowledge
instruction memory		
IREAD	core	instruction memory request
IaddR[29:0]	core	instruction memory word address
INSTR[31:0]	instruction memory	instruction
IFAULT	instruction memory	instruction memory fault
nIWAIT	instruction memory	instruction memory ready(clock enable)
data bus		
DREQ	core	data bus reset
DaddR[31:0]	core	data bus byte address
DRW	core	data bus write enable(active high)
DLOCK	core	data bus lock
DTYPE[1:0]	core	data bus request type 00 : memory 01 : ASR 10 : coprocessor data 11 : coprocessor instruction
DMODE	core	processor mode 0 : user mode 1 : kernel mode
DBE[3:0]	core	data bus write byte enable(active high)
DWDATA[31:0]	core	data to data bus
DRDATA[31:0]	data memory	data from data bus
DFAULT	data memory	data memory fault
nDWAIT	data memory	data bus ready(clock enable)
CPINT	coprocessor	coprocessor exception

nDWAIT와 DREQ가 모두 1인 clock의 상승 에지에서 유효하다.

- **DLOCK** Data bus lock 신호로 EXCH 명령어인 경우에 첫 번째 수행 cycle에서 1의 값을 가진다. 이 신호는 on-chip high-speed bus에서 사용되며, bus arbiter는 다음 Data bus request까지 다른 bus master에게 grant를 주지 않아야 한다. nIWAIT, nDWAIT와

DREQ가 모두 1인 clock의 상승 에지에서 유효하다.

- **DTYPE[1:0]** Data bus request type 신호로 아래와 같은 의미를 가진다. Core-A에서 data memory, ASR, coprocessor는 모두 Data bus를 공유한다. 즉, data memory access와 ASR access, 그리고 coprocessor access는 모두 동일한 timing을 가지며, DTYPE 신호를 통해서 현재 data bus를 통해서 나가는 신호의 종류를 구분하게 된다. nIWAIT, nDWAIT와 DREQ가 모두 1인 clock의 상승 에지에서 유효하다.

표 1.2 DTYPE 신호

값	의미
2'b00	data memory
2'b01	application specific register(ASR)
2'b10	coprocessor data
2'b11	coprocessor instruction

- **DMODE** Processor core의 동작 모드를 나타내는 신호로 0이면 user mode, 1이면 kernel mode를 의미한다. nIWAIT, nDWAIT와 DREQ가 모두 1인 clock의 상승 에지에서 유효하다.
- **DBE[3:0]** Data bus write byte enable 신호로 Bus read/write 시 32-bit data에서 각 byte별 read/write enable을 의미한다. nIWAIT, nDWAIT와 DREQ가 모두 1인 clock의 상승 에지에서 유효하다.
- **DWDATA[31:0]** Core에서 data bus로 내보내는 데이터로 nIWAIT, nDWAIT와 DREQ가 모두 1인 clock의 상승 에지에서 유효하다.
- **DRDATA[31:0]** Data bus에서 core로 내보내는 데이터로 nIWAIT, nDWAIT와 DREQ가 모두 1인 clock의 상승 에지에서 유효하다.
- **DFAULT** Data memory fault 신호로 IFAULT와 동일하다.
- **nDWAIT** Data memory ready 신호로 nIWAIT와 동일하다.
- **CPINT** Coprocessor exception 신호로 IFAULT와 동일한 타이밍을 가진다.

1.2.4 Instruction/data bus timing

기본적으로 Core-A Processor는 instruction 및 data Bus 모두 synchronous SRAM timing에 기반하여 해당 신호를 내주게 된다. ASR 및 coprocessor access는 data memory access와 같은 신호를 공유하며, DTYPE[1:0]을 통해서 현재 나가는 신호의 종류를 알려주게 된다.

1.2.4.1 Instruction memory timing

Instruction memory로 접근하는 주소는 항상 word align 되어 있기 때문에 32-bit의 주소

중 하위 2-bit를 차지하는 2'b00을 제외한 30-bit만 내보내게 된다. Instruction의 내용을 변경하는 경우는 없기 때문에 메모리에 값을 쓰는 것은 instruction memory interface에서는 지원하지 않는다.

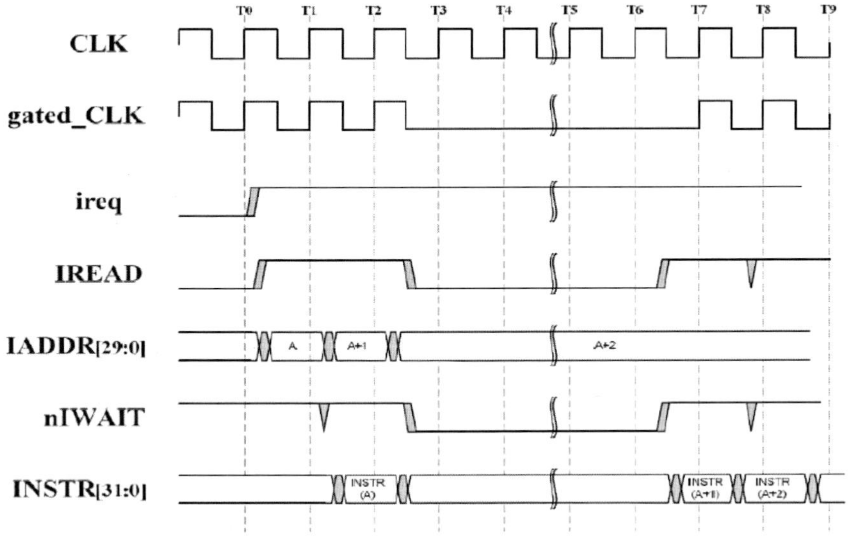

그림 1.13 Instruction memory timing diagram

위의 timing diagram은 예시로서 instruction memory interface에서의 신호들을 보여준다. 첫 번째 request는 주소 A에 대해서 이루어지며, clock의 상승 에지에서 request와 주소를 확인 후 알맞은 데이터를 내주는 synchronous SRAM과 동일한 타이밍을 가지고 있다. 만약 바로 데이터를 내줄 수 없는 경우, nIWAIT가 1'b0이 되며 이 경우 Core-A의 내부 gated_clock 값은 0을 유지하게 되어 Core-A의 pipeline이 멈추게 된다. 일정 시간 후 nIWAIT가 1'b1이 되면서 유효한 데이터가 나오게 되면 Core-A는 clock의 상승 에지에서 해당 값을 가져가게 된다.

1.2.4.2 Data bus timing

Data bus는 data memory, ASR, 그리고 coprocessor로 접근하는 경우 모두 함께 사용하게 되며, DTYPE[1:0] 신호를 사용하여 구분하게 된다. coprocessor로 접근하는 경우에는 명령어와 데이터도 구분할 수 있게 되어 있다. 종류에 상관없이 기본적으로 instruction memory interface와 마찬가지로 synchronous SRAM과 동일한 timing을 가지고 있다.

그림 1.14 timing diagram에서 볼 수 있듯이 기본적인 timing은 instruction memory interface와 동일하다. Data bus에서는 값을 읽어오는 것 뿐만 아니라 값을 쓰는 것도 허용되며,

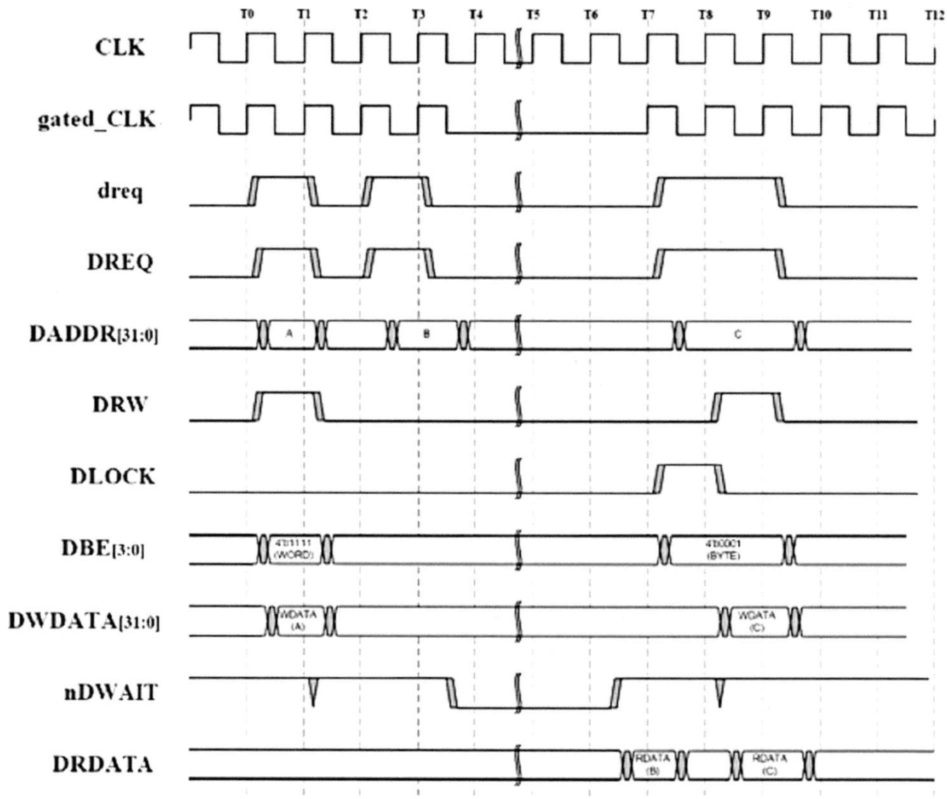

그림 1.14 data bus timing diagram

쓰고자 하는 값은 주소와 같은 타이밍에 버스로 나가게 되고, 현재 data bus에서 이루어지는 명령이 데이터를 읽는 것인지 아니면 쓰는 것인지는 DRW를 통해서 구분하게 된다. DBE[3:0]은 1 word 내에 있는 4개의 Byte 각각에 대한 write enable 신호로서 주소와 동일한 타이밍에 버스로 나가게 된다. instruction memory와 마찬가지로 nDWAIT 신호를 통해서 gated_clock 신호가 영향을 받게 된다. T7 이후의 상황은 EXCH 명령어를 수행하는 경우의 타이밍을 보여준다. EXCH의 경우 LOAD와 STORE가 연속되어 나타나게 되고, 첫 번째 LOAD를 수행하면서 DLOCK신호를 1'b1로 만들어 줌으로써 on-chip high-speed bus에서 locked transaction을 수행할 수 있도록 한다. 데이터를 읽고 쓰는 타이밍은 data memory에 접근하는 경우와 ASR에 접근하는 경우, 그리고 coprocessor에 접근하는 경우 모두 동일하며 DTYPE[1:0]을 통해서 현재 어느 경우로 bus를 사용하고 있는지를 구분하게 된다.

1.2.4.3 Memory timing with arbitration

만약 instruction memory request와 data memory request가 하나의 memory에 대해서 이

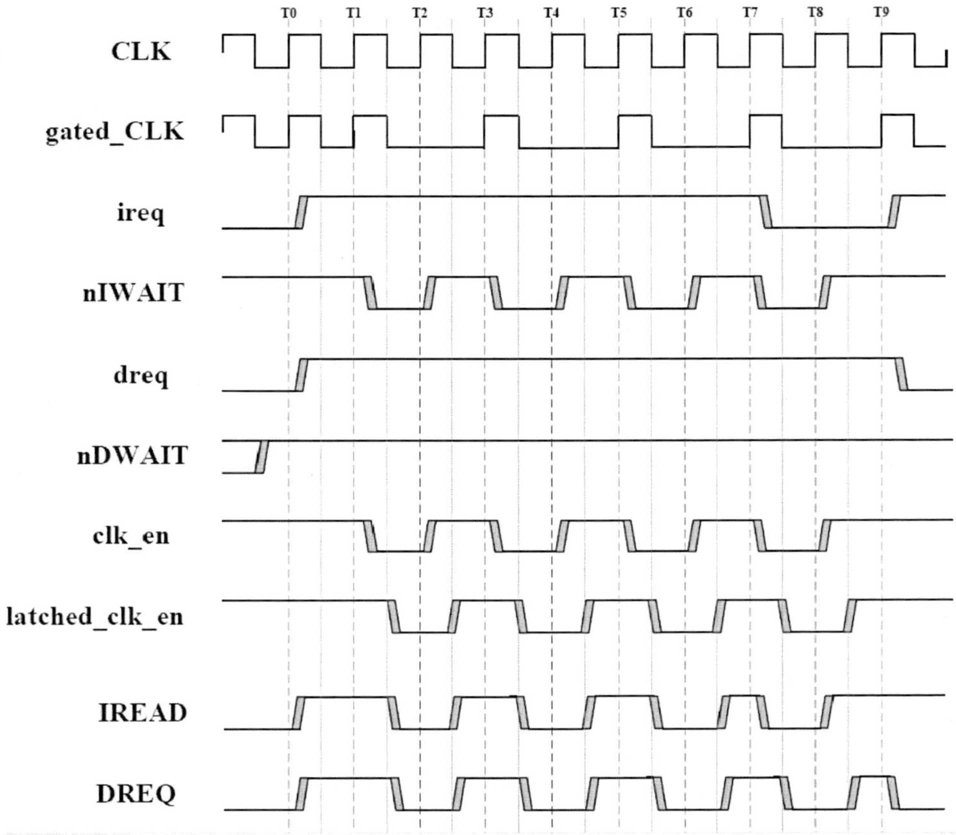

그림 1.15 Memory timing diagram with arbitration

루어지는 경우에는 순차적으로 request를 처리해주어야 한다. 이 경우 Core-A 내부의 negative latch로 인해 clock의 negative edge에서도 request의 transition이 이루어 질 수 있게 된다. 하지만, 기본적으로 clock의 rising edge를 기준으로 synchronous SRAM timing을 지키고 있음을 알 수 있다.

1.2.5 Core-A cache controller

본 절에서는 Core-A 아키텍처에 의해 지원되는 cache에 대해서 설명한다.

그림 1.16과 같이 빠른 access time을 가지는 작은 크기의 on-chip memory를 이용하는 cache는 data access의 locality를 이용하는 특성을 가지고 있다. Core-A architecture를 위한 cache는 기본적으로 그림 1.17과 같이 unified cache와 separated cache 모두 지원하며 다양한 특수기능을 coprocessor register를 통해서 지원하고 있다.

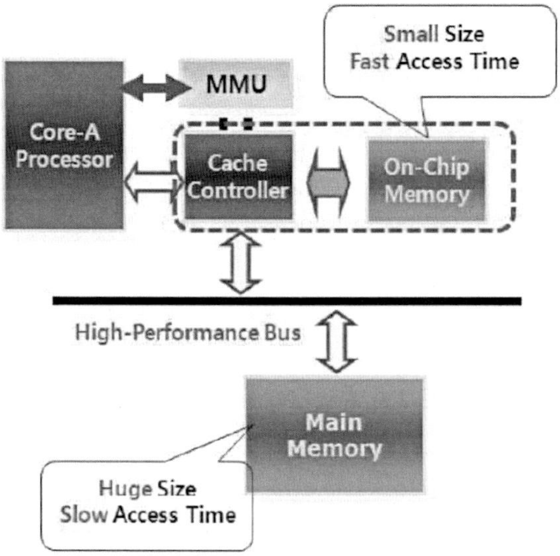

그림 1.16 Core–A 아키텍처

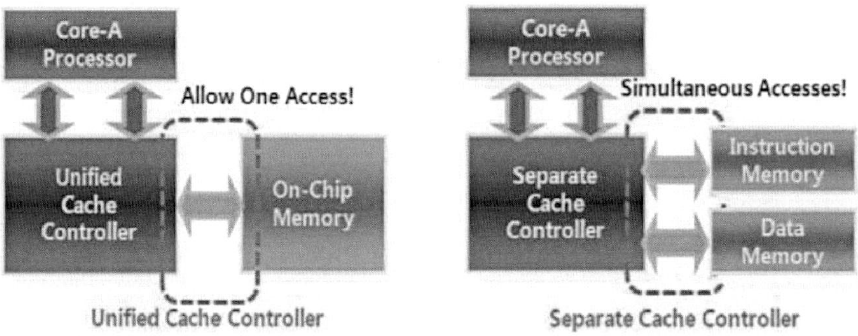

그림 1.17 Unified cache and separate cache 구조

1.2.5.1 Core–A 캐시

Core-A architecture는 다양한 종류의 cache를 지원할 수 있도록 설계되었으며 cache size, line size, associativity 등은 coprocessor register를 통해서 확인할 수 있다. 현재 cache는 Level-1 cache만 정의되어 있으며 MMU를 사용하는 경우 virtually indexed physically tagged 방식의 access를 사용한다. 또한 write policy는 write back만을 사용하여 외부 메모리로의 traffic이 많아지는 것을 방지하며, write miss 시에는 write allocate을 policy로 채택하고 있다. 또한 on-chip high-speed bus의 wrapping burst 기능을 활용하여 line fetch 시에는 Core-A가 요구한 data부터 가져와서 processor가 Stall되는 시간을 최소화하는 critical word first 방식을 지원하고, write-back buffer를 통해서 core가 실제 external memory에

write가 완료될 때까지 기다리지 않아도 되는 구조를 가지고 있다. 즉, 그림 1.17과 같이 bus interface unit과 분리된 형태로 cache controller가 존재하여 bus transaction과 Core-A가 분리될 수 있는 형태를 지원한다. 이상과 같이 Core-A architecture를 위한 Cache의 특성을 정리하면 다음과 같다.

- Decoupled from bus interface unit
  - Core-A runs without waiting for whole bus transactions
- Support only write-back
  - Write-allocate @ write-miss
- Critical word first with wrapping burst of Core-B lite
- Cache operations via coprocessor interface
  - Invalidate all
  - Line invalidate
  - Line clean
  - Line store tag
  - Line load tag
  - Line store data
  - Line load data

1.2.5.2 캐시를 위한 coprocessor register

Core-A architecture에서 cache의 specification 및 cache를 위한 특수 operation들은 coprocessor interface를 통해 coprocessor 0(CP0)에 구성되며 CP0 내의 해당하는 coprocessor register는 다음과 같다.

- CR0 CR0의 CR0[20:1]은 cache의 기본적인 정보를 나타내기 위해서 사용된다. 각 field의 의미는 다음과 같고, unified cache인 경우에는 I-field와 D-field가 같은 값을 가진다. 각 field의 값에 따른 정의를 살펴보면 다음과 같다.

표 1.3 CR0 신호

field	description
S	data memory
IEN	application specific register(ASR)
DEN	coprocessor data
IS[2:0]	# of instruction cache sets per way
IL[2:0]	instruction cache line size
IA[2:0]	instruction cache associativity
DS[2:0]	# of data cache sets per way
DL[2:0]	data cache line size
IDA[2:0]	data cache associativity

* **CR8** CR8은 cache operation을 위한 register로서, CR8[1:0]은 reserved이다. CR8의 값을 통해서 operation을 수행할 cache Line 및 data를 선택하게 된다. WAY field(= CR8[26:23])와 SET field(= CR8[22:10])로 해당 way의 원하는 set를 indexing할 수 있으며 BYTE INDEX field(= CR8[9:2])를 통해서 indexing된 line에서 특정 word를 고를 수 있다. OP field는 다음과 같이 정의된다. OP[4:0]의 상위 2bit를 통해서 cache를 선택하게 되고, 하위 3bit를 통해서 수행할 operation을 선택하게 된다. unified cache의 경우에 OP는 instruction 혹은 data 중 하나를 선택하면 된다.

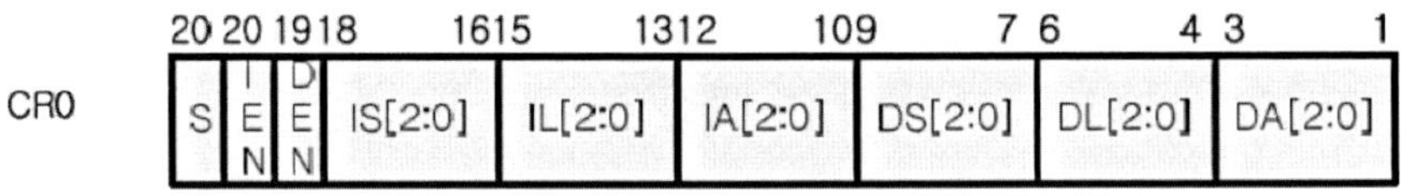

그림 1.18 CR0 구성

그림 1.19 CR8 구성

* **CR9/CR10** CR9 및 CR10은 cache operation에서 index load/store tag/data 명령과 관련하여 사용된다. CR9는 tag와 관련한 register이고, CR10은 data와 관련한 register이다. R은 reserved를 의미하며, L은 line의 LOCK 여부를 나타낸다. VALID는 4bit로 하나의 line을 최대 4개로 나누어서 validity를 관리할 수 있도록 되어있다.

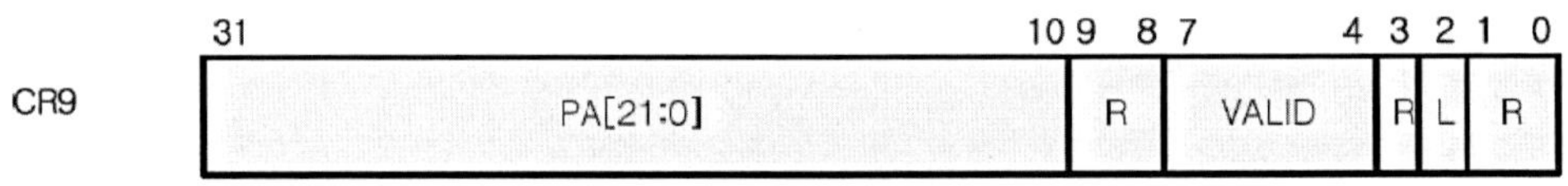

그림 1.20 CR9 구성

그림 1.21 CR10 구성

1.2.6 Core-A MMU

1.2.6.1 Introduction to Core-A MMU

Core-A 아키텍처에서 메모리관리장치(Memory Management Unit ; MMU)는 가상메모리(Virtual Memory ; VM) 환경을 지원하기 위한 장치로서 물리 어드레스(Physical Address ; PA)를 가상 어드레스(Virtual Address ; VA)로 변환하고, 메모리 어드레스에 대한 접근 권한(access permission)을 검사하며, 메모리 어드레스에 대한 캐시(cache) 및 쓰기버퍼(write buffer)의 사용 유무를 검사한다.

이러한 기능은 메모리에 존재하는 페이지 테이블(page table)을 통해 이루어진다. 이 테이블의 각각의 엔트리는 페이지(page)라고 불리는 4KB 또는 4MB의 메모리 영역에 대한 다양한 정보를 담고 있다. 이러한 정보에는 가상 어드레스와 물리 어드레스 간의 변환 메모리 접근 권한 캐시 및 쓰기버퍼 사용 유무 페이지 크기 등이 있다.

어드레스 변환을 위해 메모리에 존재하는 페이지 테이블에 접근하는 것을 페이지 테이블 워크(page table walk)라고 부른다. 하나의 페이지 테이블 워크를 수행하는 데에는 한 번 이상의 메모리 접근이 필요하므로 상당한 시간이 소요된다. 이러한 시간을 단축시키기 위해 MMU는 내부에 TLB(Translation Lookahead Buffer)라 불리는 캐시를 가지고 있다. 한 번 페이지 테이블 워크가 수행되면 페이지에 대한 정보가 TLB에 저장되고 해당 페이지에 대한 이후의 모든 정보는 메모리가 아닌 TLB를 통해 얻어진다. Core-A 아키텍처에서 페이지 테이블 워크는 하드웨어 메커니즘에 의해 수행되며 MMU는 이것의 발생 유무를 프로세서 코어(processor core) 및 운영체제(Operating System; OS)에 통보하지 않는다.

OS에 의해 페이지 테이블이 변경되거나 다른 페이지 테이블을 사용해야 할 경우 이전에 TLB에 저장되었던 변환 정보는 사용할 수 없게 된다. 이를 위해 MMU는 TLB에 저장된 페이지 정보를 지우는 명령을 제공한다. MMU는 system control coprocessor(CP0)를 통해 제어되며 MMU의 설정 및 제어는 CP0의 관련된 레지스터에 MTC 명령을 수행함으로써 이루어진다. 현재 접근하려는 페이지가 메모리에 존재하지 않거나 해당 페이지에 대한 접근 권한이 없을 경우 MMU는 익셉션(exception)을 발생시킨다. 전자의 경우가 발생하면, OS는 디스크로부터 해당 페이지를 읽어서 메모리에 저장하고 페이지 테이블을 수정해주어야 한다.

1.2.6.2 메모리 접근 단계

그림 1.22는 Core-A 아키텍처에서 MMU와 다른 장치와의 연결 관계를 보여주고 있다. MMU는 일반적으로 인스트럭션 버스(instruction bus)와 데이터 버스(data bus)에 대해 하나씩 존재하며, 각각을 인스트럭션 MMU와 데이터 MMU라 부른다. 구현에 따라 어느 하나 또는 두 개 모두 존재하지 않을 수 있으며, 이 경우 프로세서 코어에서 나오는 가상 어드레스는 물리 어드레스로 간주된다(flat addressing).

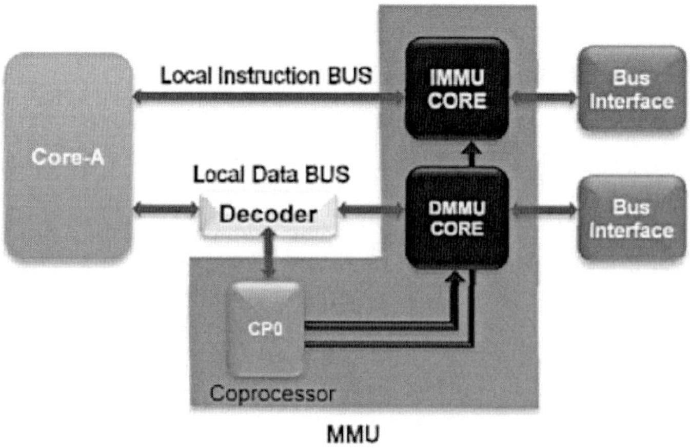

그림 1.22 MMU 구조

Core-A 아키텍처에서 MMU는 인스트럭션 버스 또는 데이터 버스를 통해 프로세서 코어로부터 메모리 요청을 받고 익셉션의 발생 유무를 전달하며 독자적인 신호 선을 통해 캐시로 물리 어드레스 및 캐시 사용유무를 전달하고, Core-B lite를 통해 메모리로부터 페이지 정보를 전달받고 독자적인 신호 선을 통해 코프로세서(CP0)로부터 명령을 전달받는다.

Core-A 아키텍처에서 MMU와 캐시가 메모리 요청을 처리하는 과정은 다음과 같다.

- 프로세서 코어는 내부 버스를 통해 메모리 요청을 한다.
- MMU와 캐시는 이 요청을 받아들인다.
- MMU는 다음과 같은 작업을 수행한다.
  - MMU는 TLB에 해당 페이지에 대한 엔트리가 존재하는지 검사한다. 만약 존재하지 않을 경우 페이지 테이블 워크를 수행하고, 만약 접근하려는 페이지가 존재하지 않을 경우 익셉션을 발생시킨다.
  - MMU는 어드레스를 변환하고 캐시 사용 유무를 검사하여 이를 캐시에 전달한다. 또한 접근 권한을 검사하여 이를 위반하였을 경우 익셉션을 발생시킨다.
  - 캐시는 Core-A로부터 전달받은 가상 어드레스를 이용하여 라인을 선택하고 MMU로부터 전달받은 물리 어드레스를 이용하여 태그 검사(tag check)를 한다. 만약 해당 엔트리가 존재하지 않을 경우 메모리에 접근한다.

1.2.6.3 주소 변환

Core-A 아키텍처는 4KB와 4MB의 두 개의 페이지 크기를 지원한다. 32bit 어드레스 영역을 모두 4KB 페이지로 나눌 경우 최대 220개의 페이지가 존재할 수 있다. 이들에 대한 정보를 하나의 연속된 메모리 영역에 저장해서 사용하는 것은 매우 비효율적이므로 Core-A

아키텍처에서는 페이지 테이블을 계층적으로 관리한다.

메모리에 존재하는 페이지 테이블은 두 가지 계층으로 구성된다.

- **레벨-1 페이지 테이블** 4MB 페이지 또는 레벨-2 페이지 테이블에 대한 정보를 담고 있다.
- **레벨-2 페이지 테이블** 4KB 페이지에 대한 정보를 담고 있다.

페이지 테이블 워크가 발생하면 우선 레벨-1 페이지 테이블에 접근한다. 만약 어드레스가 4MB 페이지에 속하면, 레벨-1 페이지 테이블에서 변환 정보를 찾을 수 있다. 그러나 어드레스가 4KB에 속하면, 추가로 레벨-2 페이지 테이블에 접근해야 한다.

1.2.6.3.1 4MB 페이지 주소 변환

그림 1.23은 4MB 페이지에 속하는 어드레스에 대해 어드레스 변환 과정을 보여주고 있다.

CP0의 페이지 테이블 베이스 레지스터(CR1)의 비트 [31:12]는 레벨-1 페이지 테이블의 시작 어드레스를 가리킨다. 이 레지스터는 OS에 의해 관리되며, 실행중인 프로세스가 바뀔 때마다 업데이트 해주어야 한다. 가상 어드레스의 비트 [31:22]는 레벨-1 페이지 테이블에서 엔트리의 위치를 결정하는 데 사용된다. 이 두 필드와 2개의 0 비트를 연결하여 레벨-1 페이지 테이블 엔트리의 어드레스를 생성하고, 이를 이용하여 레벨-1 페이지 테이블 엔트리에 접근한다. 따라서 하나의 레벨-1 페이지 테이블은 4KB의 연속된 메모리 공간을 차지하며 그 시작 어드레스는 4KB 단위로 정렬(align)되어 있어야 한다. 레벨-1 페이지 테이블 엔트리의 비트 [31:22]는 해당 페이지의 시작 어드레스를 가리킨다. 가상 어드레스의 비트 [21:0]는 페이지에서 위치를 결정하는 데 사용된다. 이 두 필드를 연결하면 최종적인 물리

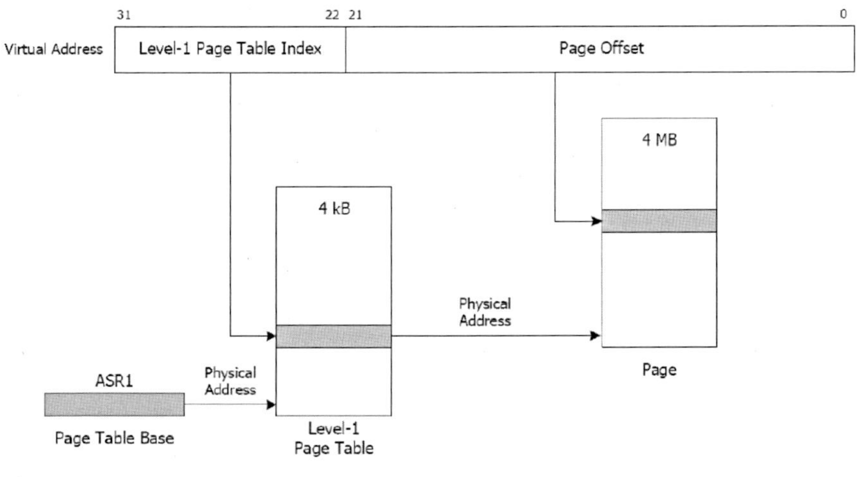

그림 1.23 4MB page address translation

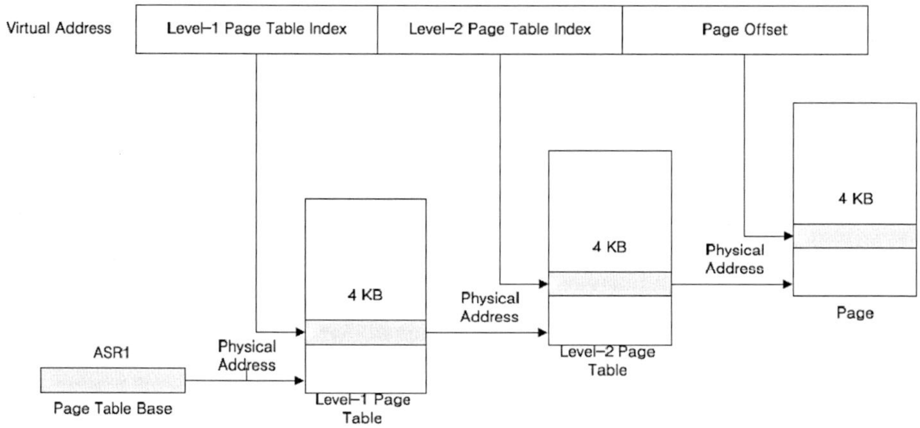

그림 1.24 4KB page address translation

어드레스가 얻어진다.

1.2.6.3.2 4KB 페이지 주소 변환

그림 1.24는 4KB 페이지에 속하는 어드레스에 대해서 어드레스 변환을 하는 과정을 보여주고 있다.

레벨-1 페이지 테이블에 접근하는 과정은 4MB 페이지의 경우와 동일하다. 4KB 페이지의 경우 레벨-1 페이지 테이블 엔트리의 비트 [31:12]는 레벨-2 페이지 테이블의 시작 어드레스를 가리킨다. 가상 어드레스의 비트 [21:12]는 레벨-2 페이지 테이블에서 엔트리의 위치를 결정하는 데 사용된다. 이 두 필드와 2개의 0 비트를 연결하여 레벨-2 페이지 테이블 엔트리의 어드레스를 생성하고, 이를 이용하여 레벨-2 페이지 테이블 엔트리에 접근한다. 따라서 하나의 레벨-2 페이지 테이블은 4KB의 연속된 메모리 공간을 차지하며 그 시작 어드레스는 4KB 단위로 정렬(align)되어 있어야 한다. 레벨-2 페이지 테이블 엔트리의 비트 [31:12]는 해당 페이지의 시작 어드레스를 가리킨다. 가상 어드레스의 비트 [11:0]는 페이지에서 위치를 결정하는데 사용된다. 이 두 필드를 연결하면 최종적인 물리 어드레스가 얻어진다.

1.2.6.4 페이지 테이블 엔트리

페이지 테이블 엔트리에는 어드레스 변환뿐만 아니라 접근 권한, 캐시 및 쓰기버퍼 사용유무 등의 정보가 존재한다.

1.2.6.4.1 Level-1 페이지 테이블 엔트리

그림 1.25는 레벨-1 페이지 테이블 엔트리의 포맷을 보여주고 있다.

	31	12	11 9	8	7				0
4KB Page(Level)	Level2 Page Table Base		Avail	SBZ				0	V
4KB Page	PFN	SBZ	Avail	G	AP	C	R	1	V

그림 1.25 레벨-1 페이지 테이블 엔트리 포맷

- **레벨-2 페이지 테이블 베이스**(Level-2 page table base), **비트** [31:12] (4KB 페이지에만 해당) 레벨-2 페이지 테이블의 시작 어드레스를 나타낸다. 따라서 레벨-2 페이지 테이블은 메모리상에 4KB 단위로 정렬(align)되어 있어야 한다.
- **페이지 베이스**(page base), **비트** [31:22] (4MB 페이지에만 해당) 4MB 페이지의 시작 어드레스를 나타낸다. 따라서 4MB 페이지는 메모리상에 4MB 단위로 정렬되어 있어야 한다.
- **유효한 페이지**(valid), **비트** [0] 엔트리가 가리키는 페이지 또는 페이지 테이블이 메모리상에 존재하지 않음을 나타낸다. 프로세서는 하드웨어적으로 이 필드를 변경하지 않으며 OS에 의해 관리된다. 1이면 페이지가 메모리상에 존재하며 어드레스 변환이 수행된다. 0이면 페이지가 메모리에 존재하지 않으며 프로세서가 페이지를 접근하려 하면 페이지 폴트 익셉션(page fault exception)이 발생한다.
- **페이지 크기**(size), **비트** [1] 엔트리가 가리키는 페이지의 크기를 나타낸다. 1이면 4MB 페이지 테이블을 의미한다. 0이면 4KB 페이지 테이블을 의미한다.
- **쓰기버퍼 사용**(bufferable), **비트** [2] (4MB 페이지에만 해당) 엔트리가 가리키는 페이지에 대한 쓰기버퍼 사용 유무를 나타낸다. 이 필드는 캐시 사용 비트가 1인 경우에만 의미가 있다. 쓰기버퍼를 사용할 경우 write-through 방식을 사용할지 write-back 방식을 사용할지는 캐시 설정에 좌우된다. 1이면 해당 페이지에 대해 쓰기버퍼를 사용한다. 0이면 해당 페이지에 대해 쓰기버퍼를 사용하지 않는다.
- **캐시 사용**(cachable), **비트** [3] (4MB 페이지에만 해당) 엔트리가 가리키는 페이지에 대한 캐시 사용 유무를 나타낸다. 1이면 해당 페이지에 대해 캐시를 사용한다. 0이면 해당 페이지에 대해 캐시를 사용하지 않는다.
- **접근 권한**(access permission), **비트** [7:4] (4MB 페이지에만 해당) 엔트리가 가리키는 페이지에 대한 접근 권한을 나타내는 4비트 필드이다.
- **전역**(global) **페이지, 비트** [8] (4MB 페이지에만 해당) 이 비트는 OS 또는 shared memory를 위한 페이지를 위한 것으로 모든 TLB 엔트리 무효화(invalidate all TLB entries) 명령 수행 시 페이지 테이블 정보가 TLB에서 제거되는 것을 방지한다. 1이면 모든 TLB 무효화 명령 수행 시 무효화되지 않는다. 0이면 모든 TLB 무효화 명령 수행 시 무효화된다.
- Reserved **필드, 비트** [7:2] (4KB 페이지에만 해당) 이 비트들은 추후 확장을 위해

임의로 사용하는 것을 금한다.

- **Reserved 필드, 비트 [21:12]** (4MB 페이지에만 해당) 이 비트들은 추후 확장을 위해 임의로 사용하는 것을 금한다.
- **Available 필드, 비트 [11:9]** 이 비트들은 OS가 자유롭게 사용할 수 있다.

1.2.6.4.2 Level-2 페이지 테이블 엔트리

그림 1.26은 레벨-2 페이지 테이블 엔트리의 포맷을 보여주고 있다.

4KB Page(Leve2)	PFN	AVail	c	AP	C	R	O	V

그림 1.26 레벨-2 페이지 테이블 엔트리 포맷

- **페이지 베이스(page base), 비트 [31:22]** 4KB 페이지의 시작 어드레스를 나타낸다. 따라서 4KB 페이지는 메모리상에 4KB 단위로 정렬되어 있어야 한다.
- **유효한 페이지(valid), 비트 [0]** 레벨-1 페이지 테이블 엔트리의 경우와 동일하다.
- **페이지 크기(size), 비트 [1]** 엔트리가 가리키는 페이지의 크기로 항상 0이다.
- **쓰기버퍼 사용(bufferable), 비트 [2]** 레벨-1 페이지 테이블 엔트리의 경우와 동일하다.
- **캐시 사용(cachable), 비트 [3]** 레벨-1 페이지 테이블 엔트리의 경우와 동일하다.
- **접근 권한(access permission), 비트 [7:4]** 레벨-1 페이지 테이블 엔트리의 경우와 동일하다.
- **전역(global) 필드, 비트 [8]** 레벨-1 페이지 테이블 엔트리의 경우와 동일하다.
- **Available 필드, 비트 [11:9]** 이 비트들은 OS가 자유롭게 사용할 수 있다.

1.2.6.4.3 변경된 페이지 기록

OS는 메모리 쓰기 명령으로 인해 내용이 변경된 페이지를 기록하고 있다가 페이지가 메모리에서 제거될 때(page out) 그 내용을 디스크에 저장해주어야 한다. 일부 아키텍처에서는 페이지의 내용이 변경될 경우 하드웨어적으로 메모리에 존재하는 페이지 테이블 엔트리의 특정 비트(dirty bit)에 기록을 한다. Core-A 아키텍처에는 이를 지원하지 않으므로 다음과 같은 방법을 통해 이를 대신할 수 있다.

- 쓰기 가능한 페이지가 메모리에 처음으로 로드 될 때 OS는 페이지 테이블 엔트리의 접근 권한을 읽기 전용으로 설정한다.
- 이 페이지에 쓰기 명령을 내릴 경우 접근 위반 익셉션(access violation exception)이 발생한다.

OS는 다시 페이지 테이블 엔트리의 접근 권한을 쓰기 가능으로 설정한다. 위와 같은

방법을 사용하면, 테이블 엔트리에 접근 권한이 쓰기 가능으로 설정된 페이지는 그 내용이 변경된 페이지임을 알 수 있다.

1.2.6.5 접근 권한 (access permission)

페이지 테이블 엔트리의 접근 권한 필드는 해당 페이지에 대한 접근을 통제한다. 접근 권한에는 데이터 버스에 대해 읽기(read)와 쓰기(write), 그리고 인스트럭션 버스에 대해 실행(execute)이 있으며 이 각각이 유저모드(user mode)와 커널모드(kernel mode)에 대해 다르게 적용된다. 표 1.4는 접근 권한 비트와 동작 모드에 따른 접근 권한을 보여주고 있다. 페이지에 대한 접근 권한이 존재하지 않을 경우 접근 위반 익셉션이 발생한다.

1.2.6.6 Exception

MMU가 메모리 요청을 정상적으로 수행할 수 없을 경우 익셉션을 발생시킬 수 있다. 익셉션은 인스트럭션 메모리 요청과 데이터 메모리 요청에 대해 각각 존재한다. 각각에는 크게 두 종류의 익셉션이 있다.

- **페이지 폴트 익셉션(page fault exception)** 접근하려는 페이지가 메모리에 로드 되지 않았을 경우 발생한다.

표 1.4 access permission

access permission				mode					
				kernel			user		
0	0	0	0	–	–	–	–	–	–
0	0	0	1	–	–	–	–	–	–
0	0	1	0	R	–	–	–	–	–
0	0	1	1	R	–	–	R	–	–
0	1	0	0	R	W	–	–	–	–
0	1	0	1	R	W	–	R	–	–
0	1	1	0	R	W	–	–	–	–
0	1	1	1	R	W	–	R	W	–
1	0	0	0	–	–	–	–	–	–
1	0	0	1	–	–	–	–	–	–
1	0	1	0	R	–	X	–	–	–
1	0	1	1	R	–	X	R	–	X
1	1	0	0	R	W	X	–	–	–
1	1	0	1	R	W	X	R	–	X
1	1	1	0	R	W	X	–	–	–
1	1	1	1	R	W	X	R	W	X

- **접근 위반 익셉션(access violation exception)** 접근하려는 페이지에 대한 접근 권한이 없을 경우 발생한다.

그림 1.27은 Core-A 아키텍처에서 MMU가 익셉션을 검사하는 순서를 보여주고 있다.

익셉션이 발생하면 MMU는 관련된 가상 어드레스와 익셉션의 종류를 각각 익셉션 어드레스 레지스터(ASr4)와 익셉션 상태 레지스터(ASr3)에 저장한다. 표 1.5는 익셉션 종류에 따른 익셉션 상태 값과 익셉션의 우선순위를 보여주고 있다.

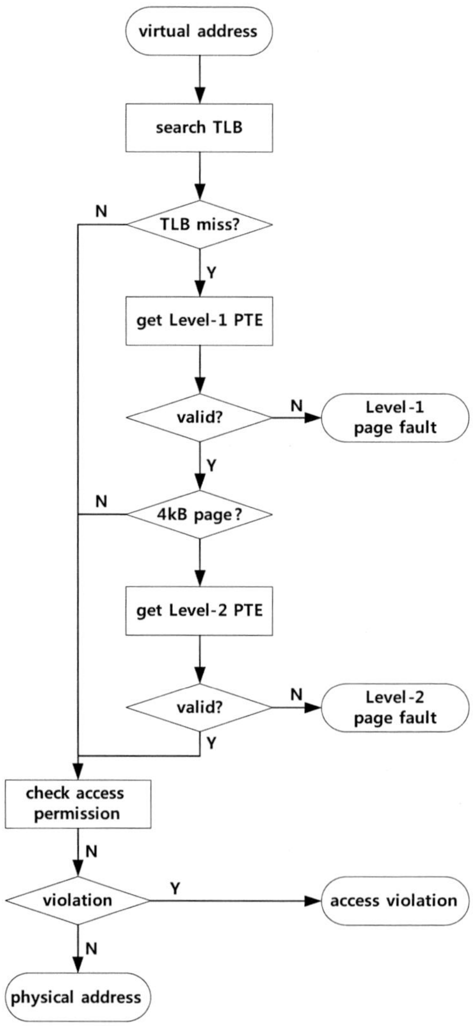

그림 1.27 Flow of exception check

표 1.5 CR0 신호

priority	exception type	exception status
high	Level-1 page fault	0010
	Level-1 page fault	0011
low	access violation (4MB page)	0110
	access violation (4kB page)	0111

1.2.6.7 MMU Register

MMU의 상태 및 동작은 system control coprocessor(CP0)를 통해 제어된다. CP0의 해당 레지스터에 MTC 명령을 사용하여 MMU를 제어하고 MFC 명령으로 현재 MMU의 상태를 읽어올 수 있다. 단, CR2 레지스터의 값을 읽는 것은 허용되지 않는다.

1.2.6.7.1 MMU status register(CR0)

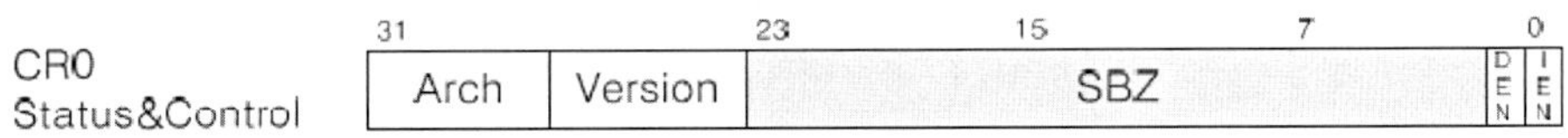

그림 1.28 CR0

MMU의 정보 및 상태를 저장하는 레지스터이다.

- **아키텍처 및 버전(architecture & version), 비트 [31:23]** 현재 아키텍처 버전 1만을 지원하며 값은 00000000이다.
- **MMU 활성화(enable), 비트 [0]** MMU의 기능을 켜거나 끄기 위한 필드이다. 1이면 MMU가 활성화되어 어드레스 변환 및 접근 권한 기능을 사용한다. 0이면 MMU가 비활성화되어 Flat addressing을 사용한다.
- **Available 필드, 비트 [27:16]** 이 비트들은 개발사가 자유롭게 정의하여 사용할 수 있다.
- **Reserved 필드, 비트 [15:0]** 이 비트들은 추후 확장을 위해 임의로 사용하는 것을 금한다.

1.2.6.7.2 Page table base register(CR1)

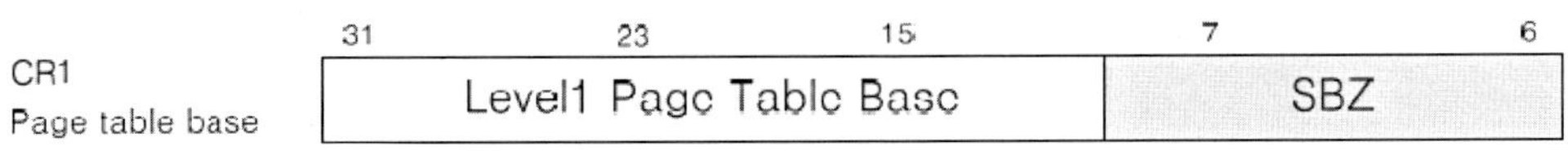

그림 1.29 CR1

페이지 테이블 워크시 접근하는 레벨-1 페이지 테이블의 시작 주소를 저장하는 레지스터이다.

- **레벨-1 페이지 테이블 베이스, 비트 [31:12]** 레벨-1 페이지 테이블이 위치한 메모리 어드레스의 상위 20bit를 나타낸다.
- **Reserved 필드, 비트 [11:0]** 이 비트들은 추후 확장을 위해 임의로 사용하는 것을 금한다.

1.3 Core-A 프로그래밍 모델

이 절에서는 프로그래머가 프로그래밍을 위하여 알아야 하는 Core-A의 기본적인 정보를 설명한다. 이 절의 내용은 주로 어셈블리 언어를 이용하여 Core-A 프로세서를 직접 제어하는 경우에 유용하지만, 경우에 따라서는 C언어와 같은 고수준 언어를 사용하는 경우에도 효율적인 프로그래밍을 위하여 필요하다.

1.3.1 데이터 타입

Core-A 구조에서 메모리에 저장되는 데이터는 표 1.6과 같이 세 개의 타입을 지원한다. 각각의 데이터는 부호(signed) 또는 비부호(unsigned) 형태이다.

- **Unsigned 데이터** N-bit 데이터 일 때 $0 \sim +2^{N}-1$ 범위 내의 양의 정수 값을 표현할 수 있다.
- **Signed 데이터** Core-A는 최상위 비트(MSB)로 음수를 표현하는 2의 보수(2's complement) 표기법을 지원한다. N-bit 데이터 일 때 $-2^{N-1} \sim +2^{N-1}-1$ 범위 내의 양수와 음수를 표현할 수 있다.

1.3.2 레지스터

Core-A 구조는 그림 1.30에 나타난 것과 같이 16개의 일반 레지스터(general purpose

표 1.6 Core-A 데이터 타입

데이터 타입	크기
byte	8비트
halfword	16비트(half word는 2바이트 단위로 정렬되어야 한다.)
word	32비트(word는 4바이트 단위로 정렬되어야 한다.)

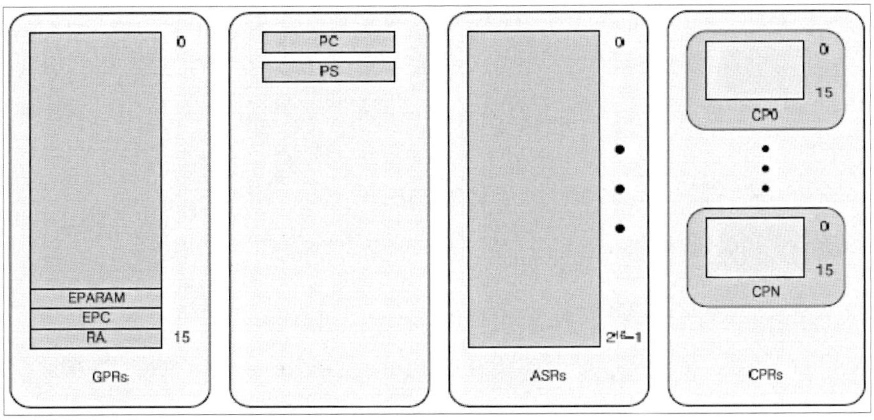

그림 1.30 Core-A register 구조

register, GPR), 프로그램 카운터(program counter, PC)와 상태 레지스터(program status, PS)와 같은 특수 레지스터(special purpose register)를 내부에 가지고 있게 된다. 또한, 216개의 application specific register(ASR)를 정의하고 있으며 코프로세서(coprocessor)들 내부에 코프로세서 레지스터(coprocessor register, CPR)를 정의하고 있다. 0번 코프로세서 레지스터(CP0)는 MMU 및 캐시 제어기(cache controller)를 관리하는 데 사용된다.

1.3.2.1 일반 레지스터 (General purpose register)

GPR은 그림 1.31과 같이 모드 크기가 32비트로 총 16개가 제공된다.

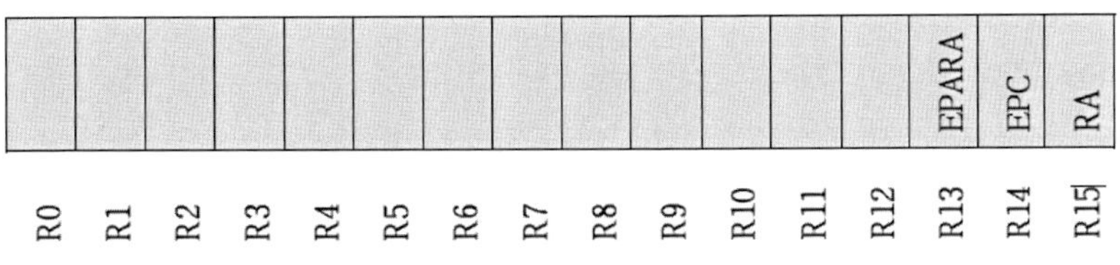

그림 1.31 General purpose register

GPR중 다음과 같은 3개의 레지스터는 특수 목적을 위해서 할당되어 있다.

- **Exception parameter(EPARAM)** r13은 EPARAM으로 불리우며 exception parameter를 의미한다. SWI 명령어는 20bit의 Parameter값을 EPARAM에 저장한다. 이때 EPARAM의 상위 12비트는 '0'으로 채워 넣는 ZERO 확장을 한다.
- **Exception Program Counter(EPC)** r14 레지스터는 exception program counter를 위해 할당된 레지스터이다. EPC는 exception이 발생하였을 때 PC값을 저장한다.
- **Return Address(RA)** r15 레지스터는 함수가 호출되는 경우에 반환 주소 값을 저장

한다. 현재 수행중인 프로세스에서 다른 프로세스를 호출하게 되면 현재 프로세스 실행이 중단되고 호출된 프로세스 실행으로 넘어간다. 호출된 프로세스 실행이 종료된 후 다시 현재 수행되고 있던 프로세스로 되돌아오기 위한 주소 값이 RA에 저장된다.

1.3.2.2 특수 레지스터 (special registers)

Core-A는 다음과 같이 2개의 내부 특수 레지스터를 가지고 있다.

1.3.2.2.1 프로세서 상태 레지스터 (processor status, PS)

PS는 processor status를 말하는 것으로 PS의 포맷(format)은 그림 1.32와 같다.

<Previous> <Current>

31	22	21	20	19	18	17 16	15	6	5	4	3	2	1 0
Reserved	N	Z	C	V	IE	mode[1:0]	Reserved	N	Z	C	V	IE	mode[1:0]

그림 1.32 Processor status

PS의 프로세서 상태 플래그인 N, Z, C, V는 데이터 처리 명령어가 NZCV 업데이트를 지원할 때만 값이 변경된다. 다른 비트들은 MTPS(move to PS) 명령에 의해서 변경 가능하며 사용자 모드(user mode)에서는 변경이 허용되지 않는다.

IE는 interrupt(인터럽트) enable bit로 프로세서의 인터럽트 허용 여부를 나타내고 mode[1:0]은 현재 프로세서가 사용자 모드(user mode), 관리자 모드(supervisor mode) 중에서 어떤 모드에서 동작하고 있는지를 나타낸다.

PS는 PS의 상위 부분 [31:16]과 하위 부분 [15:0]의 형식이 동일하다. 상위 부분 [31:16]은 exception 발생 이전의 상태 정보 플래그를 의미하고, 하위 부분 [15:0]은 exception 발생 이후 현재 상태 정보 플래그를 뜻한다. exception이 발생하면, 하위 부분의 플래그는 상위 부분으로 복사된다. PS의 각 필드는 다음과 같은 의미를 가진다.

- **N(negative)** Instruction 수행에 따른 결과 값의 가장 상위 비트인 MSB 값에 따라 결정된다. 결과 값이 음수가 되어 2's complement signed integer일 경우 N = 1로 기록되고 반대로 결과 값이 양수일 경우 N = 0이다.
- **Z(zero)** Instruction 수행에 따른 결과 값이 0과 같을 경우 Z = 1로 기록되고 그 외의 경우 모두 Z = 0이다.
- **C(carry)** 다음의 세 가지 경우에 따라 C 값이 결정된다.
  - TADD instruction을 포함한 덧셈 연산을 수행한 경우에 대하여 덧셈의 결과가 carry를 발생시킬 경우(unsigned overflow) C = 1이고, carry가 발생하지 않은 경우 C = 0이다.

- TSUB instruction을 포함한 뺄셈 연산을 수행한 경우에 대하여, 뺄셈의 결과가 borrow를 발생시킬 경우 C = 0으로 기록되고, borrow가 발생하지 않은 경우 C = 1이다.
- Shift 연산을 수행한 경우에 대하여, SHL 명령어 수행 후 MSB로부터 shift된 bit가 carry bit가 된다. LSR, ASR, ROR 명령어는 LSB로부터 shift된 bit로 carry 상태를 결정한다.

- **V(overflow)** 덧셈과 뺄셈 연산을 수행할 때에 연산 결과의 값이 −231 ~ +231 − 1의 범위를 초과하면 overflow가 발생하여 올바른 연산 결과 값을 출력 레지스터에 저장할 수 없으며 이 경우 V = 1로 저장한다.
- **IE(interrupt enable)** 프로세서의 인터럽트 허용 여부를 표시한다.
- **MODE** 현재 프로세서 모드를 나타낸다.
  - 2'b00 : 사용자 모드(user mode)
  - 2'b01 : 특권 모드(supervisor mode)

1.3.2.2.2 프로그램 카운터 (program counter, PC)

Program counter를 의미하는 레지스터로서 일반적인 명령어가 접근할 수 없다. 즉, 분기 명령어 혹은 call 명령어에 의해서만 변경이 가능하다.

1.3.3 프로세서 모드 (processor mode)

Core-A에서는 두 개의 프로세서 동작 모드를 가지고 있다. 이는 각 모드별로 권한을 달리하거나 다양한 예외 상황(exception)의 경우 이를 빠르고 효과적으로 처리하기 위해서이다. 또한 단순한 프로그램 환경에서부터 다중 프로세서가 동작하는 운영체제를 탑재한 시스템까지 지원하기 위함이다. Core-A 프로세서는 다음과 같이 2가지 모드를 지원한다.

표 1.7 Core-A 프로세서 모드 (processor mode)

모드	내용
사용자 모드 (user mode)	일반적인 프로그램 수행 모드(normal program execution mode)
특권 모드 (supervisor mode)	운영체제를 위한 보호 모드(a protected mode for the operating system)로 인터럽트나 예외 상황(exception)은 이 모드에서 처리된다.

사용자 모드에서는 프로세서 사용에 제한을 받지만 특권 모드에서는 자유롭게 시스템 자원을 사용하며 시스템의 상태를 바꿀 수 있다. 모드의 변경은 SWI 명령어에 의해서 혹은 외부에서 들어오는 인터럽트에 의해서 이루어지게 된다. 대부분의 응용 프로그램은 사용자

모드에서 동작하게 되고, 사용자 모드에서는 다음과 같은 제약사항이 따르게 된다.

표 1.8 사용자 모드의 제약사항

		description
register	PS	Reading the PS register is allowed. Changing the value of each filed in the PS register is not allowed in the user mode except the condition flag fields(N, Z, C, V).
register	EPC	Using the EPC as a destination is not allowed.
CPR	-	Accessing directly to the address space for on-chip MMU/cache controller is not allowed in user mode.
memory	-	Accessing directly to the memory space of operating system of I/O peripherals is not allowed in user mode.

Core-A 프로세서는 상황에 따라 모드를 전환하게 되는데, reset 이후에 특권 모드로 진입하며 시스템 기본 설정을 위한 초기화 루틴을 수행한다. 운영체제가 탑재되어 있는 시스템의 경우 커널 태스크를 만들면서 소프트웨어적으로 특권 모드로 전환된다. 소프트웨어적으로 모드를 전환할 경우에는 MFPS, MTPS 명령어를 사용하여 모드 설정 비트를 바꾼다. 운영체제의 설정이 끝나고 사용자 프로그램이 실행될 경우에는 사용자 프로세스를 만들고 소프트웨어적으로 사용자 모드로 설정한다. 사용자 프로세스는 예외 상황이 발생하면 예외 모드로 전환되며 예외 복귀 시에 다시 사용자 모드로 전환된다. 이 경우 시스템 자원을 사용하기 위한 시스템 호출의 경우에는 SWI 명령에 의하여 SVC 모드로 진입한다. 예외 모드일 경우에도 다시 예외 상황에 의하여 다른 모드로 갈 수 있다.

1.3.4 예외 상황(exception)

Core-A의 특권 모드에는 운영체제 관리를 위한 시스템 모드와 예외 모드로 구성되어 있다. 예외 모드란 시스템 오류 발생이나 인터럽트 발생시 이를 처리하기 위한 프로그램(service routine)을 실행하는 모드이다. Core-A에서는 총 7가지의 예외 상황이 정의되어 있고, 이들은 RESET, DMMU page fault, external interrupt, undefined instruction, software interrupt, IMMU page fault, 그리고 coprocessor interrupt이다. 인터럽트나 예외 상황이 발생하면 프로세서는 프로세서의 상태를 기록하고 있는 PS 레지스터에서 현재 동작 모드에 대한 값을 이전 동작 모드에 대한 필드로 옮기고 현재 동작 모드를 관리자 모드로 변경하여 다른 외부 인터럽트가 들어올 수 없도록 설정하게 된다. 이와 함께 인터럽트 처리 후 돌아가야 할 주소 값을 EPC에 저장하게 된다. 이 두 작업은 프로세서에 의해 진행된다.

표 1.9 예외 상황 모드(exception mode)

서비스 루틴 주소(service routine address)	예외 상황 타입(exception type)
0x00	RESET
0x04	DMMU page fault
0x08	undefined instruction
0x0c	software interrupt
0x10	external interrupt
0x14	IMMU page fault
0x18	coprocessor interrupt

```
EPC = PC
    pS[31:16] = PS[15:0]
    PS.IE = 0
    PS.MODE = 2'b01
    PC = service_routine_address
```

인터럽트 및 예외 상황에 대한 처리를 모두 다 하고 난 다음에는 RFI 명령어를 사용해서 다시 원래 상태로 돌아가게 되며, 이때는 PS 레지스터의 이전 상태에 기록되어 있던 원래 상태 값이 다시 현재 상태에 대한 필드로 옮겨지게 되며, EPC에 저장되어 있던 주소에 해당되는 명령어부터 다시 수행을 시작하게 된다.

1.4 Core-A 프로그램 개발 환경

이 절에서는 컴파일러, 어셈블러, 링커 및 여러 가지 유틸리티를 포함하는 Core-A tool chain에 관하여 설명한다.

1.4.1 Core-A tool chain 개요

Core-A tool chain은 GNU에서 제공되는 tool chain을 Core-A에 포팅하여 개발되었다. Core-A tool chain에 포함된 프로그램과 이들을 구현하기 위하여 사용된 GNU 프로그램들의 버전은 다음과 같다.

표 1.10 Core-A tool chain

프로그램	기반 GNU 프로그램
Core-A assembler(corea-elf-as)	GNU Assembler 2.16.1
Core-A linker(corea-elf-ld)	GNU Linker 2.16.1
Core-A binutils	GNU Binutils 2.16.1
Core-A C Compiler(corea-elf-gcc)	GNU C Compiler 4.1.1

위와 같이 Core-A tool chain은 GNU 소프트웨어를 기반으로 제공되었기 때문에 여타 GNU 기반 프로그램과 같이 GNU 매뉴얼에서 기술된 대부분의 기능을 제공한다. 다음 절들에서는 이 기능들 중 Core-A tool chain의 중요한 기능을 요약한다.

1.4.2 Core-A tool chain의 실행

다음은 Core-A tool chain에 포함된 각 프로그램들의 실행 방법을 정리한 것이다.

- C 코드를 컴파일하기 위하여 C compiler를 사용하며, 이의 실행 방법은 다음과 같다. 이와 같이 명령어를 수행하면 입력 C 파일(filename.c)은 어셈블리 코드(filename.s)로 변환된다.

```
corea-elf-gcc -S filename.c -o filename.s
```

- 위에서 생성된 어셈블리 코드(filename.s)는 다음과 같이 어셈블러를 이용하여 오브젝트 파일(filename.o)로 어셈블된다.

```
corea-elf-as filename.s -o filename.o
```

- 사용자가 만든 여러 개의 오브젝트 파일(filename1.o, filename2.o) 혹은 라이브러리(libc.a)를 하나의 최종 파일로 묶는 프로그램이 링커이다. Core-A tool chain의 링커는 다음과 같이 수행된다.

```
corea-elf-ld filename1.o filename2.o libc.a -o filename.out
```

- 만약 위와 같은 단계를 거치지 않고 C 코드를 직접 최종 파일로 변환하고 싶다면 다음과 같이 컴파일러를 실행할 수 있다. 이와 같이 컴파일러를 실행하면 컴파일러는 앞에 설명된 단계를 사용자의 개입 없이 모두 실행하여 최종 파일만을 출력하게 된다.

```
corea-elf-gcc filename.c -o filename.out
```

- 작성된 프로그램을 디버깅하는 경우에는 오브젝트 파일이나 최종 파일의 내용을 어셈블리 코드로 변환해야 하는 경우가 있다. 이와 같은 작업을 디스어셈블링(disassembling)이라 하고 다음과 같이 수행할 수 있다. corea-elf-objdump 프로그램은 주어진 오브젝트 파일(filename.o)을 디스어셈블하여 결과를 화면에 출력한다.

```
corea-elf-objdump -D filename.o
```

- 최종 파일을 ROM에 쓰거나 디버거가 원하는 형태로 변형하기 위해서는 다음과 같이 corea-elf-objcopy를 사용한다. 이 프로그램에서 출력 가능한 형태는 binary, intel hex, Motorola S-record 등이다.

```
corea-elf-objcopy -O binary filename.o filename.bin
```

1.4.3 컴파일 단계

이 절에서는 그림 1.33에 표시된 corea-elf-gcc의 각 단계에 대하여 좀 더 자세히 설명한다.

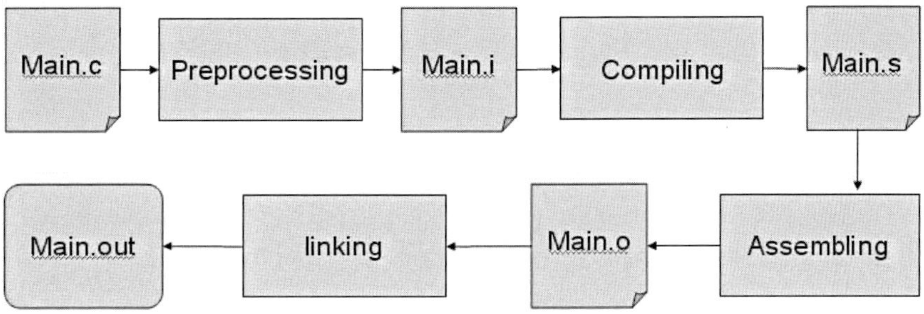

그림 1.33 Core-A C Compiler의 수행 단계

1.4.3.1 전처리 (Preprocessing)

C 코드 컴파일의 첫 번째 단계는 전처리 과정이다. 전처리 과정에서는 매크로[1](#include, #define, #ifdef, #if)를 처리하게 된다. 입력 파일의 확장자는 입력이 C 코드임을 표시하기 위하여 ".c"로 끝나야 한다. 전처리 단계 만을 진행하기 위해서는 "-E" 옵션을 사용한다. 실행 방법은 다음과 같다. "-E" 옵션을 사용하면 출력의 확장자는 "-i"가 된다.

```
corea-elf-gcc -E filename.c -o filename.i
```

1.4.3.2 컴파일 (Compiling)

Core-A C Compiler의 두 번째 단계는 전처리된 파일(filename.i)을 어셈블리 코드로 변환하는 과정이다. 이 부분이 컴파일러의 가장 핵심이 되는 부분이다. 컴파일러가 어셈블리 코드를 출력하는 단계까지만 수행하려면 "-S" 옵션을 사용한다. 다음은 C code (filename.c)를 어셈블리 코드(filename.s)로 변환하여 출력한다. 이 과정에서 당연히 전처리 과정은 수

1) 매크로에 대해서는 일반적인 C 언어 교재를 살펴보기 바란다.

행된다.

```
corea-elf-gcc -S filename.c -o filename.s
```

1.4.3.3 어셈블 (Assembling)

세 번째 단계에서는 어셈블리 코드를 재배치 가능한(relocatable) 오브젝트 코드로 변환하게 된다. 이 과정에서 컴파일러는 어셈블러(corea-elf-as)를 사용하게 된다. 재배치 가능한 오브젝트 코드는 코드의 시작 번지와 변수의 위치를 다시 설정할 수 있는 코드로서 어셈블러는 코드와 변수 영역의 시작 주소를 0번지로 가정하고 코드를 출력한다. 여러 개의 오브젝트 파일이 합쳐지는 경우 뒤쪽에 오는 오브젝트 파일의 시작 번지는 앞의 오브젝트 파일이 끝난 다음이 될 것이다. 따라서 뒤에 오는 오브젝트 파일의 시작 번지가 0번지에서 다른 번지로 바뀌고, 이에 따라 코드와 변수의 주소도 적절히 재배치되어야 한다. C 코드로부터 오브젝트 코드를 생성하기 위해서는 "-c" 옵션을 사용하여 다음과 같이 컴파일한다.

```
corea-elf-gcc -c filename.c -o filename.o
```

위와 같이 "-c" 옵션을 사용하면, 컴파일러는 filename.c를 어셈블리 코드(temp.s)로 만들고, 이 어셈블리 코드를 corea-elf-as를 사용하여 오브젝트 코드(filename.o)로 변환한다. 컴파일러는 중간에 생성된 어셈블리 코드를 오브젝트 코드가 생성된 후에 지우기 때문에 사용자는 어셈블리 코드를 볼 수 없다.

1.4.3.3 링킹 (Linking)

컴파일의 마지막 단계는 재배치 가능한 오브젝트 파일들을 하나의 최종 파일로 묶는 과정인 링킹 과정이다. 이 과정에서 컴파일러는 링커(corea-elf-ld)를 사용하게 된다. 컴파일러의 기본 동작은 링커까지 실행하는 것이다. 따라서 다음과 같이 아무 옵션도 주지 않고 컴파일러를 실행하면 최종 파일이 생성된다.

```
corea-elf-gcc filename.o -o filename.out
```

1.4.4 사용 가능한 옵션들

이 절에서는 Core-A tool chain의 각 프로그램들에서 사용 가능한 옵션에 대하여 설명한다.

- Compiler
- -Wl,option : option을 링커 (corea-elf-ld)에 전달한다. 만약 option 내에 ","가 있다면 여러 개의 옵션으로 분리되어 전달된다. 다음과 같이 사용할 수 있으며, 이 예에서는 "-T,lnkscript"가 링커에 전달된다.

```
corea-elf-gcc -Wl,-T,lnkscript -o filename.out filename.c
```

- -Wa,option : option을 어셈블러에 전달한다. 만약 option 내에 ","가 있다면 여러 개의 옵션으로 분리되어 전달된다.

```
corea-elf-gcc -Wa,-alh filename.c
```

- -I dir : 경로 dir을 헤더 파일을 찾는 리스트에 추가한다. 이 옵션에 의하여 추가된 경로는 시스템 헤더 파일 경로보다 먼저 탐색된다. 만약 dir이 시스템 헤더 파일의 경로를 나타낸다면 무시된다. 따라서 같은 이름의 헤더 파일이 있다면 경로의 탐색 순서에 주의하여야 한다.[2] 다음 예에서는 "/usr/include"를 헤더 파일의 탐색 경로에 추가한 것이다.

```
corea-elf-gcc filename.c -I/usr/include -o filename.out
```

- -lX : 링킹 과정에서 링커가 "libX.a"라는 이름의 라이브러리를 사용하도록 지시하는 옵션이다. 이 라이브러리를 찾는 경로는 다음의 '-L' 옵션을 사용하여 표시한다.

```
corea-elf-gcc filename.c -lm -o filename.out
```

- -Ldir : dir을 라이브러리를 찾는 경로에 추가한다. 다음 예에서는 "libm.a" 라이브러리 파일을 찾는 경로로 "/usr/lib"을 추가하였다.

```
corea-elf-gcc filename.c -L/usr/lib -lm -o filename.out
```

- 어셈블러
- -alh : 어셈블리 과정에서 리스트 파일을 생성하며, 리스트 파일에서는 어셈블리 코드와 C 코드를 같이 출력할 것을 지시하는 옵션이다.

```
corea-elf-as -alh filename.s
```

- 링커
- -T command_file 또는 --script=command_file : command_file로부터 링커에 대한 명령을 읽도록 하는 옵션이다. 이 옵션은 링커의 기본 동작 대신에 command_file에 기술된 동작을 하도록 한다. 따라서 command_file은 링커의 모든 동작을 완벽하게 지시할 수 있어야 한다.

```
corea-elf-ld -T command_file filename.o
```

- -Tbss org
- -Tdata org
- -Ttext org : org를 .bss, .data, .text 세그먼트의 시작 번지로 지정한다. org는 16진수로 표시되어야 한다. 다음 예에서는 .text 세그먼트의 시작 번지는 0x8000번지로, .data 세그먼트의 시작 번지는 0x10000번지로 지정하고 있다.

```
corea-elf-ld -Ttext 0x8000 -Tdata 0x10000 filename.o
```

---

2) 이와 같이 같은 이름의 헤더 파일을 여러 개 사용하는 것은 매우 좋지 않은 프로그램 방법이다.

- -e entry 또는 --entry=entry : 프로그램의 시작 심벌을 지정한다. 다음 예에서는 "_start"를 시작 위치로 지정한다.

```
corea-elf-ld -e _start filename.o
```

- -Map mapfile : 링커가 실행된 후의 결과를 mapfile에 저장하도록 지시한다.

```
corea-elf-ld -Map mapfile filename.o
```

1.5 인터럽트 및 예외 상황 처리

임베디드 시스템이 뭔가 다른 일을 하고 있는 동안 외부 이벤트에 대해서 빠르게 반응하도록 하는 것은 매우 어려운 일이다. 예를 들어, 자동차의 제어 유닛은 사용자가 라디오의 채널을 찾는 조작을 하는 동안이라도 사용자가 제동 장치를 작동하면 즉시 응답하여야 한다.

시스템의 응답 문제에 접근하는 첫 번째 방법은 이번 절에서 우리가 논의할 인터럽트를 사용하는 것이다. 인터럽트는 임베디드 시스템 안의 마이크로프로세서가 어떠한 일을 수행하든지 정지시키고 인터럽트를 발생시킨 이벤트에 대한 응답으로 다른 코드를 실행시킨다. 인터럽트는 시스템의 응답 문제를 해결할 수는 있지만 조금 어려운 프로그래밍을 해야 하고, 인터럽트 자신이 시스템에 새로운 문제를 일으킬 수 있다는 점을 고려해야 한다. 인터럽트가 발생되었을 때 처리하는 코드를 일반적으로 '인터럽트 서비스 루틴(interrupt service routine, ISR)'이라고 부른다. 인터럽트 서비스 루틴을 수행하고 다시 원래의 프로그램으로 제대로 돌아오는 문제는 생각보다 어렵다. 인터럽트 서비스 루틴 수행 중에 원하지 않는 값들이 변경되어 재진입이 안 되어 시스템이 불안해지는 경우가 많이 발생할 수 있다.

1.5.1 인터럽트의 기초

이번 절에서는 인터럽트가 무엇이고 인터럽트가 발생했을 때 마이크로프로세서는 일반적으로 어떻게 행동을 하고 인터럽트 서비스 루틴은 어떤 일을 수행하며 주로 어떻게 작성되는지에 대해서 다룰 것이다.

우선, 인터럽트는 하드웨어로부터 발생되는 신호이다. 시리얼 포트(serial port)나 네트워크 포트를 제어하는 등의 역할을 하는 대부분의 I/O 칩들은 특정한 이벤트가 발생했을 때 이를 프로세서에 알리고 싶어한다. 예를 들어, 시리얼 포트 칩이 포트로부터 문자 한 바이트를 받았다면, 마이크로프로세서가 칩 내부에 저장된 그 문자를 읽고 메모리의 다른 곳에 저장하도록 해야 한다. 마찬가지로 시리얼 포트 칩이 한 문자를 전송하는 것을 끝냈을 때 마이크로프로세서는 전송될 다음 문자를 보내도록 해야 한다. 네트워크 칩이나 또는 대부분의 다른 종류의 I/O 칩은 어떤 종류의 이벤트를 처리하기 위해서 마이크로프로세서의 도움을 필요로 한다.

이러한 칩들은 서비스가 필요할 때마다 활성화시키는 핀을 가지고 있다. 하드웨어 엔지니어는 마이크로프로세서가 회로에 있는 다른 칩이 도움을 필요로 한다는 것을 알게 하기 위해, 이러한 핀을 마이크로프로세서의 인터럽트 요구 신호 또는 IRQ라고 불리는 입력 핀에 연결한다. 대부분의 마이크로프로세서는 여러 개의 다른 칩이 동시에 연결되어 마이크로프로세서의 주의를 끌 수 있도록 그림 1.34와 같이 그러한 핀을 여러 개 가지고 있다.

마이크로프로세서가 연결되어 있는 인터럽트 요구 신호 중의 하나가 활성화된 것을 감지하는 순간 프로세서는 수행하던 명령어를 중지시키고 다음에 실행할 명령어의 주소를 스택에 대피시킨 다음, 인터럽트 서비스 루틴으로 점프한다. 인터럽트 서비스 루틴은 인터럽트 신호가 발생했을 때, 무엇이든 필요한 동작을 수행하는 서브루틴이다. 예를 들어, 시리얼 포트로부터 시리얼 포트 칩이 데이터를 받아서 인터럽트가 발생했다고 하면, 인터럽트 서비스 루틴은 시리얼 포트 칩에서 데이터를 읽어서 메모리에 저장해야 한다. 일반적으로 인터럽트 서비스 루틴은 다음 인터럽트를 받을 수 있도록 마이크로프로세서 내부에 있는 인터럽트를 감지하는 하드웨어를 다시 설정하는 것 같은 잡다한 일들도 해주어야 한다. 인터럽트 서비스 루틴은 인터럽트 핸들러라고도 불린다.

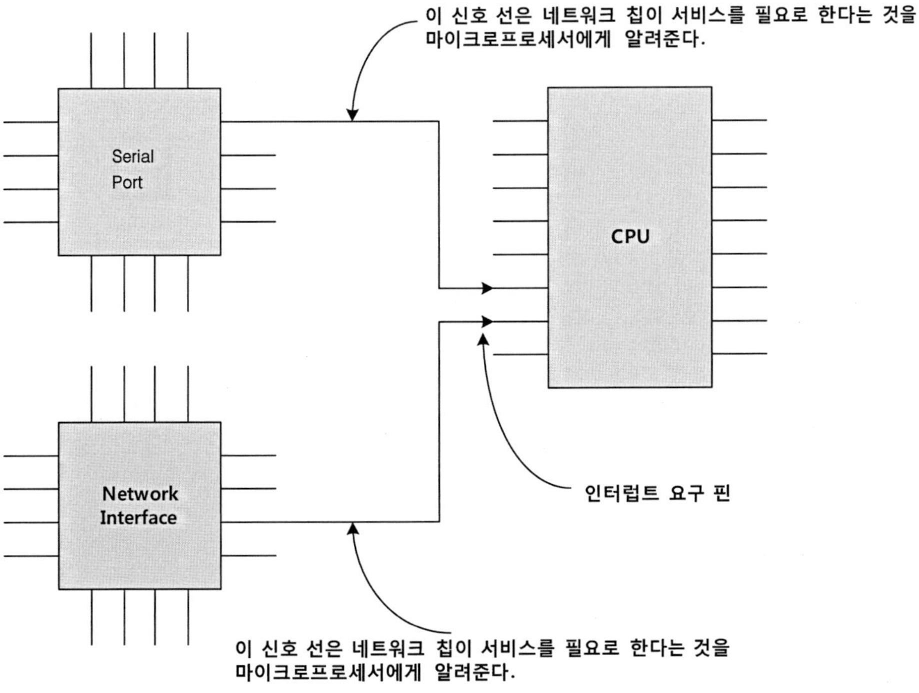

그림 1.34 인터럽트 하드웨어

인터럽트 서비스 루틴에서 마지막으로 실행되는 Core-A 명령어는 RFI(return from interrupt) 명령어이다. 마이크로프로세서가 RFI에 이르렀을 때 프로세서는 다음 실행해야 하는 명령(인터럽트가 막 걸리는 순간에 실행하려고 했던 원래의 명령어)의 주소를 스택으로부터 꺼내서 그 곳에서부터 실행을 재개한다. 사실 인터럽트 서비스 루틴은 하드웨어가 인터럽트 요구 신호를 활성화할 때마다 호출되는 서브루틴처럼 작동한다. 하지만, CALL 명령어는 어디에도 없다. 마이크로프로세서는 하드웨어 신호에 반응해서 자동적으로 호출을 수행하는 것이다.

그림 1.35는 마이크로프로세서가 인터럽트에 응답하는 것을 보여 준다. 이 그림은 왼쪽 코드는 가상의 마이크로프로세서가 현재 수행하고 있는 작업 코드이다. 앞으로의 기술에서 인터럽트 서비스 루틴이 아닌 다른 코드를 작업 코드라는 용어로 사용할 것이다. 다음의 작업 코드는 온도를 섭씨에서 화씨로 바꾸느라 여념이 없다. 코드는 우선 섭씨 온도를 레지스터 r1에 저장하고 필요한 연산을 수행한 다음 결과를 저장한다. 인터럽트가 발생했을 때 마이크로프로세서는 작업 코드를 중단하고 인터럽트 서비스 루틴에 있는 명령어로 점프한다. 그리고 나서는 인터럽트 서비스 루틴 안에 있는 명령어들을 수행하고 나서 인터럽트 서비스 루틴 끝에서 return 명령어를 만나면 작업 코드로 되돌아와 온도 단위를 변환시키는 작업을 계속 수행하게 된다. 앞에서 설명한 대로 Core-A는 일반 서브루틴 끝에서 사용하는 복귀 명령어와는 다르게 '인터럽트 서비스 루틴으로부터 복귀'(RFI)라는 특별한 명

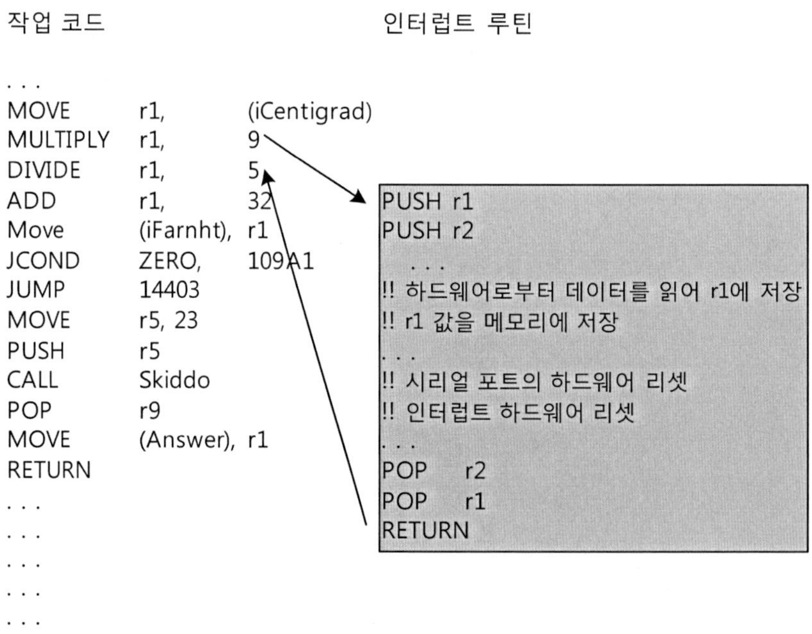

그림 1.35 인터럽트 응답

령어를 가지고 있다. 따라서 Core-A의 인터럽트 서비스 루틴을 작성할 때는 특별한 복귀 명령어 RFI를 사용해야만 한다. Core-A는 스택의 푸시(push), 팝(pop)을 위한 명령어를 지원하지 않는다. 따라서 스택 포인터를 이용하여 "stm.w sp+, [fp, ip, ra]" 등과 같이 스토어 명령어를 사용하여야 한다.

1.5.1.1 컨텍스트(context)의 저장과 복원

위의 예제에 있는 작업 코드는 어떤 명령어로부터 다음 명령어로 이어지는 동안 레지스터 r1에 있는 값이 보존된다고 생각한다. 만약 섭씨 온도가 15도이면 마이크로프로세서는 15를 레지스터 r1에 저장할 것이고, 9를 곱해서 135로 만들 것이며, 그 값이 5로 나누어지길 기다리고 있다고 가정한다. 만약 레지스터 r1의 값이 의도하지 않게 변해버리면 프로그램은 제대로 온도 단위를 변환시킬 수 없게 된다.

레지스터 r1의 값을 변경할 수 있는 것 중의 하나가 인터럽트 서비스 루틴이다. 마이크로프로세서가 곱셈 명령어(MULTIPLY)를 수행한 순간 인터럽트가 발생했다면 마이크로프로세서는 나눗셈 명령(DIVIDE)을 수행하기 전에 인터럽트 서비스 루틴을 수행한다. 작업 코드의 동작에 오류가 없기 위해서는 레지스터 r1에 있는 값은 인터럽트 서비스 루틴 수행이 끝난 후에도 시작하기 전의 값과 같아야 한다.

마이크로프로세서가 어떤 레지스터도 사용하지 않고 작업을 하는 경우는 거의 없다. Core-A와 같은 RSIC형 마이크로프로세서는 어떠한 작업을 하기 전에 데이터 값을 레지스터에 저장해야만 한다. 그러므로 어떠한 레지스터 값도 변화시키지 않는 인터럽트 서비스 루틴을 기대하는 것은 너무나 어리석다. 이러한 문제를 해결하는 가장 일반적인 방법은 인터럽트 서비스 루틴이 시작할 때 사용하려는 레지스터 값들을 저장했다가 끝날 때 다시 복원하는 것이다. 보통은 레지스터 값들을 스택에 저장한다. 위의 예에서는 인터럽트 서비스 루틴이 시작할 때 푸시 명령어를 사용하여 레지스터 r1, r2의 값을 스택에 넣고 끝에서 그 값들을 팝 명령어를 사용하여 다시 복원하는 것을 볼 수 있다. 이와 같이 인터럽트가 발생했을 때 어떤 레지스터가 중요한 값을 저장하고 있는지 알 수가 없기 때문에 인터럽트 서비스 루틴에서 사용하려는 레지스터의 값들을 저장했다가 복원하도록 인터럽트 서비스 루틴을 작성해야 한다.

인터럽트 서비스 루틴이 시작할 때 모든 레지스터의 값을 저장하는 것을 컨텍스트 저장이라고 한다. 또, 끝에서 레지스터의 값들을 다시 복원하는 것을 컨텍스트 복원이라고 한다. 올바르게 이 작업을 수행하지 못하면 프로그램이 오동작한다. 예를 들어, 위의 예제에서 레지스터 r1의 값을 저장하고 복원하는 것을 잊어버리고 인터럽트 서비스 루틴을 작성하게 된다면 온도는 올바르게 다른 단위로 전환되지 못한다. 이렇게 인터럽트 서비스 루틴에서 발생하는 오류 해결의 어려운 점은 대부분의 수행에서는 온도가 제대로 변환된다는 점이다. 단지 인터럽트가 계산 도중에 발생할 때만 간혹 오류가 나타난다. 레지스터 r1이 중요한 역할을 하지 않을 때 인터럽트가 발생한다면, 시스템은 아무 이상이 없는 것처럼 보일 것이다.

1.5.1.2 인터럽트 금지 및 활성화

대부분의 모든 시스템은 다양한 방법으로 인터럽트를 금지할 수 있게끔 되어 있다. 먼저 대부분의 I/O 칩은 마이크로프로세서에게 알릴 필요가 있더라도 프로그램이 인터럽트를 금지시키는 것을 허용한다. 이것은 인터럽트를 소스에서 금지시키는 것을 의미한다. 또한, 대부분의 마이크로프로세서는 프로그램이 인터럽트 요구 핀으로부터 들어오는 신호를 무시하도록 허용한다. 대부분의 경우 프로그램은 특별한 레지스터에 값을 써넣어서 마이크로프로세서가 어떤 인터럽트 요구 신호를 주목할지 또는 무시할지를 선택할 수 있다. 일반적으로 마이크로프로세서가 전체 인터럽트 요청을 무시하거나 반대로 주목하도록 하게 하는 특별한 방법이 존재한다. 보통은 각각 한 개의 어셈블리 명령어로 되어 있다. Core-A에서는 IEN(interrupt enable), IDS(interrupt disable) 명령어로 인터럽트를 가능하게 혹은 불가능하게 조절할 수 있다. 이 두 명령어는 PS 레지스터의 EN 비트를 1로 설정하거나 0으로 설정하여 interrupt 발생을 조절한다.

1.5.1.3 일반적인 몇 가지 질문

어떻게 Core-A는 인터럽트가 발생했을 때 해당 인터럽트의 서비스 루틴이 어디에 있는지 알 수 있는가? Core-A는 인터럽트 서비스 루틴들의 주소를 나타내는 인터럽트 벡터가 담겨있는 테이블이 0x00000000번지에 있는 것으로 가정한다. 인터럽트가 발생했을 때 Core-A는 이러한 인터럽트 벡터 테이블에서 인터럽트 서비스 루틴의 주소를 찾을 것이다. 이러한 테이블을 정확하게 설정하는 것 역시 프로그래머의 몫이다.

명령어의 수행 중간에서도 인터럽트가 걸릴 수 있는가? 보통은 아니다. 일반적인 경우 마이크로프로세서는 인터럽트 서비스 루틴으로 점프하기 전에 현재 수행 중인 명령어는 끝마친다. 가장 일반적인 예외는 한 명령어가 많은 데이터를 이동시킬 때마다, 예를 들어, 자일로그 Z80과 인텔의 x86 패밀리 마이크로프로세서들은 단일 명령어로 수천 바이트의 데이터를 이동시킬 수 있다. 이러한 명령어의 경우는 한 바이트 또는 한 워드의 데이터를 전송한 후에 인터럽트가 걸릴 수 있고, 인터럽트 서비스 루틴이 끝나고 복귀해서 나머지 동작을 계속 할 수도 있다. Core-A의 경우에는 명령어 수행 중에 발생한 인터럽트를 현재 파이프라인의 모든 명령어들의 수행이 끝날 때까지 기다린 후에 처리하게 된다.

인터럽트 서비스 루틴 수행 도중에 다른 인터럽트 요구 신호가 인터럽트를 걸 수 있는가? Core-A에서는 가능하다. 따라서 대부분의 인터럽트 서비스 루틴의 시작은 인터럽트 비활성화 명령어(IDS)를 수행하는 것이다. 높은 우선순위를 가지고 있는 인터럽트는 낮은 우선순위를 가지고 있는 인터럽트 서비스 루틴을 인터럽트 걸 수 있지만 그 반대는 성립하지 않는다. 마이크로프로세서가 높은 우선순위의 인터럽트 서비스 루틴을 수행하고 있을 때 하드웨어에서 낮은 우선순위의 인터럽트를 발생시키면 마이크로프로세서는 높은 우선순위의 인터럽트 서비스 루틴을 끝낸 후에 낮은 우선순위의 인터럽트 서비스 루틴을 시작한다.

인터럽트가 금지되어 있는 동안에 인터럽트가 발생하면 어떻게 될까? Core-A는 인터럽트가 다시 가능할 때까지 그 인터럽트를 기억하고 있다가 가능해지는 순간에 인터럽트 서비스 루틴으로 점프한다. 인터럽트가 금지되어 있는 동안에 한 개 이상의 인터럽트가 발생하는 경우엔, 인터럽트들이 가능하게 되었을 때 우선순위에 의해서 인터럽트 서비스 루틴들을 다시 실행시킨다. 그러므로 인터럽트들은 실제로 금지되는 것은 아니다. 단지 연기될 뿐이다.

만약 인터럽트를 금지시킨 후에 다시 가능하게 하는 것을 잊어버리면 어떤 일이 발생하는가? Core-A는 더 이상 어떤 인터럽트 서비스 루틴도 실행시키지 못한다. 보통 임베디드 시스템에서는 대부분의 작업이 인터럽트 서비스 루틴에 의존하기 때문에 시스템은 곧 멈추게 될 것이다.

만약 이미 금지되어 있는 인터럽트를 다시 금지시키거나 이미 가능하게 설정되어 있는 인터럽트를 다시 가능하게 설정하면 어떤 일이 발생하는가? 아무 일도 일어나지 않는다.

Core-A에서 C로 인터럽트 서비스 루틴을 작성할 수 있는가? Core-A에서는 임베디드 시스템 코드를 위해 특정한 함수가 인터럽트 서비스 루틴이라는 것을 컴파일러에게 알려주는 키워드를 사용한다. 예를 들어 아래와 같다.

```
void vHandleTimerIRQ () __attribute__ ((interrupt ("IRQ")));
```

Core-A 컴파일러는 컨텍스트를 저장하고 복원하는 코드를 vHandleTimerIRQ에 첨가할 것이다. 또한 인터럽트 서비스 루틴에서 사용하는 return 언어 명령어인 RFI를 vHandleTimerIRQ의 끝에 그 명령어를 추가할 것이다. 이때 사용하는 C코드는 반드시 하드웨어를 정확히 다룰 수 있어야 한다. 이는 일반적인 C에서는 충분히 가능한 일이다. 그리고 작성한 인터럽트 서비스 루틴(vHandleTimerIRQ)의 시작 주소를 인터럽트 벡터 테이블에 설정해야 한다. 물론 이것 역시 일반적인 C에서 충분히 가능하다. 인터럽트 서비스 루틴을 어셈블리 언어로 작성하는 가장 일반적인 이유는 C로 작성하는 것보다 어셈블리 언어로 작성하는 것이 훨씬 빠른 코드를 작성할 수 있기 때문이다. 만약 속도가 그리 큰 문제가 되지 않는다면, 인터럽트 서비스 루틴을 C로 작성하는 것도 좋은 방법이다.

1.5.2 공유 데이터 문제

인터럽트를 사용하자마자 발생하는 첫 번째 문제는 인터럽트 서비스 루틴이 프로그램의 다른 부분과 정보를 나눌 필요가 있다는 것이다. 다양한 이유 때문에 마이크로프로세서가 모든 작업을 인터럽트 서비스 루틴 안에서 수행하는 것은 가능하지도 않고 바람직하지 않다. 그러므로 인터럽트 서비스 루틴은 작업의 동기를 맞추기 위해서 작업 코드와 신호를 교환해야 한다. 이렇게 작업 코드와 인터럽트 서비스 루틴 간의 정보를 교환하기 위해서 하나 또는 여러 개의 변수를 공유한다.

다음은 인터럽트를 사용하기 시작할 때 만날 수 있는 고전적인 공유 데이터 문제다. 코드가 앞에서 원자로 감시 시스템의 일부라고 가정하자. 이 프로그램은 언제나 같아야 하는 두 곳의 온도를 감시한다. 만약 두 곳의 온도가 같지 않다면, 원자로에 뭔가 이상이 있다는 것을 의미한다. 코드에서 메인 함수는 두 곳의 온도가 같은지를 점검하는 무한 루프를 돌고 있다. 인터럽트 서비스 루틴 vReadTemperatures는 주기적으로 실행될 것이다. 아마도, 한 곳 또는 두 곳 모두의 온도가 변할 때 온도 센서가 하드웨어 인터럽트를 발생시키거나, 타이머가 몇 밀리 세컨드마다 인터럽트를 발생시켜 마이크로프로세서가 이 인터럽트 서비스 루틴을 실행하도록 만들 것이다. 인터럽트 서비스 루틴은 매번 새로운 온도를 읽는다. 만약 감지한 온도가 서로 다르다면, 시스템은 비상경보를 울릴 것이다. 이 동작을 위하여 다음과 같이 코드를 작성하였다.

```
static  int iTemperature[2];

void vReadTemperatures (void) __attribute__ ((interrupt ("IRQ")))
{
        iTemperatures[0] = !!  하드웨어로부터 값을 읽음
        iTemperatures[1] = !!  하드웨어로부터 값을 읽음
}

void main   (void)
{
        int iTemp0,    iTemp1;
        while  (TRUE)
        {
            iTemp0 = iTemperatures[0];
            iTemp1 = iTemperatures[1];
            if (iTemp0 != iTemp1)
                !! 비상 경보를 울린다.;
        }
}
```

이 코드는 어떤 문제를 가지고 있는 것일까? 답은 시스템은 경보를 울리지 말아야 할 때도 경보를 울린다는 것이다. 왜 그런지 살펴보기 위해서 어느 기간 동안 두 곳의 온도가 73도로 되어 있다고 가정하자. 지금 마이크로프로세서가 iTemp0 변수의 값을 73으로 설정하는 다음 코드를 수행하였다고 하자.

```
iTemp0 = iTemperatures[0];
```

이제 인터럽트가 막 발생했고, 이 인터럽트 서비스 루틴에서 새로운 온도를 측정하여 각각의 온도가 74도로 변한 것을 알았다고 가정해 보자. 인터럽트 서비스 루틴은 배열

iTemperatures의 두 원소 각각을 74도로 만들었다. 인터럽트 서비스 루틴이 끝났을 때, 마이크로프로세서는 아래의 코드를 계속 수행하려고 할 것이다.

```
iTemp1 = iTemperatures[1];
```

현재 배열의 각 원소의 값이 74이므로, iTemp1은 74로 설정이 된다. 코드의 다음 줄에서 마이크로프로세서가 iTemp0과 iTemp1의 값을 비교할 때, 두 곳의 온도는 항상 같았는데도 두 곳의 온도는 서로 다르다고 나오고 시스템은 비상경보를 울릴 것이다.

이와 같은 문제를 해결하기 위하여 다음과 같이 코드를 수정하였다.

```
static  int iTemperature[2];

void vReadTemperatures (void) __attribute__ ((interrupt ("IRQ")))
{
        iTemperatures[0] = !!  Read in value from hardware
        iTemperatures[1] = !!  Read in value from hardware
}

voidmain(void)
{
        while  (TRUE)
        {
            if (iTemperatures[0] != iTemperatures[1])
                !! Set off howling alarm;
        }
}
```

수정된 코드에서는 메인 함수가 온도를 지역 변수에 저장하지 않고, 직접 배열 iTemperatures의 원소들의 값을 비교한다. 수정된 코드는 버그를 해결한 것일까?

수정된 코드 역시 문제를 가지고 있다. 단지, 조금 기묘한 형태를 띠고 있을 뿐이다. 문제는 iTemperatures[0]과 iTemperatures[1]을 비교하는 문장 자체도 인터럽트에 걸릴 수 있다는 것이다. 마이크로프로세서는 보통 한 개의 어셈블리 언어가 실행되고 있을 때 중간에서 인터럽트를 걸지는 않는다. 하지만 C의 경우는 한 개의 문장이 여러 개의 어셈블리 명령어들로 번역되는 경우가 많기 때문에 한 문장이 실행되고 있는 중간에도 인터럽트가 걸릴 수 있는 것이다. iTemperatures[0]과 iTemperatures[1]을 비교하는 문장은 다음과 같이 어셈블리 코드로 변환될 것이다.

```
@ r0는 iTemperatures의 시작 주소
MOV              r1,     (r0 + 0)     @ r1 <= iTemperatures[0]
        MOV      r2,     (r0 + 1)     @ r2 <= iTemperatures[1]
        TSUB     r1,     r2
        B.EQ     TEMPERATURES_OK
        .
        @ Code goes here to set off the alarm
        .
```

```
TEMPERATURE_OK;
.
```

만약 인터럽트가 iTemperatures[0]의 값을 레지스터 r1에 저장하는 줄과 iTemperatures [1]의 값을 레지스터 r2에 저장하는 줄 사이에서 발생한다면 어떤 일이 발생할까? 인터럽트 전에 두 곳의 온도는 모두 73도였고 후에 74도로 바뀌었다면, 인터럽트 전에 저장된 레지스터 r1은 73을 갖고 있을 것이고, 인터럽트 서비스 루틴에서 돌아온 후에 저장된 레지스터 r2는 74를 갖게 된다. 인터럽트 서비스 루틴은 레지스터 r1의 값을 바꾸지 못한다. 인터럽트 서비스 루틴은 레지스터의 값이 무엇을 의미하는지 모를 뿐이다. 그러므로 수정된 코드 역시 이전의 코드와 정확히 같은 문제를 가지고 있는 것이다.

1.5.2.1 공유 데이터 오류의 특성

위 두 코드는 인터럽트 서비스 루틴과 작업 코드 간에 iTemperatures 배열을 공유한다. 만약 메인 함수가 iTemperatures 배열을 사용하고 있을 때 인터럽트가 발생한다면 오류가 모습을 드러낼 것이다.

이 오류는 코드가 실행될 때마다 발생하지는 않기 때문에 정말 발견하기가 어렵다. 위의 어셈블리 언어 코드를 보면 인터럽트가 배열을 다루는 두 명령어 사이에서 발생했을 때만 오류가 발생한다는 것을 보여 준다. 인터럽트가 다른 순간에 나타났다면, 프로그램은 완벽하게 동작할 것이다. 인터럽트가 두 명령어 사이에서 발생하려면, 하드웨어는 두 명령어 중 첫 번째가 실행되는 동안 인터럽트를 발생시켜야 한다. 명령어가 실행되는 시간은 수 μs 또는 빠른 프로세서에서는 나노세컨드 단위이기 때문에 그 순간에 인터럽트가 발생할 확률은 지극히 낮지만 분명히 발생할 수 있는 오류이다.

이러한 오류는 정말 드물게 발생해서 발견하기가 거의 어렵기 때문에, 처음부터 모드를 작성할 때 철저한 주의를 기울여서 이러한 버그가 발생하지 않도록 해야만 한다. 인터럽트 서비스 루틴과 작업 코드가 데이터를 공유할 때마다 의심스러운 눈초리로 코드를 보고 철저히 조사를 해서 절대 공유 데이터 버그가 존재하지 않는다는 것을 확실히 해야 한다.

1.5.2.2 공유 데이터 문제의 해결

공유 데이터 문제를 해결하는 첫 번째 방법은 작업 코드가 공유 데이터를 사용할 때마다 인터럽트를 금지시키는 것이다. 예를 들어, disable 함수는 모든 인터럽트를 금지시키고, enable 함수는 모든 인터럽트를 다시 가능하게 하는 함수를 나타낸다면 위의 코드는 다음과 같이 수정할 수 있고, 이 C 코드는 더 이상 위에서 설명된 오류를 갖고 있지 않게 된다. 하드웨어는 인터럽트를 발생시킬 수는 있지만 인터럽트가 금지되어 있는 동안에는 마이크로프로세서는 인터럽트 서비스 루틴으로 점프하지 않을 것이기 때문에 잘못된 경보가 울리는 경우는 없다.

```
static   int iTemperature[2];
```

```
void vReadTemperatures(void) __attribute__ ((interrupt ("IRQ")))
{
            iTemperatures[0] = !!        Read in value from hardware
            iTemperatures[1] = !!        Read in value from hardware
}

void main(void)
{
            int iTemp0,iTemp1;
            while       (TRUE)
            {
               disable();       /* 배열을 사용하는 동안 인터럽트 금지 시킴 */
               iTemp0 = iTemperatures[0];
               iTemp1 = iTemperatures[1];
               enble   ();

               if (iTemp0 != iTemp1)
               !! Set off howling alarm;
            }
}
```

실제 이름이 disable이나 enable 함수는 IDS 명령어와 IEN 명령어를 사용한다. 다음으로는 어셈블리 언어에서 인터럽트를 금지하는 방법을 다루는 예이다.

```
@ r0는 iTemperatures의 시작 주소
IDS                                        @ disable interruptMOV
                  r1,       (r0 + 0)       @ r1 <= iTemperatures[0]
        MOV       r2,       (r0 + 1)       @ r2 <= iTemperatures[1]
        IEN       @ enable interrupt
        TSUB      r1,       r2
        B.EQ      TEMPERATURES_OK
        .
        @ Code goes here to set off the alarm
        .
TEMPERATURE_OK;
.
```

불행히도, 어떤 C 컴파일러나 어셈블러도 언제 인터럽트를 금지시켜야 하는지 스스로 알 정도로 똑똑하지는 않다. 다시 말해서, 프로그램을 작성하는 프로그래머가 인터럽트가 금지되어야 하는 순간을 파악해서 필요할 때 정확히 그렇게 하도록 코드를 작성해 주어야 한다는 것이다.

1.5.2.3 아토믹(atomic)과 중요 부분(critical section)

인터럽트가 걸리지 않는 프로그램의 영역을 아토믹이라고 부른다. 공유 데이터 문제를 좀 더 정확하게 얘기하면 인터럽트 서비스 루틴과 작업 코드가 데이터를 공유하면서, 작업 코드가 아토믹되지 않은 상태로 공유 데이터를 사용할 때 공유 데이터 문제가 발생한다고 할 수 있다. 공유 데이터를 사용하는 작업 코드 영역의 인터럽트를 금지시킬 때 해당 영역은 아토믹된 것이고, 따라서 공유 데이터 문제를 해결하게 된 것이다.

사람은 때때로 아토믹이라는 말이 프로그램의 어떤 영역이 절대 인터럽트가 걸리지 않는다는 것을 의미하기보다는 사용하려는 데이터를 오염시킬 수 있는 뭔가가 인터럽트를 거는 것을 방지한다는 의미로 생각한다. 공유 데이터 문제에서는 두 정의가 동등한 의미를 갖는다. 공유 데이터 문제를 해결하기 위해서, 원자로 프로그램은 단지 온도를 읽는 인터럽트만 금지시켜도 된다. 만약 작업 코드가 온도 데이터만 사용할 때, 현재 시간, 수압, 증기압 등을 측정하는 다른 종류의 인터럽트가 다른 데이터를 변환시킨다면 아무 문제도 발생시키지 않을 것이다.

시스템이 정확하게 동작하기 위해서 아코믹되어야 하는 명령어들의 묶음을 종종 중요 부분이라고 부른다.

1.5.2.4 인터럽트 처리 예제

다음 예제의 lSecondsSinceMidnight 함수는 자정부터 현재까지의 시간을 초로 계산해준다. 하드웨어 타이머는 매초마다 인터럽트를 걸어 주고 그때마다 Core-A는 인터럽트 서비스 루틴 vUpdateTime을 실행시켜서 지나간 시간을 저장하고 있는 정적 변수를 갱신한다.

```
static  int iSeconds, iMinutes, iHours;
    void vReadTemperatures(void)
{
        ++iSeconds;
        if (iSeconds >= 60)
        {
            lSeconds = 0;
            ++iMinutes;
            if (iMinutes >=60)
            {
                iMinutes = 0;
                ++iHours;
                if (iHours >= 24)
                       iHours = 0;
            }
        }
        /* 하드웨어에게 필요한 모든 일을 해준다. */
}


long lSecondsSinceMidnight (void)
{
        return ( (((iHours * 60) + iMinutes * 60) + iSeconds);
}
```

앞에서 다루었던 내용을 떠올린다면, 위의 C 코드는 분명히 버그를 가지고 있다는 것을 알 수 있다. 만약 프로세서가 lSecondsSinceMidnight 함수에서 계산을 하고 있는 중간에 하드웨어 타이머가 인터럽트를 건다면, 잘못된 결과를 얻게 될 것이다. 하지만 lSecondsSincdMidnight 함수가 가끔 1초 정도 틀리는 것 외에는 프로그램이 잘 돌아간다고 생각할 수도 있다. 정말로 이 프로그램이 잘 작동할까?

이 질문에 답하기 위해서 일어날 수 있는 최악의 경우를 생각해 보자. lSecondsSince-Midnight 함수의 리턴 문장이 iHours, iMinutes, iSeconds 변숫값들을 메모리로부터 한 번에 하나씩 읽는다는 것과 인터럽트 서비스 루틴은 그러한 수행 과정 도중에 발생해서 변수들의 값을 변하게 할 수 있다는 것은 알고 있는 사실이다. C 컴파일러가 코드를 iHours 변수를 제일 먼저 읽고, 그 다음에 iMinutes 읽고, 마지막으로 iSeconds를 읽는 어셈블리 명령어들로 변환시켰다고 하자(ANSI C 표준은 컴파일러가 세 개의 변수를 어떤 순서로 읽든지 간에 컴파일러 제작자가 정한 순서에 따르도록 허용하고 있다.). 현재 시간은 3:59:59라고 가정하자. lSecondsSinceMidnight 함수는 iHours 값을 3으로 읽을 것이고, 이때 인터럽트가 발생해서 시간이 4:00:00으로 바뀌었다고 하자. LSecondsSinceMidnight 함수는 iMinutes와 iSeconds 값을 각각 0을 읽을 것이고, 결국 현재 시간은 3:00:00의 초 단위 값이 돼버릴 것이다. 실제 시간과 거의 한 시간이나 차이가 나버리는 것이다.

이 문제를 해결하는 한 가지 방법은 lSecondsSinceMidnight 함수가 계산을 하고 있는 동안에는 인터럽트를 금지시키는 것이다. 앞에서 설명된 것과 같이 enable(), disable() 함수를 사용하여 다음과 같이 수정하려 할 수 있다. 하지만 이 코드는 잘못된 코드이다.

```
long lSecondsSinceMidnight (void)
{
    disable ();
    return ( ((iHours *60) + iminutes *60) + iSeconds);
    enable  ();     /* 이 구문은 절대 실행되지 않기 때문에 틀렸다. */
}
```

즉, 위에서 enable() 함수는 return 문장 다음에 있어서 실행되지 않는다. 다음과 같이 바꾸는 것이 좀 더 좋은 방법이다.

```
long lSecondsSinceMidnight (void)
{
    long lReturnVal;
    disable ();
    lReturnVal =
        ( ((iHours *60) + iminutes *60) + iSeconds);
    enable  ();
    return (lReturnVal);
}
```

위의 코드는 대부분의 경우에 오류 없이 동작한다. 그러나 lSecondsSinceMidnight가 다른 크리티컬 섹션에서 호출된 경우에는 문제가 발생한다. 이 경우에는 위의 함수는 수행을 마치고 복귀할 때 다른 크리티컬 섹션의 안에서 중간에 인터럽트를 가능하게 해버리기 때문에 오류를 발생시킬 수 있다. 따라서 다음과 같이 인터럽트가 비활성화 되어 있는가를 먼저 검사하여야 한다.

```
long  lSecondsSinceMidnight(void)
{
        long    lRetrunVal;
        static BOOL    fInterruptStateOld;        /* 인터럽트가 이미 금지 되어
                                                  있는가? */
        fInterruptStateOld = disable    ();
        lReturnVal = ( ((iHours * 60) + iMinutes) * 60) + iSeconds;
            /* 바로 이전의 상태대로 인터럽트를 복원한다. */
        if (fInterruptStateOld)
            enable     ();
        return (lReturnVal)
}
```

이 코드에서는 disable 함수가 인터럽트를 단순히 금지시키는 것 외에, 호출되기 전의 상태가 인터럽트가 금지되어 있었는지 또는 가능한 상태였는지를 부울 변수로 반환한다고 가정한다. 그러면 루틴의 끝에서 무조건 인터럽트를 가능하게 하는 대신 위의 코드는 루틴의 시작에서 인터럽트가 원래 어떤 상태였는지를 검사하고 저장해서 코드의 끝에서 다시 원래 상태로 만들 때 그 저장된 값을 사용한다.

1.5.2.5 volatile 키워드

대부분의 컴파일러들은 프로그램이 특별히 바꾸지 않는 한 변수들은 메모리에 저장된다고 가정하고, 최적화를 할 때 이 가정을 사용한다. 이것은 문제를 발생시킬 수 있다. 예를 들어, 위의 코드는 인터럽트를 금지시키지 않고 lSecondsSinceMidnight 함수에서 공유 데이터 문제를 해결하려고 한다. 만약 lSecondsSinceMidnight 함수가 lSecondsToday 변수로부터 두 번 같은 값을 읽게 되면, 어떠한 인터럽트도 발생하지 않았다고 생각하면 된다. 하지만, 어떤 컴파일러는 새로운 문제를 일으켜서 프로그래머를 괴롭힌다.

```
static   long    int lSecondsToday;
    void    vUpdateTime    (void) __attribute__ ((interrupt ("IRQ")))
{
        ...
        ++lSecondsToday;
        if (lSecondsToday == 60 * 60 * 24)
            lSecondsToday = 0L;
        ...
    }
long  lSecondsSinceMidnight    (void)
{
        long lReturn;
```

```
        /* When we read the same value twice, it must be good */
        lReturn = lSecondsToday;
        while (lReturn != lSecondsToday)
            lReturn = lSecondsToday;
return (lReturn);
}
```

컴파일러는 lSecondsToday의 값을 읽어서 레지스터에 담아 lReturn 변수에 저장할 코드를 만들 것이다. 코드가 while 문에 이르렀을 때 컴파일러의 최적화 기능은 lSecondsToday의 값을 이미 읽었었고 그 값이 여전히 레지스터 안에 있다는 것에 주목한다. 그래서 원래 C 프로그램의 의미와는 전혀 다른 메모리로부터 값을 다시 읽지 않고, 레지스터에 있는 값을 그냥 이용하는 코드를 만들 것이다. 심지어 어떤 컴파일러는 lReturn의 값이 lSecondsToday에 단지 복사가 되기 때문에 이 두 변수는 항상 같은 값이라고 추측하고, 그러면 이론적으로 while 문에 있는 서로 다르다는 조건은 언제나 거짓이 되기 때문에, 전체 while 루프를 없애 버리기까지 한다. 두 경우 모두, 컴파일러에 있는 최적화 기능은 이 새로운 lSecondsSinceMidnight 함수를 이전의 오류를 가지고 있는 버전으로 되돌린다.

이러한 것을 피하기 위해 volatile이라는 키워드를 lSecondsToday 변수를 선언할 때 앞에다 붙여야 한다. volatile 키워드는 C 기본 문법 중의 하나로, 컴파일러에게 특정한 변수의 값이 인터럽트 서비스 루틴이나 컴파일러가 모르는 어떤 원인으로 해서 변경될 수 있다는 것을 알려주는 역할을 한다. 다음과 같이 선언한다.

```
static volatile long int lSecondsToday;
```

선언할 때 volatile 키워드를 포함하면, 컴파일러는 마이크로프로세서가 lSecondsToday 값을 읽을 때마다 메모리에서 직접 읽어 와야 한다는 것을 의미한다고 생각한다. 컴파일러가 lSecondsToday로부터 읽거나 쓰는 것을 최적화를 위해 생략하는 것이 허용되지 않는다.

1.5.3 인터럽트 지연

인터럽트는 시스템으로부터 좀 더 나은 응답을 얻어내려는 수단이고 임베디드 시스템에서 응답 속도는 언제나 중요한 문제이기 때문에 "내 시스템은 각각의 인터럽트에 대해 얼마나 빠르게 응답할까?"는 중요한 질문이다. 이 질문에 대한 답은 여러 요인에 의해서 결정된다.

- 해당하는 인터럽트가 금지되는 가장 긴 시간
- 마이크로프로세서가 수행하던 일을 멈추고, 인터럽트 서비스 루틴으로 점프하기 위해 필요한 준비 작업을 하고, 인터럽트 서비스 루틴의 명령어를 실행시키기 시작할 때까지의 시간
- 인터럽트 서비스 루틴이 컨텍스트를 저장하고 나서 '응답'이라고 여겨지는 일들을 수행하는 데 걸리는 시간

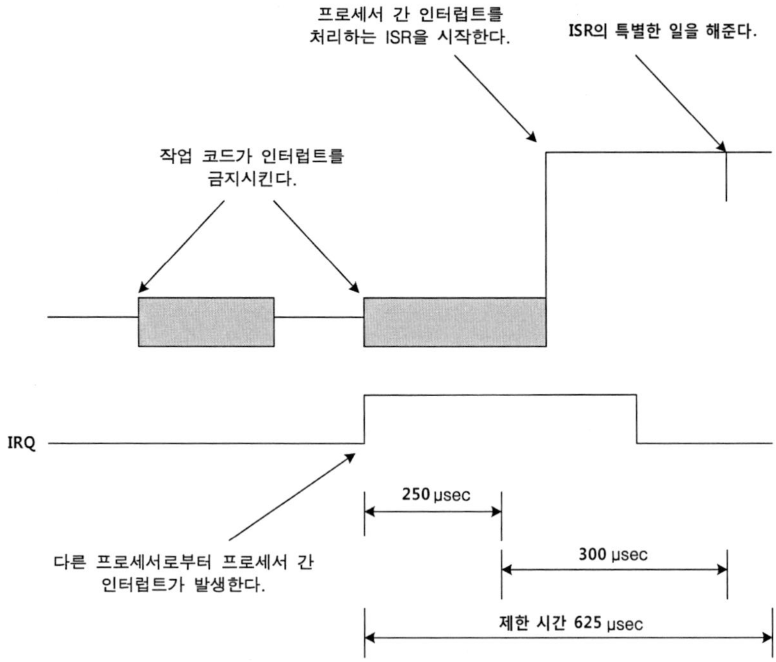

그림 1.36 최악의 경우 인터럽트 지연

인터럽트 지연이라고 용어는 어떤 인터럽트에 대해서 시스템에 응답하는 데 걸리는 시간의 양을 나타낼 때 사용한다. 하지만 많은 사람들이 이 시간을 계산할 때 위의 요인들을 서로 다른 방법으로 조합한다. 여기서는 위의 모든 요인을 포함시킬 것이지만, 인터럽트 지연이라는 용어는 매우 다양한 것들을 의미한다는 것을 알게 될 것이다.

다음 중요한 질문은 "어떻게 위에 나열된 세 가지의 요인들에 관한 시간을 알 수 있느냐?"이다. 보통은 두 번째 요인에 대한 시간은 Core-A 사용 설명서에서 얻을 수 있다. 다른 두 가지 요인에 대해서는 두 가지 방법 중의 하나를 통해 알아낼 수 있다. 첫 번째 방법은 코드를 작성하고 실행 시간을 측정하는 것이다. 두 번째 방법은 다양한 종류의 명령어의 개수를 세고, 각 종류별로 수행시간을 Core-A 데이터 시트에서 찾는 방법이다.

1.5.3.1 인터럽트 금지하기

인터럽트를 금지시키는 것은 공유 데이터 문제를 해결하기 위해서 필요하다. 하지만 인터럽트가 금지되는 시간을 줄일수록 시스템의 응답은 훨씬 좋아지게 된다. 인터럽트를 금지시키는 것이 시스템의 응답에 어떻게 영향을 끼치는지 몇 가지 예제를 통해 알아보자. 시스템의 요구사항이 아래와 같다고 하자.

- 하드웨어로부터 온도를 읽어서 변수들에 값을 쓰는 인터럽트 서비스 루틴과 작업 코

드가 공유하는 온도 변수 쌍을 사용하기 위해 시스템은 125 µs 동안 인터럽트를 금지시켜야만 한다.

- 타이머 인터럽트에 대해 응답하는 인터럽트 서비스 루틴과 작업 코드가 공유하는 시간에 대한 변수에서 정확한 시간을 얻기 위해서 시스템은 250 µs 동안 인터럽트를 금지시켜야만 한다.
- 시스템에 있는 다른 프로세서로부터 특별한 신호를 받았을 때 625 µs 안에 응답을 해줘야 한다. 프로세서 간의 인터럽트를 처리해주는 루틴은 실행하는데 300 µs가 걸린다.

이 마지막 조건을 만족할 수 있을까? 이 질문에 답하는 것은 상대적으로 쉽다. 우리의 이 가상 시스템에서 인터럽트는 한 번에 많아야 250 µs 동안 금지된다. 인터럽트 서비스 루틴이 코드를 실행하기 위해서 300 µs가 필요하기 때문에 다 합쳐서 최악의 경우에도 550 µs가 소요되고 이는 제한 시간인 625 µs보다 작다.

작업 코드 안에서 두 종류의 인터럽트(온도, 타임) 금지 기간의 합인 375 µs 동안 인터럽트가 지연되지는 않는다는 것을 주의해야 한다. 시스템이 시간을 읽기 위해서 인터럽트를 금지시키고 있는 동안에 하드웨어가 프로세서 간 인터럽트를 발생시켰다면, 시스템은 많아야 250 µs 안에 인터럽트를 다시 가능하게 하고, 프로세서는 프로세서 간 인터럽트 서비스 루틴으로 점프할 것이다. 시스템이 다른 순간에 인터럽트를 금지시켰던 것은 지금의 인터럽트 금지와는 관계 없는 일이다. 대부분의 프로세서에서, 인터럽트를 가능하게 했다가 다시 금지시키는 기간이 너무 짧아서, 기다리고 있는 인터럽트를 처리 못하는 경우는 절대로 발생하지 않는다.

1.5.3.2 인터럽트 금지에 대한 대안

인터럽트 금지는 인터럽트 지연을 증가시키기 때문에 공유 데이터 문제를 해결할 수 있는 다른 몇 가지의 대안을 알고 있을 필요가 있다. 이번 절에서는 몇 가지 예제를 다룰 것이다.

대부분의 경우 단순히 인터럽트를 금지시키는 것이 아래에서 다룰 테크닉보다는 훨씬 좋은 방법이기 때문에, 인터럽트 지연을 더 이상 늘릴 수 없는 극단적인 상황에서만 다음의 테크닉을 사용하길 권한다.

다음의 프로그램은 iTemperaturesA 배열과 iTemperaturesB 배열, 두 종류의 배열들을 사용한다. fTaskCodeUsingTempsB 변수는 작업 코드가 현재 어떤 배열을 검토하고 있는 지를 나타내고 있다. 인터럽트 서비스 루틴은 항상 작업 코드가 사용하지 않는 배열에 값을 저장한다. 인터럽트 서비스 루틴은 작업 코드가 읽고 있는 온도 변수에 절댓값을 쓰지 않기 때문에 이러한 간단한 테크닉은 공유 데이터 문제를 해결한다.

```
static  int    iTemperaturesA[2];
static  int    iTemperaturesB[2];
```

```
static   BOOL   iTaskcodeUusingTempsB = FALSE;

void vReadTemperatures  (void) __attribute__ ((interrupt ("IRQ")))
{
        if (fTaskCodeUsingTempsB)
{
            iTemperaturesA[0] = … //  하드웨어로부터 값을 읽음
            iTemperaturesA[1] = … //  하드웨어로부터 값을 읽음
        }
        else
        {
            iTemperaturesB[0] = … //  하드웨어로부터 값을 읽음
            iTemperaturesB[1] = … //  하드웨어로부터 값을 읽음

}
}

void main (void)
{
        while  (TRUE)
        {
            if (fTaskCodeUsingTempsB)
                if (iTemperaturesB[0] != iTemperaturesB[1])
                // 비상 경보를 울린다.;
            else
                if (iTemperaturesA[0] != iTemperaturesA[1])
                // 비상 경보를 울린다.;

            fTaskCodeUsingTempB = !fTaskCodeUsingTempsB;
        }
}
```

이 코드의 단점은 작업 코드는 현재 하드웨어로부터 읽는 변수가 아닌 다른 변수의 값을 먼저 읽기 때문에 정보를 올리기 전에 메인 함수에 있는 while 루프는 두 번 실행이 되어야 한다는 것이다.

다음 프로그램에서 인터럽트 서비스 루틴은 온도 쌍을 iTemperatureQueue라는 큐에 저장을 한다. iHead 포인터와 iTail 포인터가 큐에서 작업 코드가 읽고 있는 영역과 인터럽트 서비스 루틴이 쓰고 있는 영역이 다르도록 해주기 때문에 공유 데이터 문제는 저절로 해결된다. 약간 복잡해진 대신, 이 코드는 인터럽트를 금지시키지 않고 온도 데이터를 작업 데이터에서 바로 읽도록 해준다. 이 코드의 단점은 매우 망가지기 쉽다는 것이다. 겉으로 보기엔 아래와 같은 작은 변화도 버그를 발생시킬 수 있다.

```
#define QUEUE_SIZE 100
int iTempreatureQueue [QUEUE_SIZE];
int iHead = 0;          /* 다음 추가할 온도 쌍을 가리킴 */
int iTail = 0;          /* 다음 읽을 온도 쌍을 가리킴 */
```

```
void     vReadTemperatures (void) __attribute__ ((interrupt ("IRQ")))
{
         /* 큐가 차지 않았다면…. */
         if (! (( iHead +2 == iTail) || (iHead == QUEUE_SIZE - 2 && iTail ==0 )))
         {
             iTemperatureQueue[ iHead] = … // 한 곳의 온도를 읽는다.
             iTemperatureQueue[ iHead +1] = … // 다른 곳의 온도를 읽는다.
             iHead += 2;
             if (iHead ==QUEUE_SIZE)
                 iHead = 0;
         }
         else
         // 다음 값은 버린다.;
}

void main (void)
{
         int iTemperature1,     iTemperature2;

         while (TRUE)
         {
             /* 읽을 데이터가 있다면….*/
             if (iTail != iHead)
             {
                 iTemperature1 = iTemperatureQueue[ iTail];
                 iTemperature2 = iTemperatureQueue[ iTail + 1];
                 iTail += 2;
                 if (iTail == QUEUE_SIZE)
                         iTail =0;
                 // 읽은 변숫값으로 어떤 일을 한다.
             }
         }
}
```

작업 코드는 반드시 큐에서 데이터를 먼저 읽고 그 다음 iTail 포인터를 옮겨야만 한다. 이 순서를 바꾸면, 작업 코드가 읽고 있는 영역에 인터럽트 서비스 루틴이 값을 쓸 수 있기 때문에 공유 데이터 버그를 발생시킬 수 있다.

작업 코드에서 iTail의 값이 2만큼 증가할 때, 이 변수에 쓰는 것은 반드시 아토믹해야 한다. 만약 iTail 포인터에 대한 변형이 아토믹하지 않다면 이 프로그램은 잠재적으로 오류를 발생시킬 수 있다. 이러한 연약한 속성 때문에 인터럽트를 금지하는 것을 채택할 수 없는 경우에만 이 코드를 사용하는 것이 합리적이다.

1.5.4 Core-A 인터럽트

익셉션(exception)은 프로세서의 내부 혹은 외부에서 발생한 예외 상황을 다루기 위하여 발생된다. Core-A는 "RESET, DMMU page fault, external interrupt, undefined instruction, software interrupt, IMMU page fault"와 같은 6가지 종류의 익셉션을 제공한다.

Service Routine Address	Exception Type
0x00	RESET
0x04	DMMU page fault
0x08	undefined instruction
0x0C	software interrupt
0x10	external interrupt
0x14	IMMU page fault

익셉션이 발생하면 프로세서는 현재 상태를 PS의 앞부분에 저장하고, 벡터 테이블을 참조한다. 벡터 테이블에서는 위에서 기술된 익셉션의 형태 별로 해당하는 서비스 루틴으로 분기하는 명령어가 기록되어 있다. 해당 서비스 루틴으로 분기하면서 현재의 PC 값은 EPC에 저장된다. PS 내의 IE 비트는 0으로 바뀌면서 인터럽트를 비활성화 하게 된다. 이 외의 다른 정보는 프로그래머가 직접 저장하여야 한다. 인터럽트에 처리는 다음과 같은 과정으로 진행된다.

```
EPC = PC
PS[31:16] = PS[15:0]
PS.IE = 0
PS.MODE = 2'b01
PC = service_routine_address
```

주어진 특권 소프트웨어가 자신을 호출할 수 있는 경우라면, PS와 EPC는 다른 레지스터나 스택에 저장되어야 한다. 익셉션 핸들러가 수행을 마치면, 저장되었던 데이터를 복원해야 한다. PS에 저장된 익셉션 직전의 상태는 PS로 복원되어야 한다. PS 복원 후에는 EPC와 RFI를 이용하여 작업 코드로 복귀하여야 한다. 여기서 PS 복원과 작업 코드로의 복귀는 동시에 수행되어야 한다. PS가 먼저 복원된다면, EPC를 이용하여 PC를 변경할 수 없다. PC가 먼저 복원된다면, 익셉션 핸들러가 명령어 스트림에 대한 제어권을 상실하여 PS를 수정할 수 없다. 따라서 이 두 가지의 동작은 RFI와 함께 아토믹하게 진행되어야 한다. 만약 핸들러가 자신이 다시 호출되는 것에 대비하여 복귀 주소를 스택에 복사하였다면, 사용자 레지스터의 복원과 복귀는 PS를 복원하는 명령어와 RFI 명령어를 사용하여 수행되어야 한다. 즉, 인터럽트 서비스 루틴에서 복귀하기 위해서는 RFI 명령어를 사용하여야 한다.

1.5.4.1 EPC

익셉션 직후의 EPC 값은 익셉션이 처리된 후에 복귀하여야 할 주소를 저장하고 있다.

대부분의 경우에 익셉션이 발생할 때 수행되고 있는 명령어를 가리킨다. 그러나 만약 이 명령어가 분기 문 지연 슬롯에 있는 명령어라면 EPC는 분기 명령어를 가리킨다.

1.5.4.2 정확한 익셉션 처리

일반적으로 파이프라이닝을 이용하는 프로세서에서는 익셉션이 파이프라인 단계 중 어떤 곳에서도 발생할 수 있으며, 이로 인하여 헤저드가 발생할 수 있다. 따라서 익셉션이 명령어 수행 중간에 발생하면 이전에 시작된 모든 명령어의 수행이 끝날 때까지 익셉션 처리는 미뤄진다.

1.5.4.3 리셋

리셋 입력이 활성화되면, 프로세서는 현재 명령어의 수행을 중지한다. 리셋 입력이 비활성화되면 다음의 동작이 수행된다.

```
EPC = UNPREDICTABLE value
PS[31:16] = UNPREDICTABLE value
PS.IE = 0
PS.MODE = 2'b01
PC = 0x04
```

리셋 후에는 프로세서는 수퍼바이저 모드에서 0x04 번지의 명령어부터 수행을 시작한다. 이때 인터럽트는 비활성화된다.

1.6 요약 정리

- 마이크로프로세서의 인터럽트 요구 핀 중의 하나를 활성화시켜서 서비스를 받으려는 I/O 장치가 마이크로프로세서에게 신호를 보낼 때, 마이크로프로세서는 하던 일을 중단하고, 관련된 인터럽트 서비스 루틴을 수행한 후에 다시 작업 코드로 복귀해서 하던 일을 계속 수행한다.
- 인터럽트 서비스 루틴은 반드시 컨텍스트를 저장하고 복원해야만 한다.
- 인터럽트 서비스 루틴과 작업 코드가 데이터를 공유할 때, 이 두 코드가 서로를 간섭하지 않도록 해야만 한다. 이를 해결하는 첫 번째 방법은 작업 코드가 공유 데이터를 사용할 때 인터럽트를 금지시키는 것이다.
- 시스템이 정확히 동작하기 위해서 인터럽트가 걸리지 말아야 하는 명령어들의 묶음을 크리티컬 섹션이라고 부른다. 인터럽트가 걸리지 않을(예를 들어, 인터럽트가 금지되었기 때문에) 명령어의 묶음을 아토믹되었다고 한다.

- C에서는 어떤 구문도 아토믹이라고 가정해서는 안 된다.
- volatile 키워드는 컴파일러에게 인터럽트 서비스 루틴이 그 변수의 값을 바꿀 수 있기 때문에 컴파일러가 최적화를 하게 되면 문제가 될 수도 있다는 것을 경고한다.
- 인터럽트 지연은 시스템이 어떤 인터럽트에 대해서 응답하는 데 걸리는 시간이다. 몇몇 요인들이 이러한 시간에 영향을 미친다. 인터럽트 지연을 최소화(그리고 시스템의 응답성을 좋게 하려면)하려면, 아래와 같이 해야만 한다.
  - 인터럽트 서비스 루틴을 짧게 만들어라.
  - 짧은 순간 동안만 인터럽트를 금지시켜라.
- 인터럽트를 금지시키는 대신 사용할 수 있는 테크닉이 있지만, 그러한 테크닉들은 매우 섬세해서 망가지기 쉽기 때문에 절대적으로 필요할 때만 사용해야 한다.

02 OSEK 차량용 임베디드 운영체제

2.1 운영체제 개요

운영체제란 무엇인가? 운영체제 개념을 파악하기 위해서는 초창기 컴퓨터 형태를 이해하는 것이 도움이 된다. 요즘엔 컴퓨터 하드웨어 비용이 저렴해졌기 때문에 책상 위에 컴퓨터를 놓고 사용하거나 심지어 무릎 위에 올리고 사용하지만, 초기에는 너무 비쌌기 때문에 한 기관에 한두 대 밖에 없었다. 따라서 컴퓨터실이 따로 있었고 각 개인은 자신이 처리할 작업을 컴퓨터실에 제출했었다. 그러면 컴퓨터실 관리자(operator)는 제출된 작업을 순서대로 일괄처리(batch processing)하여 그 결과를 정리해 둔다. 그리고 보통 하루나 한나절 후에 제출자에게 작업 실행 결과를 통보해 준다. 작업 제출 후 결과를 받을 때까지의 시간을 통상 '소요시간(turnaround time)'이라고 하는데, 일괄처리를 이용하는 상황에서는 소요시간이 하루나 한나절이 되는 셈이다.

컴퓨터가 더 발전된 후에는 비싼 컴퓨터를 최대로 활용하기 위해서 여러 사용자가 함께 컴퓨터를 사용할 수 있도록 시스템 구조를 변경하기에 이른다. 즉, 여러 사용자들이 터미널을 이용하여 중앙 컴퓨터에 연결하여 작업을 제출하고 중앙 컴퓨터는 각 사용자들의 작업을 실시간(real-time)으로 처리해 준다. 여기서 실시간이란 우리가 요즘 생각하는 실시간과는 조금 다른 의미인데, 작업 처리에 필요한 소요시간을 획기적으로 줄였다는 의미로 간주하면 된다. 초기에는 소요시간이 하루나 한나절 정도였지만, 터미널을 이용하면 프로그램 명령어가 수행된 바로 그 직후에 결과를 받을 수 있는 것이다. 이때 사용되었던 더미터미널(dummy terminal)이 지금 우리가 사용하는 PC보다 가격이 비쌌다.

여러 사용자가 터미널을 이용하여 컴퓨터를 이용하게 되면서부터 관리자의 역할은 달라졌다. 이전에는 처리할 작업 순서를 결정하고 그 결과를 정리하여 통보하는 것이 주 업무

였지만, 지금은 그 일을 프로그램이 맡게 되었다. 대신 사용자 자료를 백업하거나 주기적으로 시스템의 작업을 정리하는 것이 주요 업무가 되었다. 이처럼 초기의 관리자가 하는 일을 대신해주는 프로그램을 운영체제(operating system)라고 한다.

2.1.1 운영체제의 역할

운영체제의 주요 역할은 프로세스(process)를 관리하는 것이다. 여기서 프로세스란 사용자가 제출한 작업이라고 봐도 무방한데, 그런 의미에서 작업 또는 태스크(task)라고 부르기도 한다. 운영체제 입장에서 프로세스는 실행 중인 프로그램이다. 프로그램은 CPU(central processing unit, 중앙처리장치)가 처리해야 할 명령어 나열로서 하드디스크에 파일 형태로 저장되어 있다. 그러나 이 프로그램을 실행시키려면 컴퓨터 메모리로 불러들여야 하는데, 이를 '적재(loading)'라고 한다. 즉, 운영체제는 적재되어 실행되고 있는 프로그램들을 관리해주는 프로그램이다.

운영체제 자신도 프로그램이기 때문에 운영체제도 메모리에 적재되어야 한다. 그래야 자신이 실행될 수 있고 그런 다음에야 다른 프로세스를 관리할 수 있는 것이다. 따라서 컴퓨터 시스템의 전원을 켜면 먼저 운영체제가 적재되는 작업이 실행된다. 이를 '부팅(booting)'이라고 한다. 부팅이란 부스트래핑(bootstrapping)의 줄임말로서 본격적인 일을 시작하기 전에 준비한다는 뜻이 담겨 있다. 컴퓨터에서 본격적인 작업이란 응용 프로그램을 실행하는 것으로 생각할 수 있으므로, 응용 프로그램을 시작하기 위해 먼저 운영체제를 적재하여 시작하는 것을 부팅이라고 이름 지은 것은 아주 적합하다고 할 수 있겠다.

운영체제의 두 번째 역할은 각 장치를 관리하는 것이다. 컴퓨터에는 CPU와 메모리가 있을 뿐만 아니라 키보드, 마우스, 프린터 등 각종 장치들이 연결되어 있다. 이러한 장치들은 대개 컴퓨터 입출력을 도와주는 역할을 하는데, 예컨대 키보드와 마우스가 입력장치로서 컴퓨터로 자료를 넣는 것(입력)을 도와주고, 프린터는 출력장치로서 컴퓨터의 자료를 빼내는 것(출력)을 도와준다. 어떤 장치는 입력뿐만 아니라 출력도 함께 수행하는데, 예컨대 네트워크 장치나 디스크 장치가 바로 그런 것들이다. 이 중에서 디스크 장치는 보조기억장치(secondary storage device)라고 하여 따로 분류하기도 한다.

각종 컴퓨터 장치를 활용하기 위해서는 해당 장치를 다루는 프로그램들이 필요하다. 어떤 컴퓨터 장치(device)를 제어하는 프로그램을 특별히 장치관리자(device driver)라고 한다. 운영체제는 이러한 장치관리자와 협조하여 이러한 장치가 사용자의 목적에 맞게 사용될 수 있도록 교통정리하는 프로그램이다. 구체적인 예로 프린터를 생각해 보자. 어떤 서버가 프린터가 하나 달려 있고, 여러 사용자가 동시에 인쇄 작업을 요청했다고 하자. 각 사용자가 작업을 동시에 출력한다면 인쇄 결과가 이상하게 나올 것이다. 운영체제는 이러한 경쟁 작업(racing tasks)을 정리하여 하나씩 수행되도록 한다. 유닉스(Unix)나 리눅스(Linux) 운영체제에서는 특별히 이러한 인쇄 작업을 정리하는 서브시스템을 스풀러(spooler)라고 한다. 이처럼 운영체제는 장치관리자를 감독하는 기능도 수행한다.

컴퓨터 장치 중에서 특별히 중요한 것이 메모리와 하드디스크이다. 특히 하드디스크는 프로그램과 데이터를 저장하는 중요한 장치이기 때문에 운영체제에서는 하드디스크를 특별한 서브시스템으로 구현하고 있다. 사실 하드디스크뿐만 아니라 프로그램과 데이터를 저장할 수 있는 비휘발성 기억장치(non-volatile storage)에는 모두 이러한 서브시스템을 구현할 수 있는데, 예컨대 USB 메모리 스틱이나 CD-ROM, CD-RW 등도 비휘발성 기억장치에 해당한다. 이처럼 비휘발성 기억장치의 데이터를 관리하는 서브시스템을 파일시스템(file system)이라고 한다. 파일시스템은 파일(file)과 디렉터리(directory)를 관리하는 시스템인데, 파일은 구체적인 데이터를 저장하고 있는 논리적 단위이며 디렉터리는 여러 파일들을 모아 관리하기 위한 특수한 파일이다. 디렉터리 자체도 파일이므로 파일시스템은 일반적으로 트리구조(tree structure)를 이루고 있다.

한편, 메모리에는 현재 수행중인 프로세스가 저장되어 있기 때문에 메모리는 주로 커널에서 관리하며, 메모리를 관리하는 커널의 서브시스템을 메모리관리자(memory manager)라고 한다. 메모리관리자는 메모리를 페이지(page)라는 단위로 나누어 관리하는데, 페이지는 메모리를 일정한 크기로 나눈 구획이라고 생각할 수 있다. 실제 프로세스는 대개 이러한 페이지를 여러 개 차지하게 된다. 운영체제는 크기가 큰 프로그램을 지원하기 위해 컴퓨터 하드웨어가 실제로 장착하고 있는 메모리 크기보다 큰 프로그램도 적재하여 실행할 수 있도록 배려하고 있다. 그래서 프로그램이 생각하고 있는 메모리 크기와 실제 메모리 크기는 다를 수 있는데, 전자를 가상메모리(virtual memory)라고 하고 후자를 물리적 메모리(physical memory)라고 하여 구별한다. 가상메모리와 물리적 메모리 사이의 주소 변환을 수행하는 하드웨어를 MMU(memory management unit)라고 하며, MMU와 협조하여 프로세스 메모리를 관리하는 것이 바로 메모리관리자의 역할이다.

2.1.2 운영체제 분류

초기 운영체제는 서버용 운영체제를 중심으로 발전하였다. 앞서 언급한 것처럼 초기에는 고가의 서버 하드웨어를 최대한 활용하는 것이 관건이었는데, 이때 등장한 시분할 운영체제(time-sharing operating system)로는 멀틱스(MULTICS)가 있다. 멀틱스는 매우 비대한 운영체제였기 때문에 이후 등장한 유닉스에게 자리를 넘겨주게 된다. 유닉스는 소스코드 공개 정책으로 인하여 널리 퍼지게 되었고 서버용 운영체제의 표준으로 자리 잡게 된다.

PC용 운영체제는 Apple DOS와 MS-DOS(Microsoft DOS)로부터 발전하였다.[3] 두 운영체제 모두 명령어 인터페이스를 이용한 텍스트 운영체제였으며 지금의 운영체제와는 판이하게 다른 형태였다. 텍스트 운영체제는 맥 OS 및 마이크로소프트 윈도우(Microsoft Win-

3) DOS란 Disk Operating System의 약자임. 지금처럼 하드디스크가 보편적으로 사용되기 전에 사용되던 플로피디스크용 소형 운영체제를 DOS라고 한다.

dows) 등 GUI 운영체제가 발전함에 따라 급속히 쇠퇴하였다. 사실 GUI 운영체제를 처음 도입한 컴퓨터는 애플 리사(Apple Lisa)였는데, GUI 개념은 이후 맥 OS, 윈도우에 속속 도입되었으며[4] 현재는 서버 PC용 리눅스에도 GUI가 도입되고 있다.

초기 IBM 호환 컴퓨터에서는 IBM에서 직접 제작한 OS/2 운영체제가 탑재되었다. OS/2는 본래 PS/2라는 IBM 컴퓨터에 탑재된 운영체제[5]로서 초기에는 텍스트 운영체제였으나 후에 GUI 운영체제로 탈바꿈하였다. IBM의 OS/2는 매우 안정성이 높은 운영체제로 알려졌으나 지원할 수 있는 컴퓨터가 고가의 PS/2뿐이었기 때문에 마이크로소프트 윈도우에게 자리를 내주고 만다. 그 결과 현재 GUI 운영체제는 마이크로소프트 윈도우가 우세한 상황이며 맥 OS/X와 리눅스가 일정 부분 시장을 점유하고 있다.

리눅스는 PC용 유닉스 변종으로서 리누즈 토발즈(Linus Torvalds)가 개발한 운영체제다. 따라서 리눅스 시스템은 유닉스 시스템과 거의 유사하며, PC의 각종 장치는 오히려 리눅스가 더 잘 지원하는 편이다. 또한, 리눅스는 서버용 유닉스의 안정성을 그대로 계승하고 있기 때문에 현재 서버 PC에 사실상 표준으로 사용되고 있다. 한편, 리눅스는 여러 배포판을 통해 다양한 PC 플랫폼을 지원하고 있다.

리눅스가 등장함에 따라 서버와 개인용 PC의 차이가 모호해지게 되었다. 이에 따라 마이크로소프트에서는 서버용 윈도우를 별도로 출시하게 된다. 서버용 윈도우에는 웹서버, 파일서버, 메일서버 등이 탑재되어 있으며 여러 사용자에게 터미널서비스를 제공하고 있다. 따라서 서버용 윈도우는 사실상 서버 역할을 할 수 있는 것으로 알려져 있는데, 개인용 운영체제에서 발전했다는 것 때문인지 다중 사용자를 지원하는 성능이 다소 떨어지는 것으로 평가되고 있다. 이러한 성능상 제약으로 인해서 서버용 윈도우는 아직 큰 시장을 점유하지는 못하고 있다.

또한, 리눅스에도 X 윈도우 시스템을 활용한 GUI가 도입됨에 따라서 PC의 윈도우와 매우 흡사한 형태로 발전하고 있다. 본래 X 윈도우 시스템은 서버용 유닉스에서 GUI 터미널을 지원하기 위한 GUI 시스템으로서 간단히 말하면 X 터미널용 운영체제라고 할 수 있다.[6] 그런데 X 윈도우 시스템이 리눅스에 도입됨에 따라 리눅스에도 윈도우 매니저가 탑재되었으며 이제 PC GUI의 거의 모든 기능을 리눅스에서도 활용할 수 있게 되었다. 따라서 특정 리눅스 배포판(대표적으로 Ubuntu)의 경우에는 거의 PC와 흡사한 GUI를 제공한다.

요약하면 운영체제는 서버용 운영체제와 PC용 운영체제로 구별되어 발전되어 왔으며 최근 이 두 운영체제의 구별이 사라지고 있는 상황이다. 즉, 서버용 운영체제도 PC용 운영

---

4) GUI를 처음 도입한 것은 애플이었으나 마이크로소프트와의 법정 소송 끝에 마이크로소프트도 윈도우에 GUI를 사용할 수 있게 되었다.

5) 초기 OS/2 개발은 IBM과 마이크로소프트 공동으로 이루어졌으나 후에 IBM이 독점적으로 개발·관리하게 된다.

6) X 윈도우 이전에는 더미터미널이라고 불리는, 텍스트만 나오는 터미널이 주종을 이루었으나 그 이후에는 GUI 기능이 탑재된 X 터미널이 사용되었다.

체제와 마찬가지로 GUI를 지원하고 있으며, PC용 운영체제도 다중 사용자를 지원하는 형태로 발전하고 있다. 그러나 아직까지 서버용 운영체제는 유닉스가 거의 독점하다시피 하고 있으며, 반대로 PC용 운영체제는 마이크로소프트 윈도우가 독점하다시피 하고 있다. 이런 상황에서 1990년대 후반부터 운영체제에 새로운 바람이 일기 시작했는데, 그것이 바로 임베디드 운영체제이다.

2.1.3 임베디드 운영체제

임베디드 운영체제는 임베디드 시스템에서 사용하고 있는 운영체제이다. 컴퓨터 분야에서 임베디드 시스템이란 전체 시스템의 하부 구조로 내장되어 있는 컴퓨터 시스템을 의미하는데, 예컨대 로봇 시스템이나 휴대폰 시스템 등에 내장되어 있는 컴퓨터 시스템을 뜻한다. 이러한 시스템에는 다양한 장치들이 연결되어 있는데, 내장되어 있는 컴퓨터 시스템은 이러한 장치들을 효과적으로 제어하는 기능을 수행한다.

임베디드 시스템의 중요한 특징으로는 실시간으로 동작해야 한다는 것을 들 수 있다. 휴대폰 시스템의 경우를 예로 들면, 통화할 때 음성이 실시간으로 처리되지 못한다면 휴대폰의 기능을 제대로 수행할 수 없다. 로봇 시스템도 마찬가지다. 생산라인에서 정해진 시간 내에 부품을 탑재하는 로봇을 생각해 보자. 만일 생산라인의 어떤 한 로봇이라도 실시간으로 동작하지 못할 경우 부품 생산라인 전체가 정지되거나 정체될 수도 있다.

임베디드 시스템이 일반 컴퓨터 시스템과 다른 점은 키보드(keyboard)나 모니터(monitor) 등 표준 입출력(standard input and output)이 지원되지 못할 수 있다는 점이다. 일반 컴퓨터 시스템에는 항상 키보드와 모니터가 탑재되어 있다. 따라서 시스템의 상태를 수시로 파악할 수 있으며, 원하는 시간에 시스템에 명령을 내릴 수도 있다. GUI가 탑재된 요즘에는 마우스(mouse)도 필수적인 입출력 장치에 해당한다. 그러나 임베디드 시스템에는 이러한 표준 입출력 장치가 없다. 대신 센서(sensor)나 액추에이터(actuator) 등을 통해 시스템 외부와 연결되어 있다.

이러한 특징으로 인해서 임베디드 시스템에는 전통적으로 운영체제가 사용되지 않았었다. 임베디드 시스템은 대개 정해진 일을 수행하기 때문에, 다중 프로세싱이 필요하지 않았으며 따라서 운영체제도 특별히 필요하지 않았기 때문이다. 그러나 임베디드 시스템 구조가 복잡해짐에 따라 동시에 처리해야 할 태스크가 많아지게 되고, 이에 따라서 운영체제가 필요하게 되었다.

초기 임베디드 운영체제는 몇 개의 태스크를 순환적으로 수행하는 역할만 수행했었다. 이러한 운영체제에는 아주 기초적인 개념의 태스크만 존재할 뿐이며 기타 복잡한 기능은 필요하지도 않고 실제로 지원되지도 않았다. 단순히 타이머 인터럽트(timer interrupt)에 따라서 태스크 전환 역할만 수행하면 될 뿐이다. 지금도 일부 시스템에는 이러한 형태의 운영체제가 임베디드 운영체제로 사용되고 있는데, 이러한 운영체제를 경량 임베디드 운영체제(light-weight embedded operating system)라고 한다.

그러나 임베디드 시스템의 성능이 높아지고 사용 목적이 다양해짐에 따라 조금 더 복잡한 임베디드 운영체제가 필요하게 되었다. 대표적인 사례로 스마트폰과 같은 스마트 기기를 들 수 있다. 이러한 스마트 기기는 자신의 본래 목적을 수행할 수 있을 뿐만 아니라 부가적인 기능도 함께 수행할 수 있다. 예컨대 스마트폰은 전화 통화 외에도 메일 확인이나 인터넷 검색 등도 수행할 수 있다. 이렇게 임베디드 장치 위에 복잡한 응용 프로그램이 탑재됨에 따라 임베디드 리눅스와 같은 복잡한 운영체제가 필요하게 되었다.

2.2 OSEK/VDX

2.2.1 OSEK/VDX란 무엇인가?

OSEK이란 독일에서 시작된 차량용 공개 시스템 및 인터페이스 표준을 뜻한다. OSEK를 영어로 적으면 "Open System and the Corresponding Interfaces for Automotive Electronic"인데, 약자가 OSAE가 아니라 OSEK가 된 까닭은 독일어 약자이기 때문이다.[7) OSEK는 1993년 자동차 업계 공동 프로젝트로 시작되었는데, BMW, 보쉬(Bosch), 다임크라이슬러(Daimler Chrysler) 등 독일의 유수 자동차 업계들이 컨소시엄을 만들어 프로젝트를 시작하였다. 한편, 1994년 프랑스에서도 비슷한 프로젝트가 시작되었는데 르노(Renault) 등 자동차 업계에서 VDX(Vehicle Distributed eXecutive)라는 프로젝트를 시작하였다. OSEK와 VDX는 곧 융합 프로젝트로 발전하였으며 공식적인 이름을 OSEK/VDX라고 명명하게 되었다.[8)]

OSEK/VDX의 목적은 차량용 시스템에 적합한 표준을 만드는 것이다. 간단히 말하면 차량용 임베디드 시스템 표준을 제시하는 것이 OSEK/VDX의 목적이다. 실제로 OSEK/VDX 프로젝트의 일부는 ISO 표준으로 채택되기도 했다.[9)] 따라서 임베디드 운영체제가 포함되지 않을 수 없었는데, 구체적으로는 임베디드 운영체제(OS), 통신 프로토콜 스택(COM), 네트워크 관리 프로토콜(NM) 등이 OSEK/VDX 표준에 포함된다.

OSEK/VDX와 관련이 깊은 표준으로 AUTOSAR(AUTomotive Open System ARchitecture)가 있다. AUTOSAR는 자동차 공개 시스템 구조로서 자동차용 소프트웨어 개발을 위해 필요한 소프트웨어 표준 구조를 제시하고 있다. AUTOSAR도 자동차 업계, 부품 개발 업체 등이 연합하여 진행되는 프로젝트로서 자용차용 소프트웨어를 개발하기 위한 표준

7) OSEK의 원어는 독일어로 "Offene Systeme und deren Schnittstellen für die Elektronik im Kraftfahrzeug"이다.
8) OSEK/VDX의 공식 홈페이지는 http://osek-vdx.org다.
9) ISO 17356, Road vehicles — Open interface for embedded automotive applications, 2005~2006.

구조를 제시하기 위해 설립되었다. 사실 자동차는 매우 정교한 제어가 필요한 분야임에도 불구하고 그동안 표준 플랫폼은 물론 표준 개발 방법론 자체도 없었다. 이러한 상황에서 자동차용 소프트웨어의 강인성 및 개발효율을 높이기 위해 AUTOSAR 프로젝트가 제시되었다.[10] AUTOSAR는 OSEK/VDX 표준을 그대로 채택하여 여기에 개발 과정 및 방법론을 추가로 제시하고 있다.

2.2.2 OSEK/VDX의 구조

앞서 언급한 대로 OSEK/VDX는 여러 표준으로 이루어져 있다. 그 중에서 중요한 것으로는 운영체제(OS)와 통신 프로토콜(COM), 네트워크 관리 프로토콜(NM)이 있는데, 이 세 가지를 중심으로 OSEK/VDX의 구조를 그림으로 나타내면 그림 2.1과 같다.

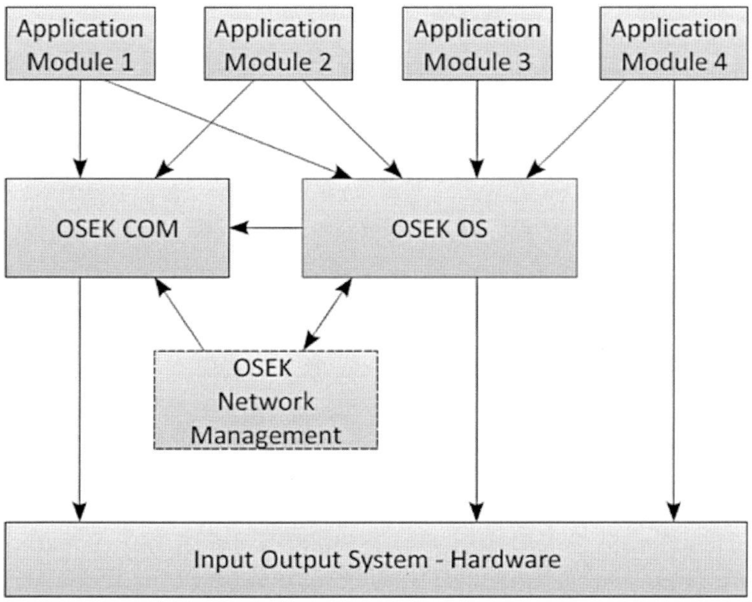

그림 2.1 OSEK/VDX의 구조. OSEK/VDX는 OSEK OS, OSEK COM, OSEK NM(Network Management)으로 구성된다[2].

그림 2.1에서 확인할 수 있는 것처럼 OSEK/VDX는 OSEK OS와 OSEK COM, OSEK NM(Network Management)으로 구성된다. 이 세 가지 구성 요소 위에 OSEK 응용 모듈이 탑재된다. 여기서 응용 모듈이란 우리가 보통 생각하는 응용 프로그램이라고 볼 수 있는데, 응용 모듈이 연결되는 곳을 보면 주로 OSEK OS임을 그림 2.1에서 확인할 수 있다. 즉,

10) AUTOSAR의 공식 홈페이지는 http://autosar.org이다.

응용 모듈은 기본적으로 OS 상에서 동작한다. 그러나 어떤 응용 모듈은 OSEK COM 및 하드웨어(Input Output System-Hardware)를 직접 이용하기도 한다.

OSEK OS는 단일 프로세스 운영체제의 표준 인터페이스를 정의하고 있다. 기본적으로 이벤트 구동 제어 시스템을 따르고 있으며 다양한 자동차 제어 유닛을 효율적으로 활용할 수 있도록 하고 있다. 자동차 시스템은 대표적인 실시간 시스템으로서 휴대폰이나 PMP와 달리 엄정한 실시간성(stringent real-time requirement)을 보장해야 한다는 특징이 있다. 이런 실시간성을 보장하기 위해서 일반적인 OS가 제공하고 있는 다양한 기능은 애초에 배제되어 있다. 예컨대 실행 시간에 프로세스를 동적으로 만드는 기능은 OSEK OS에서 제공하고 있지 않다.

OSEK OS의 시스템 인터페이스는 표준 C 스타일로 정의되어 있지만, OSEK OS가 특정한 언어를 가정하고 있는 것은 아니다. 응용 모듈은 어떤 언어로 작성되어도 상관없으며, 다만 표준 인터페이스를 C 스타일로 정의하고 있는 것뿐이다.

2.2.3 OSEK/VDX와 임베디드 리눅스

OSEK/VDX 운영체제와 임베디드 리눅스는 둘 다 공개적으로 이용할 수 있다는 장점이 있지만 둘 사이에는 미묘한 차이점이 있다. OSEK/VDX는 공개 표준이지만 리눅스는 공개 소스 운영체제다. 리눅스는 더 정확히 얘기하면 GPL[11])을 따른다. 따라서 리눅스 소스를 수정했다면 그 수정된 리눅스도 공개해야 한다. 하지만 OSEK/VDX는 표준만 공개되어 있으므로 구체적인 구현이 없을 수도 있다. 그리고 구현되어 있다고 하더라도 구현 자체는 공개되어 있지 않을 수도 있으며 유료일 수도 있고 무료일 수도 있다. 따라서 OSEK/VDX 운영체제가 더 포괄적인 라이선스 정책을 택하고 있다고 할 수 있다.

OSEK/VDX의 공개 표준 정책이 더 포괄적이라고 볼 수도 있지만, 사용자 입장에서는 더 불편할 수도 있다. 사실 리눅스처럼 GPL을 따르는 경우에는 바로 사용해 볼 수 있는 실체(소스코드)가 바로 제공되어 있지만 OSEK/VDX처럼 표준만 공개되어 있는 경우에는 실제로 사용해 볼 수 있는 방법이 없을 수도 있다. 예컨대 부동소수점 수 표현법인 IEEE 754의 경우에도 표준 자체는 공개되어 있지만 실제로 IEEE 754에 따라 연산을 수행해 보려면 IEEE 754를 구현한 코프로세서가 있거나 에뮬레이터 코드가 있어야 한다. IEEE 754 코프로세서는 직접 돈을 주고 구입해야 한다. OSEK/VDX 운영체제도 마찬가지다. 표준만 공개되어 있기 때문에 실제로 해당 운영체제를 사용해 보려면 직접 구현하거나 이미 구현된 것을 구해야 한다. 다행히 OSEK/VDX 운영체제는 공개 프로젝트가 몇 개 존재하기 때문에 이를 사용해 볼 수 있다.

OSEK/VDX와 임베디드 리눅스의 다른 차이로는 크기를 들 수 있다. OSEK/VDX 운영

11) GPL은 Gnu Public License의 약자로서 Gnu 공개소스의 라이선스 정책이다.

체제는 아주 엄밀한 실시간성을 보장해야 하기 때문에 임베디드 리눅스와 달리 단순화되어 있다. 구체적으로 말해서 통신 모듈(communication module), 네트워크 모듈(network module), 태스크 관리 모듈(task management module)만 갖추고 있을 뿐이다. 멀티태스킹(multitasking)을 지원하기는 하지만 다중 사용자(multiuser)는 지원하지 않는다. 심지어 태스크도 고정된 수의 태스크만 허용되어 있다.

OSEK/VDX는 정적 운영체제(static OS)이며 리눅스는 동적 운영체제(dynamic OS)다. 여기서 정적 운영체제라는 것은 실행할 태스크가 미리 정해져 있다는 의미다. 즉, 운영체제가 시작될 때 자신이 수행할 태스크가 몇 개인지 미리 알 수 있게 된다는 의미다. 운영체제가 수행되는 동안 여러 개의 태스크를 임의로 생성할 수 있는 리눅스는 이런 면에서 동적 운영체제라고 할 수 있다. 윈도우나 리눅스 등 동적 멀티태스킹에 익숙한 우리들에게는 생소한 개념이기는 하지만, 자동차의 실시간성을 보장하기 위해서 OSEK/VDX 설계자들은 정적 운영체제를 택하였다.

끝으로 OSEK/VDX와 임베디드 리눅스의 차이는 운영체제의 지원 범위에 있다. 임베디드 리눅스를 포함하여 일반적인 운영체제에서는 운영체제를 통하지 않고 하드웨어를 직접 접근하는 것을 허용하지 않고 있다. 그 이유는 두 가지로 요약될 수 있는데, 하나는 운영체제 자신을 보호하기 위해서이며 다른 하나는 응용 프로그램의 하드웨어 의존성을 낮추기 위해서다. 과거 DOS 시절에는 응용 프로그램이 하드웨어에 직접 접근하는 것이 가능했기 때문에 응용 프로그램 수행 중 잘못된 일이 발생하면 운영체제 전체가 작동 불능 상태로 바뀌는 경우가 있었다. 그러나 지금은 이런 직접 접근을 허용하지 않기 때문에 그런 일은 거의 발생하지 않는다.

그런데 OSEK/VDX는 왜 하드웨어를 직접 접근하는 것을 허용했을까? 그 이유는 분산 시스템이라는 점에서 찾을 수 있다. OSEK/VDX가 목적으로 하는 자동차 시스템에서는 여러 하드웨어 모듈이 여러 장소에 흩어져 있으며 그 중 ECU가 주요 역할을 한다. 그러나 ECU 외에도 여러 다른 하드웨어 모듈을 직접 제어해야 하는 응용 모듈을 생각해 볼 수 있는데, 이런 경우에는 이 하드웨어를 직접 제어하는 것이 불가피하다. 아이러니컬하게도 분산 시스템에서는 응용 모듈을 이식할 수 있도록 하기 위해 하드웨어를 직접 제어할 수 있도록 하는 것이 필요하다. 이는 OSEK과 리눅스의 큰 차이가 아니라고 할 수 없다.

2.2.4 OSEK/VDX를 사용해야 하는 이유

그렇다면 왜 OSEK/VDX가 중요할까? 가장 큰 이유는 이식성(portability)과 신뢰성(reliability)이다. 이식성이란 어떤 하드웨어에서 동작하는 소프트웨어(응용 모듈)를 다른 하드웨어에서 동작하도록 하려고 할 때 필요한 유연성을 의미한다. 즉, 이식성이 높은 소프트웨어는 쉽게 다른 하드웨어에서 동작하도록 할 수 있다. OSEK/VDX 표준을 준수한다면 특정 자동차에서 동작하는 응용 모듈을 다른 자동차에서도 쉽게 동작하도록 할 수 있다.

신뢰성은 소프트웨어가 안정적으로 제대로 동작하는 속성이다. 제대로 동작하는 것을 특별히 정확성(correctness)이라고 부르기도 하는데, 정확한 소프트웨어는 명세에 적힌 대로 동작한다는 것이 보장되는 소프트웨어이다. 그러나 정확성만 있다고 해서 신뢰할 수 있는 소프트웨어라고 볼 수 없다. 신뢰성이 높으려면 열악한 환경에서도 안정적으로 동작해야 한다. 예컨대 적도 지대처럼 고온다습 환경이나 극지방처럼 저온 환경에서도 동작할 수 있어야 한다. 소프트웨어의 경우에는 이에 더하여 센서의 값이 정해진 범위를 벗어난 경우에도 제대로 동작해야 함을 의미하며, 이는 비단 센서 값뿐만 아니라 소프트웨어 내부에서 주고받는 모든 데이터 값에 대해서 그러해야 함을 의미한다.

응용 프로그램과 운영체제 사이의 신뢰성은 조금 다른 측면으로도 살펴볼 수 있다. 응용 프로그램의 실행이 운영체제의 실행을 위협해서는 안 된다. 즉, 응용 프로그램이 어떤 이유에서 중지되더라도 시스템은 계속 가동 상태를 유지해야 한다. 이러한 특성을 시스템의 가용성(availability)이라고 한다. 구체적인 예로 어떤 인터넷 뱅킹 사이트가 자주 다운되는 것을 볼 수 있다면 인터넷 뱅킹 사이트의 가용성이 낮다고 한다. 자동차 시스템의 경우에는 가용성이 저하되면 운행 중 큰 사고를 유발할 수 있으므로 신뢰성은 매우 중요한 속성이라고 할 수 있다.

OSEK/VDX를 사용하는 다른 이유로는 통합(integration) 가능성과 상호운용성(interoperability)을 들 수 있다. 앞서 그림 2.1에서 살펴본 것처럼 OSEK/VDX에서 응용 모듈은 COM을 통해 서로 통신할 수 있다. 따라서 OSEK/VDX는 여러 응용 모듈이 하나로 통합되어 상호운용될 수 있는 방법을 제시하고 있다.

이처럼 OSEK/VDX가 제공하고 있는 표준 인터페이스는 매우 큰 파급 효과를 지닌다고 할 수 있다. 표준 인터페이스가 개발되면 응용 프로그램 작성 시간이 단축되고 응용 프로그램 개발이 전반적으로 가속화된다. 이는 스마트폰 사례를 통해 확인해 볼 수 있다. 스마트폰이 개발되기 전에는 휴대폰의 응용 프로그램이 어느 한 기종에서만 동작했다. 그러나 스마트폰이 등장하고 여기에 응용 프로그램 플랫폼(안드로이드나 iOS)이 탑재됨에 따라 스마트폰 앱 시장은 급성장하게 되었다. OSEK/VDX는 자동차 응용 프로그램 분야에 이와 유사한 플랫폼을 제공하는 효과를 보일 것으로 기대된다.

2.3 OSEK/VDX 운영체제

2.3.1 OSEK/VDX 운영체제의 구성 요소

OSEK/VDX 운영체제는 태스크, 리소스, 메시지, 이벤트, 인터럽트, 카운터, 알람 등으로 구성되어 있다. 이들 구성 요소는 궁극적으로 태스크를 원활하게 수행하기 위해서 서로 유

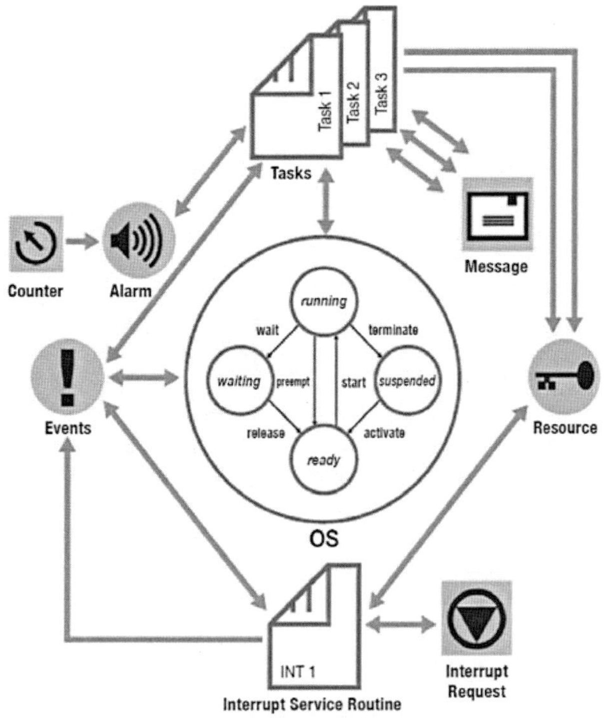

그림 2.2 OSEK/VDX 운영체제의 구성 요소. 태스크, 리소스, 메시지, 이벤트, 인터럽트, 카운터, 알람 등이 서로 유기적으로 연결되어 있다[3].

기적으로 연결되어 상호작용한다. 이들 구성 요소의 연결 관계를 개략적으로 살펴보면 그림 2.2와 같다.

그림 2.2에서 확인할 수 있는 것처럼 각 태스크는 메시지를 이용하여 서로 통신한다. 또한, 태스크는 리소스를 이용할 수 있으며 알람을 통하여 어떤 메시지를 받을 수 있다. 하드웨어나 기타 방법으로 인터럽트가 발생하면(Interrupt Request) 인터럽트 서비스 루틴이 동작하여 인터럽트를 처리한다. 태스크에 인터럽트가 전달될 필요가 있다면 이벤트가 발생되어 태스크에게 전달된다.

태스크 수행 상태는 크게 네 가지 상태가 있는데, 이 네 가지 상태는 그림 2.2의 중앙에 나타나 있다. 태스크는 실행 중(running)일 수도 있고 대기 상태(waiting)일 수도 있으며 중지 상태(suspended)나 실행준비 상태(ready)일 수도 있다. 실행준비 상태에서 스케줄링되면 실행 상태로 바뀐다. 그러다가 어떤 이벤트나 리소스를 기다리게 되면 대기 상태로 전환된다. 대기 상태에서 해당 이벤트를 받거나 리소스를 사용하게 되면 다시 실행준비 상태로 바뀌고 스케줄링되면 다시 실행 상태로 바뀐다. 실행준비 상태인 태스크 중에서 실행 상태로 바꾸는 작업을 태스크 스케줄링(task scheduling)이라고 하는데, 태스크 스케줄링은 운영체제에서 매우 중요한 부분이다. 태스크 스케줄링에 대해서는 다음 절에서 자세히 설명한다.

리소스를 관리할 때에는 동기화가 중요하다. 리소스는 한정되어 있고 이를 사용하려는 태스크는 일반적으로 여러 개일 수 있으므로 한 번에 한 태스크만 리소스를 사용할 수 있도록 교통정리하는 것이 필요하다. 이처럼 OSEK/VDX는 리소스를 사용할 때 태스크를 동기화하지만, 이벤트를 이용하여 태스크를 동기화하기도 한다. 태스크는 어떤 이벤트가 발생하기를 기다릴 수 있고, 앞서 설명한 것처럼 이때 태스크는 대기 상태에 돌입된다. 후에 원하는 이벤트가 발생하면 태스크가 다시 실행준비 상태가 되는데, 이런 과정을 통해서 태스크는 동기화된다.

2.3.2 태스크 모델

OSEK/VDX 태스크는 크게 두 가지 종류가 있다. 하나는 기본 태스크(basic task)이며 다른 하나는 확장 태스크(extended task)이다. 이 두 구분은 이벤트 처리 여부로 구별된다. 기본태스크는 이벤트를 처리하지 않으며 따라서 대기 상태로 진입하지 않는다. 그러나 확장태스크는 이벤트를 처리하는 것이 가능하며 따라서 특정 이벤트를 기다리는 대기 상태로 진입할 수 있다.

OSEK/VDX 표준에서는 다양한 플랫폼에서 다양한 응용 프로그램의 요구를 지원하기 위해 적합성 클래스(CC: conformance class)라는 것을 도입하고 있다. 사실 다양한 자동차 플랫폼은 OSEK/VDX 표준을 모두 지원할 수도 있지만 필요에 따라서는 일부만 지원할 수도 있다. 이런 다양성을 지원하기 위해 OSEK/VDX 표준은 네 가지 적합성 클래스를 정해 두고 있는데 이를 요약하면 그림 2.3과 같다.

그림 2.3에 나타낸 것처럼 기본 적합성 클래스(basic conformance class) 두 개와 확장

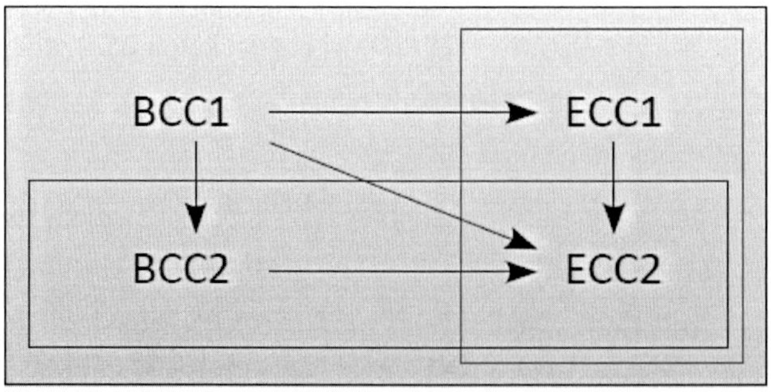

그림 2.3 OSEK/VDX의 적합성 클래스와 호환성 방향. 적합성 클래스 BCC는 기본 태스크에 관한 적합성 클래스이며 적합성 클래스 ECC는 확장 태스크에 관한 적합성 클래스이다. 끝의 1과 2는 태스크 활성화가 한 개만 허용되는지 여러 개가 허용되는지 여부를 나타낸다[4].

적합성 클래스(extended conformance class) 두 개가 정의되어 있다. 기본 적합성 클래스는 기본 태스크를 지원하는 적합성 클래스이며 확장 적합성 클래스는 기본 태스크와 확장 태스크를 모두 지원하는 적합성 클래스이다. 적합성 클래스 1은 태스크 우선순위가 단 하나이고 한 태스크가 한 번만 활성화될 수 있는 경우를 나타내며 적합성 클래스 2는 태스크 우선순위 및 태스크 활성화 개수가 하나 이상인 경우를 나타낸다. 각 적합성 클래스에 대해 구별하여 설명하면 다음과 같다.

- BCC1 : 기본 태스크만 포함하고 있으며 각 태스크 별로 하나의 활성화 태스크만 존재할 수 있다. 또한, 한 태스크의 우선순위는 하나뿐이다. 물론 다른 태스크의 경우에는 우선순위가 다를 수 있다.
- BCC2 : 기본적으로 BCC1과 같이 기본 태스크만 포함할 수 있으나 각 태스크 별로 여러 활성화 태스크가 존재할 수 있다. 또한, 태스크 우선순위도 여러 개 존재할 수 있다.
- ECC1 : 모든 조건은 BCC1과 같으며 확장 태스크도 지원한다.
- ECC2 : 기본적은 조건은 ECC1과 같지만 각 태스크 별로 여러 활성화 태스크가 존재할 수 있으며 태스크 우선순위도 여러 개 존재할 수 있다.

OSEK/VDX 표준으로서 인증받기 위해서는 위 네 개의 적합성 클래스를 모두 지원해야 한다. 그러나 인증에 별 관심이 없다면 처한 상황에 따라서 네 가지 적합성 클래스 중 한두 클래스만 지원할 수도 있겠다. 적합성 클래스는 그림 2.3의 화살표 방향으로 확장되기 때문에 일부 적합성 클래스만 지원한다면 화살표의 시작 부분부터 지원해야 한다. 예컨대 BCC1만 지원하거나 BCC1과 ECC1을 동시에 지원할 수는 있지만 ECC1만 지원하도록 구현한다면 적합성 클래스의 의도와 어긋난 구현이라고 할 수 있다.

2.3.3 처리 우선순위

OSEK 운영체제는 실시간 처리를 위해서 인터럽트나 태스크 처리의 우선순위를 정해두고 있다. 여느 운영체제와 마찬가지로 인터럽트의 우선순위가 가장 높다. 그 다음 우선순위는 스케줄러, 최종적으로 태스크가 된다. 스케줄러는 태스크의 수행 순서를 정하는 특별한 기능이므로 스케줄러의 우선순위가 태스크보다 높은 것은 당연하다. OSEK 운영체제의 처리 우선순위를 그림으로 요약하면 그림 2.4와 같다.

그림 2.4에서 볼 수 있듯이 OSEK 운영체제는 인터럽트와 태스크의 우선순위를 구별하고 있으며 운영체제는 인터럽트의 우선순위만 관여하고 있다. 태스크의 우선순위는 사용자가 부여할 수 있으며 스케줄러는 태스크 수행 순서를 정할 때 이 우선순위를 고려하여 정한다. 태스크 스케줄링은 하드웨어에 의해 결정되는 것이 아니므로 태스크의 우선순위는 논리적인 개념으로 생각해야 한다. 즉, 우선순위가 높은 태스크라고 해서 항상 먼저 수행된

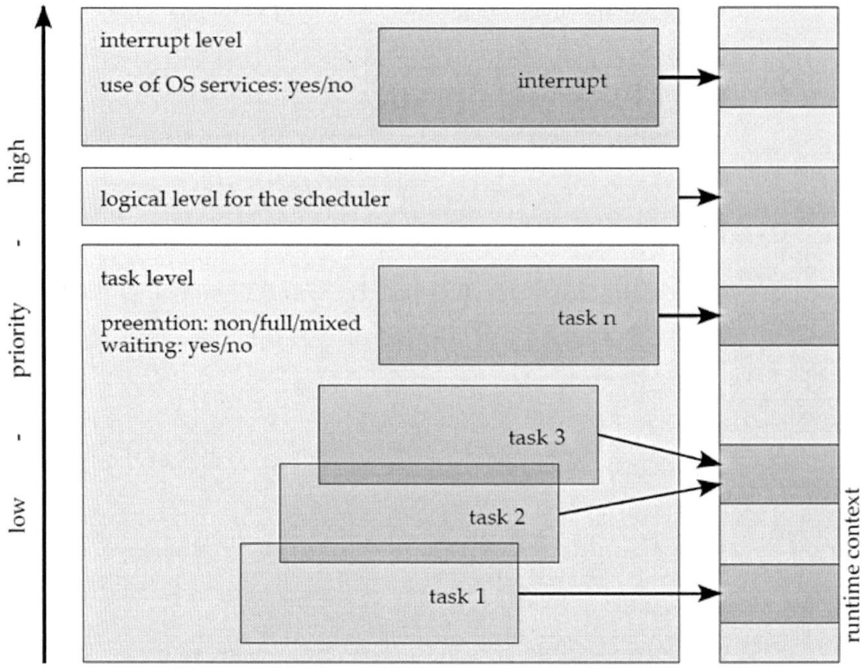

그림 2.4 OSEK 운영체제의 처리 우선순위. 인터럽트의 처리 우선순위가 제일 높고 그 다음이 스케줄러이며, 마지막 우선순위가 태스크 우선순위다. 태스크의 실행 순서는 스케줄러에 의해 결정된다[4].

다고 볼 수는 없으며 실제 수행 순서는 구체적인 하드웨어 상황과 스케줄러 수행 상황에 따라 달라질 수 있다.

태스크 사이의 우선순위는 스케줄링 정책에 의해 결정되는데, 스케줄링 정책은 선점형 스케줄링(preemptive scheduling)일 수도 있고, 비선점형 스케줄링(non-preemptive scheduling)일 수도 있으며, 이 둘이 혼합된 형태일 수도 있다. 스케줄링에 관해서는 후에 자세히 설명하겠지만, 선점형 스케줄링을 위해서는 태스크의 우선순위 또한 중요하게 취급되며 개별 태스크의 우선순위는 사용자가 각 태스크마다 별도로 지정할 수 있다. 각 태스크는 스케줄링 되었을 때 올바르게 실행될 수 있도록 하기 위하여 실행 컨텍스트(run-time context)를 저장하고 있다. OSEK 운영체제의 처리 우선순위 규칙을 요약하면 다음과 같다.

- 인터럽트의 처리 우선순위가 태스크보다 높다.
- 여러 인터럽트가 동시에 발생했을 경우 처리 우선순위는 인터럽트 우선순위를 따른다.
- 각 인터럽트 서비스 루틴에는 정적으로 정해진 우선순위가 부여된다.
- 각 인터럽트 서비스 루틴에 부여되는 인터럽트 우선순위는 하드웨어에 따라 구현에

따라 다를 수 있다.

- 태스크 우선순위와 자원 올림 우선순위(resource ceiling-priority)[12]에서는 큰 숫자가 높은 우선순위임을 의미한다.
- 태스크의 우선순위는 사용자가 정적으로 부여한다.

2.3.4 스케줄링 정책

앞서 언급한 것처럼 스케줄링 정책은 크게 두 가지로 나누어 생각해 볼 수 있는데, 하나는 선점형 스케줄링이고 다른 하나는 비선점형 스케줄링이다. 선점형 스케줄링이란 정해진 우선순위에 따라 태스크를 수행하는 스케줄링 정책을 뜻한다. 즉, 어떤 태스크가 수행중이라고 하더라도 그 태스크보다 우선순위가 높은 태스크가 발생하면 높은 우선순위의 태스크를 먼저 실행하는 방식이다. 반면에 비선점형 스케줄링은 일단 어떤 태스크가 실행되면 다른 태스크의 방해를 받지 않고 수행되는 정책을 의미한다. 즉, 식당이나 은행 창구에서 서비스되는 방식(대개 FIFO[13] 방식임)은 비선점형 스케줄링 방식이라고 할 수 있다.

사용자는 자신이 원하는 우선순위, 실행 방식에 따라 태스크의 적합성 클래스를 정할 수 있다. 먼저 태스크가 다중 활성화될 필요가 없고 우선순위에 따른 다중 태스크를 정의할 필요도 없다면, 적합성 클래스 BCC1(기본 태스크 한 개)이나 ECC1(확장 태스크 한 개)로 충분하다. 이 상황에서 이벤트를 실시간으로 처리할 필요가 없다면 그냥 BCC1만 사용하면 된다. 그러나 태스크가 여러 번 활성화되어야 하거나 이벤트도 실시간으로 처리해야 한다면 BCC2나 ECC2를 고려해야 한다.

OSEK 운영체제의 스케줄링 정책의 문제점으로는 주기적 태스크 모델(periodic task model)이 없다는 것이다. 주기적 태스크란 일정 시간을 주기로 반복적으로 수행되는 태스크를 의미하는데, 아마도 자동차 시스템에서는 이런 경우가 필요하지 않다고 생각하여 포함시키지 않은 것으로 생각된다. 그러나 일정한 시간을 두고 반복적으로 내비게이션 데이터를 변경해야 한다거나 자동차의 위치 정보를 업데이트해야 한다면 주기적 태스크가 필요할 수도 있다.

OSEK에서 주기적 태스크는 카운터와 알람을 이용하여 우회적으로 구현할 수 있다. 카운터는 하드웨어마다 다른 방식으로 구현할 수 있는데 대개 타이머(timer)로 구현할 수 있다. 타이머란 하드웨어로 구현된 스톱워치(stopwatch)라고 볼 수 있는데, 정해진 시간마다 단위시간(tick)이 하나 증가하는 장치다. 따라서 타이머의 카운터가 특정 값에 도달했을 때 알람이 발생하도록 하면 주기적 태스크를 구현할 수 있다.

---

12) 후에 다룰 '우선순위 올림 프로토콜(priority ceiling protocol)'에서 자세히 설명한다.
13) FIFO란 first-in first-out의 약자로서 먼저 도착한 태스크를 먼저 처리하는 방식의 스케줄링 기법을 의미한다.

알람이 발생하는 방식은 세 가지가 있는데, (1) 절대적 시간 값(absolute time value), (2) 상대적 시간 값(relative time value), (3) 주기적 반복 값(recurrent value)이 있다. 절대적 시간 값은 정해진 카운터 값에 알람이 발생하도록 하는 방식이며, 상대적 시간 값은 현재 시간을 기준으로 일정 시간이 흐른 후 알람이 발생하도록 하는 방식이다. 마지막으로 주기적 반복 값은 정해진 시간 간격으로 알람이 발생하도록 하는 방식이다.

또한, OSEK 알람 종류도 여러 가지가 있는데, 태스크 활성화(task activation) 알람, 인터럽트 수준에 따른 콜백루틴(callback routine on interrupt level) 호출[14] 알람, 이벤트 발생(event signalling) 알람 등이 있다. 따라서 주기적 태스크는 태스크 활성화 알람이나 이벤트 발생 알람으로 구현할 수 있다. 적합성 클래스 BCC로 구현하려면 태스크 활성화 알람을 이용해야 하며 ECC로 구현하려면 이벤트 발생 알람을 구현할 수 있다.

스케줄링에 대한 개념을 파악하기 위해서 선점형 스케줄러(preemptive scheduler) 예를 하나 살펴보자. 앞서 언급한 것처럼 선점형 스케줄링은 우선순위가 높은 태스크를 먼저 처리하는 방식의 스케줄러다. 그래서 선점형 스케줄러는 각 우선순위마다 별도의 대기 큐(waiting queue)를 두고 있는데 선점형 스케줄러의 작동을 개념적으로 살펴보면 그림 2.5와

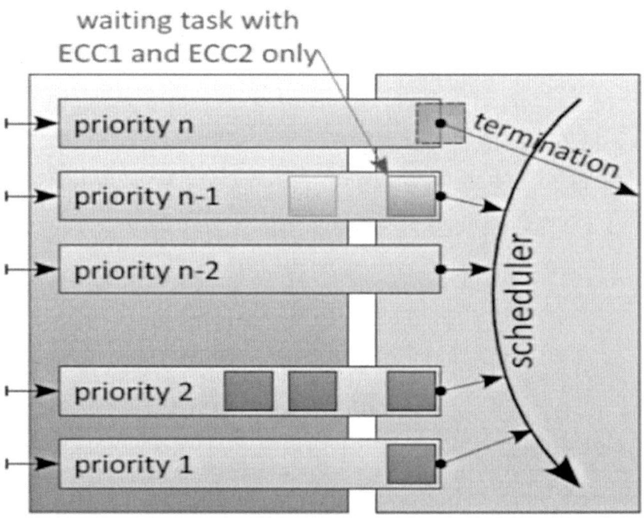

그림 2.5 전형적인 선점형 스케줄러. 각 우선순위마다 대기 큐가 별도로 존재하며 높은 우선순위의 태스크부터 실행한다[2].

14) 콜백(callback)이란 본래 어떤 프로시저 p1에서 다른 프로시저 p2를 호출했을 때 p2에서 p1의 일부 기능을 다시 호출하는 것을 의미한다. 여기서는 p1이 운영체제, p2가 응용 프로그램이라고 보면 되는데, 그러므로 이 문장에서 의미하는 콜백 루틴이란 시스템 호출(system call)이라고 볼 수 있다.

같다.

그림 2.5에서 확인할 수 있듯이 각 우선순위 1~n에 대하여(n > 0) 대기 큐가 별도로 존재하고 있다. 우선순위 숫자가 높을수록 높은 우선순위를 나타내는데, 따라서 우선순위 n이 가장 높은 우선순위임을 나타낸다. 선점형 스케줄러는 각 우선순위별로 대기 큐를 검사해 가며 실행준비(ready) 상태인 태스크를 선택하여 실행되도록 한다. 같은 우선순위의 대기 큐에 여러 태스크가 있을 경우에는 가장 오래된 태스크(대기 큐의 첫 번째 태스크, 그림 2.4에서는 가장 오른쪽 태스크)를 선택한다. ECC 태스크의 경우에는 이벤트를 기다리느라 대기(wait) 상태일 수도 있는데, 이런 경우에는 해당 태스크를 건너뛰고 다음 태스크를 선택한다.

선점형 스케줄링을 이용하면 우선순위에 따라서 태스크를 처리할 수 있다는 장점이 있지만 문제는 태스크 '기아(飢餓, starvation)' 현상이 발생할 수 있다는 점이다. 높은 우선순위의 태스크가 주기적으로 발생하는 경우에 낮은 우선순위의 태스크는 전혀 실행 기회를 얻지 못하는 경우가 있다. 이를 방지하기 위해서 선점형 스케줄링을 채택하고 있는 경우에는 높은 우선순위의 태스크가 얼마나 자주 발생하는지 미리 분석해 볼 필요가 있다. OSEK에서는 선점형 스케줄링 외에도 다른 방식을 채택할 수 있도록 함으로써 기아 현상을 방지할 수 있도록 배려하고 있다.

2.3.5 인터럽트 처리

OSEK/VDX 운영체제에서 인터럽트는 인터럽트 서비스 루틴(ISR: interrupt service rou-

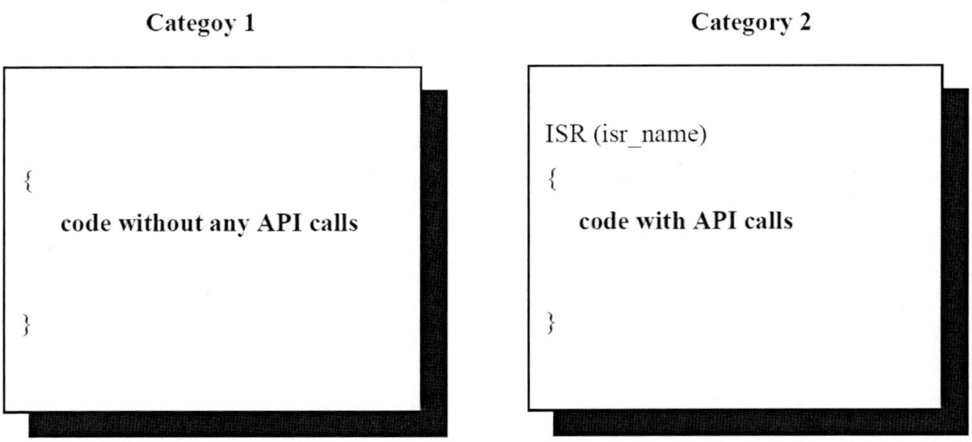

그림 2.6 두 가지 형태의 OSEK 인터럽트 서비스 루틴. 첫 번째 형태(Category 1)는 시스템호출을 사용하지 않고 있으며, 두 번째 형태(Category 2)는 시스템 호출을 사용하고 있다. 두 번째 형태를 처리하려면 별도의 ISR 프레임을 만들어야 한다 [14].

tine)의 형태에 따라 두 가지로 분류할 수 있다. 첫 번째 부류(Category 1)는 시스템호출을 사용하지 않는 인터럽트이며, 두 번째 부류(Category 2)는 시스템호출을 사용하는 인터럽트다. 이 두 부류의 ISR 구조는 그림 2.6에 개략적으로 나타나 있다.

첫 번째 부류의 경우에는 ISR의 실행이 끝나면 인터럽트가 발생했던 그 다음 지점으로 그대로 이동하며, 태스크 수행은 인터럽트 처리 여부와 상관없이 그대로 실행된다. 반면 두 번째 부류의 경우에는 시스템호출을 수행하기 위해서 별도의 ISR 스택 프레임을 만들어야 한다. 그리고 ISR 수행 중에 스케줄링 순서가 바뀔 수도 있다. 따라서 매우 복잡한 스케줄링 문제가 발생할 수 있다.

인터럽트가 발생하면 모든 태스크는 잠시 중단되고 해당 인터럽트의 ISR이 호출된다. 인터럽트는 태스크보다 우선순위가 높으므로 일단 인터럽트가 발생하면 태스크 종류에 상관없이, 즉 선점형 태스크든 비선점형 태스크든 상관없이 중단된다. ISR 수행이 끝나면 중단되었던 태스크가 다시 실행된다.

발생할 수 있는 최대 인터럽트 개수는 하드웨어에 따라, 구현에 따라 다를 수 있다. 여러 인터럽트가 발생했을 때 여러 ISR을 스케줄링하는 알고리즘 역시 구현에 따라 다르며 OSEK 표준에는 이 순서를 정하고 있지 않다. ISR을 수행하는 도중에 어떤 태스크를 활성화시켰다면 이 태스크는 모든 ISR이 끝난 다음에 수행된다.

OSEK은 또한 모든 인터럽트를 차단하는 시스템호출(DisableAllInterrupts, SuspendAllInterrupts, SuspendOSInterrupts)과 모든 인터럽트를 재개하는 시스템호출(EnableAllInterrupts, ResumeAllInterrupts, ResumeOSInterrupts)을 제공한다. 각 차단 호출과 재개 호출은 짝을 이루고 있는데, 예컨대 DisableAllInterrupts는 EnableAllInterrupts와 짝을 이루고 있으며, SuspendAllInterrupts는 ResumeAllInterrupts와 짝을 이루고, SuspendOSInterrupts는 ResumeOSInterrupts와 짝을 이룬다. SuspendOSInterrupts/ResumeOSInterrupts는 두 번째 부류(Category 2)의 인터럽트만 대상으로 한다. SuspendAllInterrupts/ResumeAllInterrupts와 DisableAllInterrupts/EnableAllInterrupts의 차이는 이러한 호출이 중첩될 수 있는가 여부에 따라 다르다. DisableAllInterrupts/EnableAllInterrupts 호출은 중첩될 수 없으며 중첩이 필요하다면 SuspendAllInterrupts/ResumeAllInterrupts를 사용해야 한다. 이들 시스템호출은 임계영역(critical section)을 관리하기 위해서 사용한다.

2.3.6 자원 관리

임계영역이란 하나의 태스크만 수행되어야 하는 코드 영역을 뜻한다. 앞서 언급한 것처럼 OSEK에서는 여러 태스크가 동시에 수행될 수 있다. 만약 둘 이상의 태스크가 어떤 공유 리소스(shared resource, 자원)에 접근하려고 한다면, 이 두 태스크는 동기화되어야(synchronized) 한다. 왜냐하면 공유 리소스는 결국 어느 한 태스크만 사용해야 하기 때문이다. 구체적인 예로 두 개의 태스크 T1과 T2가 공유 리소스 ECU에 접근하려고 한다고 하자. T1이 ECU의 특정 속성(예컨대 RPM)을 V1이란 값으로 설정하고 T2가 같은 속성을 V2란 값으로 설정하고자 한다. 그렇다면 ECU의 해당 속성은 V1, V2의 순으로 설정되든지 V2, V1의 순으로 설정되어야 한다. V1과 V2로 동시에 설정될 수 없다. 따라서 태스크 T1과 T2에서 ECU의 특정 속성을 설정하는 각 코드 부분은 임계영역이 되어야 한다.

임계영역은 자원 관리(resource management, 리소스 관리)와 연관되어 있다. 어떤 자원이 상호 배제적이라면, 즉 그 자원을 하나의 태스크만 사용해야 한다면 이 자원을 사용하는 코드 영역은 모두 임계영역이어야 한다. 따라서 자원을 사용하기 전에 먼저 그 자원을 점유하고 다 사용한 후에는 자원을 해제하는 것이 필요하며, 자원 점유와 자원 해제 사이에는 그 자원에 관한 한 하나의 태스크만 실행될 수 있어야 한다.

자원에 대한 독점적 사용을 보장받기 위해서는 잠금(locking) 기법이 필요하다. 그러나 이 잠금 기법을 이용하려고 해도 '자물쇠(lock)'라는 자원에도 역시 상호 배제적으로 접근할 수 있어야 하는데, 결국 같은 임계영역 문제가 발생한다. 이러한 순환적 문제를 해결하는 방법으로는 E. W. 다익스트라가 제시한 세마포(semaphore)가 있다[16]. 세마포는 상호 배제가 확보되는 변수로서 허용되는 연산은 P와 V뿐이다. 특정 자원을 얻기 위해서는 먼저 그 자원의 세마포 S에 대하여 P(S) 연산을 수행해야 하고 자원을 다 사용한 다음에는 V(S) 연산을 수행한다. 결국 세마포는 잠금 문제를 해결하기 위한 자물쇠라고 생각할 수 있다.

세마포를 이용하여 자원의 독점적 사용이 보장된다고 해도 발생할 수 있는 문제가 있다. 자원관리와 관련된 중요한 문제로는 우선순위 역전(priority inversion) 현상과 교착상태(deadlock)를 들 수 있다. 교착상태란 두 개 이상의 태스크가 동시에 일부 자원을 점유하고 다른 자원을 무한정 기다리는 상황을 의미한다. 따라서 어떤 태스크도 더 이상 진행될 수 없으며 서로 묶여서 시간만 보내게 되는 상황이 연출된다. 일상생활에서 교착상태의 예를 찾아본다면, 그림 2.7과 같은 상황을 생각해 볼 수 있다.

그림 2.7에서 보면 교차로에 네 대의 차가 서로 얽혀서 빠져나가지 못하고 있는 것을 볼 수 있는데, 그 이유는 각 차가 일부 차선을 점유하고 앞 차선이 비기를 서로 기다리고 있기 때문이다. 여기서 차선은 자원으로 생각해 볼 수 있다. 즉, 일부 자원을 점유하고 다른 자원을 기다리고 있는 태스크 사이의 관계가 서로 순환적으로 구성될 때, 교착상태가 발생한다. 1971년 E. D. 코프만(Coffman)은 교착상태의 필요조건을 다음 네 가지로 정리하였다 [15].

- 상호 배제(mutual exclusion) : 연관된 자원들 중 적어도 하나는 한 태스크만 사용할 수 있어야 한다. 따라서 어떤 자원을 동시에 점유할 수 없으며 어떤 자원이 점유되어 있다면 기다리든지 빼앗든지 해야 한다. 아래 세 번째 조건이 선점 불가 조건이므로 빼앗는 것은 불가능하고 기다려야만 한다.
- 점유한 상태에서 기다림(hold and wait) : 어느 자원을 점유하고 다른 자원을 기다리는

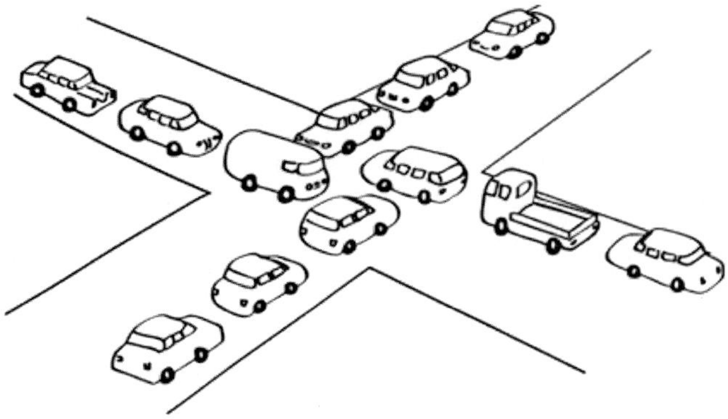

그림 2.7 일상생활에서 볼 수 있는 교착상태. 교차로의 차들이 일부 차선을 점유하고 다른 차선이 비기를 서로 기다리고 있다. 여기서 차가 있는 차선 영역이 바로 자원 역할을 한다[13].

태스크가 적어도 하나 존재해야 한다. 다른 자원을 기다린다는 말은 그 자원이 상호배제 자원이며 다른 태스크가 점유하고 있음을 의미한다.

- 선점 불가(no preemption) : 할당된 자원은 빼앗을 수 없다. 즉 어떤 태스크가 점유한 자원은 스스로 해제할 때까지 기다릴 수밖에 없다.
- 순환 대기(circular wait) : 몇 개의 태스크들이 서로 순환적으로 기다리고 있어야 한다. 예컨대 n개의 태스크 집합 T = {T1, T2, ..., Tn}가 있다고 하면 T1은 T2를 기다리고 T2는 T3을, ..., Tn-1은 Tn을, Tn은 T1을 기다리고 있어야 한다.

OSEK에서 교착상태가 발생하는 구체적인 상황을 보기 위해 태스크 T1과 T2가 두 개의 공유 자원을 이용하는 상황을 생각해 보자. 편의상 각 자원의 세마포가 S1, S2라고 하자. 이때 각 태스크가 각 자원을 하나씩 점유한 후에 다른 자원을 요청할 수 있는데, 예컨대 T1은 S1에 대한 자원을 점유하고 T2는 S2에 대한 자원을 점유하고 있을 수 있다. 그런데 T1, T2 공히 S1에 대한 자원과 S2에 대한 자원이 모두 필요하다고 하자. 그러면 그림 2.8과 같은 교착상태가 발생하게 된다.

그림 2.8은 두 태스크가 동시에 수행되는 상황을 나타낸다. 그림에는 나타나 있지 않지만 가로축을 시간으로 볼 수 있다. 즉, 왼편에서 오른편으로 시간이 흐르는 것으로 볼 수 있다. 초기에 T1은 S1에 대한 자원을 점유하고 있고 T2는 S2에 대한 자원을 점유하고 있다. T2가 세마포 S2에 대한 요청을 했을 때는 T1이 세마포 S2에 대한 요청을 하기 전이므로 S2에 대한 자원이 T2에 할당되는 것은 당연한 결과다. T1에 대한 S1 요청도 마찬가지다. 이런 상황에서 T1은 S2에 대한 자원을 사용하기 위해 세마포 S2에 접근을 시도한다. 그러나 S2는 이미 T2가 확보하고 있으므로 이 연산은 허용되지 않고 계속 기다리게 된다. 마찬가지로 T2도 S1에 대한 접근을 시도하지만 S1은 이미 T1에 할당된 상태이므로 이 연

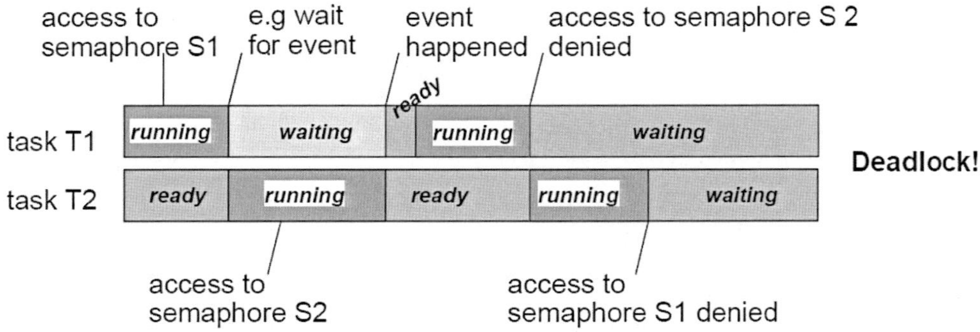

그림 2.8 교착상태가 발생하는 예. 두 개의 태스크 T1과 T2가 동시에 진행되는 상황을 나타내고 있다. T1은 세마포 S1에 대한 자원을 점유하고 있으며, T2는 세마포 S2에 대한 자원을 점유하고 있다. 이런 상황에서 T1은 S2에 대한 자원이 허용되기를 기다리게 되고 T2는 S1에 대한 자원이 허용되기를 기다린다. 결국 두 태스크는 서로 영원히 기다리게 되는 상황이 발생한다[14].

산도 허용되지 않고 계속 기다리게 된다. 결국 두 태스크가 각각 한 자원을 점유한 상태에서 다른 자원을 사용하려고 계속 기다리게 된다. 이것이 바로 자원관리의 첫 번째 문제인 교착상태이다.

교착상태와 비슷한 문제로서 우선순위 역전 현상이 있다. 우선순위 역전 현상이란 우선순위가 낮은 태스크가 어떤 자원을 선점함으로써 같은 자원을 기다리고 있는 높은 우선순위 태스크가 수행되지 못하는 현상을 의미한다. 우선순위 역전 현상은 교착상태보다 훨씬 간단한 현상이기 때문에 그림만 봐도 쉽게 이해할 수 있다. 우선순위 역전 현상의 예를 살펴보면 그림 2.9와 같다.

그림 2.9에는 네 개의 태스크 T1, T2, T3, T4가 있다. 이들 태스크의 우선순위는 T1이 가장 높고 그 다음이 T2, T3 순으로 T4의 우선순위가 가장 낮다. 그런데 처음에 T4가 세마포 S1에 대한 자원을 점유하고 있다가 T1, T2, T3 태스크가 시작됨에 따라 우선순위에 밀려서 수행되지 못하고 준비(ready) 상태에 놓이게 된다. 그런데 정작 T1 태스크는 세마포 S1에 대한 자원을 요청하는데, S1은 이미 T4에 할당되어 있으므로 기다리는 상태로 진입한다. 그 이후에 태스크 T2와 T3이 차례로 수행되는데 그러고 나면 T4가 다시 수행할 기회를 얻게 된다. 이후 T4가 S1에 대한 자원을 해제하고 나면 마침내 T1이 수행될 수 있게 된다. 결국 T1은 우선순위가 높음에도 불구하고 낮은 우선순위의 태스크 T4가 S1을 점유함에 따라 T4보다 우선순위가 낮은 것처럼 수행된다. 이처럼 자원 점유로 인해서 우선순위가 뒤바뀌는 것 같은 효과가 발생하는 현상을 우선순위 역전 현상이라고 한다.

OSEK 운영체제는 이 두 가지 문제점을 해결하기 위해서 우선순위 올림 프로토콜(priority ceiling protocol)을 채택하고 있다. 우선순위 올림 프로토콜은 각 자원에 우선순위

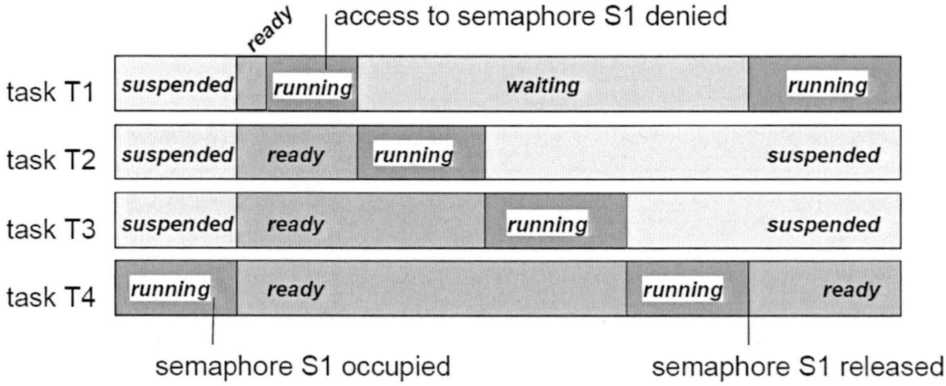

그림 2.9 우선순위 역전이 발생하는 예. 태스크 우선순위는 T1이 가장 높고 T2, T3, T4의 순이다. 그런데 T4가 세마포 S1을 획득하고 있는 상태에서 T1도 같은 S1에 대한 자원을 필요로 한다. 그런 경우에 T1은 우선순위가 높음에도 불구하고 T2, T3이 모두 수행된 후에만, 그리고 추가로 T4가 수행되어 세마포 S1을 사용할 수 있게 된 후에만 계속 수행될 수 있다[14].

를 부여한다는 가정에 기초하고 있는데, 우선순위 올림 프로토콜을 자세히 설명하면 다음과 같다.

- 시스템을 구성할 때 각 자원에 '올림 우선순위(ceiling priority)'를 정적으로 부여한다. 자원을 하나라도 사용하는 태스크의 우선순위는 모두 자원에 부여된 올림 우선순위의 최솟값보다 크지 않게 부여되어야 한다. 반면 자원을 하나도 사용하지 않는 태스크의 우선순위는 모두 올림 우선순위의 최댓값보다 크게 부여되어야 한다.
- 어떤 태스크가 자원을 필요로 하고 태스크의 현재 우선순위가 자원의 올림 우선순위보다 낮다면 태스크의 우선순위는 자원의 올림 우선순위로 설정된다.
- 태스크가 자원을 모두 사용한 후에 태스크의 우선순위는 이전 우선순위로 다시 복원된다.

우선순위 올림 프로토콜을 사용하면 우선순위 역전 문제는 자연스럽게 해결할 수 있다. 사실 우선순위 역전 문제는 자원 할당으로 인해 태스크 우선순위가 바뀌어 예정보다 지연되는 것이었다. 그림 2.9의 예에서 T1은 우선순위가 높음에도 불구하고 T4가 선점한 자원을 받지 못하여 상당히 오랫동안 기다려야 했다. 만약 T4의 우선순위를 잠시나마 조금 올릴 수 있다면 T1이 그렇게 오랫동안 기다리지 않았어도 될 것이다. 우선순위 올림 프로토콜이 바로 이런 역할을 해 주는데 그 과정은 그림 2.10에서 볼 수 있다.

그림 2.10을 보면 T4의 우선순위가 세마포 획득과 더불어 올림 우선순위로 올라가는 예를 볼 수 있다. 그러나 올림 우선순위는 여전히 태스크 T0보다는 낮은 우선순위가 되는데

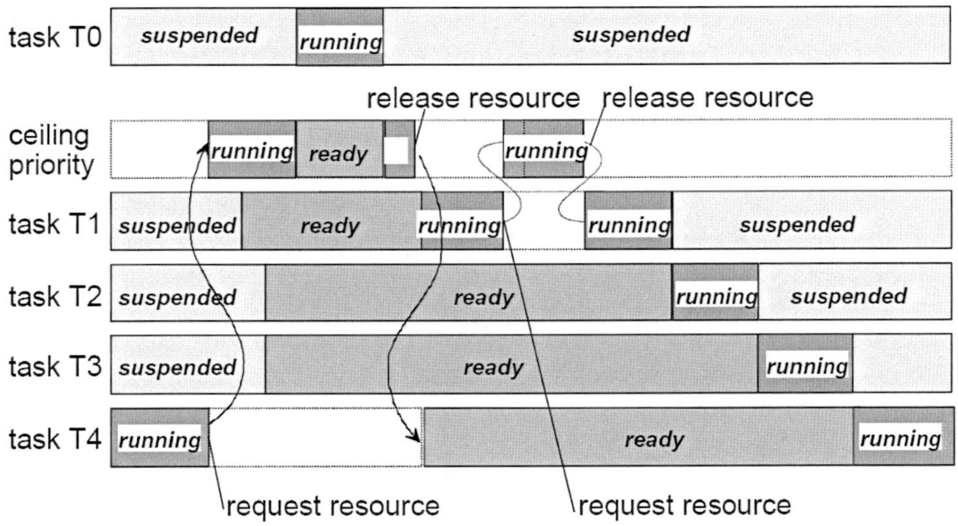

그림 2.10 우선순위 올림 프로토콜을 적용하였을 때, 태스크가 수행되는 과정. 자원을 선점한 태스크 T4의 우선순위가 올림 우선순위(ceiling priority)로 변경됨에 따라 우선순위 역전 현상이 발생하지 않으며 결과적으로 T1이 완료되는 시간은 전보다 빨라지게 된다[14].

그 이유는 태스크 T0이 어떤 세마포도 소유하고 있지 않기 때문이다. 그러나 궁극적으로는 같은 세마포를 요청하는 T1보다는 우선순위가 높으므로 T4가 T1보다는 먼저 수행된다. 그 결과 T1은 오래 기다리지 않아도 되며 적어도 T2나 T3보다 높은 우선순위를 유지하게 된다.

교착상태도 자원 우선순위로 해결할 수 있는데, 가장 손쉬운 방법은 태스크가 동시에 필요로 하는 자원의 세마포를 요청할 때에는 자원 우선순위 순으로 요청하도록 하는 것이다. 이렇게 하면 같은 자원을 사용해야 하는 태스크들이 선점한 자원의 우선순위대로 수행되도록 할 수 있다. 구체적인 예로 두 태스크 T1과 T2가 동시에 세마포 S1과 S2에 대한 자원을 사용해야 한다고 하자. 또, 자원의 우선순위는 S1이 S2보다 높다고 하자. 그러면 T1과 T2는 모두 세마포 S1을 세마포 S2보다 먼저 요청해야 하므로 그림 2.8과 같은 상황은 발생하지 않는다. 구체적으로 말해서 T2에서 S2를 먼저 요청할 수 없으며 결국 교착상태는 발생하지 않는다. 만약 T2가 S2의 자원, S1의 자원 순으로 순차적으로 이용한다면 S1의 자원을 요청하기 전에 세마포 S2를 해제해야 한다. 이런 경우에도 교착상태는 발생하지 않는다.

2.3.7 오류 처리와 후킹 메커니즘

OSEK 운영체제는 최소한의 오류 처리 메커니즘만을 제공하고 있다. OSEK/VDX와 같은 정적 시스템의 경우에는 오류 발생 비율이 낮기 때문에 이렇게 결정한 것으로 추정된다. 그럼에도 불구하고 기본적인 오류 처리 메커니즘을 제공하고 있으며 구체적인 오류 처리 방법은 사용자가 결정할 수 있도록 하고 있다.

OSEK에서 오류는 다음 두 가지로 구분된다.

- 응용 프로그램 오류시스템이 서비스를 올바르게 수행할 수 없으나 내부 데이터는 결함이 없다고 추정될 때 발생한다. 이 경우에는 오류 상황을 사용자에게 보고해 주며 이를 어떻게 처리할 것인지는 사용자가 결정해야 한다.
- 치명적 오류시스템이 서비스를 더 이상 진행할 수 없으며 내부 데이터가 올바르다고 확신할 수도 없을 때 발생한다. 이 경우에는 시스템 종료 과정을 거친다.

OSEK 운영체제는 응용 프로그램 오류 처리를 위해 오류 후킹 루틴을 제공하고 있다. 후킹(hooking)이란 본래 이벤트나 메시지를 중간에 가로채는 것을 의미한다. 여기서 오류 후킹 루틴이란 오류가 발생한 상황을 가로채서 호출되는 함수를 의미한다. 구체적으로 OSEK이 제공하는 응용 프로그램 오류 후킹 루틴 이름은 ErrorHook인데, OSEK의 시스템 호출 중에 오류가 발생하면 ErrorHook 루틴이 호출된다. 태스크 활성화 때나 이벤트 설정 등의 시스템 작업 중에도 오류가 발생하면 ErrorHook 루틴이 호출된다.

OSEK 운영체제는 ErrorHook 외에도 다양한 후킹 루틴을 제공함으로써 치명적 오류가 발생한 상황을 디버깅할 수 있도록 하고 있다. 대표적인 후킹 루틴으로는 시스템 부팅 시 호출되는 StartupHook, 시스템 종료 시 호출되는 ShutdownHook, 태스크 문맥전환(context switching) 시 발생하는 PreTaskHook과 PostTaskHook이 있다. 이들 후킹 루틴을 이용하면 OSEK 운영체제 및 응용 모듈의 오류를 점검하기 위한 상황 정보를 입수할 수 있다.

2.4 OSEK 운영체제 구현 사례연구

2.4.1 OSEK 운영체제 구현 사례

OSEK 운영체제 구현 프로젝트는 다수 진행되고 있지만 현재 안정적으로 지원되고 있는 경우는 그렇게 많지 않다. 더구나 교육용이나 연구용으로 무료로 사용할 수 있는 것도 그렇게 많지 않은 편이다. 대표적인 공개소스 OSEK 운영체제 개발 프로젝트를 몇 개 소개하면 다음과 같다.

- TOPPERS-OSEK : 일본에서 주도하고 있는 공개 프로젝트로 OSEK/VDX 운영체제뿐만 아니라 프로토콜 스택, 시뮬레이션 환경 등도 개발하고 있다. 공식 홈페이지는 http://www.toppers.jp/로서 한글 페이지, 영문 페이지, 중국어 페이지도 마련되어 있다.

그러나 대부분의 자료가 일본어로 구성되어 있어서 사용하기 어려운 점이 있다.

- openOSEK : 공개소스 OSEK 구현 프로젝트로 현재 프리알파(pre-alpha) 상태이다. 프로젝트 공식 홈페이지는 http://www.openosek.org/인데 업데이트가 늦은 것으로 미루어 볼 때 프로젝트가 정체되고 있는 것으로 판단된다.
- Trampoline : 역시 LGPL 라이선스에 따라 공개소스로 구현하고 있는 프로젝트이다. 프랑스에서 주도하고 있으며 현재 Infineon C166과 PowerPC에서 동작하는 것으로 알려져 있다. 공식 홈페이지는 http://trampoline.rts-software.org/으로서 비교적 잘 운영되는 편이다.
- FreeOSEK : 역시 공개소스로 진행되고 있는 프로젝트로서 교육용 목적으로 개발한 것이다. 브라질에서 주도하고 있는 것으로 추정되며 공식 홈페이지는 http://opensek.sourceforge.net/다. 여러 대학의 참여를 권고하고 있지만 현재 참여율은 저조한 편이다.
- nxtOSEK : 레고 로봇 키트인 Mindstorms NXT 상에서 동작하는 OSEK 구현이다. 일본인 Takashi Chikamasa에 의해 운영되고 있으며 일부 코드는 TOPPERS-OSEK을 사용하고 있다. 공식 홈페이지는 http://lejos-osek.sourceforge.net/로서 실제로 로봇을 구동하는 수준까지 구현되어 있다. 현재도 활발히 업데이트되고 있다.
- Erika Enterprise : 공개소스로 진행되는 OSEK 구현 프로젝트로서 특이하게도 이클립스 플러그인 형태로 구현된 RT-Druid라는 패키지를 배포하고 있다. 공식 홈페이지는 http://erika.tuxfamily.org/로서 현재도 활발히 업데이트되고 있다.

이상에서 살펴본 프로젝트 외에도 Trioz OSEK[15], Vector's osCAN[16], RTA-OSEK[17] 등 상용으로 구현된 OSEK도 있다. 그렇지만 이 절에서는 nxtOSEK에 대해 더 자세히 살펴보도록 하겠다. nxtOSEK을 선택한 이유는 쉽게 동작시켜 볼 수 있는 공개소스 형태이기 때문이다.

2.4.2 nxtOSEK 소개

앞서 언급한 대로 nxtOSEK는 레고 마인드스톰 NXT(LEGO Mindstorms NXT) 상에서 동작하는 공개소스 운영체제이다. 프로젝트 초기에는 LEJOS OSEK라고 불렸으나 leJOS NXT[18]와 혼동을 피하기 위해, 또 Java와 연관성이 없다는 것을 나타내기 위해 nxtOSEK로 개명하였다. nxtOSEK는 GCC를 통해 C/C++ 프로그래밍 환경을 제공하며, NXT 로봇의 센서와 모터 등을 다루는 C/C++ API를 제공한다. 이해를 돕기 위해 레고 마인드스톰 NXT의

15) Trioz OSEK RTOS, trioztech, http://trioztech.com/RTOS.htm
16) Vector's osCAN, http://www.vector.com/vi_oscan_en.html
17) RTA-OSEK, ETAS, http://www.etas.com/en/products/rta_osek.php
18) leJOS NXT는 Java를 이용하여 레고 마인드스톰 프로그램을 작성하기 위한 환경으로서 장치 관리자 이클립스 플러그인 등을 제공하고 있다. 공식 홈페이지는 http://lejos.sourceforge.net/다.

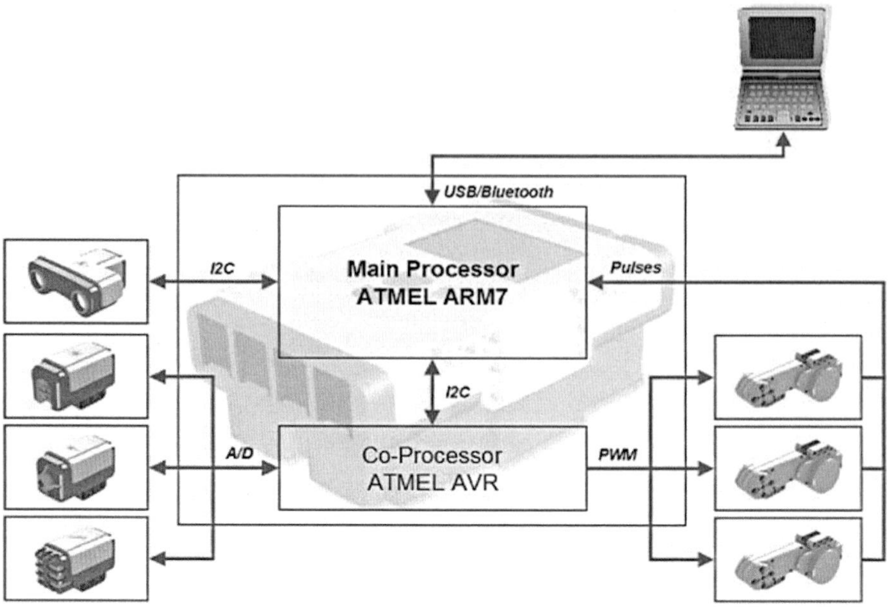

그림 2.11 레고 마인드스톰 NXT 개요도. 메인 프로세서로는 ARM7을, 코프로세서로는 ATMEL AVR을 사용하고 있다. 센서로는 광센서, 초음파 센서, 사운드 센서, 터치 센서 등을 연결할 수 있으며(좌측), 부하로는 서보모터를 연결할 수 있다(우측). 컴퓨터와는 USB 연결이나 블루투스 연결을 이용할 수 있다.[19]

개요를 나타내면 그림 2.11과 같다.

그림 2.11에서 볼 수 있듯이 레고 마인드스톰 NXT의 메인 프로세서는 ARM7이다. 이 프로세서의 입력으로는 각종 센서 입력이 주어지는데, 장착할 수 있는 센서로는 광센서(light sensor), 초음파 센서(ultrasonic sensor), 사운드 센서(sound sensor), 터치 센서(touch sensor) 등이 있다. 프로세서의 출력으로는 LCD 스크린과 서보모터(servomotor)가 있는데 서보모터는 입력으로 사용될 수도 있다. 기타 입출력 장치로 버튼과 스피커가 있다. 마인드스톰 NXT의 입출력 하드웨어에 대해 간단히 정리하면 다음과 같다.

- 광센서 : 빛을 감지하여 밝고 어두움을 구별할 수 있다. 실내의 밝기를 감지할 수 있으며 채색된 표면의 광도를 감지할 수 있다. 채색된 표면의 광도를 감지할 수 있는 기능을 이용하면 라인 트레이서 로봇(line tracer robot)을 구축할 수 있다.
- 초음파 센서 : 초음파 센서라고 해서 소리를 감지하는 것으로 오해할 수 있는데, 실제로는 거리를 측정하는 센서이다. 초음파가 반사되어 돌아오는 것을 감지하여 장애물과의 거리를 측정하는데, 이를 이용하면 장애물에 닿기 전에 로봇을 정지시킬 수 있

19) http://lejos-osek.sourceforge.net/ecrobot_c_api.htm

다. 초음파 센서를 이용하면 벽과 일정한 거리를 두고 움직이는 월 팔로워 로봇(wall follower robot)을 구성할 수 있다.

- 사운드 센서 : 소리의 크기와 피치를 감지한다. 소리의 파형을 측정할 수 있으므로 원시적인 소리 인식 기능을 구현할 수 있다. OSEK 운영체제 측면에서는 큰 도움이 되는 센서는 아니다.
- 터치 센서 : 작은 버튼이 달려 있는 센서로서 물체에 닿았는지 여부를 측정하는 센서다. 로봇 팔이나 관절 등을 구현할 때, 팔이나 관절의 회전 한계를 감지할 때 사용할 수 있다.
- 서보모터 : 로봇을 움직이는 데 사용되는 출력 장치로서 회전 각도를 인식하는 센서도 장착하고 있다. 따라서 출력 장치 기능뿐만 아니라 입력 장치 기능도 수행하는데, 이런 측면에서 인터랙티브 서보모터(interactive servomotor)라고 부르기도 한다.
- LCD 디스플레이 : 흑백 LCD로서 로봇의 간단한 콘솔 역할을 한다. 로봇 상태를 나타내는 데 쓰이며 간단한 문자열을 출력할 수도 있다.
- 버튼 : 네모 버튼 하나와 세모 버튼 세 개, 총 네 개의 버튼이 장착되어 있다. 로봇의 상태를 점검하거나 로봇에 저장되어 있는 프로그램을 선택할 때 사용된다.
- 스피커 : 프로그램 적재 완료나 레고 마인드스톰 NXT 시스템 재설정 등 로봇의 상태를 나타내기 위해 사용된다. 물론 프로그램에서 제어할 수 있으며 간단한 사운드를 출력할 수도 있다.

또한, 레고 마인드스톰 NXT는 기본적인 통신 모듈을 장착하고 있는데, 허용되는 통신 인터페이스는 USB와 블루투스(bluetooth)다. 이 통신 모듈을 이용하여 외부 컴퓨터와 연결하여 프로그램 다운로드 등을 수행할 수 있다.

nxtOSEK 운영체제는 앞서 언급한 leJOS NXT의 디바이스 드라이버를 일부 이용하고 있으며 TOPPERS/ATK[20] 커널과 TOPPERS/JSP[21] 실시간 운영체제의 소스코드를 이용하고 있다. 물론 모든 코드를 이용하고 있는 것이 아니라 ARM7 포트만 이용하고 있으며 이들을 레고 마인드스톰 NXT에서 동작하도록 수정하였다.

nxtOSEK는 C/C++를 지원하기 때문에 특별한 개발환경이 필요 없으나, 이미 개발되어 있는 개발환경인 Eclipse CDT를 이용할 수 있다. nxtOSEK 동작은 마이크로소프트 윈도우 XP(서비스팩 2)나 마이크로소프트 윈도우 비스타(Microsoft Windows Vista), 마이크로소프트 윈도우 7(Microsoft Windows 7)에서 테스트된 상태이다. 하드웨어 측면으로는 이벤트

20) TOPPERS/ATK는 TOPPERS 프로젝트에서 개발한 자동차용 운영체제 커널이다. 이전에는 TOPPERS/OSEK이라고 불렸으나 지금은 TOPPERS/ATK라고 명명되었다.

21) TOPPERS/JSP는 TOPPERS 프로젝트의 일부로서 역시 운영체제 커널 소스코드이다. JSP는 Just Standard Profile의 약자로서 μITRON 4.0 스펙에 따라 그대로 만들었다는 뜻이다. μITRON 4.0은 실시간 운영체제 커널 스펙 중 하나로서 1999년 발표되었고 2002년 수정되었다[17].

처리, 다중 스레드, 블루투스 연결, USB 등을 지원하고 있으며 프로그래밍 측면에서는 파일시스템을 지원하고 부동소수점 연산을 지원하며 동적 메모리 관리 기능을 지원한다.

2.4.3 nxtOSEK 설치

nxtOSEK는 리눅스용으로 개발된 TOPPERS를 기반으로 하고 있기 때문에 Cygwin 환경을 이용해야 한다. Cygwin이란 윈도우에서 리눅스 환경을 사용할 수 있도록 개발한 가상 환경이다.[22] 그러나 실제로 컴퓨터를 가상화한 것이 아니라 리눅스의 환경에 필요한 DLL을 설치하고 개발도구를 설치하는 형태로 가상 환경을 구축한 것이다. 또한, nxtOSEK에 탑재되는 레고 마인드스톰 NXT는 ARM7 프로세스를 사용하고 있기 때문에 Gnu ARM 툴체인도 설치해야 한다. nxtOSEK를 설치하기 위해 필요한 다운로드를 모두 나열하면 다음과 같다.

- nxtOSEK : nxtOSEK 운영체제 프로그램으로서 압축파일 형태로 제공된다. 다운로드 사이트는 http://sourceforge.net/projects/lejos-osek/files/nxtOSEK/인데, 2.15 이상 버전을 다운로드한다.
- Cygwin : make 툴과 라이브러리를 사용하기 위해 다운로드한다. 다운로드 사이트는 http://www.cygwin.com/이다. setup.exe를 다운로드하여 실행하는데, 이 프로그램을 실행시키면 필요한 도구를 체크하여 다운로드할 수 있는 창이 나타난다. 이때, make 툴과 라이브러리 libintl1, libintl2, libintl3, libintl8, libncurses8 libncurses9, libncurses10을 체크하여 설치되도록 한다.
- Gnu ARM 툴체인 : Gnu ARM 툴체인 사이트에서 GCC 4.0 툴체인 Cygwin용을 다운로드하여 설치해야 한다. 다운로드 사이트는 http://www.gnuarm.com/이다. 설치할 Gnu ARM 툴체인은 최신 Gnu ARM/Newlib 툴체인을 Cygwin용으로 포팅한 것으로서 빈유틸(binutil)[23]과 컴파일러, 디버거, Newlib[24] 등을 포함하고 있다. 설치할 때 리틀엔디안(Little Endian)만 설치하며 부동소수점 수(floating point) 옵션은 제거한다.
- NXT 펌웨어 업로드 도구 : 레고 마인드스톰 NXT용 펌웨어를 업로드(upload)하는 방법은 여러 가지가 있다. nxtOSEK에 소개된 것만 해도 (1) John Hansen의 Enhanced

---

22) Cygwin 홈페이지는 http://www.cygwin.com/이다. Cygwin은 윈도우에서 리눅스의 L&F(look and feel)를 느낄 수 있도록 하기 위한 도구들의 집합체라고 볼 수 있다. 리눅스 API(application program interface)를 DLL(dynamic linking library) 형태로 제공하고 있으며 각종 프로그램이 실행파일 형태로 제공되고 있다.

23) 여기서 빈유틸(binutil)은 정확히 말하면 Gnu 이진파일 도구(Gnu Binary Utilities)를 뜻한다. 어셈블러와 링커, 또 어셈블러가 생성하는 오브젝트 파일과 라이브러리, 프로파일 데이터 등을 다루는데 필요한 프로그램들의 집합으로서 통상 Gnu 컴파일러와 함께 사용된다.

24) Newlib은 임베디드 시스템용으로 이식된 C 표준 라이브러리다. 임베디드 시스템에서 사용할 수 있는 시스템 호출 집합을 제공하고 있는데, nxtOSEK에서도 마찬가지로 Newlib에 정의된 API를 사용할 수 있다. Newlib은 현재 ARM뿐만 아니라 Renesas 등 다양한 임베디드 프로세서용으로 이식되어 있는데, 현재 Jeff Johnston에 의해 관리되고 있다. 홈페이지는 http://www.sourceware.org/newlib/이다.

NXT 펌웨어 도구를 이용하는 방법, (2) NXT BIOS를 이용하는 방법, (3) RAM에서 직접 부팅하는 방법 등의 세 가지 방법이 있다. 이 중에서 펌웨어 도구를 이용하는 방법이 가장 간편하므로 John Hansen의 Enhanced NXT 펌웨어 도구를 다운로드한다. Hansen의 Enhanced NXT 펌웨어 도구를 사용하기 위해서는 먼저 레고 마인드스톰 NXT 드라이버(팬텀 드라이버, Fantom Driver)를 다운로드해야 하며 NeXTTool[25]도 다운로드해야 한다. 요약하면 다음 세 가지를 다운로드해야 하는데 자세한 설치 방법은 아래 설치 방법에서 설명하겠다.

- 팬텀 드라이버 : http://mindstorms.lego.com/Support/Updates/
- Hansen의 NeXTTool : http://bricxcc.sourceforge.net/utilities.html
- Enhanced NXT 펌웨어 도구 : http://bricxcc.sourceforge.net/lms_arm_jch.zip

설치 순서는 Cygwin, Gnu ARM 툴체인, 프로그램 업로드 소프트웨어의 순서대로 설치하고 마지막으로 nxtOSEK를 설정한다. 설치 과정은 nxtOSEK 홈페이지에 자세히 나와 있는데, 여기서는 이 홈페이지의 내용을 기준으로 설명하겠다.

2.4.3.1 Cygwin 설치

Cygwin 홈페이지에서 1.5.24 이상 버전을 다운로드하여 설치한다. setup.exe를 실행하면 그림 2.12와 같은 화면이 나타난다.

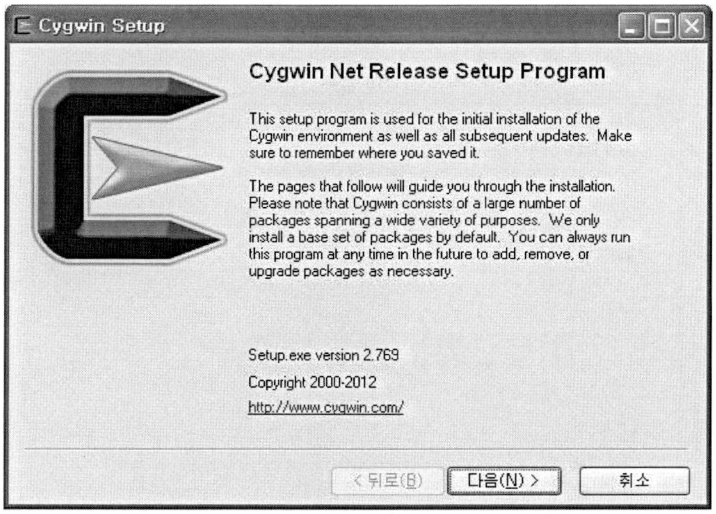

그림 2.12 Cygwin 설치파일을 실행한 화면

25) NeXTTool은 레고 마인드스톰 NXT와 통신하기 위한 명령 프롬프트용 프로그램이다.

이 화면에서 다음 버튼을 누르면 그림 2.13과 같은 화면이 나타난다.

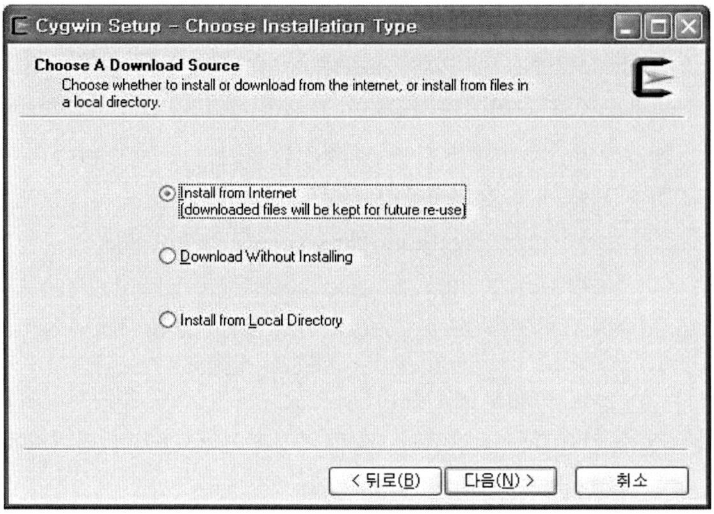

그림 2.13 어디서 다운로드할 것인지 묻는 Cygwin 설치 화면

그림 2.13 대화상자는 어디서 다운로드할 것인지를 묻는 화면이다. 우리는 최초로 인터넷에서 파일을 받아 설치하려고 하는 중이므로 첫 번째 옵션(Install from Internet)을 선택한다. 그러면 그림 2.14와 같은 화면이 나타난다.

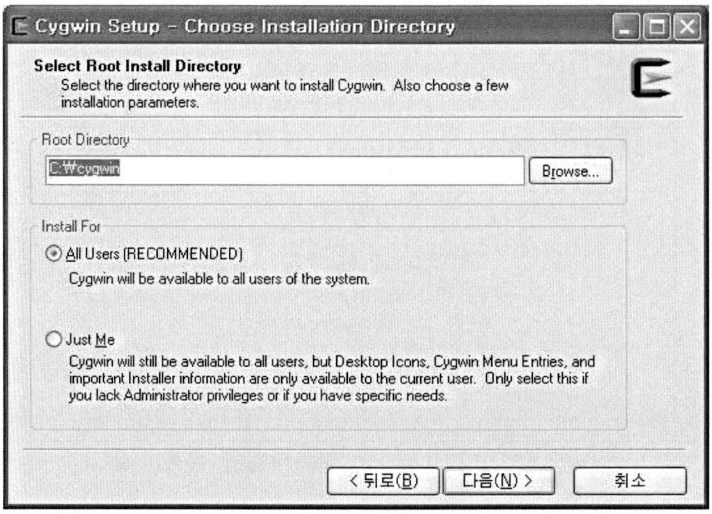

그림 2.14 Cygwin 설치 위치를 묻는 대화창. 기본 위치 C:₩cygwin을 그대로 선택한다.

그림 2.14는 Cygwin 설치 위치를 묻는 대화창이다. 다른 위치를 선택해도 되지만 주의할 점은 설치 위치 경로명에 영문자만 들어가야 한다는 점이다. 따라서 기본 위치 C:\cygwin을 그대로 선택하는 것이 좋다. 그 다음에는 그림 2.15와 같은 대화창이 나타난다.

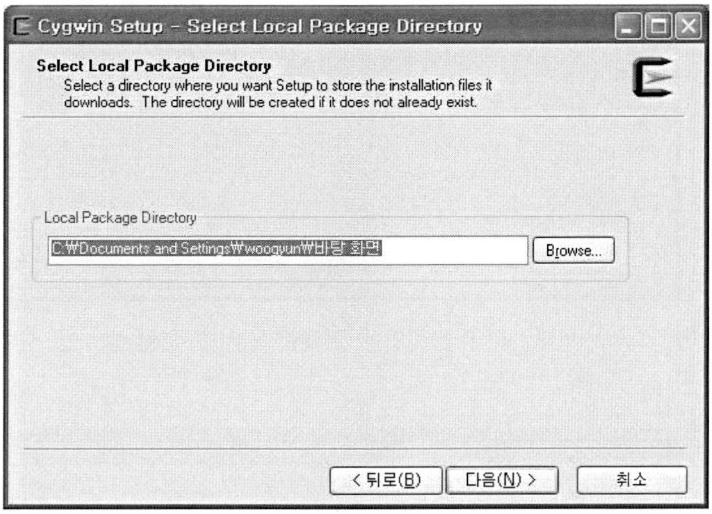

그림 2.15 Cygwin 패키지를 다운로드할 폴더를 묻는 대화창. 다운로드 폴더의 경로명에는 한글이 포함되어도 상관없다.

그림 2.15는 다운로드할 Cygwin 패키지 파일들을 어디에 저장해야 하는지 묻는 대화창이다. Cygwin을 한 번만 설치하고 말 것이라면 어디든 상관없지만, 혹시 Cygwin을 설치하다가 네트워크가 끊긴다든지 하는 이유 때문에 다시 설치해야 한다면 이 다운로드 폴더 위치가 중요하다. 다시 설치할 때, 이미 다운로드한 패키지 파일들은 다시 다운로드하지 않기 때문이다. 다운로드할 폴더의 경로명에는 한글 글자가 포함되어도 상관없다. 다운로드 폴더는 단순히 윈도우에서 해당 파일들을 참조하기 위해 정하는 것이며 Cygwin을 실행할 때에는 이 다운로드 폴더를 참조하지 않는다. 그 다음에는 그림 2.16과 같은 대화창이 나타난다.

그림 2.16은 Cygwin 패키지를 다운로드할 때 어떤 인터넷 연결을 이용할 것인지 선택하는 대화창이다. 그냥 기본으로 설정된 직접 연결(Direct Connection)을 선택하면 된다. 그 다음에는 그림 2.17과 같은 화면이 나타난다.

그림 2.17은 Cygwin 패키지 다운로드 사이트를 선택하는 대화창을 나타낸다. 인터넷에서 자신의 위치와 가장 가까운 미러 사이트(mirror site)[26]를 선택하는 것이 좋다. 과거에는

26) 미러 사이트란 똑같은 패키지를 그대로 복사하여 배포하는 사이트를 말한다. Cygwin처럼 사람들이 많이 사용하는, 인기가 높은 소프트웨어의 경우에는 다수의 미러 사이트가 존재한다.

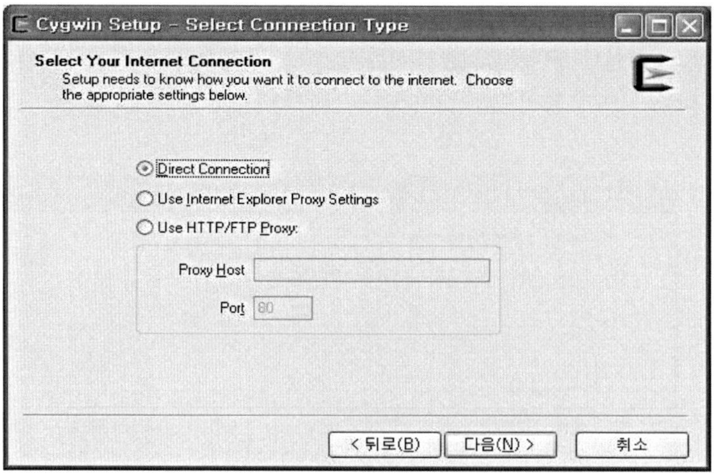

그림 2.16 Cygwin 패키지 다운로드에 필요한 인터넷 연결 방식을 선택하는 대화창

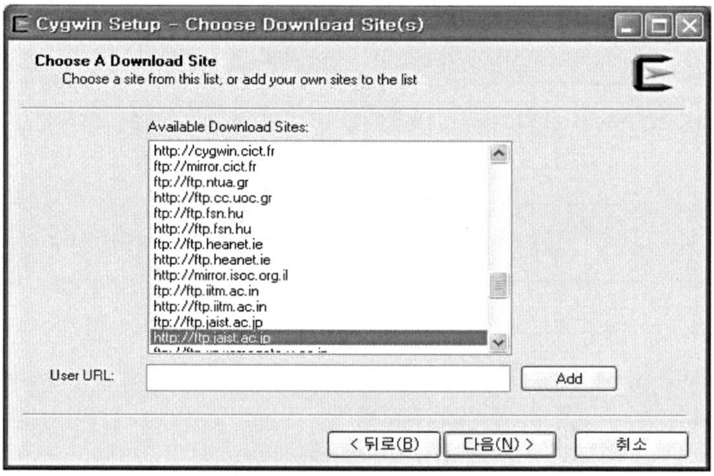

그림 2.17 Cygwin 패키지 다운로드 사이트를 선택하는 대화창. 인터넷에서 자신의 위치와 가장 가까운 위치를 선택하는 것이 좋다.

우리나라 미러 사이트도 존재했었지만 지금은 모두 사라지고 없다. 현재로서는 일본 사이트나 중국 사이트를 선택하는 것이 좋다. 그림 2.17에는 일본의 JAIST 사이트를 선택하였다. 그 다음에는 그림 2.18과 같은 화면이 나타난다.

그림 2.18은 설치할 패키지를 선택하는 화면이다. 이때 적절한 카테고리(category)에서 선택해야 하는데 먼저 Devel 카테고리의 앞 '+' 표시를 눌러 확장한다. 여기서 그림 2.19와 같이 make를 선택한다.

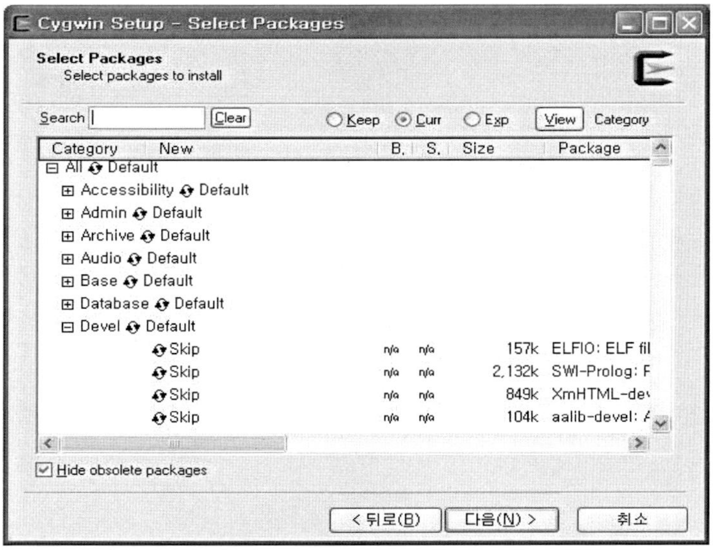

그림 2.18 Cygwin 패키지 선택 화면. 개발도구를 선택하기 위해 Devel 카테고리를 확장하였다.

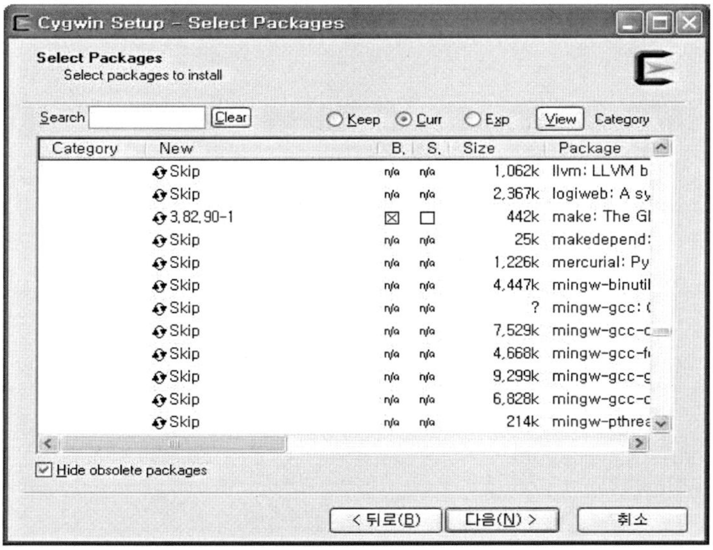

그림 2.19 Cygwin의 개발도구 make를 선택한 화면

그림 2.19는 Cygwin의 개발도구 make를 선택한 화면이다. make는 프로그램 구성 요소의 의존성을 이용하여 최종 프로그램을 만들어 내는 빌드 도구(program build tool)다. make는 프로그램 구성 요소 중에서 변화된 것만 추적하여 영향을 받는 것들만 새로 만들어 낸다.

같은 화면에서 라이브러리도 선택해야 한다. 그림 2.20처럼 Libs 카테고리를 확장한다.

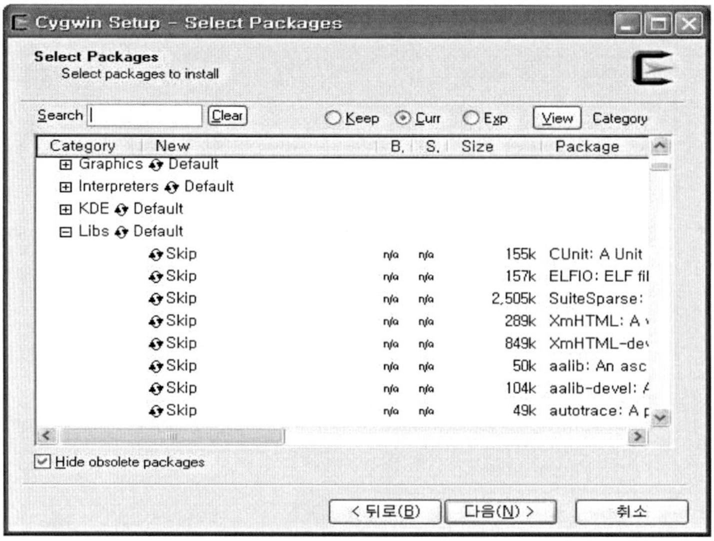

그림 2.20 Libs 카테고리를 확장한 화면. nxtOSEK에 필요한 라이브러리를 Libs 카테고리에서 선택한다.

그림 2.20의 화면을 스크롤하여 내려가면 그림 2.21과 같이 libintl을 찾아볼 수 있다. 여기서 libintl1, libintl2, libintl3, libintl8을 선택한다.

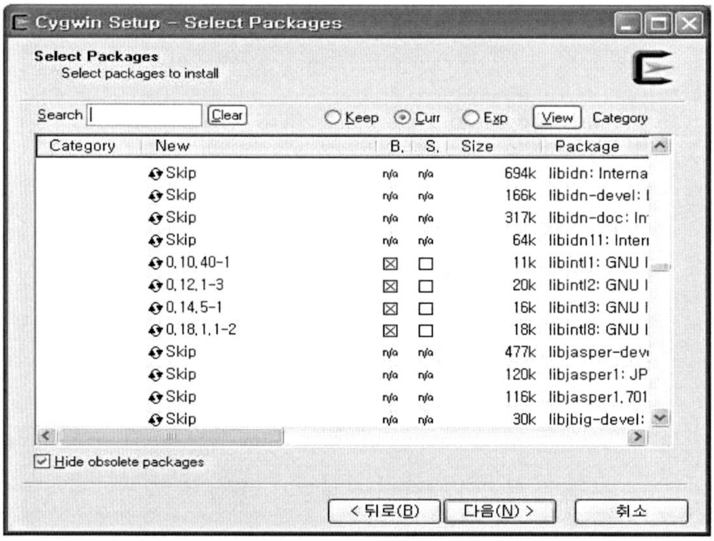

그림 2.21 라이브러리 libintl을 선택한 화면. libintl1, libintl2, libintl3, libintl8을 선택한다.

마찬가지로 좀 더 스크롤하여 그림 2.22와 같이 libncurses를 찾고 libncurses8, libncurses9, libncurses10을 선택한다.

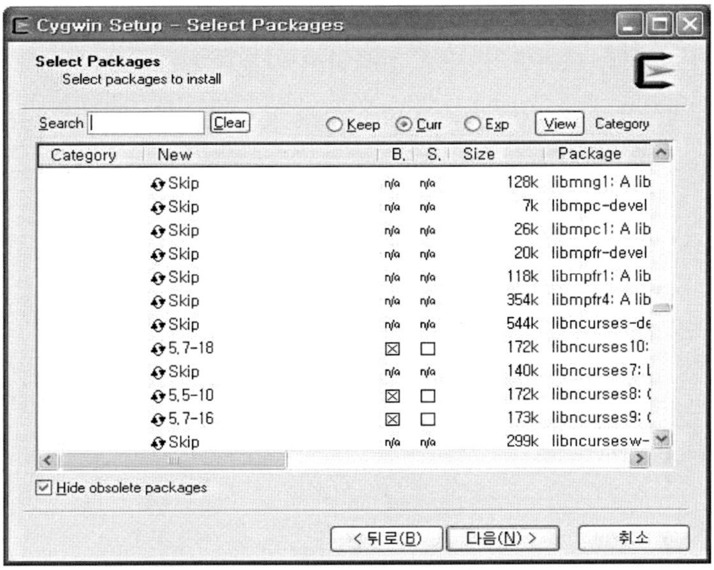

그림 2.22 라이브러리 libncurses를 선택한 화면. libncurses8, libncurses9, libncurses10을 선택한다.

make와 라이브러리 선택을 마쳤으면 다음 버튼을 눌러서 계속 진행한다. 진행하다보면 그림 2.23과 같은 대화창이 나타난다.

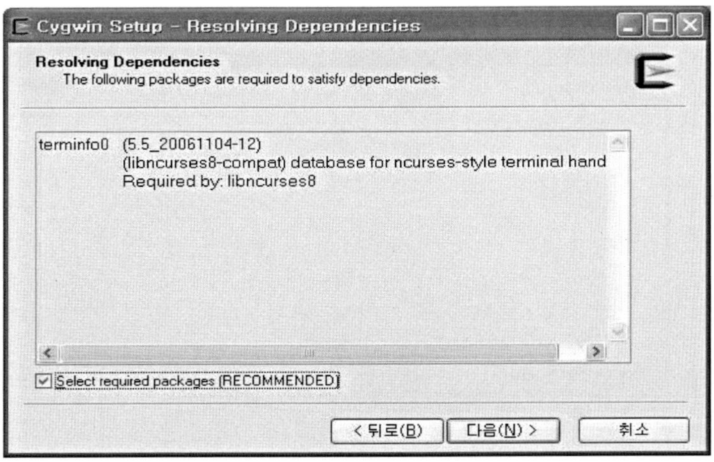

그림 2.23 라이브러리 의존성을 알려주는 대화창. libncurses8을 설치하려면 terminfo0도 설치해야 함을 알려주고 있다.

그림 2.23에 보인 대화창의 의미는 libncurses8을 설치하려면 terminfo0도 설치해야 한다는 것이다. 의존성이 존재하는 라이브러리는 설치하는 것이 기본이다. 그림 2.23의 아래에

있는 체크박스의 내용도 이것을 의미하고 있으며 이것을 추천하고 있다. 그대로 선택하고 다음 버튼을 누른다. 그러면 그림 2.24와 같이 다운로드와 설치가 진행된다.

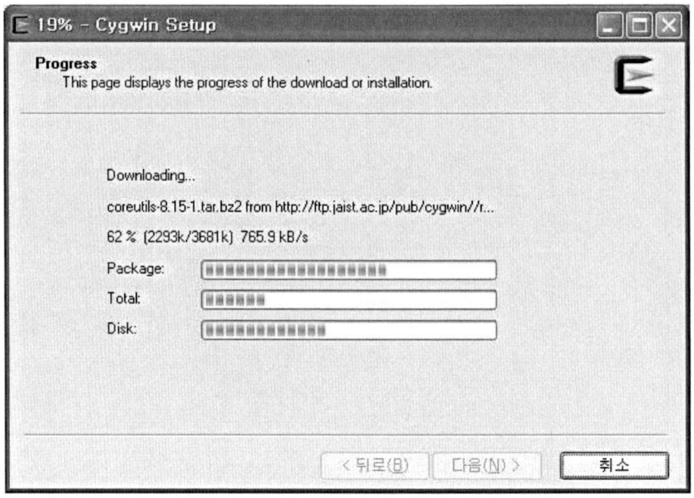

그림 2.24 Cygwin 설치가 진행되는 화면

설치가 다 끝나면 그림 2.25와 같이 설치 완료 화면이 나타난다. 체크박스가 선택된 대로 두고 마침 버튼을 누른다. 그러면 바탕화면에 바로가기 아이콘이 설치된다.

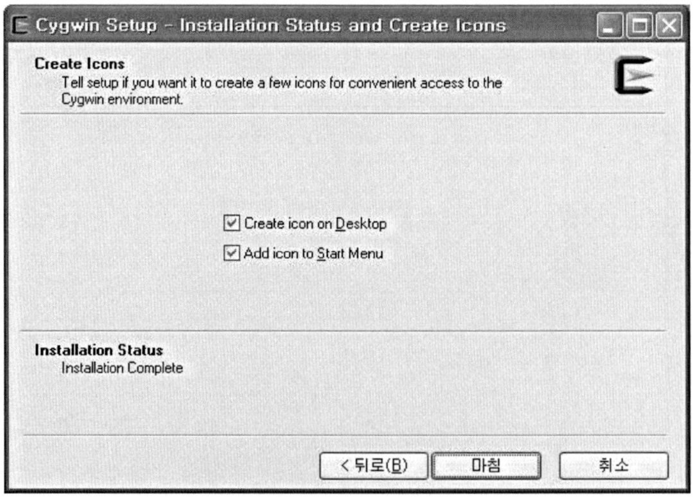

그림 2.25 Cygwin 설치가 완료된 화면

바탕화면의 바로가기 아이콘을 클릭하면 몇 가지 설정이 끝난 후 Cygwin 명령 프롬프

트가 실행된다. 이 화면에서는 ls나 ps 등 리눅스 명령어를 그대로 실행할 수 있다.

실습 1

Cygwin 창에서 리눅스 명령어를 몇 가지 입력해 보자. 수행 결과가 리눅스와 같은가? 아예 명령어가 수행되지 않거나 수행 결과가 다르게 나오는 경우는 없는지 살펴보자. 혹시 수행되지 않는 경우가 있다면 해당 명령어가 무엇인지 적어라. 또 명령어 수행 결과가 달라지는 경우도 해당 명령어가 무엇인지 적고 구체적으로 어떤 차이를 보이는지 적어 보아라.

고찰 1

Cygwin은 리눅스와 비슷하긴 하지만 다르다. 리눅스 사용자 입장에서 불편할 수 있는, Cygwin의 한계가 있다면 무엇일까?

2.4.3.2 GNU ARM 툴체인 설치

레고 마인드스톰은 ARM7 프로세서를 장착하고 있으므로 GNU ARM 툴체인을 설치해야 한다. GNU ARM 툴체인 사이트 http://www.gnuarm.com에서 GCC 4.0 섹션을 찾고 여기서 GCC-4.0.2에 대한 툴체인(newlib-1.14)을 다운로드한다. 다른 버전을 다운로드하면 nxtOSEK에서 예기치 못한 오류가 발생할 수 있으므로 정확히 그 버전을 다운로드해야 한다. 다운로드한 실행파일을 실행하면 그림 2.26과 같은 설치 화면이 등장한다.

그림 2.26 GNU ARM 설치 단계 1. 이 대화창에서 GNU ARM 툴체인 버전 4.0.2를 확인할 수 있다.

그림 2.26에서 "NEXT" 버튼을 눌러 진행하면 그림 2.27과 같은 사용권 계약 동의서 대화창이 나타난다. 이 대화창에서는 간단히 동의하고 진행하자.

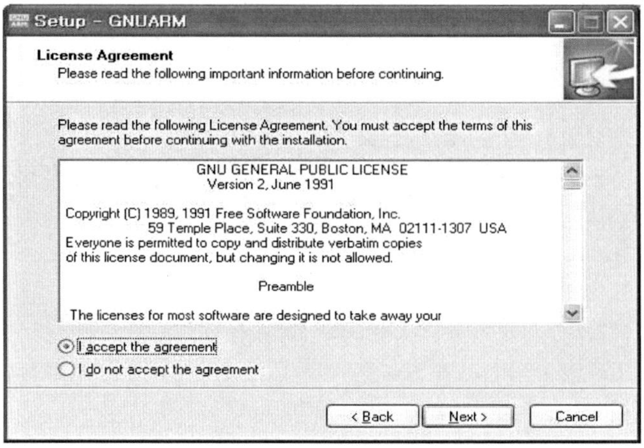

그림 2.27 GNU ARM 설치 단계 2. 간단히 사용권 계약에 동의한 후 진행한다.

그림 2.27에서 동의 후 "NEXT" 버튼을 눌러 진행하면 그림 2.28과 같은 대화창이 나타난다. 이 창에서는 설치 위치를 Cygwin 설치 위치의 서브폴더로 변경해야 한다. Cygwin이 C 드라이브의 루트에 설치되어 있다고 하면 "C:\cygwin\GNUARM"으로 변경해야 한다.

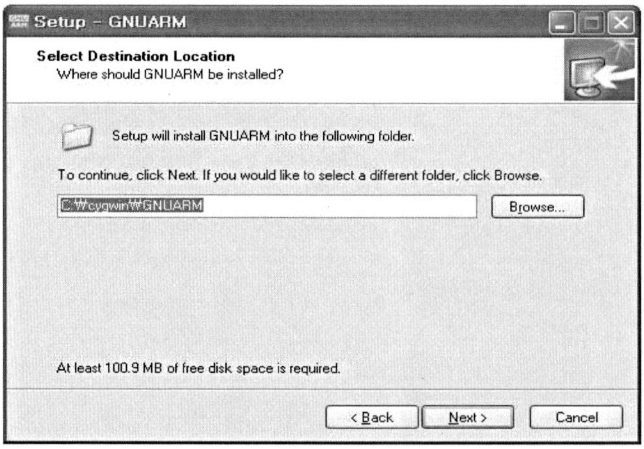

그림 2.28 GNU ARM 설치 단계 3. GNU ARM 툴체인이 설치될 경로를 설정하는 대화창이다. 설치 위치를 Cygwin 설치 위치의 서브폴더 GNUARM으로 설정해야 한다.

설치를 계속 진행하면 그림 2.29와 같은 대화창이 나타난다. 그림 2.29는 매우 중요한 대화창으로서 여기서 설치할 툴체인을 구체적으로 선택해야 한다.

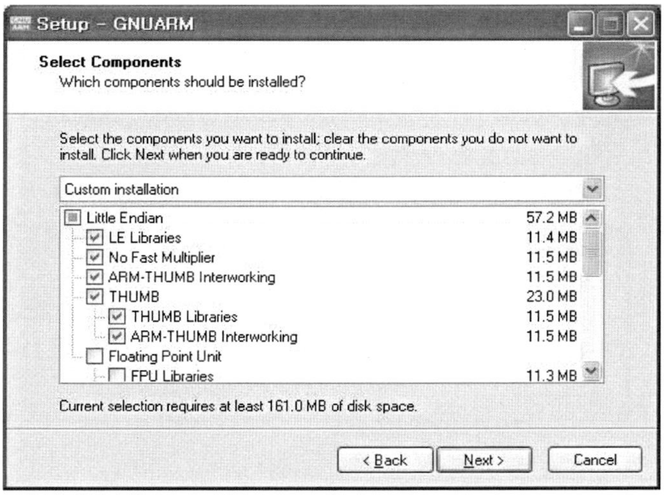

그림 2.29 GNU ARM 설치 단계 4. 구체적으로 설치할 툴체인을 선택하는데, 빅엔디안(Big Endian)은 제외하고 리틀엔디안(Little Endian)만 선택한다. 또 부동소수점 수(Floating Point Unit) 유닛도 제외한다.

그림 2.29의 선택 대화창에서는 빅엔디안(big endian)을 제외하고 리틀엔디안(little endian)만 선택한다. 또 부동소수점 수 유닛(Floating Point Unit)도 제외한다. 이 부분이 GNU ARM 툴을 설치단계에서 가장 중요한 부분이다.

그림 2.29에서 “NEXT” 버튼을 눌러 계속 진행하면 그림 2.30과 같은 대화창이 나타난다. 그림 2.30은 시작메뉴를 만들 것인지를 묻는 창인데 기본 설정으로 그대로 두고 진행한다.

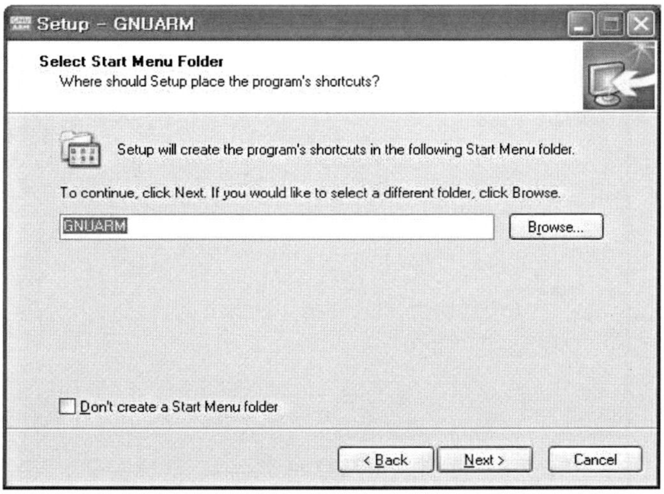

그림 2.30 GNU ARM 설치 단계 5. 시작메뉴를 만들 것인지 결정하는 과정인데, 기본 설정으로 그대로 두고 진행하면 된다.

그림 2.30에서 "NEXT" 버튼을 눌러 계속 진행하면 그림 2.31과 같은 대화창이 나타난다. 그림 2.31에서 중요한 것은 Cygwin 옵션을 해제하는 것이다. 기본 설정은 Cygwin 옵션이 체크되어 있다. 그러나 우리는 이미 Cygwin을 설치한 상태이므로 Cygwin DLL을 다시 설치할 필요가 없다. 따라서 이 옵션을 체크 해제해야 한다.

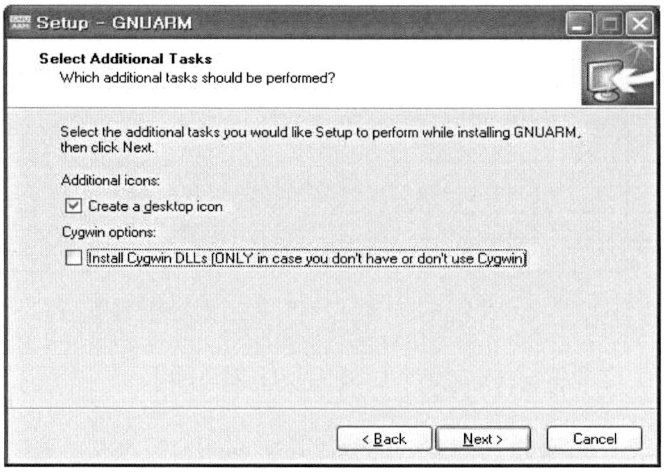

그림 2.31 GNU ARM 설치 단계 6. 바탕화면 아이콘을 설치할 것인지 여부와 Cygwin DLL을 설치할 것인지 여부를 결정하는 대화창이다. 여기서 Cygwin DLL을 설치하지 않도록 체크를 해제해야 한다.

그림 2.31에서 옵션을 제대로 결정한 후 "NEXT" 버튼을 눌러 계속 진행하면 그림 2.32와 같은 설치 요약 대화창이 나타난다.

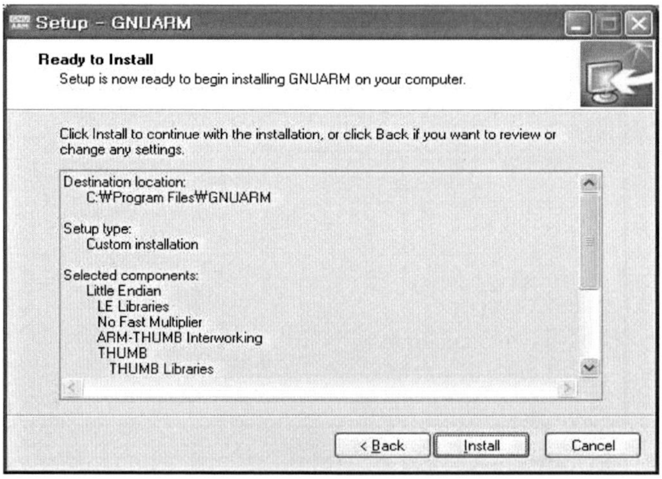

그림 2.32 GNU ARM 설치 단계 7. 설치 옵션이 제대로 설정되었는지 확인하는 대화창이다.

그림 2.32의 대화창에서 설치 옵션이 제대로 설정되었는지 다시 한 번 확인하고 "Install" 버튼을 눌러 설치를 진행한다. 그러면 설치가 진행되며 끝으로 그림 2.33과 같은 대화창이 나타난다.

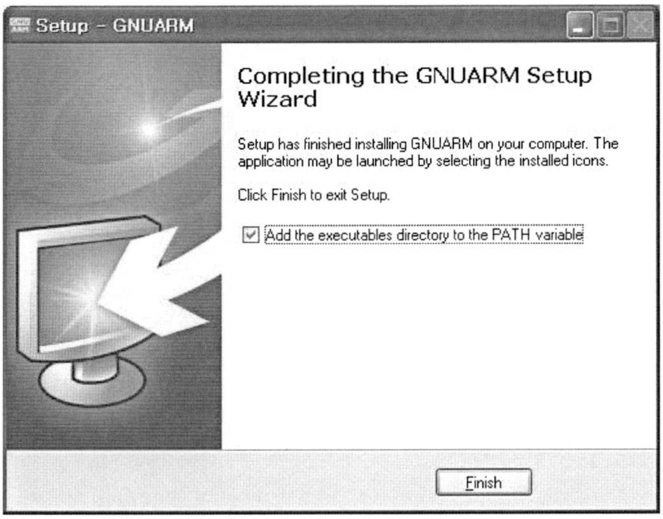

그림 2.33 GNU ARM 설치 단계 8. 설치 마지막 단계로서 실행파일 폴더를 환경변수 PATH에 추가할 것인지 여부를 결정하면 된다. PATH에 추가하도록 체크된 상태로 설치를 마치면 된다.

그림 2.33에 나타난 마지막 단계에서는 GNU ARM 툴체인의 실행파일 폴더를 환경변수 PATH에 추가할 것인지 여부를 묻고 있다. 기본 설정 그대로, 즉 PATH에 추가하도록 체크된 상태로 설치를 마치면 된다. 이렇게 해야 명령 프롬프트에서 GNU ARM 컴파일러와 디버거 등을 특별한 설정 없이 그대로 사용할 수 있다.

2.4.3.3 nxtOSEK 프로그램 업로드 소프트웨어 설치

nxtOSEK 프로그램 업로드 소프트웨어를 설치하기 위해서는 먼저 LEGO 소프트웨어 업데이트 사이트 http://mindstorms.lego.com/Support/Updates/에서 팬텀 드라이버(Fantom Driver)를 다운로드한다. 그림 2.34는 다운로드 페이지의 화면을 보여준다. 그림 2.34의 아래 부분에 나타낸 것처럼 네모로 표시한 PC용 팬텀 드라이버를 다운로드한다.

다운로드한 압축파일을 풀고 팬텀 드라이버를 설치한다. setup.exe 파일을 수행하면 그림 2.35와 같은 설치 화면이 나타난다.

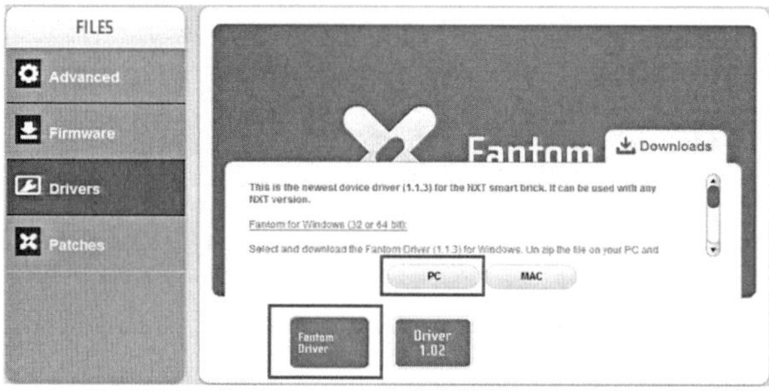

그림 2.34 팬텀 드라이버 다운로드 방법. LEGO 소프트웨어 업데이트 사이트에서 위 그림 처럼 PC용을 다운로드한다[8].

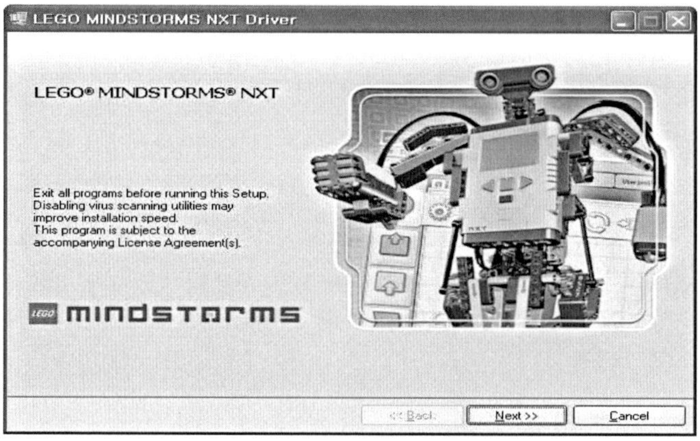

그림 2.35 팬텀 드라이버 설치 초기 화면

팬텀 드라이버는 설치 과정이 어렵지 않으므로 자세한 과정은 여기서 생략하겠다. 팬텀 드라이버 설치가 끝나면 컴퓨터를 재부팅해야 한다.

팬텀 드라이버 설치가 끝나면 Hansen의 NeXTTool을 다운로드한다. 다운로드 사이트 위치는 앞서 언급한 대로 http://bricxcc.sourceforge.net/utilities.html다. NeXTTool은 압축파일인데, 이 압축파일에 포함된 NeXTTool.exe 파일을 특정 위치에 저장한다. 역시 폴더 경로명에는 공백 문자나 한글 문자가 있으면 안 된다. 여기서는 C:\cygwin\nexttool이라는 폴더를 만들어 저장했다고 가정하겠다.

그리고 Hansen의 Enhanced NXT 펌웨어도 다운로드한다. 다운로드 사이트 위치는 앞서 언급한 http://bricxcc.sourceforge.net/lms_arm_jch.zip다. Enhanced NXT 펌웨어도 마찬가지로 압축파일인데, 압축파일 내에 있는 lms_arm_nbcnxc_NNN.rfw를 앞서 NeXTTool을 저장했던 폴더에 저장한다. 여기서 NNN은 버전 번호인데 106 이후 버전이면 된다. 그림 2.36은 이렇게 저장한 폴더를 보여준다.

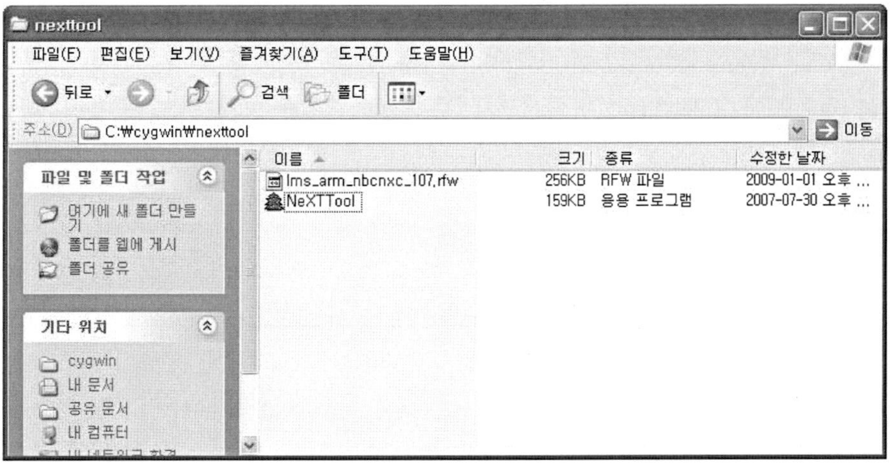

그림 2.36 Hansen의 NeXTTool과 Enhanced NXT 펌웨어를 설치한 폴더

2.4.3.4 nxtOSEK 설치

마지막으로 nxtOSEK를 설치한다. nxtOSEK 설치 과정은 비교적 간단한데 압축 파일을 다운로드한 다음에 Cygwin 설치 위치로 압축을 풀기만 하면 된다. 그림 2.37은 이렇게 설치한 후 C:\cygwin 폴더 구조를 보여준다. 세 개의 폴더 nxtOSEK, GNUARM, nexttool이 C:\cygwin의 서브폴더로 저장되어 있는 것을 확인할 수 있다.

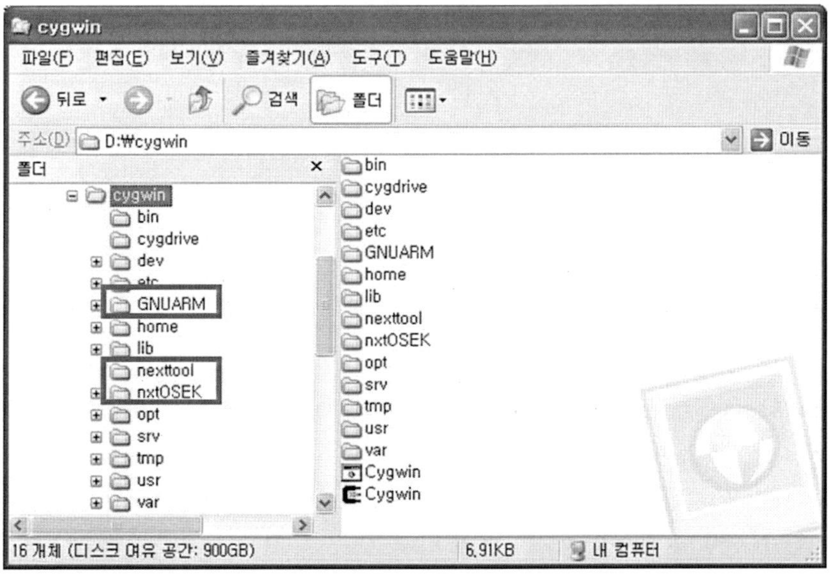

그림 2.37 nxtOSEK 설치 단계 1. 압축을 풀어서 나온 GNUARM, nexttool, nxtOSEK 폴더를 Cygwin 설치 폴더로 옮긴다.

nxtOSEK를 설치한 다음에는 설정이 제대로 되었는지 확인하는 것이 필요한데, 메이크파일 C:\cygwin\nxtOSEK\ecrobot\tool_gcc.mak를 편집기로 열어서 GNU ARM 폴더와 NeXTTool 폴더가 제대로 설정되어 있는지 확인한다. 지금까지 설명한 것에 따르면 그림 2.38과 같이 설정되어 있어야 한다.

```
# specify GNU-ARM root directory
ifndef GNUARM_ROOT
GNUARM_ROOT = /cygdrive/C/cygwin/GNUARM
endif

# specify NeXTTool root directory
ifndef NEXTTOOL_ROOT
NEXTTOOL_ROOT = /cygdrive/C/cygwin/nexttool
endif
```

그림 2.38 nxtOSEK 설치 단계 2. tool_gcc.mak 파일의 폴더 설정이 제대로 되어 있는지 확인한다. GNU ARM 툴체인 설치 위치와 NeXTTool의 설치 위치가 다른 경우에는 변경해 주어야 한다.

2.4.3.5 nxtOSEK 동작 확인

끝으로 nxtOSEK이 제대로 동작하는지 확인해 보자. 바탕화면의 Cygwin 터미널을 실행하여 nxtOSEK 폴더로 이동한다. 윈도우의 C 드라이브는 Cygwin 터미널에서는 /cygdrive/c에 대응한다. 그러므로 nxtOSEK 폴더로 이동하기 위해서는 cd 명령어를 이용하여 다음과 같은 명령어를 수행해야 한다. 여기서 cd는 디렉터리 이동(change directory) 명령어이다.

```
$ cd /cygdrive/c/cygwin/nxtOSEK
```

이 디렉터리에서 samples_c 디렉터리가 있는지 ls 명령어로 확인한 후, 역시 cd 명령어를 이용하여 samples_c/helloworld 디렉터리로 이동한다.

```
$ ls
$ cd samples_c/helloworld
```

이 디렉터리에서 make all 명령어를 수행한다.

```
$ make all
```

지금까지 제대로 설치하였다고 하더라도 sg.exe 때문에 그림 2.39와 같은 오류가 발생할 수 있다.

이는 TOPPERS/OSEK의 1.1에 있던 sg.exe 파일이 이후 배포판에서 사라졌기 때문이다. 그러므로 TOPPERS/OSEK 1.1 버전을 다운로드하여[27] 압축을 푼 다음, toppers_osek\sg\

27) TOPPERS/OSEK 1.1은 http://lejos-osek.sourceforge.net/download.htm에서 다운로드할 수 있다.

sg.exe 파일을 오류 위치인 C:\cygwin\nxtOSEK\toppers_osek\sg\sg.exe로 복사한다. 이렇게 수정한 후에는 그림 2.40과 같이 문제없이 테스트가 수행된다.

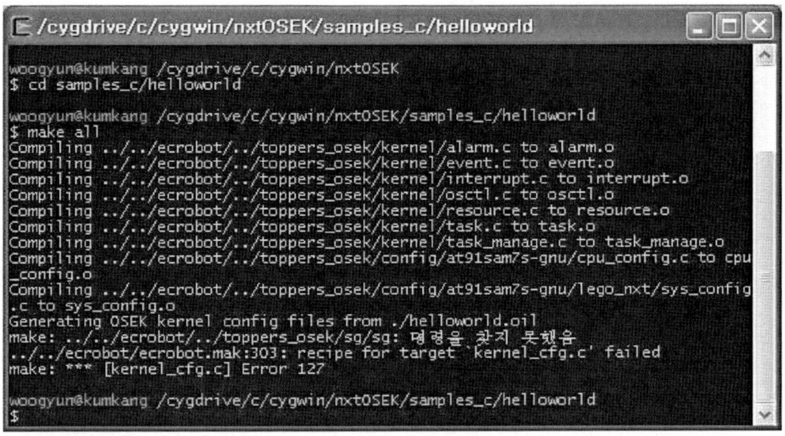

그림 2.39 sg.exe로 인해서 오류가 발생하는 화면. TOPPERS/OSEK의 버전이 상승함에 따라 이전에 있었던 실행파일이 사라졌기 때문이다. 사라진 파일을 제 위치에 복사해 주어야 한다.

그림 2.40 nxtOSEK의 helloworld 샘플이 제대로 빌드되는 과정

테스트 결과로는 이진 실행파일 이미지 두 개(ROM 이미지와 RAM 이미지)와 업로드 스크립트가 생성된다. 생성된 실행파일을 사용하는 방법은 다음 절에서 살펴보자.

2.4.4 nxtOSEK 사용법

nxtOSEK를 사용하려면 (1) 펌웨어 업데이트, (2) 응용 프로그램 빌드, (3) 응용 프로그램 업로드, (4) 응용 프로그램 테스트 과정을 거쳐야 한다. 펌웨어 업데이트에는 앞서 설치했던 NeXTTool을 이용한다. 응용 프로그램 빌드는 GNU ARM 툴체인을 이용한다. 끝으로 응용 프로그램 업로드는 다시 NeXTTool을 이용한다. 다음에서 각 과정을 간단히 살펴보자.

2.4.4.1 펌웨어 업데이트

펌웨어를 업데이트하기 전에 레고 마인드스톰 로봇을 리셋(reset, 재설정)한다. 로봇을 리셋하기 위해 레고 마인드스톰 로봇의 뒷면 좌측 상단의 내부 버튼을 5초정도 누른다. 제대로 리셋된 경우에는 LCD 스크린이 사라지며 낮은 '틱틱틱' 소리가 난다. 이 상황이 되면 레고를 PC와 USB로 연결한다. 그리고 다음 명령어를 이용하여 펌웨어를 업로드한다.

```
$ ./NeXTTool.exe /COM=usb -firmware=lms_arm_nbcnxc_106.rfw
```

펌웨어 업로드가 성공적으로 끝나면 레고 마인드스톰 로봇 전원을 껐다가 다시 켠다.

2.4.4.2 응용 프로그램 빌드

응용 프로그램 빌드 과정은 앞서 테스트했던 helloworld 빌드 과정과 같다. 따라서 여기서는 더 자세히 설명하지 않겠다.

2.4.4.3 응용 프로그램 업로드

응용 프로그램이 제대로 빌드되면 업로드 스크립트 rxeflash.sh가 생성된다. 응용 프로그램을 업로드하기 위해서는 이 스크립트만 수행하면 된다.

```
$ ./rxeflash.sh
```

응용 프로그램 업로드가 성공적으로 끝나면 다음과 같은 메시지가 PC에 나타난다.

```
Executing NeXTTool to upload
helloworld.rxe...helloworld.rxe=15280NeXTTool is terminated.
```

2.4.4.4 응용 프로그램 테스트

응용 프로그램이 업로드된 후에는 레고 로봇을 분리하여 프로그램을 실행할 수 있다. 그러나 PC와 연결한 상태에서 테스트해도 무방하다. helloworld 프로그램을 테스트하는 과정은 다음과 같다.

1. 주황색 네모 버튼을 이용하여 "My Files"를 선택한다.
2. 같은 방법으로 "Software files"를 선택한다.
3. 소프트웨어 파일 중 "helloworld_OSEK"을 선택한다.
4. "helloworld_OSEK Run"을 선택한다. 이때 OSEK 로고가 지나가고 그림 2.41과 같은 창이 나타나면 성공적으로 수행된 것이다.
5. 이 상태에서 로봇의 우측버튼(스크린의 "RUN>")을 누르면 응용 프로그램이 실행된다.

6. 또 이 상태에서 로봇의 좌측버튼(스크린의 “<STP”)을 누르면 프로그램이 종료된다.

이렇게 프로그램이 실행되는 것의 구체적인 의미는 nxtOSEK 운영체제가 부팅된 후에 그 위에서 helloworld 태스크가 실행된 것으로 해석할 수 있다. 즉, 그림 2.41은 OSEK 운영체제가 부팅된 화면이며 여기서 “RUN>” 버튼을 눌러 “Hello, World!”라는 메시지가 찍히도록 한 것은 OSEK 운영체제에서 태스크가 실행된 것이다.

그림 2.41 nxtOSEK이 실행된 화면. 이 화면은 OSEK 운영체제가 부팅된 것을 의미한다.

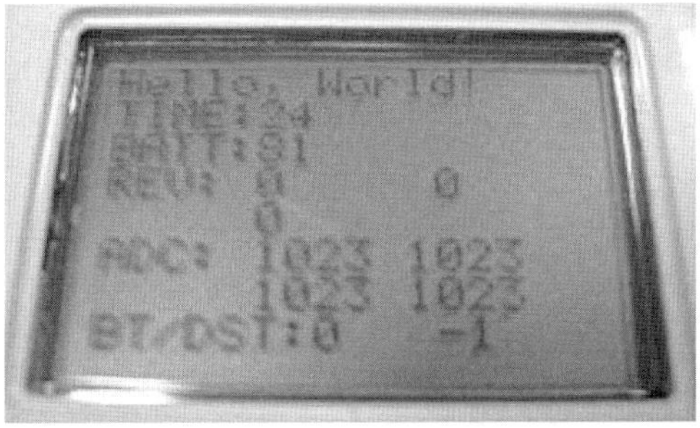

그림 2.42 nxtOSEK 상에서 helloworld 태스크가 실행된 화면. 윈도우에서 워드 프로세서를 실행시킨 것과 유사하게 볼 수 있다.

2.5 OSEK 응용 모듈 개발

2.5.1 OSEK 응용 모듈 개발 과정

OSEK 응용 모듈을 개발하기 위해서는 설정 파일과 소스코드를 모두 개발해야 한다. 소스코드는 대개 C 언어로 작성하지만, 반드시 C로 국한되는 것은 아니다. 컴파일러가 지원되는 언어라면 어떤 것도 사용할 수 있다. 그러나 설정 파일을 작성하기 위한 언어는 고정되어 있는데 OIL이라는 언어로 정해져 있다. OSEK 응용 프로그램 개발 과정을 개략적으로 나타내면 그림 2.43과 같다.

그림 2.43에서 볼 수 있는 것처럼 개발자는 소스코드 외에도 설정 파일(application configuration file)도 작성해야 한다. 시스템생성기(SG: System Generator)는 설정 파일로부터 소스코드를 만들어 내기도 하고 필요한 라이브러리가 무엇인지 찾아주기도 한다. 이 파일들은 소스코드와 더불어 개발도구를 거쳐 실행 파일로 생성된다.

2.5.2 OIL

OIL이란 OSEK/VDX 구현 언어(OSEK/VDX Implementation Language)를 의미하는데,

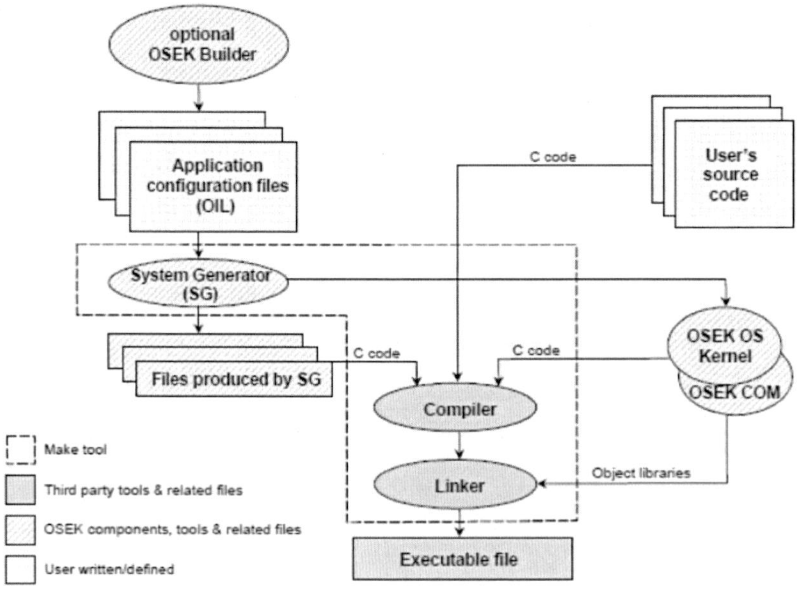

그림 2.43 OSEK 응용 모듈 개발 과정. 응용 프로그램 소스코드도 필요하지만 설정 파일도 필요하다[12].

특정 응용 프로그램에 필요한 객체들을 설정하는 데 사용된다. OIL 파일은 구현 종속 부분(implementation specific part)과 응용 종속 부분(application specific part)으로 나누어 볼 수 있다. 구현 종속 부분이란 OSEK 구현을 의미하는 것이며, 응용 종속 부분이란 실제 사용자가 필요로 하는 응용 부분을 의미하는 것이다.

OIL 파일 구문은 C 구문의 구조체(struct) 구문과 매우 유사하다. OIL 파일은 대소문자를 구별하며 C와 마찬가지로 한 라인 주석(// ...)과 여러 라인 주석(/* ... */)도 지원한다. OIL 파일 구문을 개략적으로 나타내면 다음과 같다.

객체 종류 이름 { 속성 = 값; ...; 속성 = 값 };

OIL 구문에서 객체 종류는 구체적으로 몇 가지가 정해져 있다. 대표적인 것으로는 CPU, OS, APPMODE, TASK 등이 있다. 각 객체에 대해 간단히 설명하면 다음과 같다.

- CPU : 다른 모든 객체를 포함하고 있는 최상위 객체.
- OS : OSEK의 OS 속성을 정의함. CPU 내에는 단 한 개의 OS 객체가 정의되어 있어야 한다.
- APPMODE : OSEK OS의 애플리케이션 모드를 설정함. CPU 하나에는 적어도 한 개의 APPMODE 객체가 정의되어 있어야 한다.
- TASK : OSEK의 태스크 객체를 정의함. 태스크의 스케줄 속성, 스택 크기 등을 결정한다.

이 외에도 다른 OIL 객체 종류도 존재하며, 또 각 OIL 객체마다 다양한 속성을 정의하고 있는데 더 자세한 객체 종류와 구체적인 속성은 OIL 문서[12]를 참고하기 바란다.

2.5.3 OSEK 응용 모듈 작성 예

이 절에서는 간단한 응용 모듈에 대한 OIL 정의와 C 소스코드를 살펴봄으로써 OSEK에서 응용 프로그램을 작성하는 방법에 대해 개략적으로 살펴보고자 한다. 아주 간단한 예를 보기 위해 앞서 nxtOSEK의 테스트 프로그램으로 사용했던 helloworld 예를 보고자 한다. helloworld의 OIL 파일을 살펴보면 그림 2.44와 같다.

```
#include "implementation.oil"

CPU ATMEL_AT91SAM7S256
{
 OS LEJOS_OSEK
 {
  STATUS = EXTENDED;
  STARTUPHOOK = FALSE;
  ERRORHOOK = FALSE;
  SHUTDOWNHOOK = FALSE;
  PRETASKHOOK = FALSE;
  POSTTASKHOOK = FALSE;
  USEGETSERVICEID = FALSE;
  USEPARAMETERACCESS = FALSE;
  USERESSCHEDULER = FALSE;
 };

/* Definition of application mode */
APPMODE appmode1{};

/* Definition of OSEK_Task_Background */
TASK OSEK_Task_Background
{
 AUTOSTART = TRUE
 {
  APPMODE = appmode1;
 };
 PRIORITY = 1; /* lowest priority */
 ACTIVATION = 1;
 SCHEDULE = FULL;
 STACKSIZE = 512;
};
};
```

그림 2.44 OIL 파일 샘플. 최상위 객체 CPU 내에 OS, APPMODE, TASK 등의 객체들이 정의되어 있다.

그림 2.44에서 볼 수 있는 것처럼 구현 종속 부분은 별도의 파일 implementation.oil로 작성하여 그림 2.44 파일에서 포함시키도록 하였다.

이제 C 소스코드 예를 보자. helloworld에 대한 C 소스코드는 그림 2.45와 같다. 그림 2.45에서 볼 수 있는 것처럼 여러 헤더 파일을 인클루드하고 있다. 이 프로그램에서는 API 함수 ecrobot_status_monitor를 이용하여 LCD 스크린에 간단한 메시지를 출력하고 있다.

실습 2

그림 2.45에 보인 helloworld.c 프로그램을 수정하여, LCD에 메시지만 출력할 뿐 아니라 음정 '도' 소리를 내도록 변경해 보자(힌트 : nxtOSEK API 문서[28]를 참고하면 사운드 API를 찾을 수 있다. 또 '도'에 대한 주파수는 위키피디아[29]에서 찾을 수 있다).

28) nxtOSEK API는 http://lejos-osek.sourceforge.net/ecrobot_c_api.htm를 참고하기 바란다.

29) 오디오 주파수는 http://en.wikipedia.org/wiki/Audio_frequency에 표로 정리되어 있다.

```c
/* helloworld.c for TOPPERS/ATK(OSEK) */
#include "kernel.h"
#include "kernel_id.h"
#include "ecrobot_interface.h"

/* nxtOSEK hook to be invoked from an ISR in category 2 */
void user_1ms_isr_type2(void){ /* do nothing */ }

TASK(OSEK_Task_Background)
{
    while(1)
    {
            ecrobot_status_monitor("OSEK HelloWorld!");
            systick_wait_ms(500); /* 500msec wait */
    }
}
```

그림 2.45 OSEK 응용 프로그램 예

참고문헌

[1] OSEK VDX Portal, http://www.osek-vdx.org/ (2012년 1월 방문함)

[2] M. Kunz, OSEK/VDX Operating System, http://osg.informatik.tu-chemnitz.de/lehre/old/ws0809/sem/online/OSEK_presentation.pdf (2012년 1월 방문함)

[3] M. O'Donnell, OSEK/VDX: Driving theStandard for Optimized Embedded Systems, http://www.embedded-computing.com/pdfs/Metrowerks.Win03.pdf (2012년 1월 방문함)

[4] M. Kunz, OSEK OS, http://osg.informatik.tu-chemnitz.de/lehre/old/ws0809/sem/online/OSEK.pdf (2012년 1월 방문함)

[5] D. Stewart, Intro. to Real-TimeScheduling Theory, http://www.ece.umd.edu/class/enee642.S2000/handout7.shtml (2012년 1월 방문함)

[6] Trampoline－OpenSource RTOS Project, http://trampoline.rts-software.org/ (2012년 1월 방문함)

[7] nxtOSEK: C API Reference, http://lejos-osek.sourceforge.net/ecrobot_c_api.htm (2012년 1월 방문함)

[8] nxtOSEK, http://lejos-osek.sourceforge.net/ (2012년 1월 방문함)

[9] LEGO.com Mindstorms, http://mindstorms.lego.com/ (2012년 1월 방문함)

[10] J. Lemieux, Programming in the OSEK/VDXEnvironment, Elsevier, 2001.

[11] OSEK/VDX: Operating System Specification, Version 2.2.3, 2005.

[12] OIL: OSEK Implementation Language, Version 2.5, 2004.

[13] Routing and Deadlock, Computer Science Unplugged, http://csunplugged.org/routing-and-deadlock (2012년 1월 방문함)

[14] Specification OSEK OS 2.2.3, http://portal.osek-vdx.org/files/pdf/specs/os223.pdf (2012년 1월 방문함)

[15] E. G. Coffman, M. J. Elphick, and A. Shoshani, “System Deadlocks,” Computing Surveys, 3(2): 67-78, June 1971.

[16] E. W. Dijkstra, “Cooperating Sequential Processese,” Technical Report EWD-123, Technological University, Eindhoven, The Netherlands, 1965.

[17] ITRON Committee, uITRON4.0 Specification, TRON Association, 2002. (http://www.ertl.jp/ ITRON/SPEC/mitron4-e.html에서 다운로드할 수 있음. 2012년 1월 방문함)

03 AUTOSAR 개요 및 Software Architecture

3.1 서론

기계적 장치로 주를 이루던 자동차가 각종 안전 및 편의 기능이 늘어남에 따라서 차량 내 부품들이 단순 기계 부품에서 전자 부품으로 전자화가 급속하게 진행되고 있다. 이러한 차량의 부품들이 전자화가 진행됨에 따라 차량 내 부품의 소프트웨어 탑재의 경우도 따라서 늘어나고 있다.

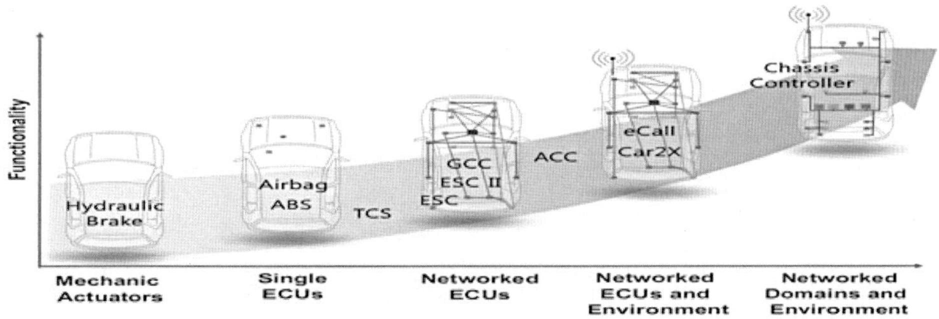

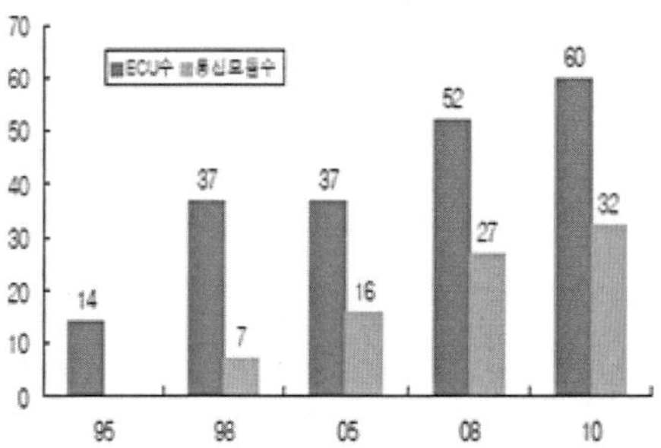

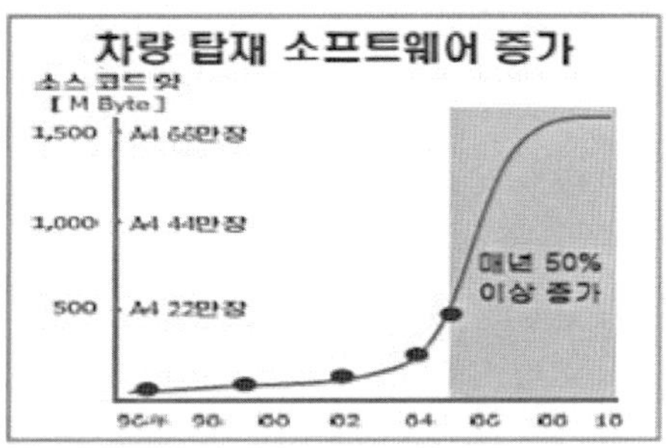

이처럼 기계적 장치와 단순한 전자회로로 작동하던 과거와는 달리, 차량의 기능 및 상대비용이 증가함에 따라 차량 내에서 각각의 역할을 하는 전자제어 시스템이 다양해지면서 복잡하게 연결되는 형태를 지니게 된다. 또한, 자동차는 21세기로 접어들어 섀시 프레임의 개별 제어, 통합제어 및 자율주행 제어 등의 기술이 개발되며 차량 탑승자에게 안전하고 편리한 새로운 기능들을 제공하고 있다. 이에 따라 자동차 산업은 1990년대 부품 모듈의 개별 제어 수준에 머물던 단계에서 점차 통합 모듈 제어 방식으로 진화되고 있으며, 외관과 디자인 위주에서 점차 편의성이나 안전 등의 서비스 개발을 추진하는 단계에 이르게 된 것이다. 미래 지능형 자동차는 편의와 안전 위주의 서비스들이 주로 탑재될 전망이며, 향후 차량의 80% 이상의 혁신적인 서비스가 전기전자 시스템을 기반으로 이루어 질 것이다.

현재 출시되고 있는 차량에서도 제동의 미끄럼 방지를 위한 ABS, 가속 미끄럼 방지용 TCS, 그리고 조향 안전을 제공하는 ESP/ESC 등 탑승자 안전성을 위한 능동적 안전장치, 차내 멀티미디어 장치들을 연결하여 탑승자의 멀티미디어 정보들을 통합·제어할 수 있는 기술, 차량 후방 안전 확보를 위한 후방 카메라 시스템, 앞차와의 거리에 따라 속도를 자율조절할 수 있는 SCC 및 자율 주차를 제공할 수 있는 APS 등 운전자 편의장치 등이 이미 탑재되어 있다.

이같은 차량의 전자화가 진행됨에 따라서 그 중요성을 보여주는 단편적인 예가 '도요타 리콜 사태'라고 볼 수 있다. '도요타 리콜 사태'는 제품의 전장화, 고기능화가 진전되는데, 복잡성 증가로 인해 예상치 못한 부품 간 간섭 발생에 대한 품질문제를 간과한 것이 도요타 리콜의 기술적 부분의 원인이라고 보고 있다. 차량 내 전자 부품이 늘어나고 소프트웨어 비중이 늘어남에 따라 많은 자동차 제조업체 및 부품 업체들의 관심도 모듈의 재사용성, 호환성 등으로 초점이 맞추어지고 있다.

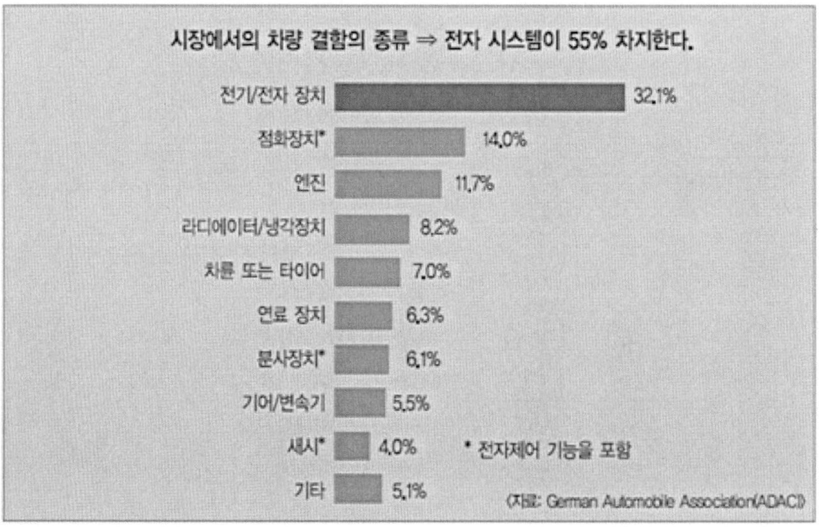

이러한 자동차 업계의 관심에 맞춰서 앞서서 이야기한 모듈의 재사용성, 호환성과 같은 차량의 전자화에 의해 발생할 수 있는 문제점들을 해결하고자 하는 움직임이 표준화를 통해서 활발하게 이루어지고 있다. 그중 대표적인 사례가 AUTOSAR(AUTomotive Open System ARchitecture)로서 2003년 6월 BMW, WolksVagen, Continental, Daimler Chrysler, Bosch 등 세계적인 자동차 제조업체 및 부품 제조업체들이 공동으로 참여하는 협력체로 탄생하게 된 것이다. 또한, 미래 지능형 자동차를 위하여 연구되고 있는 분야로 바디통합제어를 위한 BCM, 종축 및 횡축의 특성을 종합할 수 있는 섀시 통합 제어 모듈, 기존 IT 분야에서 개발되었던 Ad-hoc 통신기술 및 센터 통신기술(VMC)들이 개발되고 있으며, 차선이탈을 경보하는 LKS, 사각지대 장애물 인식 시스템, 야간 장애물을 초음파 등을 통해 시각화시켜 알려주는 기술, 차량 내·외부 정보를 통합 제어할 수 있는 통합 제어 게이트웨이 시스템, 텔레매틱스 시스템과 연계된 차량 전자장치 제어 기술 등의 다양한 기술들이 연구되고 있으며, 이러한 기술들에는 센서와 제어기 및 구동기로 구분이 되고 제어기에는 ECU라는 핵심 제어장치가 있으며, ECU에 앞서 얘기한 서비스들이 설계되고 실제 ECU에 기록되어 지능형 자동차 서비스가 실현된다. 이 같은 서비스를 실현하는 모듈을 재사용하는 문제 및 차량통신/메모리 관리/차량진단 등과 같이 서비스에서 공통으로 사용하는 기반 모듈에 대한 표준화의 필요성이 대두되면서 바로 AUTOSAR 표준이 등장하게 되는 배경이 성립되는 것이다.

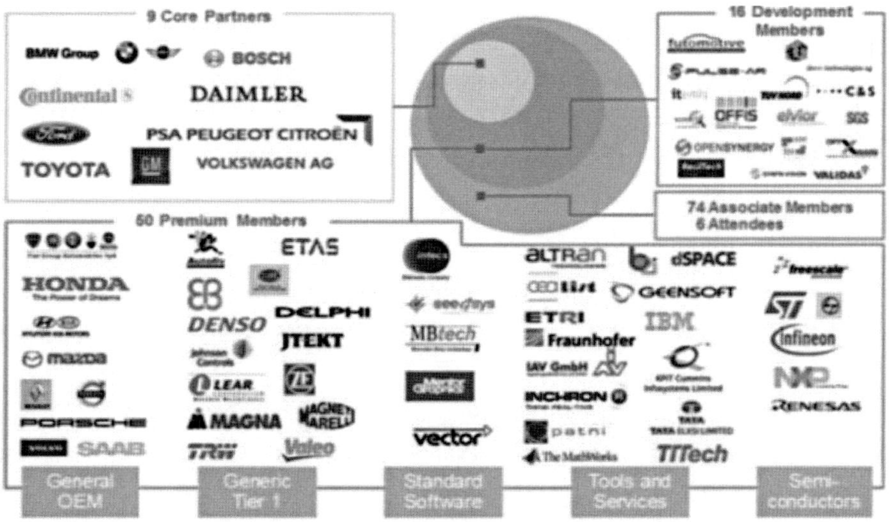

자동차를 생산하는 완성차 업체들은 공통 부품 모듈을 다양한 차량 모델에 적용하고자 하고, 부품 개발업체 입장에서는 다양한 완성차 업체에 유사한 부품 모듈을 납품함으로써 제조원가를 낮추려고 하는 것이 자연스러운 현상이다. 이러한 일련의 공통 모듈 재사용이

나 차량별 부품 호환성 등의 문제를 해결하고자 전 세계 완성차 업체, 부품공급회사 및 IT 기술 업체들이 협력하여 자동차 전장 SW의 재사용성과 안전성 및 응용 소프트웨어의 하드웨어 의존성 제거 등을 목표로 전장 SW 플랫폼을 만든 것이 바로 AUTOSAR인 것이다.

AUTOSAR는 자동차용 소프트웨어 규격과 실행 환경이다. AUTOSAR의 궁극적인 목적은 AUTOSAR 표준을 바탕으로 만들어진 자동차용 소프트웨어 모듈을 AUTOSAR의 표준을 따르는 자동차에 수정 없이 적용하는 것이다. 즉, AUTOSAR는 전자장치의 하드웨어와 소프트웨어를 분리하여 SW 재사용성 및 확장성 향상을 목표로 하고 있으며, 이를 위하여 차량 전자제어 서비스의 공통 플랫폼과 복잡한 소프트웨어를 모델 기반으로 개발할 수 있는 도구 기반의 개발 방법론을 함께 표준화하고 있다. 또한, 도구 기반의 개발 방법론을 함께 표준화하고 있으며 도구 간의 인터페이스를 표준화된 XML 문서로 제안함으로써 상호연동성을 보장하여 신규 서비스들을 빠르고 신뢰성 있게 개발할 수 있는 기반을 구축하고 있다.

3.2 AUTOSAR 소개

AUTOSAR는 2003년 6월 자동차의 전기/전자 아키텍처에 대한 공개 표준 제정을 목표로 유럽, 일본, 미국 등의 자동차 제조업체들과 부품 제조업체들이 공동으로 참여하는 협력체로 탄생되었다. AUTOSAR 협력체는 3단계의 회원 자격 구조로 이루어져있으며, 2011년 3월 현재 9개의 코어 파트너, 48개의 프리미엄 멤버, 73개의 관련 멤버 및 11개의 개발 멤버로 구성되어 있다. 국내는 현대기아자동차, 한국전자통신연구원이 프리미엄 멤버로, 대성전기, 만도, 대구 경북과학기술연구원이 관련 멤버로 활동 중이다.

AUTOSAR는 차량 ECU(전자 제어 장치)에 탑재되는 SW 아키텍처와 개발 방법론을 표준화하는 것을 목적으로 한다.

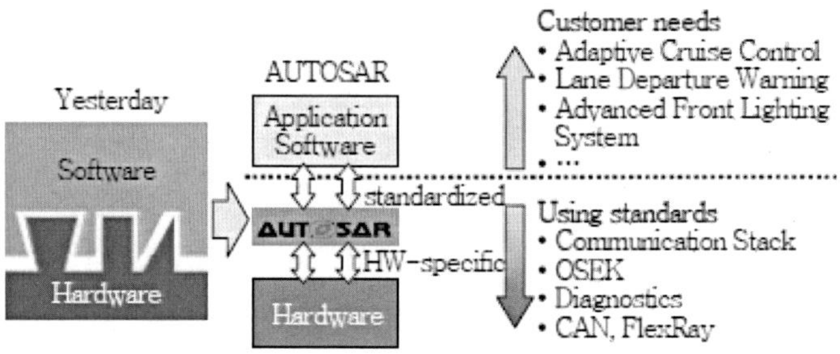

위의 그림은 AUTOSAR 비전을 기술한 것으로 과거 소프트웨어를 개발할 때 하드웨어

의존적인 부분이 많던 것을 공통적으로 사용하는 기능을 모듈화시키고 계층적으로 배열함으로써 소프트웨어 개발을 하드웨어로부터 독립시키고 OEM과 공급자 모두 소프트웨어 재사용성을 높이는 것이 그 목적이다.

AUTOSAR 표준화는 아키텍처, 애플리케이션 인터페이스, 개발 방법론의 세 가지 Working Topic을 가지고 표준화를 진행하게 된다. 아키텍처 분야에서는 차량 애플리케이션이 공통적으로 사용하는 기능인 Basic SW(BSW)를 표준화 한다. CAN, FlexRay 등의 차량 통신, 메모리 관리, 진단, OS 및 기타 시스템 모듈을 포함하는 방대한 기능 표준을 제공한다.

아래의 그림은 AUTOSAR 소프트웨어 아키텍처를 기술하는 그림으로서 최상위 계층은 애플리케이션의 SW 컴포넌트 계층으로 모듈화된 컴포넌트, 포트/인터페이스와 내부 동작을 기술한다. 하부의 Basic Software 계층은 공통 기능을 제공하며, RTE는 컴포넌트의 인터페이스를 명세하고 그들 간의 통신 메커니즘을 제공하여 상위의 소프트웨어 컴포넌트와 BSW/하드웨어를 분리해 주는 역할을 수행한다.

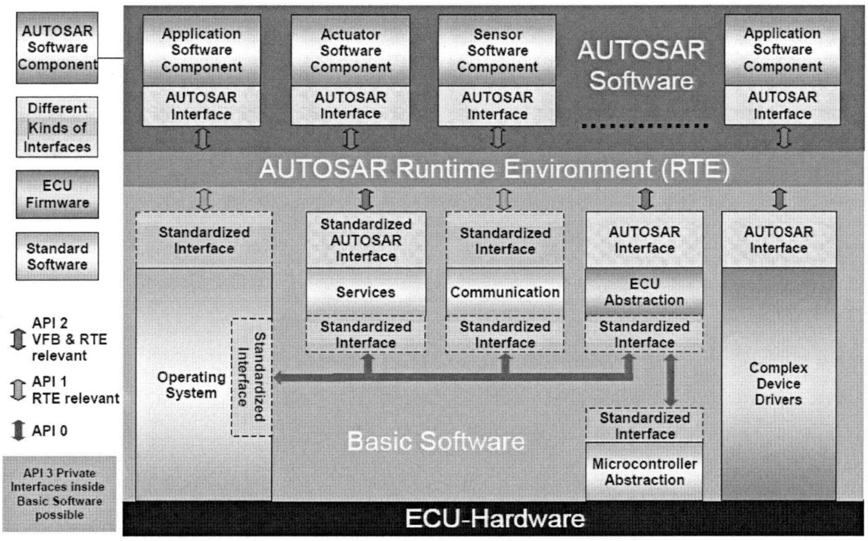

개발 방법론 파트에서는 소프트웨어를 설계하고 이를 적절한 ECU에 배정한 후 관련 Basic SW를 설정하는 일련의 개발 방법론을 정의하고 관련된 템플릿 및 포맷을 정의한다. 다음 그림은 AUTOSAR의 개발 방법론에 대한 개요를 기술하고 있다. AUTOSAR 기반의 애플리케이션을 개발하기 위해서는 시스템 요구사항, 자원 제약사항 등을 기반으로 시스템 설계를 우선 진행한다. 이때 컴포넌트 기반으로 포트와 인터페이스, 내부 행위를 기술하며, 네트워크 토폴로지와 송수신되는 데이터를 정의한다. 설계가 완성되면 컴포넌트를 실제 ECU로 매핑하고, ECU별로 사용할 BSW를 설정한 후 소스코드 및 애플리케이션 skeleton

코드를 생성한다. 단계마다 생성되는 결과물은 xml 형태로 제공함으로써 상호운용성 및 재사용성 기회를 높이며, 최종 결과물의 형태는 C언어 기반의 실행 파일이다.

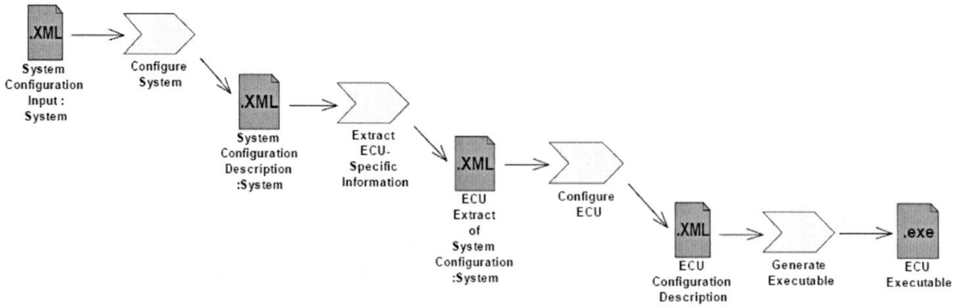

애플리케이션 인터페이스 파트에서는 일반적으로 사용되는 차량 서비스에 바로 적용할 수 있는 서비스 인터페이스를 바디/섀시/파워트레인/세이프티/멀티미디어 및 텔레매틱스 5개의 카테고리로 나누어 표준화 하고 있다. 예를 들어 비가 오는 것을 감지하여 와이퍼를 자동으로 동작하게 하는 서비스가 있다면 비를 감지하는 RainSensing 컴포넌트 및 와이퍼를 관리하는 WiperWasherManager 컴포넌트를 정하고 관련 인터페이스 및 파라미터를 표준으로 제공하는 것이다. 물론 애플리케이션의 컴포넌트 및 인터페이스는 개발 방법론 파트에서 제안한 포맷에 따라 사용자가 정의하여 사용할 수도 있다.

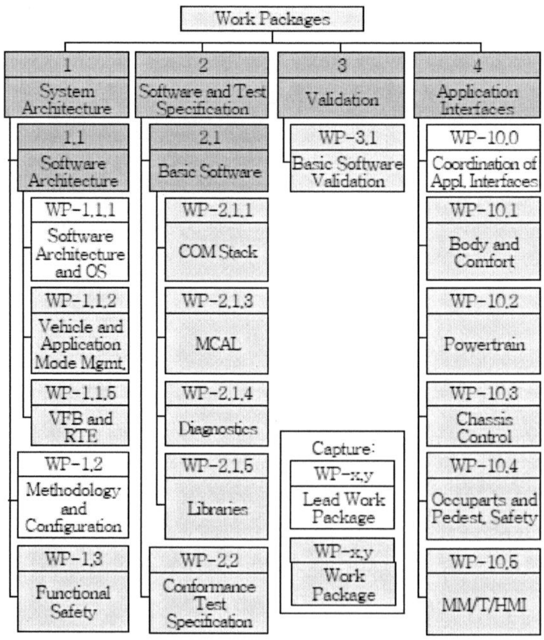

AUTOSAR는 이와 같은 세 카테고리의 워킹 토픽에 대하여 각각의 워크 패키지를 구성하여 표준화를 진행하고 있다. 표준 회의는 수시로 열리고 있으며, 총회를 1년에 2회 진행한다.

3.3 AUTOSAR 표준화 동향

3.3.1 AUTOSAR 표준 일정

아래의 표는 AUTOSAR 설립 당시부터 현재까지의 주요 표준화 이력을 보여준다. 2002년 첫 회의를 가진 후 2003년 AUTOSAR가 결성된 이후 지속적으로 표준화를 제/개정하고 있다.

연도	활동
2002 Aug	BMW, Bosch, Continental, Daimler Chrysler, Volkswagen의 initial discussion
2003 July	BMW, Bosch, Continental, Daimler Chrysler, Volkswagen, Simens VDO 초기 코어 멤버 결정
2003 Nov	Ford Motor 코어 멤버 참여
2003 Dec	Toyota, Peugeot 코어 멤버 참여
2004 Oct	AUTOSAR 개념 정립
2004 Nov	GM 코어 멤버 참여
2005 Jun	Release 1.0 배포(23개 BSW 완성)
2006 May	Release 2.0 배포(42개 BSW 완성)
2007 Dec	Release 3.0 배포(47개 BSW 완성)
2009 Dec	Release 4.0 배표(Safety Concept, 통신 스택 강화, 총 87개 BSW 완성)
2011 May	Release 3.2.1 배포(Network 개념추가, R4.0 피처의 역적용, 총 50개 BSW 완성)

한 가지 주목할 사항은 AUTOSAR의 표준 버전 개념이다. 일반적인 표준 문서에서 버전은 버전이 올라감에 따라 지난 버전의 오류를 수정하거나 새로운 피처를 추가하고 지난 버전은 사용하지 않는다. 그러나 AUTOSAR의 버전은 일반적인 버전이 아니라 버전별로 서로 다른 피처를 포함하는 것이 특징이며 상위 버전이 제정되어도 이전 버전을 폐기하지 않고 각 버전별로 개정을 진행한다. 즉, 현재 4.0이 배포되었지만 2.0, 3.X 버전도 지속적으로 유지 보수되고 있으며, 4.0이 배포된 이후에도 2011년 5월 3.2.1 버전이 배포된 것이

그러한 이유 때문이다. 뿐만 아니라 4.0에 추가된 주요 피처를 3.2.1로 역적용하는 작업은 다른 표준화 작업에서는 볼 수 없는 현상이다. AUTOSAR 표준 사용자는 무조건 최신 버전을 채택하는 것이 아니라 자사가 제공하는 서비스의 특징에 따라 알맞은 버전을 선택하여 사용한다.

다음 그림은 Phase별 AUTOSAR 표준화 진행 사항을 보여주고 있다. AUTOSAR의 표준화 작업을 살펴보면 우선 표준에 적용할 컨셉과 요구사항을 선별하고 기본 틀을 우선 개발한다. 이후 안정적인 구조와 방법론을 통해서 선별적인 표준 강화 작업을 수행하면서 시장 상황에 맞추어 버전별로 유지 보수를 진행한다.

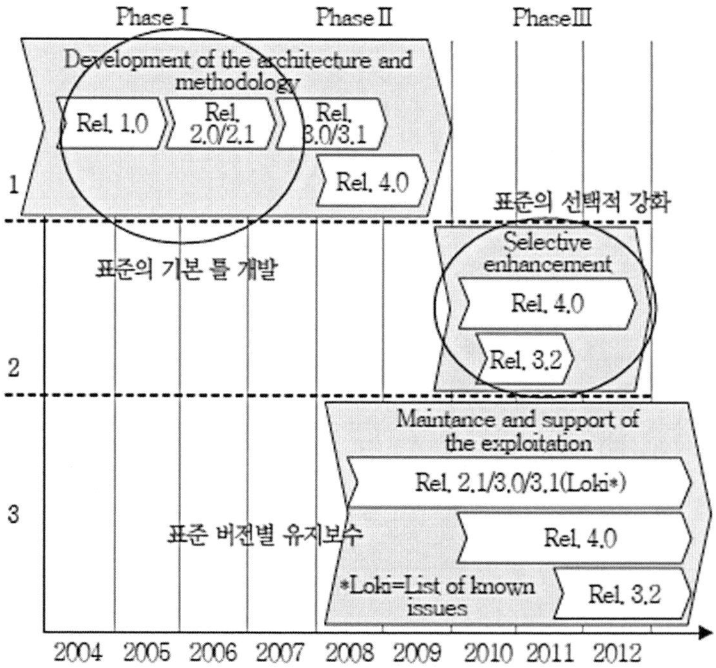

Phase II(2007~2009년)에서는 규격 4.0을 개발하고 발표하였다. 현재 Phase III(2010~2012년)을 진행 중이며 멀티코어 프로세서의 지원, 기능 안전성을 위한 기능 추가가 주요 이슈이다. 또한, 그간 버전별로 backward compatibility를 고려하지 않았으나 3.2.1을 배포하면서 4.0 버전과의 호환성에 대하여 논의되고 있으며 버전별로 호환 여부를 기술하기 위한 메커니즘을 논의하고 있다.

3.3.2 AUTOSAR 버전별 특징

AUTOSAR는 현재 버전 2.X, 3.X, 4.X대의 표준트랙을 유지하면서 지속적으로 개정하고 있다.

이 절에서는 2.0 버전부터 버전별 주요 차이점과 특징에 대하여 기술한다.

버전 2.0은 총 107종의 표준 문서를 제공하며 소프트웨어 아키텍처 및 방법론/템플릿의 기본 기능을 제공한다.

버전 3.0으로 올라오면서 애플리케이션 인터페이스 표준이 제공되기 시작한다. 앞서 언급한 바와 같이 애플리케이션 인터페이스는 차량 도메인별 서비스 설계 시 일반적으로 많이 사용되는 API를 표준화하여 제안한 것이다.

버전 3.1의 주요 특징은 차량 진단 스택에 기존에 제공하던 UDS(ISO 14229) 이외에 OBD II 서비스를 추가한 것이다. OBD란 차량에 문제가 발생하였을 경우 계기판에 경고등을 점등하여 운전자로부터 차량 이상을 알게 하는 시스템을 말한다. OBD II는 단선 및 단락 외의 센서의 rationality, performance 및 시스템 정상 여부를 진단하는 것으로 3.1 진단 스택에서는 OBD II 관련 9개의 서비스를 추가하여 제공한다.

표준화 협회에서는 버전 3.0과 3.1의 차이점은 진단 서비스 추가 부분밖에 없어 유지보수의 편의를 위해 R3.0 revision 7과 R3.1 revision 5부터는 통합하여 개정하기로 결정하였다. 향후 개정은 3.1 버전으로만 이루어질 것이다.

버전 3.2는 4.0이 배포된 이후 작업이 들어간 3.X대의 버전이다. Partial networking 및 오류 수정과 관련된 고객 요구사항을 위하여 2010년부터 표준화 작업에 들어가 2011년 5월에 배포되었다. 3.2 버전은 3.1 버전과 호환성을 보장하여 통신 스택의 확장에 초점을 맞춘 버전이다. 4.0이 배포된 후에 시작된 버전이라 4.0의 주요 특성인 안전성, FlexRay ISO TP 등의 기능들이 역적용되었다.

AUTOSAR 표준화 일정 Phase III에서는 워킹그룹 “Efficient Energy Management”가 새롭게 결성되면서 차량 에너지 감소를 위한 컨셉에 대해서 연구 중에 있는데, partial networking은 그 중 첫 번째 이슈이다. Partial networking이란 하나의 통신 버스상의 개별 ECU 통신을 중지/재시작할 수 있는 기술로, 활성화되지 않은 기능과 관련된 ECU를 저전력 모드 혹은 파워오프 모드로 유지시킴으로써 전기 절감 및 CO_2 배출량의 감소를 유도한다.

위의 특성들을 반영하여 표준 문서를 보완하고 통신 스택 1종 및 시스템 스택 2종의 추가 표준 문서를 배포하였다.

버전 4.0은 2009년 12월에 첫 배포된 이후로 현재까지 가장 왕성하게 표준화 작업이 진행되고 있다. 4.0 버전은 차량 도메인 기술에서 가장 중요한 안전성 보장을 위한 기능 추가 및 차량 멀티미디어 서비스를 목표로 한 TCP/IP 기술 접목, 디버깅 및 에러 핸들링, 멀티코어 프로세스 지원 등 추가된 특성이 방대하다.

기능 안전성을 위하여 추가된 대표적인 기능으로 memory partitioning 및 E2E protection 기술이 있다. Memory partitioning 기능이란 ECU 상에 올라가는 소프트웨어를 구역으로 나누어 에러가 발생하였을 때 전체 소프트웨어를 재시작하는 것이 아니라 에러가 난 부분만 종료 후 재시작함으로써 동작하게 하는 기술이다.

E2E protection 기술은 애플리케이션이 송수신하는 데이터에 CRC 기술을 적용하여 데이터 안전성을 보장한다. 아래 그림은 E2E protection의 흐름을 기술하고 있다.

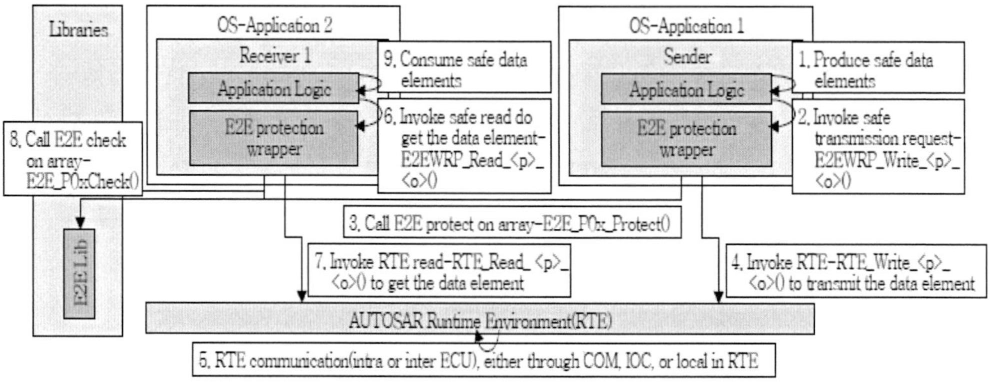

4.0 버전에서 추가된 또 하나의 특징은 TCP/IP 통신을 지원하는 것이다. 이를 위하여 AUTOSAR는 Ethernet Driver, Ethernet Transceiver Driver, Ethernet Interface, Ethernet State Manager, UDP Network Manager, Socket Adapter 등의 모듈을 신규로 개발하였다.

다음 그림은 ECU 상에 올라가는 BSW 중 통신 스택의 예제이다. UDP, TCP, IP 등 TCP/IP 관련 프로토콜에 대해서는 AUTOSAR에 모듈로서 제공하지 않고 기성 제품을 추가하여 사용하도록 정하고 있다.

R4.0에서는 지속적으로 진단 데이터를 수집하여 외부 사용자가 이 정보를 추적할 수 있도록 지원한다. 다음 그림에서 보는 바와 같이 AUTOSAR는 DLT 모듈을 추가하여 애플리케이션의 소프트웨어 컴포넌트가 로그를 남기고 이를 저장한 후 네트워크를 통하여 외부 장비로 전달하거나 DCM을 통해 연결된 진단 장비에게 로그 정보를 제공할 수 있도록 하였다.

R4.0에서는 이러한 기술들을 반영하기 위하여 기존의 표준 문서의 보완은 물론 총 27개의 모듈을 추가하고 60여 종의 방대한 표준 문서를 신규로 배포하였다.

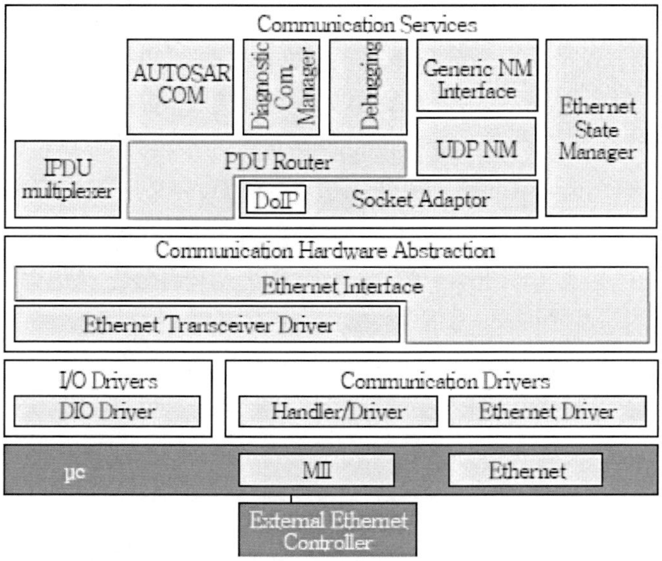

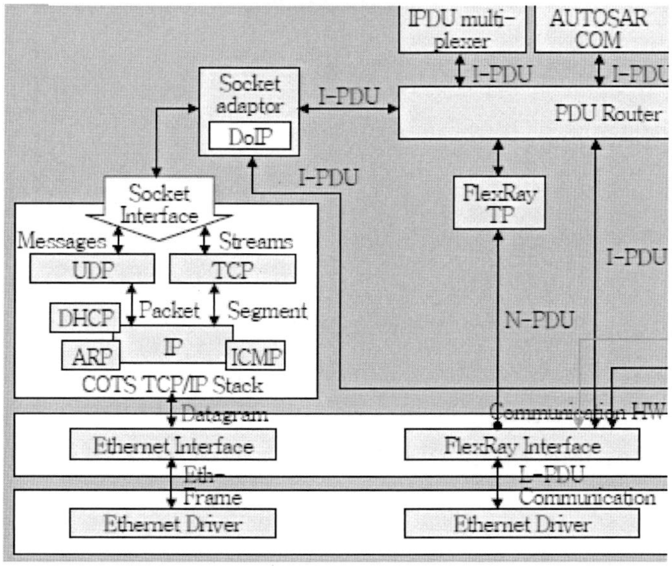

3.3.3 AUTOSAR 향후 표준화 계획

AUTOSAR는 현재 Phase III을 진행 중에 있으며, 기존의 표준 문서를 지속적으로 개정하고 있다.

표준화를 진행하기 위하여 협회에서는 멤버를 중심으로 설문을 진행하고 외부로부터 요구사항을 지속적으로 받아들이고 있다. 최근 동향을 살펴보면 몇 가지 관심을 기울일 만한 이슈들이 있다.

첫 번째로 애플리케이션 인터페이스의 추가 개발을 계획하고 있다. 애플리케이션 인터페이스는 버전 3.0부터 제공하기 시작했다. 바디/파워트레인/섀시 도메인의 인터페이스를 제공하기 시작하여 버전 4.0에서는 세이프티/멀티미디어 및 텔레매틱스 도메인까지 확장하여 애플리케이션 인터페이스를 제공하고 있다. AUTOSAR에서는 30여 개의 프리미엄 및 관련 멤버에게 애플리케이션 인터페이스의 사용 계획에 대하여 설문한 결과 그 수요가 지속적으로 증가하는 것으로 분석되어 해당 분야의 강화작업을 추진할 것을 결정하였다.

두 번째로 자동차 이외의 도메인에서도 AUTOSAR가 적용될 예정이다. Phase II 및 Phase III 협정에 의하면 자동차 애플리케이션의 상업적 이용에만 제한되었던 AUTOSAR 표준에 대해 자동차 도메인 이외의 제품에도 적용 가능한지 문의가 많아 내부적으로 검토가 이루어졌다. 그 결과 우주선, 핵, 화학/생물학적 기계, 석유화학 관련 제품에는 적용이 절대로 불가능하며 선박, 철도, 농기계, 건설기계, 파워 제너레이터, 제설차 등 차량 유사 애플리케이션에 대하여 AUTOSAR를 적용할 수 있도록 개정안을 마련하여 승인하였다.

향후 표준화는 위의 사항을 고려하여 추진될 것이며 이외에도 AUTOSAR Acceptance Test, Conformance Test 등 테스트 관련 표준 작업이 중점적으로 진행될 예정이다.

3.3.4 AUTOSAR 적용 현황 및 계획

AUTOSAR는 세계적인 자동차 OEM이 주축을 이루는 표준화 협회인 만큼 해당 업체들의 적용 계획이 구체적으로 공표되고 있다. AUTOSAR 코어 멤버들의 AUTOSAR 표준 중 버전별 BSW 및 아키텍처 적용 현황 및 계획을 살펴보았을 때 AUTOSAR 표준 방법론, 애플리케이션 등 표준 진행 현황이 따로 있으나 나머지는 대동소이하다.

현재까지는 버전 3.1을 적용하고 있는 업체가 대다수이지만 2014년 이후로는 버전 4.0이 대세이다. 이 중 BMW가 가장 선도적인 역할을 하는 기업으로 이미 2006년에 시판된 MW X5 시리즈에 바디 응용의 일부에 AUTOSAR MCAL을 적용하였다. 차기 시리즈는 전체 ECU의 20% 정도 AUTOSAR를 적용할 예정이라고 하며 2015년도 이후에는 버전 4.0 솔루션만을 채택할 예정이라고 한다.

이외에도 Bosch는 2012년까지 자동차 전 사업영역에 AUTOSAR 플랫폼을 구축할 예정이며 AUDI, WolksVagen, Volvo, Daimler, PSA 등의 기업이 3.X이상의 AUTOSAR 버전을 채택하여 사업화할 예정이다.

국내에서는 2008년부터 2010년까지 한국전자통신연구원, 현대, 만도, 대성 등을 중심으로 수행한 국책과제에서 버전 3.0 기반의 AUTOSAR 플랫폼 및 개발도구를 개발하였다. 이후 WBS 과제를 통하여 버전 3.1 기반의 플랫폼 및 개발도구의 상용화를 진행하고 있다. WBS 과제의 결과물은 현대 모비스가 양산하는 전장부품에 적용할 예정이다.

3.4 AUTOSAR Concept

3.4.1 Introduction to the AUTOSAR concept

3.4.1.1 Basic AUTOSAR approach

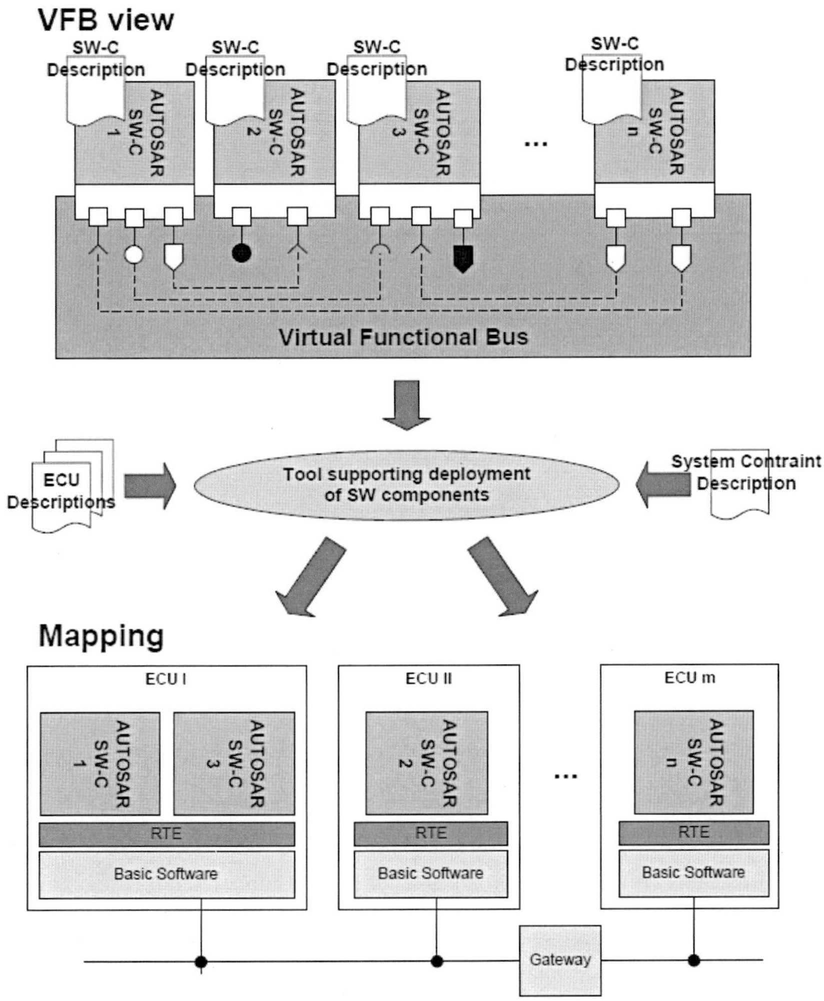

위의 그림은 AUTOSAR approach를 함축하여 나타내는 그림이다. 기본적인 AUTOSAR의 컨셉은 해당 문서에서 전반적으로 자세히 설명할 것이다. 이에 앞서 간략히 위의 그림에 나와 있는 AUTOSAR의 기본적 구성 요소에 대한 설명하겠다.

- AUTOSAR SWC

AUTOSAR Software Component(AUTOSAR SW-C)는 AUTOSAR의 기본 아키텍처 내에서 실행되는 애플리케이션을 캡슐화 한 것이라고 이해하면 된다. 해당 AUTOSAR Software Component는 AUTOSAR에서 자세히 정의해 놓은 인터페이스를 사용하여 Software Component를 정의한다. 이는 3.4.2절 component concept에서 보다 자세히 설명하도록 하겠다.

- SW-C Description

AUTOSAR Software Component 간의 통합뿐만 아니라 인터페이스들을 위하여 AUTOSAR에서는 description 포맷을 표준화하여 제공하고 있다, i.e the Software Component Description(SW-C Description)

- Virtual Functional Bus (VFB)

VFB는 AUTOSAR abstract 단에서 제공 되어지는 모든 커뮤니케이션 메커니즘을 합해 놓는 것이다(몇몇의 basic software로의 인터페이스도 추가된다). 상세화되게 시스템을 위하여 AUTOSAR Software Component 간의 연결들을 정의할 때 VFB는 개발 초기 단계에서 가상적으로 해당 AUTOSAR Software Component와 각 연결들을 통합하게 된다.

- System Constraint and ECU Descriptions

AUTOSAR Software Component들을 ECU network로 통합하기 위해서 AUTOSAR는 완전한 시스템을 위한 description 포맷을 제공할 뿐만 아니라 단일 ECU의 resource와 configuration을 위한 description 포맷 또한 제공하게 된다. 해당 description은 Software Component Description과는 독립적인 성격을 가진다.

- Mapping on ECUs

AUTOSAR는 상세화된 ECU 시스템을 구성하기 위한 방법과 여러 description 요소들을 포함하고 있는 정보들을 지원하기 위한 툴 지원들을 정의해 놓고 있다. 해당 정보들은 사용하고자 하는 각 ECU에 따른 Runtime Environment와 Basic Software를 configuration하고 생성하기 위한 정보 또한 포함하고 있다.

- Runtime Environment (RTE)

AUTOSAR Software Component 관점에서 살펴보았을 때 RTE는 VFB의 기능을 ECU의 특성에 맞게 구현해 놓은 것이라고 생각하면 된다.

- Basic Software

Basic Software는 ECU에 기반 기능들을 제공하게 된다. OS(Operationg System)라 생각하면 된다.

3.4.2 Component

3.4.2.1 The AUTOSAR Software Component

AUTOSAR의 기본적인 디자인 컨셉은 다음과 같이 두 부분으로 분리되어 있다고 생각하면 된다.

- application
- infrastructure

AUTOSAR안에 application은 서로 연결 되어 있는 "AUTOSAR Software Components"들로 구성되어 있는 것이다.

아래의 그림은 몇몇 개의 "connectors"에 의해서 서로 연결되어 있는 세 개의 AUTOSAR Software Component들로서 구성되어 있는 application을 보여주고 있다.

각 AUTOSAR Software Component는 해당 application의 기능들의 부분들을 캡슐화 하고 있다. AUTOSAR는 AUTOSAR Software Component의 크기가 어느 정도 되어야 하는지는 규정해 놓지 않고 있다. 각 application domain의 요구사항에 따라서 AUTOSAR Software Component가 작게 구성될 수도 있으며, 재사용되는 기능의 부분에 맞춰서 해당 AUTOSAR Software Component의 크기가 결정될 수도 있으며 차량 내 전체 기능을 캡슐화하여 하나의 큰 AUTOSAR Software Component로 만들 수도 있게 된다.

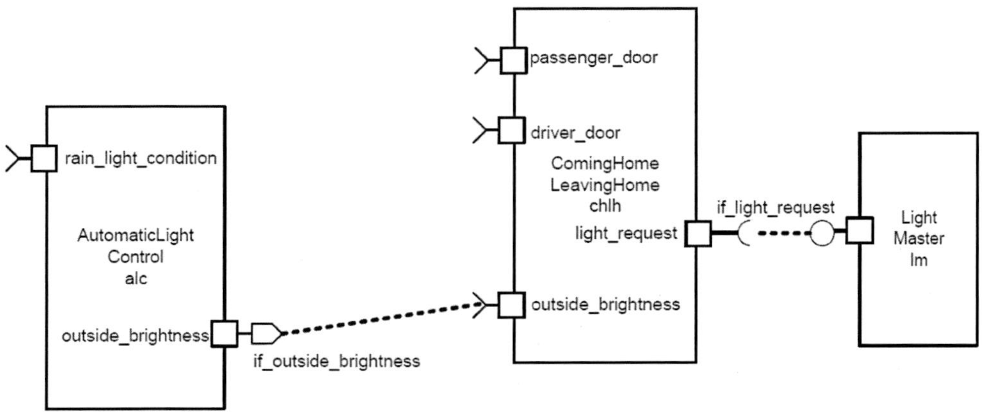

3.4.2.2 The AUTOSAR Software Component is an "Atomic Software Component"

AUTOSAR Software Component는 흔히 "Atomic Software Component"라고 불리게 된다. 여기서 Atomic이라는 의미는 AUTOSAR Software Component가 여러 AUTOSAR ECU들로 나누어질 수 없음을 의미하게 된다. 현재 말하고 나타내어지는 AUTOSAR Software Component들은 각각 차량 내 하나의 ECU에 할당되어 존재해야 한다.

3.4.2.3 Implementing and shipping an AUTOSAR Software Component

AUTOSAR는 구현해야 하는 AUTOSAR Software Component에 대하여 어떻게(How) 구현해라 라고 하는 부분에 대한 정의는 하지 않고 있다(예를 들어, 어느 component를 생성할 때 model로부터 생성할지 손으로 직접 생성해 낼지에 대한 언급이 없다는 것이다). 대신 AUTOSAR는 여러 개의 AUTOSAR Software Component들이 network ECU들로 구성되어 있는 기반 환경에 올바르게 통합될 수 있도록 필요한 모든 것들을 정의내리고 있다.

그러므로 AUTOSAR Software Component들은 다음과 같은 조건들이 포함되어 있다.

- 해당 component를 위하여 기반 환경들이 반드시 어떻게 구성되어야 하는지에 대한 완전하고 형식화된 Software Component Description을 가지고 있어야 한다.
- "object code" 또는 "source code"로써 제공될 수 있도록 component를 구현해야 한다.

3.4.2.4 The AUTOSAR Software Component Description

AUTOSAR Software Component Description은 다음들을 포함하고 있어야 한다.

- Software component가 제공하고 요구하는 operation과 data element(해당 정보들은 AUTOSARPortInterface concept에서 상세히 나타낸다.)
- Software component가 가지고 있는 기반 환경(infrastructure)에 대한 요구사항
- Software component에 의해 필요한 자원(memory, CPU-time, etc.)
- Software component를 상세히 구현하기 위한 정보

AUTOSAR Software Component description의 구조와 형식은 "software component template"이라 부른다.

3.4.2.5 The AUTOSAR Software Component implementation is independent from the infrastructure

실제 구현된 AUTOSAR Software Component(source code)는 다음에 나타내는 것들로부터 완전히 독립되어 있다.

- AUTOSAR Software Component가 매핑되어야 할 ECU가 해당하는 마이크로컨트롤러의 타입
- AUTOSAR Software Component가 매핑되어야 하는 ECU의 타입(AUTOSAR의 기반 환경(infrastructure))이 ECU hardware 관점에서 software component가 제어가능 하도록 표준화된 정보를 제공하게 된다.
- Software component와 서로 상호 연관이 있는 다른 AUTOSAR Software Comoponent의 위치(software component description는 해당 component가 제공하거나 요구하게 되

는 data 또는 service에 대해 설명하고 있다. 그러므로 해당 component는 제공되는 service나 data들이 동일한 ECU에서부터 제공되는 것인지 다른 ECU에서 실행되는 것이 제공되는 것인지 알아야 할 필요가 없게 된다.

- The number of times a software component is instantiated in a system or within one ECU

3.4.2.6 Sensor/Actuator Software Component

Sensor/Actuator Software Component는 application별로 특정한 sensor 또는 actuator에 의존적인 기능들을 캡슐화한 특수한 AUTOSAR Software Component이다.

아래의 그림은 일반적 물리적 signal이 software signal로 변환되는 또는 software signal이 물리적 signal로 변환되는 전형적인 방식을 나타내고 있다. 앞서 설명한 것과 같이 AUTOSAR 기반 환경(infrastructure)은 숨겨져 있는 상세한 마이크로컨트롤러 정보(해당 마이크로컨트롤러에 의존적인 상세 정보를 다루는 것은 ECU에서 구동되는 AUTOSAR 기반 환경(infrastructure) MCAL(the microcontroller abstraction layer)에서 이루어지게 된다)들과 ECU electronic(해당 부분은 ECU-Abstraction에 의해 다루어지며 해당 ECU-Abstraction은 AUTOSAR Basic Software의 한 부분이다)을 다루게 된다.

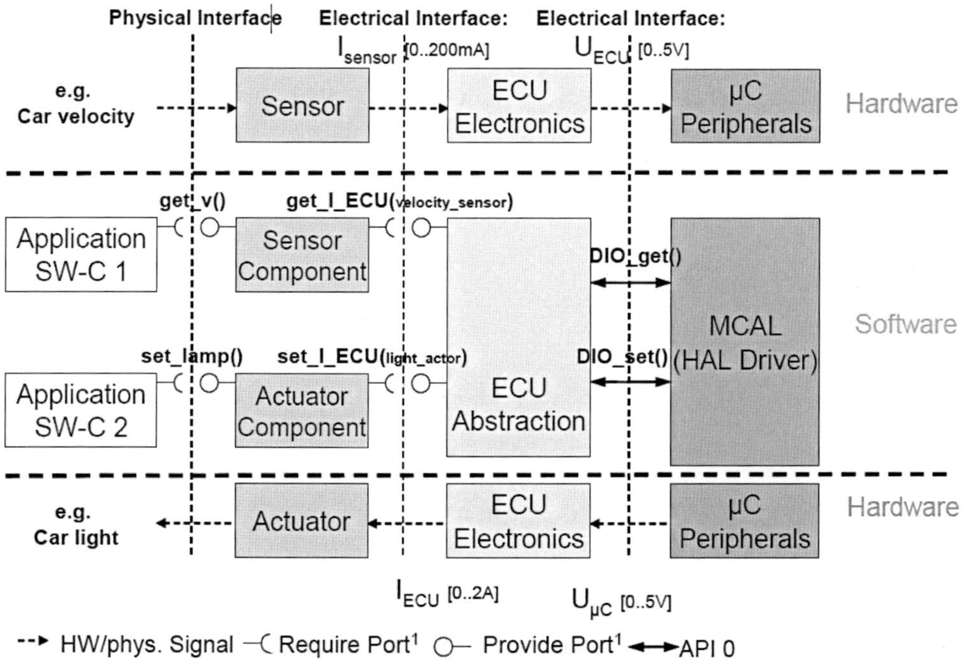

AUTOSAR 기반 환경은 앞서서 설명한 마이크로컨트롤러에 관련된 사항들은 숨기게 되지만, sensor들과 actuator들과 관련된 상세한 정보들은 숨기지 않게 된다. 특정한 sensor와 actuator에 의존적인 정보들은 "AUTOSAR Software Component"의 특수한 종류인 "Sensor/Actuator Software Component"에서 다루어지게 된다. 이러한 Sensor/Actuator Software Component는 매핑되는 ECU와는 독립적으로 동작이 가능하지만 해당 component는 ECU별로 디자인 되어 있는 sensor와 actuator에 의존적이게 된다. 예를 들어 "Sensor Component"는 일반적으로 ECU의 input-pin으로부터 들어오는 전자적 신호(e.g. 현재 sensor가 생성하는 값)와 sensor에 의해 측정된 물리적 양을 출력하여 소프트웨어 신호로 표시하여 입력하는 역할을 하게 된다(e.g. 현재 차량 속도). 그리고 해당 component의 성능관점의 이슈들은 전형적으로 해당 sensor/actuator가 물리적으로 연결되어 있는 ECU를 구동시킴으로써 측정하게 된다.

3.4.2.7 The generic "Component" concept

이번 절에서는 "AUTOSAR Software Component" 컨셉과 AUTOSAR Software Component의 특별한 종류인 "Sensor/Actuator Software Component"에 대하여 그 의미/개념을 명확히 정리한다.

AUTOSAR에서는 "component"라는 컨셉을 보다 일반적이고 강력한 방법을 가지고 사용하게 된다. 하나의 시스템을 AUTOSAR 개념을 도입하여 모델링을 하게 될 때, component의 논리적 상호연결성은 component의 하나의 패키지로서 다루게 된다. 이러한 component를 "composition"이라 부르게 된다. Atomic Software Components와 대조적으로, composition 안의 component들은 여러 개의 ECU들에 분산될 수 있다.

"Composition"과 "AUTOSAR Software Component"에 부가적으로 다음에 언급 되는 독립체들도 "components"로 AUTOSAR 시스템에서는 고려하게 된다.

- ECU Abstraction
- Complex Device Driver
- AUTOSAR Service

위에 언급된 것들은 추후 절들에서 상세히 설명하도록 하겠다.

3.4.2.8 Summary

이번 절에서는 AUTOSAR "Component" 컨셉을 설명하였다. "AUTOSAR Software Component"는 애플리케이션 부분을 구현한 소프트웨어의 atomic한 부분이다. 이러한 AUTOSAR Software Component는 AUTOSAR 기반 환경(infrastructure)과는 독립적인 성격을 가지며 각 AUTOSAR Software Component는 하나의 ECU에 매핑될 수 있다(하나의 AUTOSAR Software Component가 나누어져서 ECU에 매핑될 수 없다는 의미). 그리고

"Sensor/Actuator Software Component"는 특별한 종류의 AUTOSAR Software Component로서 특정한 sensor와 actuator에 의존적인 성격을 가지고 캡슐화 되어 있는 AUTOSAR Software Component이다.

3.4.3 VFB

3.4.3.1 General

재배치성이라는 목표를 만족하기 위하여 AUTOSAR Software Component는 아랫단의 하드웨어와는 독립적으로 구현되어야 한다. 이러한 독립성은 가상의 하드웨어와 시스템 통합과는 독립된 매핑의 의미를 가지는 virtual functional bus의 제공을 통하여 성취된다. VFB를 통한 이러한 독립성은 AUTOSAR Software Component의 가상적 통합을 가능하게 하며, 이는 automotive software 프로세스 통합이 오늘날의 다른 개발 프로세스들의 디자인 단계들과 비교해 보았을 때 보다 일찍 이루어짐을 의미하는 것이다.

3.4.3.2 VFB Context

Virtual functional bus는 차량 전체의 AUTOSAR Software Component의 상호연관성/상호연결성을 추상화 해 놓은 것이다. 서로 다른 software component 사이에 통신이 이루어지고 software component와 해당 software component가 가지는 환경(e.g. 하드웨어 드라이버, OS, 서비스, etc.) 사이에 통신이 이루어질 경우 어떠한 하드웨어에 영향을 받지 않고 독립적으로 동작 가능 하도록 한다. VFB의 기능은 커뮤니케이션 패턴에 의해 제공되는데 이는 4.3.3에서 자세히 설명하도록 한다.

VFB 관점에서 보았을 때, AUTOSAR Software Component의 포트, Complex Device Driver, ECU Abstraction과 AUTOSAR Service들은 서로 연결되어져 있다. Complex Device Driver, ECU Abstraction과 AUTOSAR Service는 Basic Software의 한 부분들이다. AUTOSAR Service Interface는 표준화 되어 있고, Complex Device Driver와 ECU Abstraction은 ECU 종속적이다.

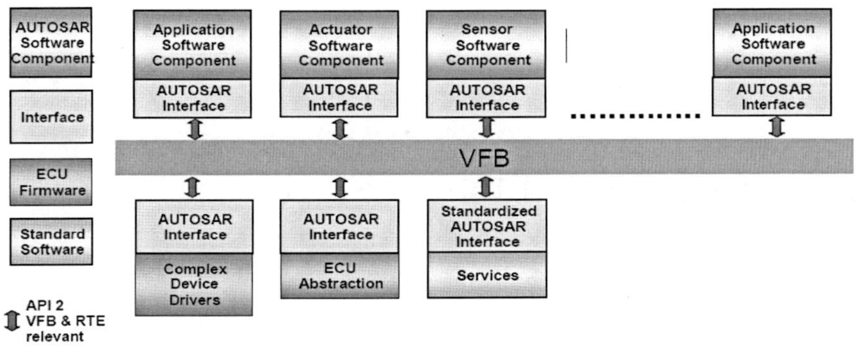

3.4.3.3 Communication mechanisms

3.4.3.3.1 Components, Ports and AUTOSAR Interfaces

AUTOSAR에서 가장 중심적인 구조적 요소는 component이다. Component는 잘 정의된 port들을 가지고 있으며 이러한 포트를 통하여 component는 다른 component와 상호작용할 수 있게 된다. Port는 항상 정확히 하나의 component에 속해져 있으며 하나의 component와 다른 component 간의 상호연관성 포인트를 나타내게 된다.

제공되는 데이터 또는 서비스들을 정의하기 위해 또는 component의 포트에 의해 요구되어진 데이터 또는 서비스를 정의하기 위해 AUTOSAR Interface 컨셉이 소개된다. AUTOSAR Interface는 VFB 상에 data-oriented communication mechanism에 의해 정의되어진 Client-Server Interface 또는 Sender-Receiver Interface 둘 중에 하나이다.

포트는 PPort 또는 RPort 둘 중 하나이다. PPort는 AUTOSAR Interface를 제공하는 것이고, RPort는 이러한 interface를 요구하는 것이다. 하나의 component의 PPort가 interface를 제공할 때, Client-Server Interface 같은 경우는 operation의 구현/실행을 제공하게 되며, 데이터 중심의 Sender-Receiver Interface 같은 경우에는 데이터를 제공하게 된다.

Component의 RPort가 AUTOSAR interface를 요구할 때, Client-Server Interface 같은 경우에는 operation을 불러오게 되고, Sender-Receiver Interface 같은 경우는 data element를 읽어들이게 된다.

3.4.3.3.2 AUTOSAR Communication Patterns

널리 쓰이는 기본적인 communication pattern인 Client-Server와 Sender-Receiver는 AUTOSAR에서 지원이 된다. 특정한 정보가 전달되는 sender-receiver communication과 특정 argument가 호출되는 client-server communication도 interface에 의해 이루어지게 된다. Interface의 형식적 description을 위해서는 software component template을 살펴보면 된다. 그리고 이러한 software component template에는 사용되어지는 data type과 interface 호환 가능성 및 기타 정보들도 정의되어 있다.

기본적 communication 패턴의 상세한 behavior들 또한 attribute를 통하여 상세화 된다. 이러한 attribute는 data queue, receiver와 sender의 behavior들도 정의할 수 있다.

3.4.3.3.2.1 Client-Server Communication

Client-server 패턴은 분산 시스템에 널리 사용되어지는 communication 패턴이다. 이러한 Client-server 패턴에서 server는 서비스를 제공하게 되고, client는 해당 서비스를 사용하는 user가 되는 것이다.

Client는 서비스가 초기화가 요청되고 해당하는 응답을 서버로부터 받을 때까지 synchronous communication에서는 blocked되고 반면에 asynchrous communication에서는 nonblocked된다. 아래의 그림은 client-server communiction이 어떻게 이루어지는지 VFB 관점에서 3개의 software component와 2개의 connection이 composition model 되어져 있는 것을 보여주고 있다.

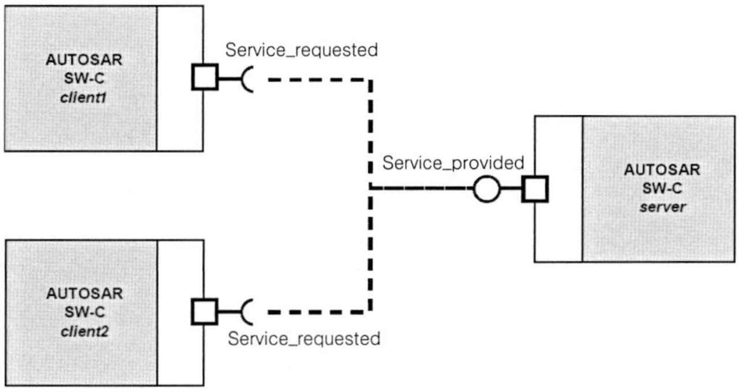

3.4.3.3.2.2 Sender-Receiver Communication

Sender-receiver 패턴은 sender가 하나 또는 여러 receiver에 비동기적으로 information을 분산하기 위하여 사용할 수 있는 방법이 된다.

Sender는 비동기 communication에서 non-block이고 receiver로부터의 응답(data 또는 control flow)과는 관련 없이 동작하게 된다. 즉, sender는 단지 해당 information을 제공하기만 하고, receiver는 자체적으로 받은 information을 어떻게 언제 사용할지 결정하게 된다. 이는 각 분산 information에 대하여 communication infrastructure에 책임을 지게 되는 것을 의미한다.

Sender component는 자신이 제공하는 정보가 어디에 쓰이지는 몇 개의 receiver에 대하여 해당 정보가 전달될 수 있는지 등에 대해서는 알 수 없으며, AUTOSAR Software Component에 어떤 식으로 information이 교환이 되는지 알 수 없다. 아래 그림은 AUTOSAR VFB 관점에서 sender-receiver communication이 어떻게 모델되어 있는지 나타내고 있다.

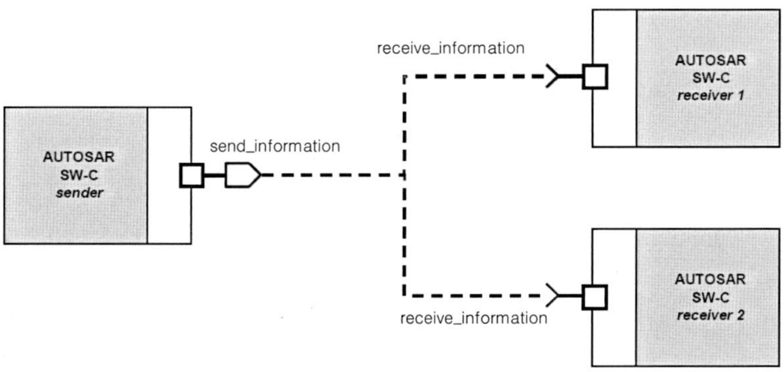

3.4.4 AUTOSAR ECU Software Architecture

3.4.4.1 Overview

아래 그림은 하나의 ECU에서의 software 구조를 보여주고 있다. 각 layer들과 layer들의 주요 element들의 상세한 설명은 아래에서 계속해 나가기로 하겠다.

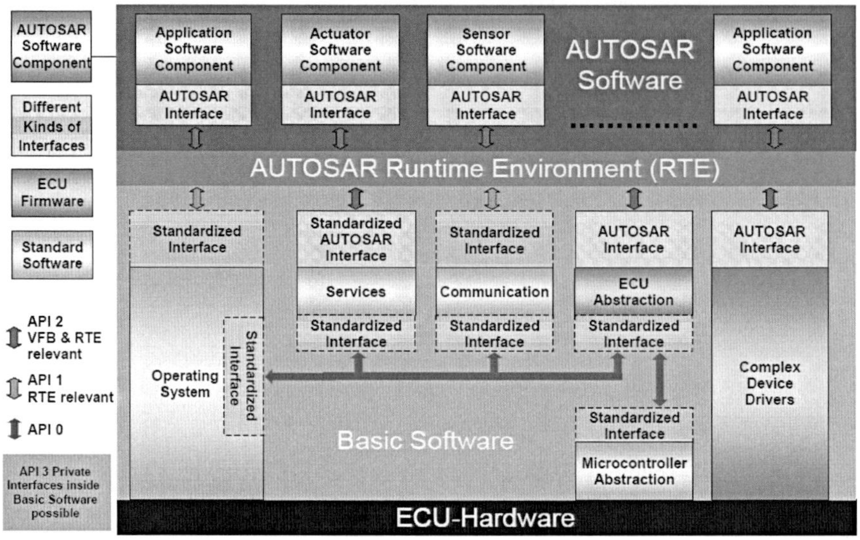

3.4.4.2 AUTOSAR Software

AUTOSAR Software(AUTOSAR Runtime Environment 위에 위치한 layer)는 ECU에 매핑되는 AUTOSAR Software Component로 구성되어 있다.

AUTOSAR Software Component 사이의 상호 연관성과 Atomic Software Components 실제 연결 통로는 AUTOSAR Runtime Environment를 통하여 이루어지게 된다. AUTOSAR Interface는 AUTOSAR Runtime Environment 주위에 software element 사이의 연결성을 보장하게 된다.

3.4.4.3 AUTOSAR Runtime Environment

System design level(개발 초기 하드웨어를 고려하지 않고 전체 시스템을 논리적 관점에서 보았을 때) AUTOSAR Runtime Environment(RTE)는 ECU 내 / ECU 간의 정보 교환이 이루어지는 communication에서 중추적인 역할을 하게 된다. RTE는 AUTOSAR Software Component에 대하여 제공되는 interface와 서비스에 의해서 CAN, LIN, Flexray, MOST 등의 네트워크로 이루어지는 ECU 간의 통신과 ECU 내의 통신들을 AUTOSAR Software

Component에 추상화하여 제공하게 된다.

이러한 기능들을 위한 RTE 상위 단에서 적용되는 software component의 communication 요구사항들은 애플리케이션에 의존적이게 되며, 이러한 애플리케이션 의존적인 성격 때문에 RTE는 애플리케이션에 맞게 설계/수정되어야 한다. 그러므로 RTE를 생성할 때 가장 중요한 부분은 제한된 자원을 얼마나 효율적으로 사용하면서 요구되는 통신을 제공하도록 하는 것이다. 그리고 부가적으로 RTE 소프트웨어는 몇몇 부분들은 애플리케이션에 맞게 수정할 수 있고 변경 가능해야 한다. 그러므로 RTE는 하나의 ECU와 또 다른 ECU에서는 각기 다르게 생성되어야 한다.

3.4.4.4 AUTOSAR Basic Software

Basic Software는 표준화되어 있는 software layer이다. 그리고 AUTOSAR Software Component에 서비스를 제공하고, 소프트웨어의 기능이 올바르게 수행하기 위해 필요한 부분들이 제공된다. 하지만 이러한 Basic Software의 특징은 특정 기능을 위해 Basic Software가 만족되게 설계되어야 한다는 말은 아니다. 다만 Basic Software는 AUTOSAR Runtime Environment의 아랫단에 적합해야 한다. Basic Software는 표준화된 내용을 포함하고 있어야 하며 ECU에 의존적인 상세한 component를 포함하고 있어야 한다. 그리고 무엇보다 다음 사항들을 포함하고 있어야 한다.

- Service
  System service는 diagnostic protocol, NVRAM, flash와 memory management들의 내용들을 포함해야 한다.
- Communication
  해당 내용은 communication framework(e.g. CAN, LIN, FlexRay), I/O management, network management에 필요한 것이다.
- Operating System
  AUTOSAR의 목적은 모든 차량 도메인을 위하여 일반적인 아키텍처를 만드는 것이다. 이러한 목적을 만족하기 위해서 AUTOSAR Operating System을 위한 요구사항들도 상세화되어야 한다. 차량을 위한 OS는 다음 예시와 같은 요구사항들을 만족해야 되는 것이다.
  - OS는 환경 설정이 가능해야 하고 해당 크기가 정해져 있어야 한다.
  - OS는 real-time performance를 만족해야 한다.
  - OS는 우선순위 기반의 스케줄링을 지원해야 한다.
  - OS는 실행하고 있는 함수는 보호되어야 한다.
  - OS는 외부적 자원의 지원 없이 low-end 컨트롤러를 제어할 수 있어야 한다.

만약 몇몇 도메인(e.g. telematic/infotainment)들의 내용을 충족하는 일반적 OS가 아닌 특정 OS를 사용할 경우에도, 해당 OS의 사용은 가능하지만 interface를 위한 AUTOSAR component 특성들은 AUTOSAR 규약을 따라야만 한다(즉, 특정 OS는 AUTOSAR OS로 추상화되어야 한다는 의미이다).

OSEK OS(ISO 17356-3)는 AUTOSAR OS를 위하여 기본적으로 사용하는 OS이다.

- Microcontroller Abstraction
  높은 단계의 layer에 위치하고 있는 software로부터 마이크로컨트롤러 레지스터가 접근되는 것을 피하기 위하여 하드웨어를 제어하기 위해서는 Microcontroller Abstraction Layer(MCAL)를 통하여 이루어져야 한다.

MCAL은 Basic Software component를 위하여 표준화된 인터페이스를 보장하는 하드웨어 특징화된 layer이다. 이러한 MCAL은 마이크로컨트롤러 주변장치들을 관리하고 마이크로컨트롤러에 독립적인 값들과 함께 Basic Software의 component를 제공한다. MCAL 명령의 분산과 서로 다른 프로세스의 정보 처리 및 응답을 지원하기 위하여 notification mechanism을 구현하게 된다.

또한 기타 아래에 기술하는 것을 수행할 수 있도록 해야 한다.

- Digital I/O(DIO)
- Analog/Digital Converter(ADC)
- Pulse Width (De)Modulator(PWM, PWD)
- EEPROM(EEP)
- Watchdog timer(WDT)
- Serial Peripheral Interface(SPI)
- I2C Bus(IIC)

ECU 상세화 component는 다음의 내용들을 포함해야 한다.

- ECU Abstraction
  ECU Abstraction은 특정한 하드웨어 의존적인 아랫단과 상위 단의 소프트웨어 간의 분리를 위하여 모든 ECU의 전기적 값을 위한 소프트웨어 인터페이스를 제공하여야 한다.
- Complex Device Driver (CDD)
  CDD 같은 경우에는 특정 자원에 영향을 많이 받게 되는 애플리케이션을 위하여 하드웨어를 직접적으로 처리할 수 있도록 한다.

3.4.4.5 Classification of interfaces

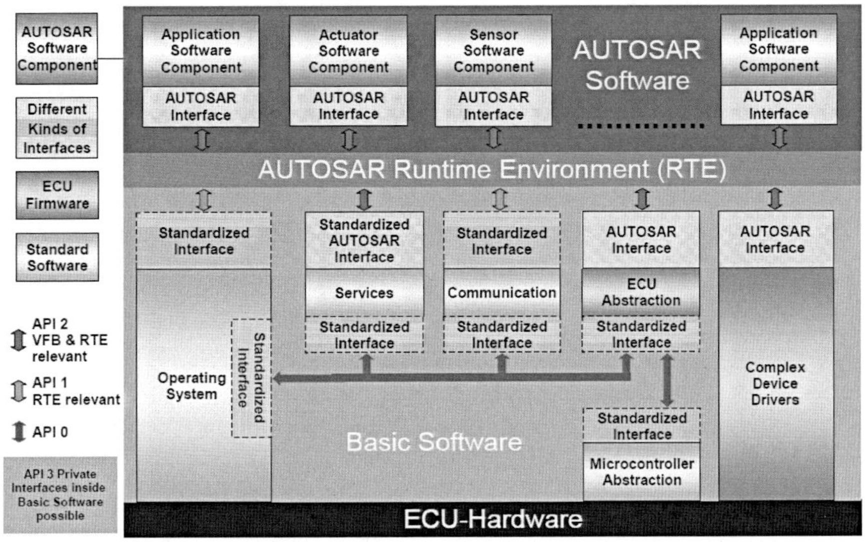

위의 그림에서 확인할 수 있듯이 인터페이스의 종류는 세 가지로 나누어 볼 수가 있다.

- AUTOSAR Interface
- Standardized AUTOSAR Interface
- Standardized Interface

각 인터페이스에 대한 상세한 설명은 다음과 같다.

- AUTOSAR Interface

  "AUTOSAR Interface"는 software component 사이의 정보 교환을 위한 정보들을 정의하고 있다. 해당하는 AUTOSAR Interface의 description은 특정 프로그래밍 언어와 ECU 또는 network 기술과는 독립적인 성격을 가진다.

  AUTOSAR Interface는 software-component의 port들을 정의할 때 사용한다. 이러한 software-component port를 통하여 각 software-component들은 정보를 보내거나 서비스를 발생시키는 등 통신을 할 수 있게 된다. AUTOSAR Interface는 software-component 사이에 통신뿐만 아니라 software-component가 network와 통신도 가능하도록 AUTOSAR 표준 내에 정의되어 있다.
- Standardized AUTOSAR Interface

  "Standardized AUTOSAR Interface"는 "AUTOSAR Interface"이기는 하지만 AUTOSAR

내에서 문법과 의미상으로 표준화되어 있는 인터페이스이다. "Standardized AUTOSAR Interface"는 일반적으로 AUTOSAR Basic Software에서 software-component로의 표준화된 서비스를 제공하는 AUTOSAR Service를 정의하는데 사용되어진다.

- Standardized Interface

  "Standardized Interface"는 "AUTOSAR Interface" 기술에서 사용된 것을 제외한 AUTOSAR 내에서 표준화된 API들을 말한다. 이러한 "Standardized Interface"는 일반적으로 특정 프로그래밍 언어("C" 언어와 같은)로 정의되어 있다. 왜냐하면 "standardized interfaces"들은 일반적으로 항상 동일한 ECU에 존재하는 software-modules 사이에 사용하게 된다. 해당 인터페이스는 네트워크를 사용한 software-module들 사이의 통신에는 사용이 불가능하다.

3.5 AUTOSAR Methodology

3.5.1 Introduction

AUTOSAR는 전체적 시스템 개발 단계 중 몇 개는 일반 기술적인 접근을 요구한다. 이러한 기술적 접근(technical approach)은 "AUTOSAR Methodology"라고 불린다. 이번 절에서는 AUTOSAR 개념을 적용한 모든 주요한 시스템 개발 단계(system-level configuration에서 ECU에서 실행 가능하도록 하는 것까지)들을 설명한다.

AUTOSAR Methodology는 완벽한 프로세스 description을 나타내는 것도 아니며 또한 비즈니스 모델 그리고 역할과 책임 같은 것들은 정의하지 않는다. 더 나아가 특정 활동(activities)들의 수행 순서 등도 정확히 규정해 놓고 있지 않는다. 즉, methodology는 단지 하나의 work-product flow에 지나지 않는 것이다. Methodology는 work-product에 따른 활동들의 의존성들을 정의하는 것이다.

이번 절에서 AUTOSAR Methodology에 대한 정확하고 상세한 설명을 할 것이다.

3.5.1.1 Describing Notation - SPEM

AUTOSAR에서는 해당 methodology를 Software Process Engineering Meta-model(SPEM)을 사용하여 나타내게 된다. SPEM은 Object Management Group(OMG)에 의해 정의되어진 표준이며 software development 프로세스를 나타내게 된다.

AUTOSAR Methodology 표현에서는 실제 SPEM에서 사용하는 것보다 매우 작은 부분만을 실제로 사용할 것이다. 다음에 나타나 있는 세부 항목들은 사용되는 graphical notation을 나타내고 있다.

■ Work-Product

<<Work-Product>>는 실제 활동(activity)에 의해서 생성되는 하나의 독립적인 물리적 생산물 또는 정보의 부분이다. AUTOSAR Methodology에서는 여러 종류의 구체적인 <<Work-Product>>가 정의된다. e.g. Document, c-Document(C 프로그래밍 언어가 포함되어 있는 source 파일), obj-Document (object file을 위한 문서), h-Document(해당 파일들이 포함하고 있는 C-언어를 포함하고 있는 헤더 파일들)

■ Activity

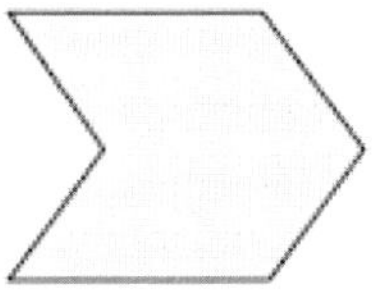

<<Activity>>는 한 명 또는 하나의 그룹의 사람들이 작업하는 행위들을 나타내는 것이다. Task, operation 그리고 action을 구현하고 수행하는 것을 나타내게 된다.

■ Guidance

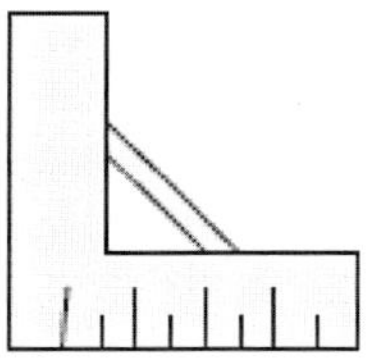

<<Guidance>>는 activity들과 관련 있는 요소이고 해당 activity를 수행하기 위해 사용되는 tool과 같은 부가적 정보들을 나타낸다.

다음에 보이는 예제에서 <<Guidance>>는 AUTOSAR System Configuration Generator로서 Configuration System이라는 activity를 수행하기 위해 사용된다는 것을 의미하게 된다.

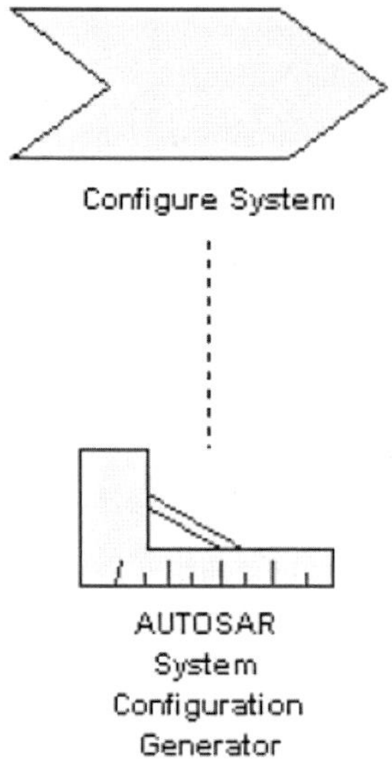

- Flow of Work-Products

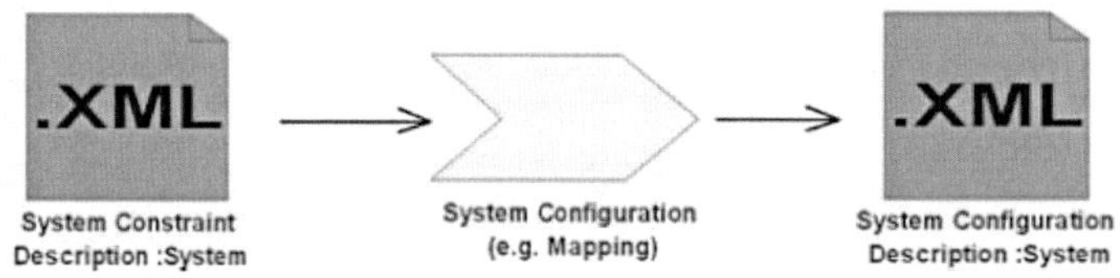

Work-products의 흐름은 선과 화살표로써 그래픽적으로 나타내어 질 수 있다. 이러한 표현은 항상 시작점(소스)에서부터 목표점(결과)까지 나타내어지고, 이러한 표현은 하나의 activity에서 입력(input)과 출력(output)으로 생각하면 된다. 해당 예시에서 보듯이, System Configuration이란 activity는 System Constraint Description이라는 work-product를 input으로서 사용하고, System Configuration Description을 output으로 사용한다.

- Dependency

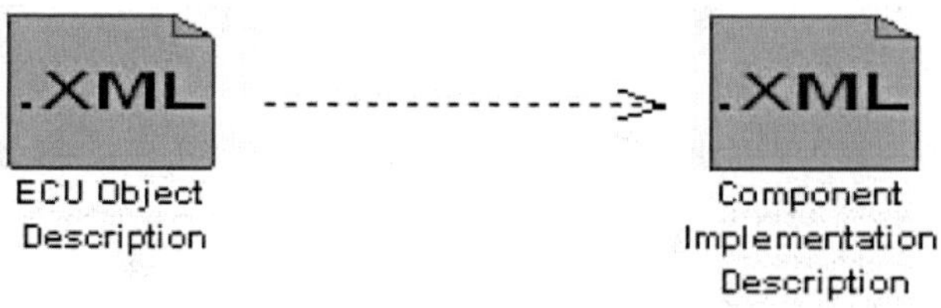

<<Dependency>>는 점선으로 표시하게 되며, 화살표의 방향은 해당하는 하나의 work-product가 화살표 방향에 위치하고 있는 또 다른 work-product에 의존하고 있다는 것을 나타내게 된다. <<Dependency>>와 해당 선의 방향은 누가 누구에서 의존성을 가지고 있게

되는지를 명확히 나타내게 된다. 해당 예시에서는 XML-Document인 ECU Object Description은 Component Implementation Description의 XML-Document에 의존한다는 것을 나타내고 있다. 앞서서 살펴본 문맥상으로 <<Dependency>>는 참조하고 있는 것으로 해석할 수 있다. : XML-Document ECU Object Description은 XML-Document Component Implementation Description의 정보를 참조하고 있는 것이다.

3.5.2 Methodology Overview

아래의 그림은 개략적인 AUTOSAR Methodology를 보여주고 있다. 해당 Methodology는 system-level부터 ECU에서 실행 가능한 결과물이 나올 때까지의 디자인 단계들을 보여주고 있다.

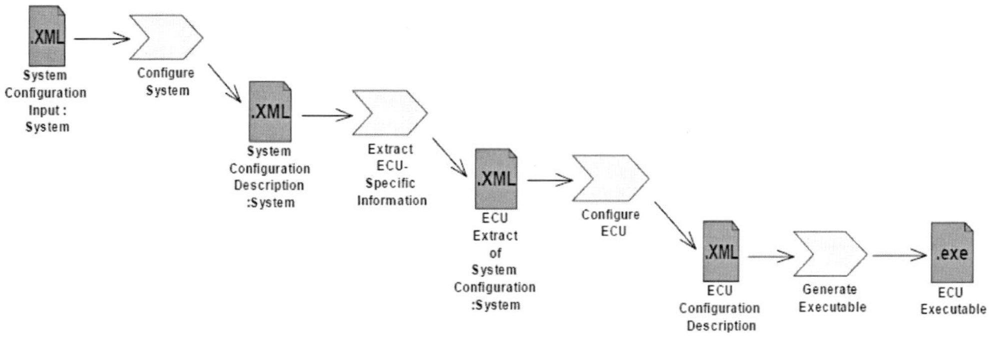

첫 번째로 System Configuration Input은 정의되어져야 한다. System Configuration input은 system design 또는 태스크의 구조 등을 나타내고 있다. Software component와 하드웨어는 선택되어져 있어야 하고 시스템 전체의 관점에서 보았을 때의 제약사항도 구분되어져 있어야 한다. AUTOSAR에서는 이미 정의되어 있는 정보 교환 방식과 템플릿을 사용하여 이러한 초기 system 디자인 결정은 쉽게 이루어진다. 그리고 정의된 System Configuration Input은 적절한 템플릿을 수정하거나 내용을 채워 넣는 것을 의미한다고 볼 수 있다.

내부의 내용들은 다음과 같은 것들이 패키지 되어 있는 것이다.

- Software Component : 각 software component는 software API에 대한 description을 요구하게 된다. e.g. data types, ports, interfaces, etc.
- ECU Resource : 각 ECU는 ECU별로 관련된 정보들을 상세화하게 된다. e.g. processor unit, memory, peripherals, sensors and actuators.
- System Constraints : 해당 제약사항들은 다음과 같은 것들을 포함하게 된다. e.g. bus signals, topology 그리고 software component 매핑 정보.

해당 내용들 사용 방식에 따라서 기존의 템플릿의 부족한 내용을 채워 넣거나 기존의 내용을 재사용할 수 있게 된다(재사용 시에는 일반적으로 약간의 수정이 필요하게 된다). 기본적으로 AUTOSAR methodology의 높은 수준의 재사용성이 허용된다. 그리고 모든 경우에서 해당 내용들을 수정하게 될 때 해당 editing tool들이 지원 가능하다고 가정한다.

Configure System activity에서는 주로 software component들을 필요 자원과 시간 요구사항들을 고려하여 적합한 ECU에 매핑하게 된다. 해당 Configure System은 System Configuration Description의 결과물이 된다. 이 description은 모든 시스템 정보(e.g. bus mapping, topology)를 포함하고 있으며 어느 소프트웨어가 어느 위치에 있는 ECU에 매핑 되는지의 정보도 가지고 있게 된다.

더 나아가 앞의 그림에서 다음 스텝으로는 시스템 내에서 각 ECU는 실제로 구현하는 단계가 오게 된다. 이에 해당 Extract ECU-Specific Information 단계에서는 필요한 ECU와 관련 있는 특정 정보들을 System Configuration Description에서 뽑아내게 된다. 그리고 이렇게 추출한 정보들은 ECU Extract of System Configuration에 위치하게 된다.

Configure ECU activity에서는 실제로 구현을 하기 위해서 task scheduling, 필요한 Basic Software modules, Basic Software의 수정사항, task에서 runnable들을 할당해주는 것 등과 같은 필요한 정보들을 추가하게 된다. Configure ECU activity의 결과는 특정 ECU의 정보들을 모두 모아놓은 ECU Configuration Description을 포함하게 된다. 특정 ECU에 해당하는 runnable software들도 해당 ECU Configuration Description 정보로부터 할당된다.

마지막 단계로 Build Executable에서는 ECU Configuration Description의 ECU에 대해 나타내고 있는 수정사항들을 기반으로 한 실행 가능한 결과물을 생성하게 된다. 이 단계에서는 일반적으로 코드 생성(e.g. RTE와 Basic Software를 위한), compiling code(생성된 코드 software component를 가능한 소스코드의 형태로 컴파일), 그리고 하나의 실행 가능한 결과물로 나오기 위해서 모든 것을 링크해주는 것까지를 말한다.

다음 절에서는 AUTOSAR methodology의 다양한 부분들을 보다 자세히 설명하게 된다. 여러 activity들의 병렬 처리를 반영하기 위하여 앞의 그림과 같은 간단한 순차적 구조를 따르지는 않을 것이다. 하지만 system 단위로 ECU 단위로 component 단위로 필요한 methodology를 구분할 것이다.

3.5.3 System Configuration

Configure System activity에는 system level에서의 해당 기술자의 결정사항들이 필요하게 된다. 이러한 결정들은 System configuration Input과 Collection of Available SWC Implementation 내용에 근거하여 결정이 이루어지게 되며 AUTOSAR System Configuration Tool이 해당 결정들을 지원하게 된다. Activity의 출력 값은 System Configuration Description과 관련된 System Communication-Matrix로 완성된다.

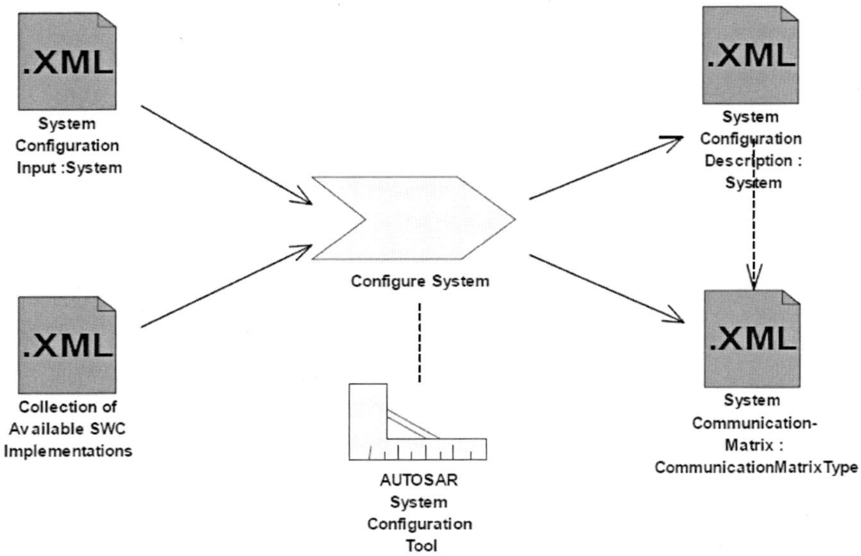

Configure System activity 중에 발생되는 여러 중요한 결정 사항들 중 하나는 바로 "mapping"이다. 각 component들은 어떠한 ECU에 속하여 구동되게 되는지 반드시 결정되어야 한다. 해당 mapping 결정사항들의 한 부분으로 Configure System activity는 특정 software component를 위한 구현을 통하여 결정된다. 이러한 구현들은 Collection of Available SWC Implementation의 정보들 중에서 선택하게 된다. System-level에서의 구현을 선택하는 것은 요구사항과 제공되는 자원들에 대하여 보다 정확한 분석을 통하여 가능하게 되며, 영향력 있는 system designer는 보다 정확하게 ECU 내부에서 무슨 일이 일어날지 검증해야 한다. 하지만 많은 경우 이러한 선택들은 system-level에서 이루어지지 않지만 특정 ECU에 대한 configuration들만 해당 level에서 이루어지게 된다.

System Configuration Input은 Configure System activity를 수행하는 동안 고려해야 할 다양한 제약사항들을 포함하고 참조하게 된다. 이러한 제약사항들은 특정 component들을 특정 ECU에 매핑하는 것을 금지하거나 특정한 구현을 하기 위하여 사용되어지는 component를 요구하기도 한다. 부가적으로 이러한 제약사항들은 가능한 매핑의 제약 때문에 발생되는 사용 가능한 ECU 정보가 제약되며 이러한 내용들 또한 제약사항에 포함된다.

마지막으로, 중요한 activity는 System Communication-matrix를 디자인 하는 것이다. 이러한 System Communication-Matrix는 네트워크상에 구동되는 프레임들로 서술되며 이러한 프레임은 네트워크 topology와 콘텐츠들 그리고 타이밍과 관련된 내용으로 기술된다.

Configure System activity는 복잡한 알고리즘들과 기술자가 해야 하는 작업들을 포함하게 된다. 이러한 작업에는 system architecture 관점에서 모든 software component들을 ECU에 매핑하는 경험이 절대적으로 필요하게 된다. AUTOSAR System Configuration Tool은 해당 configuration을 지원하는 도구가 된다. 해당 Tool은 앞서 언급한 기술자의 결정을 도와주며 결과를 저장하고, 만약 필요하게 되면 결과들을 수정하는 데 도움을 주게 된다.

3.5.4 ECU Design and Configuration Methodology

아래의 그림은 전반적인 ECU에 build하는 디자인 단계들을 AUTOSAR 기술로써 보여주는 그림이다.

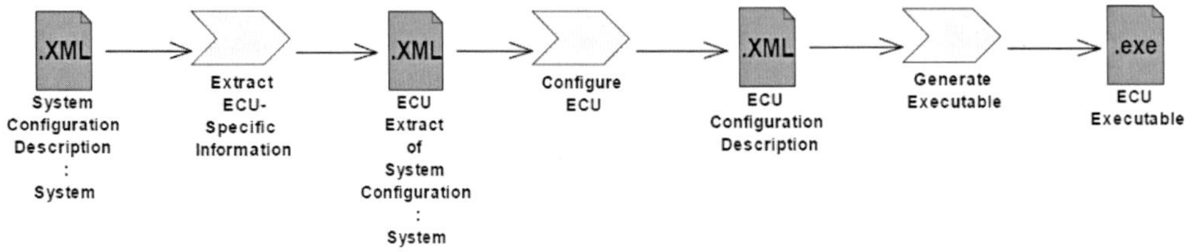

해당 단계들에서 input은 System Configuration Description이며, 이 System Configuration Description은 system configuration 단계를 수행하는 동안 만들어지는 결과물이다. 그리고 해당 단계들의 결과물 output은 실행 가능한 ECU software이다. 위의 과정에서 주요한 activity들은 System Configuration Description으로부터 ECU에 의존적인 정보들을 추출하는 것과 실한 가능한 ECU software를 생성하는 것이다. 다음의 절들에서는 각 activity들을 보다 상세히 설명하도록 하겠다.

3.5.4.1 Extract ECU-Specific Information

AUTOSAR ECU Configuration Extractor 툴은 특정 ECU를 위해 필요한 정보들을 System Configuration Description로부터 추출하게 된다. 이것은 특정 ECU로 지정된 System Configuration Description의 모든 요소들을 일 대 일로 복사하는 것이다. 그 결과 ECU Extract of System Configuration이 생성된다. 그래서 Extract ECU-Specific Information의 각 단계들은 완벽히 자동화되어 있다.

3.5.4.2 Configure ECU

ECU configuration은 주로 RTE와 Basic Software module의 환경 설정을 다루게 된다. 해당 환경 설정은 이용 가능한 ECU Extract of System Configuration, Collection of Available SWC Implementation 그리고 BSW Module Description 정보를 통하여 이루어지게 된다. 그리고 마지막에 vendor 모든 가능한 configuration 변수와 그것의 structure들을 정의해 놓은 Specific ECU Configuration Parameter Definition을 포함하게 된다. 이와 같은 Definition이 필요한 까닭은 ECU Configuration Description의 출력값은 환경 설정해야 할 parameter들

의 개수 등을 정해 놓고 있지 않은 유연한 structure를 가지기 때문이다. BSW Module Description은 개발하고자 하는 타깃에 알맞는 BSW module에 대한 내용을 기술하게 된다. ECU Configuration Description은 참조해야할 다수의 configuration technic들이 필요하게 된다.

Configuration의 중요 부분 : 상세화된 스케줄링 정보 또는 communication module과 operation system과 같은 configuration data 또는 AUTOSAR service들이 해당 activity에서 정의되어져야 한다. 게다가 각 Atomic Software Component를 위해 최신의 구현 방식이 선택되어져야 한다.

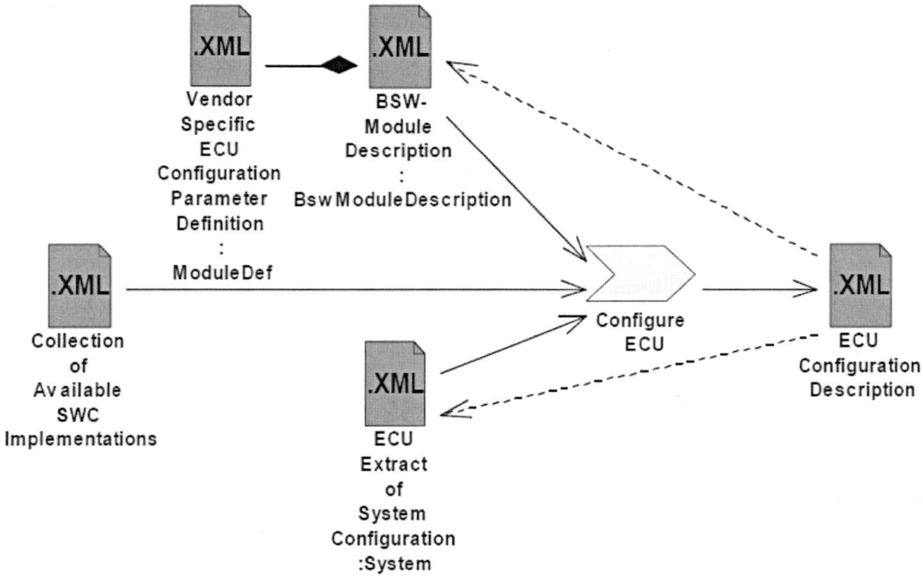

추출된 특정 ECU에 의존적인 정보와 대조적으로, configuration activity는 전체적 디자인 단계에서 보았을 때 복잡한 디자인 알고리즘이 요구되고 기술자의 지식이 요구되는 중요한 단계라고 할 수 있다.

3.5.4.3 Generate Executable

ECU 환경 설정이 완료된 이후, 몇몇 ECU 파트를 위한 소프트웨어들을 생성하여야 한다. 해당 소프트웨어는 Basic Software(e.g. communication module, operation system, etc)와 RTE를 고려해야 한다. 모든 이와 같은 generation 단계에서는 높은 수준의 자동화가 지원되는 툴이 있다고 가정하게 된다.

실행 가능한 ECU 코드를 생성하기 위한 남아 있는 단계는 오늘날의 development practice와 유사한 단계이다. 해당 단계는 주로 모든 component들을 linking해주는 역할을 한다. 하지만 중요하게 살펴보아야 하는 것은 해당 단계를 수행하기 위해서는 그 내부적으로 추가적인 단계들이 존재한다는 것이다. 예를 들어, ECU Configuration Description으로부터의 정보는 특별히 환경 설정 가능한 실행 가능한 소프트웨어를 생성하기 위해 사용된다. 더 나아가 component 구현에서 동기화하기 위한 단계도 필요하게 된다.

3.5.5 Component Implementation

이번 절에서는 애플리케이션 software component의 개발과 차후 system으로 component들이 통합되기 위하여 AUTOSAR methodology를 시작하는 workflow와 필요한 activity들을 기술한다. 해당 workflow는 software component의 핵심 기능 개발과는 거의 독립적으로 수행된다. 해당 activity는 모든 애플리케이션 software component를 위해 수행되어져야 한다.

아래의 그림은 각 component의 AUTOSAR methodology를 그린 것이다. 명료성과 보다 쉽게 이해하기 위하여 기본적인 workflow는 ECU configuration-specific optimization에 대한 내용은 제외하고 표현한다. 하지만 이러한 optimization들은 실제 사용되는 값들에 비해서 optimization되어 있다고 생각한다.

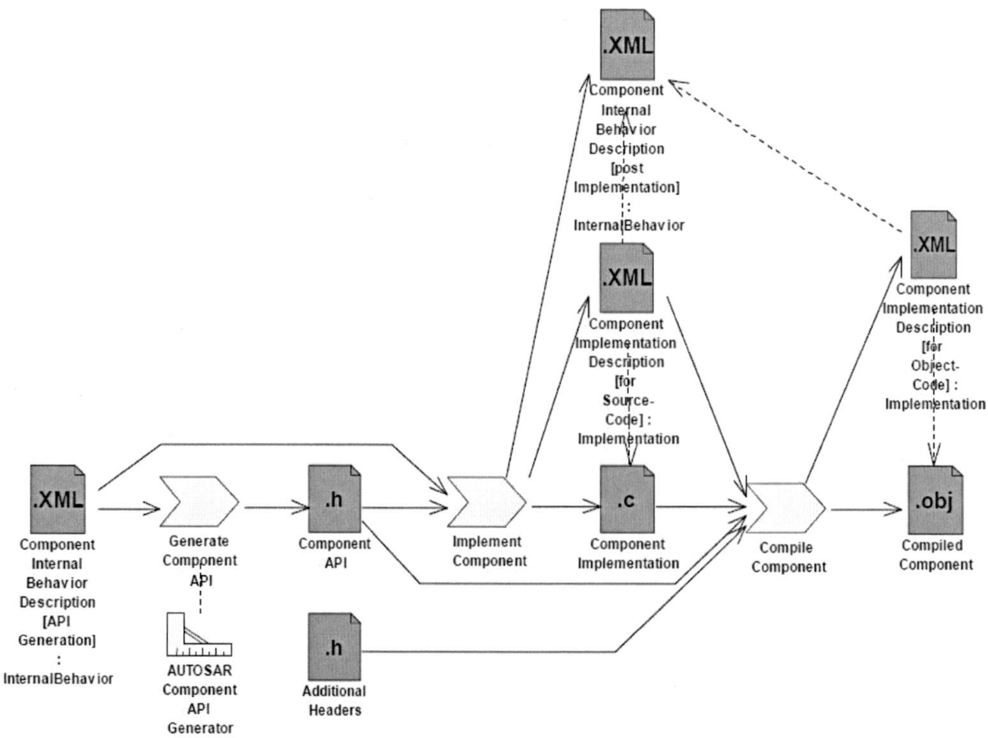

앞의 그림에 나타나 있는 workflow는 왼쪽에서 오른쪽으로 실행된다. 해당 맥락에서 초기의 work는 software component description의 필요 내용들을 제공하면서 시작하게 된다. 이 말은, 즉 Component Internal Behavior Description은 software component의 부분으로서 연관되어 있는 template이 채워져 있음을 의미한다. Internal behavior는 component의 스케줄링과 연관된 측면을 기술하고 있다. 즉, 해당 component가 응답해야 하는 runnable entities, event. 게다가 behavior는 component가 (또는 component가 보다 구체화된 runnable) data element를 받는 것과 같은 event들에 어떻게 응답하는지에 대해서 상세화 하고 있다. 하지만 여기서는 component의 자세한 기능적 behavior에 대해서는 기술하고 있지 않다.

위와 같은 작업이 이루어진 이후에 Generate Component API가 수행된다. 해당 작업은 tool 기반으로 이루어지는 activity이다. AUTOSAR Component API Generator는 적절한 software component의 Component Internal Behavior Description을 읽고 이를 통하여 Component API를 생성하게 된다. Component API는 RTE communication을 위한 모든 헤더 선언을 포함하고 있다. 해당 activity에서는 그 이상의 기술자 또는 환경 설정 변경들은 포함하지 않는다.

다음으로 수행되는 Implement Component는 실제 component의 기능 개발을 의미한다. Component Internal Behavior Description과 Component API를 통하여 software developer는 다른 시스템 디자인과는 독립적인 component를 구현(즉, developing, programming, testing)할 수 있게 된다. 해당 구현은 AUTOSAR의 범위에서는 벗어나서 이루어지게 된다. 해당 구현의 결과로 Component Implementation(즉, 일반적으로 C-sources), 재정의된 Component Internal Behavior Description 그리고 Component Implementation Description을 가지게 된다.

다음으로 이루어질 activity는 이전에 제공된 component들을 통합하는 것이다. Compile Component는 Component Implementation으로 컴파일하기 위하여 Component Implementation Description을 사용하며 이와 함께 Component API와 Additional Headers를 사용하게 된다. 이와 같은 작업은 Compile Component와 재정의된 Component Implementation Description을 생산하게 된다. 이는 부가적인 빌드 프로세스 정보와 entry point를 포함한다.

3.6 Detailed ECU Architecture

3.6.1 Layered Software Architecture

3.6.1.1 The Layered Architecture

3.4.4절에서 ECU software architecture에 대하여 소개하였다. 이와 같은 아키텍처를 바

탕으로 한 layered 아키텍처는 보다 명확하고 구조적 인터페이스 정의와 잘 정의된 하드웨어 추상화가 되어 있는 AUTOSAR 개념 하에서 개발되었다.

해당 layered software architecture는 5개의 layer와 추가적으로 구현 가능한 독립적 layer로 매핑되지 못한 Complex Device Driver로 구조화되어 있다.

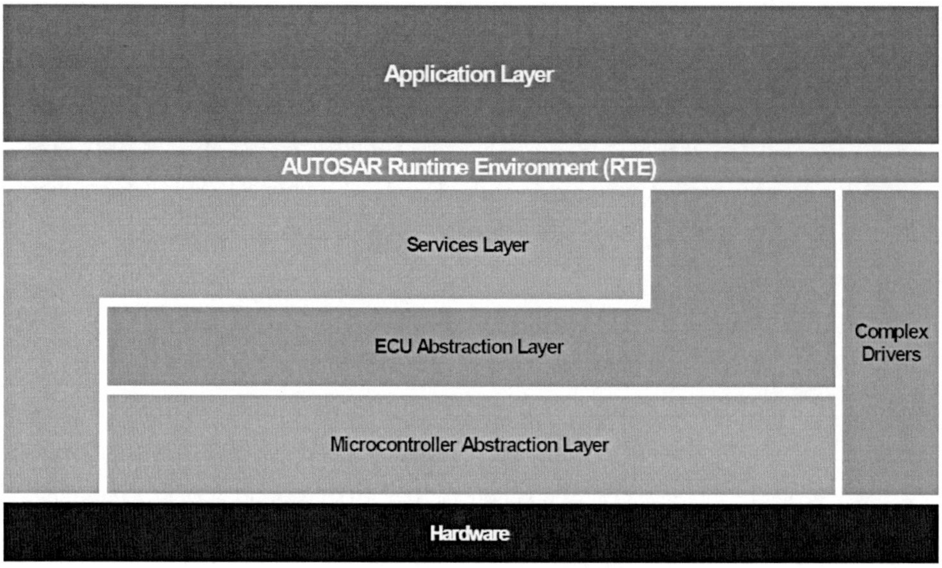

Application Layer	
Mapping from ECU SW-Architecture:	ECU software architecture의 application layer는 손대지 않고 그대로 둔다. 해당 ECU software architecture의 application layer는 AUTOSAR에서는 포커스 두지 않는다.
Purpose:	해당 application layer에는 AUTOSAR Software Component, Application Software Component뿐만 아니라 Sensor/Actuator Software Component 들까지 위치하게 된다.
Responsibility:	Application layer의 software component는 RTE를 통하여 내부적으로 통신을 이루게 되며, RTE를 통하여 모든 ECU resource들을 제어하게 된다.
Properties:	Implementation : 마이크로컨트롤러에 독립적, ECU에 독립적, 하드웨어에 독립적으로 구현 Interface : 표준화되어 있고 AUTOSAR에 의해 이미 정의되어 있는 interface 사용

AUTOSAR Runtime Environment(RTE)	
Mapping from ECU SW-Architecture:	RTE 또한 ECU software architecture에서는 변하지 않는다.
Purpose:	RTE의 목적은 AUTOSAR Software Component가 구현될 때 매핑되는 특정 하드웨어/ECU로부터 독립적인 위치를 가질 수 있도록 하는 것이다.
Responsibility:	Application Software Component들과 Sensor/Actuator Software Component의 애플리케이션을 위하여 RTE는 하드웨어와 독립적인 레이어를 제공함으로써 communication service를 제공하게 된다. 위의 RTE 소프트웨어 아키텍처 스타일은 layered로부터 component 스타일로 변화된다. AUTOSAR Software Component들은 RTE를 통하여 다른 component들과 통신하게 된다.
Properties:	Implementation : ECU와 각 ECU의 특징에 맞게 개별적으로 생성된 애플리케이션 Upper Interface : 완벽히 ECU와는 독립적이어야 한다.

Service Layer	
Mapping from ECU SW-Architecture:	Service layer는 ECU software architecture 내에서 communication, services와 operation system block들로 구성되어 있는 layer이다.
Purpose:	해당 layer는 애플리케이션과 Basic Software modules을 위한 기초적인 서비스를 상위 layer로부터 마이크로컨트롤러뿐만 아니라 ECU 하드웨어를 추상화하기 위하여 제공하는 것이 목적이다.
Responsibility:	해당 Service layer는 Basic Software에 적절한 애플리케이션 소프트웨어를 제공하는 가장 상위 layer이다 : 반면에 I/O signal을 제어하는 것은 ECU abstraction layer에서 이루어지게 되고, service layer는 다음과 같은 service를 제공한다. • Operating system services • Vehicle network communication and management services • Memory services (NVRAM management) • Diagnosis Service • ECU state management
Properties:	Implementation : 부분적으로 의존적인 마이크로컨트롤러, ECU 하드웨어와 특정 애플리케이션 Upper Interface : 마이크로컨트롤러 그리고 ECU 하드웨어에 의존적인 사항

ECU Abstraction Layer	
Mapping from ECU SW-Architecture:	ECU abstraction layer는 software architecture와 ECU software architecture를 비교해 보았을 때 가장 명백하게 많이 변화되는 layer이다. 거의 모든 ECU software architecture에서 보여지는 Basic Software 내에 표준화된 인터페이스들은 해당 layer에서 매핑된다.
Purpose:	상위 layer로부터 ECU layout을 추상화하기 위하여
Responsibility:	해당 주변 장치들이 CPU로 어떻게 연결되어 있는지 추상화한 Software module들의 handler들을 포함해야 한다.
Properties:	Implementation : 마이크로컨트롤러에 독립적, ECU 하드웨어에 의존적 Upper Interface : 마이크로컨트롤러와 ECU 하드웨어에 독립적, signal 종류에 의존적

Complex Driver	
Mapping from ECU SW-Architecture:	Complex Device Driver는 어느 특정한 layer에 매핑될 수 없으며, 이에 따라 ECU software architecture로부터 아무런 변화 없이 값들이 전달된다.
Purpose:	Complex Device Driver는 특별한 기능과 복잡한 sensor들과 actuator들을 위한 시간적 요구사항들을 이행한다.
Responsibility:	Complex Driver는 복잡한 sensor의 측정과 actuator 제어를 바로 직접적으로 특수한 인터럽트 또는 주변 장치들(e.g. PCP TPU)을 통하여 마이크로컨트롤러를 처리하게 된다. • injection control • electric valve control • incremental position detection
Properties:	Implementation : 높은 수준의 마이크로컨트롤러, ECU와 애플리케이션 의존적인 것들 Upper Interface : 상세화된 그리고 구현되어 있는 AUTOSAR Interface

Complex Device Driver에 대한 보다 자세한 설명은 3.6.3절에 나타나 있다.

Microcontroller Abstraction Layer(MCAL)	
Mapping from ECU SW-Architecture:	ECU software architecture를 통하여 microcontroller abstraction layer는 ECU abstraction과 실제 하드웨어 사이에 위치하게 된다.
Purpose:	MCAL은 해당 layer들 위에 존재하는 상위 layer들이 마이크로컨트롤러에 독립적이 되도록 마이크로컨트롤러를 추상화한다.
Responsibility:	MCAL layer는 Basic Software의 가장 하위단 layer이다. 해당 MCAL은 마이크로컨트롤러를 직접적으로 처리/접근할 수 있는 driver와 내부 주변 장치 그리고 마이크로컨트롤러에 memory mapped된 외부장치들이 포함된다.
Properties:	Implementation : 마이크로컨트롤러 의존적 Upper Interface : 표준화되어 있고 마이크로컨트롤러 독립적

3.6.1.2 Refinement of the Layered Architecture

보다 모듈화된 관점의 software architecture를 위하여 위에서 설명한 layered architecture 들은 더 나아가 Basic Software 영역에서 재정의 되어야 한다. 대략 80 Basic Software 모듈들은 정의 되어져 있다. 해당 하는 모든 모듈들에 대하여 설명을 하는 것은 해당 절의 overview의 범위를 벗어나게 된다. 그러므로 보다 추상화된 관점을 소개하도록 하겠다.

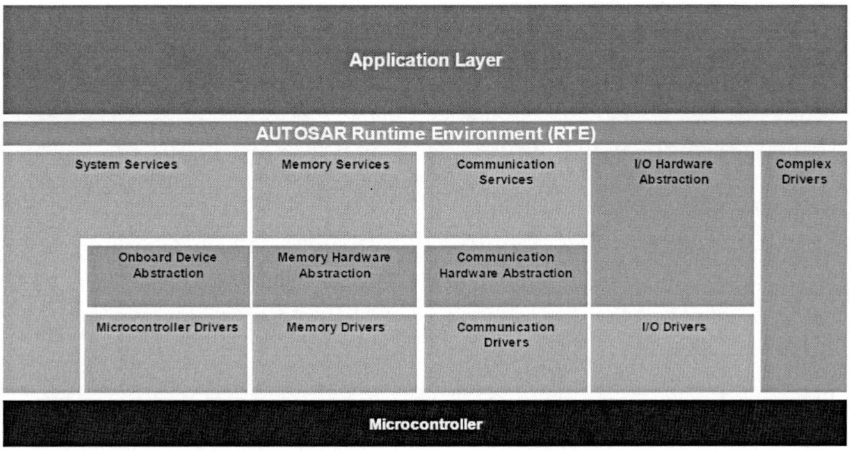

Basic Software는 11개 이상의 블록(+ Complex Device Drivers)으로 구성되어 있으며, 이 블록들에 대하여 설명하겠다.

3.6.1.2.1 Microcontroller Abstraction Layer

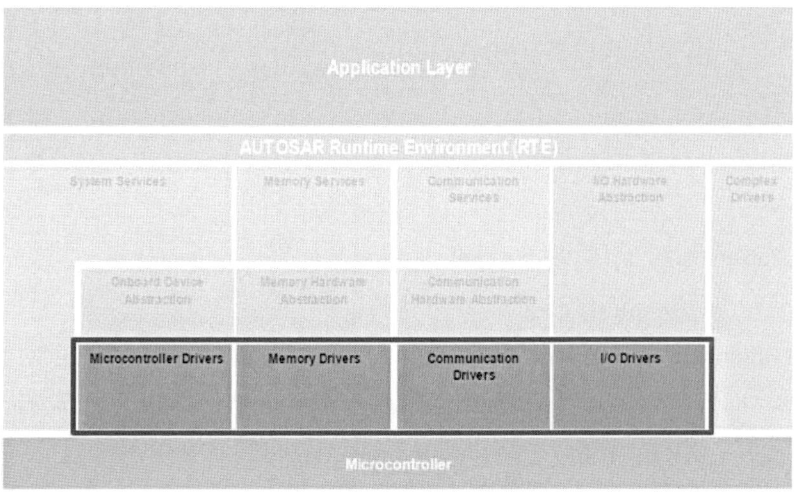

해당 Microcontroller Abstraction Layer는 다음의 4가지 세부항목으로 나눌 수 있다.

- I/O Drivers
  아날로그 디지털 I/O를 위한 드라이버들(e.g. ADC, PWM, DIO)
- Communication Drivers
  ECU 상에 존재하는 통신(e.g. SPI, I2C) 그리고 차량 통신(e.g. CAN)을 위한 드라이버
  OSI-Layer: Data Link Layer의 일부
- Memory Drivers
  On-chip memory 디바이스를 위한 드라이버(e.g. internal Flash, internal EEPROM)
  Memory mapped external memory device(e.g. external Flash)
- Microcontroller Drivers
  내부 주변 장치들을 위한 드라이버(e.g. Watchdog, Clock Unit)
  직접적으로 마이크로컨트롤러를 지원하는 기능(e.g. RAM test, Core test)

3.6.1.2.2 ECU Abstraction Layer

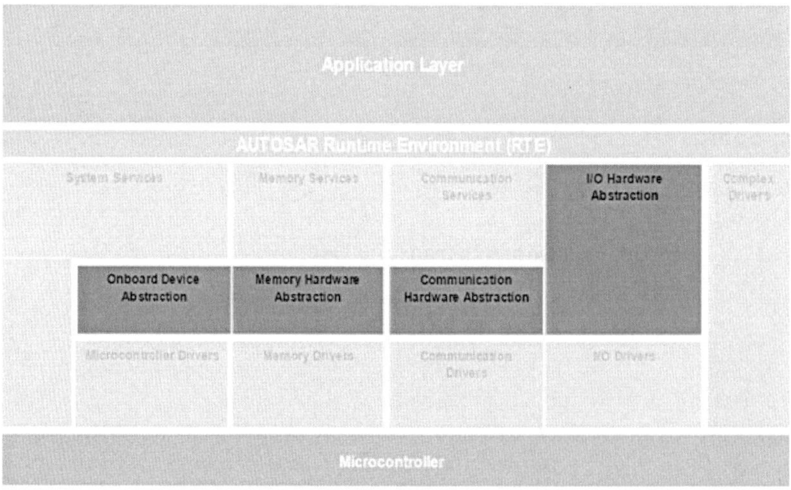

ECU abstraction layer 또한 4가지 세부 항목으로 나눌 수 있다.

- I/O Hardware Abstraction
  I/O hardware abstraction은 주변 I/O 장치(on-chip 또는 on-board), ECU hardware lay-out(e.g. 마이크로컨트롤러 핀 연결, signal level inversion)과 같은 모듈들의 그룹을 추상화한 것이다. I/O hardware abstraction은 sensor와 actuator로부터 추상화를 하는 것은 아니다.

서로 다른 종류의 I/O 장치들은 그에 따른 I/O signal interface를 통하여 처리되어 진다. 모듈들의 그룹의 태스크들은 다음과 같다.

→ ECU hardware와 연결되는 I/O signal들을 나타낸다.

→ ECU 하드웨어와 해당 layout 특성들을 상위 단의 소프트웨어 layer들로부터 숨긴다.

- Communication Hardware Abstraction

Communication hardware abstraction은 communication 컨트롤러의 위치와 ECU 하드웨어 layout으로부터 추상화한 모듈들의 그룹이다. 모든 communication 시스템은 해당하는 특정한 communication hardware abstraction이 요구된다(e.g. LIN, CAN, MOST, FlexRay를 위한). 예 : 하나의 ECU는 2개의 내부적 CAN 채널을 가진 마이크로컨트롤러를 가지고 추가적으로 4개의 CAN 컨트롤러를 가진 on-board ASIC을 가지게 된다. CAN-ASIC은 SPI를 통하여 마이크로컨트롤러와 연결된다.

Communication 드라이버 버스를 통하여 특정한 인터페이스(e.g. CAN Interface)를 제어/접근하게 된다. 이 의미는 CAN 컨트롤러 제어는 해당 CAN 컨트롤러가 마이크로컨트롤러 내부에 위치하는지 외부에 있는지 또는 SPI를 통하여 연결되어 있는지 상관하지 않도록 해야 한다는 것이다.

해당 모듈들의 그룹의 태스크는 다음과 같은 기능을 수행한다.

→ 해당 communication 컨트롤러의 위치(on-chip / on-board)와는 상관없이 버스 채널을 접근/처리하기 위해 동일한 mechanism들을 제공한다.

- Memory Hardware Abstraction

Memory hardware abstraction은 주변의 메모리 장치(on-chip/on-board)의 위치와 ECU hardware layout으로부터 추상화한 모듈들의 그룹들을 이야기 한다. 예: on-chip EEPROM과 외부 EEPROM 장치들은 동일한 메커니즘을 통하여 제어/접근 가능해야 한다.

메모리 드라이버들은 메모리의 특정 인터페이스를 통하여 접근/처리 가능해야 한다(e.g EEPROM Interface).

해당 모듈들의 그룹의 태스크는 다음과 같은 기능을 수행한다.

→ 내부(on-chip) 그리고 외부(on-board) 메모리 장치들을 제어/접근하기 위해 동일한 메커니즘을 제공해야 한다.

- Onboard Device Abstraction

Onboard device abstraction은 sensor와 actuator들로 여겨지지 않은 실제 시스템 칩, external watchdog 등과 같은 ECU onboard device들을 위한 드라이버를 포함한다. 이러한 드라이버들은 microcontroller abstraction layer를 통하여 ECU onboard 장치들

을 제어/접근할 수 있도록 한다.

해당 모듈들의 그룹의 태스크는 다음과 같은 기능을 수행한다.

→ 특정 onboard ECU 장치들을 추상화

3.6.1.2.3 Service Layer

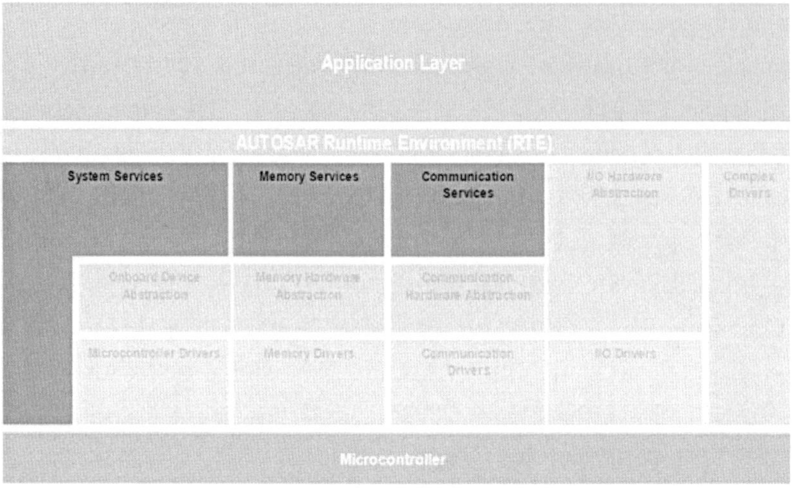

Service layer는 3개 이상의 서로 다른 부분들로 구성되어 있다.

- Communication Services

  차량 네트워크 communication(CAN, LIN, FlexRay 그리고 MOST)과 같은 모듈들의 그룹들을 이야기 한다. 해당 모듈들은 communication 드라이버와 함께 communication hardware abstraction을 통하여 인터페이스를 제공하게 된다.

  해당 모듈들의 그룹의 태스크는 다음과 같은 기능을 수행한다.

  → 서로 다른 애플리케이션의 통신을 위한 동일한 차량 네트워크 인터페이스를 제공한다.

  → Network management를 위한 동일한 서비스를 제공한다.

  → 차량 통신 진단을 위한 동일한 인터페이스를 제공한다.

  → 애플리케이션에는 해당하는 프로토콜과 메시지들의 특성들을 숨길 수 있도록 한다.

- Memory Service

  Memory service는 비휘발성 데이터(read/write from different memory drivers)를 위하여 해당 기능을 management를 위한 기능을 지원하는 모듈들의 그룹이다. NVRAM manage는 애플리케이션의 빠른 데이터 읽기 처리를 위하여 data interface로써 RAM mirror를 제공한다.

해당 모듈들의 그룹의 태스크는 다음과 같은 기능을 수행한다.

→ 애플리케이션을 위한 비휘발성 데이터를 동일한 방식을 통하여 제공한다.

→ Memory location과 특성으로부터의 추상화

→ Saving, loading, checksum protection과 verification과 같은 비휘발성 데이터 management를 위하여 메커니즘을 제공한다.

- System Services

System service는 모든 layer들의 모듈들에 의해 사용되어지는 module들과 기능들을 말한다. 해당 System service들의 예를 들자면, real-time operation system, error manager 그리고 library function(CRC, interpolation 등)들을 들 수 있다. 이와 같은 몇몇 서비스들은 마이크로컨트롤러에 의존적이며(e.g. OS) 하드웨어와 애플리케이션에 의존적이거나, (e.g. ECU state manager, DCM) 또는 하드웨어 그리고 마이크로컨트롤러에 독립적이다.

해당 모듈들의 그룹의 태스크는 다음과 같은 기능을 수행한다.

→ 기본적인 이러한 서비스들은 애플리케이션과 Basic Software 모듈들을 위해 제공된다.

3.6.2 The Runtime Environment (RTE)

3.6.2.1 Introduction of RTE

■ Meaning of RTE in AUTOSAR

RTE는 AUTOSAR 구조에서 핵심적인 역할을 하고 있다. RTE는 AUTOSAR VFB의 인터페이스를 특정 ECU에 맞게 구현한 것이라고 생각하면 된다. ATUSOAR Software Component가 OS와 communication service를 포함한 Basic Software Module을 접근하는 것으로 AUTOSAR Software Component 간의 통신이 이루어지게 되는 기반 service를 제공하는 것이다.

RTE는 system 기반 시설의 다양한 요소, 표준화된 service 및 ECU에 component들을 다르게 배치할 때 발생하는 system 기반 시설의 다양한 요소들을 모두 포함한다.

그리고 ECU에 최적화된 RTE를 위하여 RTE들은 각 ECU에 맞도록 각각 생성한다.

■ AUTOSAR 개념

해당 절에서는 기본적인 AUTOSAR 개념에 근거하여 RTE에 어떻게 적용되는지를 설명한다.

■ AUTOSAR software-components

AUTOSAR에서 애플리케이션 소프트웨어는 개념적으로 AUTOSAR RTE 위에 위치하

고 있고 ECU와 위치 독립적인 "AUTOSAR application software component"와 ECU에 종속적이고 성능과 효율성 때문에 재배치가 되지 않은 "AUTOSAR sensor-actuator software component"로 이루어진다. 이는 system 설계자가 만든 제약 사항에 맞게 AUTOSAR software component는 system 설정기간 동안 사용할 수 있는 모든 ECU에 배치될 수 있는 것을 의미한다. 이러면 RTE는 component가 어떻게 배치되어 있더라도 system이 기대하는 기능을 수행하는 것을 보장해야 한다. Sensor-actuator software component를 고려해 보면 이것은 같은 곳에 있는 ECU 추상화와만 연결되어 있을 것이다. 그런 까닭에 원격의 ECU 추상화를 접근하기 위해서 원격 ECU에 정보를 전송하는 중간 sensor-actuator software component를 통해야 한다. 이런 이유로 sensor-actuator software component를 다른 ECU로 옮기면 sensor와 actuator와 같이 연계된 장치들도 효율적인 접근이 이루어지게 같이 해당 ECU로 옮겨야 한다.

AUTOSAR Software-component는 component interface를 정의한 형태 정의로 나타난다. Component type은 component가 ECU에 배치되면 instance화 된다. Component-type은 다중 instance가 지원되는 경우 동일한 ECU에서 여러 번 instance화 될 수 있다. RTE는 각 component instance가 개별적인 상태를 가질 수 있게 instanace별 메모리 영역을 제공한다.

RTE는 source code가 제공되는 "source-code software component" AUTOSAR software component와 object code만 제공되는 "object-code software component" AUTOSAR software component 모두 지원한다. RTE와 관련된 AUTOSAR software component의 자세한 내용은 이후의 절에서 자세히 설명하고 있다.

■ Basic Software Modules

AUTOSAR ECU는 AUTOSAR software component와 비슷한 basic software 모듈을 가진다. Basic software module은 다른 basic software module처럼 ECU 추상화를 직접 접근할 수 있고 ECU 위치에 독립적이지 않다.

AUTOSAR software component는 basic software module을 직접 접근할 수 없고 모든 통신은 AUTOSAR interface를 통해 이루어지며 그런 까닭에 RTE의 제어 아래에 있게 된다. 모든 Basic software module에 적용되느니 직접 접근을 하지 못하게 하는 요구사항은 operating system과 통신 service를 포함한다.

■ Communication

AUTOSAR software component의 통신 interface는 port-interface 형태의 여러 port로 이루어진다. AUTOSAR software component는 같은 ECU에 있거나 다른 ECU에 있는 다른 AUTOSAR software component와 통신할 수 있고 같은 ECU에 port를 가지고 있는 basic software module과 interface를 통해 통신할 수 있다. 이 통신은 component의 port를 통해서만 발생한다. Port는 sender-receiver interface 또는 client-server interface이다. Sender-receiver interface는 메시지 전성 기능을 제공하고, client-server interface는 interface의 기능 호출을 제공한다.

■ Communication Models

AUTOSAR VFB 규격은 RTE 핵심 service 내에 두 가지 통신 model을 정의한다. 신호를 전달하는 sender-receiver와 기능을 호출하는 client-server이다. 각 통신 모델은 task 내부 간 통신, task 간의 통신을 모두 포함하는 ECU 내부 software component 분산 모델과 ECU간 software component 분산 모델에 적용할 수 있다.

Task 간 통신이 다른 task에 배치된 runnable entity 간에 발생하고 그런 까닭에 문맥전환이 발생하고 메모리 경계를 넘을 수 있다. Task 내부의 통신은 동일한 OS task에 배치된 runnable entity 간에 발생한다. 반면에 ECU 간 통신은 다른 ECU에 배치된 component에 있는 runnable entity들 간에 발생하고 상속적으로 일관되고 잠재적으로 비신뢰적이다. RTE가 지원하는 자세한 통신 모델은 4장에 나온다.

■ Communication Modes

RTE는 sender-receiver 통신을 위해 두 가지의 mode를 지원한다.

- Explicit – component가 data element를 보내고 받을 때 명시적으로 RTE API 호출을 사용한다.
- Implicit – runnable이 호출되기 전에 RTE가 data element의 특정 집합을 자동으로 읽고 runnable entity가 종료되면 data element의 다른 집합을 자동적으로 기록한다. "묵시적" 이라는 용어는 runnable이 data 수신과 전송을 능동적으로 개시하지 않을 때 적용된다.

■ Static Communication

정적 통신은 모든 통신의 시작과 대상을 RTE가 모두 알고 있는 통신 연결만을 포함한다. 통신의 동적인 재구성은 RTE에 맞는 장치들을 제한하여 실행 시간과 code overhead 때문에 지원하지 않는다.

■ Multiplicity

점 대 점 통신에서 RTE는 여러 제공자와 요청자들의 통신연결을 지원한다.

- Sender-receiver 통신을 사용할 때, RTE는 mode_switch_notification을 위해 여러 sender를 허용하지 않는 제약을 가진 하나의 sender와 여러 receiver를 가지는 1:n과 여러 sender와 하나의 receiver를 가지는 n:1을 모두 지원한다. 여러 sender 또는 receiver의 실행은 RTE가 협력하지 않는다. 이것은 다른 Software component의 행동은 독립적인 것을 의미한다. RTE는 다른 sender들이 data를 동시에 보내는 것을 보장하지 않고 모든 receiver가 data나 event를 동시에 받는 것을 보장하지 않는다.

- Client-server 통신을 사용할 때 RTE는 여러 client와 하나의 server인 n:1 통신을 지원한다. RTE는 하나의 client와 여러 server인 1:n client-server 통신을 지원하지 않는다.
  1:1, n:1 또는 1:n 통신을 사용하는 것과 무관하게 RTE는 통신 연결을 구현할 책임이 있고 그런 까닭에 AUTOSAR software component는 설정을 알 수가 없다. 이것은 AUTOSAR Software component가 변경 없이 다른 설정에 재배치될 수 있다는 것을 의미한다.

■ Concurrency

AUTOSAR software component는 OS에 직접 접근할 수 없고 그런 까닭에 AUTOSAR Application에는 task가 없다. 대신에 AUTOSAR에서 일관된 행동을 RTE가 호출하는 component 안에 있는 runnable entity를 기반으로 한다.

AUTOSAR VFB 규격은 runnable entity를 "RTE가 시작할 수 있는 명령의 순서" 라고 정의한다. Component는 하나 이상의 runnable entity를 제공하고 각 runnable entity는 정확하게 하나의 진입점을 가진다. 진입점은 runnable entity의 구현을 제공하는 software component의 code 내에서 symbol을 정의한다.

RTE는 runnable entity의 호출을 책임져야 한다. AUTOSAR software component는 동적으로 개별적인 스레드 제어를 생성할 수 없다. 그런 까닭에 AUTOSAR application의 모든 행동은 RTEEvent의 결과로 RTE가 runnable entity를 작동시켜 초기화된다.

RTEEvent는 RTE가 runnable entity를 작동시킬 수 있는 모든 가능한 경우를 포함한다. RTEEvent의 다른 종류들도 존재하며 그에 대한 자세한 설명은 생략한다.

RTE는 AUTOSAR interface를 가진 어떠한 component에 있는 runnable entity도 지원한다. 이것은 basic software module과 AUTOSAR software component를 포함한다. Runnable entity는 각 category마다 다른 기능을 지원하는 여러 category로 나뉜다.

3.6.2.2 Overview of RTE

AUTOSAR Runtime Environment(RTE)는 특정한 ECU를 위해여 Virtual Function Bus를 실제로 구현한 것이라고 생각하면 된다. 즉, 이 RTE를 통하여 AUTOSAR에서는 AUTOSAR Software Component에 동일한 환경을 제공할 수 있게 되는 것이다. 이러한 동일한 환경을 제공하는 것의 목적은 구현하고자 하는 software component들은 communication 메커니즘과 채널로부터는 독립적으로 만들어질 수 있도록 하는 것이다. RTE는 서로 다른 템플릿에 의해 상세화되어 있는 component들 간의 통신, function call과 같은 intra-ECU communication 메커니즘을 상세화, CAN통신에서 사용되는 COM message와 같은 inter-ECU communication 메커니즘의 상세화와 같은 관계들을 실제로 매핑 함으로써 위의 독립성들을 성취해 낼 수 있도록 한다.

RTE layer 자원 요구사항의 감소와 각 부분들의 성능 향상을 위하여 RTE는 생성되어야 한다. 즉, 이 같은 자원의 효율적 사용과 RTE의 성능 향상을 위해서는 RTE는 ECU에 맞게 생성되어야 한다.

3.6.2.3 Access to ports from a software component implementation

AUTOSAR Software Component 구현은 communication layer 사용을 허용하지 않는다. 다른 software component들과 communication을 위해서는 port들 그리고 client-server communication 또는 sender-receiver communication을 사용하게 된다. RTE generator는 Software Component Template의 component들의 interface의 정의를 기반으로 적절한 language-dependant API들을 생성해야 한다. 이 API는 component 매핑으로부터 동일한 독립성을 가진다(i.e. component의 코드는 매핑되는 정보가 바뀐다고 하더라도 해당 코드는 절대로 변화되어서는 안 된다). 이러한 API의 이름을 짓게 될 경우 XML 파일로부터 유래되게 이름을 짓게 되거나 이름의 편의성을 위해서 해당 그룹과 집단의 룰에 맞게 이름을 지울 수 있게 된다.

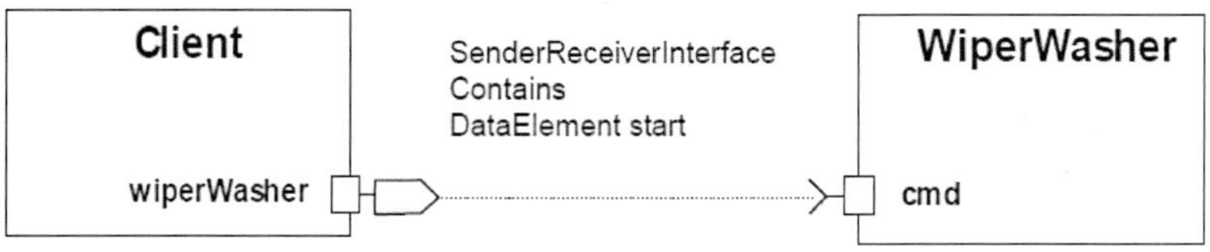

Implementation of Client Runnable run1:

```
Rte_Runnable_run1() {
                ...
                Rte_Write_wiperWasher_start(...);
                ...
}
```

Implementation of WiperWasher Runnable run1:

```
Rte_Runnable_run1() {
                ...
                v = Rte_Read_cmd_start(...);
                ...
}
```

3.6.2.4 Implementation of connector

RTE generator는 앞서서 설명한 부분의 역할을 가지고 있으며, 또한 AssemblyConnector와 같은 port 사이의 connector의 구현을 위한 코드를 생성하기 위한 역할도 가지고 있다. 이러한 생성된 코드는 ECU들에 매핑이 되는 software component에 의존성을 가지게 된다. 만약 connector가 동일한 ECU 상에 위치하고 있는 두 개의 component들 사이를 연결하고 있다면, local communication의 남은 부분들이 생성되어질 수 있다. 그 외에 network communication의 남은 부분들도 반드시 생성되어져야 한다.

Intra-ECU connector

```
Rte_Write_Client_wiperWasher_start(...) {
        modify variable
}
```

Inter-ECU connector

```
Rte_Write_Client_wiperWasher_start(...) {
        access COM
}
```

Connector에서 communication stub로의 매핑은 독립적인 connector 의미를 반드시 사용되는 communication의 중간에서 보존할 수 있어야 한다.

Communication stub은 parameter marshalling을 위한 역할을 가지고 있어야 한다. 이러한 parameter marshalling은 일련의 복잡한 데이터부터 byte stream까지 모두를 포함하고 있다. 하지만 endian conversion은 Basic Software의 communication module을 위해 선정된다.

3.6.2.5 Lifecycle management

RTE는 AUTOSAR Software Component의 lifecycle management를 위한 역할을 가지고 있다. RTE는 Software component의 startup과 shutdown function들을 적용해야만 한다.

3.6.2.6 Access to Basic Software

AUTOSAR Software Component는 직접적으로 Basic Software에 접근하는 것은 허용되지 않는다. Basic Software에 접근하기 위해서는 먼저 ECU abstraction에 service를 통하여 접근하거나 또는 AUTOSAR interface들과 포트들을 통하여 Complex Device Driver를 추상화 하면 된다. Component구현 관점에서 보았을 때 RTE는 Basic Software에 접근하기 위한 적절한 API를 제공해야 한다.

3.6.2.7 Multiple instantiations of software components

RTE는 software component의 multiple instantiation들을 지원해야 한다. 하지만 AUTOSAR 2.0에서는 이러한 RTE의 특징은 포함되지 않고 나중에 발행되는 추후 2.0 버전에서 해당 기능들이 준비되고 가능하게 될 것이다.

Multiple instantiation의 기본적인 의도는 가능하다면 코드의 중복을 피하기 위해서 이다. 나아가서 multiple instance들의 서로 다른 private state를 지원하게 될 것이다.

3.6.3 Complex Device Driver

3.6.3.1 General

Complex Device Driver는 특수한 software implementation이 위치할 수 있는 다소 느슨한 모임/연결체라고 할 수 있다. 이에 해당하는 Complex Device Driver의 AUTOSAR 영역의 interface에 대한 유일한 요구사항은 AUTOSAR port와 interface 상세화를 통해서만 구현하면 된다는 것이다.

3.6.3.2 Complex Sensor and Actuator Control

Complex driver들의 주요 태스크들은 복잡은 sensor의 측정값과 actuator의 제어를 특별한 인터럽트 또는 복잡한 마이크로컨트롤러 주변 장치(예: PCP, TPU)들을 사용하여 직접적으로 접근/처리할 수 있도록 구현한 것이다.

[예]

- injection control
- electric valve control
- incremental position detection

3.6.3.3 Non-Standardized Drivers

Complex Device Driver들은 더 나아가 AUTOSAR에 의해 지원되지 않는 하드웨어를 위한 드라이버들을 사용하게 될 것이다.

만약 예를 들어서, 일반적인 AUTOSAR driver가 아닌 새로운 communication system이 소개가 되어 지면, communication controller은 해당 시스템을 제어할 수 있어야 한다. 이러한 미디어를 통한 통신이 가능하게 하기 위하여 드라이버는 Complex Device Driver들 내부에 독점적으로 구현되게 된다. 이러한 경우 미디어를 통하여 communication service를 요청한 통신은 communication을 위한 communication hardware abstraction이 아니라 Complex Device Driver로 불리게 될 것이다.

또 필요한 표준화/일반화되어 있지 않은 드라이버에서 표준화되어 있지 않은 기능을 구현한 ASIC을 지원하는 것이 Complex Device Driver의 또 다른 예가 될 것이다.

3.6.3.4 Migration Mechanism

마지막으로 Complex Device Driver는 migration mechanism으로써 확장될 수 있게 만들어진다. 하드웨어를 바로 직접적으로 접근하는 것은 Complex Device Driver들을 통하여 가능하기 때문에 이미 존재하는 애플리케이션들은 Complex Device Driver들을 정의하여야 한다. 만약 확장을 위한 인터페이스가 AUTOSAR 표준에 따라서 정의되어 졌다면 새로운 확장도 OEM뿐만 아니라 제품 공급 업체에서도 기존에 존재하는 애플리케이션들을 AUTOSAR 표준을 통하여 구현될 수 있어야 한다.

3.7 Functional Interfaces

3.7.1 Overview

차량 기능을 위한 소프트웨어 구현은 주로 software component들을 통하여 캡슐화되어야 한다. AUTOSAR Software Component들을 위한 인터페이스의 표준화는 다른 차량 플랫폼의 ECU의 기능에 확장성과 이식성을 지원해주는 주요한 핵심 요소가 된다.

모든 특정 기능들은 AUTOSAR Software Component 템플릿을 만족시켜야 한다. Functional interface들은 명확한 인터페이스의 의미를 보여야 하고 AUTOSAR 파트너십의 기능 카탈로그들에 기반해야 한다.

Software component들을 표준에 순응하게 설계/구현하는 목적은 시스템 관점에서의 통합을 하는데 있어 상당한 노력을 줄여줄 수 있기 때문이다. 이러한 관점에서 표준을 따르는 것은 특정 제공하는 component를 따르는 것을 수반한다. 완벽히 정의된 AUTOSAR 인터페이스를 통하여 기능은 정확히 정의된다.

그럼에도 불구하고, 표준화는 가능한 표준화를 이루기 위한 개발을 증가시키게 된다.

추상화 레벨에서 보았을 때

- Functional 측면들
- Behavior and implementation 측면들

분해 레벨에서 보았을 때

- 기능 도메인의 낮은 수준의 분해
- 기능 도메인의 높은 수준의 분해

아키텍처 정의 레벨에서 보았을 때

- 전문 용어
- 데이터 타입의 표준화
- 인터페이스들의 부분적인 기술(without semantics)
- 인터페이스들의 완전한 기술(without semantics)
- 인터페이스들의 완전한 기술(with semantics)
- Functional domain의 부분적인 기술
- Functional domain의 완전한 기술

3.7.2 Functional domains

Functional interface의 상세화는 다음과 같이 6개의 도메인들로 나눌 수 있다.

- Body/Comfort
- Powertrain
- Chassis
- Safety
- Multimedia/Telematics
- Man-machine-interface

04 AUTOSAR VFB 및 RTE

4.1 VFB 소개

4.1.1 다른 AUTOSAR 규격과의 관계

그림 4.1은 VFB(Virtual Functional Bus) 규격과 AUTOSAR의 다른 주요 규격과의 관계를 보여준다. VFB 규격은 전체 AUTOSAR 개념을 이루는 규격들의 일부이다. 이 문서는

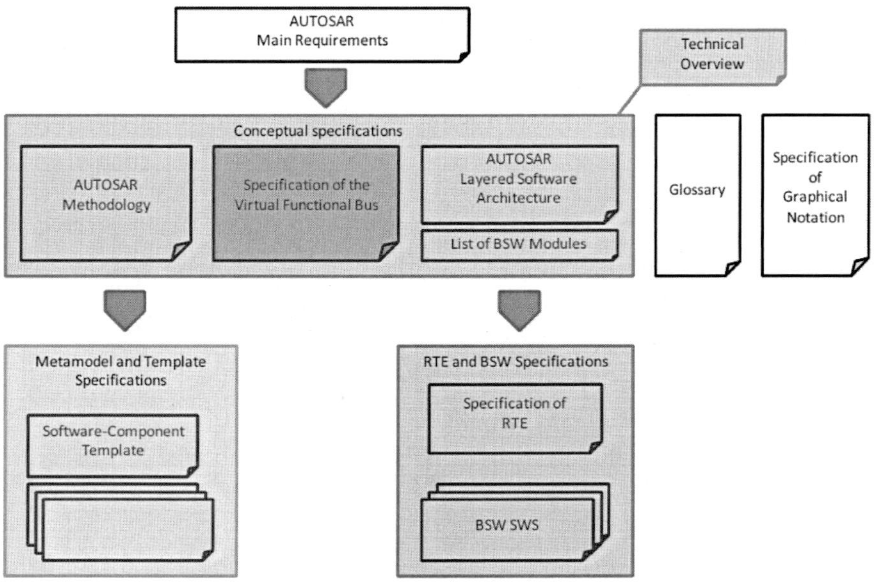

그림 4.1 VFB의 규격과 다른 규격과의 관계

AUTOSAR의 개념적인 개요를 보여주고 더 자세한 규격을 위한 요구사항으로 사용된다. 개념적인 규격은 AUTOSAR METHODOLOGY, VFB의 규격, Software Architecture의 계층, Software-Component Template, RTE의 규격 등을 포함한다(AUTOSAR 규격의 목록을 참고하시오). AUTOSAR METHODOLOGY는 AUTOSAR 규격에 따라 시스템을 구성할 때 사용되는 방법을 기술하였고, VFB의 규격과 Software Architecture의 계층은 AUTOSAR 규격의 더 자세하고 명확한 개념을 제공한다. Software-Component Template과 RTE 규격은 VFB 개념의 영향을 직접적으로 받았다.

4.1.2 이 문서의 구성과 용어

4.1.2.1 문서의 구성

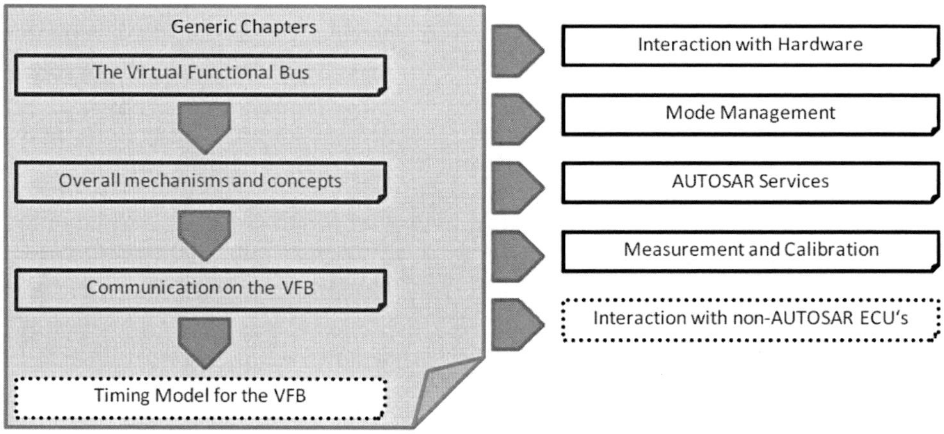

그림 4.2 문서의 구성

그림 4.2는 문서의 구성이다. 첫 번째 장은 일반적으로 VFB의 개념을 정의하고 순서대로 읽어야 한다. 마지막 장은 하드웨어와의 상호작용, 상태 관리, AUTOSAR Service, 측정, 보정 등 특정한 항목에 대해서 자세하게 정의한다. Timing model에 관한 장은 표준이 아니며 정보를 제공하기 위한 것이다. Timing model은 VFB에서 초기 개념적인 작업으로 모델의 시간 관련 양상을 보여주기 위한 것이다. 이 문서는 AUTOSAR 3.0을 기준으로 작성되었으며 AUTOSAR 3.0 이후 규격에 Timing Model을 위한 내용이 추가되었다. 최신의 AUTOSAR 규격을 참고하시오.

4.1.2.2 규격 항목

이 문서로부터 생성된 VFB의 요구 사항은 번호가 달린 규격 항목으로 표시된다. 각 항목은 VFB-XXX 형태의 고유한 ID를 가진다.

4.2 Virtual Functional Bus

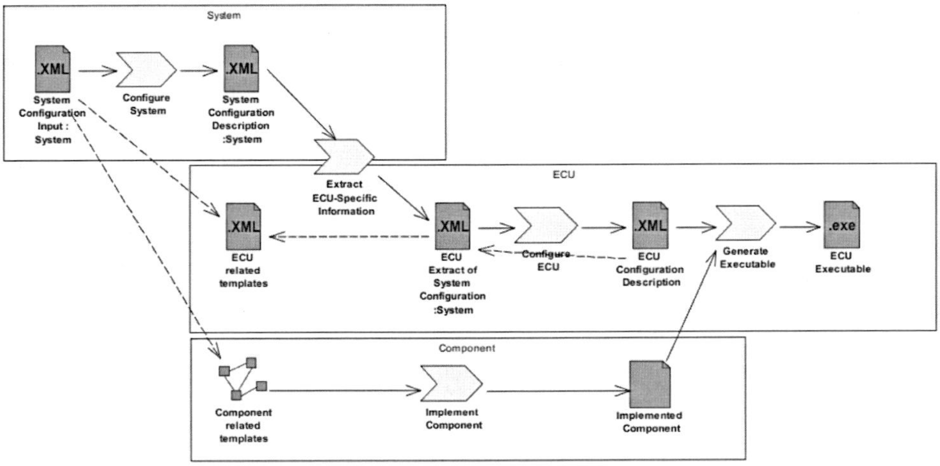

그림 4.3 AUTOSAR Methodology의 방법 개요

그림 4.3은 AUTOSAR Methodology의 개요를 보여준다. 그림 4.4는 그림 4.3의 왼쪽 위에 있는 VFB에 초점을 맞춘 Configure system 활동을 보여준다.

AUTOSAR에서 Application은 서로 연결된 SW-C(Software Component)의 집합으로 표현된다. 이것은 그림 4.4 위쪽의 VFB view라는 부분에 그려져 있다. VFB는 이 Software component들이 서로 상호작용을 할 수 있게 하는 통신 방법이다. Configure System이라고 하는 설계 단계에서, Software component들은 시스템의 특정 자원(ECUs)에 배치(mapping)된다. 이것에 따라 Software component 간의 가상 연결은 하나의 ECU안에서 연결되는 local connection과 네트워크에 따라 특정 통신 방법(CAN 또는 FLEXRAY Frame)으로 적용된다. 이 후에 시스템을 구성하는 각각의 ECU들이 설정된다. ECU에 있는 시스템을 구성하는 다른 부분들과 Software component 간의 명확한 interface는 RTE software 규격에 정의된 RTE(Run-time Environment)라고 한다.

Software component는 차량의 완전한 기능이나 일부를 가지고 있다. Software component는 AUTOSAR 규격의 Implementation과 Software Component Template에 정의되어 있는 Software component와 관련된 정형적 software-component description으로 이루어져 있다. VFB의 개념은 Application과 Infra-software를 엄격하게 나누어 준다. Application을 구현한 software component들은 감지기나 구동기 같은 하드웨어나 다른 Software component들과 상호작용하는 통신 방법에 종속적이지 않고 독립적이 된다. 이것은 AUTOSAR의 software component 재배치(relocatability) 목적을 위한 것이다.

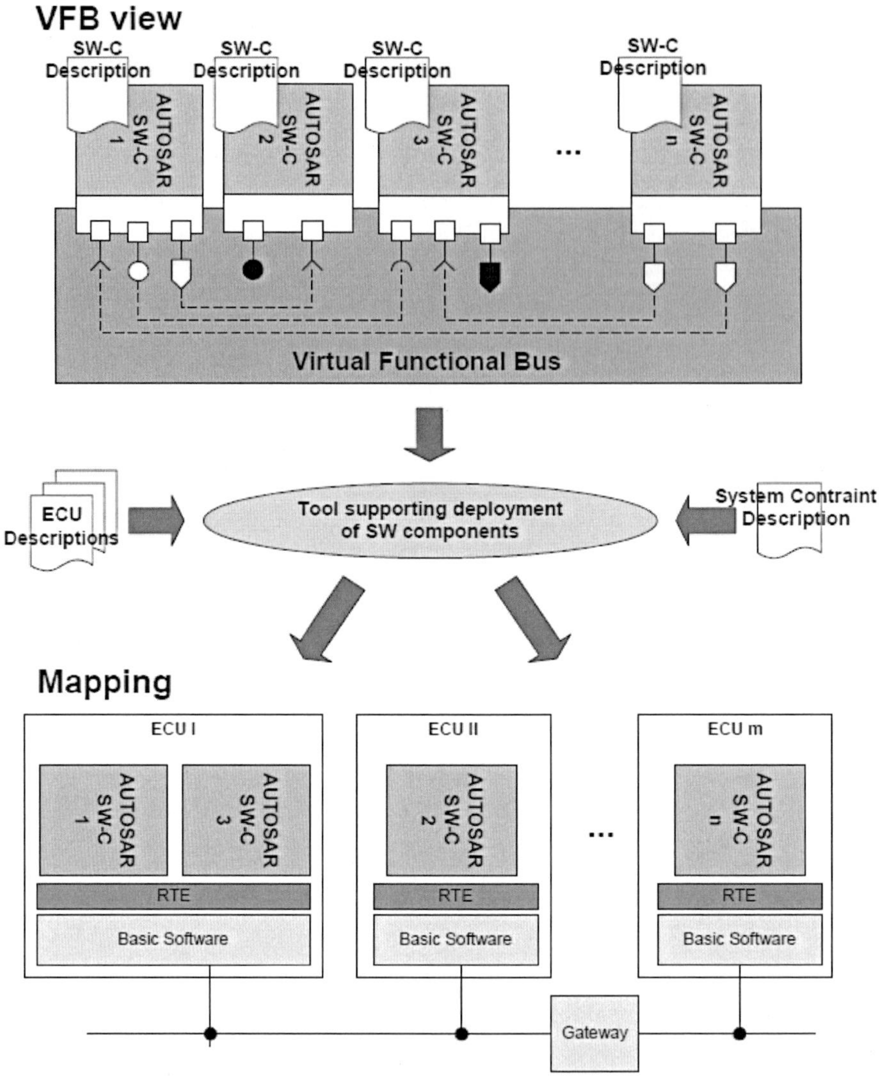

그림 4.4 시스템 설정 활동의 자세한 예

이러한 시스템의 완벽한 통신방법은 모든 통신 source와 sink를 포함하여 기술할 수 있다. 그런 까닭에 VFB는 이러한 타당성을 위해 software component들의 통신을 고려한 검증을 할 수 있다. 통신 연결과 통신에 연결된 software component들은 다음 설계 단계(mapping, software configuration, etc.)에서 사용될 하나의 문서에 저장된다. VFB 개념은 차량용 application을 구현하는 software component가 필요로 하는 모든 기반 서비스(infra-service)의 개념을 제공해야 한다. 이것은 시스템 내에서 다른 software component들과의 통신과 시스템 내의 감지기와 구동기와의 통신을 포함한다. 또한, 비휘발성 메모리 읽기와 쓰기 같은 표준 서비스에 대한 접근, ECU의 전원 상태에 따른 변화 같은 상태 변경에 대한 응답, 보정과 측정 시스템과의 상호작용 등이 포함된다.

4.3 전체 메커니즘과 개념

4.3.1 Components

VFB단계에서 시스템을 구성할 때 중요한 구조적 요소가 software component이다. Software component는 component와 다른 software component가 상호작용할 수 있는 미리 정의된 port를 가진다. 하나의 port는 명확하게 하나의 software component에만 속하고 software component와 다른 software component의 상호작용하는 부분을 표현한다.

그림 4.5는 여러 정보를 수집하여 좌석의 열선을 제어하는 열선 제어 장치 component-type를 정의한 예이다. 이 예에서, Software component는 SeatSwitch port를 통해 승객이 좌석에 앉았는지를, Setting port를 통해 좌석 온도 조절을, PowerManagement port를 통

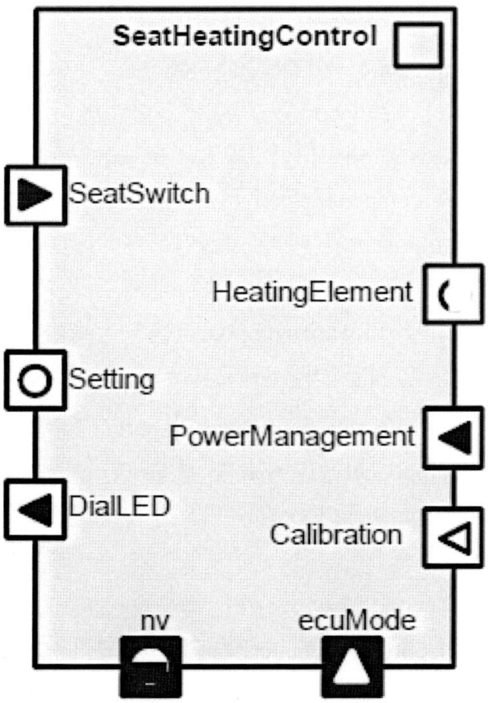

그림 4.5 8개의 port를 가진 열선시트 제어 component 정의의 예

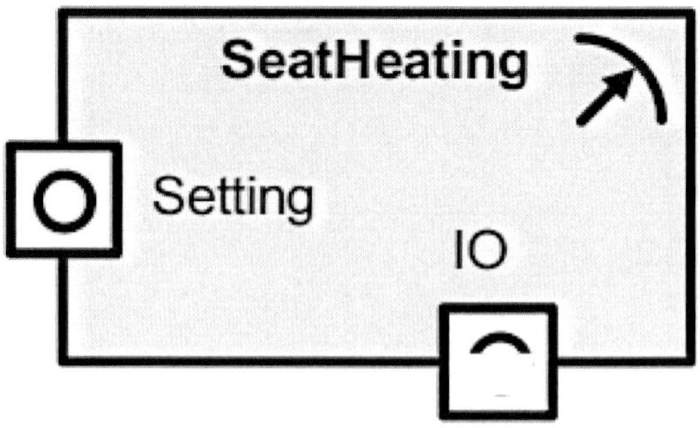

그림 4.6 두 개의 port를 가진 열선 component 정의의 예

해 특정 조건에 열선을 끄는 것을 결정하는 중앙 전력 관리 시스템에서 오는 정보를 입력받는다. DialLED port를 통해 좌석 온도와 관련하여 LED를, HeatingElement port를 통해서 열선을 제어한다. 마지막으로 Software component는 Calibration port로 보정할 수 있고 ecuMode port로 ECU의 상태를 알 수 있으며, nv port로 설치된 비휘발성 메모리를 접근할 수 있다.

그림 4.6은 SeatHeating이라는 sensor-actuator component를 정의한 예이다. 이 Software component는 Setting port를 통해 heating element의 원하는 값을 입력하고 IO port를 통해 직접 좌석 열선 하드웨어를 제어한다.

하나의 software component는 아주 단순하게 또는 아주 복잡하게 구현할 수 있다. Software component는 적은 수의 port를 가지거나 단순한 정보를 필요로 할 수 있고, 많은 수의 포트를 가지거나 복잡한 데이터와 명령의 조합을 필요로 할 수 있다.

AUTOSAR는 Software component들의 다중 인스턴스화를 지원한다. 이것은 차량 시스템에 동일한 software component의 여러 인스턴스가 있을 수 있다는 뜻이다. 그림 4.7은 두 개의 SeatHeatingControl component-type이 어떻게 왼쪽 전방 좌석과 오른쪽 전방 좌석을 제어하는지 보여준다. 이 software component들은 보통 다른 메모리 위치에 저장된 각자의 내부 상태를 가지고 있지만 예를 위해서 코드를 공유한다.

VFB001 : 설정 단계에 software component의 port가 설정된다.

VFB002 : Software component들은 port를 통해서만 상호 작용을 한다.

VFB003 : VFB에서 Component-type은 여러 번 인스턴스화 될 수 있다.

4.3.2 Port-interfaces

Software component의 port는 port-interface와 연관되어 있다. Port-interface는 port에 필요하거나 있어야 할 것들을 정의한다.

VFB003 : 설정 단계에서 각 port는 정확하게 하나의 port-interface로 정해진다.

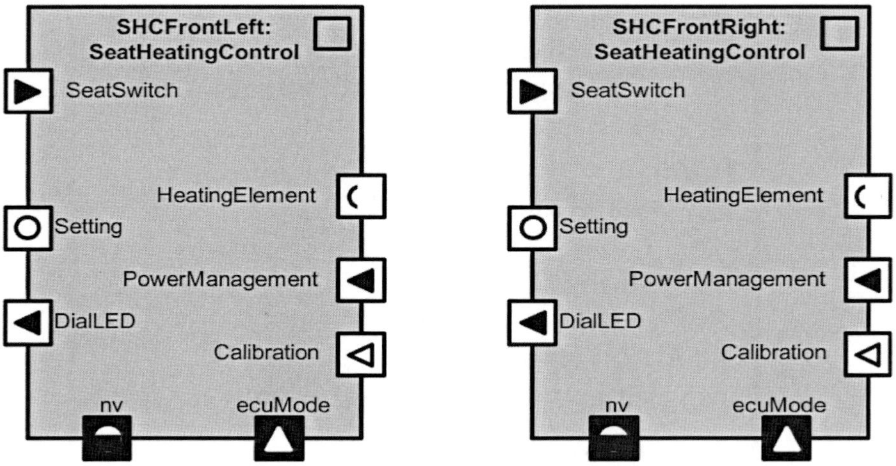

그림 4.7 SeatHeatingControl이 SHCFrontLeft와 SHCFrontRight로 다중 인스턴스가 생성된 예

그림 4.8은 AUTOSAR에서 지원하는 3가지 종류의 port-interface이다. Client-server, sender-receiver, calibration.

Kind of port-interface	Comment
Client-server	The server is provider of operations and several clients can invoke those operations.
Sender-receiver	A sender distributes information to one or several receivers, or one receiver gets information (events) from several senders[3]. A mode manager can notify mode switches to one or several receivers
Calibration	Calibration is a static communication pattern: it allows modules to access static calibration parameters.

그림 4.8 AUTOSAR에서 제공하는 port-interface 종류

Client-server interface는 client에서 요청하고 server에서 수행되는 명령들의 집합을 정의한다. 그림 4.9는 단순한 client-server interface의 정의의 예를 보여준다. HeatingElement-Control interface는 Power라는 하나의 매개변수를 가지는 SetPower라는 하나의 명령을 정의한다. 이 명령은 HardwareProblem이라는 application 에러를 돌려줄 수 있다.

Sender-receiver interface는 VFB를 통해 보내고 받는 data-element의 집합을 정의한다. 그림 4.10은 PassangerDetected라는 하나의 data-element를 가진 SeatSwitch라는 단순한 sender-receiver interface 정의의 예를 보여준다.

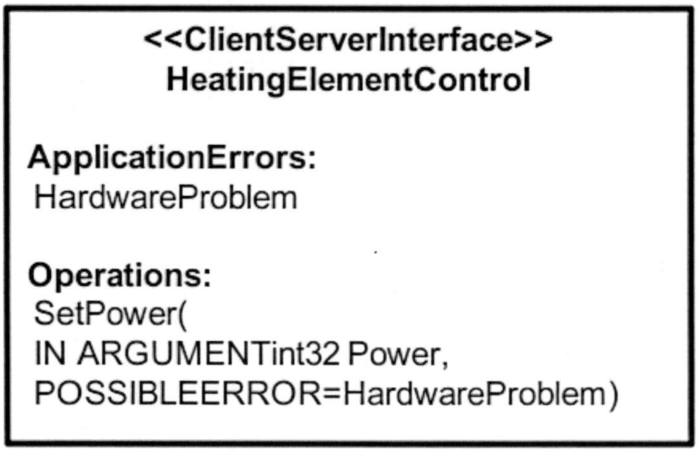

그림 4.9 하나의 명령어를 가진 HeatingElementControl client-server interface의 예

그림 4.10 하나의 data-element를 가진 SeatSwitch sender-receiver interface의 예

VFB004 : 설정 단계에서 Port-interface가 client-server interface인지 sender-receiver interface인지 결정된다.

VFB005 : 설정 단계에서 Client-server interface가 어떤 명령을 가지고 있는지 결정된다.

VFB006 : 설정 단계에서 sender-receiver interface가 어떤 data-element를 가지고 있는지 결정된다.

4.3.3 Ports

이전에 정의한대로 software component의 port는 software component들 간 상호작용하는 부분이다. software component의 port는 PPort거나 RPort이다. PPort는 port-interface에 정의된 element를 제공한다. RPort는 port-interface에 정의된 element를 요청한다. 그런 까닭에 Port는 정확하게 하나의 Port-interface로 설정된다. 하나의 port-interface는 여러 다른 port들로 설정될 수 있다.

VFB007 : 설정 단계에서 Component의 port가 PPort인지 RPort인지 결정된다.

그림 4.11은 port-icon의 다양한 조합을 보여주고 이 port들의 의미를 정리해준다. Software component의 PPort가 client-server interface를 제공하면 port가 속한 software component는 interface에 정의된 명령을 구현하여 제공해야 한다. 그림 4.12에 SeatHeating component는 SetPower라는 명령을 구현하여 제공하고 Setting이라는 port를 통해 다른 component들이 이 명령을 사용할 수 있다. SeatHeatingControl component는 SetPower 명령을 사용하고 HeatingElement port를 통해서 이러한 명령들을 사용할 수 있을 것으로 기대한다.

Kind of Port	Kind of Interface	Service Port	Port-Icon and description
PPort	sender-receiver	No	 The component provides values for the data-elements and mode-groups in the interface
RPort	sender-receiver	No	 The component reads or consumes values for the data-elements and mode-groups in the interface
PPort	client-server	No	 The component provides (=implements) the operations defined in the interface
RPort	client-server	No	 The component requires (=uses or invokes) the operations defined in the interfaces
PPort	calibration	No	 The component provides calibration data

그림 4.11 Port-icon의 의미

RPort	calibration	No	 The component requires calibration data
PPort	sender-receiver	Yes	 The component provides data-elements and mode-groups to an AUTOSAR Service
RPort	sender-receiver	Yes	 The component reads/consumes data-elements and mode-groups from an AUTOSAR Service
PPort	client-server	Yes	 The component provides (=implements) operations for an AUTOSAR Service
RPort	client-server	Yes	 The component invokes operations from an AUTOSAR Service

그림 4.11 (계속)Port-icon의 의미

Sender-receiver interface를 제공하는 software component는 interface에 정의된 data를 위한 값들을 생성한다. 그림 4.13에 SeatSwitch component는 Switch라는 port를 통해 PassengerDetected라는 논리 값을 위한 실제 값(True or False)을 생성한다.

4.3.4 Connectors

AUTOSAR 시스템을 설계하는 동안 서로 통신을 해야 하는 software component 간의 port들은 assembly-connector를 이용하여 연결되어야 한다. 이러한 assembly-connector는 RPort를 PPort로 연결한다.

Sender-receiver 통신의 경우 assembly-connector는 connector 상의 PPort에서 생성되어서

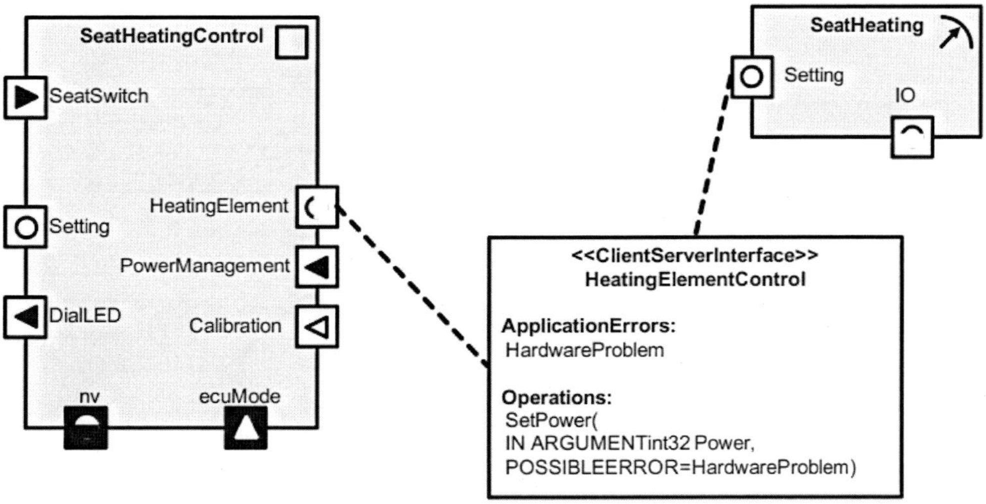

그림 4.12 HeatingElementControl client-server interface의 사용의 예

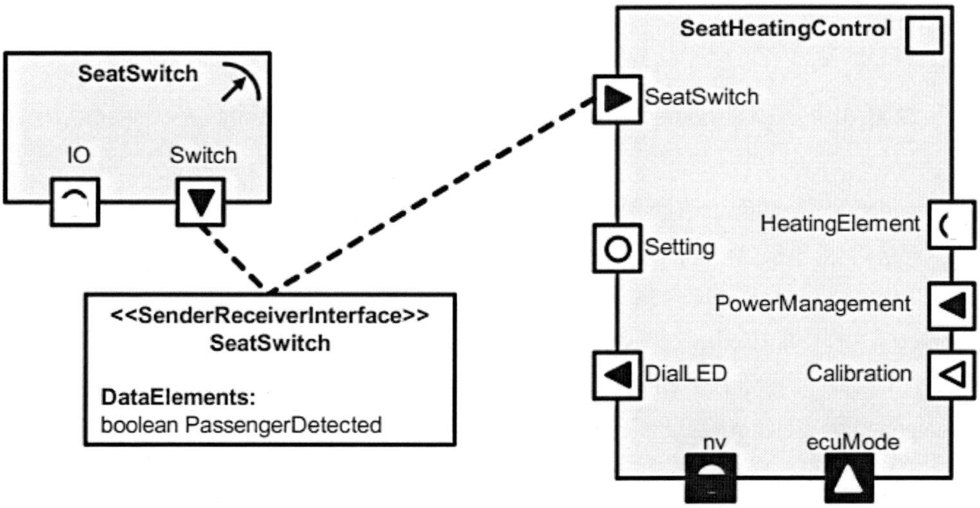

그림 4.13 SeatSwitch sender-receiver interface의 사용의 예

RPort로 전송되는 데이터의 생성을 표현한다. 그림 4.14의 예에서 SeatHeatingControl component-type인 SHCFrontRight component의 DialLED PPort에서 생성된 data는 HeatingDial component-type인 SHDDialFrontRight component의 LED RPort로 전송된다.

Client-server 통신의 경우 PPort에서 제공되는 명령의 요청은 이 PPort에 연결된 RPort를 가진 software component에서 수행될 수 있다. 그림 4.14의 예에서 SHDialFrontLeft

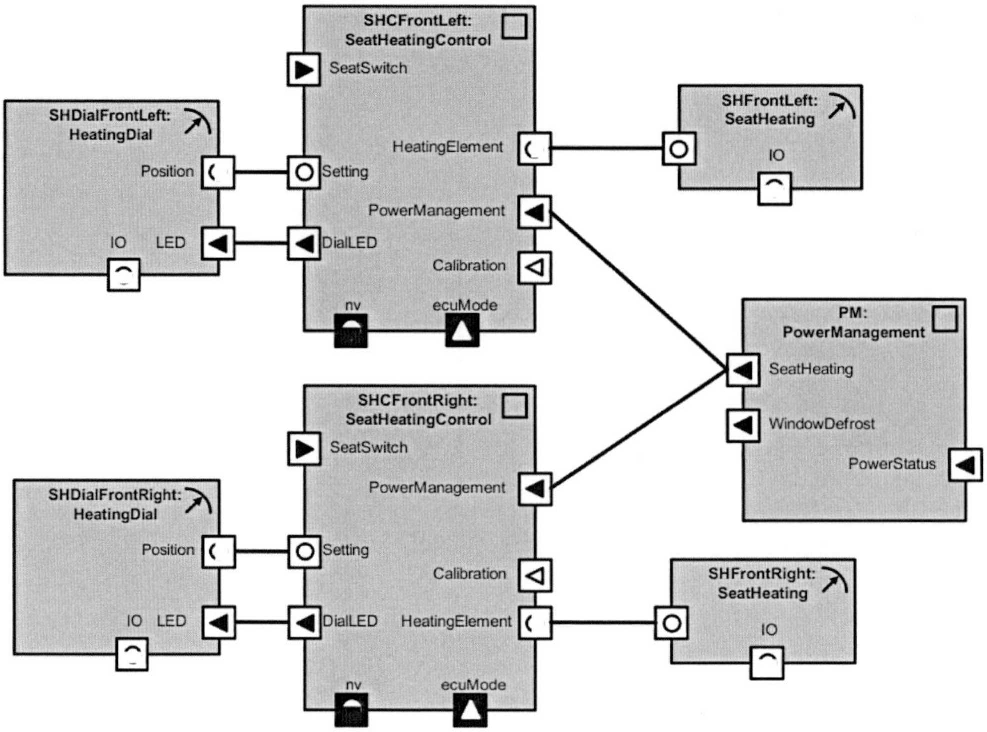

그림 4.14 7개의 component의 port를 연결하는 8개의 assembly-connector의 예

component가 Position port를 통해 명령을 요청하면 SHCFrontLeft component의 Setting port로 명령이 요청될 것이다.

Sender-receiver 통신과 client-server 통신 모두 하나의 PPort는 멀티캐스팅이나 하나의 server에 여러 개의 client를 연결하기 위해 하나 또는 그 이상의 RPort에 연결될 수 있다. 그림 4.14의 예에서 PM component의 SeatHeating port에서 나오는 data는 SHCFrontLeft component와 SHCFrontRight component 모두에게 보내진다.

그리고 send-receiver 통신에서 하나의 수신부에서 여러 다른 송신부의 정보를 수집하기 위해서 여러 개의 PPort들이 하나의 RPort에 연결될 수 있다.

이러한 하나의 connector가 표현하는 정확한 통신 행위는 connector가 연결된 port가 제공하거나 요청하는 명령이나 data의 종류에 따라서 다르게 표현된다.

VFB008 : 설정 단계에서 VFB 상의 인스턴스가 되는 모든 software component는 결정된다.

VFB009 : 설정 단계에서 VFB 상의 software component들의 모든 통신 가능성은 connector로 표시된다. 이러한 connector를 통해 연결되지 않은 port들을 통한 통신은 불가능하다.

VFB010 : 하나의 assembly-connector는 정확하게 하나의 PPort를 하나의 RPort와 연결한다.

VFB013 : 하나의 assembly-connector는 port type, interface, attribute와 통신 능력의 특성이 서로에게 호환되는 경우에만 하나의 PPort를 하나의 RPort에 연결할 수 있다.

4.3.5 Compositions과 atomic components

Software component와 connector들로 이루어진 하나의 sub-system은 composition으로 묶을 수 있다. AUTOSAR의 composition 내에서 component-type을 사용하는 것을 prototype이라고 한다. 하나의 composition은 component-type이고 자신만의 port를 가질 수 있다. Composition들은 계층의 수를 조정하기 위해 계층적 시스템을 만드는 구성 요소로 사용될 수 있다.

그림 4.15는 SeatHeatingControlAndDriver composition의 정의를 보여준다. 이 composition은 3가지의 prototype을 가지고 있다. HeatingDial component-type의 Prototype SHDial, SeatHeatingControl component-type의 prototype SHC와 SeatHeating component-type의 prototype SH이다. 이 composition은 하나의 component-type이 될 수 있고 7개의 port를 가진다.

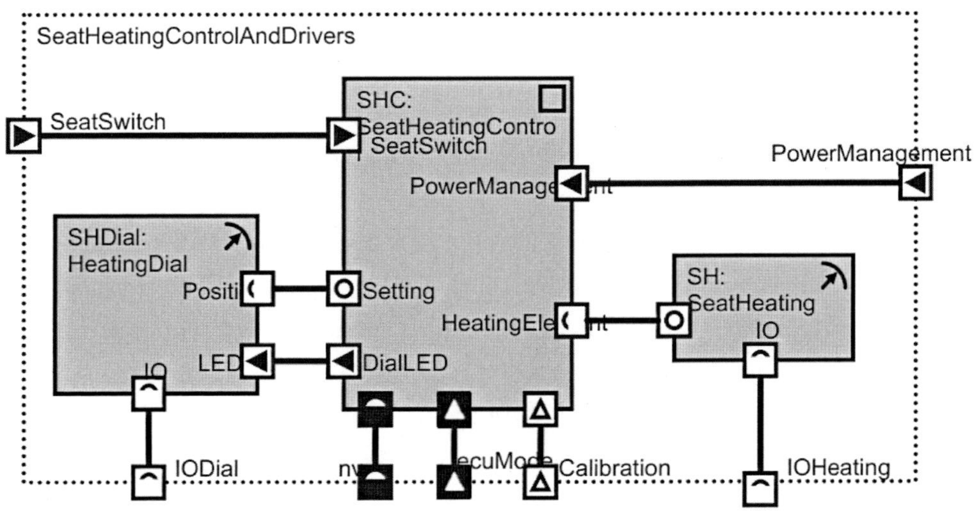

그림 4.15 SeatHeatingControlAndDrivers composition의 정의의 예

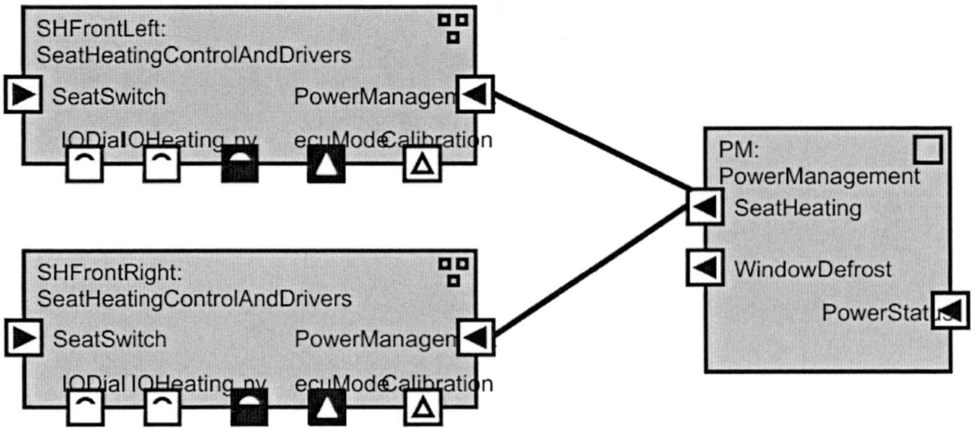

그림 4.16 SeatHeatingControlAndDrivers composition의 사용의 예

그림 4.16은 composition이 component-type으로 사용된 예를 보여준다. 그림 4.16은 기본적으로 3가지의 prototype을 가진 다른 composition을 보여준다. 둘 다 SeatHeating-ControlAndDrivers type인 prototype SHFrontLeft와 SHFrontRight, PowerManagement type인 prototype PM이다.

AUTOSAR에서 component-type은 composition 또는 atomic이다. 하나의 composition은 서로 연결된 prototype들을 통해 정의된다. 하나의 atomic component는 더 작은 component로 쪼개질 수 없다.

4.3.6 VFB와 ECU software architecture의 관계

Sub-system이 atomic component로 이루어져 있고 assembly-connector가 네트워크로 연결된 ECU들에 배치되어 있으면, 모든 atomic component는 하나의 ECU에 대응된다. Software component 간의 connector에 해당하는 부분은 ECU 내부 통신 또는 ECU 간 통신으로 구현된다.

그림 4.17의 예에서 atomic component인 SHDialFrontLeft와 SHCFrontLeft는 ECU1에 배치되었고 atomic component PM은 ECU3에 배치되었다. 처음의 두 component들을 연결한 connector는 ECU1 내에서 작동하고 SHCFrontLeft component와 Pm component를 연결하는 connector는 ECU1과 ECU3를 연결하는 네트워크를 통해서 작동한다.

그림 4.18은 하나의 AUTOSAR ECU의 구조에 있는 AUTOSAR 계층화된 software architecture에서 표준 component들을 보여준다. 하나의 component에 있는 AUTOSAR Interface는 이전에 정의한 component의 port를 나타내는 port-interface로, 하나의 component의 port들의 전체 집합이다. Standardized AUTOSAR Interface는 AUTOSAR에서 표준

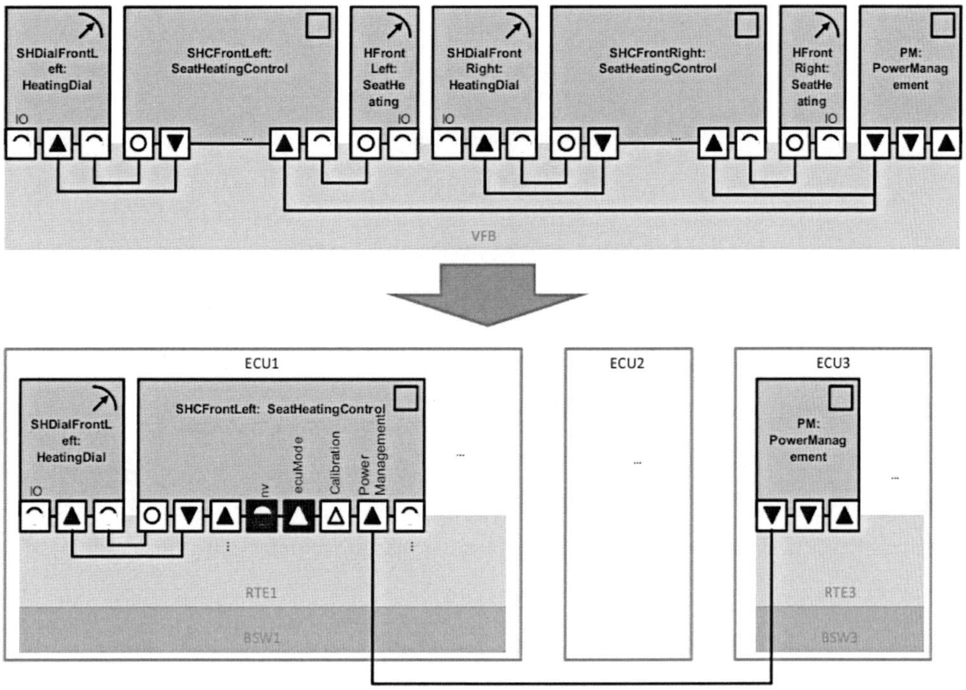

그림 4.17 component의 composition을 3개의 ECU에 적용한 예

으로 정한 AUTOSAR Interface다. 보통 AUTOSAR Service들이 Standardized AUTOSAR Interface를 가진다. AUTOSAR Interface와 Standardized AUTOSAR Interface 용어의 형식에 대한 정의는 Layered Software Architecture에 나와 있다.

그림 4.19는 그림 4.17에 있는 ECU1을 구성할 수 있는 명확한 구조를 보여준다. ECU1에 적용된 atomic component들은 ECU1을 위해 생성된 RTE에 연결되어 있다. 이 RTE는 보통 ECU1 상의 software component들인 SHCFrontLeft와 SHDialFrontLeft 간의 연결을 구현한다.

덧붙여 RTE는 원격 software component로 오고 가는 경로 정보를 책임진다. 예로 들면 PowerManagement port는 basic software에 있는 Communication Stack으로 연결되어 있다. 또한, RTE는 SHCFrontLeft component를 ECU1에 있는 nv port를 통한 비휘발성 메모리 접근이나 ecuMode port를 통한 ECU의 상태 정보 획득 같은 standardized AUTOSAR service들과 연결한다.

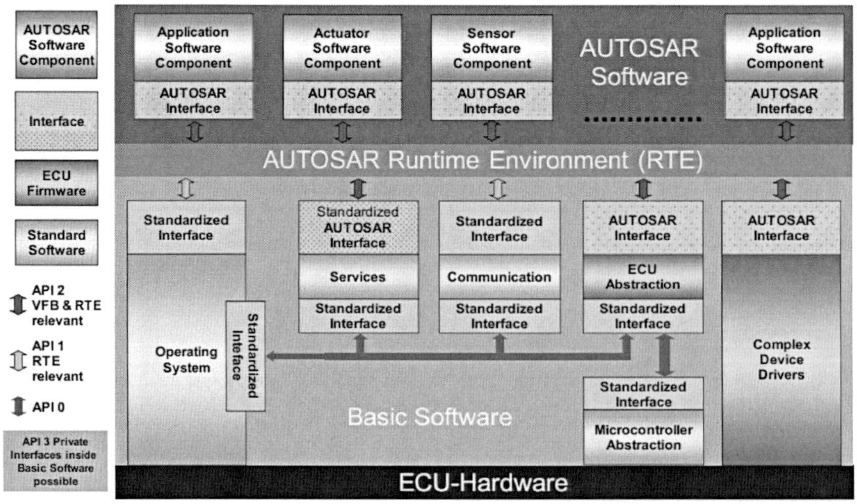

그림 4.18 AUTOSAR 계층화된 software architecture의 component

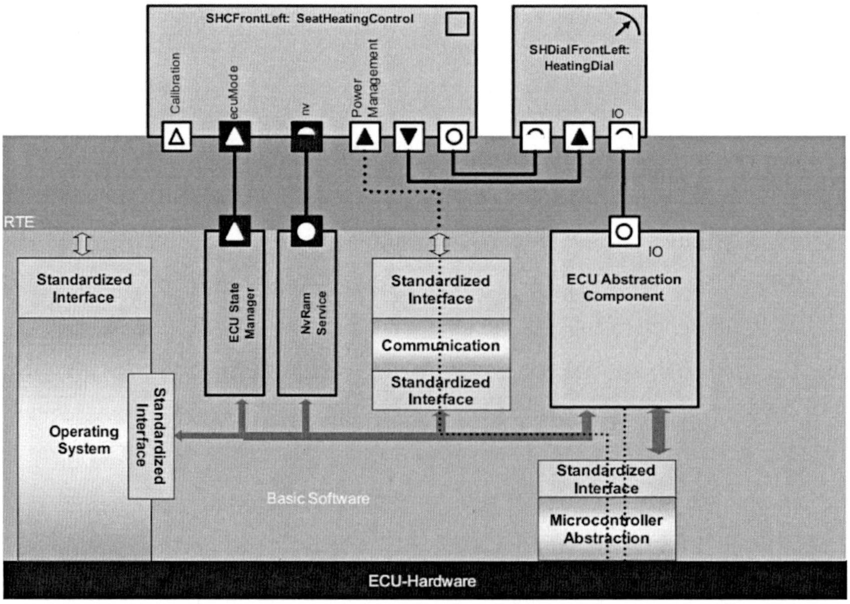

그림 4.19 하나의 ECU에 적용된 component들의 관계와 ECU Software architecture를 보여주는 예

4.3.7 Component의 종류

AUTOSAR와 관련된 component의 다양한 종류를 살펴본다.

Kind	Description	Illustration
Application software component	The application software component is an atomic software component that implements (part of) an application. The atomic software components can use all AUTOSAR communication mechanisms and services. The application software component interacts with sensors or actuators through a sensor-actuator software component.	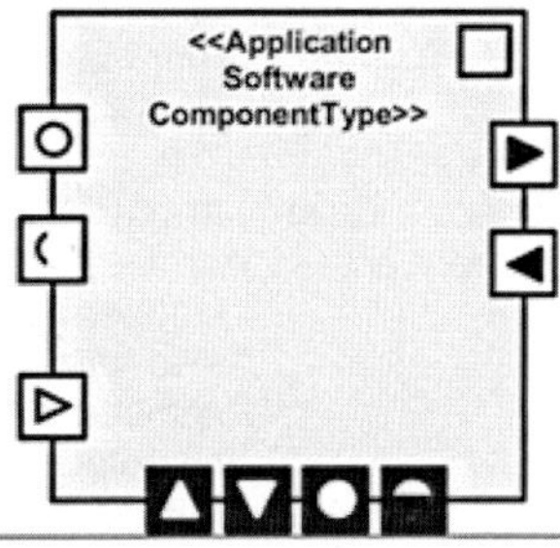
Sensor-actuator software component	The sensor-actuator software component is an atomic software component that handles the specifics of a sensor and/or actuator. It directly interacts with the ECU-Abstraction (this is illustrated by a port called "IO"). See Chapter 6, Interaction with hardware.	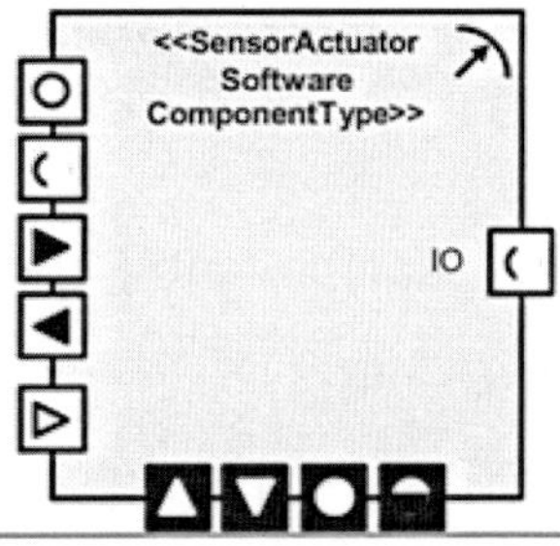
Calibration parameter component	A calibration parameter component provides values for calibration parameters. See Chapter 9. .	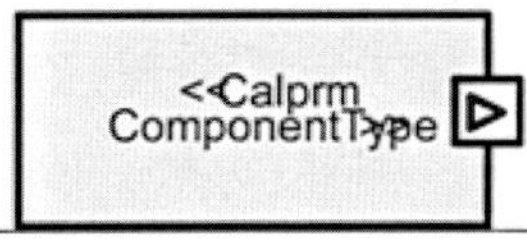
Composition	A composition is defined through the interconnected component-prototypes it contains. Consequently it can use all AUTOSAR communication mechanisms and services.	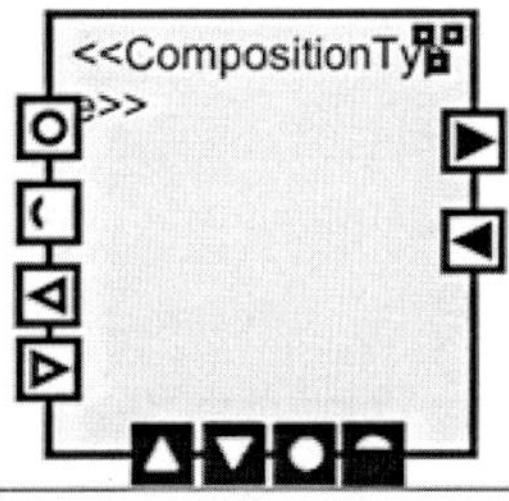
Service component	A service-component provides standardized services through standardized interfaces. To provide these services, this component may interact directly with certain other basic-software modules (this is represented by the double arrow). See Chapter 7.	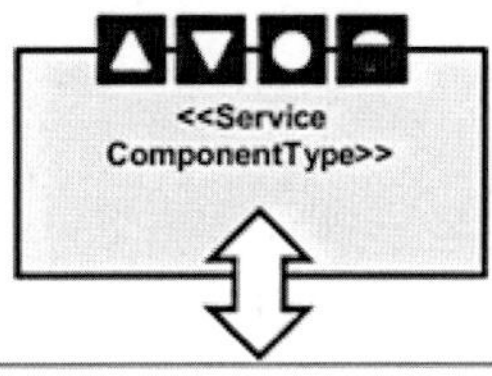

그림 4.20 component들의 종류

ECU-abstraction component	The ECU-abstraction provides access to the ECU's specific IO capabilities. These services are typically provided through client-server PPorts and are used by the sensor-actuator software components. The ECU-abstraction may directly interact with certain other basic-software modules (this is represented by the double arrow). See Chapter 6, Interaction with hardware.	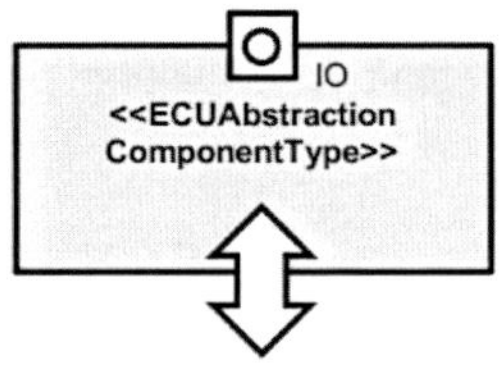
Complex device driver component	The complex device driver generalizes the "ECU-abstraction component". It can define ports to interact with other components in specific ways and can also interact directly with other basic-software modules. The purpose of the complex device-driver is described further in Section 6.5 Complex Device Driver.	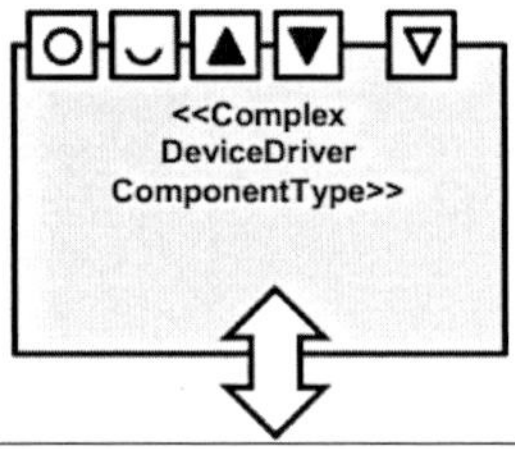

그림 4.20 component들의 종류(계속)

4.3.8 Component와 runnable을 위한 자원

4.3.8.1 배경

VFB는 네트워크로 연결된 ECU 환경에 software component들을 분산하여 배치할 수 있는 시스템 모델링과 통신 개념이다. 하나의 software component와 다른 software component들이 상호작용할 수 있는 방법은 software component의 port들과 software component가 제공하고 필요한 명령들, data-element들, mode-group들, 보정 변수 정의와 관련된 port의 interface들을 통해 표시된다. 동일한 통신 방법을 통해 software component는 각자 설정된 AUTOSAR ECU에서 사용할 수 있는 Standardized AUTOSAR service들과 명령을 실행할 적합한 하드웨어가 있고 올바른 장치가 연결된 특정 ECU에서 사용할 수 있는 ECU에 종속적인 IO 기능과 상호작용할 수 있다.

어쨌거나 software component의 구현은 추가적인 자원에 대한 접근이 필요하다. 주로 software component의 구현은 보통 software component의 내부 상태를 유지하기 위한 메모리와 특정 사건이나 특정 시간 간격에 따라 실행되어야 하는 코드를 수행하는 CPU가 필요하다.

이러한 자원 관리 부분은 software component의 통신과 밀접한 관련이 있고 RTE가 두 가지 모두 제공해야 한다. 그런 까닭에 RTE는 software component를 위한 다음을 포함한 완전한 실행 환경을 제공해야 한다.

- 예를 들면, software component의 구현을 위해 C 같은 프로그래밍 언어를 사용한 알맞은 구현 방법은 다음과 같은 기능을 제공할 수 있다.

- Component의 PPort들의 data-element를 위한 값을 제공
- Component의 RPort들의 data-element를 위해 값을 읽고 씀
- Component의 보정 변수를 접근
- Component의 PPort들의 명령을 위한 구현을 제공
- Component의 RPort들을 통해 다른 component들이 제공하는 명령들을 요청
- 그 외

- 예를 들면 software component의 구현을 위해 C 같은 프로그래밍 언어를 사용한 알맞은 구현 방법은 다음 요청의 응답으로 수행된다.
  - 예를 들면 많은 software component들이 주기적으로 수행되어야 할 경우, 고정 시간 스케줄
  - 예를 들면 어떤 software component들이 다른 software component로부터 data를 수신한 것을 알려주기를 원하는 경우, 이러한 통신 방법과 관련된 이벤트들
- Software component 구현을 위한 알맞은 방법은 인스턴스가 가지는 메모리 같은 다른 일반적인 자원을 접근할 수 있다.
- AUTOSAR ECU는 보통 다중스레드(multi-thread) 환경이기 때문에 RTE는 모든 일반적인 동기화(synchronization) 방법을 모두 제공해야 한다.

이 절은 이런 다양한 요구들을 필요로 하는 AUTOSAR 구조 runnable을 소개한다.

4.3.8.2 Runnable concept

Atomic software component의 원자성은 component가 더 이상 작은 component로 나뉠 수 없다는 것을 나타내고 더 이상 나뉠 수 없기 때문에 하나의 ECU에 배치되어야 한다. 예로 그림 4.21은 application software인 SHCFrontLeft가 하나의 특정 ECU에 적용된 논

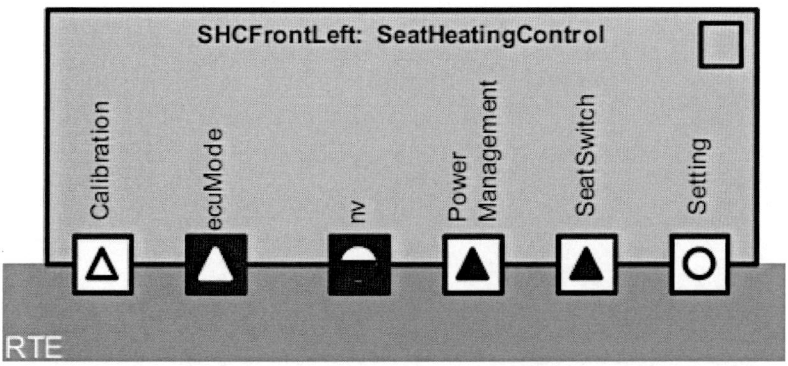

그림 4.21 ECU상의 component 관점으로 본 atomic software component와 RTE의 상호작용

리적인 software component 예를 보여준다. Software component는 port들을 통해서 다른 software component들에게 요청하고 제공하려는 정보들을 표현한다. 그러나 software component의 실제 구현은 runnable entity들의 집합으로 이루어진다. Runnable entity는 RTE가 시작할 수 있는 software component가 제공하는 명령들의 순서이다.

그림 4.22는 구현의 예를 보여준다. 논리적으로 SeatHeatingControl component-type은 다른 software component나 servie와 상호작용하기 위해 정의된 6개의 port를 가지고 있다. 반면에 software component의 구현은 MainCyclic과 Setting 이라는 두 개의 runnable을 가지고 있다. software component는 특정 주기마다 반복적으로 RTE에 의해 작동되기 위해서 MainCyclic runnable이 필요하다. Software component의 두 번째 runnable인 Setting은 다른 software component들이 PPort에 있는 Setting이라는 명령을 요청하기 위해서 필요하다. RPort SeatSwitch를 통해 software component에 제공되는 정보를 접근하기 위해서 component는 SeatSwitch port의 sender-receiver interface에 있는 getSeatSwitch_PassengerDetected()라는 명령을 사용할 것이다. 이 Interface의 구현은 RTE가 제공한다.

일반적으로 atomic software component는 단순하게 하나의 runnable을 제공하거나 많은 수의 runnable을 가질 수 있다. Runnable은 단순한 알고리즘이나 복잡한 프로그램을 수행하는 단순한 코드의 조각이다.

VFB043 : 설정 단계에서 component의 runnable이 결정된다.

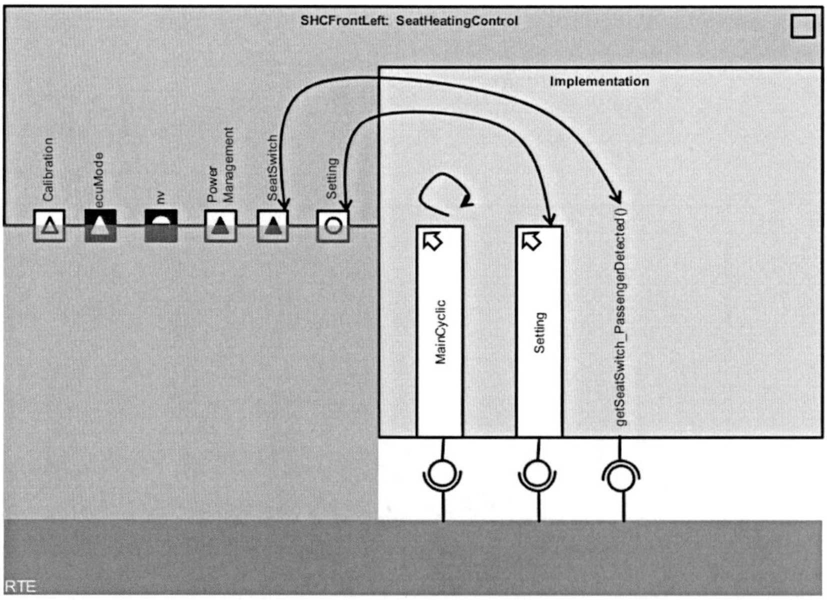

그림 4.22 ECU 상의 구현 관점으로 본 atomic software component와 RTE의 상호작용

하나의 runnable entity는 하나의 task에서 실행된다. Task는 메모리와 stack 공간 같은 일반적인 자원을 제공한다. 보통 운영체제 시스템의 스케줄러는, 예를 들어 우선순위 기반 선점 방식, 시분할 방식, 순차 방식 등 실행시간 동안 어떤 task가 ECU의 하나의 CPU 또는 여러 CPU에 로드되어 실행될 수 있는지를 결정한다.

4.3.8.3 Component의 구현과 RTE의 역할

결론적으로 atomic component의 구현은 기본적으로 3가지의 요소로 구성된다. 첫 번째로 Port와 port-interface 개념을 사용하여 VFB level에서 다른 software component들과 연결해주는 software component의 모델.

두 번째는 코드 구현으로 software component의 구현은 RTE가 실행할 수 있는 code 조각들로 이루어진 runnable들로 구성된다.

세 번째는 RTE 상에서 software component가 실행되기 위해 필요한 요구사항들을 기술한 software-component description이다. 이 요구사항들은 다음을 포함한다.

- Runnable은 반복적으로 호출되어야 한다.
- 통신이나 다른 자원과 관련된 event에 대한 응답으로 runnable이 호출되어야 한다.
- 어떻게 component가 port를 이용하여 정보를 접근하거나 다른 component들이 요구한 명령을 수행하는지를 기술해야 한다.
- AUTOSAR service나 지역 메모리 같은 Component가 필요로 하는 모든 자원을 기술해야 한다.

정확하게 설정된 AUTOSAR ECU에서 정확하게 설정된 basic software와 상호작용하는 RTE는 software component들의 요구사항들을 만족할 것이다. 예를 들면 RTE는

- Runnable이 정확한 시간에 호출되는 것을 보장한다.
- Software component가 필요로 하는 data를 접근하고 명령을 호출하는 기능들을 제공한다.
- Software component가 필요로 하는 모든 자원을 제공한다.

4.4 VFB 상의 통신

4.4.1 소개

이 절은 atomic software component가 다른 atomic software component와 통신을 할 때 사용할 수 있는 VFB 상의 통신 방법에 대해서 기술한다.

4.4.2는 sender-receiver 모델과 client-server 모델 모두에서 발생할 수 있는 오류의 종류를 나타내는 오류의 종류를 정의한다.

4.4.3은 sender-receiver 통신의 기능적 의미를 정의하는 Sender-Receiver 통신을 자세하게 설명한다. 또한, 이 절은 AUTOSAR가 제공하는 통신 형태의 정확한 특징들을 나타내는 통신 속성들을 정의한다.

4.4.4는 client-server를 위한 Client-server 통신을 설명한다.

4.4.2 오류의 종류들

오류들은 단순하게 두 가지로 나눌 수 있다. 기반 장치(infrastructure)의 오류와 application software의 오류이다.

기반 장치의 오류는 sender-receiver 통신의 sender와 receiver 또는 client-server 통신에서 client와 server 간의 기반 장치(network 장치 등)가 작동하지 않아서 생긴다. 일반적인 기반 장치 오류의 예는 time-out이다. Client와 server 사이의 통신 채널을 사용할 수 없거나 메시지가 너무 많기 때문에 특정 시간 이내에 client가 server로부터 응답을 받지 못하는 경우 time-out 기반 장치 오류가 client에게 돌아온다. VFB 통신에서 발생할 수 있는 기반 장치 오류들은 AUTOSAR가 표준으로 정해두었다.

4.4.3 Sender-receiver 통신

Sender-receiver 형태는 하나의 sender가 하나 또는 여러 receiver에게 정보를 분산하거나 하나의 receiver가 하나 또는 여러 sender로부터 정보를 받을 수 있게 한다. 그림 4.23은 AUTOSAR VFB 관점에서 본 sender-receiver 통신의 예이다.

이 예에는 sender component의 PPort와 Receiver 1 또는 Receiver 2의 RPort를 연결하는 두 개의 assembly-connector가 있다.

이 port들과 관련된 sender-receiver interface는 sender들이 보내는 data와 receiver들이 수신하는 data를 정의한 data-element들로 구성되어 있다.

Data-element의 종류는 정수처럼 아주 단순할 수 있고 잠재적으로 큰 복잡한 배열이나 문자열 같은 data일 수도 있다. 아무리 복잡한 data 종류라도 값의 전송은 언제나 논리적으로 원자성을 가진다.

VFB011 : 설정 단계에서 sender-receiver interface의 각 data-element의 data 종류는 결정된다.

Sender는 sender-receiver interface에 정의된 각 data-element를 위해 새로운 값을 제공한다. 정확한 의미는 data-element가 생성된 마지막 값만 사용하는지 생성된 순서대로 사용하는지에 따라 다르게 된다.

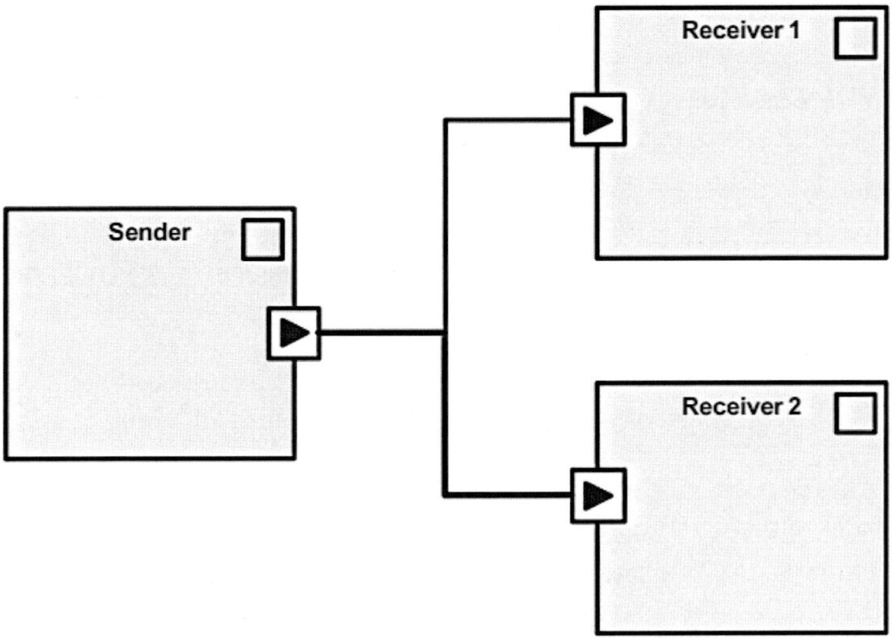

그림 4.23 VFB level에서 sender-receiver 통신의 예

VFB012 : 설정 단계에서 sender-receiver interface의 각 data-element는 생성된 순서대로 사용되는지(queued), 생성된 마지막 값만 사용되는지(last-is-best) 정의되어야 한다.

Last-is-best 방식의 각 data-element는 유효하지 않은 값을 지원하게 설정될 수 있다. 만약 last-is-best 방식이 유효하지 않은 값을 지원하면 sending component는 receiver에서 data-element가 유효하지 않음을 표시할 수 있다.

VFB101 : 설정 단계에서 sender-receiver interface의 각 last-is-best data-element는 유효하지 않은 값을 지원하는지 지원하지 않는지를 결정해야만 한다.

4.4.3.1 Sender의 관점

Sender-component의 PPort에 있는 last-is-best 방식의 data-element는 항상 현재의 값을 가지고 있다. 이러한 data-element의 초깃값은 그림 4.24의 INIT_VALUE로 VFB의 설정을 통해서 정의할 수 있다. 송신 component는 data-element의 현재 값을 변경할 수 있으며 이것으로 data-element의 이전 값을 덮어 쓴다.

Data-element가 queued 방식이면 sender가 만들어낸 이전 값들은 queue에 저장된다. 아무런 값도 사용할 수 없는 초기의 queue의 길이는 0이다. Sender가 새로운 값을 만들어낼 때마다 조절되고 queue 길이의 허용 범위에 도달할 때까지 이 값들은 queue에 더해진다.

송신 component는 receiver의 수와 ID를 알지 못한다. Sender의 행동은 receiver의 존재와 무관하다. Sender-receiver 통신은 sender와 receiver의 강한 분리(또는 약결합)를 허용한다. Sender는 단순하게 정보를 제공하고, receiver는 자율적으로 언제 어떻게 정보를 사용할 것인지 결정한다. 정보 전송은 통신 기반 장치의 책임이다. 어떤 경우 송신 application이 sender와 receiver를 연결하는 통신 시스템의 예상되는 서비스 품질을 알려주기를 원하지만 이는 표준을 위반하는 것으로 알려져 있다. 그림 4.24의 TRANSMISSION_ACKNOWLEDGEMENT를 참고한다.

VFB103 : 설정 단계에서 component의 PPort에 있는 각 data-element는 component가 전송 성공을 알려주는지, 전송 time-out을 알려주는지 결정해야 한다.

그림 4.24는 sender가 sender-receiver 통신 형태의 행위를 제어할 수 있는 통신 속성의 개요이다. 이러한 속성들은 하나의 data-element 단위나 mode-group 단위로 정의할 수 있다. 더 자세한 내용은 Software Component Template과 RTE software의 규격에서 찾을 수 있다.

4.4.3.2 Receiver의 관점

Receiver는 수신 component의 RPort와 관련된 sender-receiver interface에 정의된 각 data-element의 값을 접근할 수 있다. Last-is-best 방식의 data-element를 위해 receiver는 그 data-element의 최신의 값을 접근한다. 또는 data-element가 이 기능을 지원하는 경우 receiver는 data-element가 유효하지 않다고 알 수 있다. Receiver는 값이 유효한지 유효하지 않은지를 나타내는 data-element의 유효성에 접근할 수 있다. 이 유효성은 VFB의 설정으로 정의된다. 그림 4.25의 TIME_FOR_RESYNC와 ALIVE_TIMEOUT을 참고한다.

VFB014 : 설정 단계에서 Component의 RPort에 있는 last-is-best data-element의 초깃값이 정의되어야 한다.

VFB015 : 수신 component가 보는 data-element의 현재 값은 송신 component가 실제 값을 제공하지 않는 경우 RPort의 설정된 초깃값이다.

VFB017 : data-element가 지원한다면 수신 component의 초깃값은 유효하지 않음이 될 수 있다.

VFB094 : 설정 단계에서 component의 RPort에 있는 각 last-is-best data-element는 component가 data-element의 유효성을 알기를 원하는지 결정해야 한다.

VFB095 : data-element의 유효성을 알고 싶은 receiver는 수신 사이의 시간 간격을 설정해야 한다. 이 기준 값이 data-element가 유효한지 유효하지 않은지를 결정하게 된다.

Queued 방식의 data-element를 위해 receiver는 queue에서 다음 명령을 가져오기 위해 기본적으로 하나의 명령만을 사용한다. Queue가 빈 경우 이 사실이 receiver에게 전해진다. 또

Attribute/Feature Name	Realization in software-component template	Description	Kind of data-element or modeGroup		
			data	event	mode
INIT_VALUE	attribute "initValue" of "UnqueuedSenderComSpec"	This attribute defines the initial value of the data-element, seen by all receivers of this data-element. This initial value can be overwritten by the attribute INIT_VALUE on the receiver side.	required	not available[10]	not available[11]
CAN_INVALIDATE	attribute "canInvalidate" of "UnqueuedSenderComSpec"	In case this feature is used, the sender can invalidate a data-element.	optional	not available	not available
MODE_QUEUE_LENGTH	"queueLength" of ModeSwitchComSpec	This attribute defines the size of the input queue of the of mode switch notifications to a mode machine.	not available	not available	required
IMPLICIT_SEND	"DataWriteAccess"	Normally, a sender must make an explicit function-call to send a data-element or change the current mode. "Implicit sending" means that a runnable can modify a data-element while it is running. After the runnable terminates, the RTE will make the latest value available to receivers of the data-element.	optional	not available	not available
TRANSMISSION_ACKNOWLEDGEMENT	"TransmissionAcknowledgementRequest" with attribute "timeout" or "ModeSwitchedAckRequest" with attribute "timeout"	The sending component is informed when the data has been sent correctly OR when the mode switch has been executed by the RTE. If the timeout occurs before this acknowledgement, the sender is informed of an infrastructure error.	optional	optional	optional
IS_QUEUED	"isQueued" in "DataElementPrototype"	When this parameter is TRUE, the data-element is queued (=used for "events"). When this parameter is false, the data-element has "last-is-best" semantics.	FALSE	TRUE	not available

그림 4.24 sender의 통신 속성

한, 다른 말로 소비하는 읽기, 다음 data-element 값을 queue에서 읽고 가져온다. Queue의 길이는 VFB 설정에 의해 결정된다. 그림 4.25의 RECIEVER_QUEUE_LENGTH를 참고한다.

Attribute Name	Attribute Value	Description	Kind of data-element or modeGroup		
			data	event	mode
INIT_VALUE	" initValue" of "UnqueuedReceiverComSpec"	A receiver can optionally specify its own initial value, which overrides the initial value of the sender.	optional	not available[12]	not available[13]
RECEIVE_INVALID	"handleInvalid" in "UnqueuedReceiverComSpec"	The receiver can specify how it wants to respond when an invalid value for a data-element is received.	optional	not available	not available
TIME_FOR_RESYNC	" resyncTime" of "UnqueuedReceiverComSpec"	Time allowed for resynchronization of data values after current data is lost, e.g. after an ECU reset.	optional	not available	not available
ALIVE_TIMEOUT	"aliveTimeout" of "UnqueudReceiverComSpec"	The receiver specifies the maximum period of time it may take to receive a data-element If the data-element is not received within the defined period, the data-element is "outdated"	optional	not available	not available
IMPLICIT_RECEIVE	"DataReadAccess"	Normally, a runnable wishing to read a data-element needs to do this through an explicit call to the RTE. The "IMPLICIT_RECEIVE" means that the runnable has access to the value of the data-element that was available at the time of the start of the runnable. It does not need to invoke an explicit API to fetch the latest data.	optional	not available	not available
RECEIVE_EVENT	"DataReceivedEvent" and "ModeSwitchEvent"	This implies that the receiving applications is notified by the RTE when a new value of a data-element or a mode-switch is received. This implies that the receiving component does not need to poll but can wait for new data-elements or mode-changes.	optional	optional	optional
IS_QUEUED	"isQueued" in "DataElementPrototype"	When this parameter is TRUE, the data-element is queued (=used for "events"). When this parameter is false, the data-element has "last-is-best" semantics.	FALSE	TRUE	not available

그림 4.25 receiver의 통신 속성

RECEIVER_QUEUE_LENGTH	queueLength of QueuedReceiverComSpec	Received values are added to the end of the queue and values are read (consuming) from the front of the queue (i.e. the queue is first-in-first-out). If the queue is full and another data-item arrives this data item is discarded and the receiver is informed by error-handling mechanisms.	not available	required	not available
FILTER	Attribute " DataFilter" of "ReceiverComSpec"	A data-element is only passed to the application if the value of the data-element passes the conditions of the filter. If a newly received value for a data-element does not pass the conditions of the filter, the value is discarded (not added to queue for a queued receiver OR the current value of the data-element is not updated for a last-is-best receiver). The VFB provides the same filters as defined in OSEK-COM V3.0.3, P.12. These filters can only be applied to data-elements that are of a primitive type.	optional	optional	not available

그림 4.25 receiver의 통신 속성(계속)

VFB019 : queued 방식인 data-element와 관련된 queue는 sender가 queue에 값을 추가하기 전까지는 기본적으로 비어있다.

VFB020 : 논리적으로 queue는 receiver 측에 있다.

VFB021 : 설정 단계에서 receiver의 queue의 길이가 결정된다.

VFB022 : receiver의 queue는 선입선출 방식이다.

VFB023 : receiver의 queue가 가득 차 있을 때 새로운 값이 도착하면 이 값은 queue overflow로 폐기된다.

VFB024 : 설정 단계에서 queue overflow 알림을 표시하게 했으면 receiver는 오류가 발생한 것을 알릴 수 있다.

그림 4.25는 sender-receiver 통신 방식에서 receiver의 행위를 제어할 수 있는 통신 속성들을 보여 준다. 이 속성들은 하나의 data-element이나 mode-group 수준에서 정의된다. 더 자세한 설명은 Software Component Template과 RET의 규격에 나와 있다.

4.4.3.3 Sender-receiver의 다양성

다음 4.4.3.4와 4.4.3.5에서 논의할 다양성이라는 용어는 특정 port를 하나 또는 더 많은 port에 다중으로 연결할 때 적용된다. 이것은 다른 software component의 다른 두 개의 port와 개별적으로 각각 연결된 software component의 두 개의 port를 고려하지 않는다. Sender-receiver 방식에는 last-is-best data-element interface와 queued data-element interface 두 종류로 하나의 sender와 여러 개의 receiver를 연결하는 1:n 통신과 여러 개의 sender와 하나의 receiver를 연결하는 n:1 통신을 지원한다. Sender는 data-element의 현재 값을 가진다. Last-is-best data-element의 receiver는 항상 가장 최신의 data만을 받기를 원한다. 이것은 receiver에게 data-element의 정확한 값을 보장하기 위한 통신 시스템의 책임으로 그림 4.26에 나타나 있다. 예로 구현 관점에서 sender가 주기적으로 data-element의 최신 값을 receiver에게 전송하게 구현할 수 있다. 두 번째 구현은 실제 변경된 값만을 receiver에게 전송하게 구현할 수 있다. Queued 방식의 n:1 통신에서 queue는 receiver 측에 있고 여러 sender가 data-element의 값을 receiver의 queue에 넣을 수 있다. VFB 메커니즘의 복잡도 증가를 피하기 위해서 n:m 같은 다른 통신 방식은 불가능하다.

VFB025 : last-is-best 방식의 data-element를 사용하는 sender-receiver를 위해 하나의

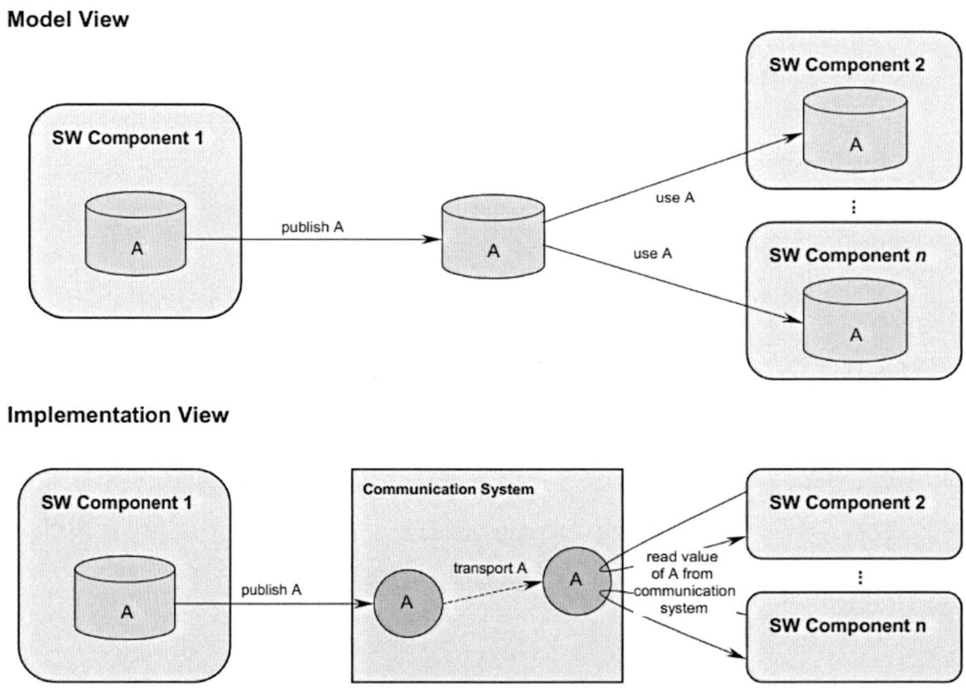

그림 4.26 last-is-best 방식

sender가 여러 개의 receiver에게 data를 보내는 1:n과 n:1 통신 방식을 모두 사용할 수 있다.

VFB026 : queued 방식의 data-element를 사용하는 sender-receiver를 위해 하나의 sender가 여러 개의 receiver에게 전송하는 1:n과 여러 개의 sender가 하나의 receiver에게 전송하는 n:1 통신 방식을 모두 사용할 수 있다.

VFB120 : ModeDeclarationGroups를 사용하는 sender-receiver를 위해 하나의 sender가 여러 개의 receiver에게 전송하는 1:n만을 사용할 수 있다.

4.4.3.4 Sender와 Receiver 간의 Filtering

VFB는 sender와 receiver 사이에 있는 추가적인 filter를 지원한다. Data-element의 값이 filter의 조건을 통과해야만 data-element의 새로운 값으로 application에 전해진다. 만약 data-element의 새로운 값이 filter의 조건을 통과하지 못하면 data-element의 값은 queued data-element의 queue에 추가되지 않고 폐기되거나 last-is-best 방식의 경우 data-element의 현재 값이 갱신되지 않는다.

AUTOSAR가 지원하는 filter는 OSEK-COM V.3.0.3에 정의된 filter와 동일하다.

VFB027 : 설정 단계에서 receiver 측의 선택적인 filter가 결정되어야 한다.

VFB028 : Filter는 OSEK-COM V.3.0.3에 정의된 filter의 기능을 가진다.

VFB 모델에서 이러한 filter는 receiver 측에만 기술할 수 있다. 그러나 이것은 반드시 receiver 측의 RTE에 구현되는 것은 아니다. 예로 receiver 측의 filter가 receiver가 원하는 data-element의 특정 값만을 나타낸다고 가정하고 filter가 네트워크의 연결을 통해 receiver와 sender를 연결한다고 생각해보자. 이 경우 좋은 구현 방법은 sender 측에서 네트워크를 통해 data-element의 값을 보내기 전에 불필요한 값들을 걸러내는 것이다.

4.4.3.5 Sender-receiver connector의 일관성과 순서

Sender의 PPort와 receiver의 RPort 간의 연결 관점에서 VFB는 data-element가 가지는 특정한 값의 연속적인 변화를 전달해야 한다. Queued data-element의 경우 receiver는 data-element의 연속적인 값들을 하나의 sender에서 값들을 보낸 순서와 같다고 보아야 한다. Last-is-best data-element 방식의 경우 보낸 순서에 따라 이전 값이 새로운 값을 덮어쓰지 않는다. VFB는 다른 ModeDeclarationGroups의 mode변경이나 다른 연결 간의 순서를 보장하지 않는다.

VFB029 : 개별적인 sender-receiver의 connector에서 VFB는 개별적인 data-element의 변화를 보장한다.

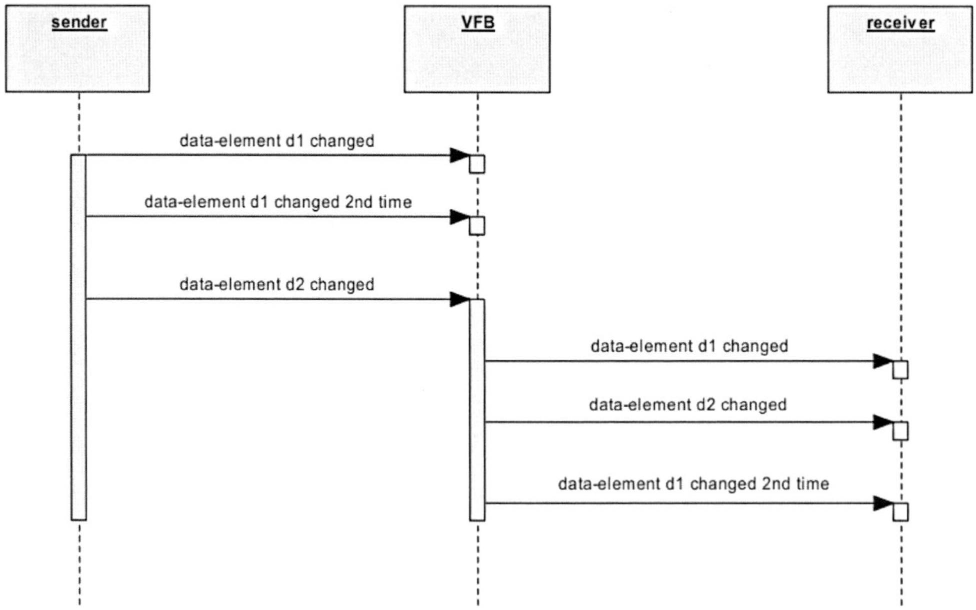

그림 4.27 sender–receiver connector 간의 일관성과 순서

4.4.4 Client-server 통신

분산 시스템에서 널리 사용되는 통신 형태는 server가 service를 제공하고, client가 service의 사용자가 되는 server-client 방식이다. 가장 손쉬운 예 중의 하나는 그림 4.28과 같은 암호화된 무선 key data의 해독이다.

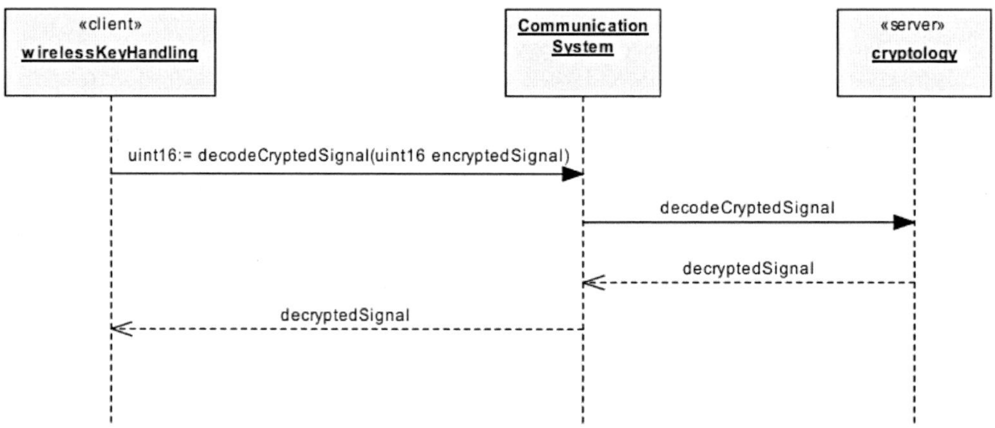

그림 4.28 무선 key data의 해독 예

AUTOSAR는 아주 단순한 정적인 여러 개의 client와 1개의 server로 구성된 n:1 client-server 방식을 정의한다. 그림 4.29는 VFB 관점에서 3개의 component와 두 개의 연결로 이루어진 client-server 통신이 어떻게 작동하는지를 보여준다.

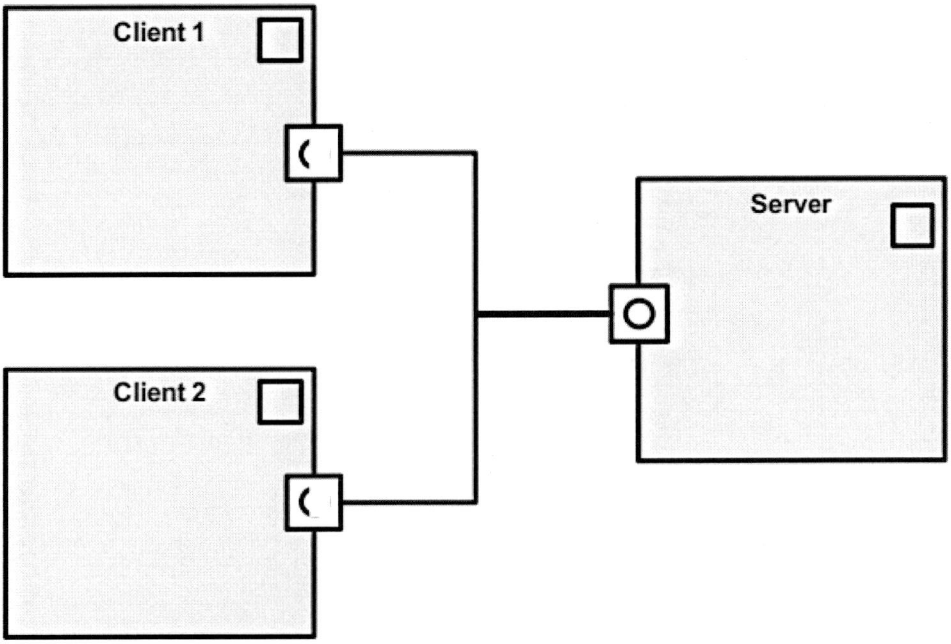

그림 4.29 VFB 관점에서 본 Client-server 통신

이 예에는 2개의 assembly-connector가 있다. Client1과 client2의 RPort가 server의 PPort와 연결되어 있다. 각 port는 server에서 제공하고 client가 사용할 수 있는 명령을 정의한 client-server interface와 연관되어 있다.

이러한 client-server interface의 각 명령은 client와 server 사이에 전달되는 매개변수들과 관련이 있다. 이러한 매개변수들은 형태가 정해져 있으며 매개변수의 종류는 단순한 기본 data-type이 될 수도 있고 복잡한 구조나 배열이 될 수도 있다.

VFB031 : 설정 단계에서 client-server interface에서 사용되는 각 명령들을 위해, 전송되는 매개변수들, 돌아오는 매개변수들과 data-type이 결정되어야 한다.

그림 4.30은 VFB를 통한 client-server의 작동 방식을 보여준다.

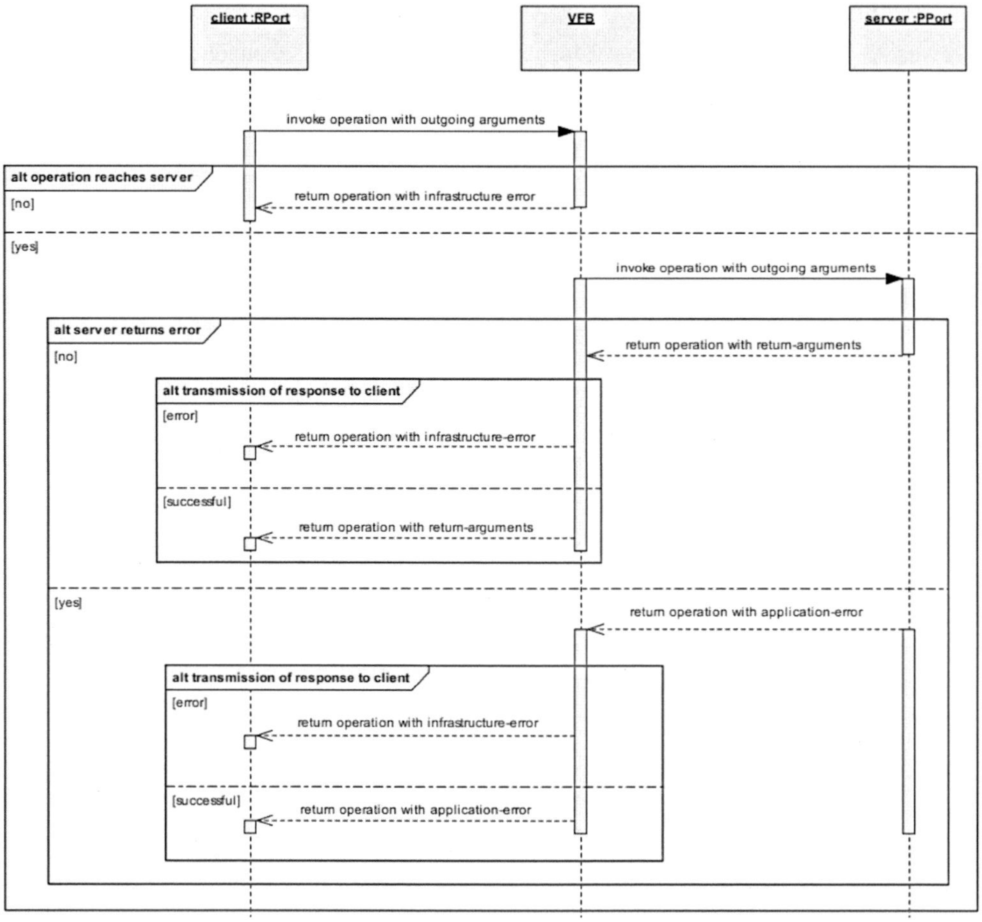

그림 4.30 VFB 상의 client-server

4.4.4.1 Client 관점

Client는 interface에 정의된 특정 명령을 server가 수행하게 요청하여 client-server 방식을 시작한다. 이러한 이유로 client는 client-server interface에서 사용되는 명령어를 위해 명령 수행 요청에 필요한 미리 정의된 매개변수들의 각 값을 설정한다. 결과로 client는 요청에 대한 유효한 응답을 받거나 명령의 요청에 대한 오류를 응답으로 받을 것이다. 유효한 응답은 server가 명령을 수행한 것을 의미한다. 이 경우 client는 interface에서 사용되는 명령을 위해 미리 정의된 돌아오는 매개변수의 값들을 받는다. 명령이 server의 상태를 바꾸는 경우, client가 server를 알려진 상태로 쉽게 바꾸거나, 기간 장치의 오류로 client가 단순히 명령을 반복할 수 있기 때문에 주의 깊게 설계되어야 한다. 좋은 방법은 명령들을 정해진 횟수만큼만 반복하여 수행할 수 있게 만드는 것이다.

VFB032 : client는 RPort의 client-server interface에 정의된 명령을 요청할 수 있다.

VFB033 : 명령을 요청할 때 client는 명령을 위해 미리 정의된 전송해야 하는 매개변수의 값을 설정해야 한다.

VFB034 : client는 각 명령 요청에 대해 정확하게 하나의 응답을 받는다.

VFB035 : client가 수신하는 응답은 기반 장치 오류일 수도 있고, 응용 프로그램 오류일 수도 있고, 유효한 서버 응답일 수도 있다.

VFB036 : client가 유효한 서버의 응답을 받으면 이것을 명령의 응답 매개변수에 대응하는 값들을 가진다.

VFB037 : 설정 단계에서 명령에 대해 server에서 client로 응답할 수 있는 가능한 application의 오류들이 결정되어야 한다.

VFB038 : client 요청에 대한 응답으로 제공될 수 있는 기반 장치 오류는 AUTOSAR에서 표준으로 제공한다.

Attribute Name	Realization in software-component template	Description
CLIENT_MODE	Covered indirectly by the "SynchronousServerCallpoint", the "AsynchronousServerCallpoint" and the "AsynchronousServerCallReturnsEvent"	The developer of a client can choose how to interact with the server. In case the CLIENT_MODE is "synchronous", the runnable invoking the operation is blocked until either a response has been received from the server, an infrastructure error is returned or the configured maximal blocking time expires. In case the CLIENT_MODE is "asynchronous - wakeup_of_wait_point" the runnable invoking the operation is not blocked. A runnable can wait for the response (from the server or because of an infrastructure error) in a wait-point. In case the CLIENT-MODE is "asynchronous - activation_of_runnable entity", the runnable invoking the operation is not blocked. When the response (from the server or an infrastructure
		error) is available, a runnable is started which can process the response of the server
TIMEOUT	Attribute "timeout" of ServerCallPoint	Time in seconds before the server call times out and returns with an error message. How this infrastructure-error is reported depends on the call type (synchronous or asynchronous).

그림 4.31 client의 통신 속성

4.4.4.2 Server 관점

Server는 client로부터 명령 수행 요청이 오는 것을 기다린다. 명령 수행 요청이 오면 server는 client가 제공한 매개변수의 값을 이용하여 요청된 명령을 수행한다. 요청된 명령의 수행을 끝내면서 server는 client에게 응답할 매개변수들의 값을 설정한다. server에서 오류가 발생한 경우 매개변수에 설정된 값 대신에 client에게 application 오류를 보낸다. 그림 4.32는 server 속성의 예이다.

Attribute Name	Realization in software-component template	Description
QUEUELENGTH	Attribute “queuelength” of ServerCompSpec	On server side, there is a queue with length *n*, consuming reading and first-in-first-out strategy. If the queue is full, and another request arrives, the new request is discarded and the client will receive a “time-out” infrastructure error.

그림 4.32 server의 통신 속성

4.4.4.3 Server–client의 다양성

Client-server 통신은 여러 client와 하나의 server가 통신하는 n:1만을 지원한다.

VFB039 : client-server 통신을 위해 n:1 통신만을 지원한다.

각 client의 RPort는 정확하게 server의 하나의 PPort와 연결되어 있는 connector와 연결된다. 반면에 server의 PPort는 더 많은 client들이 동일한 server로 명령을 요청할 수 있게 적절한 client RPort의 수만큼 연결된다. Client-server 통신의 구현은 요청된 명령의 수행 결과를 정확하게 명령을 요청한 client에게 보내는 것을 보장해야 한다. Component가 여러 개의 port를 가질 수 있기 때문에 하나의 component는 client와 server의 역할을 둘 다 수행할 수 있다.

4.4.4.4 Client–server connector의 순서와 일관성

Client는 특정한 RPort에서 동일한 명령의 이전 요청에 대한 유효한 응답이거나 오류거나 어떠한 응답을 받기 전에 동일한 RPort를 통해 동일한 명령을 요청하는 것이 허용되지 않는다. 이것은 그림 4.33에 나와 있다.

그러나 첫 번째 명령의 요청 결과가 오기 전에 client가 동일한 RPort를 통해 다른 명령을 요청하는 것을 허용한다. 그러나 이러한 경우 VFB는 이러한 요청들의 순서를 보장하지 않는다. 특히, client가 명령을 요청한 순서대로 server가 명령 요청의 순서를 보호하는 것을 보장하지 않는다. 유사하게 예를 들면 client가 server에게 명령을 요청한 그 순서대로 client

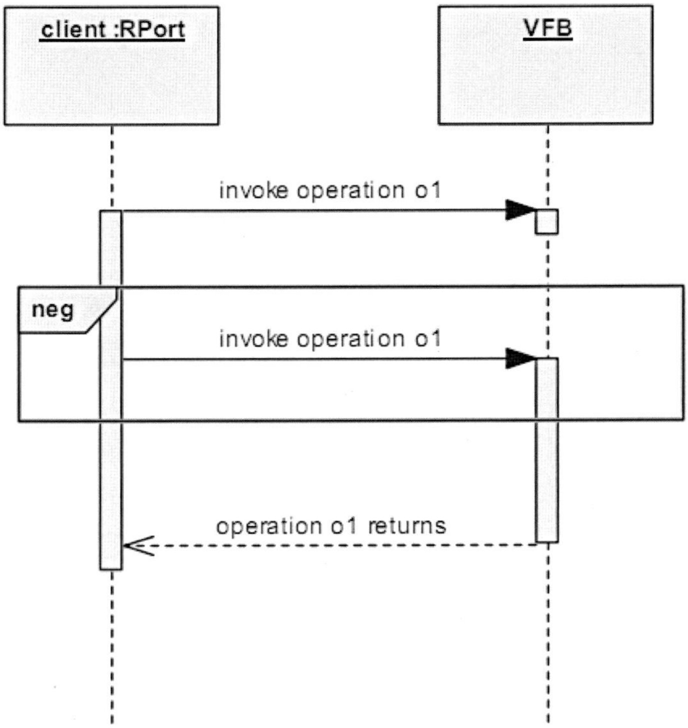

그림 4.33 동일한 명령의 일관적인 요청은 허용되지 않음

에게 응답이 도착하는 것을 보장하지 않는다.

순서가 보장되지는 않지만 VFB의 구현은 client를 위해 client의 요청에 정확하게 맞는 응답을 서버에서 생성해야 한다.

VFB040 : client는 RPort에서 이전에 요청한 동일한 명령의 응답이 오기 전에 특정 명령의 요청이 허용되지 않는다.

VFB042 : client가 요청한 명령에 정확하게 대응되는 응답을 client를 위해 생성하는 것이 가능해야 한다.

4.4.5 통신 대상의 식별을 고려한 표식

AUTOSAR의 주요 목적 중 하나는 AUTOSAR software component의 기반 장치 독립적인 전송 능력과 다른 system에서 동일한 software component를 사용하는 가능성이다. 그런 까닭에 기본적인 통신 방식은 통신 대상의 식별에 의존적이지 않아야 한다. 어떤 component가 어떤 port를 이용하여 다른 software component의 다른 port와 통신하는지는 VFB 관점에서 connector로 나타내고 software component에게는 보이지 않는다. software compo-

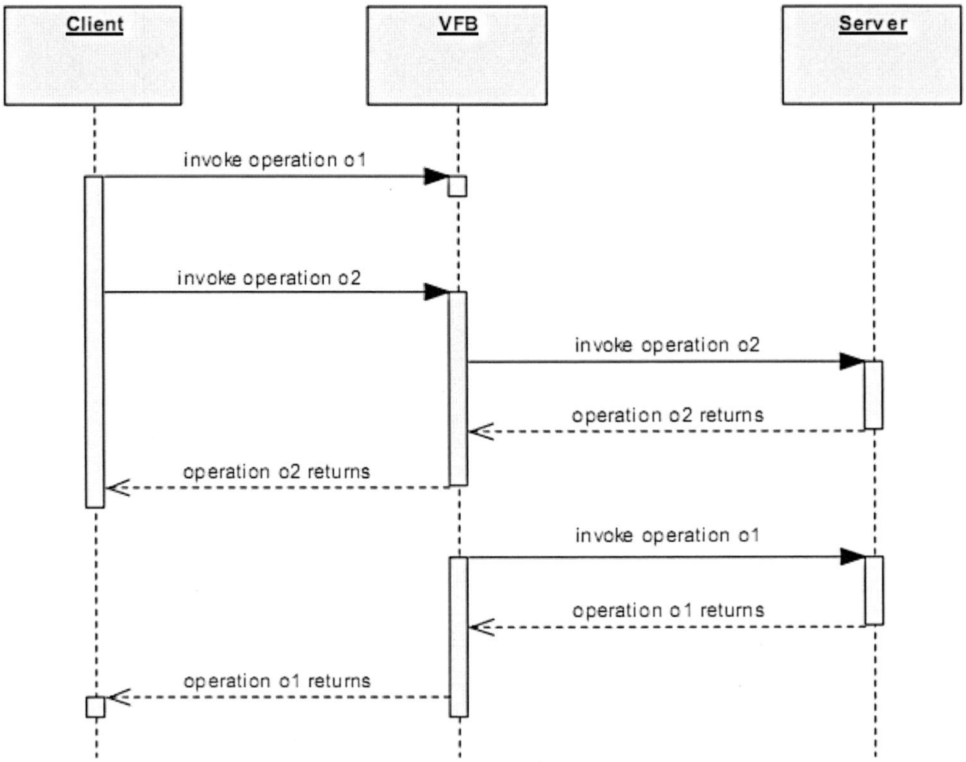

그림 4.34 VFB는 다른 명령들의 순서를 보장하지 않음

nent가 특정 통신 방식을 위해 통신 대상의 식별이 필요하다면 일반적인 AUTOSAR 통신 방식을 사용하여 software component의 application 단계에서 식별해야만 한다. 반면에 통신 대상의 명확한 식별이, 예로 component의 instance들과 port/interface element, RTE의 구현과 basic software를 위해 필요하다.

4.5 VFB의 Timing Model

이 절은 시간 관련 통신 속성을 더욱 명확하게 이해할 수 있는 일반적인 timing framework를 사용한다. 이 개념은 아직 정립되지 않았고 그런 까닭에 아직 표준이 아니다. 이것들은 추후에 AUTOSAR 표준을 확장하기 위한 기반으로 사용된다.

4.5.1 일반적인 timing framework

이 절은 시간 관련 문제를 기술하는데 사용되는 일반적인 framework를 설명한다. 이 일반적인 framework는 뒷부분의 절에서 VFB 행위의 자세한 정의를 설명하기 위해 사용될 것이다. 이 개념은 UML-diagram으로 표시된다.

4.5.1.1 Event의 발생과 event

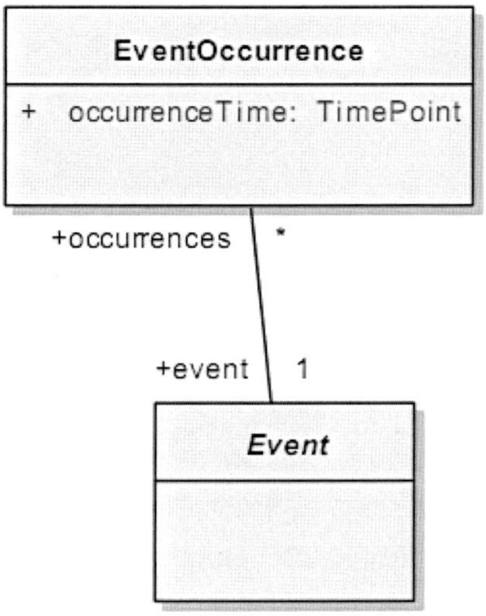

그림 4.35 event와 event발생

Event는 정확한 시간에 정확한 지점에서 발생한다. 그런 까닭에 각 event의 발생은 event가 발생한 시점인 발생 시간을 가진다. 하나의 event는 적절한 수만큼 발생할 수 있다. Event 자체는 보통 발생한 event의 집합으로 정의되지 않고 event의 성질을 특징짓는 기술로 정의된다.

예로 "사용자가 키보드의 키를 누른다"는 event이다. 이 event는 사용자가 key를 누른 각 시간에 키를 누른 횟수만큼 발생할 수 있다. 이 event의 발생은 사용자가 키를 누른 독자적인 발생 시간을 가진다.

Event와 event의 발생 시간의 구분은 일반적으로 표기 방식으로는 구분이 어렵다. Event라는 용어는 event 간의 간격, event의 지연, event의 관찰처럼 event의 발생을 대신해서 표기에 사용된다.

4.5.1.2 Event models

Event model은 event의 발생 시간을 모델링하는데 사용될 수 있다. 현재 AUTOSAR timing framework는 2개의 아주 단순한 event model을 정의한다. 필요가 생기면 발생 시간의 분포를 더욱 자세하게 기술하는 정적 모델 같은 더욱 복잡한 event model이 framework

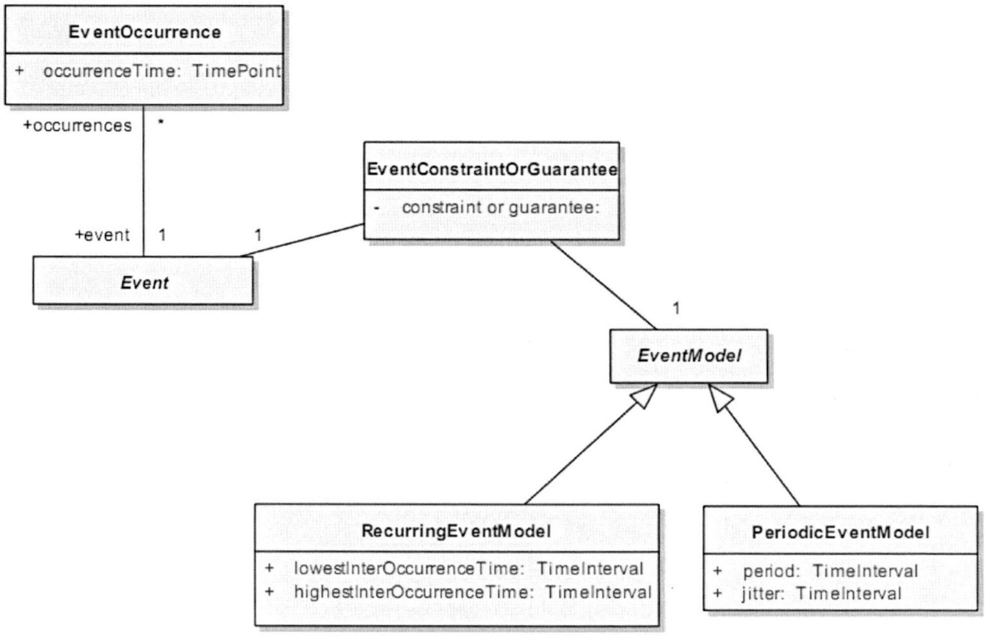

그림 4.36 event model의 개요

에 추가될 것이다. 이 event model들은 event의 제약 사항을 나타내거나 event 발생에 대해 module이 보장하는 것을 나타내는 데도 모두 사용할 수 있다.

예로, 특정 비율로 발생하는 들어오는(incoming) event만 처리할 수 있는 component는 RecurringEventModel을 사용하여 특정 event의 최소 간격이 100 ms라고 제약 사항을 나타낼 수 있다.

내부 클록을 가진 component는 PeriodicEventModel을 사용하여 어떤 data를 특정한 주기와 jitter를 가지고 생성하는 것을 보장한다고 기술할 수 있다.

4.5.1.2.1 PeriodicEventModel

PeriodicEventModel은 0보다 큰 주기와 0 이상인 jitter로 나타낼 수 있다. Event가 event model을 만족하면 event가 발생했을 때 실제 시간 간격의 차이와 명목상의 차이는 jitter보다 작아야 한다.

$$| \text{timek} - \text{timen} - \text{period}*(k-n) | <= \text{jitter}$$

이것은 기본적으로 시작점을 알 수 없는 완벽한 주기의 기준선을 가정하고 각 발생의 지연(delay)과 이 기준선의 차이를 비교하여 jitter보다 크지 않아야 한다는 것을 의미한다.

그림 4.37은 주기적인 기준선과 비교하여 최대 지연과 최소 지연의 차이가 jitter보다 작은 event들을 보여준다. 위에서 설명한 이유에 따라 이 event 발생은 주어진 주기와 jitter로

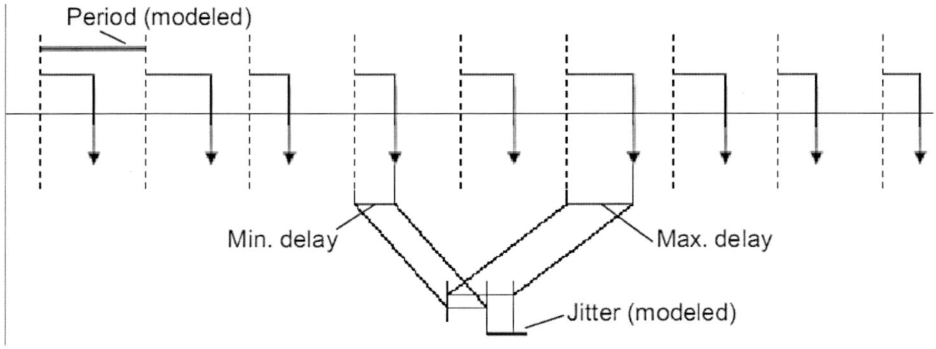

그림 4.37 PeriodicEventModel의 주기와 jitter

periodic event model을 만족한다.

4.5.1.2.2 RecurringEventModel

RecurringEventModel은 0보다 큰 lowestInterOccurrenceTime과 lowestInterOccurrenceTime보다 큰 highestInterOccurrenceTime 속성으로 특징지을 수 있다. 이 모델은 event가 발생하면 다음 event는 시간 간격 이내에 발생하는 것을 의미한다.

[t_last_occurrence + lowestInterOccurrenceTime,
t_last_occurrence + highestInterOccurrenceTime]

이 모델은 보통 간헐적인 event를 나타내는데 사용된다. 예를 들면, lowest가 100 ms이고 highest가 무한대인 ReccurringEventModel을 만족하는 event는 두 개의 연속적인 event가 서로에게서 적어도 100 ms 떨어져 있어야 한다.

4.5.1.3 Timing Chains

종종 개별 event의 기술과 모델은 system의 시간에 따른 행위를 나타내는데 충분하지 않다. 유사하게 시간 분석에 사용되는 제약사항은 다양하게 관련된 event들의 발생 시간들의 차이와 관련이 있다. 일반적인 요구사항은 예를 들면, 앞과 뒤의 방향 지시등이 켜졌을 때 시간들의 최대 차이를 명시하거나 잠금 버튼을 눌렀을 때 문을 잠그는 최대 지연 시간을 명시할 수 있다.

Event와 관련된 model에 따라 TimingChain의 개념을 소개한다. TimingChain은 자극 event와 응답 event에 관련되어 있다. 그림 4.38의 예에서 자극은 "문잠금 버튼이 눌렸음" event이고 응답은 "모든 문이 잠겼음" event이다. Event가 값을 전달할 경우 timing chain은 보통 자극의 값과 응답과 연관된 값의 잠재적으로 복잡한 특정 관계들로 관련되어 있다. 예로 자극이 "잠금 버튼이 상태를 변경했음" event이면 응답은 "문이 상태를 변경했음"

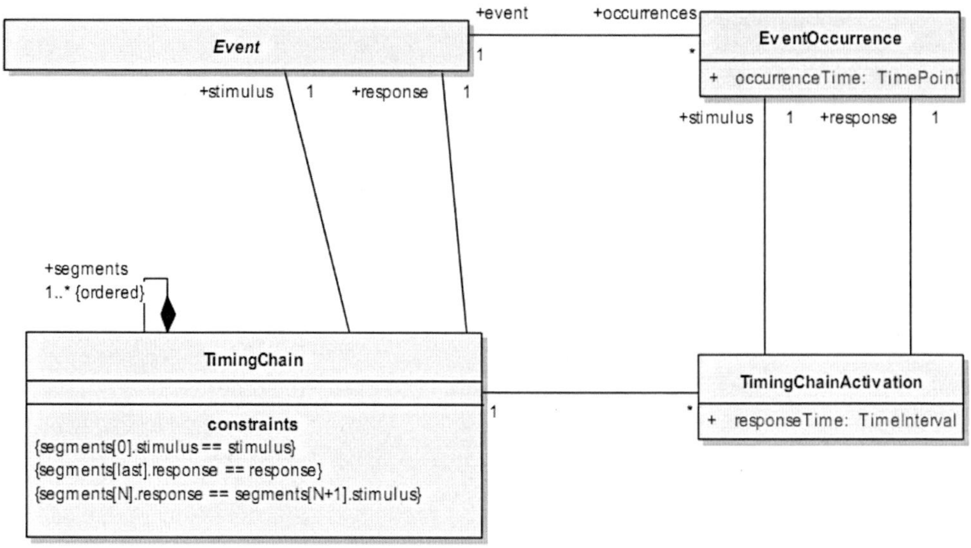

그림 4.38 Timing Chains

event로, "잠금 버튼의 상태 변경"이라는 자극을 보낸 timing chain은 "문이 잠김/열림"이라는 응답을 이끌어 낸 것이다. 자극과 응답에 관련된 정확한 관계를 표시하는 것은 AUTOSAR의 범위가 아니다.

Timing chain은 적절한 횟수만큼 활성화 될 수 있다. 하나의 timing chain은 특정 순간에 "잠금 버튼이 눌림" 자극의 발생과 버튼이 눌려서 "모든 문이 잠김" 응답이 발생하는 것과 관련된다. 결과적으로 각 timing chain은 자극의 발생과 응답이 발생하는 것의 시간 차이를 나타내는 응답 시간과 관련이 있다.

모델의 timing chain 제공은 예로 버튼이 눌리고 모든 문이 잠기는 것을 나타내는 연결, 각 자극의 발생이 자동적으로 timing chain의 활성화를 의미하는 것이 아님을 미리 말해둔다.

4.5.1.4 Timing Chain Models

TimingChainModel은 timing chain의 모든 timingChainActivation의 응답 시간과 자극의 발생과 timing chain의 활성화 시간의 관계를 보장하고 제약을 나타내는데 사용할 수 있다.

많은 복잡한 모델이 timing chain의 응답 시간을 나타내는데 사용될 수 있다. 현재 아주 단순한 두 개의 AUTOSAR Timing Model을 정의한다.

MinMaxOneToOneModel
MaxAgeModel

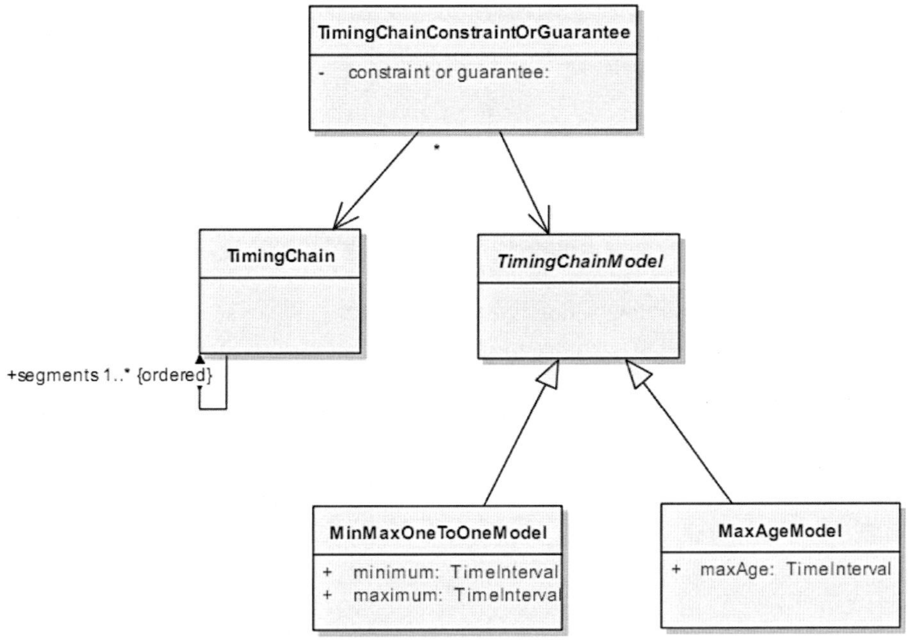

그림 4.39 Timing Chain Models

4.5.1.4.1 MinMaxOneToOneModel

MinMaxOneToOneModel은 0 이상의 minimum과 minimum 이상의 maximum 속성으로 나타낼 수 있다. 각 자극이 발생했을 때 timing chain이 활성화되고 각 활성화의 응답 시간을 만족하면 timing chain은 model을 만족한다.

minimum <= responseTime <= maximum

보통 최대한의 응답 시간을 deadline이라고 한다. 이 모델은 하나의 component가 자극에 대해서 event-driven 방식에 따라 반응하게 되어 있고, 자극 이후에 특정한 시간 안에 응답이 전달되어야 하는 event-driven system을 나타내는데 사용할 수 있다.

4.5.1.4.2 MaxAgeModel

MaxAgeModel은 0 이상인 maxAge 하나의 변수로 나타낼 수 있다. 직관적으로, 이 모델은 event가 상태의 변경을 정의하는 system들을 기술하는데 사용된다. 종종 system이 각각의 상태 값의 변경에 의해 응답하는 것은 중요하지 않지만 응답이 상태에서 변경 정보의 존재 여부를 알 수 있게 충분히 새로워야 한다.

2가지 조건을 만족하면 timing chain을 만족한다.

- 각 timing chain의 활성화에 대해 응답시간은 maxAge보다 작다.

- 각 자극 S가 응답 R을 이끌어내거나 자극 S 이후에 timing chain이 활성화되고 응답 R의 발생 시간과 자극의 발생 시간의 차이가 maxAge 이하이다.

4.5.2 Sender-receiver 통신의 시간 관점

4.5.2.1 Event의 정의

Data-element가 PPort 또는 RPort에 연관되어 있는지에 따라 다음 event들을 구분한다.

- DataElementAvailableOnPPortEvent : 이 event는 제공하는 component가 특정 data-element의 값을 만들어 냈을 때 발생한다. 구현 단계에서 이것은 보통 COM-module이나 ECU 내부 통신에서 내부 RTE buffer에 data-element의 값이 있는 것을 의미한다.
- DataElementAvailableOnRPortEvent : 이 event는 요청하는 component를 위해 특정 data-element의 값을 사용할 수 있을 때 발생한다. 구현 단계에서 이것은 보통 COM-module이나 ECU 내부 통신에서 내부 RTE buffer에 특정 data-element의 값이 있는 것을 의미한다.

4.5.2.2 sender–receiver timing chain

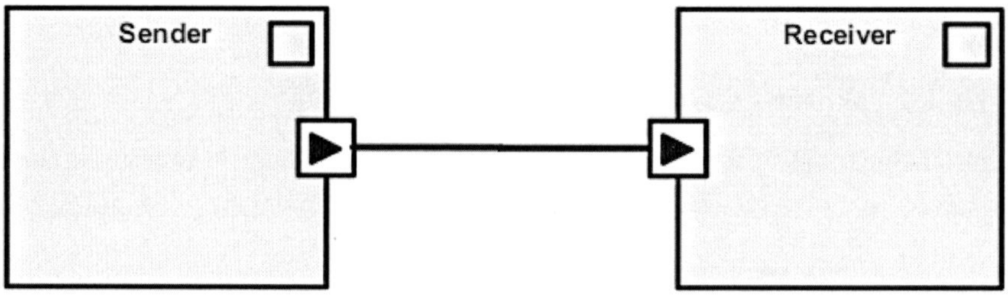

그림 4.40 단순한 sender–receiver의 관계의 예

Sender 역할을 하는 component의 PPort와 receiver 역할을 하는 RPort간의 연결이 있는 것은 sender-receiver interface에서 각 data-element를 위한 다음의 timing chain이 있을 것이다.

자극 : data-element를 위한 DataElementAvailableOnPPortEvent
응답 : data-element를 위한 DataElementAvailableOnRPortEvent

Timing chain은 기반 장치에서 data-element를 sender에서 receiver로 보내는 시간에 해당하는 하나의 segment로 이루어진다.

4.5.2.3 Sender–receiver를 위한 timing framework의 application

이 절은 application-event의 전송에 적용되는 sender-receiver 통신의 특별한 경우에 일반

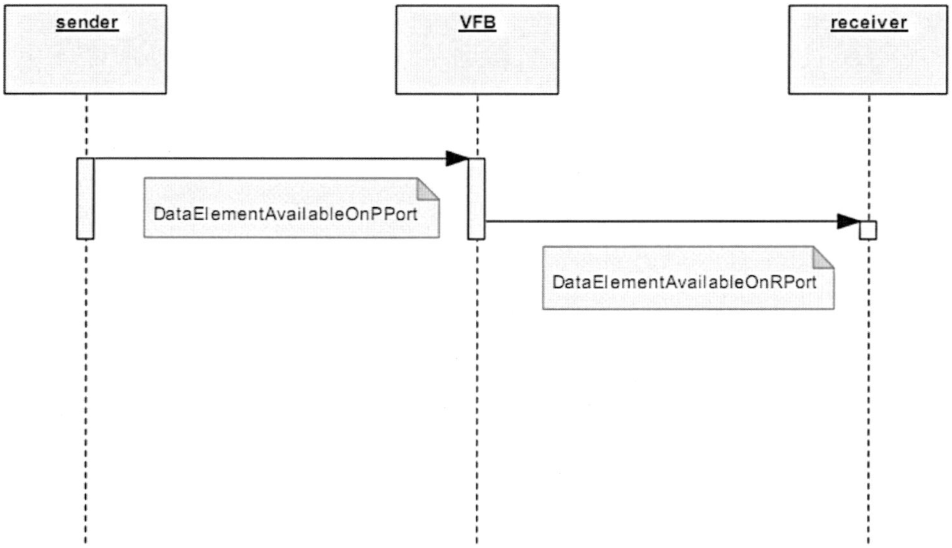

그림 4.41 sender-receiver timing chain

적인 timing framework에 적용되는 속성을 기술한다.

4.5.2.3.1 VFB 통신 속성의 일부분인 속성

PPort와 RPort 간의 connector는 각 DataElementAvailableOnPPortEvent를 생성할 책임이 있다. Connector의 응답 시간은 DataElementAvailablePPortEvent의 발생 후 DataElement-AvailableRPortEvent의 결과가 생성이 완료되는데 걸리는 시간이다. 알맞은 속성들은 min-max 응답 모델을 사용한 timing chain 행위의 요구 사항을 설정한다. 이것들의 속성은 다음과 같다.

MAXIMUM_RESPONSE_TIME_REQUIREMENT : connector가 허용한 최대한의 응답 시간이다.

MINIMUM_RESPONSE_TIME_REQUIREMENT : connector가 허용한 최소한의 응답 시간이다.

달리 말하면, PPort에 data-element를 위한 PPortEvent가 발생하면 VFB는 min과 max 사이의 응답 시간에 발생한 event에 대응하는 RPortEvent가 발생하는 것을 보장해야 한다. 많은 경우 min은 0이 되고 connector는 최대한 빨리 event를 생성하게 된다.

4.5.2.3.2 VFB 통신 속성의 추가 확장을 위해 고려해야 할 속성

Timing framework에 따르면 sender가 행위를 기술하는 것을 허용하는 event-model을 사

용하는 것이 가능하다.

간헐적인 event-model을 사용하여 다음과 같은 새로운 속성을 이끌어 낼 수 있다.

- LOWEST_INTER_OCCURRENCE_TIME_GUARANTEE : sender가 event의 연속적인 생성이 각각 최소한의 이 시간 동안 떨어져 있는 것을 보장한다.
- HIGHEST_INTER_OCCURRENCE_TIME_GUARANTEE : sender가 event의 연속적인 생성이 각각 최대한 이 시간 안에 있는 것을 보장한다.

주기적인 event-model을 사용하여 다음과 같은 새로운 속성을 이끌어 낼 수 있다.

- PERIOD_GUARANTEE
- JITTER_GUARANTEE

Timing framework에 따르면 receiver에 도달하는 event의 시간 요소에 요구 사항을 넣을 수 있다. 이 경우, 두 event-model을 허용하는 것이 유용해 보인다.

- LOWEST_INTER_OCCURRENCE_TIME_REQUIREMENT
- HIGHEST_INTER_OCCURRENCE_TIME_REQUIREMENT

또는

- PERIOD_REQUIREMENT
- JITTER_REQUIREMENT

4.5.3 Client-server 통신의 시간 속성

4.5.3.1 Event의 정의

Client-server 통신 방식의 추후 정의를 위해 다음의 event가 정의되어 있다.

- ClientInvocationAvailableOnRPortEvent : 이 event는 client 역할을 하는 software component가 RPort에서 명령을 요청할 필요가 있는 것을 나타내고 그 명령을 위해 정의된 모든 전송 매개변수 값들이 사용할 수 있는 상태인 것을 표시한다.
- ClientInvocationAvailableOnPPortEvent : 이 event는 server 역할을 하는 software component가 server 관점에서 들어온 모든 전송 매개변수의 값을 접근했을 때 발생한다.
- ServerResponseAvailablePPortEvent : 이 event는 server의 역할을 가정하는 software component가 service 요청 처리를 끝내고 모든 응답 매개변수의 값을 생성하면 발생한다.
- ServerResponseAvailableRPortEvent : 이 event는 client 역할을 가정하는 software component가 모든 응답 매개변수의 값을 포함한 server의 응답을 받으면 발생한다.

4.5.3.2 Client-server timing chain

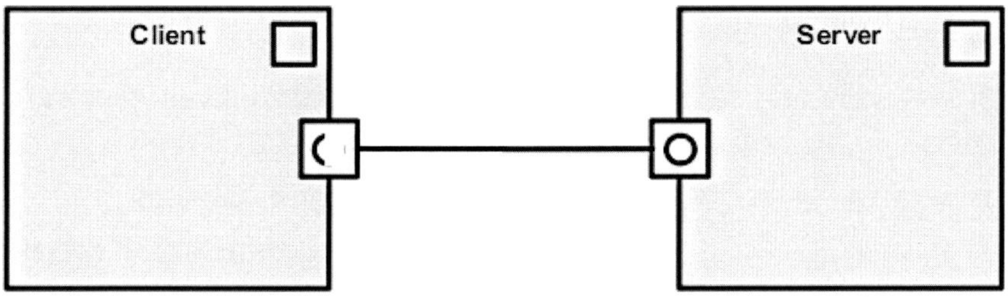

그림 4.42 단순한 client-server 관계의 예

그림 4.42는 client-server의 연결을, 그림 4.43은 연결된 port들의 client-server interface에 있는 각각의 명령을 위한 timing chain을 나타낸다.

이 timing chain은 4가지의 event로 이루어진다.

- Client의 RPort에 있는 특정 명령을 위한 timing chain의 자극은 ClientInvocation-AvailableOnRPortEvent이다. 이 event가 발생한 후 기반 장치는 service 요청의 전송을 고려할 수 있다.
- 두 번째 event는 ClientInvocationAvailablePPortEvent이다. 이 event가 발생한 후 server는 요청의 수행을 시작할 수 있다.

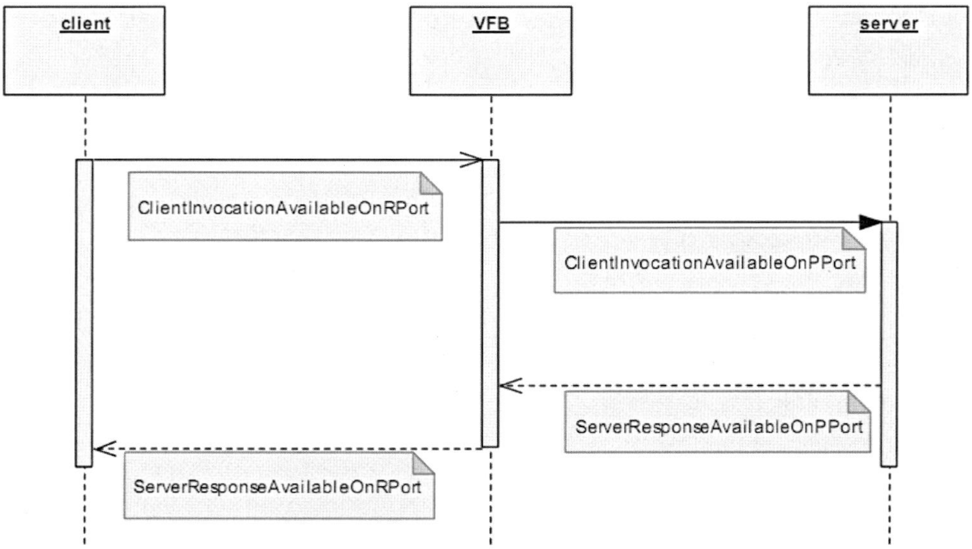

그림 4.43 client-server timing chain

- 세 번째 event는 ServerResponseAvailableOnPPortEvent이다.
- Timing chain의 마지막 응답은 ServerResponseAvailableOnRPortEvent이다.

Timing chain은 세 개의 segment로 이루어진다.

- 첫 번째 segment는 자극과 대응되는 ClientInvocationPPortEvent 간의 VFB 전송에 해당하는 client로부터 server 호출이다.
- 두 번째 segment는 server의 호출 처리와 응답 제공에 해당한다.
- 세 번째 segment는 client로 server의 응답을 보내는 VFB 응답에 해당한다.

4.5.3.3 Client-server를 위한 timing framework의 application

이 절은 AUTOSAR client-server 통신의 특정한 경우에 일반적인 timing framework를 적용한 결과인 통신 속성을 기술한다.

4.5.3.3.1 VFB 통신 속성의 일부분인 속성

Timing framework에 기반하여 이전에 정의한 전체 timing chain의 응답 시간에 제약 사항을 두기 위해 min-max model을 사용하는 것이 유용하다.

이것을 위해 client의 통신 속성은 RESPONSE_TIME_REQUIREMENT를 가진다.

4.5.3.3.2 VFB 통신 속성의 추가 확장을 위해 고려해야 할 속성

Client 역할을 하는 software component는 자극 "ClientInvocationAvailableOnRPort-Event"의 발생 형태를 고려하여 보장할 수 있는 것들을 만들 수 있다.

Service들의 요청을 위해 간헐적인 event model이 제일 적합함에 따라 다음의 속성이 client의 RPort에 있는 각 명령들을 위해 추가될 수 있다.

LOWEST_INTER_OCCURRENCE_TIME_GUARANTEE : client는 service의 연속된 요청이 최소한 각각 이 시간 동안 떨어져 있도록 보장한다.

HIGHEST_INTER_OCCURRENCE_TIME_GUARANTEE : client는 service의 연속된 요청이 각각 최대한 이 시간 이내에 있는 것을 보장한다.

4.6 하드웨어와의 상호작용

4.6.1 소개

이 절의 목적은 VFB를 통한 application software component와 Hardware 간의 표준화된 상호작용에 초점을 맞춘다. Hardware 상호작용은 다음 세 가지 종류의 hardware에 대한 접

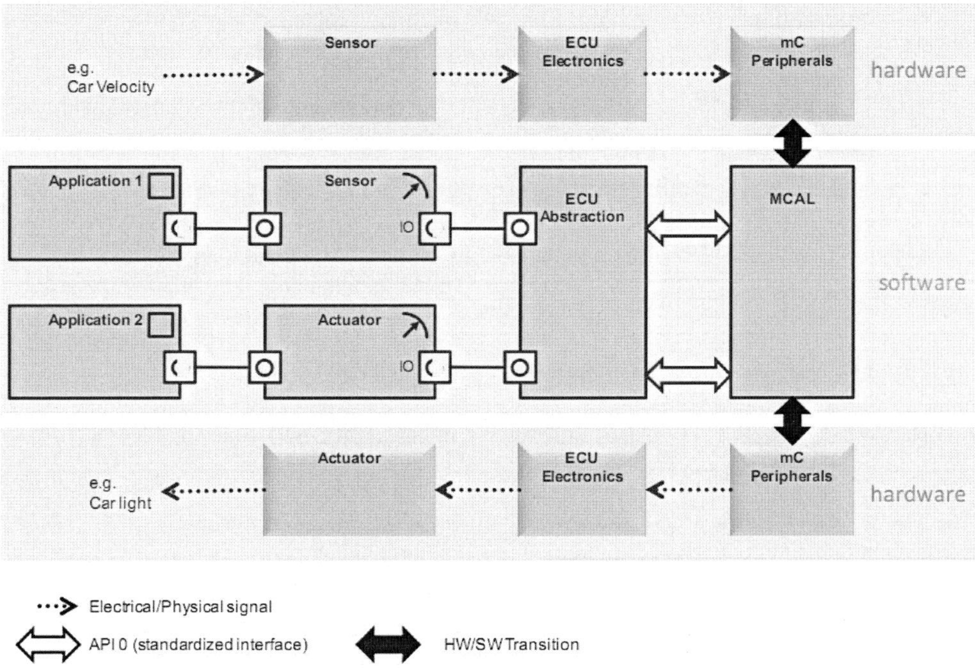

그림 4.44 물리적인 신호와 software 신호 간의 변환

근을 의미한다.

- Microcontroller peripherals
- ECU electronics
- Sensors and actuators

Actuator와 sensor hardware는 application software components에게 interface를 제공하기 위해 일반적으로 특별한 software가 필요하다. 이 interface는 보통 sensor의 값을 읽는 software interface, actuator를 설정하는 기능, 진단 interface들을 포함한다. System을 통합하는 integrator는 system의 sensor와 actuator를 선택한 ECU에 연결하기 위해서 융통성이 필요하다.

몇몇의 경우에는 ECU에 특수한 hardware가 필요하고 표준 BSW(Basic Software module)로 그 hardware와 상호작용이 불가능하다. 이 경우, Complex device driver가 이 특수한 hardware와 상호작용하기 위해서 필요하다.

그림 4.44는 일반적인 물리적 신호를 software 신호로 변경하는 과정과 그 반대 과정을 보여준다. 두 가지 이유 때문에 이 interface 구조가 선택되었다. 성능 요구사항 같은 모든 다른 통합 요구사항을 만족할 때 잠재적으로 최대한 재사용이 가능하다.

- Microcontroller가 변경된다면 ECU abstraction, sensor-actuator software component, application software component를 재사용할 수 있다.
- ECU가 변경된다면 sensor-actuator software component, application software component를 재사용할 수 있다.
- Sensor나 actuator가 변경된다면 application software component를 재사용할 수 있다.

다른 전문가와 회사들이 microcontroller, ECU, sensor, actuator, application 등의 다양한 module을 개발할 수 있다.

4.6.2 Microcontroller Abstraction Layer (MCAL)

Hardware 접근은 상위 수준의 software가 microcontroller의 register들을 직접 접근하는 것을 피하기 위해서 MCAL을 통해 이루어진다. MCAL은 BSW의 component로 표준 interface를 보장하는 Hardware 종속적인 계층이다. 이것은 microcontroller의 주변 장치들을 관리하고 microcontroller 독립적인 값들과 BSW의 component들을 제공한다. MCAL은 명령의 다른 process들에 대한 응답과 정보의 분산을 지원하기 위한 알림 메커니즘을 구현한다. 이것들 외에도 추가될 수 있다.

- Digital Input/Output
- Analog/Digital converter
- Pulse Width Modulator
- EEPROM
- FLASH
- Capture Compare Unit
- Watchdog Timer
- Serial Peripheral Interface
- I2C Bus

MCAL은 각 표준 microcontroller들에서 사용할 수 있다.

4.6.3 ECU Abstraction

ECU 추상화는 모든 하위 hardware 종속성을 상위 수준 software와 분리하기 위해 특정 ECU의 전자적인 값들에 대한 software Interface를 정의한다.

그림 4.45는 ECU 추상화를 위한 일반적인 예를 보여준다. 이 경우 "ECU_SET_I" service는 ECU에서 각각 다른 세 가지의 방법으로 제공되지만 software interface는 언제나 동일하다.

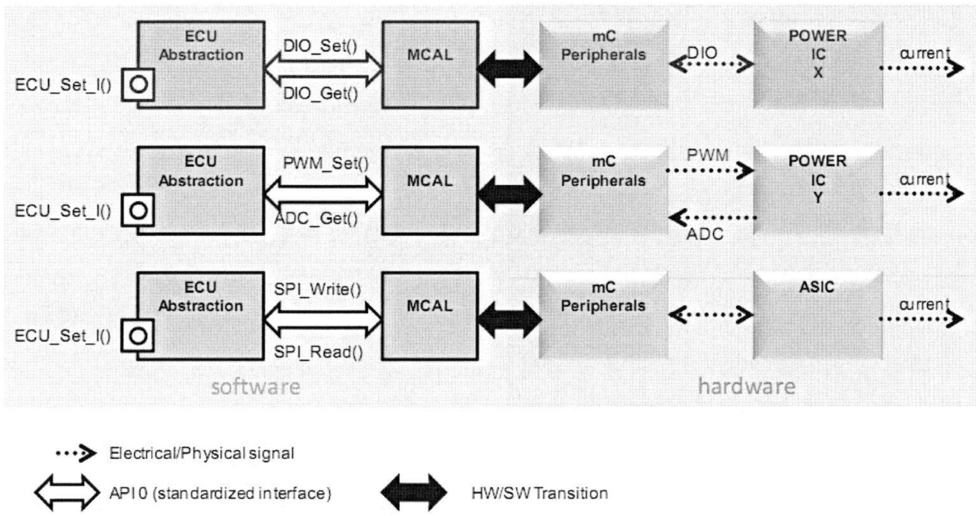

그림 4.45 ECU 추상화에서 ECU_SET_I의 예

4.6.4 Sensor-actuator Software Component

Sensor-actuator software component는 sensor 또는 actuator의 기능을 software component에서 사용할 수 있게 만들어 주는 atomic software component이다. 이것은 sensor-actuator software component가 application software component에게 sensor와 actuator의 물리적인 값을 위한 interface를 제공하는 것을 의미한다. Sensor-actuator software component는 sensor와 actuator를 위해 작성하고 ECU 추상화 interface를 사용한다.

4.6.5 Complex Device Driver Component

Complex device driver는 자원위주의 application을 위해 특정 hardware를 바로 접근하는 것을 허용한다. Complex device driver는 특정 software 구현을 넣을 수 있게 된 악결합 적재소(loosely-coupled container)이다. Complex device drive의 software 부분에 대한 유일한 요구사항은 AUTOSAR와 상호작용하기 위한 interface는 AUTOSAR port와 interface 규격에 따라 구현되어야 한다는 것이다.

Complex device driver의 주된 일은 복잡한 sensor의 측정을 구현하는 것과 특정 interrupt와 PCP, TCU 같은 복잡한 microcontroller 주변 장치를 이용하여 microcontroller로 직접 접근을 통한 injection control, electronic valve control, incremental position detection 같은 actuator의 제어이다.

또한, complex device driver는 AUTOSAR를 지원하지 않는 hardware를 위한 driver 구현을 위해서 사용된다. 예로 보통 새로운 통신 시스템이 소개된다면 통신 controller를 제어하는 AUTOSAR driver가 없을 것이다. 이것을 이용하여 통신을 하기 위해서 driver는 complex device driver 내부에 구현될 것이다. 이 통신 요청의 경우, 이것을 통한 service는 통신을 위해 통신 hardware 추상화 대신에 complex device driver를 호출할 것이다.

또 다른 예로, 비표준 기능을 구현한 ASIC들을 지원하기 위해 비표준 driver가 필요한 경우가 있다.

마지막으로 complex device driver는 이식 방식에 따라 어떤 확장이 진행된다. Complex device driver 내에서 직접 hardware 접근이 가능한 사실에 따라 이미 존재하는 application은 complex device driver로 정의될 수 있다. 만약 확장을 위한 interface가 AUTOSAR 표준에 따라 정의되었다면, OEM이나 공급사들이 모든 기존의 application들을 수정하지 않아도 되게 새로운 확장은 AUTOSAR 표준에 따라 구현될 수 있다.

4.7 AUTOSAR 기능

4.7.1 소개

이 절은 VFB 관점에서 AUTOSAR service의 제어를 기술하고 어떻게 그림으로 나타내는지 정의한다.

AUTOSAR service는 AUTOSAR software component처럼 BSW로 구성된 혼합 개념이다. 이것은 ECU에 적용된 application software component를 위해 AUTOSAR BSW라는 특정 ECU 기반 기능의 표준화된 기능을 제공한다.

단순의 미학을 위해 때때로 service라는 용어는 AUTOSAR service를 대신하여 사용한다.

그림 4.46은 서비스 요청을 위한 예를 보여준다. Software component-type SeatHeatingControl은 NVRAM service interface인 port를 하나 가진다. 이 client-server interface가 readBlock이나 writeBlock 같은 명령을 가지고 있으면 software component-type SeatHeatingControl은 특정 NV memory block의 명령을 제어할 수 있다.

4.7.2 VFB 표현

Model과 AUTOSAR service를 설정할 때 주요 조건으로 다음을 고려해야 한다.

- 적절한 통신 방식의 선택
- RTE가 정의하는 선행 조건 만족
- Platform 종속적인 형식들
- 설정

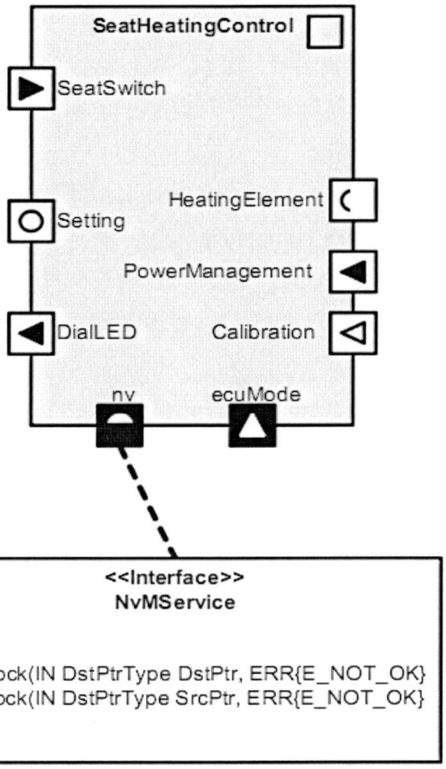

그림 4.46 NVRAM manager의 SWC 접근 service

4.7.2.1 통신 방식의 선택

일반적으로 표준화된 AUTOSAR interface를 통해 AUTOSAR service들은 통신한다. VFB에서 AUTOSAR service들은 service를 요청하는 software component들만이 볼 수 있다. BSW에 있는 대응되는 부분은 VFB에서 보이지 않지만 상속으로 제공된다. Service의 성질에 따라 모든 종류의 port를 사용할 수 있다. 가장 자연스러운 방식은 client-server interface 형태의 제공된 port를 통해 AUTOSAR component에게 service가 요청되는 것이다. 이 행위는 어떤 data가 돌아오는 Library 호출과 같다. 그림 4.46에 있는 것처럼 대응하는 software component는 요청 port를 가진다. Service가 활성화되어야 하지만 즉각적인 응답이 불필요하다면 sender-receiver interface 형태의 요청 port를 대신 사용할 수 있다. Service도 client-server interface 형태의 요청 port를 AUTOSAR component와 통신하는데 사용할 수 있다. 상태를 변경하기 전에 AUTOSAR component의 응답이 필요한 예는 상태 관리자이다.

이전 경우 대신에 service는 즉각적인 응답이 필요 없으면 sender-receiver interface 형태의 제공된 port를 상태 변화에 대해서 알려주는데 사용할 수 있다.

일반적으로 적합한 통신 형태의 선택은 use-case 종속적이다. 이미 정의된 규칙 이외의 일반적인 개념은 필요하지 않다. 어쨌거나 많은 service들은 AUTOSAR BSW 계층의 규격에 의해 이미 정의되어 있다.

VFB 관점에서 AUTOSAR component가 service를 사용하는 것은 port들을 위해 특정 그림 표시로 나타낸다. Software component-Template은 software component처럼 관련된 interface의 속성을 제공한다. Interface는 isService 속성을 참으로 설정하고, software component는 ServiceNeeds 속성을 적절한 값으로 설정한다.

4.7.2.2 Service의 위치

그림 4.46에는 특정 AUTOSAR service를 접근하는 software component의 특정한 기능이 표시되어 있다. 이것들은 AUTOSAR의 BSW 내에서 대응되는 부분이 제공되는 ECU에서만 통합될 수 있다.

이것은 AUTOSAR component interface로서 service의 구현이 service를 사용하는 특정한 ECU에 있어야만 한다는 것을 의미한다. 이것은 좋은 성능과 기술적인 이유로 필요하다. 예로 timer service는 동일 CPU 상에서 개별적으로 사용하기가 더욱 쉽다. 이러한 종류의 service는 다른 ECU 상에서도 instance화 된다.

4.7.2.3 Platform 종속적인 형식

BSW 내의 많은 data type은 효율성 때문에 platform 종속적이다. 특히, 이러한 type을 가진 ID들은 application software component의 재사용을 명확하게 제한하는 특정 ECU 내에서 다루는 entity들에 종속적이다. Type은 compile 중에 모두 알 수 있어서 source code를 위해 통합된 software component는 아무 문제가 발생하지 않는다. Object code로 통합된 software component는 문제가 발생할 수 있다. Software component의 compile 동안에 정한 type과 BSW의 compile 동안 가정한 type이 다르기 때문이다. 이 문제를 해결하기 위한 방법은 현재로는 software component가 object code로 모두 통합되어 있어도 적어도 software component 부분을 다시 compile해야 한다. 이 경우 integrator는 적절한 type을 정의하고 BSW와 application software component의 공급자에게 적절한 header file을 제공해야 한다. 이것은 software component 내의 code 최적화를 제한하고 BSW가 다른 platform 간 다양할 수 있는 data type의 크기, 특정 platform 종속적인 type을 사용하지 못하게 한다.

4.7.2.4 설정

BSW의 대부분을 구성하는 service는 효율적으로 구현되기 위해 정적 설정 변수가 필요하다. 예로 메모리 사용률은 낮게 유지하는 이러한 설정 변수들은 compile 이전에 결정되어야 한다. 대부분의 경우, 이러한 설정 변수들은 service가 사용하는 AUTOSAR component의 종류와 수에 따를 것이다. 이 경우, 적어도 특정 ECU에서 AUTOSAR service를 위한 software 부분은 system 통합 단계에서 다시 compile되어야 한다. 또한, 이를 위한 적절한 단계와 도구가 기술되어야 한다.

4.7.3 서비스의 종류

다음의 BSW module의 AUTOSAR 2.1 service들이 있다.

NVRAM manager - NvM
Communication manager - ComM
Diagnostic Communication Manager - Dcm
Diagnostic Event Manager - Dem
Function Inhibition Manager - Fim
ECU State Manager - EcuM
Watchdog Manager - WdgM
Development Error Tracer - DET

05

AUTOSAR Communication Stack 및 SWC

5.1 RTE 소개

5.1.1 AUTOSAR 문맥에서 RTE

RTE는 AUTOSAR 구조의 핵심이다. RTE는 AUTOSAR VFB의 interface를 특정 ECU에 맞게 구현한 것이다. RTE는 AUTOSAR Software component가 OS와 통신 service를 포함한 Basic software module을 접근하는 것으로 AUTOSAR software component 간의 통신이 이루어질 수 있게 하는 기반 service를 제공한다. RTE는 ECU에 component들을 다르게 배치할 때 발생하는 system 기반 시설의 다양한 요소와 표준화된 service들을 모두 포함한다. RTE는 ECU에 최적화된 RTE를 보장하기 위해 각 ECU에 맞게 각각 생성한다.

5.1.2 AUTOSAR 개념

이 절은 기본적인 AUTOSAR 개념과 RTE에 어떻게 적용되는지를 설명한다.

5.1.2.1 AUTOSAR software-components

AUTOSAR에서 “application” software는 개념적으로 AUTOSAR RTE 위에 위치하고 있고 ECU와 위치 독립적인 “AUTOSAR application software component”와 ECU에 종속적이고 성능과 효율성 때문에 재배치가 되지 않는 “AUTOSAR sensor-actuator software component”로 이루어진다. 이것은 system 설계자가 만든 제약 사항에 맞게 AUTOSAR software component는 system 설정기간 동안 사용할 수 있는 모든 ECU에 배치될 수 있는 것을 의미한다. 그러면 RTE는 component가 어떻게 배치되어 있더라도 system이 기대하는 기능을 수행하는 것을 보장해야 한다. Sensor-actuator software component를 고려해 보면 이것은 같은 곳에 있는 ECU 추상화와만 연결되어 있을 것이다. 그런 까닭에 원격의 ECU 추상화를 접근하기 위해서는 원격 ECU에 정보를 전송하는 중재 sensor-actuator software component를 통해야 한다. 이런 이유로 sensor-actuator software component를 다른 ECU로 옮기면 sensor와 actuator와 같이 연결된 장치들도 효율적인 접근이 이루어지게 같이 해당 ECU로 옮겨야 한다.

AUTOSAR software component는 component interface를 정의한 형식 정의(type definition)로 나타난다. Component type은 component가 ECU에 배치되면 instance화 된다. Component-type은 다중 instance가 지원되는 경우 동일한 ECU에서 여러 번 instance화 될 수 있다. RTE는 각 component instance가 개별적인 상태를 가질 수 있게 instance별 메모리 영역을 제공한다.

RTE는 source code가 제공되는 "source-code software component" AUTOSAR software component와 object code만 제공되는 "object-code software component" AUTOSAR software component 모두 지원한다. RTE와 관련된 AUTOSAR software component의 자세한 내용은 추후에 설명한다.

5.1.2.2 Basic Software Modules

AUTOSAR ECU는 AUTOSAR software component와 비슷한 BSW(basic software module)를 가진다. Basic software module은 다른 basic software module처럼 ECU 추상화를 직접 접근할 수 있고 그 때문에 ECU와 위치에 종속적이다.

AUTOSAR software component는 basic software module을 직접 접근할 수 없고 모든 통신은 AUTOSAR interface를 통해 이루어지며 그런 까닭에 RTE의 제어 아래에 있게 된다. 모든 basic software module에 적용되는 직접 접근을 하지 못하게 하는 요구사항은 operating system과 통신 service를 포함한다.

5.1.2.3 Communication

AUTOSAR software component의 통신 interface는 port-interface 형태의 여러 port로 이루어진다. AUTOSAR software component는 같은 ECU에 있거나 다른 ECU에 있는 다른 AUTOSAR software component와 통신할 수 있고, 같은 ECU에 port를 가지고 있는 basic software module과 interface를 통해 통신할 수 있다. 이 통신은 component의 port를 통해서만 발생한다. Port는 sender-receiver interface 또는 client-server interface이다. Sender-receiver interface는 메시지 전송 기능을 제공하고, client-server interface는 interface의 기능 호출을 제공한다.

5.1.2.3.1 Communication Models

AUTOSAR VFB 규격은 RTE 핵심 service 내에 두 가지 통신 model을 정의한다. 신호를 전달하는 sender-receiver와 기능을 호출하는 client-server. 각 통신 모델은 task 내부 통신과 task 간의 통신을 모두 포함하는 ECU 내부 software component 분산 모델과 ECU 간 software component 분산 모델에 적용할 수 있다.

Task 간 통신이 다른 task에 배치된 runnable entity 간에 발생하면 통신을 처리하기 위해 다른 task로 문맥전환이 발생하고 메모리 경계를 넘을 수 있다. Task 내부의 통신은 동일한 OS task에 배치된 runnable entity 간에 발생한다. 반면에 ECU 간 통신은 다른 ECU에 배치된 component에 있는 runnable entity들 사이에 동시에 발생하고 잠재적으로 신뢰할 수 없다. RTE가 지원하는 자세한 통신 모델은 추후에 설명한다.

5.1.2.3.2 Communication Modes

RTE는 sender-receiver 통신을 위해 두 가지의 mode를 지원한다.

- Explicit - component가 data element를 보내고 받을 때 명시적으로 RTE API 호출을 사용한다.
- Implicit - runnable이 호출되기 전에 RTE가 data element의 특정 집합을 자동으로 읽고 runnable entity가 종료되면 data element의 다른 집합을 자동적으로 기록한다. "묵시적"이라는 용어는 runnable이 data의 수신과 전송을 능동적으로 개시하지 않을 때 적용된다.

5.1.2.3.3 Static Communication

[rte_sws_6026] RTE는 정적 통신만을 지원한다.

정적 통신은 모든 통신의 시작과 대상을 RTE가 모두 알고 있는 통신 연결만을 포함한다. 통신의 동적인 재구성은 RTE에 맞는 장치들을 제한하여 실행 시간과 code overhead 때문에 지원하지 않는다.

5.1.2.3.4 Multiplicity

점 대 점 통신에서 RTE는 여러 제공자와 요청자의 통신 연결을 지원한다.

- Sender-receiver 통신을 사용할 때, RTE는 mode_switch_notification을 위해 여러 sender를 허용하지 않는 제약을 가진 하나의 sender와 여러 receiver를 가지는 1:n과 여러 sender와 하나의 receiver를 가지는 n:1을 모두 지원한다. Meta-model 제약사항 rte-sws_2670을 보시오. 여러 sender 또는 receiver의 실행은 RTE가 협력하지 않는다. 이것은 다른 Software component의 행동은 독립적인 것을 의미한다. RTE는 다른 sender들이 data를 동시에 보내는 것을 보장하지 않고 모든 receiver가 data나 event를 동시에 받는 것을 보장하지 않는다.
- Client-server 통신을 사용할 때 RTE는 여러 client와 하나의 server가 n:1 통신을 지원

한다. RTE는 하나의 client와 여러 server인 1:n client-server 통신을 지원하지 않는다.

1:1, n:1 또는 1:n 통신을 사용하는 것과 무관하게 RTE는 통신 연결을 구현할 책임이 있고 그런 까닭에 AUTOSAR software component는 설정을 알 수가 없다. 이것은 AUTOSAR Software component가 변경 없이 다른 설정에 재배치될 수 있다는 것을 의미한다.

5.1.2.4 Concurrency

AUTOSAR software component는 OS에 직접 접근할 수 없고 그런 까닭에 AUTOSAR application에는 task가 없다. 대신에 AUTOSAR에서 일관된 행동을 RTE가 호출하는 component 안에 있는 runnable entity를 기반으로 한다.

AUTOSAR VFB 규격은 runnable entity를 "RTE가 시작할 수 있는 명령의 순서"라고 정의한다. Component는 하나 이상의 runnable entity를 제공하고 각 runnable entity는 정확하게 하나의 진입점을 가진다. 진입점은 runnable entity의 구현을 제공하는 software component의 code 내에서 symbol을 정의한다.

RTE는 runnable entity의 호출을 책임져야 한다. AUTOSAR software component는 동적으로 개별적인 스레드 제어를 생성할 수 없다. 그런 까닭에 AUTOSAR application의 모든 행동은 RTEEvent의 결과로 RTE가 runnable entity를 작동시켜 초기화된다.

RTEEvent는 RTE가 runnable entity를 작동시킬 수 있는 모든 가능한 경우를 포함한다. RTEEvent의 다른 종류들은 뒷절에서 설명한다.

RTE는 AUTOSAR interface를 가진 어떠한 component에 있는 runnable entity도 지원한다. 이것은 basic software module과 AUTOSAR software component를 포함한다. Runnable entity는 각 category마다 다른 기능을 지원하는 여러 category로 나뉜다. RTE가 지원하는 category는 추후에 설명한다.

5.1.3 RTE 생성기

RTE generator는 ECU configuration description에 있는 정보를 기반으로 ECU를 위한 AUTOSAR VFB의 실제를 생성하는 도구 모음 중 하나이다. RTE generator는 AUTOSAR software component를 OS와 연결해주고 AUTOSAR software component 통신과 AUTOSAR software component와 basic software module의 통신을 관리해주는 AUTOSAR software component API 기능을 생성할 책임이 있다.

RTE 생성 단계는 두 개의 다른 단계로 이루어진다.

- RTE Contract Phase – component에 대한 제한적인 정보는, 이론적으로는 AUTOSAR interface 정의들, component type을 위한 application header file을 생성하는데 사용된다. Application header file은 component와 RTE 간의 계약을 나타낸다.

- RTE Generation Phase – component와 관련된 모든 정보, ECU에 배치와 통신 연결이 RTE를 생성하는데 사용된다. 하나의 RTE는 system의 각 ECU들을 위해서 생성된다.

두 단계의 개발 모델은 이 두 종류의 component가 RTE 생성 단계의 일부분으로 생성된 모든 정의에 접근할 수 있게 source-code AUTOSAR software component와 object-code AUTOSAR software component를 위해 사용될 RTE가 생성한 application header가 사용할 수 있는 상태인 것을 보장한다.

RTE 생성 단계와 각 단계에 필요한 입력들은 다음 절에서 더 자세히 얘기한다.

5.1.4 설계 결정

이 절은 이 문서의 실질적인 내용으로 일반적인 방향에 영향을 주는 결정들을 자세히 살펴본다.

1. 이 문서의 역할은 RTE 행위를 기술하는 것이지 RTE 구현을 기술하지 않는다. 구현은 RTE 요구사항에 명시적으로 표시되어 있지 않다면 RTE software 규격의 일부로 고려하면 안 된다.
2. AUTOSAR system은 다른 RTE generator가 생성한 각각의 RTE를 가진 여러 ECU로 구성되어 있다. 결과적으로 여러 제조사에서 나온 RTE가 어떻게 상호운용 되는지는 이 문서에서 고려해야 할 사항이다.
3. RTE는 runnable entity를 OS task로 배치하는 충분한 정보를 가지고 있지 않다. 이러한 배치는 RTE의 입력으로 필요하다.
4. C++의 지원은 완전하게 분리된 object-oriented API를 기술하기 보다는 C RTE API를 C++ component에서 사용할 수 있게 만들었다. 두 가지 이유로 이런 결정을 내렸다. 첫 번째로 C와 C++의 동일한 interface가 학습을 더욱 쉽게 만들고, 두 번째로 하나의 interface가 규격과 전체 구현을 단순하게 한다.
5. 규격에서는 Java에 대한 지원은 없다
6. AUTOSAR OS 보호 메커니즘의 지원은 RTE software 규격의 추후 발표 때까지 연기되었다.
7. AUTOSAR meta-model은 meta-model 사용에 어떠한 제약이 있더라도 system을 정의하는데 실용적이기 때문에 고 수준의 표현 언어이다.

5.2 RTE generation 단계

이 장은 RTE 생성 방법을 기술한다. 더 자세한 전체 AUTOSAR 방법론의 기술은 방법론 문서를 참조하라.

[rte_sws_2514] RTE generator는 입력 정보가 같으면 동일한 RTE API와 RTE code를 생성해야 한다.

RTE generator는 AUTOSAR 방법론에 두 번 관련된다. 다음 절에서는 RTE 생성의 두 application이 기술된다. 그림 5.1에 RTE와 관련된 전체 AUTOSAR 방법론이 나와 있다.

AUTOSAR software component의 개발을 위해 RTE contract phase에서 "component API Generation Tool"이 "component API"를 생성하는 것이 기본이다. 전체 차량의 기능은 composite software component와 atomic software component로 기술된다. Composite software component 기술의 경우 software component 간의 연결이 이미 정의되어 있다. 서로에게 연결된 이러한 software component의 모음은 실제 ECU에 배치되지 않은 VFB 관점이라고 한다.

System 설정 동안 System configuration Generator는 필요한 software component, 사용할 수 있는 ECU와 system 제약에 관한 정보를 얻는다. 이제 atomic software component는 사용할 수 있는 ECU에 배치된다. VFB 관점에서 atomic software component 간의 통신 관계가 기술되고, 각 atomic software component가 특정 ECU로 배치되면 통신 행렬이 생성된다. Software component description에서 port를 통해 주고 받는 signal은 추상적인 방법으로 정의된다. 이제 System Configuration Generator는 application signal을 어떤 네트워크를 통해 전송할 수 있게 전송되어야 할 실제 신호 길이와 frame을 포함하여 system signal들을

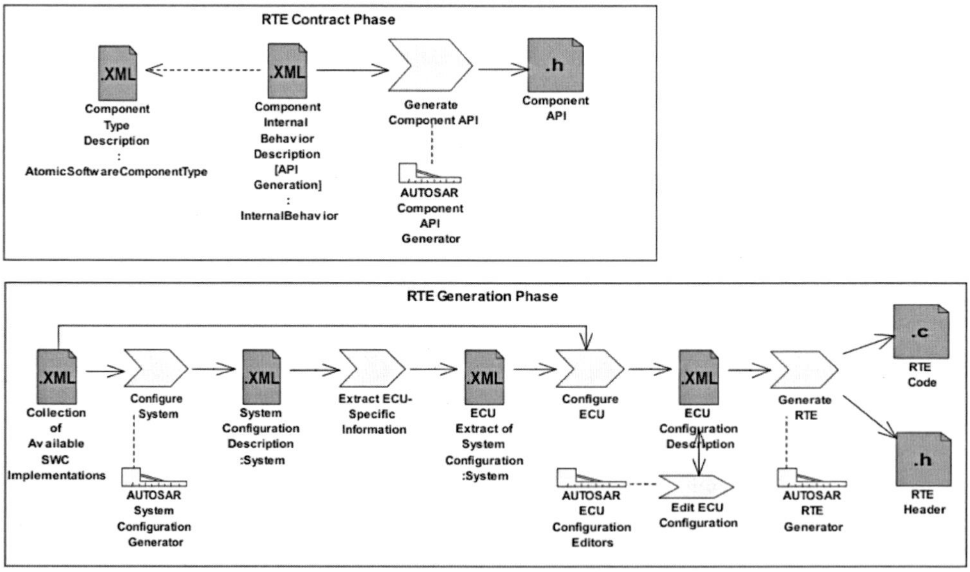

그림 5.1 System 구현 방법

정의해야 한다. System signal과 대응되는 COM signal은 실제로 전송하기 위해 나중에 RTE Generator가 사용한다.

다음 단계인 System Configuration Description은 각 개별 ECU의 기술로 나뉜다. Extract는 각 ECU를 개별적으로 설정하는데 필요한 정보만을 가지고 각 ECU를 위해 ECU configuration에 반영된다.

[rte_sws_5000] RTE는 각각의 ECU instance를 위해 개별적으로 설정되고 생성된다.

ECU Configuration Editor는 모든 설정 문제가 해결될 때까지 ECU Configuration Description 상에서 반복 수행된다. ECU 설정의 특정 부분에서 각 특수성으로 여러 설정 편집기가 필요할 것이다. 하나의 편집기가 RTE 설정에 사용될 때, 다른 하나의 편집기는 통신 행렬이 아니라 개별 module의 상호작용을 나타내는 COM stack을 설정할 것이다.

특정 basic software module의 설정이 다른 module에게 전체적으로 독립적이지 않다. 모든 설정 변수들이 동일하게 ECU Configuration Description에 편집기를 여러 번 적용해야 할 필요가 있다.

설정 문제가 모두 해결되어야만 RTE Generator는 다른 basic software module과 software component code와 함께 연결되고 compile될 실제 RTE code를 생성할 것이다.

RTE generator를 위해 필요한 정보는 여러 설정 file에 분산되어 있고 여러 다른 AUTOSAR 기술을 참조하고 있는 ECU Configuration Description을 기반으로 하기 때문에 RTE generator는 다양한 정보의 범위를 필요로 한다.

[rte_sws_5001] RTE 생성 도구는 AUTOSAR 인증 도구 문서의 상호 운용성에 따라 입력을 지원할 필요가 있다.

이것은 AUTOSAR로 ECU를 만들고 이 방법으로 어떻게 RTE가 사용되는지에 대해 필요한 주요 단계를 개략적으로 설명한다. 좀 더 자세한 AUTOSAR 방법의 기술은 방법론 문서를 참조하기 바란다. 다음 절에서는 RTE 상호작용을 좀 더 자세히 설명할 것이다.

5.2.1 RTE contract 단계

RTE-specific API로 software component 개발을 지원할 수 있기 위해 RTE contract phase에서 RTE generator가 software component internal behavior description으로 application header file인 component API를 생성한다. 그림 5.2를 보자.

AUTOSAR software component를 사용하는 Software component Interface description에서 적어도 특정 software component의 AUTOSAR interface가 기술되어야 한다. 이것은 port와 interface를 포함한 software component type을 의미한다. Software component Internal Behavior Description에서 추가적으로 runnable entity와 RTEEvent가 정의된다. 이 정보로부터 RTE Generator는 port를 접근하고 data를 보내고 받을 수 있는 특정 API를 생성한다.

생성된 Component API와 software component developer는 통신이 나중에 ECU 내에서

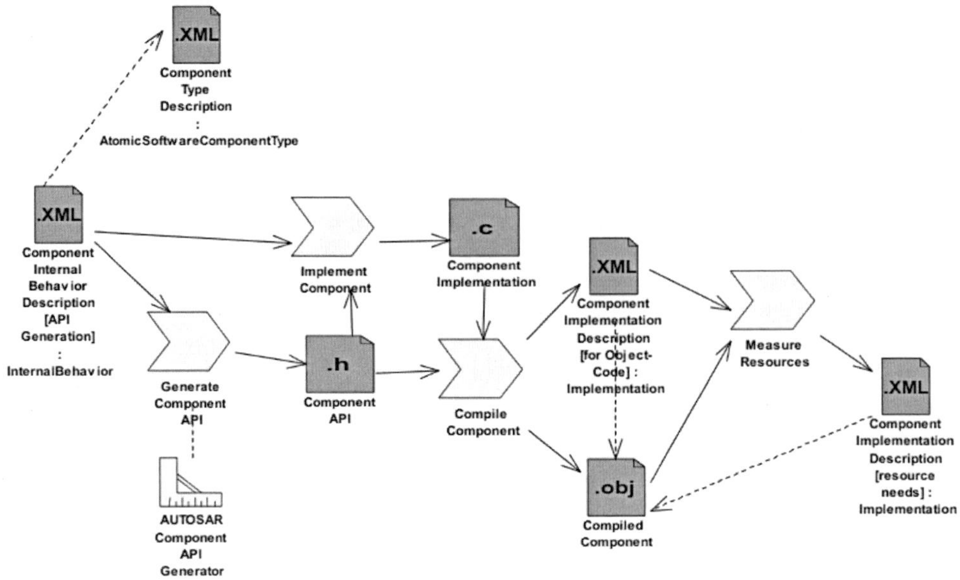

그림 5.2 RTE Contract Phase

이루어지는지 어떤 네트워크를 사용하는지를 상관하지 않고 software component의 source-code를 제공할 수 있다.

Software component 개발 단계는 반복적이고 software component를 개발하는 동안 바뀐다는 것을 고려해야 한다. 이것은 software component description에서 발생한 변경을 반영하기 위해 application header file이 다시 생성되어야 한다.

Software component가 성공적으로 compile되면 Component Implementation Description Generation Tool이 compile된 object file을 분석할 것이고 특정 구현에서 정보로 software component를 자세하게 기술한다. 이것은 RAM과 ROM을 위한 실제 메모리 필요량에 관한 정보를 포함하고 software component description의 Component Implementation Description 부분에 들어간다.

Software component는 다음과 같은 부분으로 이루어진다.

- Component type description
- Component internal behavior description
- The actual source code and/or object code
- Component implementation description

앞에서 나열한 정보는 전체 system이 조립되면 system description 단계를 위해 충분한 정보를 제공할 필요가 있다.

5.2.2 RTE 설정 편집

ECU 설정 동안 RTE도 설정이 필요하다. 이것은 크게 두 가지로 나뉜다. RTE의 설정과 다른 module의 설정을 위한 요청.

첫 번째로 RTE configuration editor는 실제로 작동할 수 있는 RTE를 구성하는데 필요한 모든 정보를 수집한다. 이 정보의 수집은 software component instance의 정보와 통신 관계, runnable entity와 관련된 RTEEvent 등을 포함한다. 이 모든 정보를 제공하는 주요 공급원은 Software component description 또는 System configuration description 같은 추후 description이 참고하는 ECU configuration description이다.

하나의 큰 중요한 점은 software component의 port에서 COM signal로 application signal을 배치(mapping)하는 것이다. Application signal을 system signal로 배치하는 것은 system configuration generator가 이미 정의하였다. 이제 RTE configuration editor는 ECU를 위해 application signal을 COM signal에 배치한 것으로 system-level의 배치를 입증해야 한다. 이 application signal을 COM signal에 배치한 것은 system 생성 시간에 수행된 application signal을 system signal에 배치한 것을 거스르지 않아야 한다.

RTE와 OS 간의 상호작용에 대한 추가적인 요구사항은 다음 절에 기술되어 있다.

ECU configuration description의 다른 부분을 포함하는 ECU configuration editor의 사용은 — 수렴되지 않는 순환 종속이 없다면 — 안정된 설정이 생성될 것이고, ECU 설정 단계가 종료될 것이다. 자세한 ECU 설정에 관한 기술은 참고문헌에서 볼 수 있다. 다음은 실제 RTE 생성에 관한 것이다.

5.2.3 RTE generation 단계

ECU가 전체적으로 설정된 후 실제 RTE의 생성이 수행될 수 있다. 다른 basic software module과의 관계는 ECU configuration phase에서 이미 정리되었기 때문에 모든 module들을 위한 생성이 병렬로 수행될 수 있다. 그림 5.3을 보자.

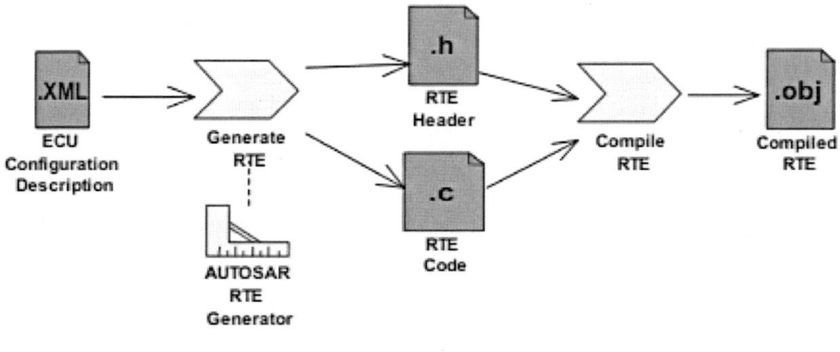

그림 5.3 RTE Generation Phase

실제 software component와 basic software module code는 RTE code와 서로 연결되어 전체 ECU software를 만들 것이다.

5.2.4 RTE 설정과 OS 상호작용

생성된 RTE는 AUTOSAR COM과 OS와 상호작용을 한다. 이 후를 위해, RTE는 RTE generator가 몸체를 생성하는 task 등으로 이루어진 이미 존재하는 OS 객체와 주기적인 runnable entity들을 위한 schedule table이나 주기적인 알람 등으로 이루어진 새롭게 필요한 객체들을 모두 사용한다. RTE와 OS 모두가 OS 객체의 집합을 동의해야 하기 때문에, 그런 까닭에 OS와 RTE 간의 설정 정보의 협력은 핵심이다.

AUTOSAR OS는 ECU configuration description에서 설정된다. RTE configurator/generator는 필요한 것들을 OS와 통신해야 하고, 그런 까닭에 생성된 RTE가 요청하는 OS 객체 집합의 통신 허용에 동일한 형태의 순서를 사용하는 것에 민감하다.

생성된 RTE가 사용하는 OS 객체의 규격은, OsNeeds라는 용어로 사용되고, RTE와 OS의 설정과 생성 도구가 지원하는 접근 방법에 따라 설정 기간 또는 설정 기간과 생성 기간에 걸쳐서 완료된다. 따라서 그림 5.4에 따라 출력정보 OsNeedssms RTE configuration editor나 RTE generator가 대신 제공할 수 있다.

[rte_sws_5071] RTE generator가 생성 단계에서 OsNeeds 정보를 만들지 않으면 RTE configuration editor가 OsNeeds 정보를 만들 수 있다.

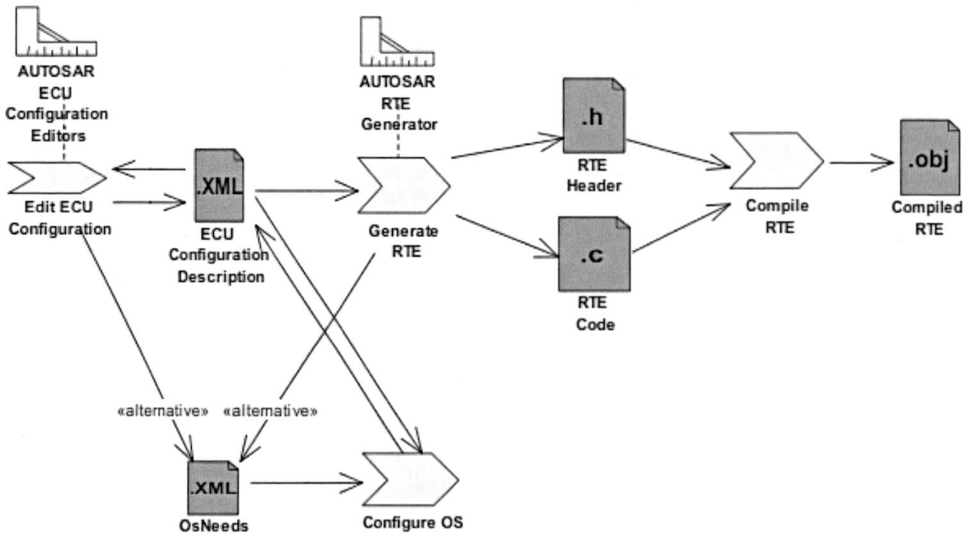

그림 5.4 RTE Editing Phase and OS interaction

[rte_sws_5076] OsNeeds 정보가 제공되면 RTE generator는 생성 단계에서 적재소(container)에 정의된 OS 객체만을 사용할 수 있다.

요구사항 5076은 객체가 제공되면 OsNeeds 정의에 포함되지 않은 OS 객체의 사용이 불가능하다는 것을 알려준다.

[rte_sws_5077] RTE는 모듈 설정 적재소인 RTE_OsNeeds에서 OsNeeds 정보를 접근할 수 있다.

요구사항 5077은 OsNeeds 정보를 가진 적재소에 이름을 부여하고 적재소는 RTE generator가 읽고 쓴다. 이 적재소는 RTE configurator/generator가 순수하게 읽는 OS 정보와 구분되고 이 두 적재소는 OS 설정 단계에서 합쳐질 필요가 있다.

만약 RTE configuration editor가 RTE generator에서 사용될 OS 객체의 list를 제공한다면 생성 단계에서 RTE generator가 다시 생성할 필요가 없고, 그런 까닭에 생성 단계 동안 OsNeeds 정보가 제공한 객체만을 사용한다.

[rte_sws_5072] RTE_OsNeeds 적재소가 없다면 RTE generator가 생성 단계에서 무에서 필요한 OS 객체들이 있다고 가정하고 모든 필요한 OS 객체를 포함한 OsNeeds 정보를 생성한다.

예로 특정 RTE 구현의 자세한 정보를 알지 못하는 일반 ECU editor를 사용하여 RTE configuration editor가 OsNeeds 정보를 제공하지 못한다면 생성 단계에서 RTE generator가 정보를 제공한다.

[rte_sws_5073] 생성된 OsNeeds는 OS software component에 정의된 OS configuration format을 사용하고 ECU configuration specification에 따라 기술되어야 한다.

생성된 OsNeeds 정보는, 정의에 의하면, RTE를 위한 OS 설정 단계에서 존재하는 요구사항을 도입하기 위한 유일한 방법이다. 생성된 정보는 OS 설정을 진행하기 위해 필요한 모든 정보를 가져야 한다.

OS configuration format이 OsNeeds를 기술하는데 사용되어 이 정보는 OS 설정 단계에서 더 자세히 하기 위해 직접적으로 사용될 수 있다.

RTE 설정과 OsNeeds 간의 참조를 깨지 않기 위해서 주의를 받아들여야 한다. OsNeeds가 변경되었다면, 예로 우선순위 변경, RTE configuration/generation의 변경이 필요하면 이것은 동기화되어야 한다.

[rte_sws_5074] 생성된 OsNeeds는 ICC3 배송 내에서 OS software component로부터 표준화된 설정 변수만을 사용할 수 있다.

표준화된 설정 변수만이 RTE에 사용되기 때문에 OS는 독립적이고 다른 제조사가 제공할 수 있다. RTE와 OS모두를 같은 제조사에서 제공한다면 ISS2 cluster로 배송되고 rte_sws_5074는 유효하지 않다.

5.3 RTE 기능 규격

5.3.1 구조적 개념

5.3.1.1 범위

이 절은 AUTOSAR software component의 개념과 RTE에서 AUTOSAR software component 사용법을 소개한다.

Software component template은 AUTOSAR 내용 안에서 software component의 종류를 정의한다. 그림 5.5에 이것들이 나타난다. ComponentType 추상은 instance화 되지 못하고 compositionType 또는 추상 class AtomicSoftwareComponentType의 EcuAbstractionComponentType 또는 특수한 class ApplicationSoftwareComponentType, SensorActuatorSoftwareComponentType, ServiceComponentType, ComplexDeviceDriverComponentType 중 하나가 될 수 있다.

다음 문서에서 AtomicSoftwareComponentType이라는 용어는 모든 언급된 비추상 파생 meta-class를 총칭한다. ComponentType은 독립적으로 사용되고 다른 시나리오에 몇 번이고 재사용될 수 있는 software component의 형태를 정의한다. composition에서 형태들은

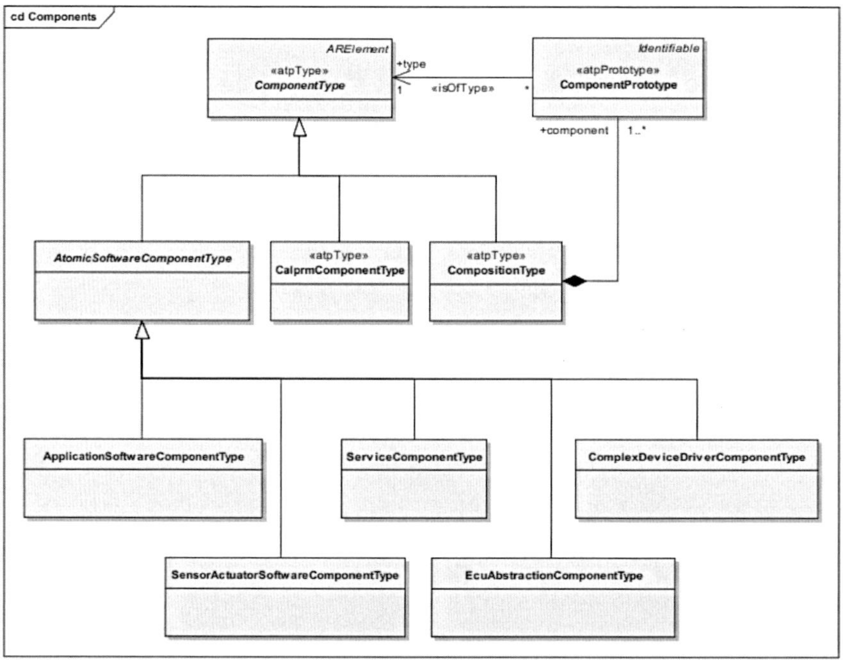

그림 5.5 AUTOSAR SW-component 분류

component prototype이라는 특정 역할로 나타난다. Prototype은 특정 시나리오 내에서 하나의 형태의 활용이다. AUTOSAR에서 어떠한 componentType도 prototype으로 사용될 수 있다.

그림 5.5에서 보여준 software component는 그림 5.6에 있는 구조에서 RTE 위에 있게 된다.

RTE 아래에도 AUTOSAR interface를 가진 software entity가 있다. 이것들은 AUTOSAR service들과 ECU abstraction, complex device driver이다. 이 software들을 위해 AUTOSAR interface가 기술될 뿐만 아니라 내부 구조에 관한 정보가 basic software module description에도 있을 것이다. 다음 절에서는 다른 software component 종류가 RTE에 미치는 영향을 자세하게 설명한다.

5.3.1.2 RTE와 AUTOSAR software-component

Software component의 기술은 다음 절에서 각각 나누어 설명할 다음과 같은 부분으로 나누어진다.

- 계층적 구조
- Port와 interface
- 내부 행위
- 구현

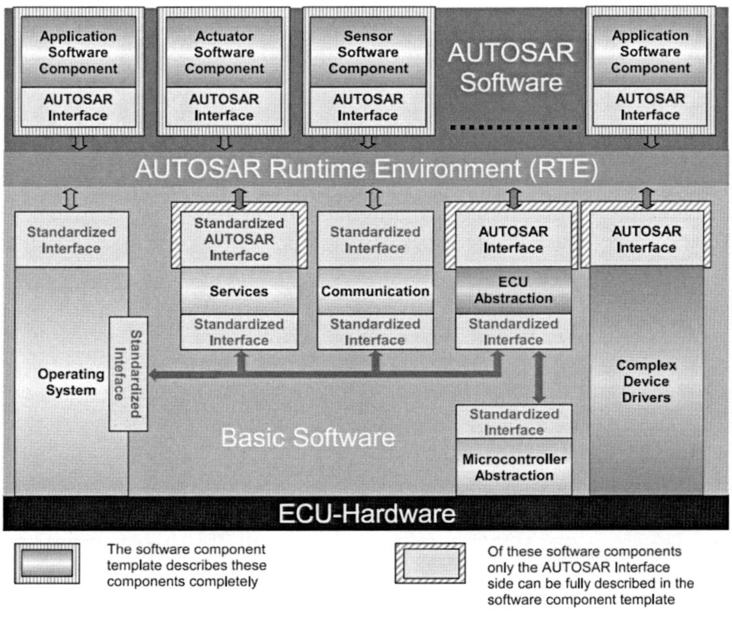

그림 5.6 AUTOSAR ECU 구조

5.3.1.2.1 SW-component의 구조

AUTOSAR에서 E/E system의 구조는 AUTOSAR software component template과 특히 composition 메커니즘을 사용하여 기술된다. 이러한 최상위의 composition은 subsystem과 subsystem의 port로 조립된다.

물론 이런 composition은 composition들이 다른 composition 형태를 instance화하는 많은 계층 구조를 사용한다. 그러나 몇몇 낮은 계층에서는 각각 composition이 AtomicSoftwareComponentType으로만 구성된다. 그리고 이러한 AtomicSoftwareComponentType의 instance가 RTE와 같이 작동하게 된다.

5.3.1.2.2 Port, interface와 연결

각 software component는 다른 software component와 통신을 하기 위해 port들을 제공하거나 요청한다. 이것은 그림 5.7에 나타나 있다. Port가 sender/receiver냐 client/server냐에 따라 interface가 결정된다.

Composition이 instance들로 만들어지면 port는 composition 내부를 연결하거나 composition 외부로 접근을 할 수 있게 만든다.

DelegationConnector가 composition의 내부에서 외부로 연결하는데 사용되는 동안 composition의 내부 연결을 위해 AssenbltConnector가 사용된다. 연결되지 않는 port는 RTE00139

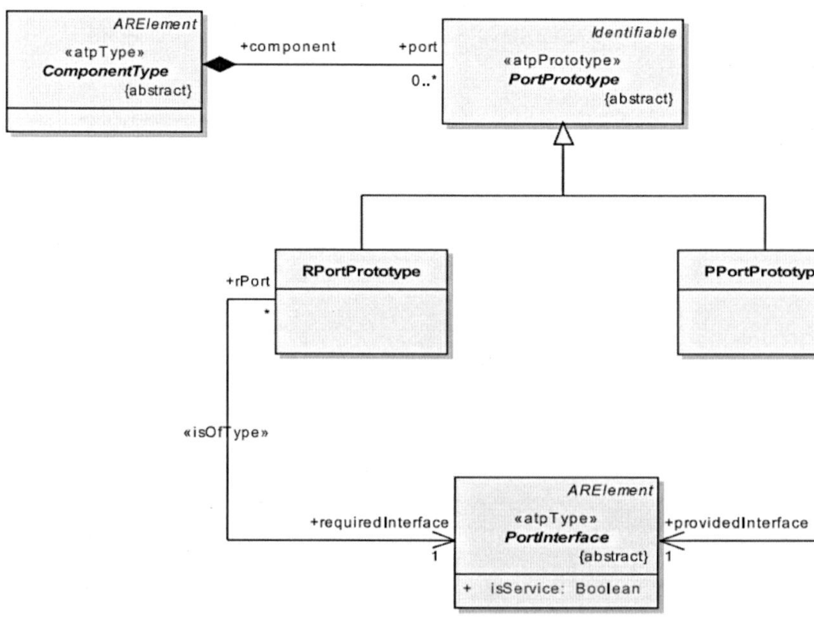

그림 5.7 SW-components and ports

요구사항에 따라 처리된다. 다음 단계는 software component instance를 ECU에 배치하고 통신연결을 설정하는 것이다. 이 단계에서 실제 통신이 생성되고 두 instance의 port 간의 통신이 bus를 통하는지 ECU 내부에서 이루어지는 지 고정된다.

[rte_sws_2200] RTE는 ECU configuration description에 기술된 대로 통신 경로를 구현한다.

[rte_sws_2201] RTE는 software component description에서 준 대로 통신 속성의 의미를 구현한다. 주어진 통신 메커니즘의 의미는 통신 대상이 동일한 ECU에 있거나 떨어져 있거나, RTE를 통해서 통신하거나 COM을 통하거나 변하지 않는다.

Rte_sws_2200과 rte_sws_2201에 따르면 client와 server가 아주 같은 ECU에 배치되었기 때문에 RTE는 비동기식 client의 의미를 동기식으로 변경할 수 없다.

5.3.1.2.3 내부 행위

AtomicSoftwareComponent를 위해서만 Internal Behavior Description에 있는 내부 구조가 노출된다. 여기에 runnable entity와 사용되는 RTEEvent의 정의가 완료된다. 그림 5.8을 참고하라.

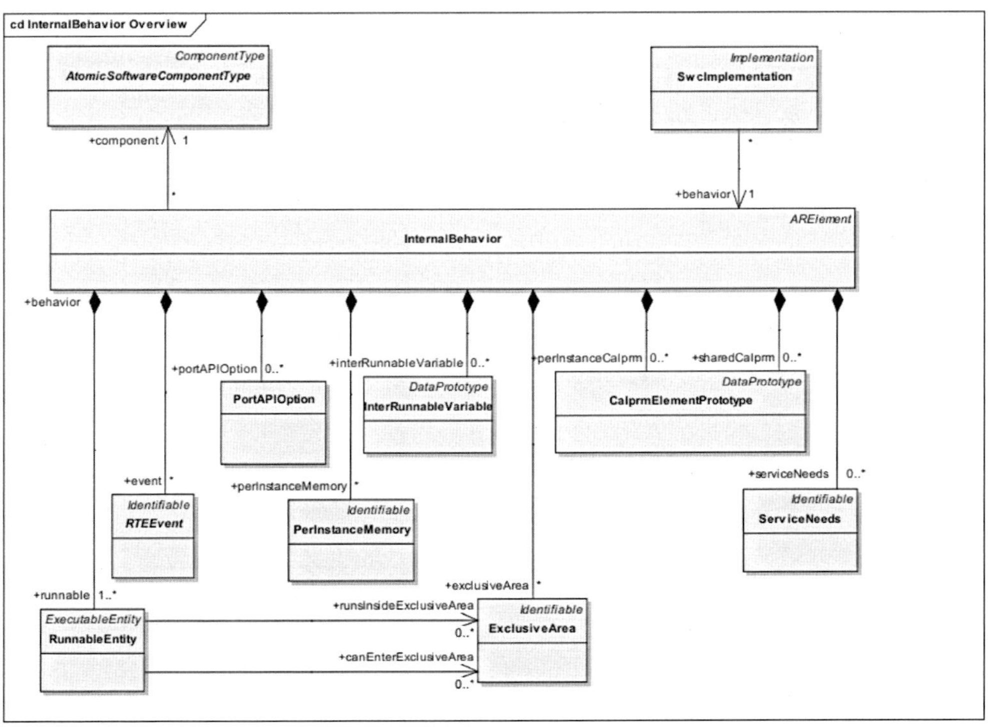

그림 5.8 SW-component internal behavior

AUTOSAR sóftware component와 AUTOSAR interface를 구현하는 basic software module이 제공하는 runnable entity 또는 짧게 runnable로 말하는 이것은 가장 작은 code 조각이다. Meta-class RunnableEntity로 표현되며 그림 5.9를 참조하라.

보통, software component는 server, client, feedback, etc 등의 역할을 수행하기 위해 다양한 runnable entity의 조합으로 이루어진다.

[rte_sws_2202] RTE는 AUTOSAR software component에 있는 다중 runnable entity를 지원해야 한다.

Runnable entity는 OS task의 문맥 내에서 실행되고 RTEEvent가 실행을 시작한다. 뒤에서 runnable entity 개념을 더 자세히 기술하고 runnable entity를 task에 배치하는 문제를 논의한다.

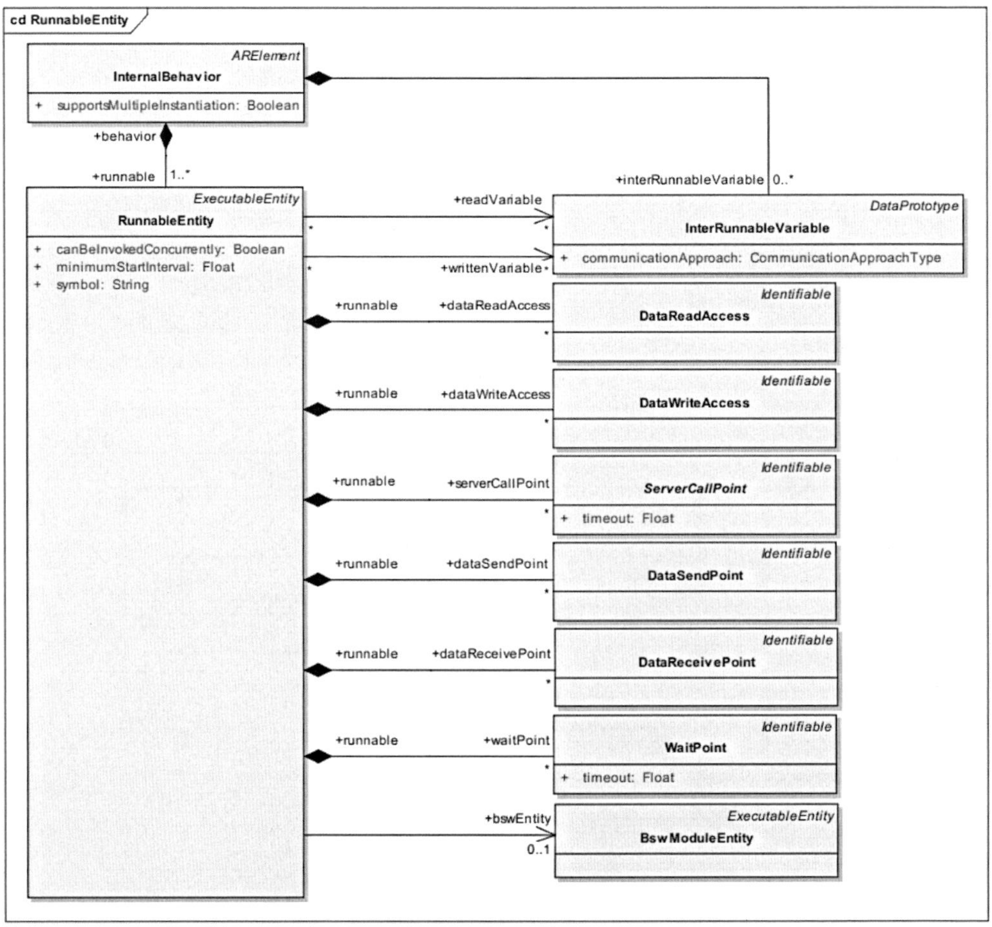

그림 5.9 SW-component runnable entity

RTEEvent와 RTEEvent에 의한 runnable entity의 활성화도 설명한다.

[rte_sws_2203] RTE는 연결된 RTEEvent에 따라 runnable entity의 실행을 제어한다.

[rtw_sws_2204] RTW generator는 runnable entity를 시작할 수 있는 RTEEvent가 OS task에 배치되지 않았다면 설정을 거부해야 한다. 예외인 OperationInvokedEvent의 경우 직접 함수 호출로 구현된다.

[rte_sws_2207] RTE는 OS task 안에서 runnable entity의 실행 순서를 지켜야 한다.

내부 행위의 정보로 RTE와 OS 내에서 software component의 설정 일부분을 이미 설정할 수 있다. 그런 까닭에 port, interface 등의 구조와 AUTOSAR software component의 내부 행위 정보가 RTE Contract Phase를 위해 충분하다. 어떻든 몇몇 자세한 정보는 여전히 없고 이것은 Implementation Description에서 할 일이다.

5.3.1.2.4 구현

Implementation Description에 메모리 소비를 포함하여 software component의 실제 구현이 기술된다. 그림 5.10을 참고하라.

구현 부분의 정보는 RTE generation Phase를 위해 필요하다.

5.3.1.3 Instantiation

5.3.1.3.1 범위와 배경 지식

보통 말하기를, instantiation이라는 용어는 model 또는 template으로부터 파생된 특정 instance의 처리를 말한다. 그러나 이 처리는 추상의 다른 단계에서 완료될 수 있다. 그런 까닭에 한 단계의 instance는 다른 단계의 모델이 될 수 있다. AUTOSAR에 따라 M3에서 M0

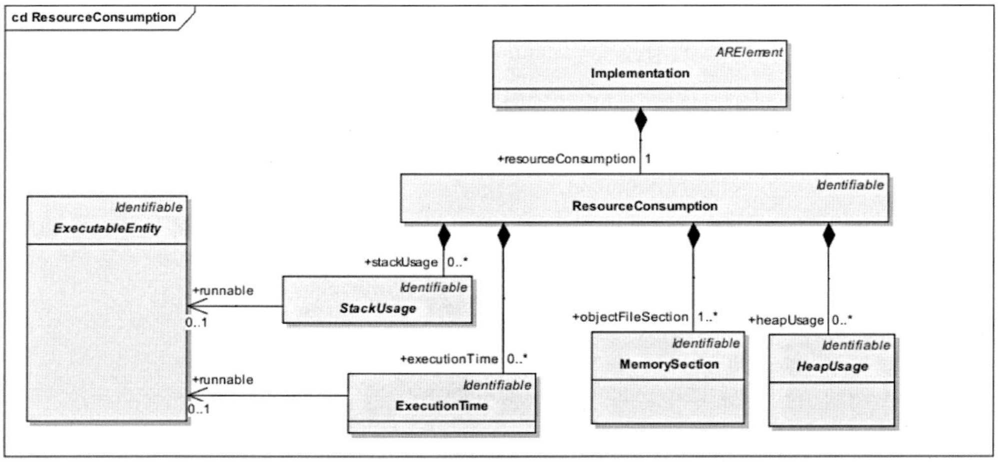

그림 5.10 SW-component resource consumption

로 네 가지의 모델링 단계가 구분된다. M3 단계는 M2 단계의 AUTOSAR meta model을 파생하는데 사용되는 개념을 기술한다. M2 단계의 이 meta model은 M1 단계의 모델의 특정한 속성을 기술할 수 있는 언어를 정의한다. 예로 AUTOSAR software component의 특정 형태를 기술.

예로 AUTOSAR meta model의 한 부분은 software component template 또는 줄여서 SWC-T로 불린다. 이는 뒷절에서 자세히 설명한다.

M1 단계에서 설계자는 말하자면 LightManager의 특정 형태 같은 component나 interface 또는 composition을 설계하기 위해 정의된 언어를 사용한다. 여기에 Atomic software component의 기술은 앞에서 말한 구현 부분처럼 내부 행위를 포함할 것이다.

이 기술들은 Contract phase라고 불리는 단계에서 RTE generator를 위한 입력이다. 이 정보 외에 port와 interface를 접근하는 특정 API가 생성될 것이다.

Software component는 일반적으로 runnable entity의 집합으로 이루어진다. 이제 runnable entity는 구현에 참고할 수 있는 특정한 프로그래밍 언어로 기술될 수 있다. 이전 절에서 본 것처럼 구현이 하나의 internal behavior description에 대응되는 것처럼 하나의 implementation description에 대응된다. 어쨌든 M1 단계에서는 여전히 청사진이다.

M0 단계에서는 특정 차량 위의 특정 실행 instance를 참조한다. 이들 특정 component type에서 파생된 object들은 특정 target 위의 특정 실행 환경에서만 실행될 수 있다. 이 object는 실제와 실행되는 구현을 실제화하고 그런 까닭에 M0 단계의 software instance처럼 참조되어야 한다. 예로 특정 조명 제어 ECU에서 동일한 component type인 LightManager로부터 각각 다른 조명을 위해 책임이 있는 두 개의 component instance가 파생될 수 있다. Instance 생성은 첫 단계로 동일한 model에서 전달된 object라고 해도 그것들을 구분할 수 있어야 한다는 것을 의미한다.

이 서술형 description에 따라 실행 시간 환경으로의 RTE는 instantiation의 처리가 가능하다. 그런 까닭에 문서 전체에서 instantiation이라는 용어는 M1 단계에서 파생된 M0의 처리를 의미한다. 그런 까닭에 이 부분은 instantiation 처리에서 일어날 수 있는 문제를 가리킬 것이고 AUTOSAR component와 AUTOSAR RTE를 위해 필요한 요구사항을 기술할 것이다.

[rte_sws_2000] RTE generator는 AUTOSAR software component description에서 AUTOSAR software component의 instantiation을 할 수 있어야 한다.

5.3.1.3.2 Instantiation의 개념

AUTOSAR software component의 instantiation이 일반적으로 system 단위 기반으로 이루어지는 것을 고려하지 않아도 RTE generator는 ECU 단위 개별화로 관점을 제한한다.

일반적으로 다른 두 종류의 instantiation이 가능하다.

- 단일 instantiation - 하나의 object 또는 AUTOSAR software component instance만 AUTOSAR software component description에서 파생될 것이다.
- 다중 instantiation - 여러 object 또는 AUTOSAR software component instance가 AUTOSAR software component description에서 파생될 것이다.

[rte_sws_2001] RTE는 하나의 AUTOSAR software component description에서 하나 이상의 AUTOSAR software component를 instance화 할 수 있다.

[rte_sws_2008] RTE generator는 AUTOSAR software component description에 있는 InternalBehavior의 supportMultipleInstantiation 속성을 평가할 수 있다.

[rte_sws_2009] RTE generator는 multiple instatiation이 요청 되었지만 AUTOSAR software component description에 있는 InternalBehavior의 suppotMultipleInstatiation 속성이 false로 설정되어 있다면 설정을 거부할 수 있다.

5.3.1.3.3 단일 instantiation

단일 instantiation은 instantiation 중에 가장 쉬운 경우이다.

Instantiation이 되는 것은 code와 특정 runnable entity에 대응되는 data가 실행 시간 문맥에 내장된 것을 의미한다. 보통 이것은 OS task의 문맥으로 실현된다. 그림 5.11을 보자.

Software component의 단일 instantiation이 모호하지 않아서 추가적인 개념을 더하지 않았다.

5.3.1.3.4 다중 instantiation

[rte_sws_2002] 하나의 AUTOSAR software component로부터 다중 instantiation된 object는 명확하게 식별할 수 있어야 한다.

이것을 달성하기 위해 두 가지의 이론적인 방법이 있다.

- Runnable entity의 code 복제
- 재진입을 할 수 있는 Runnable entity의 code 공유

Runnable entity R1 called out of a task context:

```
TASK(Task1){
    ...
    R1();
    ...
}
```

그림 5.11 example of runnable entity

지금부터 code 공유에만 집중하고 code 복제는 지원하지 않는다.

[rte_sws_2017] 다중 instantiation은 code 공유로 이루어져야 한다.

Code가 재진입을 할 수 있다면 다중 instantiation은 동일한 code를 공유할 수 있다.

5.3.1.3.4.1 Reentrant code

일반적으로 실행 중인 task의 다른 스레드가 같은 code entity를 호출한다면 부작용이 발생할 수 있다. 호출된 code entity가 상태나 모든 instance들이 볼 수 있는 정적 변수를 의미하는 메모리를 상속한다면 이것은 특히 사실이 된다. 이것은 이들 정적 변수들에 의해 모든 instance들이 결합되었다는 것을 의미한다.

그런 까닭에 그들은 서로에게 영향을 미친다. 이것은 data 일치성 문제를 일으킨다. 그러나—이것이 더 중요하지만—AUTOSAR에 새로운 통신 메커니즘을 도입하여 이 문제는 잊혀졌다. AUTOSAR software component는 port를 통해서만 통신을 할 수 있다.

마무리하기 위해 호출하는 code entity는 역시 호출된 code entity의 재진입 문제를 상속한다. 특히, 재귀 호출의 경우 사실이다.

5.3.1.3.4.2 Unambiguous object identification

[rte_sws_2015] Code 공유로 다중 instantiation이 필요하다면 instantiation된 AUTOSAR software component object는 instance handle로 명확하게 식별되어야 한다.

5.3.1.3.4.3 Multiple instantiation and Per-instance memory

AUTOSAR software component는 software component instance 자체만이 접근할 수 있는 내부 메모리를 가진다. 이 개념은 PerInstanceMemory라 부른다. 메모리는 이 특정 instance의 runnable entity만이 접근할 수 있다. 달리 말하면 다른 instance는 이 메모리에 접근할 수 없다.

PerInstanceMemory와 PerInstanceMemory를 위한 API는 뒷절에서 자세히 설명한다.

5.3.1.4 RTE and AUTOSAR services

AUTOSAR 용어에 따라 AUTOSAR service는 다양한 AUTOSAR software component가 사용하는 일반적인 기능을 제공하는 basic software module의 논리적인 entity이다. 기능은 표준화된 AUTOSAR interface를 통해 접근한다. 그런 까닭에 AUTOSAR service는 표준화된 AUTOSAR interface를 제공한다. 표준화된 PortInterfaces로 port의 형태를 나타낸다.

[rtw_sws_2100] RTE는 동일한 ECU에 있는 AUTOSAR software component를 향한 AUTOSAR service들의 연결을 지원한다.

RTE는 원격 ECU에 있는 AUTOSAR service로의 연결이나 AUTOSAR service 간의 연결을 지원하지 않는다.

AUTOSAR service port들을 AUTOSAR software component로 연결할 때 RTE는 basic software module의 AUTOSAR service runnable을 위한 RTE 입력에 정의된 symbol에 표준 RTE API를 배치한다. AUTOSAR service를 위한 ECU 종속적인 식별자를 구별하는 핵심 기술은 뒷절에서 소개할 port-defined argument value이다. 현재 port-defined argument value는 client-server 통신만을 지원한다. Data를 송신하거나 수신하기 위해 미리 정의된 symbol을 사용하는 것은 불가능하다. 후자가 단일 instantiation만 가능한 경우 RTE는 AUTOSAR service의 C기반 API로 Instance handle을 보내지 않는다.

5.3.1.5 RTE and ECU abstraction

ECU 추상화는 AUTOSAR software component를 위해 물리적인 값에 interface를 제공한다. ECU hardware port로 가는 signal의 물리적인 값을 추상화하고 전압 값과 전류 값과 같은 signal의 물리적인 출현을 일반화한다.

AUTOSAR ECU 구조를 보면 구조 관점에서 ECU abstraction은 basic software layer의 일부분이고, AUTOSAR software component에 AUTOSAR interface를 제공한다. ECU abstraction은 firmware로 구분되고 대부분 sensor와 actuator와 상호작용을 한다.

RTE 관점에서 보면 일반 AUTOSAR port들이 연결되어 있다. 아무런 제약 없이 AUTOSAR VFB가 기술한 모든 통신 기법이 port, interface, sender-receiver, client-server 메커니즘의 연결로 적용할 수 있다.

어쨌거나 ECU abstraction의 port는 언제나 Sensor 또는 actuator software component인, 특정 AUTOSAR software component의 port에만 연결된다. 이 경우 이 들은 특정 ECU abstraction과 강하게 결합된다.

그런 까닭에 RTE가 ECU abstraction의 AUTOSAR port를 원격 ECU상의 어떠한 AUTOSAR component의 AUTOSAR port로 연결할 수 없다.

이것은 ECU abstraction에서 오는 sensor 관련 signal들은 언제나 동일한 ECU에 있는 AUTOSAR sensor component가 수신한다. AUTOSAR sensor component는 수신한 data를 처리할 것이고 동일한 ECU에 있거나 다른 ECU에 있거나 상관없이 다른 AUTOSAR component에 처리한 값을 배포할 것이다. 이것은 actuator관련 signal에도 적용된다.

[rte_sws_2054] RTE generator는 단 하나의 ECU abstraction만을 기대한다.

[rte_sws_2050] RTE generator는 AUTOSAR software component의 port 연결을 위한 동일한 방법으로 AUTOSAR sensor 또는 actuator software component의 port와 연결된 ECU abstraction의 port 간의 통신 경로를 생성해야 한다.

[rte_sws_2051] RTE generator는 AUTOSAR software component에서 원격 ECU 상의 ECU abstraction으로의 통신 경로를 요청하는 설정을 거부해야 한다.

ECU abstraction에 관한 정보는 대응되는 규격문서에서 찾을 수 있다.

5.3.1.6 RTE and Complex Device Driver

Complex device driver는 AUTOSAR interface를 가진다. 그런 까닭에 RTE는 Complex device driver와 통신을 할 수 있다. Complex device driver는 RTE의 제어 아래에 있지 않지만 여전히 RTE API를 사용하는 code entity를 가지는 것을 허용한다.

5.3.2 RTE Implementation Aspects

5.3.2.1 범위

이 절은 AUTOSAR RTE의 어떤 특정 구현 양상에 대해서 기술한다. 이는 주로

- Runnable entity 같은 논리적인 개념을 AUTOSAR OS 같은 기술적 구조에 배치하는 것
- Basic software에서 지연되는 interrupt의 분리와 AUTOSAR software component들의 알림
- RTE가 해결해야 하는 data 일관성 문제

그런 까닭에 AUTOSAR RTE와 표준 interface를 가진 AUTOSAR basic software의 두 module과의 상호작용을 같이 본다. 그림 5.12를 참고하시오.

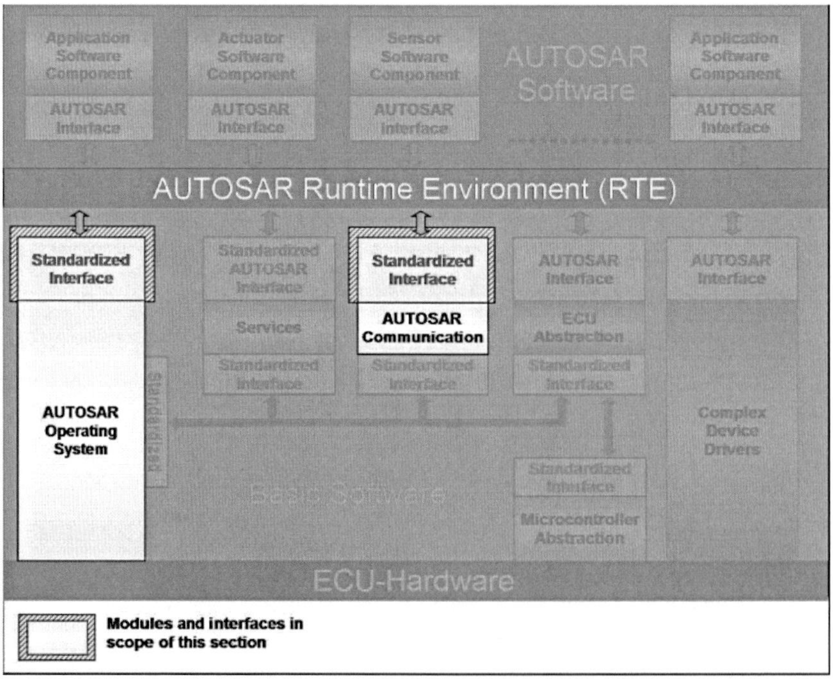

그림 5.12 basic software module 상의 관점

- AUTOSAR Operating system module
- AUTOSAR COM module

표준 interface를 가지는 것의 의미는 첫 번째로 module이 RTE 상에 위치한 AUTOSAR software component의 service나 AUTOSAR software component를 위한 service의 제공이나 요청을 하지 않는다. 이것들은 port를 가지지 않고 그런 까닭에 이전에 말한 AUTOSAR software component와 연결될 수 없다. AUTOSAR OS는 AUTOSAR COM처럼 단순하게 보이지 않는다.

두 번째로 AUTOSAR OS와 AUTOSAR COM은 AUTOSAR software component가 요청한 기능을 달성하기 위해 RTE가 사용한다. AUTOSAR COM module은 ECU의 경계를 넘어 signal을 전달하기 위해 RTE가 사용하지만 이 메커니즘은 전송하거나 수신하는 AUTOSAR software component에게 숨겨진다. AUTOSAR OS module은 RTE generator가 생성한 적절한 runnable entity를 호출하는 task body에 맞게 하나의 runnable entity를 적절하게 schedule하기 위해 RTE가 사용한다. 이 경우 RTE는 task 문맥에서 interrupt를 notification으로 변환하고 data 일관성을 보장하기 위한 적절한 방법을 사용할 수 있다.

이 관점에 맞게 세 번째로 RTE는 AUTOSAR OS와 AUTOSAR COM을 위한 추상 계층이 아니다. RTE는 VFB처럼 동일한 interface를 AUTOSAR software component에게 제공한다. 특정 ECU를 위한 VFB의 전체 기능을 basic software의 module들과 결합하여 구현한다. 그래서 AUTOSAR OS와 AUTOSAR COM은 특정 ECU를 위한 VFB의 특정 구현의 특정 module이다. 이것들은 VFB 기능의 구현을 지원해야 하지만 module의 기능은 AUTOSAR software component와 그들에게 제공하는 그 자체가 알려져서는 안 된다.

[rte_sws_2250] RTE는 AUTOSAR component에게 RTE 기능을 제공하기 위해서만 AUTOSAR OS와 AUTOSAR COM을 사용할 수 있다.

[rte_sws_2251] RTE generator는 runnable entity를 포함한 task를 위해 task body를 구성할 수 있다.

Task body들을 구성하기 위한 정보는 ECU configuration description이 제공한다. Runnable entity를 task로 배치하는 것은 ECU configuration description이 입력으로 제공한다. RTE generator는 runnable entity를 task로 배치하는 것을 결정하지 않는다.

[rte_sws_2254] RTE generator를 위한 runnable entity를 task로 배치를 고려하거나 task body의 구성을 고려하는 정보의 누락은 유효하지 않은 설정으로 보고 거부해야 한다.

5.3.2.2 OS

이 절은 RTE와 AUTOSAR OS 간의 상호작용을 기술한다. 상호작용은 AUTOSAR OS API라는 OS의 표준 interface를 통해서 이루어진다. 그림 5.12를 보라.

OS는 RTE generator가 아닌 ECU configuration이 정적으로 설정한다. RTE generator는

실행 시간 환경을 위해 필요한 task들과 다른 OS 객체를 생성할 수 없다. 또한, runnable entity를 task에 배치하는 것은 RTE generator의 일이 아니다. 이 배치는 설정 단계 이전에 RTE configuration phase에서 완료된다. RTE generator는 runnable entity의 호출을 포함한 task body의 생성을 책임진다. Runnable entity 자체는 OS 독립적이고 OS service 호출을 할 수 없다. RTE는 이러한 호출을 표준화된 RTE API를 통해 캡슐화한다.

5.3.2.2.1 OS 객체

Tasks

- RTE는 runnable entity 호출을 포함하는 task body를 만들어야 한다. Task라는 용어가 OS의 설정 객체를 기술할 때 task body라는 용어는 code 조각을 기술하는데 사용된다.
- RTE는 task 활성화와 재시작을 SetEvent() 또는 ActivateTask() 같은 OS service를 통해서 직접 제어하거나 runnable entity의 시간 기반 활성화를 위해 alarm이나 schedule table의 시작을 초기화하여 간접적으로 제어한다. Task가 종료되면 생성된 task body 또한 TerminateTask() 또는 ChainTask()의 호출을 포함한다.
- RTE generator는 task를 만들지 않는다. Runnable entity의 task로 배치는 RTE generator의 입력이고 RTE 설정의 부분이다.
- RTE configurator는 OS configuration에 필요한 task들을 할당해야 한다.

OS application

- 현재의 AUTOSAR RTE SWS 규격은 메모리 보호를 지원하지 않는다.

Events

- RTE는 추상 RTEEvent의 구현을 위해 OS Event를 사용할 수 있다.
- RTE는 OS service 함수 SetEvent(), WaitEvent(), GetEvent()와 ClearEvent()를 호출할 수 있다.
- 사용된 OS Event들은 RTE generator의 입력 정보의 일부분이다.
- RTE configurator는 OS configuration에 필요한 event들을 할당해야 한다.

Resources

- RTE는 OS의 표준 또는 내부 자원을 사용할 수 있다. 예로 data 일관성 메커니즘
- RTE는 OS service인 GetResouce()와 ReleaseResouce()를 호출할 수 있다.
- 사용된 resource들은 RTE generator의 입력 정보의 일부분이다.
- RTE configurator는 OS configurator에 모든 종류의 필요한 자원을 할당해야 한다.

Interrupt Processing

- 일관된 data를 접근하기 위한 대체 메커니즘은 interrupt의 활성화와 비활성화이다.

AUTOSAR OS는 interrupt의 활성화와 비활성화를 위해 다른 service 함수를 제공한다. RTE는 이 기능을 사용할 수 있고 동일한 목적으로 compiler/processor 종속적인 함수를 사용할 수 없다.

Alarms

- RTE는 비동기식 client/server 호출의 모니터링에서 시간 초과를 위해 alarm을 사용할 수 있다. RTE는 시간 초과를 처리할 의무가 있다.
- RTE는, RTEEvent인 TimingEvent를 통한 runnable entity의 활성화, runnable entity의 주기적인 시작을 위해 순환 alarm을 설정할 수 있다.
- 사용된 alarm은 RTE generator의 입력 정보의 일부분이다.
- RTE configurator는 OS configuration에 필요한 alarm을 할당해야 한다.

Schedule table

- RTE는, RTEEvent인 TimingEvent를 통한 runnable entity의 활성화, 순환적 task 활성화를 위해 schedule table을 설정할 수 있다.
- 사용된 schedule table은 RTE generator의 입력 정보의 일부분이다.
- RTE configurator는 OS configuration에 필요한 schedule table을 할당해야 한다.

Memory protection (SSC3/SCC4)

현재 AUTOSAR RTE 규격은 AUTOSAR OS 메모리 보호 메커니즘 기능을 지원하지 않는다. 미래의 규격을 위해 RTE는 OS application의 보호 경계를 넘어 client-server 통신처럼 sender-receiver 통신의 data 전달도 책임진다.

Common OS feature

OS의 전역 scheduling 전략에 따라 RTE는 필요한 data 일관성 메커니즘에 관한 결정을 만들 수 있다. 예로, ECU에서, 모든 task가 비선점일 때—ECU 전체의 전역 scheduling 전략의 결과도 비선점—RTE는 data 일관성을 위해 생성된 code를 최적화할 수 있다.

Hook functions

AUTOSAR OS 규격은 다음과 같은 Hook 함수를 지원한다.

사용자가 Hook 함수를 구현하고 특정 정도의 경우 operating system이 호출한다. System 또는 application 단계에서 반응하기 위해 두 가지 종류의 hook 함수가 있다.

Application-specific: 개별 OS application의 범위 내에서 hook 함수

System-specific: integrator가 일반적으로 제공하는 전제 ECU 범위 내에서 hook 함수

SCC1과 SCC2 확장 규격에서 메모리 보호가 사용되지 않으면 system-specific hook 함수만을 사용할 수 있다.

현재 AUTOSAR RTE SWS 규격은 메모리 보호를 지원하지 않는 까닭에 system-specific hook 함수만 관련이 있다. 구현을 위한 SRS 요구사항에서 system-specific hook 함수는 거부되었다. 거부의 이유로 이 기능은 system(ECU) 전역을 대상으로 한다. RTE는 이 기능의 유일한 사용자가 아니다. 다른 basic software module이 hook 함수를 사용하는 요구사항을 가질 수 있다. 이것은 RTE가 basic software module configuration의 필요 정보 없이 이 기능을 설정할 수 없는 이유이다.

System-specific hook 함수의 구현이 RTE generator가 아닌 system integrator가 수행하게 의도된 것이다.

5.3.2.2.2 Runnable entity

이 절은 runnable entity, 그것들의 category들과 task 배치 형태를 기술한다. 기능을 구현하는 runnable entity의 prototype은 뒷 절에서 설명한다.

Runnable entity는 software component의 schedule할 수 있는 부분이다. 직접 함수 호출을 통해 호출되는 재진입 server runnable의 예외를 고려하여 task를 배치해야 한다. ECU configuration description에 이 배치가 기술되어야 한다. 이 설정 또는 RTE 관련 부분은 RTE generator의 입력이다. 모든 runnable entity는 RTEEvent의 결과로 RTE가 활성화한다. RTEEvent를 사용하여 기술할 수 있는 activation event는 meta model에 기술되어 있다. 그림 5.13을 참고하라. RTEEvent들은 다음 절에 기술된다. Runnable entity를 위한 StartOnEvent로 기술된 RTEEvent가 없다면 runnable entity는 RTE가 활성화할 수 없다.

Runnable entity는 다음과 같이 나누어진다.

Category 1

Category 1인 runnable entity는 WaitPoint가 없고 유한 시간 내에 종료된다. 몇몇 제약

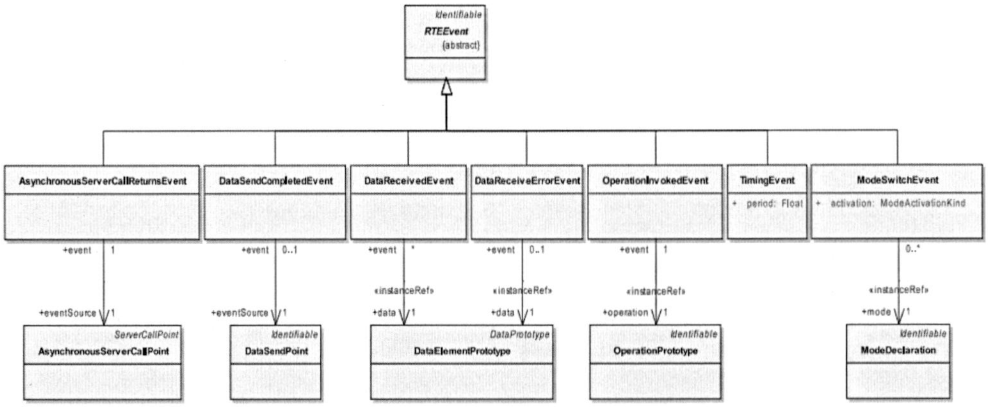

그림 5.13 RTE-event의 종류

사항에 따라 category 1 runnable entity는 AUTOSAR OS의 basic task에 배치될 수 있다. VFB 규격은 category 1A와 category 1B runnable entity로 구분한다. 배치를 위해 이 두 sub-category는 동일하게 다루어지고 category 1이라는 용어를 대신 사용할 수 있다.

Category 2

Category 1의 runnable entity와 반대로, category 2의 runnable entity는 언제나 적어도 하나의 WaitPoint를 가지거나 server를 호출하고 SynchronousServerCallPoint 동안 돌아오는 응답을 기다린다. Extended task만이 WAITING task 상태를 지원하기 때문에 category 2 runnable entity는 보통 extended task에 배치된다. 적어도 하나의 WaitPoint나 SynchronousServerCallPoint의 존재가 runnable entity를 category 2 runnable로 분류한다.

Category 3

Category 3의 runnable entity는 VFB 규격에 기술되어 있다. 그러나 현실적으로 RTE 규격의 범위 밖이다.

5.3.2.2.3 RTE Events

Meta model은 다음의 RTE event를 기술한다.

T	TimingEvent
DR	DataReceivedEvent (S/R Communication only)
DRE	DataReceiveErrorEvent (S/R Communication only)
DSC	DataSendCompleteEvent (S/R Communication only)
OI	OperationInvokedEvent (C/S Communication only)
ASCR	AsynchronousServerCallReturnsEvent (C/S Communication only)
MS	ModeSwitchEvent

Meta model에 따라 모든 종류의 RTEEvent가 다음 중 하나가 된다.

1) Runnable entity의 활성화
2) Runnable entity의 waitpoint에서 runnable entity를 깨움

Meta model은 제한을 만들지 않는다. 결과적으로 RTE API 함수는 모든 종류의 RTEEvent의 waitpoint 설정에 필요할 것이다.

그럼에도 불구하고 몇몇의 경우 일반 meta model의 모든 가능한 경우를 구현하는 것에 맞지 않기도 한다. 예로 주기적 TimingEvent가 풀어주는 waitpoint의 설정. 그런 까닭에 AUTOSAR Release 2.0의 RTE SWS는 몇몇 제한을 만든다.

Meta model은 또한 여러 RTEEvent가 시작하는 동일한 runnable을 허용한다. RTE의 현재 접근을 위해 제한 사항은 뒤에서 설명한다.

	T	DR	DRE	DSC	OI	ASCR	MS
Activation of runnable entity	X	X	X	X	X	X	X
Wakeup of waitpoint		X		X		X	

그림 5.14 RTEEvent의 예

그림 5.14는 모든 RTEEvent를 위한 runnable entity의 활성화를 보여준다. Runnable entity의 활성화를 위해 명시적인 RTE API가 필요하지 않다. Runnable entity가 waitpoint를 가지면 할당된 RTE event가 풀 수 있다. Waitpoint 진입은 명시적인 RTE API 함수 호출이 필요하다. OS와 함께 RTE는 이 RTE API안에 waitpoint를 구현해야 한다.

Waitpoint를 설정하기 위해 호출되는 RTE API 함수는 다음과 같다.

- DataReceivedEvent: Rte_Receive()
- DataSendCompletedEvent: Rte_Feedback()
- AsynchronousServerCallReturnsEvent: Rte_Result()

5.3.2.2.4 Runnable entity를 task로 배치

RTE의 중요한 요구사항 중 하나는 task body의 구성이다. 필요한 입력 정보는, 예로 runnable entity를 task에 배치, ECU configuration description이 제공해야 한다. ECU configuration description 또는 그것의 추출은 RTE generator를 위한 입력이다. 이 문서의 목적은 필요한 입력 정보를 정의하는 것이다. 그런 까닭에 다음 시나리오는 ECU configuration template과 RTE generator를 위해 필요한 요구사항을 만드는데 도움이 될 것이다. 이 시나리오는 모든 가능한 조합을 지원하지 않는다.

RTE configurator가 예로 runnable entity를 task에 배치, ECU 설정의 일부분을 설정한다. 이 설정 단계에서 RTE configurator는 생성된 RTE에서 사용되는 task, event, alarm 같은 OS 객체를 할당한다. RTE configurator는 이 설정 item의 소유자여야 한다. 다른 configurator는 예로 OS configurator, 이 설정을 변경하면 안 된다. 사용할 의미의 그림은 다음과 같다.

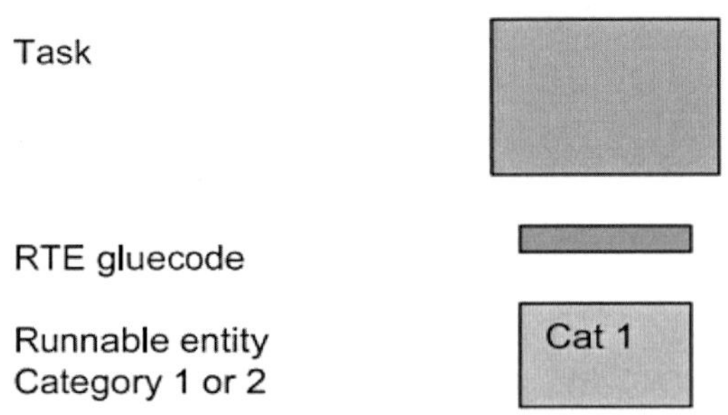

그림 5.15 element

5.3.2.2.4.1 Runnable을 task에 배치하는 시나리오

Runnable entity를 task에 배치하는 가능한 시나리오를 논의할 때 data 접근과 종료에 관한 runnable의 다른 기능을 고려해야 한다.

- 묵시적인 DataReadAccess/DataWriteAccess를 사용하는 runnable은 종료되어야 한다.
- 묵시적인 DataReadAccess/DataWriteAccess를 사용하는 runnable entity는 category 1 runnable entity(1A 또는 1B)이다. Category 2 runnable entity는 묵시적으로 DataRead-Access/DataWriteAccess를 사용할 수 없다.
- Category 1 runnable entity는 basic task나 extended task에 배치될 수 있다.
- 적어도 하나의 WaitPoint를 사용하는 runnable entity는 category 2 runnable entity이다.
- WaitPoint를 가진 category 2의 runnable entity는 보통 extended task에 배치된다.
- SynchronousServerCallPoint를 가진 category 2 runnable entity는 extended task에 배치된다.
- SynchronousServerCallPoint를 가진 category 2 runnable entity는 시간 초과 monitoring을 사용하지 않는다면 basic task에 배치될 수 있다.
- SynchronousServerCallPoint를 가진 category 2의 runnable entity는 server runnable이 직접 호출되고 category 1 runnable이면 basic task에 배치될 수 있다.

특정 RTE 구현이 지원하는 runnable entity를 task에 배치하는 시나리오는 제한될 수 있다.

5.3.2.2.4.1.1 시나리오 1

Runnable entity category 1A: “runnable 1”

- Ports : DataReadAccess/DataWriteAccess를 사용하는 sender/receiver
- RTEEvent : TimingEvent
- Runnable entity의 순서가 명시되지 않음
- 명시적인 DataSendPoint가 없음
- WaitPoint가 없음

Runnable 1을 task에 배치하는 가능한 경우

Basic Task

이 종류의 runnable entity 하나만 하나의 runnable entity만을 가지는 task에 배치하거나 동일한 주기로 작동하는 여러 runnable entity를 동일한 task에 배치한다면 basic task를 사용할 수 있다. 이 경우 task의 실행 순서가 필요하다. Runnable entity가 다른 동작 주기를 가질 경우 RTE는 각 runnable entity의 정확한 호출 주기를 보장하기 위해 glue-code를 제공해야 한다.

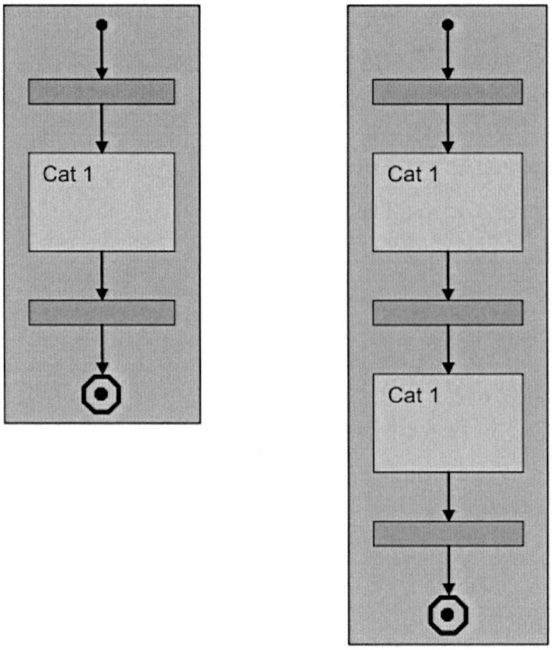

그림 5.16 basic task의 runnable entity들

ECU Configuration Description은 동일한 task에 배치하려는 runnable entity들의 순서를 제공해야 한다.

그림 5.16을 보면 basic task에 runnable entity를 배치한 경우를 보여준다. 실행 순서가 명시된다면 여러 runnable entity가 하나의 basic task에 배치될 수 있다.

Extended Task

특정 조건을, 예로 동일 주기, 만족하지 않는 여러 runnable entity들이 동일한 task에 배치된다면 extended task가 사용된다.

Extended task가 사용되면 다른 runnable entity들의 진입점은 다른 OS event의 발생으로 구별된다. 위의 시나리오 경우 다른 작동 주기는 다른 OS alarm으로 제공될 것이다. 대응되는 OS event는 task body 내부에서 처리되어야 한다. 그런 까닭에 RTE generator는 각 task에 할당된 OS event의 수와 이름을 알아야 한다.

ECU configuration은 extended task에 배치된 runnable entity를 시작하는 RTEEvent에 할당할 OS event를 제공해야 한다.

그림 5.17은 category 1의 여러 runnable entity를 하나의 task에 배치하는 예를 보여준다. Task는 종료되지 않는다.

Basic task와 extended task 모두다 ECU configuration은 task의 이름을 제공해야 한다.

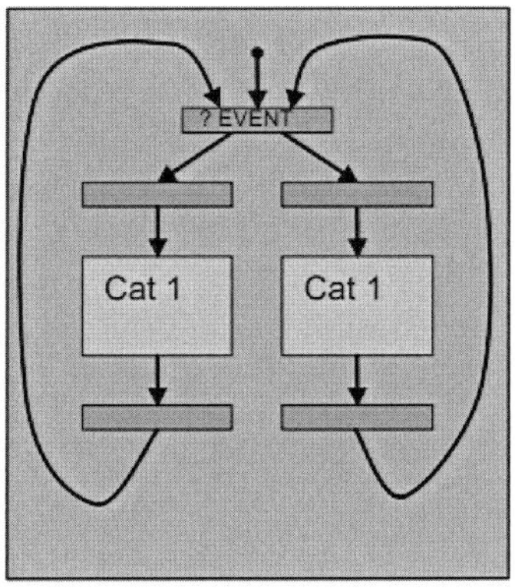

그림 5.17 category 1 runnable entity를 extended task에 배치

ECU configuration은 task와 연관된 OS event의 유무를 결정할 수 있는 basic 또는 extended task type을 제공해야 한다.

5.3.2.2.4.1.2 시나리오 2

Runnable entity category 1B: "runnable 2"

- Port : DataSendPoint를 사용하는 sender/receiver
- RTEEvent : TimingEvent
- Runnable entity의 순서가 명시되지 않음
- WaitPoint가 없음

Runnable 2를 task에 배치하는 가능한 경우

다음 그림과 같은 다른 배치가 가능하다.

- 하나의 category 1B runnable

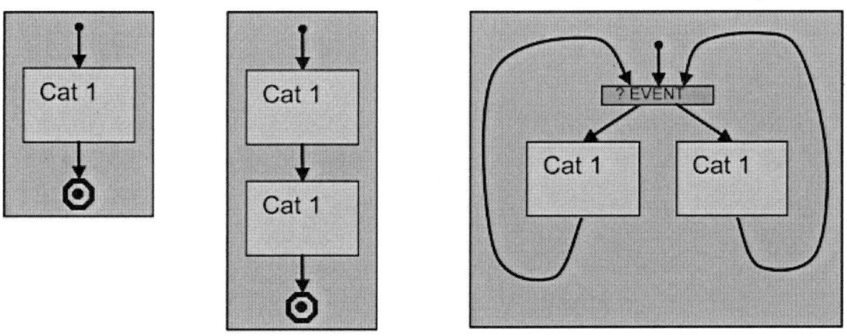

그림 5.18 DataReadAccess/DataWriteAccess를 사용하지 않는 category 1 runnable의 배치

- 특정 실행 순서에 따라 여러 category 1b runnable entity가 동일한 basic task에 배치
- 여러 category 1B runnable entity가 하나의 extended task에 배치

Runnable entity에 진입하기 전과 종료한 후에 DataReadAccess와 DataWriteAccess를 각각 구현하는 glue-code가 필요하지 않다.

5.3.2.2.4.1.3 시나리오 3

Runnable entity category 1A: "runnable 3"

- Port : DataReadAccess/DataWriteAccess를 사용하는 sender/receiver
- RTEEvent: DataReceivedEvent가 Runnable entity를 활성화
- Runnable entity의 순서가 명시되지 않음
- DataSendPoint가 없음
- WaitPoint가 없음

이것은 시나리오 1과 차이가 없고, runnable entity를 활성화하는 RTEEvent만 다르다.

5.3.2.2.4.1.4 시나리오 4

Runnable entity category 2 : "runnable 4"

- Port : DataReceivePoint와 WaitPoint(blocking read)를 사용하는 sender/receiver
- RTEEvent : DataReceivedEvent를 참조하는 WaitPoint
- Runnable entity의 순서가 명시되지 않음

Runnable entity는 중재하는 RTEEvent가 활성화한다. 예로 TimingEvent. Runnable entity가 WaitPoint에 진입하고 data가 발생하면 runnable entity가 실행을 재개한다.

Runnable entity는 extended task에 배치되어야 한다. 보통 각 category 2 runnable entity는 각자의 task에 배치되어야 한다. 그런 까닭에 RTE generator가 거부한다고 해도 여러 category 2 runnable entity들은 동일한 task에 배치하는 것은 허용되지 않는다. 여러 category 2 runnable entity를 동일한 task에 배치하는 것은 큰 지연 시간을 만들어낸다. 발생한 RTEEvent가 하나의 WaitPoint를 풀어도 여전히 다른 WaitPoint가 대기 중이다.

5.3.2.2.4.1.5 시나리오 5

동기식 client/server 통신을 위한 client와 server를 각각 구현한 두 개의 category 2 runnable entity가 있고 ServerCallPoint 통신 속성은 0이다.

Server를 동기식으로 호출하는데 두 가지 방법이 있다.

- Server runnable의 canBeInvokedConcurrently 속성이 설정되어 있고 server runnable이 category 1 runnable entity인 경우 ECU 내부 client-server 통신을 위해 단순하게 함수

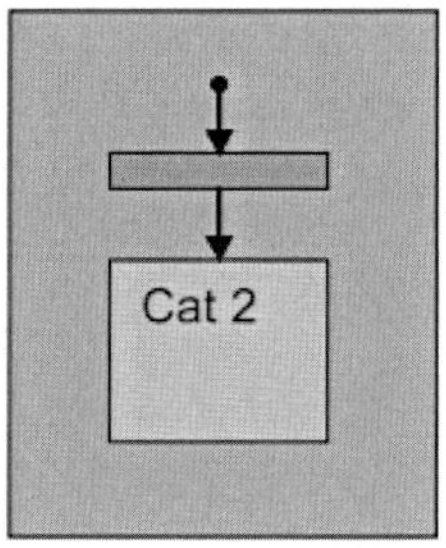

그림 5.19 category 2 runnable entity를 extended task에 배치

를 호출한다. 이 경우 server runnable은 server를 호출하는 client runnable처럼 동일한 task 문맥에서 실행된다. Client runnable은 하나의 basic task에 배치될 수 있다.

- Server runnable은 자신만의 task에 배치된다. canBeInvokedConcurrently 속성이 설정되지 않은 경우 server runnable은 하나의 task에 배치되어야 한다.

동기식 server 호출의 구현이 OS event를 사용하지 않으면 client runnable은 basic task에 배치될 수 있고, server runnable의 task는 client runnable의 task보다 더 높은 우선순위를 가져야 한다. 그런 까닭에 client runnable이 배치된 task는 선점형이어야 하고 이것은 RTE generator가 점검해야 한다. Server runnable의 활성화는 basic task의 경우 ActivateTask()가 extended task인 경우 SetEvent()가 수행한다. 이 두 경우 task switch를 확실하게 하기 위해 활성화 되는 task는 client runnable의 task보다 높은 우선순위를 가져야 한다.

5.3.2.2.4.1.6 시나리오 6

동기식 client/server 통신을 위한 client와 server를 각각 구현한 두 개의 category 2 runnable entity가 있고 ServerCallPoint의 시간 초과 속성은 0보다 크다.

Server를 동기식으로 호출하는데 두 가지 방법이 있다.

- Server runnable의 canBeInvokedConcurrently 속성이 설정되어 있고 server runnable이 category 1 runnable entity인 경우 ECU 내부 client-server 통신을 위해 단순하게 함수를 호출한다. 이 경우 server runnable은 server를 호출하고 시간 초과 monitoring을 수행하지 않는 client runnable처럼 동일한 task 문맥에서 실행된다. Client runnable은 basic task에 배치될 수 있다.
- Server runnable은 자신만의 task에 배치된다. canBeInvokedConcurrently 속성이 설정되지 않은 경우 server runnable은 하나의 task에 배치되어야 한다.

OS event가 시간 초과 monitoring의 구현에 사용된 경우 server runnable의 task는 client runnable의 task보다 우선순위가 낮아야 하고, client runnable은 extended task에 배치되어야

한다. 그런 까닭에 두 task 모두 선점형이어야 하고 RTE generator가 점검해야 한다. 시간 초과가 발생한 것을 알리는 알림은 OS event를 통해 client runnable에게 전달된다. Client runnable이 시간 초과 발생에 즉시 반응할 수 있게 시간 초과가 발생하면 client runnable의 task로 task switch가 가능해야 한다.

5.3.2.2.4.1.7 시나리오 7

Runnable entity category 2 : "runnable 7"

- Port : AsynchronousServerCallPoint와 WaitPoint를 사용하는 Client/Server
- RTEEvent : AsychronousServerCallReturnsEvent (client/server 통신만)
- Runnable entity의 순서가 명시되지 않음

Runnable 7을 위한 배치 시나리오는 비동기 서버 호출의 결과를 수집하는 client runnable로 시니리오 4와 유사하다.

5.3.2.2.5 Runnable을 위한 활성화 오프셋

CPU 부하의 조절, data 공유를 피하기 위한 다른 주기의 runnable을 동일한 task에 배치하는 등의 최적화를 허용함에 따라 RTE는 time-triggered runnable들을 위해 task shared reference point로부터 activation offset 정보를 다루어야만 한다. Task의 최대 주기는 모든 runnable들의 주기와 offset의 최대공약수로 자동적으로 계산된다. runnable들의 최악의 실행 시간은 모든 runnable들의 주기와 offset의 최대공약수보다 작다고 가정한다. 최악의 실행 시간이 모든 runnable의 주기와 offset의 최대공약수보다 큰 경우의 행위는 정의되지 않는다.

[rte_sws_7000] RTE는 하나의 OS task에 배치된 runnable들의 설정된 activation offset을 따른다.

[rte_sws_7001] runnable의 최악의 실행 시간은 모든 runnable 주기의 최대공약수보다 작고 runnable의 activation offset의 offset보다 작아야 한다.

예제 1

각 runnable을 위한 activation offset이 정의된 3개의 runnable이 하나의 task에 배치된 예이다.

Runnable	Period	Activation Offset
R1	100ms	20ms
R2	100ms	60ms
R3	100ms	100ms

그림 5.20 runnable timing

Runnable R1, R2와 R3는 task1에 배치되었고 모든 runnable의 주기와 activation offset의 최대공약수는 20 ms이다.

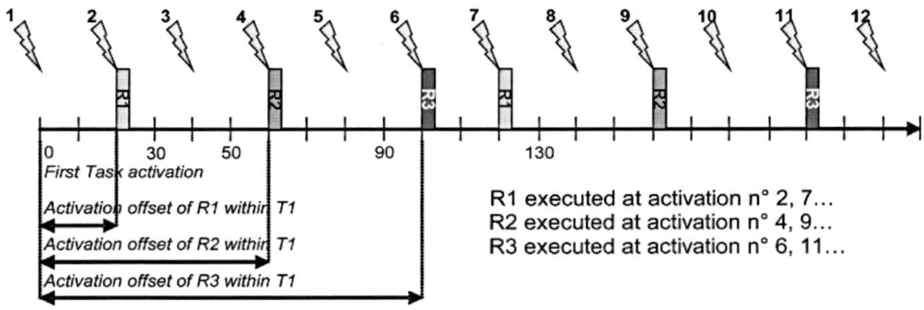

그림 5.21 activation offset의 예제

예제 2

각 runnable을 위한 activation offset과 위치가 정의된 4개의 runnable이 하나의 task에 배치된 예이다.

Runnable	Period	Position in task	Activation Offset
R1	50 ms	1	0 ms
R2	100 ms	2	0 ms
R3	100 ms	3	70 ms
R4	50 ms	4	20 ms

그림 5.22 runnable timing과 위치

Runnable R1, R2, R3와 R4는 task1에 배치되었고 모든 runnable의 주기와 activation offset의 최대공약수는 10 ms이다.

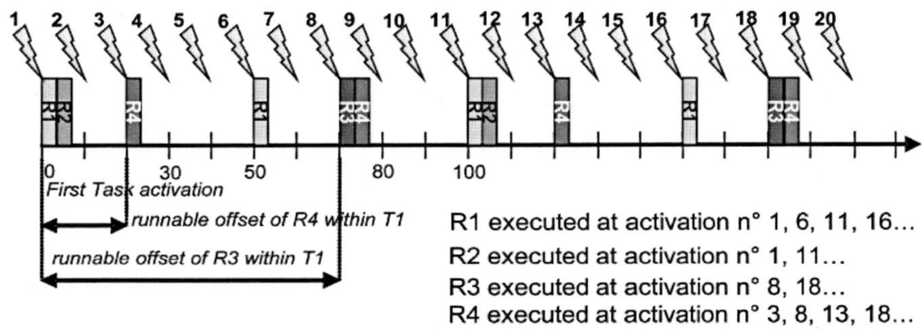

그림 5.23 activation offset과 위치의 예제

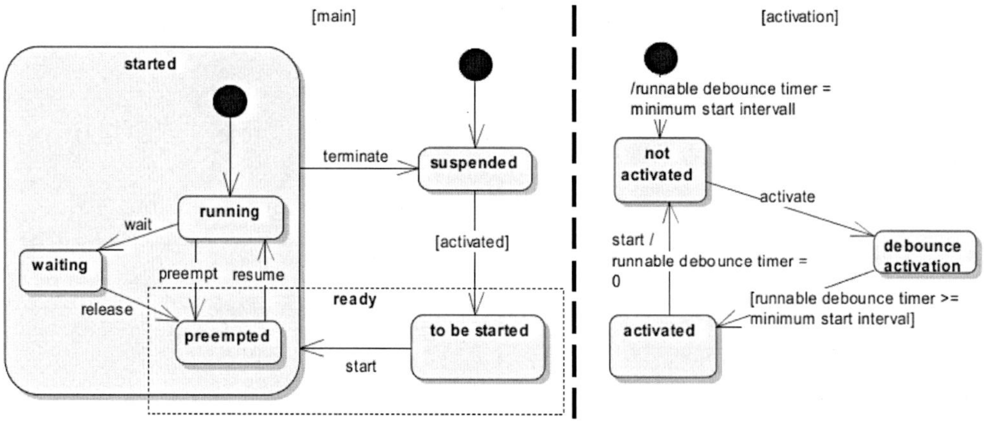

그림 5.24 runnable entity의 state machine

5.3.2.2.6 Runnable entity의 활성화와 시작

이 절은 state machine을 이용하여 runnable의 활성화를 정의한다. Runnable의 활성화를 위한 주요 이론은 다음과 같다.

- RTEEvent가 활성화하는 runnable
- OperationInvokedEvent의 예외를 가지며 runnable activation은 queued되지 않는다. isQueue가 참이고 DataElement들의 여러 DataReceivedEvent들 때문에 runnable이 활성화된다면 모든 queue에 있는 data를 꺼내는 것은 runnable의 책임이다.
- 최소 시작 간격은 최소 시작 간격 이내에 runnable이 여러 번 시작되는 것을 방지하기 위해 runnable의 활성화를 지연시킨다.

각 runnable은 모든 필요한 state와 대기와 실행 runnable 간의 전이를 기술하는 자신만의 state machine을 가진다. 그림 5.24를 보라.

Runnable의 state machine은 runnable을 포함한 task의 state machine과 같지 않지만 둘 사이에 종속성이 있다. 예로 runnable은 대응하는 task가 실행될 때만 실행될 수 있다.

그림 5.25는 모든 runnable의 상태를 자세하게 보여준다. Runnable state machine은 두 개의 sub-state machine으로 나누어진다. Runnable의 activation state가 RTEEvent가 지연 시킨 activation state를 기술하는 동안 Runnable의 main state는 runnable의 실제 상태를 나타낸다.

[rte_sws_2697] runnable의 활성화는 그림 5.24, 그림 5.25와 그림 5.26에 있는 runnable state machine에 따라 이루어져야 한다.

다음의 그림 5.27과 5.28은 최소 시작 간격이 있는 경우와 없는 경우 runnable의 다른 시간 상태를 보여준다. 최소 시간 간격은 간격 이내에 여러 번 활성화되는 RTEEvent를 수

runnable state	description
runnable main states	
suspended	The runnable is not started and there is no pending request to start the runnable.
to be started	The runnable is activated but not yet started. Entering the to be started state, usually implies the activation of a task that starts the runnable. The runnable stays in the 'to be started' state, when the task is already running until the gluecode of the task actually starts the execution of the runnable.
running	The runnable code is being executed. A task that contains the runnable is running.
waiting	A task containing the runnable is waiting at a WaitPoint within the runnable.
preempted	A task containing the runnable is preempted from executing the runnable code.
started	'started' is the super state of 'running', 'waiting' and 'preempted' between start and termination of the runnable.

그림 5.25 main states

runnable activation states	
not activated	No RTE event requires the activation of the runnable.
debounce activation	One or more RteEvents with a startOnEvent relation to the runnable have occurred, but the debounce timer has not yet exceeded the minimum start interval. The activation will automatically advance to activated, when the debounce timer reaches the minimum start interval.
activated	One or more RteEvents with a startOnEvent to the runnable have occurred, and the debounce timer has exceeded the minimum start interval. While the activated state is active, the main state of the runnable automatically advances from the suspended to the 'to be started' state. When the runnable starts, the activation will be reset to 'not activated'.

그림 5.26 activation state

집하여 활성화 수를 줄일 수 있다. Activation은 손실되지 않고 최소 시작 간격을 지키기 위해 지연될 뿐이다.

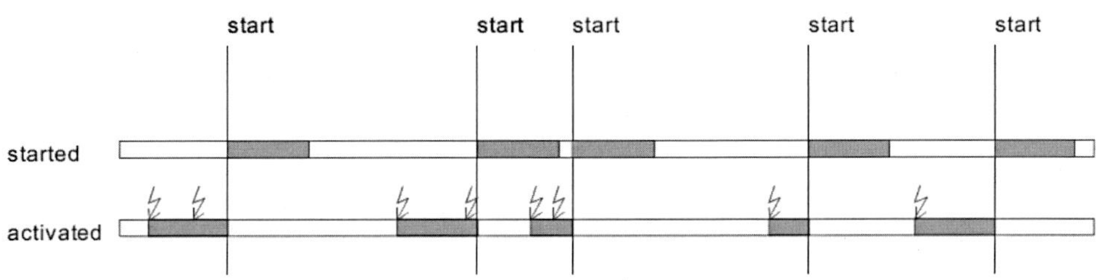

그림 5.27 최소 시작 간격 없는 activation runnable

Runnable이 실행 중일 때 data received event가 runnable을 활성화하면 현재의 runnable 실행 동안 data는 이미 queue에서 data를 가져온다(dequeue). 여전히 runnable은 다시 시작될 수 있고 data received event가 활성화한 runnable은 빈 receive queue를 확인할 수 있다.

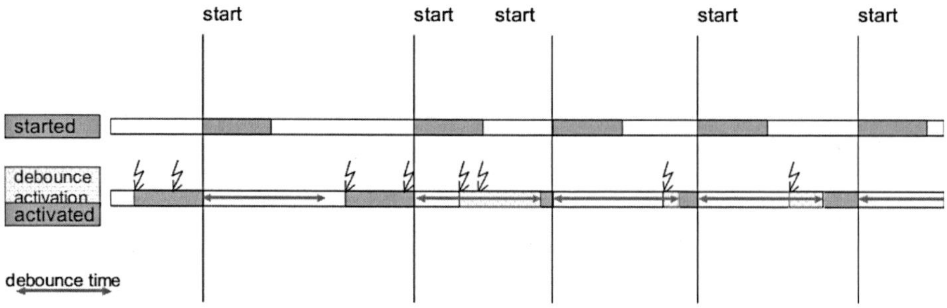

그림 5.28 최소 시작 간격 있는 activation runnable

Server runnable은 OperationInvokedEvents가 배타적으로 활성화하고 client-server 통신에서 server를 구현한다. 몇몇 경우, client가 server의 기능을 직접 호출할 때 client-server 통신을 RTE가 구현한다. 이 경우 최소 시작 간격은 적용되지 않는다.

[rte_sws_2698] RTE는 server runnable을 위해 최소 시작 간격을 사용하지 않는다.

Server runnable을 직접 함수 호출이 호출할 때 상태 'to be started', 'debounce activation'과 'activated'는 즉시 넘어간다. Server runnable이 동시 호출이 되고 server runnable을 직접 함수 호출로 다른 client가 호출하면 server runnable의 각 client의 동시 실행은 각각의 state machine을 가진다.

[rte_sws_2699] RTE가 server 직렬화(serialization)를 구현하면 server의 활성화는 그림 5.30에 따라 queued 된다.

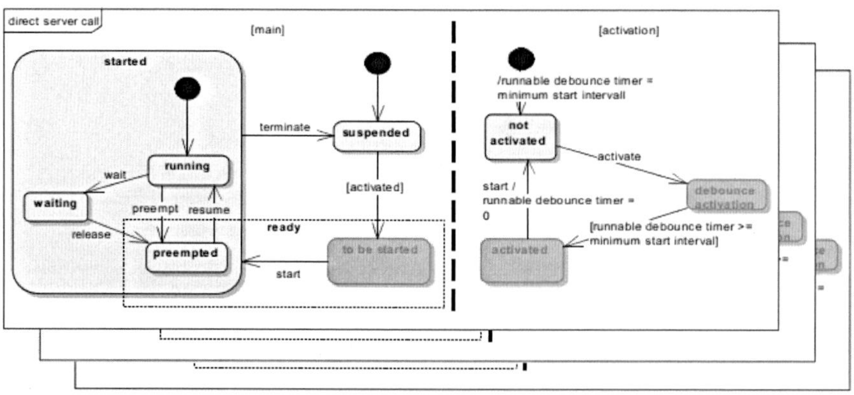

그림 5.29 each direct function call

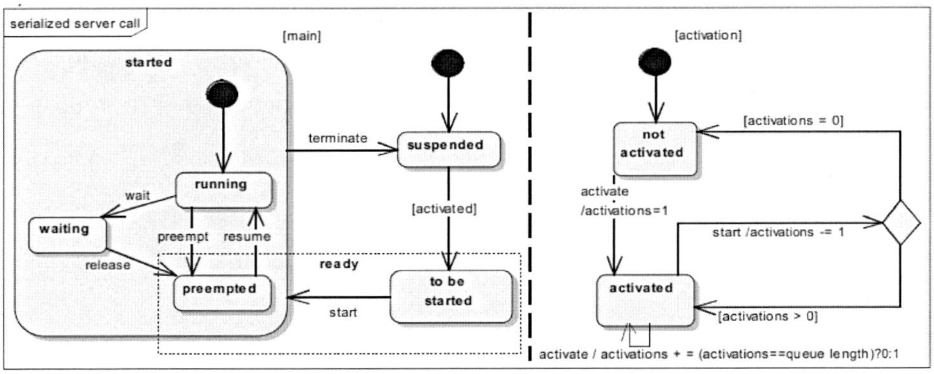

그림 5.30 serialized server call

5.3.2.3 Interrupt 분리와 알림

5.3.2.3.1 기본 알림 이론

기능을 가진 basic software module들은 AUTOSAR software component의 호출이나 시작으로 직접적으로 활성화되지는 않지만 digital input port level 변화나 complex driver 행동, CAN 신호 수신 등과 같은 다른 환경에 의해 작동된다. 대부분의 경우 interrupt가 이러한 환경의 결과이다. Interrupt의 정의를 위해 VFB 규격을 보자.

AUTOSAR software component가 관련되어야 할 때 여러 basic software module 기능은 상황, interrupt가 보낸 신호 등을 생성한다. 이러한 상황을 AUTOSAR software component에게 알리기 위해 notification이 AUTOSAR software component의 runnable을 활성화한다. 따라서 basic software module에서 발생한 interrupt는 AUTOSAR software component의 notification으로 변환되어야 한다. 이러한 변환은 RTE 단계에 위치해야 한다. 어떤 interrupt가 어떤 notification으로 연결되는지는 system configuration/generation 시간이나 microcontroller abstraction layer나 complex device drive의 설계의 부분으로 결정된다.

이것은 AUTOSAR software component의 runnable이 활성화되거나 extended task의 category 2 "waiting" runnable이 다시 "ready to run" 상태로 설정되는 것을 의미한다. 추가로 몇몇 event specific data가 지나갈 것이다.

Basic software module의 종류에 따라 이 notification을 구현하는데 두 가지의 다른 방법이 있다.

1. **표준 interface와 BSW : COM와 OS를 사용**

   표준 interface를 가진 Basic software module은 RTEEvent를 생성하지 못한다. 그래서 callback이라는 다른 방법을 선택해야 한다.

   C/C++ 환경에서 일반적인 callback의 구현은 함수 호출이다.

2. **AUTOSAR interface와 BSW : 모든 다른 BSW module을 사용**

AUTOSAR interface를 가진 basic software module은 AUTOSAR 규격에 따라 signal 규격을 가진 AUTOSAR BSW XML description에 기술된 자신의 interface를 가지고 있다. Basic software module은 Rte_send같은 RTE API를 사용할 수 있다. RTEEvent는 RTE API와 연결되고 AUTOSAR software component를 활성화 한다.

AUTOSAR software component는 AUTOSAR interface를 통해서만 다른 AUTOSAR software component나 basic software component에 notification을 보낼 수 있다.

5.3.2.3.2 Interrupt

VFB 규격에 따라 AUTOSAR 개념은 AUTOSAR software component가 interrupt 문맥에서 실행되는 것을 허용하지 않는다. Microcontroller abstraction layer, complex device driver와 OS만 interrupt와 직접적으로 상호작용할 수 있고 interrupt service routine을 구현한다. 이것이 hardware 독립성과 결정성을 보장한다.

AUTOSAR software component가 interrupt 문맥에서 실행된다면 AUTOSAR software component가 수용될 수 없는 긴 시간 동안 전체 system schedule을 막을 수 있다. 그러나 AUTOSAR software component가 ECU 간의 교환성을 위한 이유로 하위 hardware와 독립적이어야 한다. ECU의 basic software module로만 interrupt의 시간 영향이 제한되면 ECU의 schedule이 더 예측할 수 있고 더 시험할 수 있게 된다.

더구나 AUTOSAR software component는 data 일관성을 보장하기 위해 명시적인 block interrupt를 허용하지 않는다. 이를 이루기 위해 대신 RTE 함수를 사용해야 한다.

5.3.2.3.3 RTE 단계에서 interrupt 분리

AUTOSAR software component의 runnable은 interrupt의 결과로 실행되고 interrupt service routine 내에서 실행되지 않는다. Interrupt service routine과 AUTOSAR software component 활성화 간에 decoupling instance가 있다. AUTOSAR software component runnable은 task의 문맥 내에서 실행된다.

Decoupling instance는 최신의 RTE다. RTE를 위해 interrupt의 decoupling을 구현하기 위한 여러 가지 방법이 있다. RTE의 구현과 설정에 따라 어떤 방법이 최고인지가 달려있다. 몇몇 예제를 보도록 하자.

예제 1

상황 :

- Interrupt routine이 RTE callback function을 호출

목적 :

- Runnable의 시작

RTE의 일

- RTE가 "ActivationTask()" OS service 호출을 사용하여 runnable activation code를 가진 task를 시작한다.
- 몇몇 다른 복잡한 해결책이 가능. 예로 runnable을 가진 task를 주기적으로 활성화

예제 2

상황 :

- Interrupt routine이 RTE callback function을 호출

목적 :

- Runnable이 WaitPoint에서 깨어나게 만듦

RTE의 일

- RTE가 OS event를 설정

위의 예로 기술한 시나리오들은 RTE callback function뿐만 아니라 다른 RTE API function을 사용할 수 있다.

[rte_sws_3600] RTE는 AUTOSAR software component의 runnable entity가 interrupt 문맥에서 실행되는 것을 방지해야 한다.

5.3.2.3.4 RTE와 interrupt category

Category 1 interrupt가 OS 제어 아래에 있지 않기 때문에 RTE는 그 실행 행위에 아무런 영향을 줄 수가 없다. 그래서 category 1 interrupt는 RTE에 닿을 수 없다. Category 2 interrupt는 다르다.

[rte_sws_3594] category 2 interrupt 만이 RTE service를 사용할 수 있다.

5.3.2.3.5 COM을 위한 interrupt decoupling

COM callback은 RTE 행동과 무관한 어떤 일이 발생한 것을 RTE에 알릴 때 사용한다. 이것은 주로 interrupt driven이다. 예로, 다른 ECU에게서 data item을 수신, sender/receiver 전송이 완료.

이것은 RTE의 일이다. 예로, interrupt로부터 RTEEvent 생성

[rte_sws_3530] RTE는 COM event를 RTE에 알리는 것을 COM에게 허용하기 위해 callback function을 제공해야 한다.

[rte_sws_3531] RTE는 Com callback이 runnable을 활성화할 수 있도록 지원해야 한다.

[rte_sws_3532] RTE는 COM callback의 결과로 category 2 runnable이 wait point에서 깨어날 수 있게 지원해야 한다.

RTE callback API는 뒷절에서 설명한다.

5.3.2.4 Data 일관성

5.3.2.4.1 일반

공유 data에 대한 동시 접근은 data 불일치의 원인이 될 수 있다. 일반적으로 동일한 data memory를 접근하는 여러 code entity들은 다른 우선순위로 task 안에서, 다른 말로 system이 code의 병렬 실행을 사용해서 설계된 경우, 실행된다. 더 일반적으로 task 문맥 전환이 발생하고 data는 task들과 공유될 때 data 일관성이 문제가 된다.

AUTOSAR system은 OSEK-OS 규격에서 나온 AUTOSAR OS 규격에 따라 OS를 사용한다. AUTOSAR OS 규격은 event driven system을 허용하는 우선순위 기반 scheduling을 지원한다. 이것은 높은 우선순위를 가지는 task로 낮은 우선순위를 가지는 task를 interrupt 할, 또는 선점할 수 있다.

잃어버린 업데이트의 예로 그림 5.31은 동시에 읽고 수정하고 쓰는 접근에 관한 문제를 보여준다.

두 개의 Task가 있다. Task A는 Task B보다 높은 우선순위를 가진다. Task A는 공유 data인 X를 2만큼 증가시킨다. Task B는 공유 data X를 1만큼 증가시킨다. 그리고 두 Task

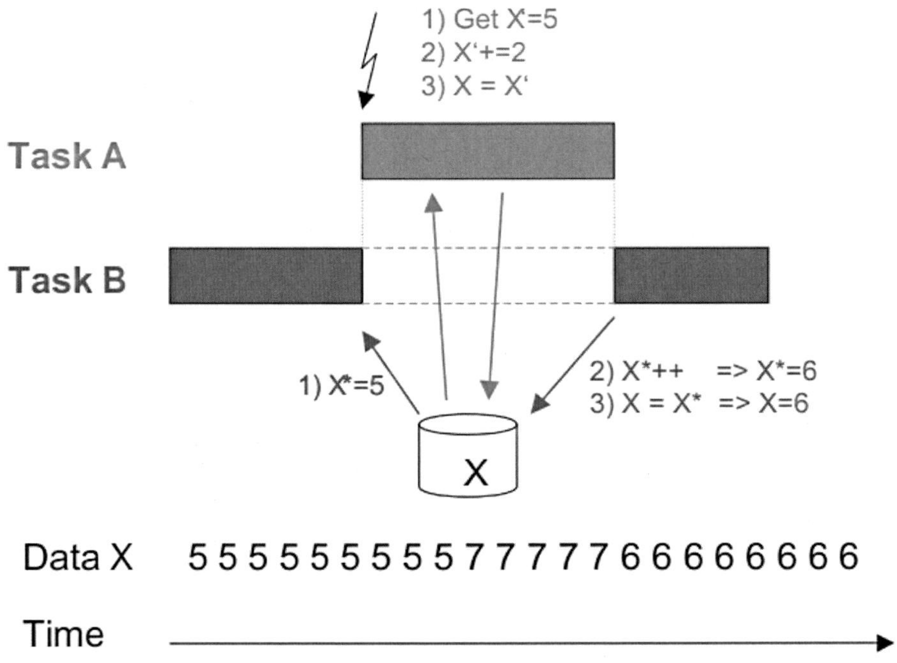

그림 5.31 data 불일치의 예

모두 읽고 수정하고 쓰는 순서를 가진다. Atomic 접근이 없다면, interrupt 없는 완벽하게 완전한 읽기-수정-쓰기, 다음과 같은 일이 발생할 수 있다.

1. X=5로 가정한다.
2. B는 1단계로 X에 접근하고 값 5를 stack이나 CPU register 같은 중간 저장소에 저장한다.
3. Task A가 선점하여 B는 계속하지 못한다.
4. Task A는 읽고 수정하고 쓰는 순서에 따라 X의 값 5를 읽고 2를 증가시키고 새로운 X의 값 7을 X에 쓴다. X = 5 + 2
5. Task A는 다시 중지된다.
6. B는 선점된 부분부터 계속하여 수정과 쓰기를 수행한다. 이것은 내부 저장소에 있는 값 5를 가져와서 1을 증가시켜 6을 만들고 X에 6을 쓴다. X = 5 + 1
7. Task B는 다시 중지된다.
Task A와 task B가 모두 수행된 뒤 정확한 X의 값은 8이 되어야 하지만 task A가 수행한 X값의 update는 사라졌다.

5.3.2.4.2 살펴 볼 통신

AUTOSAR system에서 RTE는 data 일관성 문제로 많은 통신이 오류가 생기지 않게 주의해야 한다. RTE generator는 필요하면 적합한 방법을 적용해야 한다.

다음과 같은 통신 메커니즘이 구분될 수 있다.

- 하나의 AUTOSAR software component 내에서 ECU 내부 통신:
  Runnable 간 통신이 이루어지면 다른 task 문맥에서 실행되는 하나의 AUTOSAR software component의 runnable 간 통신은 공유 접근 data를 통해 이루어진다. 만약 RTE가 data 일관성을 지원해야 한다면 ExclusiveAreas 또는 InterRunnableVariables의 개념만을 사용하여 기술되어야 한다.
- AUTOSAR software component 간의 ECU 내부 통신:
  다른 AUTOSAR software component의 runnable 간의 묵시적 또는 명시적인 data 교환을 이용한 sender/Receiver 통신은 공유 접근 RAM memory 영역을 통해 RTE가 구현할 수 있다. Client/server 통신의 data 일관성도 sender/receiver 통신과 같이 고려해야 할 수 있다. Data 접근 충돌은 반드시 회피해야 하고 RTE는 data 일관성 보장에 책임이 있다.
- AUTOSAR interface를 통한 AUTOSAR software component와 basic software module 간의 ECU 내부 통신:
  이론적으로 위와 동일하다: 다른 AUTOSAR software component의 runnable 간의 묵시적 또는 명시적인 data 교환을 이용한 sender/Receiver 통신은 공유 접근 RAM mem-

ory 영역을 통해 RTE가 구현할 수 있다. Client/server 통신의 data 일관성도 sender/receiver 통신과 같이 고려해야 할 수 있다. Data 접근 충돌은 반드시 회피해야 하고 RTE는 data 일관성 보장에 책임이 있다.

- ECU 간 통신:
  COM이 다른 ECU의 COM module 간의 완전한 경로 상에 있는 ECU 간의 통신을 위해 data 일관성을 보장해야 한다. 각 ECU 상의 RTE는 RTE API 호출을 통해 application이 동시에 접근하는 수신한 data item에 따라 공급된 receive call을 보내기 위해 COM을 호출할 때 data 불일치가 없는 것을 보장해야 한다.

[rte_sws_3514] RTE는 AUTOSAR interface를 통한 통신을 위한 data 일관성을 보장해야 한다.

5.3.2.4.3 개념

AUTOSAR SWC template의 "하나의 component 내에서 runnable 간의 상호작용"

1. ExclusiveAreas
2. InterRunnableVariables

의 개념을 사용자가 AUTOSAR software component 내부 통신과 실행 환경을 위해 RTE가 data 일관성을 보장해야 하는 것을 기술할 수 있게 소개하였다.

AUTOSAR SWC template 규격은 역시 AUTOSAR software component는 software component를 위해 전역 메모리의 정적 필요를 예약하는 것을 허용하는 PerInstanceMemory를 정의할 수 있다고 말한다. RTE는 이 메모리에 대한 참조만을 지원하고 이것의 data 일관성을 보장하지 않는다.

AUTOSAR software component의 생성자는 PerInstanceMemory로 예약된 메모리 접근이 다른 task 문맥에서 실행되는 runnable을 벗어나 data 불일치의 원인이 되지 않게 주의해야 한다. 반면에 메모리 사용에는 더 많은 자유가 제공된다.

Appendix : RTE에서 사용되는 COM interface

COM API function	Context
Com_SendSignal	to transmit a data element of primitive type using COM.
Com_ReceiveSignal	to retrieve the new value of a data element of primitive type from COM.
Com_UpdateShadowSignal	to update a primitive element of a data element of complex type in preparation for sending the complex type using COM.
Com_SendSignalGroup	to initiate sending of a data element of complex type using COM.
Com_ReceiveSignalGroup	to retrieve the new value of a data element of complex type from COM.
Com_ReceiveShadowSignal	to retrieve the new value of a primitive element of a data element of complex type from COM.
Com_InvalidateSignal	to invalidate a data element of primitive type using COM.
Com_InvalidateSignalGroup	to invalidate a whole signal group using COM.

그림 5.32 RTE에서 사용되는 COM API

Callback function	Configuration	Usage
Rte_COMCbk_<sn>	COM_NOTIFICATION_SIGNAL of COM_SIGNAL	Notification of data reception of a data element of primitive type
Rte_COMCbkInv_<sn>	COM_RX_DATA_INVALID_-INDICATION_FUNCTION of COM_RX_DATA_INVALID of COM_SIGNAL	Notification of reception of an invalidated signal
Rte_COMCbkInv_<sg>	COM_RX_DATA_INVALID_-INDICATION_FUNCTION of COM_RX_DATA_INVALID of COM_SIGNAL_GROUP	Notification of reception of an invalidated signal group
Rte_COMCbkTOut_<sn>	COM_NOTIFICATION_ERROR of COM_SIGNAL	Notification of a deadline monitoring violation for a data element of primitive type (only present if aliveTimeout is present)
Rte_COMCbk_<sg>	COM_NOTIFICATION_SIGNAL of COM_SIGNAL_GROUP	Notification of data reception of a data element of complex type
Rte_COMCbkTOut_<sg>	COM_NOTIFICATION_ERROR of COM_SIGNAL_GROUP	Notification of a deadline monitoring violation for a data element of complex type (only present if aliveTimeout is present)

그림 5.33 signal 수신을 위해 RTE가 제공하는 callback function

Callback function	Configuration	Usage
Rte_COMCbkTAck_<sn>	COM_NOTIFICATION_SIGNAL of COM_SIGNAL	Notification of successful transmission of a data element of primitive type (only present if acknowledgement request is specified)
Rte_COMCbkTErr_<sn>	COM_NOTIFICATION_ERROR of COM_SIGNAL	Notification of a transmission error of a data element of primitive type (only present if acknowledgement request is specified)
Rte_COMCbkTAck_<sg>	COM_NOTIFICATION_SIGNAL of COM_SIGNAL_GROUP	Notification of successful transmission of a data element of complex type (only present if acknowledgement request is specified)
Rte_COMCbkTErr_<sg>	COM_NOTIFICATION_ERROR of COM_SIGNAL_GROUP	Notification of a transmission error of a data element of complex type (only present if acknowledgement request is specified)

그림 5.34 signal 전송을 위해 RTE가 제공하는 callback function

06 ISO 26262 표준

6.1 서론

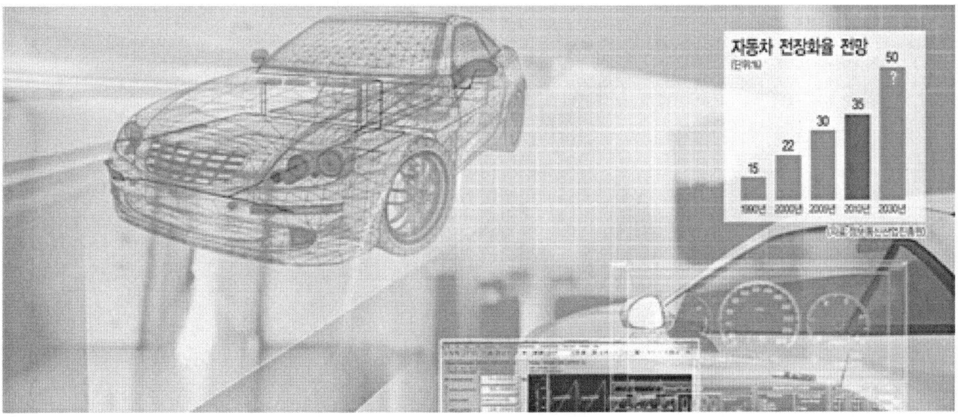

최근 지식경제부가 사업공고를 낸 7개 월드 베이스 소프트웨어(WBS) 프로젝트 중 하나로 AUTOSAR 기반의 전자제어장치 상용화 개발 사업이 포함되었다. 이 사업과제 중 하나가 차량 안전성 및 신뢰성 확보를 위한 ISO 26262 인증을 추진하는 것이다. 이렇듯 ISO 26262는 자동차 제조기업과 관련 소프트웨어(SW) 기업들의 주된 관심사가 되고 있다. 최근 출시되는 자동차에는 안전거리 감지, 주행 중 졸음방지 기능, 텔레매틱스 등 운전자의 안전성을 높이고 사용의 편의를 돕기 위한 신기술이 많이 탑재돼 있으며, 이처럼 다양하고 복잡한 기능은 차량에 내장되는 전자장치와 임베디드 SW에 의해 구현되는데, 그 비중은 날로 늘어가고 있는 추세이다. 하지만 이렇게 늘어나는 전자장치와 SW의 비중은 차량 이

용자에게 더 높은 안전성과 사용의 편의성을 제공하는 한편, 전자장치의 오류로 인한 사고 역시 증가하는 추세이다. 이에 자동차 업체들은 SW 개발의 복잡성과 다양성을 극복하기 위해 자동차 SW 표준화 단체인 AUTOSAR를 설립해 표준화 활동을 진행하고 있으며, 또 자동차에 채택되는 기능의 안전을 확보하기 위해 ISO 26262 기능안전규격을 2011년 6월부터 적용하도록 추진하고 있다. ISO 26262는 자동차에 탑재되는 SW의 오류로 인한 사고를 미연에 방지하기 위해 제정한 기능안전규격이다. AUTOSAR가 자동차 SW의 효율적인 개발을 위한 움직임이라면, ISO 26262는 자동차 SW의 안전을 확보하기 위한 규격인 것이다.

ISO 26262는 기존 차량용 SW의 품질 관리 기준인 IEC 61508 표준이 일반 전기전자 장치의 안전에 관한 포괄적 규격이라는 한계를 보완하기 위해 만들어졌다. ISO 26262에서는 재난 상황에 노출 가능성(probability of exposure), 위험의 잠재적 심각도(potential severity), 통제 가능성(controllability)에 따라 차량 안전성보전등급을 결정한다. 이것은 자동차 제품의 특성을 반영한 것으로 ISO 26262의 차량 안전성 보전 등급인 ASIL은 최저 등급인 ASIL A부터 최고 등급인 ASIL D까지 4개 등급으로, ASIL이 높다는 것은 그 개발 대상의 오류로 인해 사고가 날 경우 상대적으로 피해가 클 수 있고, 그 위험을 줄이기 위해 높은 수준의 안전 메커니즘이 필요하므로 안전에 대한 요구사항이 강력해진다는 것이다. 유럽의 안전성에 관한 선행연구개발(EASIS) 보고서에 의하면, CMMI 레벨4 정도의 조직이 ASIL C 정도를 만족할 수 있다고 하니 ISO 26262 기준요건의 충족이 쉽지 않다는 것을 알 수 있다. 자동차 업계에서는 ISO 26262가 향후 전통적인 형식승인을 대체하는 새로운 차량 안전 관리 규정으로 공식 대두될 것으로 보고 있다. 차량용 전자장치의 기능이 복잡해지고 분산처리가 요구되면서 SW 기능도 복잡해졌고, 수십, 수백만 라인에 이르는 전장 SW를 코드 수준에서 검증하는 것만으로 자동차의 안정성과 신뢰성을 보장할 수 없기 때문이다. BMW, GM, 보쉬 등의 글로벌 자동차 메이커 및 부품 공급업체들은 이미 ISO 26262를 자체 개발 프로세스 내에 적용하고 있으며, 국내 자동차 업체와 부품 공급업체 역시 도입을 서두르고 있다. ISO 26262는 차량의 개발 초기에서부터 생산, 폐기에 이르는 전체 생명주기에 걸친 방대한 안전 관련 요구사항을 제시하기 때문에 개발조직의 내부 상황을 고려해 요구사항들을 효율적으로 구현해야 하는데, 이것은 성숙된 개발 프로세스 역량이 요구되기 때문이다. 이에 따라 자동화 테스트 도구 시장, SW 컨설팅 등 SW의 품질을 관리하는 다양한 영역의 시장이 성장할 것으로 예상된다.

해당 관련 툴 개발 업체 관계자는 "ISO 26262의 파트6(SW 개발)에 명시된 정적 분석과 동적 분석의 요건들 때문에 최근 테스트 도구에 대한 기술자문과 컨설팅 문의가 많이 늘었다"며 "ISO 26262 파트6에 잘 대비할 수 있도록 지원해 안전성과 신뢰성을 높이는데 기여할 것"이라고 말하였다. ISO 26262 기능안전규격의 도입은 자동차 SW의 개발 패러다임에 큰 영향을 끼칠 것으로 예상된다. 기능이 다양하고 복잡해지면서도 짧아지는 개발주기를 가진 자동차 산업의 특성으로 인해 불완전한 테스트를 마치고 시장에 출시돼 일어난 많은 리콜 사태와 안전사고가 발생한 경험을 교훈 삼아 개발 초기단계 또는 요구사항 분석 과정부터 완성까지 제품의 라이프사이클 전 단계에서 안정성과 신뢰성을 높일 수 있는 개발 프로세스를 구축해야만 이 표준을 충족시킬 수 있기 때문이다. 향후 국내 자동차 부품업체들이 해외 자동차 업체에 부품을 수출하려면 ISO 26262 규격을 준수해 부품을 개발해야 한다. 이는 단기적으로 신흥 자동차 제조업체들에게는 장벽으로 작용할 것으로 예상되며, 우리나라 자동차 생산업체와 부품업체 역시 사전에 준비하고 대응방안을 마련해야만 글로벌 자동차 경쟁에서 뒤쳐지지 않을 수 있을 것이다.

6.2 ISO 26262의 중요성

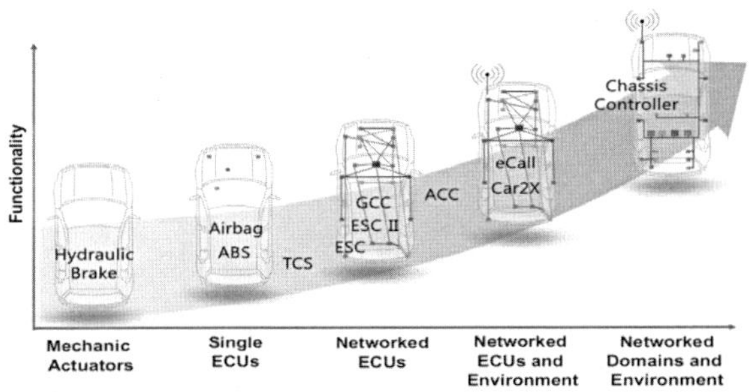

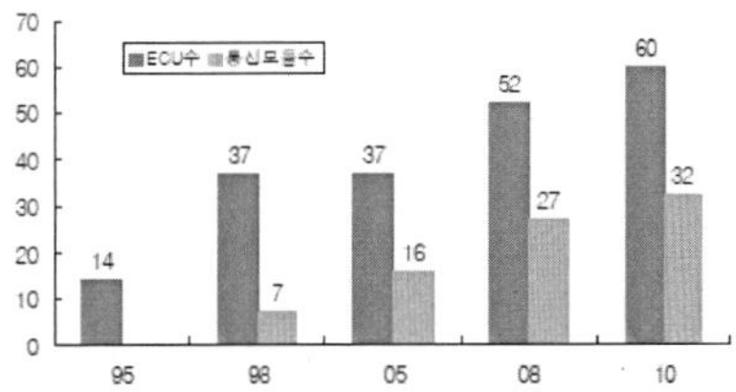

자동차 전자화의 진전은 자동차의 발전을 지원하는 중요한 기반이 되고 있다. 초기에 ECU는 엔진 제어에 주로 사용되었으나, 현재는 고급 자동차의 경우 50개 이상의 ECU를 탑재하고 있다. 사실상 ECU를 이용한 자동차 시스템을 반전시키기 위해서는 좀 더 복잡한 전자 시스템이 필요할 경우가 많다.

자동차의 핵심 부품인 ECU에서는 두뇌에 해당하는 마이크로컨트롤러(MCU)에 대해 더 높은 처리 성능을 요구하며, 안전 기능을 구현하기 위한 임베디드 소프트웨어의 규모가 ECU 개발에 있어서 큰 비중을 차지하게 되었다. 또한, 자동차 안의 여러 ECU와 연계하여 제공되는 기능들의 복잡성이 기하급수적으로 증가하고 있다. 앞으로도 자동차 기술이 진화하기 위해서는 전자 시스템이 점점 더 중요하게 될 것이다.

하지만, 전자 시스템의 발전과 더불어 결함이 발생할 확률도 증가할 것이다. 결함 발생의 주원인이 기계 부분에서 점차 고도화되고 복잡해지는 자동차 전자 시스템으로 빠르게 옮겨갈 것이다. ISO 26262는 결함이나 문제의 영향을 최소화하기 위하여 제시된 국제표준 규격이다.

유럽이나 일본에서 발표된 자료에 따르면, 2014년 EU 지침으로 ISO 26262 적용이 법제화될 가능성이 높다.

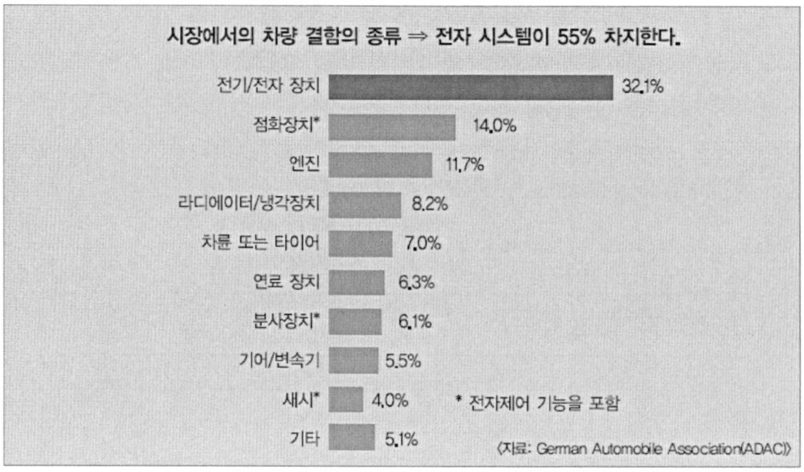

6.2.1 자동차 회사의 입장

도로에서 운행 중 자동차 사고가 발생할 경우, 운전자의 부주의로 발생한 것인지, 자동차의 결함에 의해서 발생한 것인지 명확한 확인이 필요하다. 현재의 경우에는 운전자의 부주의라는 것을 입증 못하면 법적인 소송으로 가게 되며, 자동차 회사는 법적인 소송으로 자동차 회사의 신뢰가 떨어질 수 있으므로 리콜을 실시하여 법적인 소송이나 신뢰가 떨어지지 않도록 대비하고 있다. 기능안전 ISO 26262를 도입하여 자동차를 판매하게 되면, 자동차의 결함이 없다는 것을 입증하여 리콜을 피할 수 있다.

6.2.2 협력업체의 입장

자동차 제조업체가 제공한 규격과 표준의 잘못으로 인해 부품에 결함이 발생했을 경우, 협력 업체가 책임을 면하기 위해서는 규격과 표준이 잘못되어 있어서 결함이 발생하는 것을 알 수 없었다는 것을 증명해야 하는 상황이 발생할 수 있다. 기능안전 ISO 26262를 자동차 제조업체와 협력업체가 도입하면, 자동차 제조회사가 기능안전 ISO 26262의 기능안전 생명주기에 따라서 규격과 표준을 협력업체에 제공하고, 협력업체는 자동차 제조업체가 요구한 ASIL 레벨에 만족하도록 부품에 대한 ASIL 인증을 받음으로써 부품 결함에 대한 책임을 면할 수 있다.

참고로, 기능안전 ISO 26262는 완벽한 안전성을 요구하는 것이 아니라, 허용 가능한 오류 발생률에 대하여 만족하는 안전성이다.

자동차 업계의 분쟁 및 사고 *"SW와 연관된 문제"*

- M3(BMW, 2004)
  - 연료 인젝션 펌프 리콜
  - 급발진 유발
- Tino(NISSAN, 2000)
  - 간헐적 오일 펌프 모터 작동 안됨
  →A/T ECU 교환
- Escape(Ford, 2004)
  - 파워트레인 엔진 정지
  → 36만대 리콜

HONDA The Power of Dreams

- CR-V-2002
  - 차량거동 안정화 제어장치 오류
  → VSAP ECU 교환
- EV-N(Jazz, City, Fit) -2010
  - 창문 스위치 결함 - 64만 6천대

TOYOTA

- Harrier(1998)
  - 주행 중 점화장치 정지
  →엔진 ECU 교환
- Prius
  - 2004: 가솔린 엔진 - 75,000대
  - 2010: ABS - 27만대
- Lexus , Highlander, Corolla 등 8개
  - 2009~2010 - 가속페달

※ 출처 : 자동차분야의 기능 안전(Functional Safety)의 동향 및 구성.오토에버시스템 2010 (자료에서 일부 수정)

6.3 ISO 26262

6.3.1 Introduction

ISO 26262는 차량 내 Electric/Electronic (E/E) 시스템을 위하여 특수한 필요에 따라 IEC 61508을 적용한 것이다. 해당 ISO 26262는 Electric, Electronic과 Software component로 구성된 안전성 관련 시스템의 안전성 수명주기 동안 모든 활동에 적용된다. 이렇듯 안전성은 미래 자동차 개발의 주요 문제 중 하나이다. Driver assistance, propulsion, in-vehicle dynamics control과 active 그리고 passive safety system들 또한 점차적으로 시스템 안전 공학의 도메인에 포함되고 있다. 기능을 개발과 기능성의 집적화 또한 안전한 시스템 개발 공정과 합리적인 시스템 안전 목적이 충족하는 증거를 제공하여야 하며 갈수록 차량 내 기능들이 증가하고 기능들이 통합/집적화가 높아짐에 따라서 소프트웨어 콘텐츠와 메카트로닉스 구현에 있어 기술이 복잡해지고 이에 따라 시스템 장애와 정해지지 않은 예측할 수 없는 하드웨어 고장으로부터 위험이 증가하고 있다. 이에 ISO 26262는 적절한 요구사항과 process를 제공함으로써 이러한 위험을 회피하기 위해 Guideline을 포함하고 있다.

시스템의 안전은 다양한 기술에서 구현되고(예 : 기계적, 수력, 전기적, 전자, 프로그램 가능한 전자 등등), 개발 프로세스의 다양한 레벨에 적용한 수많은 안전 조치를 통해 이루어진다. 또한, ISO 26262가 E/E 시스템의 기능적 안전성에 관련된 다른 기술을 기반으로 하는 안전성 관련 시스템이 고려될 수 있는 프레임워크를 제공한다.

ISO 26262는

a) 자동차 안전성 수명 주기 – Safety lifecycle-(management, development, production, operation, service, decommission)를 제공하고, 이러한 수명주기 단계 동안 필요 활동을 맞춤화하는 것을 지원한다.

b) 차량에 특화된 Risk-based한 통합적 Level [Automotive Safety Integrity Levels(ASIL))을 제공한다.
c) 합당한 근거가 제시되지 않은 남아있는 위험들을 회피하기 위해여 ISO 26262는 ASILs을 사용하여 요구사항을 상세화한다.
d) 안전성이 충분하게 수용할 수 있는 수준으로 달성되고 있다는 것을 확실하게 하기 위해 Validation과 Confirmation에 대한 요구사항을 제공한다.
e) Supplier와의 관계에 대한 요구사항을 제공한다.

Functional Safety는 개발 프로세스(Requirement specification, design, implementation, integration, verification, validation and configuration과 같은 활동을 포함한), 생산 프로세스, 서비스 프로세스, management 프로세스에 영향을 받는다.

안전과 관련된 문제는 기능 중심 개발 활동과 quality 중심의 개발 활동 그리고 작업 산출물과도 모두 뒤얽히게 되며, ISO 26262는 개발 활동과 작업 산출물의 안전성 관련 사항들을 다루게 된다.

다음 그림 6.1은 ISO 26262의 전체 구조를 보여준다. ISO 26262는 제품 개발에 있어 다양한 단계들을 V-Model을 기반으로 나타내고 있다.

그림 내의

- V형태는 ISO 26262-3, ISO 26262-4, ISO 26262-5, ISO 26262-6과 ISO 26262-7 사이의 연관 관계를 타나낸다.

6.3.2 Scope

ISO 26262는 하나 이상의 E/E 시스템을 포함하고 있는 최고 3,500 kg까지의 질량을 가진 차량 안전성 관련 시스템에 적용되도록 작성되었다. 또한, ISO 26262는 장애자용 차량 등과 같이 특별한 목적을 위해 설계된 차량은 적용 범위에 포함하지 않는다. 그리고 생산을 위해 공개된 시스템과 해당 component 그리고 ISO 26262가 발행되기 이전에 개발된 시스템들과 해당 component들은 ISO 26262의 범위에 포함되지 않는다. 하지만 ISO 26262 발행 날짜 전에 생산을 위해 공개된 시스템과 해당 component의 추가적 개발 또는 변경을 위해서는 ISO 26262에 따라서 개발될 것이다.

ISO 26262는 이러한 시스템들의 상호작용을 포함, E/E 안전성 관련 시스템들이 잘 동작되지 않는 것에 의해 초래된 가능한 위험을 다루게 된다. 하지만 직접적으로 E/E시스템 안전성에 영향을 끼치지 않는다면, 감전, 화재, 연기, 열, 방사, 독성, 인화성, 반응도, 부식, 에너지 누수들과 같은 위험과 관련 사항들은 다루지 않는다. 또한, ISO 26262는 비록 안전에 치명적인 영향을 미치게 되는 function일지라도 해당 기능의 functional performance도 ISO 26262의 해당 범위에는 포함되지 않는다.

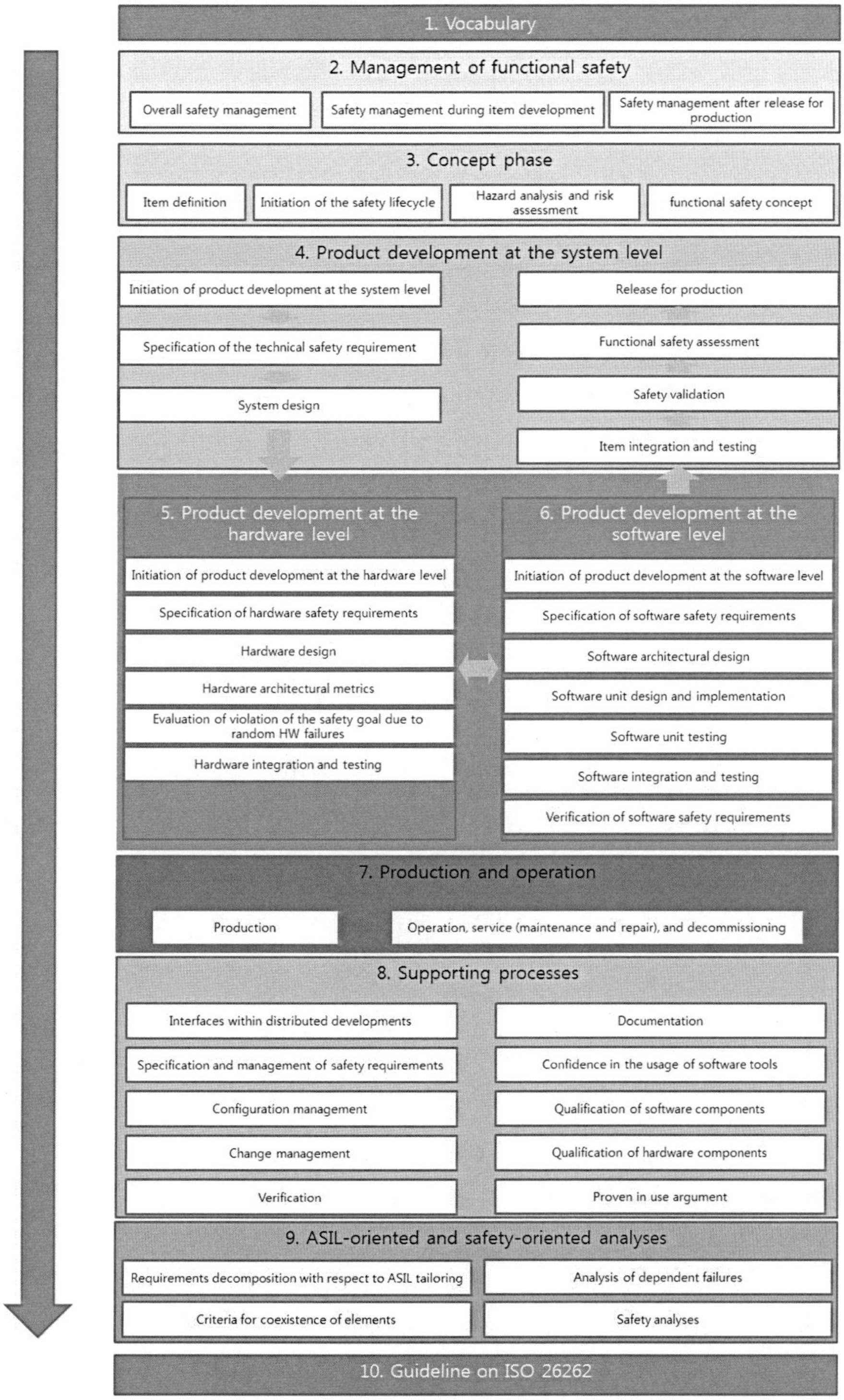

그림 6.1 Overview about ISO 26262

6.3.3 Normative references

다음과 같은 참고문서는 해당 내용을 이해하고 응용하기 위해 꼭 필요하다.

(1) Vocabulary : 용어정의
(2) Management of functional safety : 전반적 안전관리 요구사항 정의
(3) Concept phase : Hazard analysis, Risk assessment를 통한 ASIL 판정
(4) Product development : System level
(5) Product development : Hardware level
(6) Product development : Software level
(7) Production and operation
(8) Supporting process
(9) ASIL-oriented and safety-oriented analysis
(10) Guidelines on ISO 26262

6.3.4 Key concepts of ISO 26262

6.3.4.1 Functional safety for automotive systems(relationship with IEC 61508)

IEC 61508(전기적, 전자적, 프로그램 가능한 전자 시스템의 안전과 연관된 시스템의 기능적 안전 기술)은 일반적 표준과 기초적인 안전 사항들을 IEC에 의해 지정되고 공개되었다. 이것은 산업 분야에 있어서 안전 추구를 위하여 IEC 61508의 요구사항 기초로 하여 기능적 안전성을 획득하게 됨을 말한다. 하지만 자동차 산업에서, 직접적으로 IEC 61508을 적용하는 것은 많은 문제점을 가지게 된다. IEC 61508과 ISO 26262가 가지는 상응되는 차이점은 다음과 같다.

IEC 61508은 "equipment under control"이 그 기본이 된다. 예를 들면 다음과 같이 control system과 관련이 있는 산업적 plant가 포함된다.

a) Hazard analysis는 control system을 포함한 equipment under control의 장비와 관련된 위험을 확인하며, 위험 감소 수단이 적용되는 것을 말한다.
b) E/E/PE 시스템에 할당된 위험 감소는 지정된 Safety Function을 통하여 이루어진다.

그러므로 분리된 safety function 모델 대신에 ISO 26262는 안전성 목적의 컨셉과 다음과 같이 안전성 컨셉을 이용한다.

- 위험 해석과 위험 평가는 위험 감소를 필요로 한 위험을 확인한다.
- 안전성 목적은 각각 위험 이벤트를 위해 공식화된다.
- 자동차 안전도 수준(ASIL)은 각각 안전성 목적과 관련된다.
- Functional safety 컨셉은 안전성 목적들을 달성하기 위한 기능성의 기술이다.

- Technical safety 컨셉은 해당 기능들이 어떻게 구현되어야 하는가에 대한 기술을 하는 것이다.
- 소프트웨어 안전성 요구사항과 하드웨어 안전성 요구사항은 소프트웨어와 하드웨어 설계의 일부로 구현될 특정한 안전성 요구사항을 말한다.

예

- 에어백 시스템 : 위험 중 하나는 의도치 않은 배치이다.
- 배치가 요구한 파손이 발생하지 않는다면, 결합된 안전성 목적(safety goal)은 에어백이 배치되지 않다는 것을 확실하게 하는 것이다.
- 기능적 안전성 컨셉(functional safety concept)은 차량이 충돌이 있을지 탐지하기 위해 중복기능을 상세화할 수 있다.
- 기술적 안전성 컨셉(technical safety concept)은 다양한 축 배향과 두 독립적 점화회로를 가진 두 개의 독립적 가속도계의 구현을 상세화할 수 있다. 그리고 스퀴브는 양쪽이 닫히면 배치된다.

IEC 61508은 one-off 또는 low volume 시스템을 목표로 한다. 일반적으로 시스템이 구축된 이후에 시험하게 되며, 그러고 나서 플랜트에 설치되고 나서 안전 확인이 수행된다. 하지만 도로 차량과 같이 대량 판매용 시스템을 위해서 안전성 확인은 해당 시리즈가 생산되기 이전에 수행되어야 한다. 그러므로 ISO 26262의 수명주기 활동의 순서는 다양하게 되며, 이것과 관련되어 ISO 26262-7은 생산에 대한 요구사항을 다룬다. 이러한 것들은 IEC 61508에서는 조금도 커버되지 않는다.

IEC 61508은 해당 시스템이 하나의 그룹에서 디자인되고 구현된다는 것을 암묵적으로 가정에 두고 있다. 하지만 자동차 시스템은 일반적으로 하나 또는 그 이상은 suppliers에 의하여 생산되게 된다. ISO 26262는 개발 인터페이스 규약을 포함한, 다중 조직에서 개발하는 것을 컨트롤하기 위하여 특정 요구 사항을 포함한다(DIA, ISO 26262-8 : 5절, Interface within distributed developments).

IEC 61508은 위험 분류(hazard classification)에 대한 규범적 요구사항을 포함하지 않는다. ISO 26262에서는 위험 분류를 위하여 자동차 설계를 포함한다. 해당 설계는 자동차 시스템의 위험이 반드시 사고로 이어지지는 않다는 것을 인식하게 되는 것이다. 그리고 위험 상황에 따른 결과들은 운전하는 동안 사람이 실제 위험 상황에 노출되어 있는지, 그리고 그들이 위험의 결과를 제어할 수 있도록 조치를 취할 수 있을지 없을지에 따라서 달라진다. 이러한 컨셉은 그림 6.2에 반영되게 된다.

하드웨어 개발(ISO 26262-5)과 소프트웨어 개발(ISO 26262-6)에 대한 요구사항은 자동차 산업의 최신 기술에 적합하다. 특히, 소프트웨어 개발에 대한 ISO 26262-6은 IEC 61508

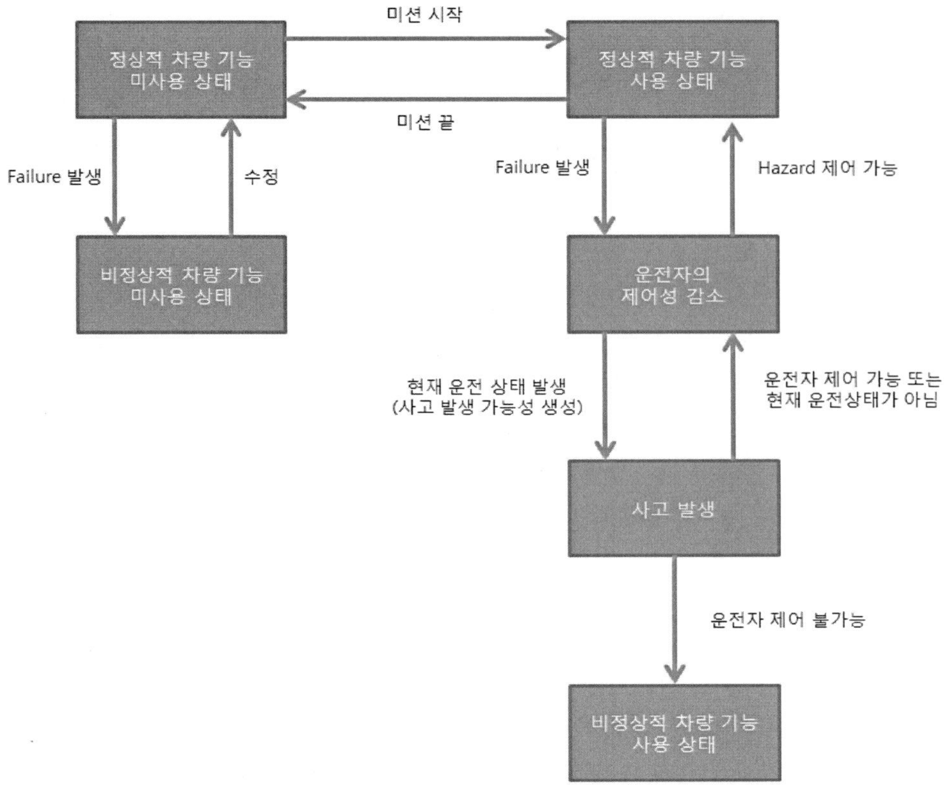

그림 6.2 State machine model of automotive risk

에서는 언급하지 않은 소프트웨어 모델 기반 개발과 관련된 요구사항을 포함하고 있다.

게다가, IEC 61508에서 구현적 측면의 기술과 측정에 있어서의 요구사항들은 단순한 규범적으로만 적용이 된다. 하지만 어떠한 선택적 측정이 필요하게 될 경우에는 이론적 해석이 제공되어야 한다. 이에 IEC 615087에 명시된 측정은 일반적으로 자동차 산업에 사용되지 않는다. ISO 26262는 실제 자동차 기반을 둔 방법과 측정을 권고한다.

ISO 26262의 위험 감소 요구사항은 SIL(안전도 수준)보다 오히려 ASIL(자동차 안전도 수준)을 할당받는다. 이렇게 ASIL을 할당 받게 되는 주요 동기는 IEC 61508의 SIL은 확률적 용어들이 포함되어 있기 때문이다. ASIL은 이러한 확률적인 요구사항들은 포함하지 않는다.

6.3.4.2 Item, system, element, component, hardware part, and software unit

Item, system, element, component, hardware part와 software unit 관련된 용어들은 ISO 26262-1에서 규정된다. 그림 6.3과 그림 6.4에 나타난 바와 같이, item은 언급하려고 하는 전체 범위에 대하여 고려한 것이며, 차량 레벨에서 해당 기능을 구현시키기 위해 system

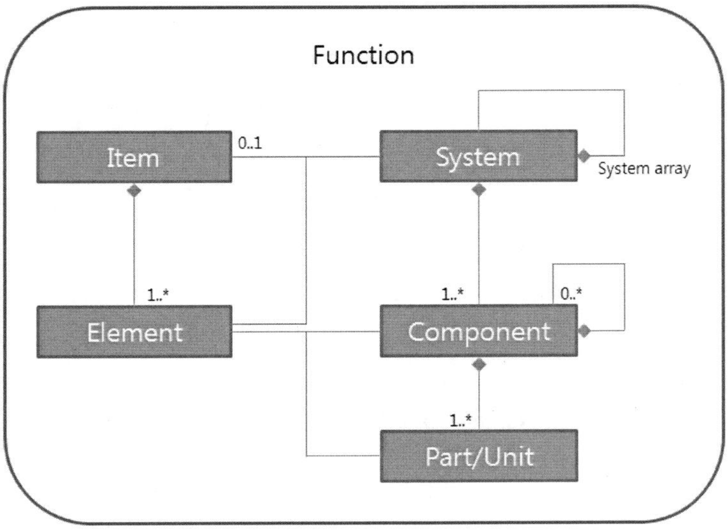

그림 6.3 Relationship of item, system component, hardware part, software unit, and element

또는 system array가 ISO 26262에 적용된다. 하나의 system은 최소의 단위인 센서, 컨트롤러와 작동기(actuator)를 서로 연결시키고 관련시킨 일련의 성분이라고 보면 된다(그림 6.4). 그리고 element는 item의 어떠한 sub-unit이고, 이러한 element는 또 다른 구성 요소로 나눠지거나 또는 그 하나가 독립적으로 존재할 수도 있다. Element 중에서 추가적 성분으로 나눠질 수 없는 element는 하드웨어 part 또는 소프트웨어 part이다. 추가적으로 나눌 수 있는

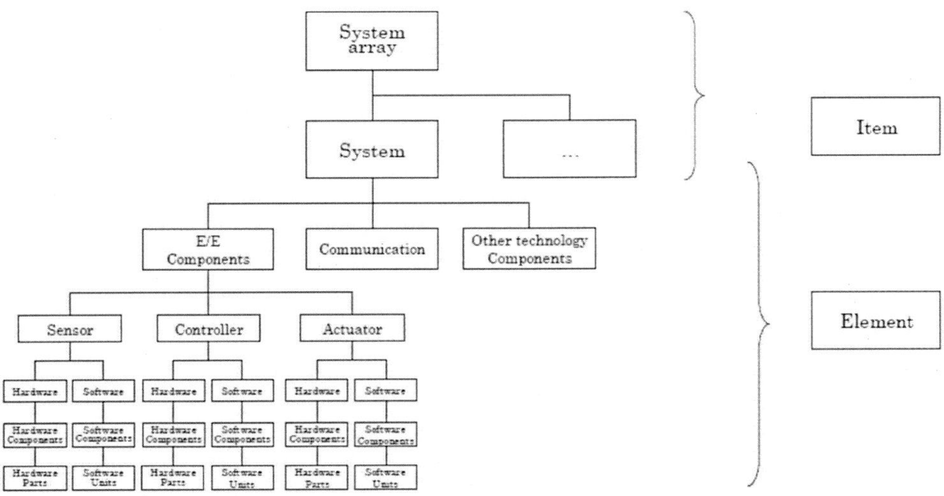

그림 6.4 Example item dissolution

element는 system, subsystem 또는 element로 라벨링 될 수 있다. system의 기준을 만난 나눌 수 있는 element는 system 또는 subsystem으로 라벨링 될 수 있다. 또한, subsystem 용어는 일반적으로 element가 더 큰 system의 일부인 것을 강조화하는 것이 중요할 때 이용하게 된다. Component는 비시스템 레벨로서 논리적 또는 기술적으로 분리할 수 있는 element이다. 종종 component의 용어는 단순히 parts와 unit들로 구성된 element를 나타내기도 하지만 특정 기술 영역의 lower-level elements로 구성이 된 element를 나타내기도 한다(그림 6.4).

예

마이크로컨트롤러 또는 ASIC와 같은 경우 다음과 같은 분할을 사용할 수 있다.

전체 마이크로컨트롤러는 component, processing unit(e.g. a CPU)은 part, processing unit 안의 register(e.g. the CPU register bank)는 sub-part 또는 unit이다.

6.3.4.3 Relationship between faults, errors and failures

해당 용어 fault, error와 failure의 정의는 ISO 26262-`에서 규정된다.

그림 6.5는 서로 다른 세 가지 원인 타입으로부터 fault에서 error로 error에서 failure로 진행되는 프로그레션을 묘사하고 있다. : [Systematic software issues, random hardware issues, systematic hardware issues] Systematic fault(ISO 26262-1 참고)는 일반적으로 디자인

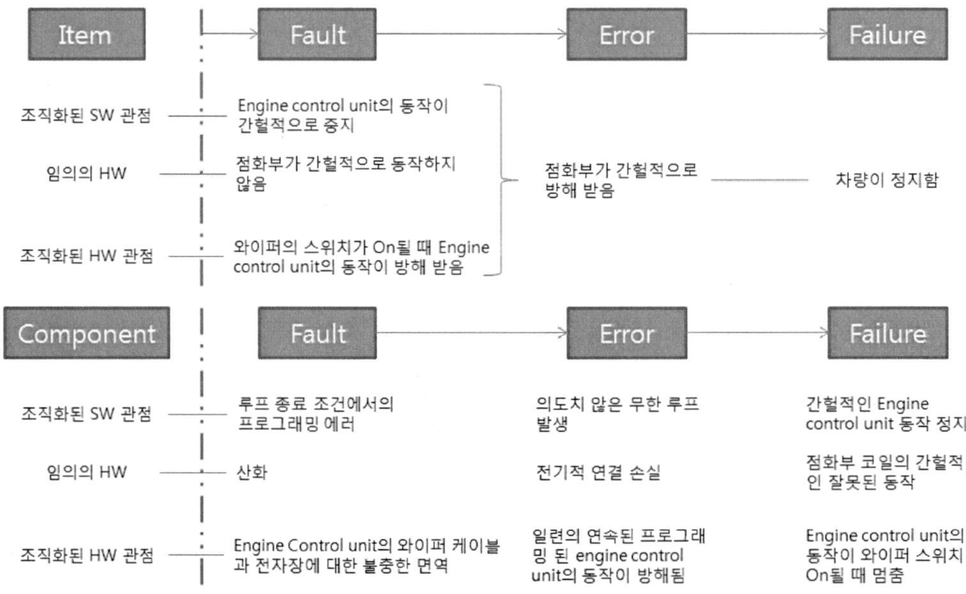

그림 6.5 Example of faults leading to failures

또는 명세서 문제에 의해 기인하게 된다. 모든 소프트웨어 장애와 하드웨어 장애 부분 들은 systematic하다. Random hardware faults는 일반적으로 손상(damage)과 같은 물리적 과정에 의해 기인하게 된다. Component level에서 각기 다른 fault의 타입들은 다양한 failures로 이어질 수 있다. 그러나 component level의 failures은 item level에서의 fault인 것이며 이러한 경우에는 차량의 고장이다. 이와 같은 예시를 통하여 차량의 레벨에서 다양한 원인으로부터의 falut들은 동일한 failure로 이어질 수 있다는 것을 주목하여 보아야 한다. Item level에서의 모든 failures의 부분 집합들은 사고 시나리오에 기여할 수 있는 failure와 연관되는 추가적 환경적 요소가 발생하게 되면 hazard로 인식 될 수 있게 된다. 이를 테면, 차량이 교차로를 건너는 상황에서 차량에 예기치 않은 작동이 발생하게 될 경우에는 충돌과 같은 사고 상황이 발생되는 것이다.

6.3.5 Concerning safety management

6.3.5.1 Work products and confirmation measure

6.3.5.1.1 Genenral

해당 절에서는 work product와 confirmation measures의 용어들을 기술한다. 이것은 또한 검토자(reviewers), 감사자(auditiors) 또는 평가자(assessors)의 독립성의 레벨의 설명을 포함하게 된다.

6.3.5.1.2 Work products

ISO 26262에서 정의하고 있는 work product는 하나 이상의 국제 표준이 결합된 요구사항의 결과이다. 그러므로 work product는 하나 이상의 시스템 안전 요구사항을 준수하고 있음을 나타내는 증거가 될 수 있다. 예를 들면, 요구사항 데이터베이스 또는 텍스트 파일 작업을 할 경우 실행 가능한 모델은 시뮬레이션 개발도구를 사용하여 읽어 들이는 하나 이상의 전자 파일에 의해 표시될 수 있는 작업 산출물(work product)이 된다.

ISO 26262에서 따른 작업 산출물(work product)은 별도의 문서가 제작되도록 요구되지 않는다. 정보들은 기존 존재하는 기록에 포함될 수 있거나 여러 작업 산출물은 하나의 문서에 포함될 수 있다.

ISO 26262의 프로세스 활성에 의해 생산된 많은 작업 산출물은 후속 활동 내에 평가받게 된다. 이러한 평가는 confirmation measure 또는 product verification 과정 활동의 일부일 수 있다.

Verification 재검토와 테스트를 포함한 verification 활동은 주어진 제품 개발 활동이 프로젝트의 technical requirements를 이행한다는 것을 확실하게 하도록 의도된다. 예를 들면, verification은 요구사항에 따라서 작업 산출물(work product)이 기술적으로 올바르고 해당 구성 또한 완전하다는 것을 보여주기 위해 수행되게 된다. 유사하게, verification testing은

item 또는 그것의 elements가 요구사항에 따르고, 소기의 기능을 달성한다는 것을 보여주는 기술적 요구의 수행을 보증하게 된다. 작업 산출물의 검증은 작업 산출물의 기술 개요, 테스트 계획의 실행, 테스트 데이터의 평가, 기타 등등으로 구성될 수 있다. 검증 활동은 ISO 26262-4, ISO 26262-5, ISO 26262-6 그리고 ISO 26262-8에 자세히 나타나있다.

Verification 활동과 대조적으로 confirmation measure는 안전성 수명주기 단계와 작업 산출물을 완성시킴으로써 시스템 공정이 올바르게 적절히 실행 보증하는데 사용된다. 게다가 이러한 측정은 functional safety goals의 성취가 적절하게 이루어졌는지 결정하는 것을 가능하게 하기 위하여 전체적 시스템 안전 활동과 작업 산출물의 평가를 제공하게 된다. 이러한 confirmation measure는 기능적 안전성 검사, confirmation review 그리고 기능적 안전 평가를 포함한다. 이것들의 상세한 내용은 ISO 26262-2 : 6절(Safety management during the concept phase and the product development)에 나타나 있다.

6.3.5.1.3 Confirmation Measure

6.3.5.1.3.1 General

Item의 functional safety를 성취하기 위해서 ISO 26262에서는 confirmation measure를 3가지 타입으로 정의하고 있다.

① 기능적 안전성 검사(functional safety audit), functional safety process가 올바르게 실행되는지 확인하는 것

② 기능적 안전 평가(functional safety assessment), item의 functional safety를 성취하기 위해서 제품 설계, 디자인의 실행 단계를 확인하고 해당 설계 과정을 확실하게 한다.

③ 확인 재검토(confirmation reviews), 개발 주기 동안에 해당 작업 산출물이 특정한 목표를 달성한다는 것을 확인한다.

a) Level of independence for performing the confirmation measures

각각의 confirmation measures은 기능적 안전성 검사, 기능적 안전 평가와 확인 재검토를 수행하기 위한 숙련된 개체로부터 참여를 요구하게 된다. 이러한 평가가 객관적 방식으로 수행된다는 것을 확실하게 하기 위해 가이드라인은 이러한 참여하는 검토자의 독립성의 레벨을 위해 구축되었다. 4 레벨은 해당 목적을 달성하기 위해서 ISO 26262-2 : 6절(Safety management during the concept phase and the product development)에서 상세하게 설명되어 있다.

Confirmation measure와 연관된 검토자 독립성 요구사항은 item의 review 과정을 통하여 해당 item의 안전성 목적의 가장 높은 ASIL 레벨에 따라서 item의 시스템 safety process 내에 적용된다. 이러한 평가가 객관적 방식으로 수행된다는 것을 확실하게 하기 위해, confirmation measure는 검토자, 감사자 또는 평가자의 독립성의 레벨을 위한 추가적 기준을

가지고 있을 수 있다. 이러한 기준들은 ISO 26262-2에 기술된다.

6.3.5.2 Qualification and authority

선택된 활동을 위한 적절한 자격과 권한은 표 6.1에서 주어진다.

표 6.1 Example of qualification and authorities

Activity	Qualification			Authority:
	Technical understanding of the item to be developed	Knowledge of functional safety (safety standards, safety processes and safety engineering)	Skill for the corresponding task (safety standards, safety processes and safety engineering)	Influence on communication and decision-making
Functional safety management, including the planning and coordination of the safety activities	Can be acquired during the project	Expert knowledge	Project management experience	Safety policy, allocation of resources for functional safety, access to staff resources, adoption of the safety plan, scheduling, Safety release
Developing the safety case	In-depth technical understanding	Expert knowledge	Project management experience	Safety release
Escalation of findings concerning functional safety	Basic experience	Expert knowledge	-	Achieving decisions on addressing and resolving the safety anomalies
Safety requirements management	Can be acquired during the project	Basic experience	Management experience	Ensuring requirements management process
Developing derived safety requirements	In-depth technical understanding	Knowledge of the safety requirements	Knowledge of requirements management	-
Implementation of safety requirements	In-depth technical understanding	Knowledge of the safety requirements	Knowledge of requirements formulation	-
Carrying out safety analyses[a]	Can be acquired during project	Basic understanding	According to task	Communicating results
Planning, carrying out and documenting verification and validation	In-depth technical understanding	Knowledge of failure models	Knowledge of analysis methods	Communicating results
Configuration management	In-depth technical understanding	Knowledge of failure models	Experience, planning and performance of tests, simulations, vehicle testing etc.	Ensuring configuration management process
Change management	In-depth technical understanding	Basic knowledge	Experience in change management, version management and variant management	Ensuring change management process
Confirmation measures	Can be acquired during project	Basic knowledge	Experience in change management, version management and variant management	-
Preparation and implementation tasks for production and operation	Basic knowledge	Expert knowledge of the scope	Assessment experience if applicable	-

a Hazard analysis and risk assessment, FMEA, FTA, software criteria for dependency and interference (see ISO26262-9:—, Clause 6 (Criteria for coexistence of elements))

'-' means "No specified requirement"

권한(authority)은 item과 관련하여 영향을 미치게 되는 커뮤니케이션과 의사 결정 방식뿐만 아니라 관련된 기술적 정보에 대한 접근에 대한 내용들을 포함한다.

커뮤니케이션과 의사 결정 방식에 대한 활동에 따른 영향의 예는 표 6.1에 포함된다. 또한, 적절한 기술적 정보에 접근하기 위한 권한은 표 6.1의 좌측면에 상세하게 나타나 있다.

6.3.5.3 Understanding of safety cases

6.3.5.3.1 Interpretation of safety cases

Safety case의 목적은 다음의 용어들로써 정의될 수 있다.

Safety case는 커뮤니케이션이 명확히 이루어질 수 있도록 해야 하며 특정 기능 수행이나 안전적 사항들의 표현에 있어서 논쟁이 발생하지 않도록 하는 포괄적인 행위들을 필요로 하게 된다.

다음에 기술하는 사항들은 위에서 논의했던 사항들을 만족하기 위한 중요 사항들이다.

① 무엇보다도 safety case는 논항(argument)을 전달시키기 위해 존재한다.
② 해당 safety case는 해당 시스템이 특별한 이유, 근거를 갖지 않은 위험(risk)을 가지지 않고 있다는 것을 증거를 가지고 증명하는데 사용된다.
③ Safety case는 보통 제3자의 communicating idea와 정보를 위한 장치이다.

효과적으로 safety case를 작성하기 위해서는 모든 상황이나 표현들을 명백하게 하는 작업이 필요하게 된다. 주어진 절대적 안전이 획득하기 어려운, 이루어내기 어려운 안전 목적이라면, 해당 safety case는 근거를 같지 않은, 미확정적 위험(risk)으로부터는 자유롭다는 것을 보여 줄 수 있다. 또한, safety case는 안전과 관련해 논쟁이 되고 있는 문맥을 명확히 규정할 것이다. 여러 item들의 safety case들은 결합되거나 인용될 수 있고, 이렇게 결합되어진 safety case들은 차량을 위한 기능적 안전성 논항(functional safety argument)을 제공하게 된다.

Safety case는 3가지 주요 요소를 가지고 있다.

① 요구사항(the requirements)
② 논항(the argument)
③ 증거(the evidence)

이러한 세 가지 성분 사이의 관계는 그림 6.6에 나타나 있다.

Safety argument는 safety evidence와 objective 사이의 관계를 전달한다. 이러한 safety argument의 역할은 종종 무시 받는다. 하지만 이러한 argument를 무시함에 따라서 safety evidence와 objective 사이에 어떻게 연관이 되어있는지 명확히 설명하기 위해서 부가적인 많은 설명들이 필요하게 되는 것이다. 즉, argument와 evidence 두 가지 요소 모두 safety

그림 6.6 Key elements of a safety case

case에서 결정적 요소이며, 서로 협력적 관계에 있다고 할 수 있다. Evidence에 밑바탕 없이 argument가 기술이 되면 해당 argument는 근거가 없고 이에 따라 설득력도 없게 된다. 또한, argument 없는 evidence는 해당 evidence에 대한 충분한 설명이 없게 되며, 어떻게 하면 safety objective가 충족하게 되는지 명확히 기술할 수 없게 된다. Safety case는 일반적으로 안전성 사례보고의 개발과 프레젠테이션을 통하여 다른 parties들과 소통하게 된다. Safety case report의 역할은 safety argument를 요약하고 해당 지지하게 되는 safety evidence를 확보하고 이를 인용하는 것이다.

Safety argument는 가장 일반적으로 이야기식 원문(narrative text)을 통하여 safety case report에서부터 전달된다. 이러한 이야기식 원문은 어떻게 safety objective가 해석이 되는지 알려준다. 그리고 선택적으로, 어떠한 안전성 논항(요구사항, 클레임, 증거, 그리고 문맥)의 개별적 성분과 이러한 성분 사이에 존재하는 관계를 시각적으로 그리고 명확하게 나타내기 위해 graphical argument notation 방식을 이용하는 것이 점차적으로 보편화 되고 있다.

6.3.5.3.2 Common types of safety arguments

구현된 제품의 안전과 관련하여 특징적인 사항들을 직접적으로 논의되게 되는 Safety argument들을 종종 product argument라고 지칭하기도 한다. 또한, 개발과 평가 과정에서 안전과 관련된 특징에 대하여 논쟁이 발생한 safety argument는 종종 process argument라고 지칭되기도 한다.

6.3.5.3.3 Safety case development lifecycle

일반적으로 여러 가지 변칙사항들은 development lifecycle이 모두 끝나고 발생하게 된다. 이러한 변칙들은 또한 일반적으로 re-design 될 때 해당 내용이 포함되어 적용되는데, safety case development lifecycle는 safety case와 관련이 있는 safety case activity가 증가될 때 그 단계에서 기존의 나머지 safety lifecycle과 통합되어 개발된다.

6.3.5.3.4 Safety case maintenance

일반적으로 safety case argument는 시스템 구성 이전에 실제 가동하는 부분에 널리 알려져 있는 부분의 질문에서부터 기인하여 개발 초기에 구성되고 또한 처음에 기술된다. 그리고 해당 case들은 종종 관찰된 증거보다 오히려 예상되고 예측된 시스템과 오퍼레이터(사용자, 드라이버, 기타 탑승객)의 행동을 기반으로 한다. 어떠한 시스템의 전체 작동 life에 걸쳐서 상응되는 safety case는 작동, 디자인하는 측면에 있어서 발생되는 변화와 업데이트 및 기타 변화되는 상황에 따라서 비롯되는 추가적 safety evidence를 요구 받게 될지도 모른다. 그리고 시스템 안전성의 정확한 측정을 유지하기 위하여 방금 언급되었던 변화 또는 업데이트들은 각 사항들에 맞게 평가/측정되어서 safety argument에 영향을 미치게 된다.

6.3.5.3.5 Safety case review and acceptance

Safety case를 review할 경우 일반적으로 한 부서가 safety case를 준비하고 다른 단체나 부서가 해당 safety case를 review를 하여 safety case의 완성도를 높이는 방식을 선택한다. 그리고 이러한 safety case의 완전성을 평가하는 것은 safety case와 해당 기술과의 관련성, 그리고 커버리지와 arguments와 evidence의 완전성을 고려하여 평가하게 된다. 또한, 재검토(review)는 잠재적으로 해당 기능을 약화시키고 해당 기능과 반하게 되는 증거가 존재하게 될 경우 이와 같은 내용들을 모두 고려하게 되는 것이다. 그리고 연역적 분석의 증거를 근거로 한 argument는 귀납적 분석의 증거를 근거로 한 것들 보다 더 강제적인 것으로 간주되게 된다. 단독적으로 process arguments에 기초가 된 safety case는 일반적으로 product argument를 직접적으로 나타낸 것에 비하여 더 약한 것으로 고려된다.

6.3.5.3.6 An example of a safety case

Safety case는 item의 functional safety와 관련되어 있는 objective가 앞선 절(5.3.1)에서 설명한 바와 같이 증거에 의해 argument들을 충족한다는 것을 보여주게 된다.

Functional safety를 위한 최소한의 objectives가 ISO 26262에 명시될 경우, ISO 26262의 요구사항과 작업 산출물들은 safety case를 위한 objective와 evidence가 될 수 있다.

그러나 특정한 조직 문화에서 대부분의 이러한 작업 산출물은 재검토되거나 안전성 lifecycle에서 각각 단계마다 평가가 이루어지며, 이러한 모든 활동의 결과는 보통 문서화된다. 그리고 검토자 또는 평가자로부터 나온 comment의 결과들과 추가적 evidence들은 argument에 추가될 것이다. 이러한 활동은 안전성 lifecycle에서 계층적으로 그리고 체계적으로 수행될 수 있다. 앞에서 이야기 해온 바와 같이 당연히 재검토 자체가 safety case가 될 수는 없다. 그러나 argument와 evidence 그리고 requirement를 연관시키기는 쉽다. 이러한 말의 의미는 재검토 또는 평가의 결과가 safety case의 objective을 지원할 수 있기 위해 argument와 evidence를 제공하는 것을 의미한다.

그러므로 safety case는 이러한 논항의 결과로 작업 산출물을 통합하고 이러한 결과들을

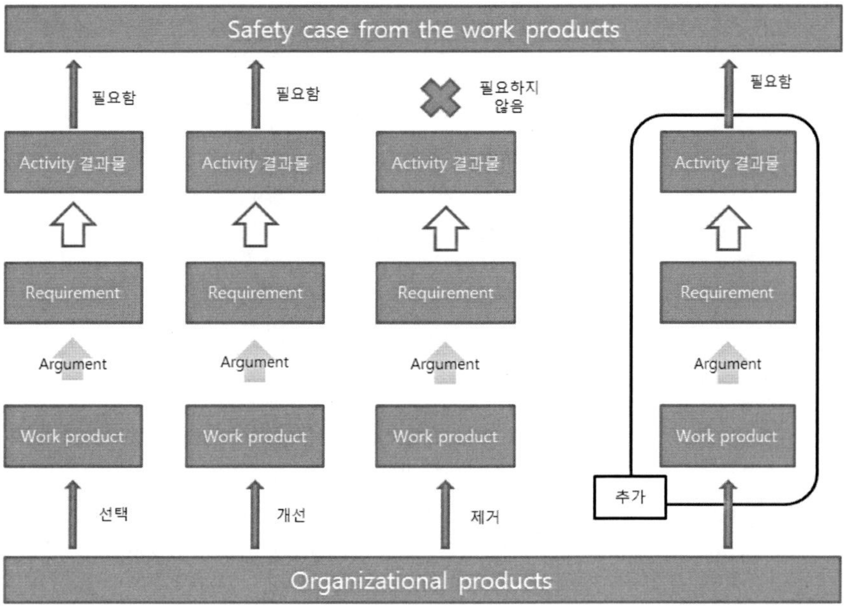

그림 6.7 Choosse, imporve and remove the results of the activities for constituting safety case

적절히 다룸으로써 그 역할을 충분히 수행하게 되는 것이다. 그리고 평가는 다양한 종류의 조직에서 시행된 재검토와 검증 평가의 결과들이 argument가 충분히 명백하게 나타내어졌는지 그리고 해당 기능을 포괄할 수 있는 것인지, 특히 고려하고자 하는 safety case에 해당 내용들이 기여할 수 있는지 등을 평가하기 위해 필요하게 된다.

그림 6.7은 safety case를 구성하기 위한 활동의 결과를 선택하고 향상시키고 제거함으로써 적용될 수 있는 평가의 예를 보여준다.

① Safety case를 구성하도록 요구된 활동은 선택된다.
② 명목상의 성능 시험과 같은 safety case를 위한 활동의 불필요한 결과들은 선택되지 않는다.
③ Safety case를 구성하는데 있어서 불충분한 활동들은 향상/개선되었다.

이러한 결과로서, safety case의 충분성과 완전성은 조직의 safety lifecycle을 보장하는 수단이 될 수 있게 된다.

6.3.6 Concerning concept phase

6.3.6.1 Example of hazard analysis and risk assessment

차량에 내장된 에너지 저장 디바이스를 제어하는 item의 예를 생각해 보자. 해당하는 예에서 에너지 저장 디바이스는 차량의 속도가 15 km/h 이상이 되었을 경우에는 에너지는 방출이 되게 되고 15 km/h 이하일 경우에는 에너지를 저장하게 된다. 만약 15 km/h 이하의 속도에서 축적된 에너지들이 저장되지 않고 방출이 되게 될 경우에는 해당 디바이스가 과열이 되어 장치의 폭발로 이어질 수 있다.

① Hazard identification

낮은 속도에서 디바이스에서 에너지가 원하지 않게 방출될 경우 그 결과로서 폭발이 발생된다.

② Hazardous event

만약 차량의 속도가 15 km/h 이하일 경우 원치 않은 에너지가 저장 디바이스로부터 방출되고 그 결과 폭발이 발생되었을 때 item failure라고 말할 수 있다. 드라이버에 의해 해당 이벤트를 제어하기 위한 가능성은 없는 것으로 간주한다.

이 예의 목적을 위해 위험과 위험도 분석에 대한 확인된 시나리오는 다음과 같다.

- 교통이 혼잡한 경우
  차량은 교통이 혼잡한 곳에서 15 km/h 이하의 속도로 운행되고 있다. 이러한 경우 item failure 때문에 에너지의 불필요한 방출이 발생된다. 이러한 에너지 방출은 차량의 에너지 저장 디바이스의 폭발을 야기하게 되며, 이는 운전자에 심각한 피해를 주는 원인이 될 수 있다.
- 고속도로에서의 운행
  자동차는 120 km/h의 속도로 고속도로에서 이동하고 있다. 이러한 경우 item failure가 발생하게 되더라도, 저장 장치로부터 예기치 않은 에너지 방출로 이어지지 않는다. 운전자는 이러한 상황에서 item failure를 통제/조절할 수 있게 되며, 이에 따라 어떠한 피해도 입지 않을 수 있다.

③ Classification of the identified hazardous events

- 교통이 혼잡한 곳에서의 운행
  차량은 15 km/h 이하의 속력을 가지고 교통이 혼잡한 곳을 운행하고 있다. 일반적인 교통 수치를 기반으로 보았을 때, 차량이 이러한 상황에 놓일 확률은 대략 계산해본 결과 E3라는 결론을 가지게 된다(1% ~ 10% 사이의 확률을 가지고 해당 상황이 발생될 수 있다).

  또한, 해당 item이 failure되고 이에 따라 폭발이 야기 되었을 때 운전자 또는 동행자가 해당 failure 상황을 제어할 수 있는 확률은 거의 불가능하다고 볼 수 있다. 이에 따른 제어가능성을 계산해본 결과 C3라는 결론을 가지게 된다(controllability impossible).

그리고 해당 폭발은 차량에 타고 있는 여럿의 동행자들에게도 부상을 입힐 수 있게 되며, 생존 여부도 불확실하게 되는 결과를 초래하게 된다. 이에 따른 안전도 관련 확률 계산의 결과 S3라는 결론을 가지게 된다. 이러한 각 수치의 결과 값들은 ASIL 계산표를 통하여 ASIL값이 결정되는 것이다.

- 고속도로에서의 운행
  자동차는 120 km/h의 속도로 고속도로에서 이동하고 있다. 일반적인 교통 수치를 기반으로 보았을 때, 차량이 이러한 상황에 놓여 질 확률을 대략 계산해본 결과 E4라는 결론을 가지게 된다(10% 이상). 그리고 item failure가 에너지 방출을 야기치 않기 때문에 운전자는 이러한 item failure 상황에서도 항상 제어 가능한 상태에 있으므로 이에 따른 제어가능성을 계산해본 결과 C0라는 결론을 가지게 된다. 또한 해당 시나리오는 어떠한 피해도 입히지 않게 되므로 severity factor는 S0가 되게 된다.

④ Formulation of the safety goal

위의 모든 상황들을 모두 종합하였을 때 해당 시스템의 safety goal은 다음과 같이 공식화 된다.

"Item은 15 km/h 이하의 속력에서는 에너지 저장 장치에서 에너지 방출이 일어나지 않아야 한다." 그리고 이와 같은 safety goal을 만족하는 ASIL은 교통 혼잡상황 시나리오 때문에 ASIL C에 해당하게 된다.

표 6.2 ASIL determination

Severity class	Probability class	Controllability class		
		C1	C2	C3
S1	E1	QM	QM	QM
	E2	QM	QM	QM
	E3	QM	QM	A
	E4	QM	A	B
S2	E1	QM	QM	QM
	E2	QM	QM	A
	E3	QM	A	B
	E4	A	B	C
S3	E1	QM	QM	A
	E2	QM	A	B
	E3	A	B	C
	E4	B	C	D

6.3.6.2 Notation of controllability

제어성(controllability)은 ISO 26262-1에 정의된 것과 같이 사람이 취하는 행동을 포함하여 적절한 반응을 통하여 규정된 손해/손상을 회피할 수 있는 정도를 말하게 된다. 그리고 ISO 26262-3 : 7절(Hazard analysis and risk assessment)에서는 제어성이라는 것은 운전자 또는 다른 사람이 특정한 손해/피해를 회피할 수 있는 확률의 추정을 나타내는 것이라고 설명하고 있다.

ISO 26262-3 : 7절에서 기술된 바와 같이 제어가능성은 다음과 같이 4가지로 분류할 수 있게 된다.

① C0 : Controllable in general
② C1 : Simple controllable(99% 이상)
③ C2 : Normally controllable(90% 이상)
④ C3 : Difficult to control or uncontrollable(90% 이하)

Hazardous event는 위험과 구동/작동 상황의 조합으로 ISO 26262-1에서 규정하고 있다. 각각의 적절한 hazardous event는 hazard analysis와 risk assessment를 통하여 도출된다. 가장 단순한 경우로서 살펴보게 되면 하나의 결과물은 hazardous event와 해당 결과물을 회피할 수 있는 controllability를 통하여 나오게 되는 것을 말한다. 하지만 또 다른 경우가 발생될 수도 있다. 예를 들어 해당 위험의 심각도가 S2이고 해당 위험은 쉽게 피할 수 있는 controllability가 C1인 경우와 어떠한 위험의 심각도는 S1이고 위험을 피할 수 있는 controllability C3로서 피할 수 있는 확률이 아주 낮은 상황이 있다고 생각해 보자(각 경우의 상황 발생 확률은 E4라고 가정한다). 이와 같은 상황에서 ASIL은 다음과 같이 나오게 된다.

① E4, S2, C1 => ASIL A
② E4, S1, C3 => ASIL B

6.3.6.3 Safety process requirement structure

ISO 26262에 따라 안전성 요구사항 개발의 흐름과 시퀀스가 그림 6.8에서 설명되어 있다. 특정 절은 다음과 같은 방법에 의해 표시된다: “m-n”이라고 표시된 것에서 “m”은 part를 나타내게 되며, “n”은 해당 part 내의 절을 나타내는 것이다.

위험 해석과 위험 평가는 위험을 확인하고 이러한 발생 가능한 위험을 위하여 안전성 목적을 규정하기 위해 수행된다.

Functional safety concept은 safety goal을 충족시키기 위해 functional safety requirement를 상세 화하는 것에서부터 파생되게 된다. 이러한 요구사항은 해당 item에 사용될 safety 메커니즘과 다른 안전관련 측정들을 규정한다. 또한, system 관점에서 각 element들은 이와 같은 요구사항을 지원하는지에 대해 확인을 거치게 된다.

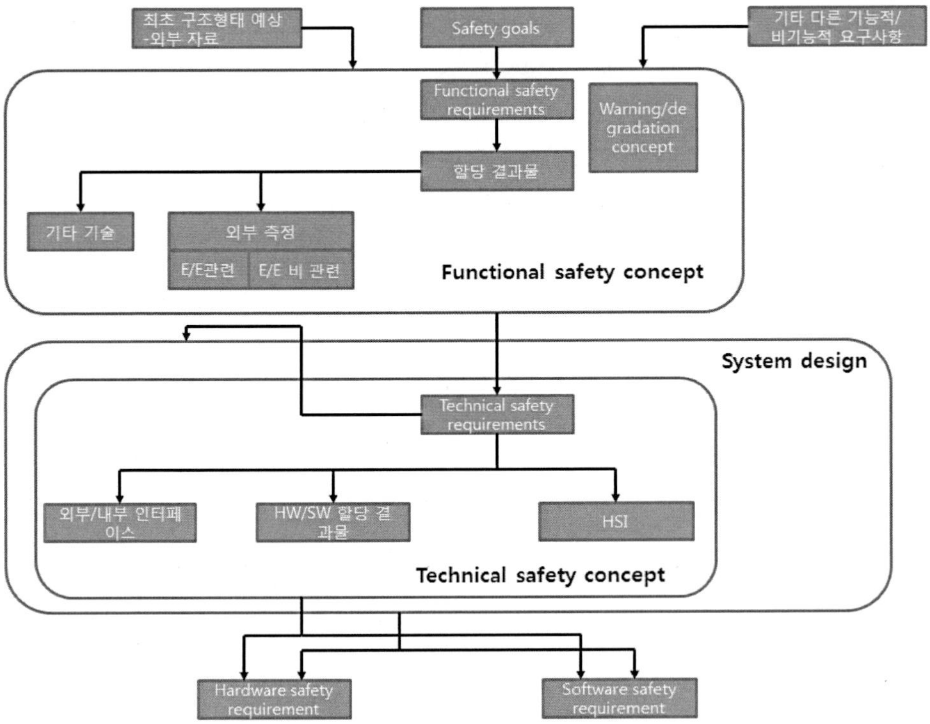

그림 6.8 Flow of safety requirements

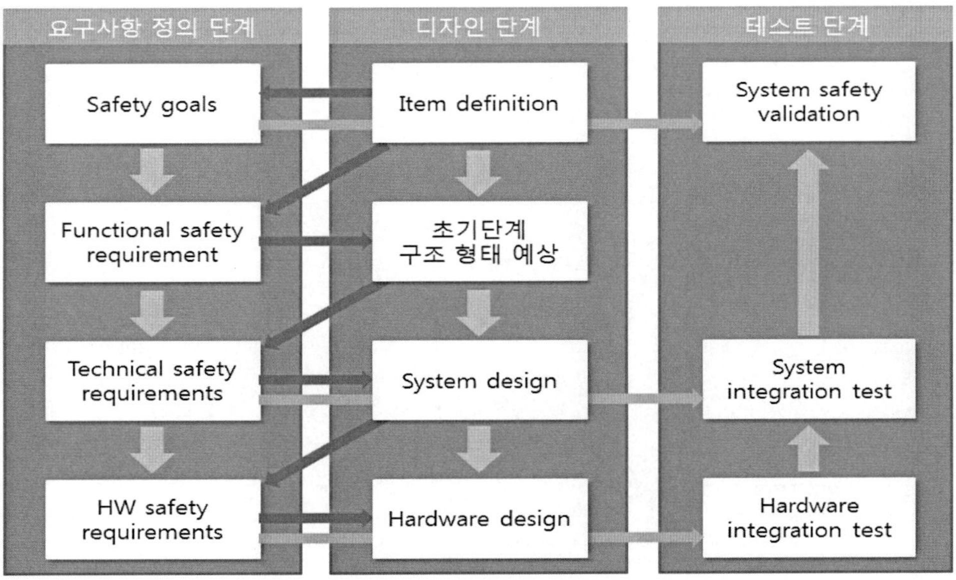

그림 6.9 Hardware safety requirements process

Technical safety concept은 앞에서 상세화한 안전 요구사항들을 어떻게 구현할지 상세화하는 것이다. 해당하는 technical safety requirement는 하드웨어와 소프트웨어로 나뉘게 된다.

System design은 technical safety concept을 통하여 실제 개발하는 것을 말한다. 이렇게 실제 구현하는 것은 시스템 설계 명세에 명시될 수 있다.

마지막으로 hardware/software safety requirement는 실제 개발을 할 때 technical safety requirement와 system design의 요건들을 모두 만족했는지 증명하는 단계이다. 각각의 안전과 관련된 요구사항들은 ISO 26262-5 : 6절(Specification of hardware safety requirement)와 ISO 26262-6 : 6절(Specification of software safety requirement)에 자세히 나타나 있다.

그림 6.9는 하드웨어 요건과 ISO 26262의 설계 단계 사이의 관계를 설명한다. 특정 절은 다음과 같은 방법에 의해 표시 된다: "m-n"이라고 표시된 것에서 "m"은 part를 나타내게 되며, "n"은 해당 part 내의 절을 나타내는 것이다.

그림 6.10은 소프트웨어 요건과 ISO 26262의 설계 단계 사이의 관계를 설명한다.

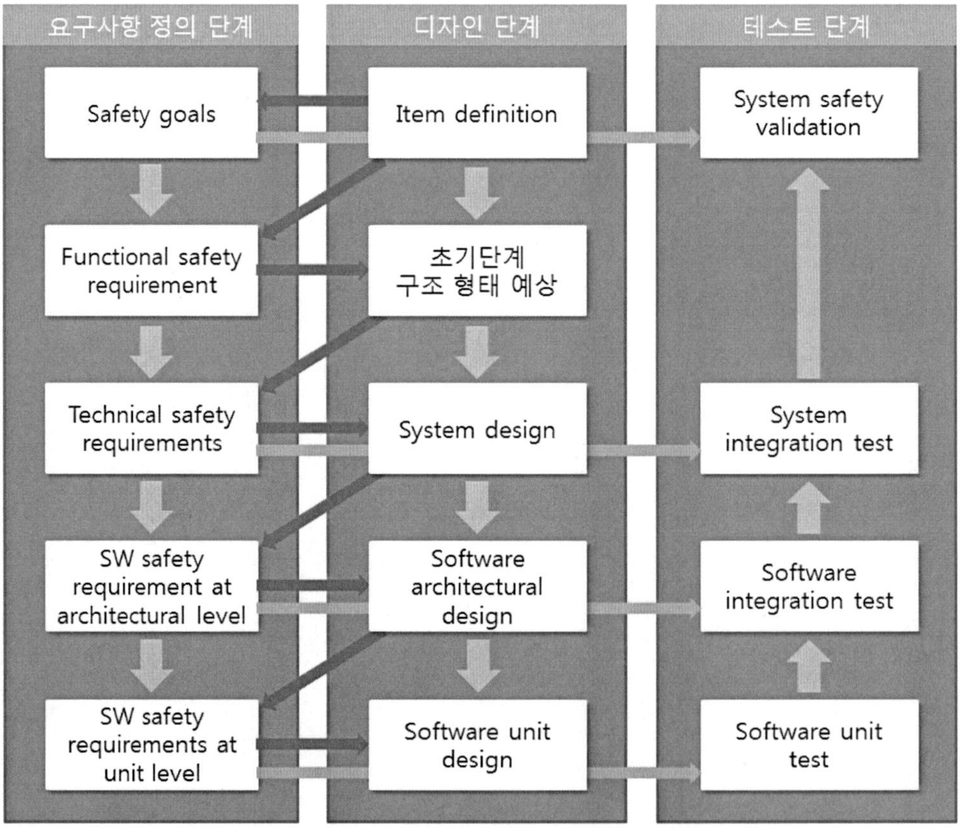

그림 6.10 Software safety requirement process

6.3.6.4 External measure

6.3.6.4.1 External measure classification

External measure는 item과 분리된 별개의 것들을 item의 risk를 줄이기 위하여 측정하는 것을 말한다. 이러한 external measure는 외부적 risk 감소를 위하여 측정하는 것으로(ISO 26262-2) 적어도 2가지 종류로 구분할 수 있다.

① Vehicle independent(external device)
② Vehicle dependent(in-vehicle device)

Vehicle independent한 것들은 차량에 위험 risk를 줄일 수 있는 차량 외부에 존재하는 모든 물리적 장치라고 생각하면 된다. 이러한 차량과는 의존성이 전혀 없는 외부 환경 요인들은 external measure를 통하여 safety analysis의 초기, 즉 risk 평가 phase에서 이러한 환경적 조건을 고려하여 측정되어야 한다.

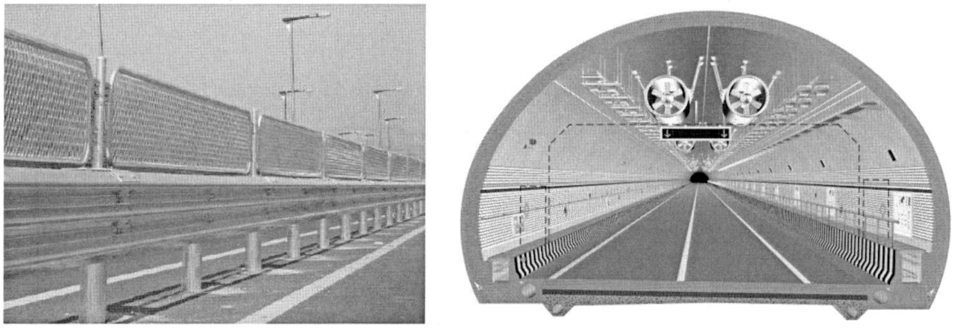

그림 6.11 Example of Vehicle independent external measure

Vehicle dependent한 것들은 차량 내에 존재하게 되면서 실제 특정한 기능에 속하는 것이라고 하는 것보다 전반적인 차량의 안전도를 높이기 위한 장치들로서 이러한 vehicle de-

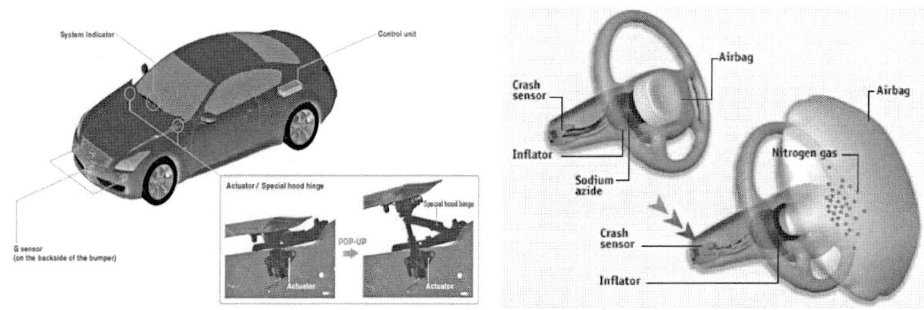

그림 6.12 Example of Vehicle dependent external measure

pendent한 장치들은 일반적으로 ASIL의 측면에서 봤을 때 controllability를 개선시키는 역할을 하게 된다.

6.3.6.4.2 Example of external measure 1

차량 A는 수동 기어를 가지고 있고 전자식 주차 브레이크를 가지고 있으며, 차량 B는 자동 기어를 가지고 있으며 전자식 주차 브레이크를 가지고 있다는 가정 하에 해당하는 External measure를 위한 시나리오는 다음과 같다.

① 차량은 주차되어 있는 상태이다(자동차 키는 없으며, 차량 운전자도 현재는 없다).
② 주차되어 있는 장소는 보도의 가장 자리이며 경사진 곳이고 사람이 많은 장소이다.
③ 갑자기 잠겨있던 전자식 주차 브레이크가 갑자기 풀리게 된다.

이러한 경우 차량 A는 수동 기어를 가지고 있는 차량으로서 중립상태에서 key off일때는 해당 차량은 잠재적으로 움직일 수 있는 상태로 방치되게 된다. 이러한 결과 차량에 운전자도 존재하지 않기 때문에 controllability rank는 C3 제어가 불가능하다는 등급을 받게 되고, 주변에 피해를 입을 수 있는 사람이 존재하게 되므로 severity rank는 S2 또는 그 보다 높은 등급을 받을 것이다. 그리고 exposure rank는 E0가 되므로 해당 차량 A의 ASIL 등급은 B 또는 그보다 높은 등급을 가지게 될 것이다.

이에 반하여 차량 B는 주차 브레이크가 풀리게 되더라도 차량은 움직이지 않게 된다. 이에 따라 hazard result는 발생되지 않게 되는 것이다.

이처럼 차량 A, B의 비교를 통하여 vehicle-dependent external measure가 hazard 발생 등에 영향을 미치는 것을 볼 수 있다.

6.3.6.5 Safety goal combination

Safety goal 설정은 item 안전 요구사항에서 가장 상위에 존재하게 된다. 이러한 safety goal 설정을 통하여 functional safety requirement에 있어서 이유가 분명하지 않은 risk로부터 hazardous event가 발생되지 않도록 한다. 그리고 safety goal은 초기 concept phase에서 결정하게 된다. 하나의 item 내에 비슷한 safety goal이 존재할 수 있으며, 또한 safety goal에서 동일한 hazard가 언급되게 되지만 서로 다른 상황에 있을 경우도 있다. 이러한 경우들에서는 safety goal에서 보았을 때 여러 상황들 중에서 높은 ASIL을 기준으로 통합하게 된다.

6.3.6.6 Example of safety goals combination

6.3.6.6.1 General

다음에 제시되는 예시들은 비슷한 safety goal들을 어떻게 하나로 통합할 수 있는지 보여주는 예시이다.

Item과 requirement는 해당 절에서 예시 안에 기술해 놓았다. safety goal과 해당 safety goal의 ASIL, 그에 따른 요구사항들은 safety goal combination process를 통하여 새롭게 기술된다.

6.3.6.6.2 Safety goals referred to the same hazard in different situations

지금 제시하고자 하는 예시는 safety goal이 동일한 hazard일 때 다른 상황에서 발생할 경우의 예시이다. 우선 safety goal combination process를 수행하기 위해 첫 번째로 수행하여야 하는 것은 hazard analysis와 risk assessment이다. 해당 예시에서 failure mode는 간단히 예시를 들어 설명하기 위해 의도치 않은 EPB 동작 하나만을 생각한다. 표 6.3을 통하여 동일한 failure 일지라도 특수 상황을 통하여 차량은 상황에 따라서 다르게 영향 받을 수 있다는 것을 알아낼 수 있다.

Safety goal combination process에서 첫 번째로 수행하였을 것이 hazard analysis와 risk assessment이라면, 그 다음으로 수행해야 하는 것이 바로 safety goal 상세화이다. Safety goal 상세화라고 한다면 서로 다른 상황에서 동일한 safety goal이 발생되었고 이에 따라 해당 상황에 대해 정확히 분석을 하기 위해서 hazard analysis와 risk assessment를 수행하였다. 그리고 이렇게 hazard analysis와 risk assessment를 수행한 결과, 기존의 safety goal에서보다 모든 상황이 적용된 보다 상세화된 safety goal을 제시해야 되는 것이다. Safety goal 상세화에서는 서로 다른 상황을 모두 적용한 새로운 safety goal을 제시하며 safety state 또한 제시해야 한다. 그리고 이 모든 것을 적용한 ASIL을 다시 제공해야 하며, 이러한 것들을

표 6.3 Safety goals referred to the same hazard in different situations

Failure Mode	Specific Situation	Function	TOP EVENT / HAZARD	ASIL	Safe state	Safety Goal	SAFETY functions provision
Unintended parking activation	High Speed **OR** Taking a bend OR Low Adherence	Parking function	Unexpected deceleration (± 0.2 g over a 200 msec) with loss of vehicle control	Higher ASIL	EPB disabling (Parking function activation inhibition over a TBD threshold speed)	*The Parking function shall not be activated with moving vehicle*	- EPB shall activate in response to the operation of a push button or pedal. - EPB shall de-activate in response to the operation of the accelerator pedal. - Diagnosis across EPB activation request and Vehicle Speed - ...
Unintended parking activation	Medium-low speed **AND** High Adherence	Parking function	Unexpected deceleration (± 0.2 g over a 200 msec) with possible crash with following vehicle	Lower ASIL	EPB disabling (Parking function activation inhibition over a TBD threshold speed)	*The Parking function shall not be activated with moving vehicle*	- EPB shall activate in response to the operation of a push button or pedal. - EPB shall de-activate in response to the operation of the accelerator pedal. - EPB activation shall depend on vehicle speed - ...
NOTE "shall" used in this example of safety goal has no normative meaning for ISO26262.							

근거로 하여 새롭게 safety requirement를 작성해야 한다.

6.3.6.6.3 Similar safety goal combination

앞서서 언급한 것과 비슷한 맥락으로, 앞선 예시는 동일한 safety goal이 서로 다른 상황에서 발생되어 safety goal을 수정하는 것이라고 생각한다면, 이번 예시는 각기 다른 safety goal이지만 추구하는 내용이 비슷하여 이를 통합하는 것을 나타내는 예시이다.

표 6.4 Similar safety goals

Failure Mode	Specific Situation	Function	TOP EVENT / HAZARD	ASIL	Safe state	Safety Goal	SAFETY functions provision
Unintended parking activation	High Speed **OR** Taking a bend OR Low Adherence	Parking force application	Unexpected deceleration (± 0.2 g over a 200 msec) with loss of vehicle control	Higher ASIL	EPB disabling (Inhibition of Parking function activation over a TBD threshold speed)	*The Parking function shall not be activated with moving vehicle*	- EPB shall activate in response to the operation of a push button or pedal. - EPB shall de-activate in response to the operation of the accelerator pedal. - EPB activation shall depend on vehicle speed. - …
Unintended parking deactivation	Parking at up/downhill	Parking force release	Vehicle rolling away without driver on-board	Lower ASIL	EPB disabling (Inhibition of Parking function deactivation)	*Avoid an unintended EPB release when the vehicle is parked*	- EPB shall activate in response to the operation of a push button or pedal. - Anormality of the acceleration pedal shall be monitored. - …
NOTE "shall" used in this example of safety goal has no normative meaning for ISO26262.							

해당 예시 또한 safety goal combination process를 통하여 원하는 safety goal을 도출하게 된다. Process는 앞선 예시와 동일하게 우선 hazard analysis와 risk assessment을 수행하게 되며, 이후 safety goal 상세화를 수행하게 되는 것이다.

6.3.7 Concerning hardware development

해당 절에서는 hardware fault가 발생될 수 있는 경우를 분류하고 각 분류한 기준들은 예시를 들어 설명하게 된다. 또한, diagnostic coverage assessment의 예시를 보여주며 hardware와 관련된 보다 자세한 설명들을 나타낸다. 즉, 이번 절에서 나타내고자 하는 것은 hardware 측면에서 ISO 26262 안전성제고에 대해 보다 심도 깊게 이야기하는 절이라고 생각하면 될 것이다.

6.3.7.1 The fault classes (applies to random hardware fault)

일반적으로 고장점 n이 n > 2를 가지게 되는 적절한 이유를 가지거나 또는 technical safety concept에서 나타나 있지 않는다면, 고려될 고장의 조합은 2개 고장의 조합으로 제한

된다. 그러므로 대다수의 fault는 다음과 같이 분류될 수 있다.

① single point fault
② residual fault
③ detected dual point fault
④ perceived dual point fault
⑤ latent dual point fault
⑥ safe fault

우선 첫 번째로 설명하고자 하는 것은 single point fault이다.

Single point fault는 fault가 바로 직접적으로 safety goal을 위배하게 되는 경우를 말한다. 이러한 single point fault는 만약 잠재적으로 safety goal이 위배되는 경우가 발생되었다 할지라도 이러한 경우를 제어할 수 있는 safety mechanism이 존재하지 않게 된다.

두 번째로 설명하고자 하는 것은 residual fault이다.

해당 fault 역시 바로 직접적으로 safety goal을 위배되게 하는 요인이 되는 fault로서 single point fault와의 차이는 residual fault같은 경우에는 잠재적으로 safety goal이 위배되는 경우가 발생되었을 때 해당 상황을 제어할 수 있는 safety mechanism이 적어도 하나는 존재하는 것을 말한다.

세 번째로 설명하고자 하는 것은 detected dual point fault이다.

해당 fault는 safety goal violation이 발생되는데 기여는 하지만, 직접적인 원인이 되지 않는 fault를 말한다. 이러한 종류의 fault는 직접적으로 알아낼 수 있기보다는, 잠재적 fault를 위하여 마련해 놓은 safety mechanism을 통하여 발견될 수 있게 된다.

네 번째로 설명하고자 하는 fault는 perceived dual point fault이다.

해당 fault는 detected dual point fault와 비슷하다. perceived dual point fault는 safety goal violation이 발생되는데 기여는 하지만, 직접적인 원인이 되지 않는 fault를 말한다. perceived dual point fault는 detected dual point fault와 같이 잠재적 fault를 위해 마련해 놓은 safety mechanism을 통하여 발견되거나, 운전자에 의해 인식되어 발견된다.

마지막으로 설명하는 fault는 safe fault이다.

safe fault는 fault가 존재하기는 하지만, safety concept에 포함되어 있지 않는 경우를 이야기 한다.

그림 6.13은 다양한 failure들이 어떻게 구분되고 분류되는 것에 대한 카테고리를 보여주는 그림이다.

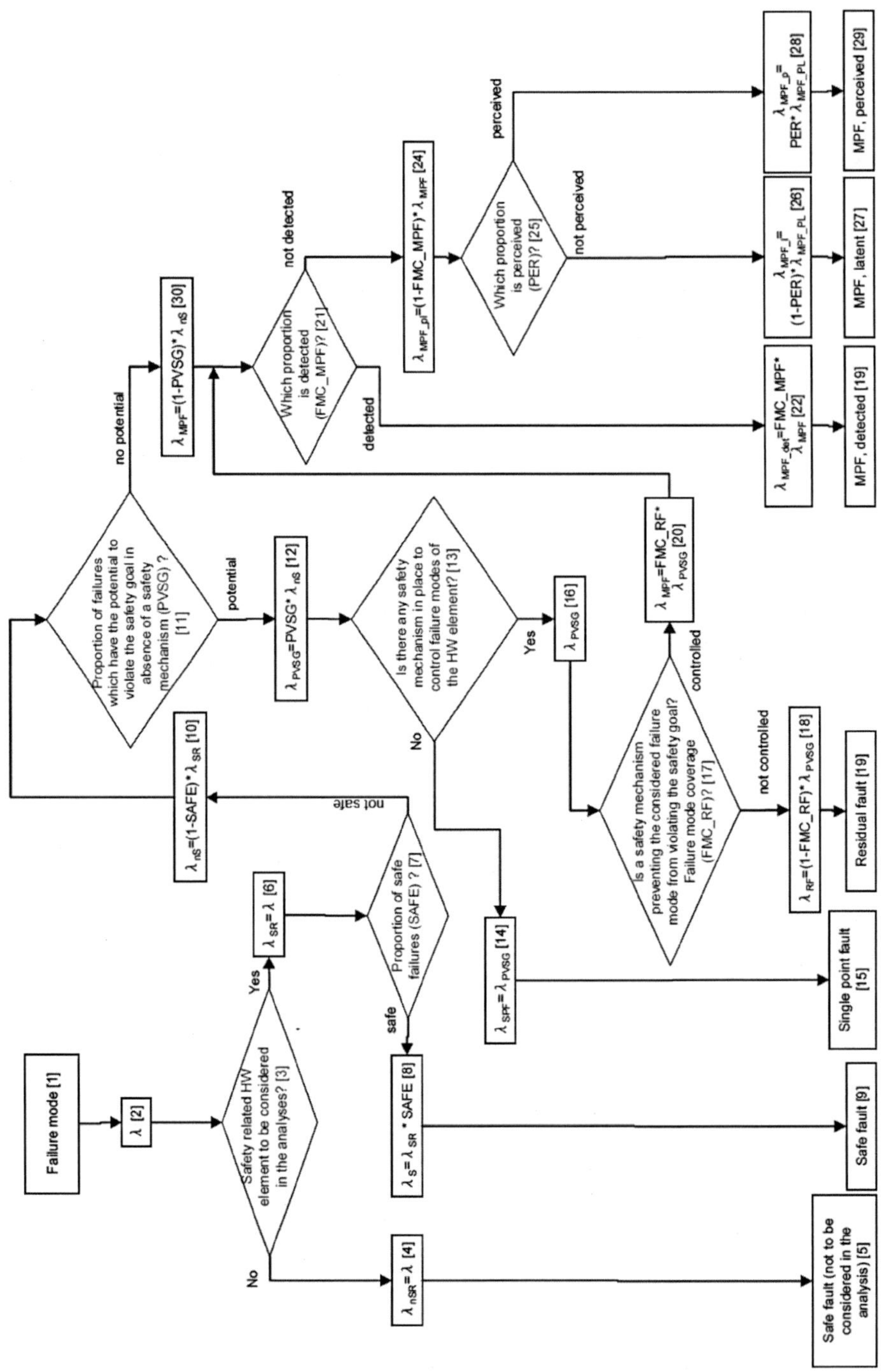

그림 6.13 Classification of failure categories and calculation of corresponding failure rates

6.3.7.2 Example of diagnostics coverage assessment

앞에서 설명한 Hardware fault의 종류들을 실제 센서를 예를 들어 설명해 보았다. 해당 센서의 측정값이 어느 정도인지 그리고 센서의 값에 따른 fault의 종류가 무엇인지를 그래프를 통하여 살펴볼 수 있게 된다.

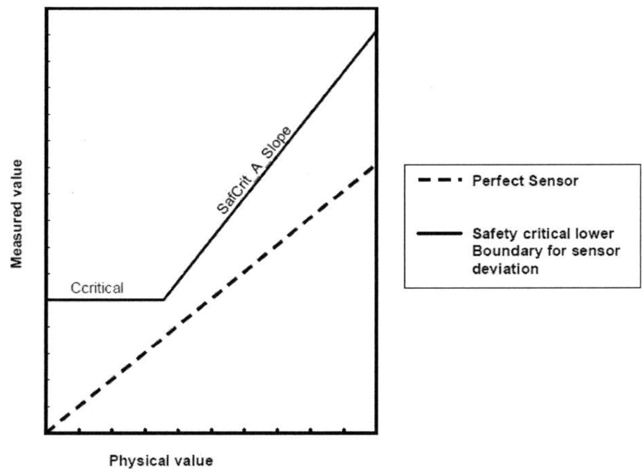

그림 6.14 Visualization of safety related anomaly of sensor A_Master

해당 그림에서 살펴보았을 때 실선은 sensor의 값이 오류가 생기더라도 가지게 되는 한계치를 나타내고 있으며, 점선은 sensor가 오차 없이 완벽히 해당 값을 읽었을 때의 값을 나타내고 있다. 이 그래프에서 보았을 때 점선과 실선 사이에 실제 센서의 값이 존재하게 되면, safety goal violation이 발생될 가능성이 있다.

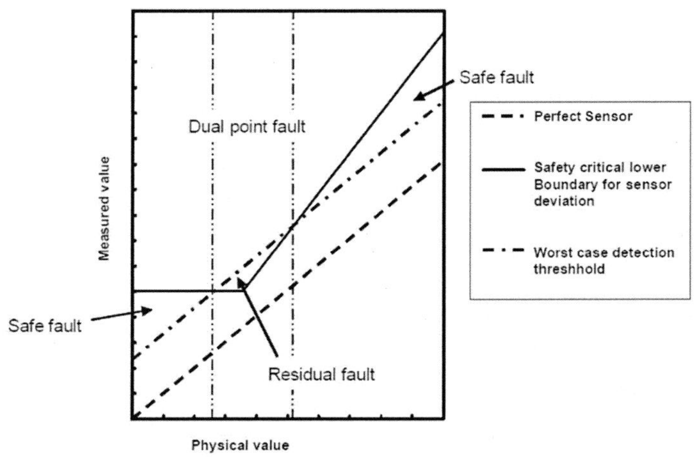

그림 6.15 Example of worst case detection threshold(too high)

그림 6.15의 그래프를 살펴보았을 때 앞선 그림 6.14와 다른 점은 worst case detection threshold 선이 있다는 것이다. 해당 worst case detection threshold는 쉽게 생각하였을 때 fault를 찾아내기 위한 하나의 safety mechanism이라고 여기면 된다. 해당 예시 그래프에서는 worst case detection threshold가 높은 곳에 위치하고 있을 경우를 나타낸 것인데, worst case detection threshold가 낮은 곳에 위치한 것과는 나타날 수 있는 fault의 종류가 다름을 확인 할 수 있다.

그림 6.15에서는 worst case detection threshold가 높은 곳에 위치함에 따라 앞선 그림 6.14와 비교하였을 때 실선과 perfect sensor 점선사이는 fault가 발생할 수 있는 영역이라고 생각한다면, 하나의 safety mechanism인 worst case detection threshold를 통하여 실선과 worst case detection threshold선 사이의 영역은 fault가 발생될 수 있으나 worst case detection threshold선 보다 위에 있으므로 안전하다는 결론을 가져올 수 있게 된다. 그러므로 해당 영역은 safe fault가 되게 되며, worst case detection threshold선과 실선 사이의 영역은 실제 fault가 발생되게 되는데, single point fault가 아니고 하나 이상의 safety mechanism이 존재하므로 residual fault가 된다.

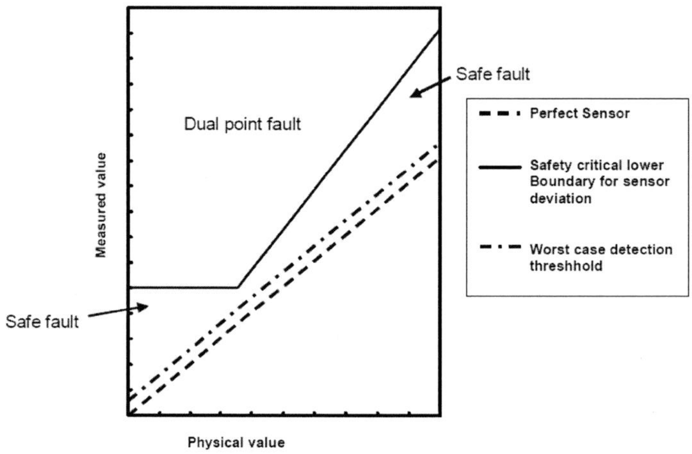

그림 6.16 Example of worst case detection threshold (low)

그림 6.16과 그림 6.15를 비교하게 되면 각 fault 모드들에 대하여 이해하기 쉬울 것이다.

6.3.8 Safety element out of context

6.3.8.1 Safety element out of context development

자동차 산업은 다양한 애플리케이션과 다양한 고객의 특성을 위하여 일반적인 요소들을 개발한다. 이러한 일반적 요소들은 분산 개발로서 공급망의 다양한 계층에서 병렬적으로 그리고 다양한 회사에서 개발될 수도 있다. 개발함에 있어 가정은 안전 요구사항을 포함한 요구사항에 의해서 만들어지게 된다.

이와 같은 element들은 Safety element out of context(SEooC)로서 처리되게 개발된다. SEooC는 특정 item을 위하여 개발되지 않은 안전 관련된 element를 지칭하게 된다.

① SEooC의 컨셉은 주어진 가정 아래서 재사용할 수 있도록 의도된 ISO 26262에 따라서 element 개발을 다루는 것이다.

② 그리고 SEooC에서 사용되는 하드웨어와 소프트웨어 구성 요소의 자격은 ISO 26262 아래서 개발된 item을 위해 이미 존재하는 element를 사용한다. 일반적으로 component들은 재사용성을 위해 설계되지는 않았지만 ISO 26262에 의해 발전되고 그에 알맞게 개발이 되었다.

SEooC는 system일 수도 있으며, subsystem, software component 또는 hardware component일 수도 있지만 item이 될 수는 없다. 이는 SEooC가 특수한 차량에 알맞게, item에 맞게 문맥에 의해 통합된 것이 아니라 system의 관점에서 문맥에 의해 통합된 것이기 때문이다.

6.3.8.1.1 Development of a system out of context

해당 절은 다양한 차량 제조업체에 의해 통합될 수 있는 새로운 E/E 시스템에 적용된 SEooC를 보여주고 있다.

해당 예시에서 보여주고 있는 상황은 시스템 기능은 일정한 차량의 조건 아래에서 기능을 활성화하고 운전자의 요청을 적절히 비활성화하는 것을 허락하는 것이다. 해당 프로세스 흐름은 다음 그림처럼 나타나 있다.

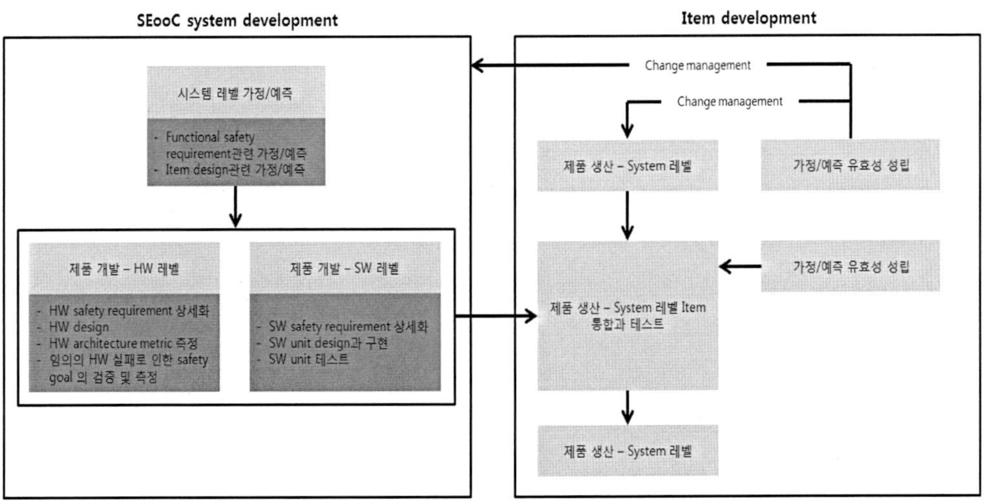

그림 6.17 SEooC system development

개발 과정은 다음과 같다.

Step 1a – Assumption on the scope of SEooC
SEooC의 범위는 개발하고자 하는 것의 목적, 경계와 기능성을 고려하여 관련 정보를 수집하도록 의도된다.

Step 1b – Assumption on functional safety requirement of the SEooC
SEooC의 개발은 functional safety requirement를 나타내기 위하여 item 정의, H&R analysis 그리고 item과 관련된 safety goal과 같이 관련된 가설을 만들 필요가 있다.

Step 2 – Execution of SEooC development
시스템 레벨에서 functional safety requirement를 정의할 때, SEooC는 ISO 26262-4, ISO 26262-5, ISO 26262-6그리고 기대되는 모든 작업 산출물을 통하여 개발된다.

Step 3 – Work Products
SEooC 개발의 마지막에 작업 산출물은 가정한 functional safety requirement를 검증해야 하며, item 통합과 작업 산출물로부터의 모든 정보들, 가정들은 SEooC safety requirement로서 남겨 두어야 한다.

Step 4 – SEooC integration in the item
SEooC가 item integration phase에서 고려될 때 모든 SEooC는 SEooC의 ASIL을 포함한 관련된 safety requirement들을 포함하여야 한다.

6.3.8.1.2 Development of a hardware component as a SEooC

이번 절에서는 마이크로컨트롤러 개발 시 SEooC 개발을 나타낸다. 전체적 개발 flow는 그림 6.18과 같다.

개발 과정은 다음과 같다.

Step 1 – Assumptions on system level
Step 1a – Assumption on technical safety requirement
Step 1b – Assumption on system level design
Step 2 – Execution of hardware development
Step 3 – Work products
Step 4 – Establish validity of assumption SEooC integration in the system
Step 5 – Impact analysis

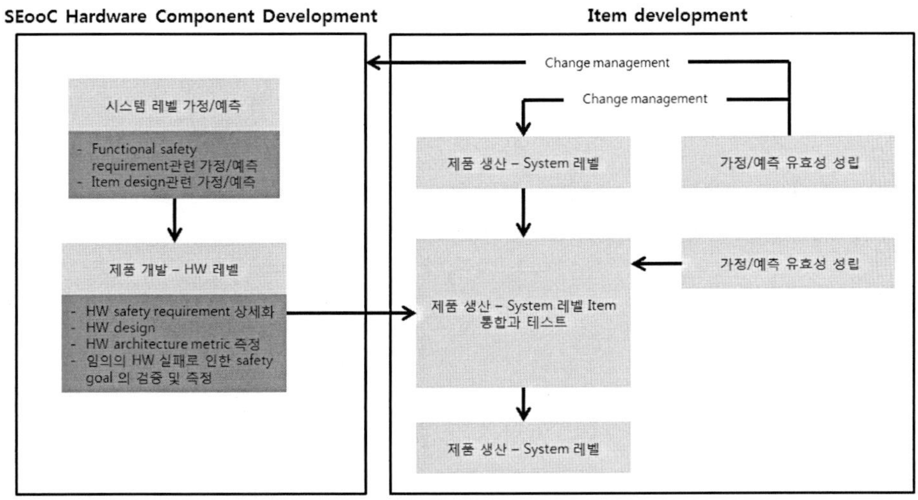

그림 6.18 SEooC hardware component development

6.3.8.1.3 Development of a software component as a SEooC

이번 절에서는 새로운 medium / low level의 software component를 개발할 때 SEooC가 어떻게 적용되어야 하는지 나타내고 있다. 전체적 프로세스의 flow는 그림 6.19와 같다.

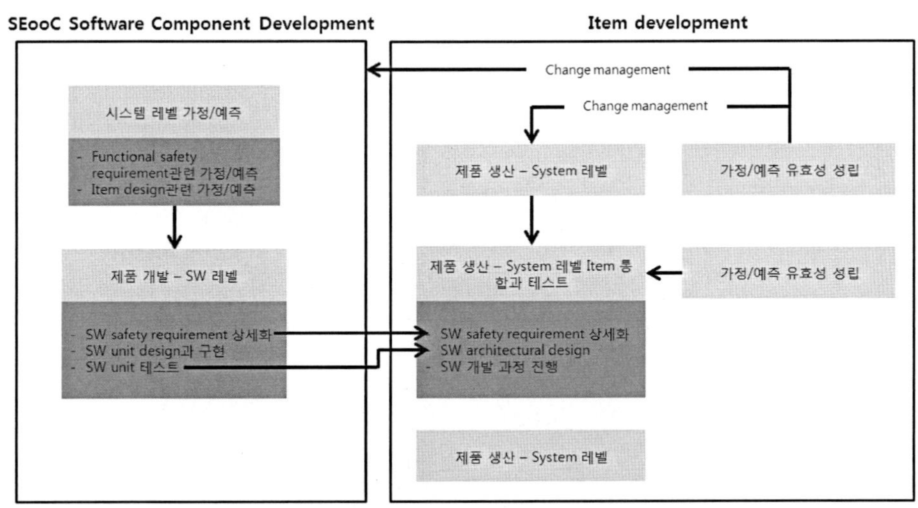

그림 6.19 SEooC software component development

개발 단계는 다음과 같다.

Step 1a – Assumptions on the scope of the software SEooC

Step 1b – Assumptions on the safety requirements of the software SEooC
Step 2 – Development of the software SEooC
Step 3 – Integration of the software SEooC in a new particular context

6.4 Annex A ISO 26262 and microcontrollers

6.4.1 General

이 절의 목적은 ISO 26262 응용과 관련하여 마이크로컨트롤러를 다루는 방법에 관한 예의 non-exhaustive를 제시하는 것이다.

6.4.2 A microcontroller, its parts and sub-parts

마이크로컨트롤러(MUC 또는 μC)는 하나의 집적된 회로로 작은 컴퓨터를 이루는 것을 말한다. 이 마이크로컨트롤러 내부에는 CPU, clock, timers, peripherals, I/O ports 그리고 memory들로 구성되어 있다. 비휘발 메모리 형태로 제공되는 Program memory 또한 종종 하나의 칩에 포함되기도 하며 몇몇 경우에는 일정량의 RAM까지도 하나의 칩에 포함된다.

아래의 그림에서 보는 것과 같이 전체 microcontroller는 Processing Unit뿐만 아니라 다른 component들로 이루어진 계층적 구조를 가지게 된다. 아래의 그림은 마이크로컨트롤러의 logical view를 보여주고 있다. 이러한 표현은 반드시 물리적으로 이렇게 구현이 되어야 된다는 것을 말하는 것이 아니고, 또한 부분과 부속품 사이의 종속성을 나타내는 것도 아니다.

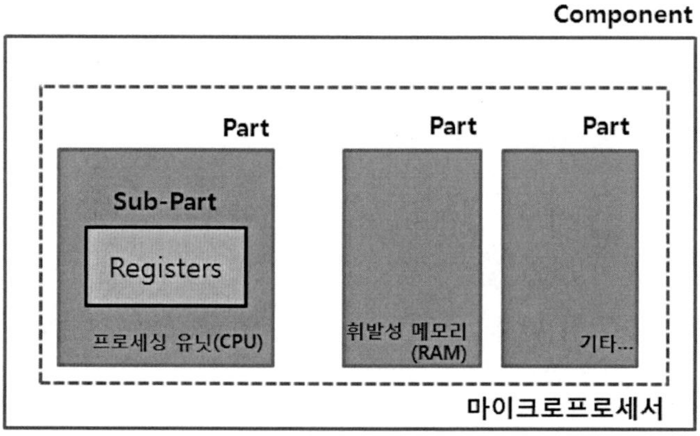

그림 6.20 A microcontroller, its parts and sub-parts

ISO 26262-5의 annex D에 나타나있는 표 6.5는 마이크로컨트롤러의 parts와 sub-parts들의 리스트를 보여주고 있으며, 그 가운데에 규정된 부분 또는 부속품들을 기반으로 유추하여 분류하고 있다.

표 6.5 Example of classification of part or sub-part of microcontroller

Elements in ISO 26262-5:—, Annex D table D.1	Examples for a microcontroller	
	Part	Sub-part
Power Supply	Embedded Voltage Regulator (EVR), Power Management Unit (PMU)	
Clock	Phase Locked Loop (PLL), Ring oscillator, Clock Generation Unit (CGU), Clock tree	
Non-volatile memory	FLASH, EEPROM, ROM, One-Time-Programmable (OTP) Memory	Memory cells array, Address Decoder, interface circuitry, Test/Redundancy logic
Volatile Memory	RAM, Caches	Memory cells array, Address Decoder, interface circuitry, Test/Redundancy logic
Analogue I/O and Digital I/O	General Purpose IOs (GPIO), Pulse-Width Modulator (PWM)	
	Analogue-Digital Converter (ADC), Digital-Analogue Converter (DAC)	
Processing Unit	Arithmetic Logic Unit (ALU), Data Path of CPUs	
	Register Bank, internal RAM of CPU such as small data caches	
	Load/Store Unit, memory controllers, cache controllers and bus interfaces	
	Interrupt Controller	
	Sequencer, coding and execution logic including flag registers and stack control	
	Configuration registers of Interrupt Controller	
	General purpose timers	
Communication	On-chip communication including bus-arbitration	Bus matrices/switch fabric, Protocol, data width, and clock domain conversion (e.g. bus bridges)
	On-chip communication using Direct Memory Access (DMA)	DMA addressing logic, DMA addressing registers, DMA buffering registers
	Serial-Peripheral Interface (SPI), Serial-Memory Interface (SMI), Inter-Integrated Circuit (I2C) interface, Controller Area Network (CAN) interface, Time Triggered CAN (TTCAN), FlexRay, Local Interconnect Network (LIN), Single Edge Nibble Transmission (SENT), Ethernet, Distributed Systems Interface (DSI), Peripheral Sensor Interface (PSI5)	

6.4.3 Overview of microcontroller development and safety analysis according ISO 26262

6.4.3.1 General

마이크로컨트롤러는 item의 상위 레벨의 safety goal로부터 파생된 safety requirement를 통하여 개발되어야 한다. HW 아키텍처 metric의 대상과 임의적 하드웨어 고장을 위한 확률적 metric은 각 item에 따라 할당된다. 이 같은 경우 마이크로컨트롤러는 item의 element들 중 하나인 것이다. ISO 26262-5의 예를 통하여 분산 개발이 가능하도록 하기 위해 해당하는 목표 값은 마이크로컨트롤러 자체에 할당 될 수 있다. 마이크로컨트롤러의 safety analysis는 요구사항과 ISO 26262-5, ISO 26262-9에서 권장하는 방안을 통하여 수행되어야 한다.

Target item이 아직 정해지지 않은 경우 마이크로컨트롤러는 Safety Element out of Context(SEooC)를 통하여 개발되어질 수 있다. 이러한 경우, 마이크로프로세서는 가용한 상태라는 가정 하에 개발이 이루어지게 된다. 이러한 가정은 system level의 검증 단계에서 item의 safety goal로부터 파생된 요구사항에 의해 확인된다.

모든 분석들과 다음에 기술되는 분석 관련된 예제들은 마이크로컨트롤러가 SEooC라고 가정하여 행해진다. 해당 분석들은 독립적 마이크로컨트롤러를 고려하여 수행될 때, 적절한 가정은 만들어지게 된다. 그리고 차후 절에서 해당하는 분석을 어떻게 검증하고 시스템 레벨에서의 가정을 어떻게 분석할 것인지 자세히 언급할 것이다.

6.4.3.2 Qualitative and quantitative analysis of a microcontroller

질적 / 양적 safety analysis는 concept과 제품 개발 단계 동안 적절한 단계 level에서 이루어지게 된다. 마이크로컨트롤러 같은 경우는

① 질적 분석은 failure를 확인하고 구분 짓는데 유용하다. 이렇게 failure를 확인하고 구분 짓는 방법 중 하나는 마이크로컨트롤러 블록도에서 파생된 정보를 이용하는 것이다.

② 양적 분석은 다음의 조합들로서 수행되게 된다.

(ㄱ) Logical block 레벨의 구성 작업

(ㄴ) 마이크로컨트롤러의 Register Transfer Level(RTL) description으로부터 파생된 정보와 gate-level netlist로부터 파생된 정보

(ㄷ) 상세하게 나타나있지 않은 잠재적인 sub-function 간의 상호작용을 평가하기 위한 정보

(ㄹ) Layout 정보

(ㅁ) Bridging faults와 같은 특정한 고장 모델에 관하여 diagnostic coverage를 검증하

기 위한 정보.

(ㅂ) System level에서 해당 측정의 유효성과 이론적 해석에 있어 주의 깊게 살펴 볼 수 있는 전문가의 판단 또한 정량화 분석에 사용할 수 있다.

③ 마이크로컨트롤러의 part와 sub-part는 일반적으로 홀로 독립적인 물리적 component로 구현이 된다. 다른 영향으로부터 의존적인 failure 분석과 주변 간섭에 있어 독립적 또는 자유로운 failure 분석 모두 마이크로컨트롤러 분석에 있어 중요한 요소이다.

6.5 Annex B. Fault tree construction and applications

6.5.1 General

시스템의 fault mode를 분석하는데 가장 보편적이고 많이 사용하는 기술은 FTA와 FMEA이다. FMEA는 귀납적 방법으로서(bottom up) 시스템의 개별적 부분들에 포커스를 두고 접근하는 방식이다. 각 부분(part)들이 어떻게 실패하였고 해당 실패가 전체적 시스템의 failure에는 어떻게 영향을 미쳤는지를 분석하는 것이다. FTA는 연역적 방법으로서(top down) 전체적인 시스템 관점에서 하나의 시스템이 존재하고 그 시스템이 원하지 않는 동작을 하게 될 때 그 원인들을 차츰 쪼개어가면서 분석하는 것을 말한다.

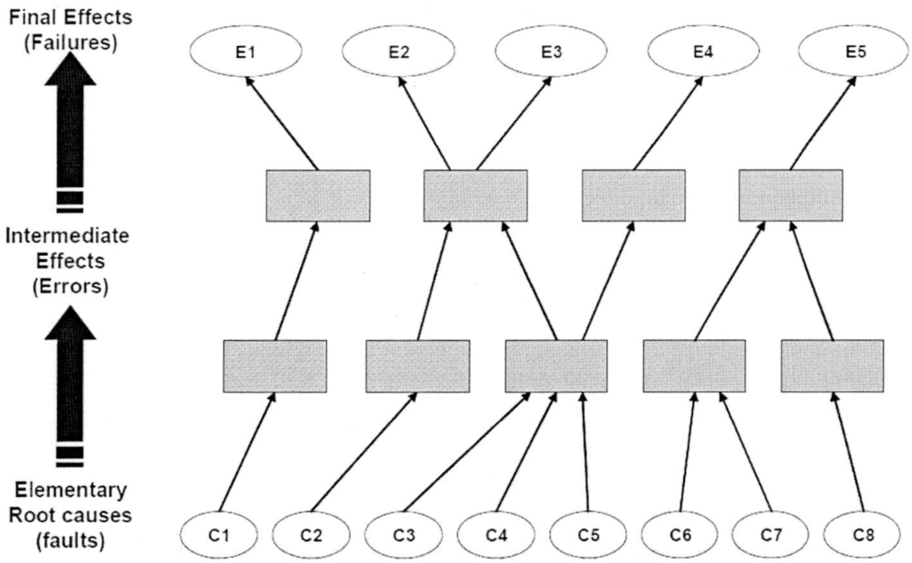

그림 6.21 Illustration of FMEA, Bottom Up Approach

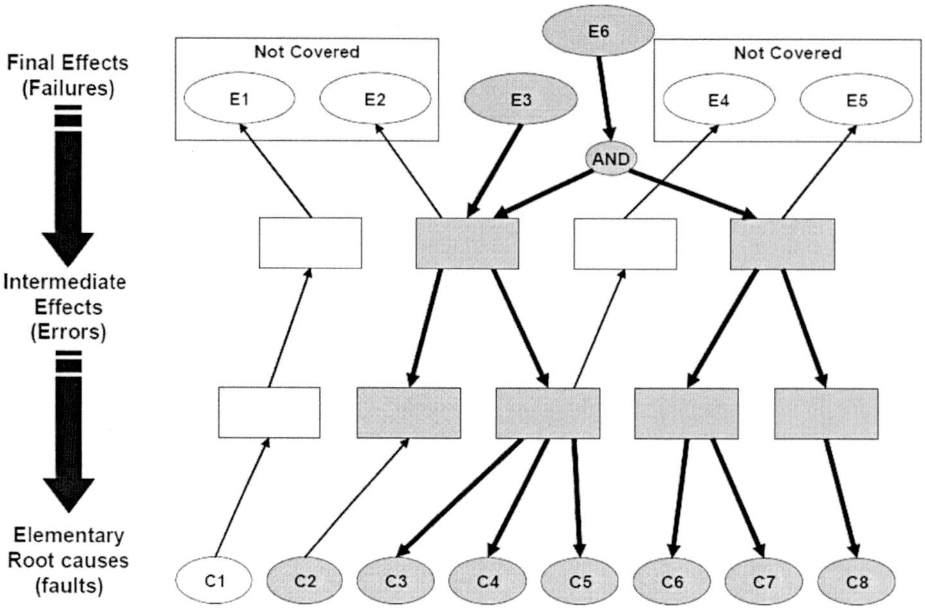

그림 6.22 Illustration of FTA, Top Down Approach

이러한 접근들은 ISO 26262-5에 나와 있는 것과 같이 상호 보완적으로 이루어지게 된다. 분석에 있어서 자세한 레벨들은 디자인함에 있어서 자세히 나눠지는 레벨들과 상응하게 된다. 그리고 양쪽 방법은 특정한 경우에 다양한 레벨에서 이루어질 수가 있다. 세부 파트인 "Cx"는 위의 두 그림 모두다 hardware / software component를 나타낸다. 위험요소를 component level까지 나뉘어 가면서 분석하기 위해 일반적으로 FTA 접근 방식을 사용하게 되며, FMEA는 각 component의 failure mode의 분석을 통하여 bottom up방식으로 전반적인 safety mechanism을 분석하는 방식을 말한다.

6.5.2 Combining FTA and FMEA

하나의 system은 많은 part와 sub-part들로 구성되어 있다. 일반적으로 FTA와 FMEA는 top-down 접근 방식과 bottom-up 접근 방식에 올바른 밸런스를 제공하며 이에 따른 safety analysis가 이루어지기 위하여 함께 조합되어 제공되기도 한다. 다음에 나오는 그림 6.12은 microcontroller를 위해 FTA와 FMEA 접근방식의 결합이 가능한지를 보여주는 그림이다. 이 그림에서 FMEA는 sub-part level에서 해당 역할을 끝나게 되며, FTA는 top-level에서 발생되는 event를 처리하는 데서 그 역할이 끝나게 된다. 그렇게 때문에 그림에서 보게 되면, 그림 내부에는 많은 "AND" 게이트들이 존재하게 되는데, FTA는 해당 게이트들의 event들의 발생 가능한 조합들을 나타내는데 유용하게 쓰일 수 있다. 만약 모든 event들이

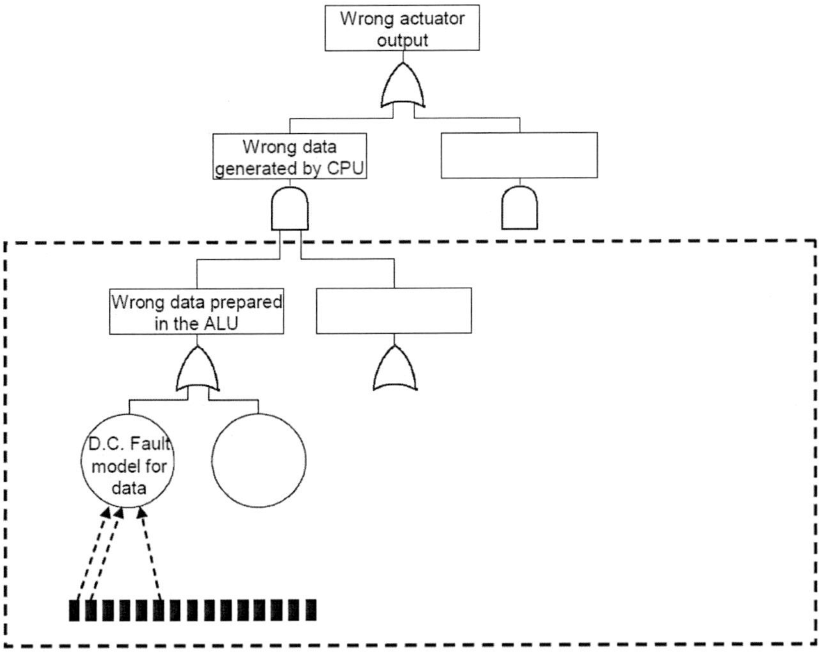

그림 6.23 Illustration of FTA, Top down approach

ORs들로 이루어져 있다고 한다면, 해당 분석은 FMEA로만 분석되는 것이 옳을 것이다.

6.5.3 Example fault tree

6.5.3.1 General

Fault tree는 Annex A의 마이크로컨트롤러의 예를 위하여 구성될 수 있다. 이 예시는 FMEA와 FTA를 집적화하는 예시가 아니라 fault tree를 구성하는 방식을 나타내는 예시가 될 것이다.

Fault tree는 Annex A의 Table 4의 각 라인들로부터 구성되게 된다. 해당하는 각 라인들이 바로 tree의 가지들이 되는 것이다. 완성된 fault tree는 해당 Annex에서 포함하고 있다. 해당 fault tree의 예시들은 safety goal들이 충돌할 가능성이 있는 내재되어 있는 위험성이 충분이 낮은지 평가하기 위한 2가지 방법을 설명하는데 사용된다. Fault tree의 각 가지들은 safety goal이 충돌될 가능성을 측정하는데 기준이 된다.

이러한 fault tree는 diagnostic coverage 또는 single point, 잠재적으로 발생 가능한 fault의 측정 기준을 결정하는데 일반적으로 사용되지 않는다. 다만, diagnostic coverage가 FMEA를 통하여 결정이 된다면, 해당 내용이 system lifecycle 내부에 실패 확률로써 계산되기 위하여 fault tree에 입력될 수 있다.

07 AutoWorks AUTOSAR 개발 플랫폼

7.1 AutoWorks 소개

AutoWorks는 AUTOSAR(AUTomotive Open System ARchitecture) 표준을 기반으로 한 "자동차 전장용 임베디드 SW 플랫폼 및 개발도구"이다.

AutoWorks는 크게 두 가지 기술로 분류가 되는데, 첫 번째는 전장 SW의 재사용성과 안전성 및 응용 소프트웨어의 하드웨어 의존성을 제거하기 위한 기술인 AutoWorks-플랫폼 기술, 두 번째는 AUTOSAR 표준에서 제시하는 개발 방법론의 절차에 따라서 전자 장치의 시스템 구성, ECU 구성 등을 단계적으로 설계, 구현, 실행 환경을 자동 생성하는 AutoWorks-개발도구 기술이 그것이다.

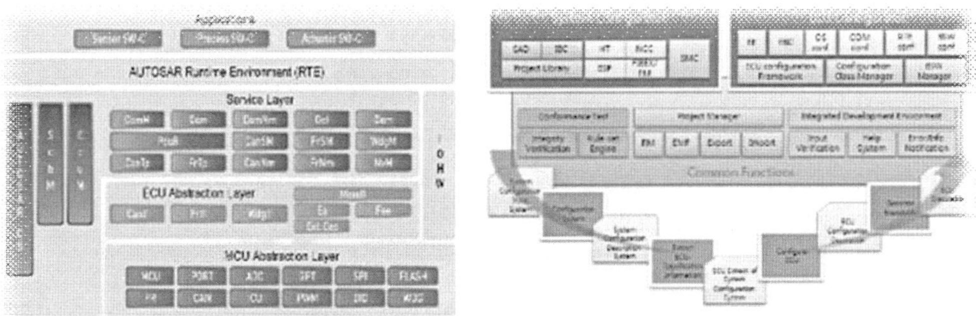

(AutoWorks 플랫폼 기술 구성) (AutoWorks 개발도구 개념도)

그림 7.1 AutoWorks 플랫폼 및 개발도구 개념도

본 매뉴얼에서는 설명의 용이성을 위하여 AutoWorks를 이용하여 개발할 수 있는 target project의 한 예제로 "AutoWorksProject1"을 설정하는 과정을 보여줌으로써 AutoWorks 사용 방법을 설명할 것이다. 아래 그림은 AutoWorks를 이용하여 설계한 AutoWorksProject1의 시스템 아키텍처를 도식한 그림이다.

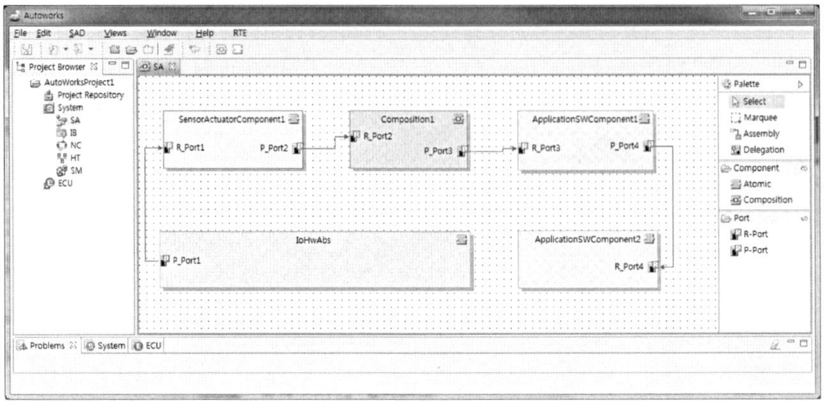

그림 7.2 예제 프로젝트 "AutoWorksProject1"의 시스템 아키텍처

7.2 프로젝트 시작

7.2.1 프로젝트 생성

- File-> New Project -> 프로젝트 이름 생성 -> Next 버튼 -> Finish 버튼

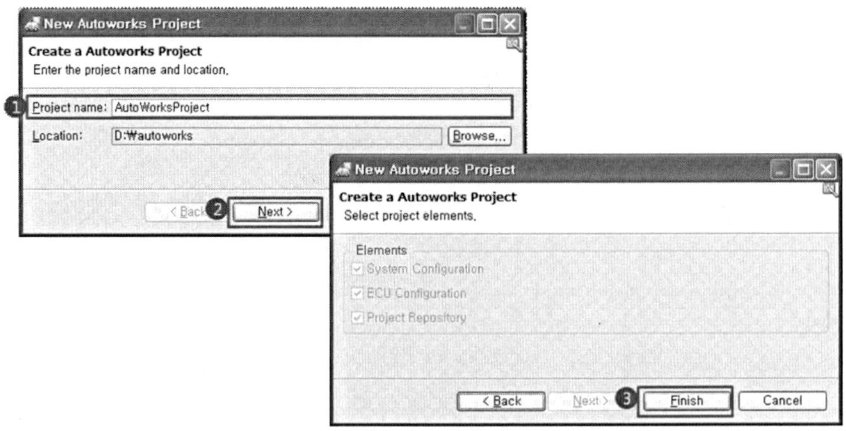

그림 7.3 프로젝트 생성

7.2.2 데이터 타입 생성

AutoWorks는 기본적으로 AUTOSAR에서 제시하는 데이터 타입을 제공한다. 또한, 만약 사용자가 새로운 데이터 타입 정의를 원한다면 사용자는 쉽게 데이터 타입을 추가할 수 있다. 사용자는 Project Browser에서 Project Repository를 펼친 다음 DataTypes를 펼치면 해당 프로젝트에서 사용할 수 있는 데이터 타입을 볼 수 있다. 또한, DataTypes에서 오른쪽 버튼을 누른 다음 New에서 Data Type을 선택하면 새로운 데이터 타입을 생성할 수 있다.

- DataTypes에서 오른쪽 버튼 -> New -> Data Type 선택

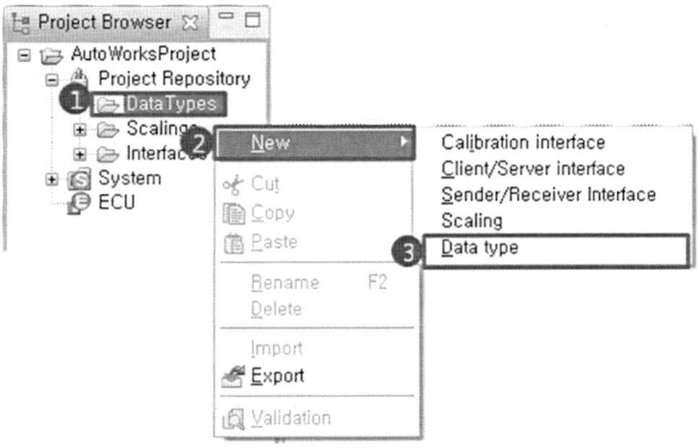

그림 7.4 데이터 타입 생성

DataType을 클릭하면 아래와 같은 위저드 창이 호출되며, 사용자는 이 위저드를 이용하여 생성할 데이터 타입의 속성을 설정할 수 있다.

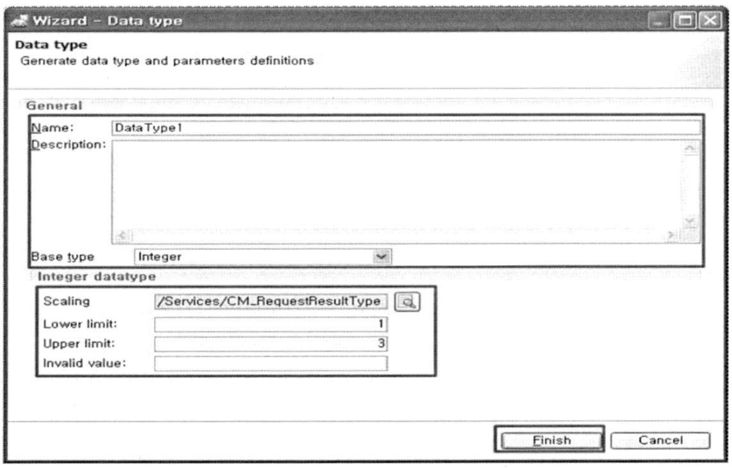

그림 7.5 데이터 타입 속성 설정

데이터 타입이 가지고 있는 기본 속성은 다음과 같다.

- Name : 데이터 타입의 이름을 설정
- Description : 데이터 타입 설명
- Base Type : 데이터 타입의 기본 타입 설정

그림 7.5에서 나오는 Scaling, Lower limit, Upper limit, Invalid value 항목은 Base Type에서 설정한 Integer 형이 가지고 있는 속성이다. 따라서 Base Type의 선택에 따라서 밑에 나오는 항목은 틀려지게 된다. Base Type의 종류는 다음과 같다.

- Integer type : 정수형 타입
- Boolean type : 이진 불리언 타입
- Character type : 문자형 타입
- Opaque type : Opaque 타입
- Real type : 실수형 타입
- String type : 스트링형 타입
- Array type : 배열형 타입
- Record type : 레코드형 타입

Default 값인 Lower limit, Upper limit를 입력 후 Finish 버튼을 누르면 그림 7.6과 같이 새로운 데이터 타입이 추가되며, 사용자는 이 데이터 타입의 속성 정보를 설정할 수 있다.

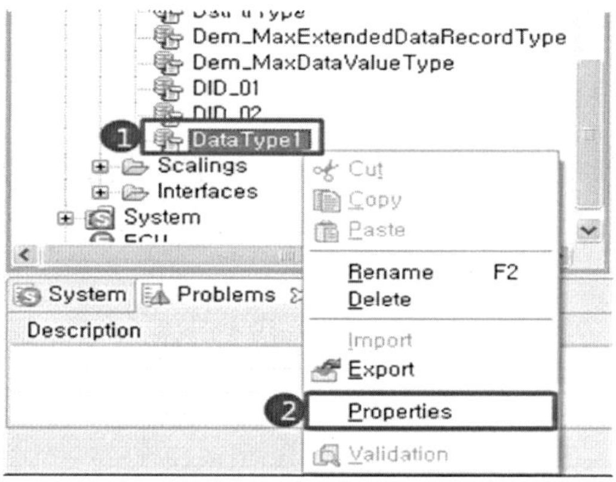

그림 7.6 데이터 타입 속성 변경

7.2.3 스케일링 생성

AutoWorks는 기본적으로 AUTOSAR에서 제시하는 스케일링을 제공한다. 또한, 만약 사용자가 새로운 스케일링 정의를 원한다면 사용자는 쉽게 스케일링을 생성할 수 있다. 사

용자는 Project Browser에서 Project Repository를 펼친 다음 Scalings를 펼치면 해당 프로젝트에서 사용할 수 있는 스케일링을 확인할 수 있다. 또한, Scalings에서 오른쪽 버튼을 누른 다음 New에서 Scaling을 선택하면 새로운 스케일링을 생성할 수 있다.

- Scalings에서 오른쪽 버튼 -> New -> Scaling 선택

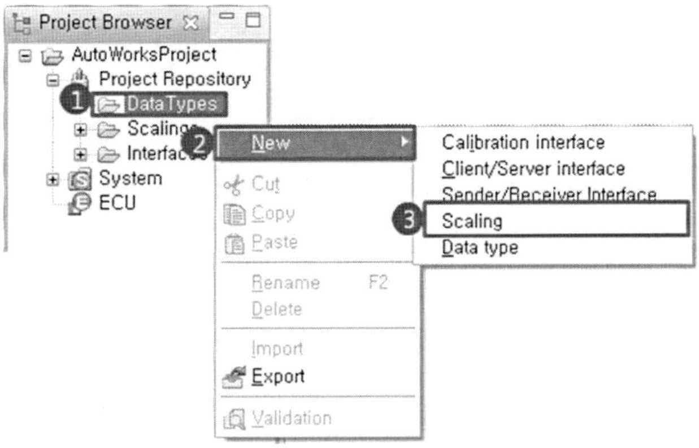

그림 7.7 스케일링 생성

Scaling을 클릭하면 그림 7.8과 같은 위저드 창이 호출되며, 사용자는 이 위저드를 이용하여 생성할 스케일링의 속성 정보를 설정할 수 있다.

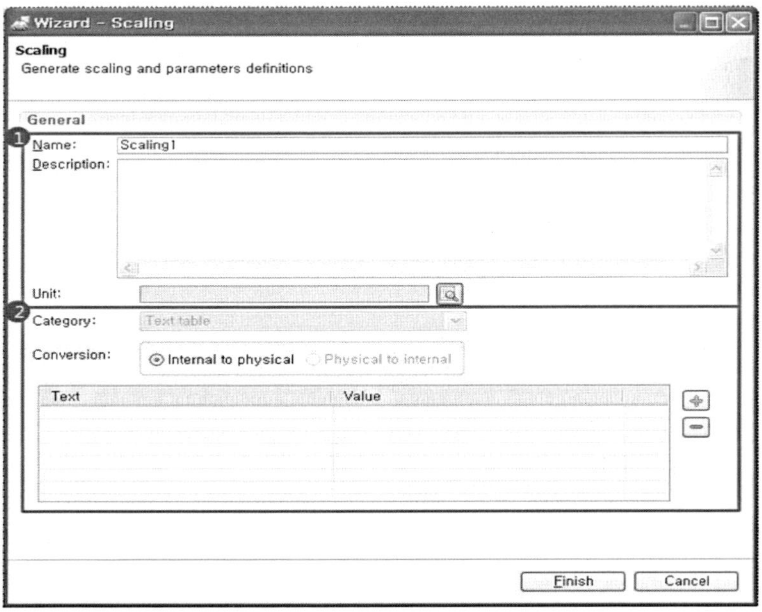

그림 7.8 스케일링 속성 설정

Scaling이 가지고 있는 기본 속성은 다음과 같다.

- Name : 데이터 타입의 이름을 설정
- Description : 데이터 타입 설명
- Unit : Scaling의 기본 Unit 설정

그림 7.8에서 나오는 Unit과 text table conversion parameter는 기본적으로 생성해야 한다. Unit은 버튼을 이용하여 생성이 가능하다. 그림 7.9는 unit을 생성하는 그림이다.

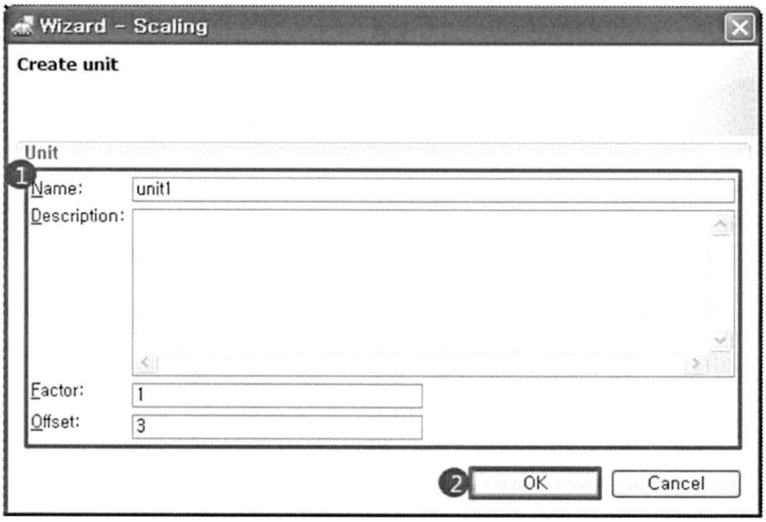

그림 7.9 unit 설정

- Name : unit의 이름을 설정
- Description : unit의 설명
- Factor : unit의 Factor
- Offset : unit의 offset

Default 값인 Name, Factor, Offset을 입력하면 OK 버튼이 활성화 되고, OK 버튼을 누르면 unit이 생성된다. text table conversion parameter는 버튼을 이용하여 생성이 가능하다. 그림 7.10은 text table conversion parameter가 생성된 그림이다.

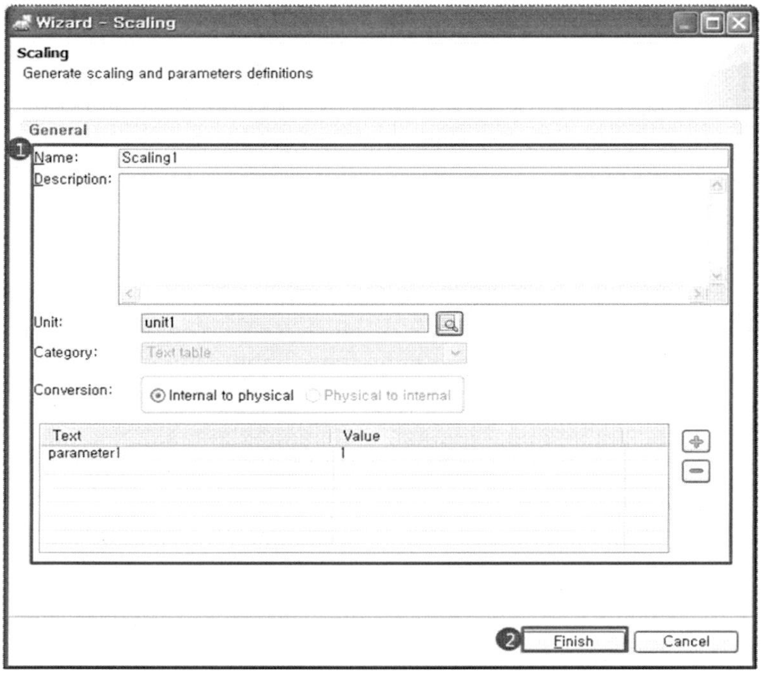

그림 7.10 text table conversion parameter 생성

Default 값인 Name, Unit, Parameter의 입력이 끝나면 Finish 버튼이 활성화되고, Finish 버튼 클릭 시 새로운 Scaling이 생성됨을 그림 7.11의 Project Browser를 통해 확인할 수 있다.

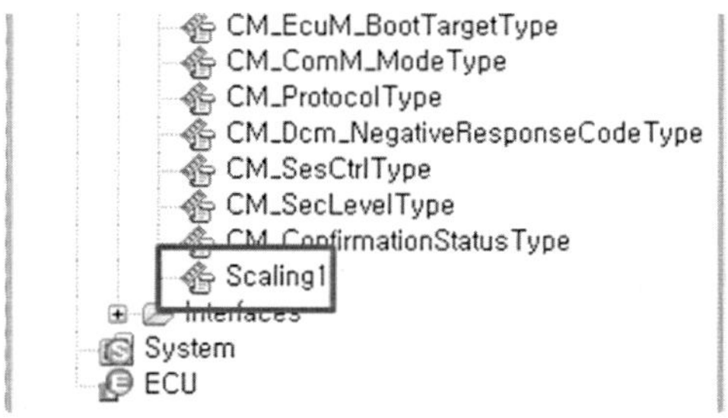

그림 7.11 Project Browser에서 Scaling 생성 확인

7.2.4 인터페이스 생성

AutoWorks는 기본적으로 AUTOSAR에서 제시하는 인터페이스를 제공하며, 또한 사용자가 추가적인 인터페이스의 생성을 원한다면 사용자는 쉽게 인터페이스를 생성할 수 있다. 사용자는 Project Browser에서 Project Repository를 펼친 다음 Interfaces를 펼치면 해당

프로젝트에서 사용할 수 있는 모든 인터페이스를 확인할 수 있다. 또한, Interfaces에서 오른쪽 버튼을 누른 다음 New에서 Sender/Receiver Interface 또는 Client/Server Interface 또는 Calibration Interface 중 하나를 선택하면 새로운 인터페이스를 생성할 수 있다.

- Interfaces에서 오른쪽 버튼 -> New -> Client/Server Interface or Sender/Receiver Interface 선택

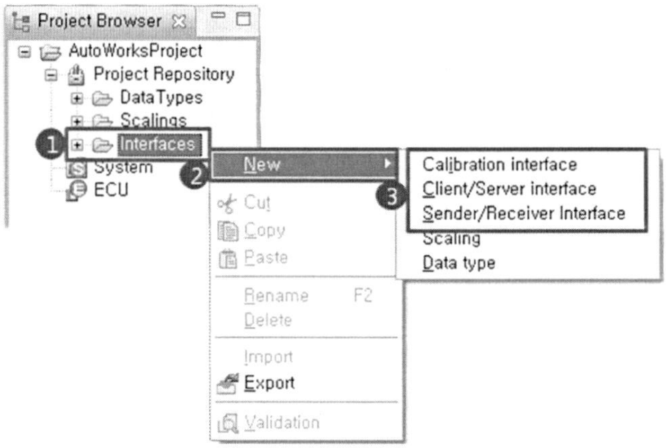

그림 7.12 새로운 인터페이스 생성

7.2.4.1 Sender/Receiver Interface

Sender/Receiver Interface를 선택하면 그림 7.13과 같은 Sender/Receiver Interface를 생성할 수 있는 위저드 창이 호출된다.

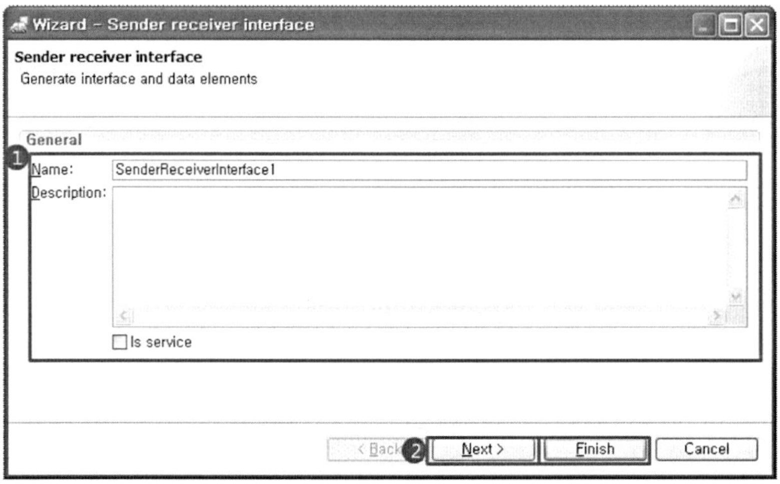

그림 7.13 Sender/Receiver Interface 생성

General 탭에서 사용자가 설정할 수 있는 항목은 다음과 같다.

- Name : 인터페이스의 이름을 설정
- Description : 인터페이스에 대한 설명
- Is Service : 같은 ECU 상에 있는 ApplicationSoftwareComponent 타입과 ServiceComponent 타입 간의 통신 여부를 설정한다.

Finish 버튼을 클릭할 경우 기본정보만을 가진 Sender/Receiver Interface가 생성되고, Next 버튼을 클릭할 경우 Data Element들을 생성하는 위저드로 이동한다.

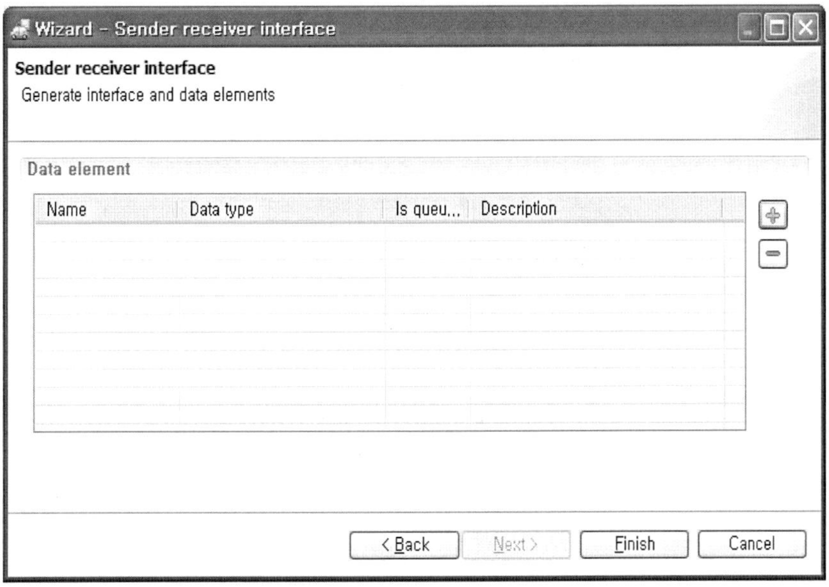

그림 7.14 Data Element 위저드

그림 7.14인 Data Element 탭에서는 Sender/Receiver Interface에서 사용할 Data Element를  버튼을 이용해 추가할 수 있고,  버튼을 이용해 삭제할 수 있다.  버튼을 클릭하면 그림 7.15와 같은 Data Element를 생성하는 위저드 창이 호출된다.

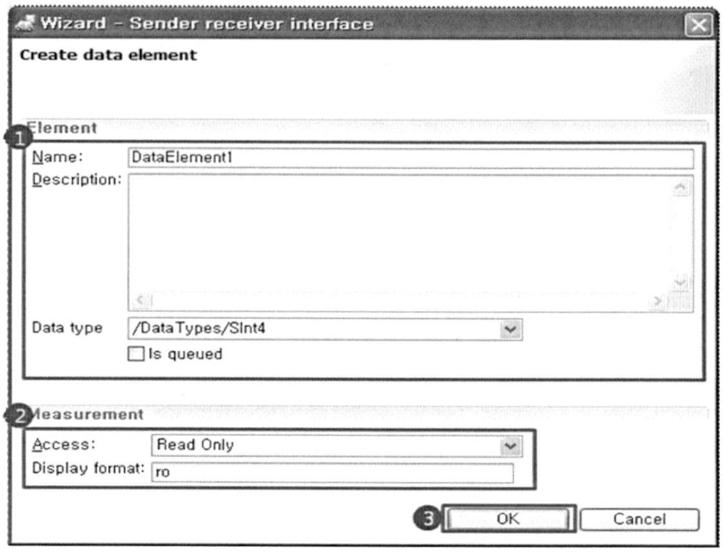

그림 7.15 Data Element 생성 위저드

Data Element 생성에 필요한 모든 정보를 입력하고, OK 버튼을 클릭하면 Data Element가 생성되고, 생성된 Data Element는 그림 7.16과 같이 Sender/Receiver Interface에 추가된다.

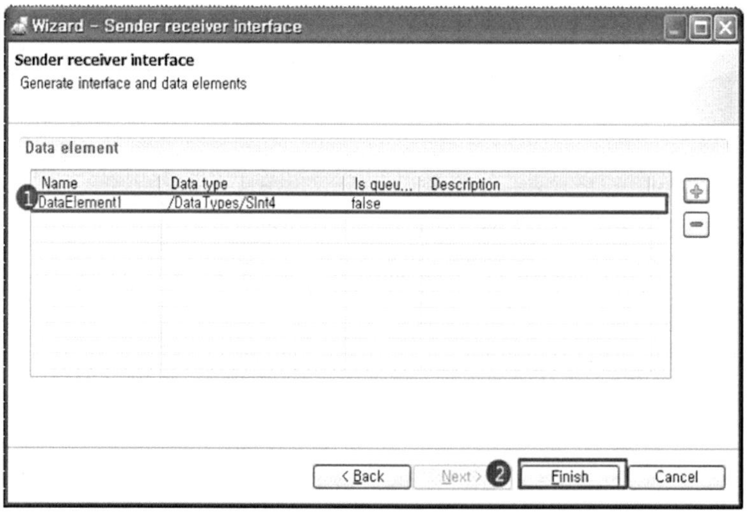

그림 7.16 Data Element 생성

Data Element 위저드에서 설정할 수 있는 항목은 다음과 같다.

- Name : 데이터 요소의 이름을 설정

- Description : 데이터 요소에 대한 설명
- Data type : 데이터 요소의 데이터 타입을 설정
- Is queued : 데이터 요소가 큐에 저장될 때의 특성을 선택
- Access : 데이터 요소의 형식(Read Only, Not Accessible, Read Write 세 종류가 존재)
- Display format : 포맷 설정

그림 7.16에서 Finish 버튼을 누르면 그림 7.17과 같이 Sender/Receiver Interface가 Interfaces에 추가된 것을 Project Browser를 통해 확인할 수 있다.

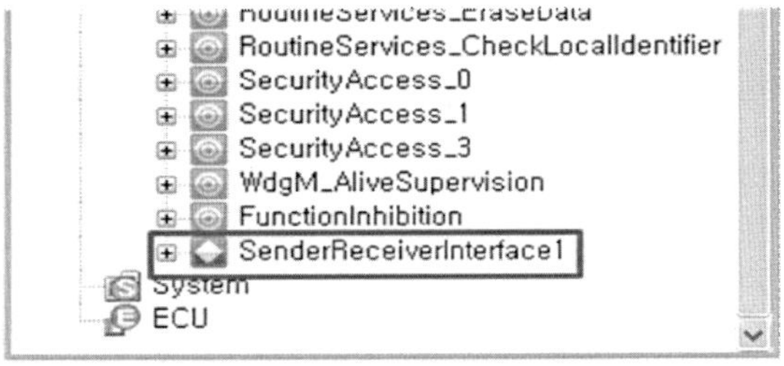

그림 7.17 Project Browser를 통한 확인

7.2.4.2 Client/Server Interface

Client/Server Interface를 선택하면 그림 7.18과 같은 Client/Server Interface를 생성할 수 있는 위저드 창이 호출된다.

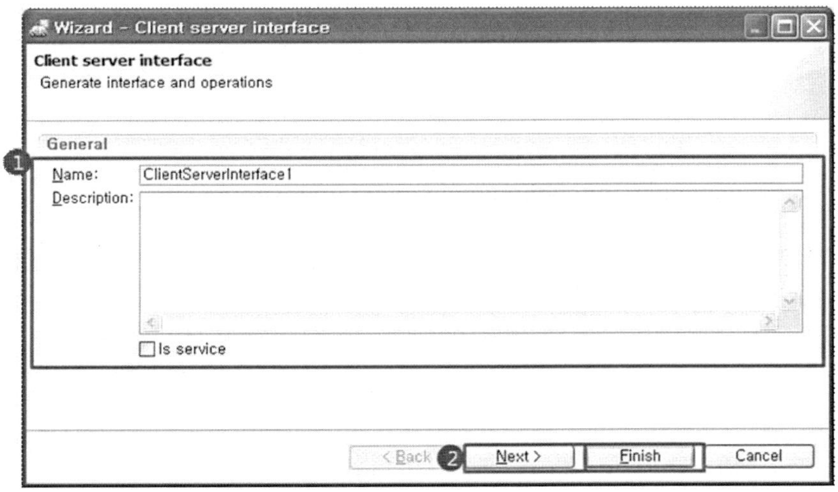

그림 7.18 Client/Server Interface 생성

General 탭에서 사용자가 설정할 수 있는 항목은 다음과 같다.

- Name : 인터페이스의 이름을 설정
- Description : 인터페이스에 대한 설명
- Is Service : 같은 ECU 상에 있는 ApplicationSoftwareComponent 타입과 ServiceComponent 타입 간의 통신 여부를 설정한다.

Finish 버튼을 클릭할 경우 기본정보만을 가진 Client/Server Interface가 생성되고, Next 버튼을 클릭할 경우 Operation들을 생성하는 위저드로 이동한다.

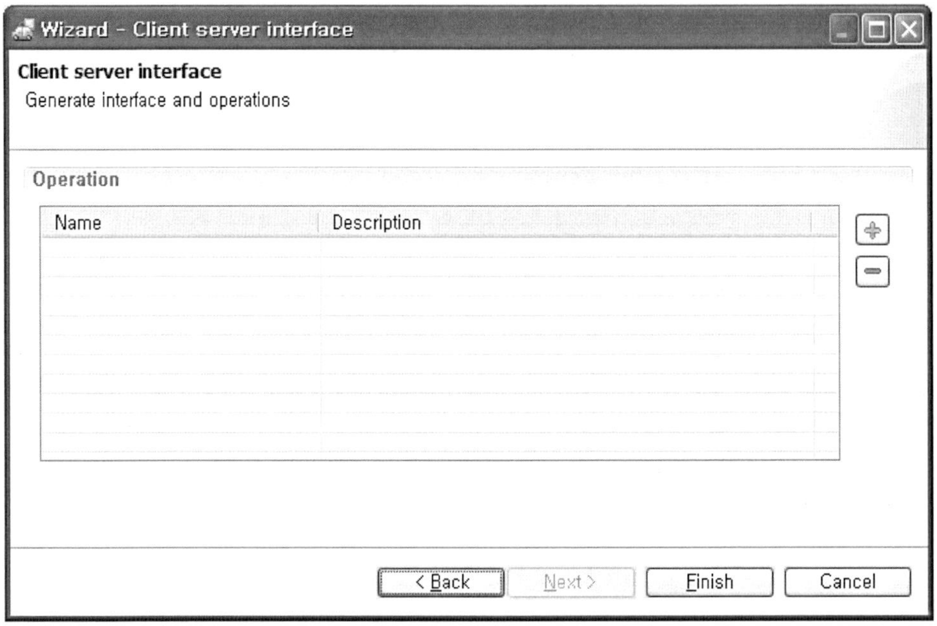

그림 7.19 Operation 위저드

그림 7.19의 Operation 탭에서는 Client/Server Interface에서 사용할 Operation을  버튼을 이용해 추가할 수 있고,  버튼을 이용해 삭제할 수 있다.  버튼을 클릭하면 그림 7.20과 같은 Operation을 생성하는 위저드 창이 호출된다.

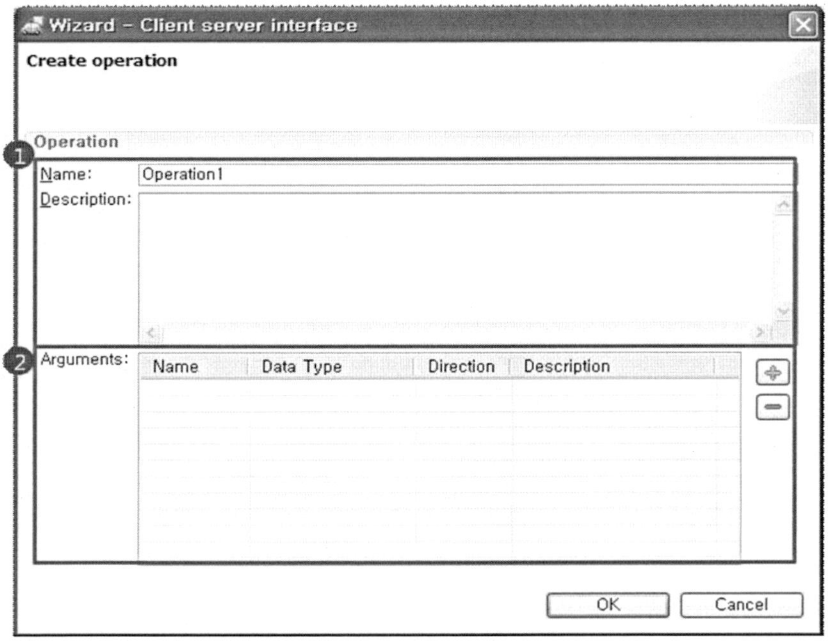

그림 7.20 Operation 생성 위저드

Operation 생성에 필요한 정보를 입력하고 OK 버튼을 클릭하면 Operation이 생성되어 Client/Server Interface에 추가되며, Operation 위저드에서 설정할 수 있는 항목은 다음과 같다.

- Name : 데이터 요소의 이름을 설정
- Description : 데이터 요소에 대한 설명
- Arguments : Operation에서 사용할 인자를 설정

Operation 탭에서는 Operation에서 사용할 Arguments을  버튼을 이용해 추가할 수 있고,  버튼을 이용해 삭제할 수 있다. 버튼을 클릭하면 그림 7.21과 같은 Argument를 생성하는 위저드 창이 호출된다.

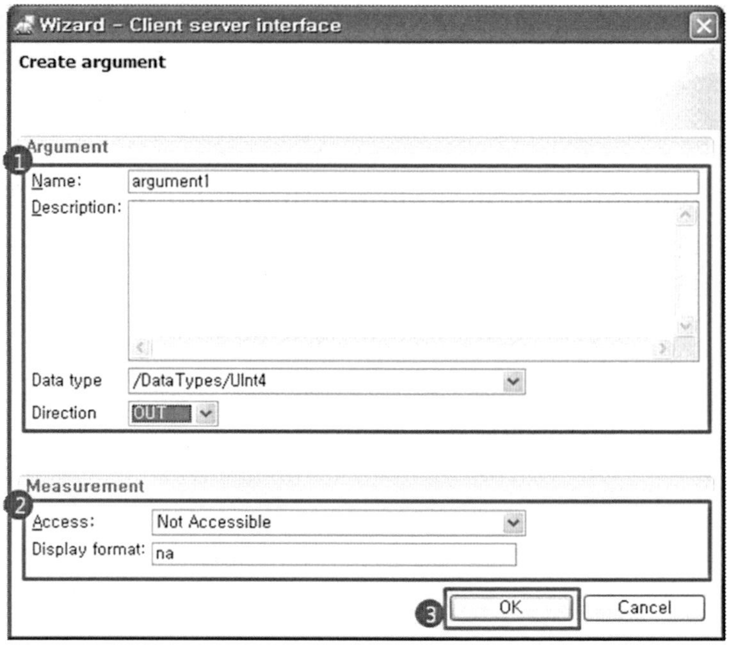

그림 7.21 Argument 생성 위저드

Argument 생성에 필요한 정보를 입력하고 OK 버튼을 클릭하면, 그림 7.22와 같이 Argument가 생성되어 Operation에 추가된다.

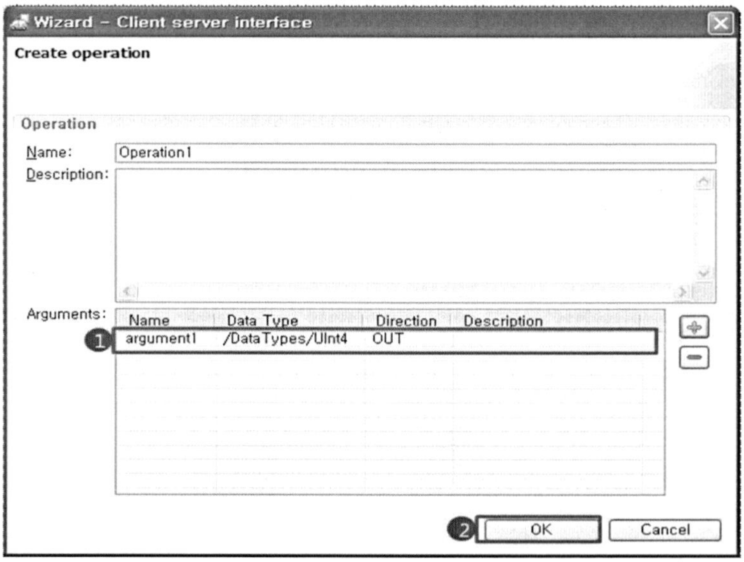

그림 7.22 Argument 생성

Argument 위저드에서 설정할 수 있는 항목은 다음과 같다.

- Name : 인자의 이름을 설정
- Description : 인자에 대한 설명
- Data type : 인자의 데이터 타입을 설정
- Direction : 인자의 방향을 설정
- Access : 데이터 요소의 형식(Read Only, Not Accessible, Read Write 세 종류가 존재)
- Display format : 포맷 설정

그림 7.22에서 OK 버튼을 누르면 그림 7.23과 같이 Client/Server Interface에 Operation이 추가된 것을 확인할 수 있다.

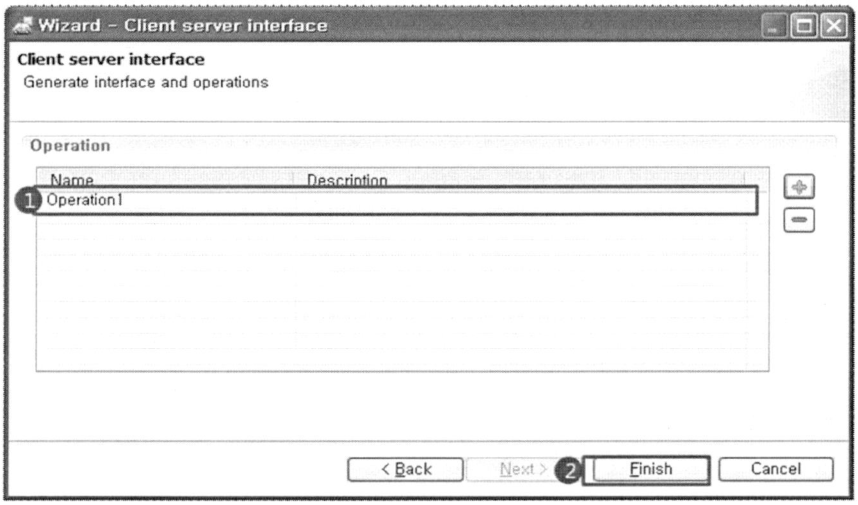

그림 7.23 Operation 추가 확인

그림 7.23에서 Finish 버튼을 누르면 Client/Server Interface가 Interfaces에 추가된 것을 그림 7.24와 같이 Project Browser를 통해 확인할 수 있다.

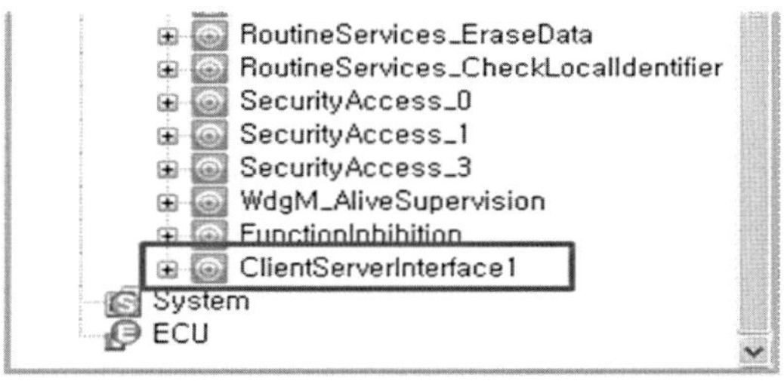

그림 7.24 Project Browser를 통해 확인

7.2.4.3 Calibration Interface

Calibration Interface를 선택하면 그림 7.25와 같은 Calibration Interface를 생성할 수 있는 위저드 창이 호출된다.

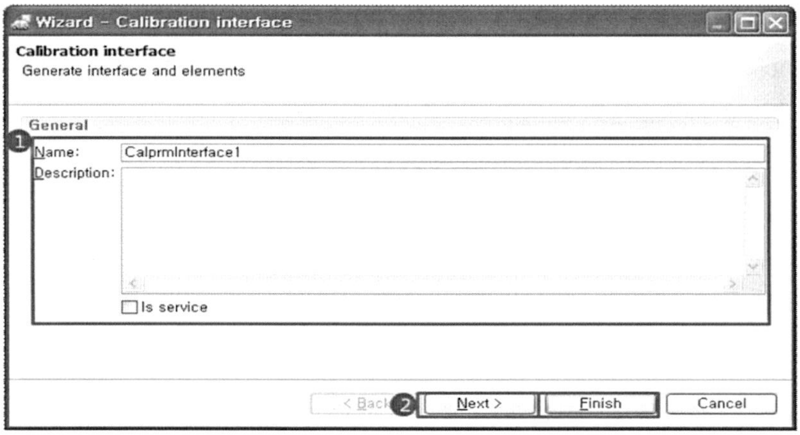

그림 7.25 Calibration Interface 생성

General 탭에서 사용자가 설정할 수 있는 항목은 다음과 같다.

- Name : 인터페이스의 이름을 설정
- Description : 인터페이스에 대한 설명
- Is Service : 같은 ECU 상에 있는 ApplicationSoftwareComponent 타입과 ServiceComponent 타입 간의 통신 여부를 설정한다.

Finish 버튼을 클릭할 경우 기본정보만을 가진 Calibration Interface가 생성되고, Next 버튼을 클릭할 경우 Element들을 생성하는 위저드로 이동한다.

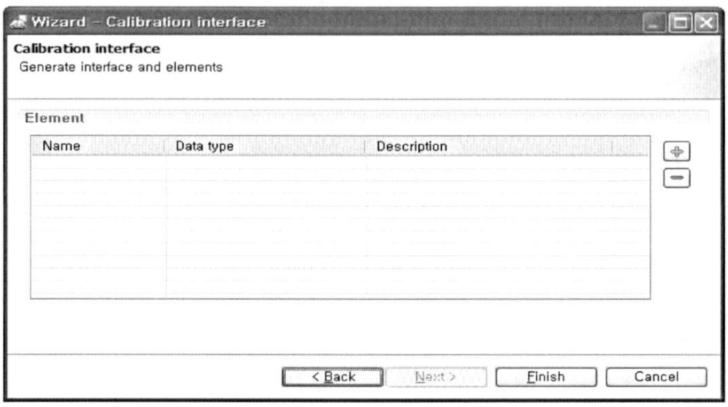

그림 7.26 기본 정보만을 가진 Calibration Interface 생성

그림 7.27의 Element 탭에서는 Calibration Interface에서 사용할 Element를 추가하고 삭제할 수 있다. 그 방법은 버튼을 이용해 추가할 수 있고, 버튼을 이용해 삭제가 가능하다. 버튼을 클릭하면 그림 7.27과 같은 Element를 생성하는 위저드가 나타난다.

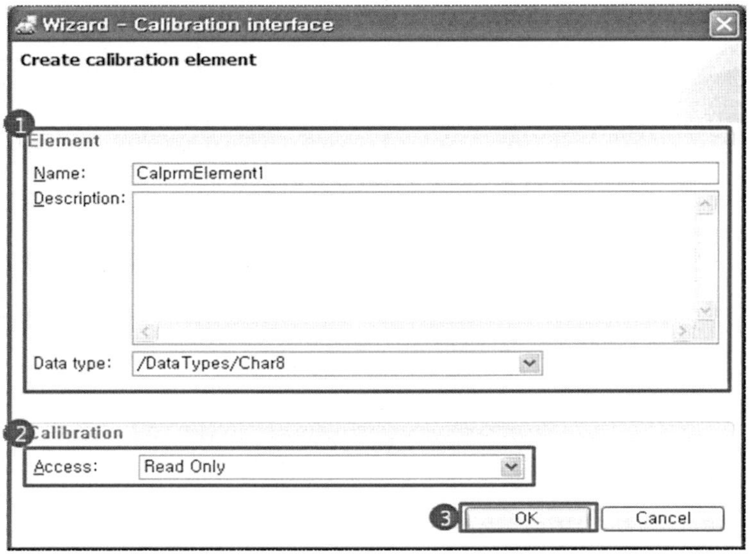

그림 7.27 Element 생성 위저드

그림 7.27에서 Element 생성에 필요한 모든 정보를 입력하고 OK 버튼을 클릭하면 Element가 생성되어 Calibration Interface에 추가된다.

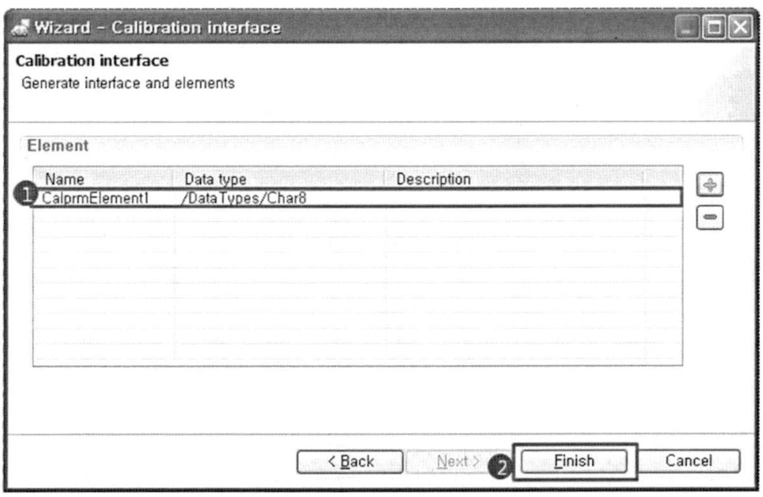

그림 7.28 Element 생성 완료

Element 위저드에서 설정할 수 있는 항목은 다음과 같다.

- Name : 데이터 요소의 이름을 설정
- Description : 데이터 요소에 대한 설명
- Data type : 데이터 요소의 데이터 타입을 설정
- Access : 데이터 요소의 형식(Read Only, Not Accessible, Read Write 세 종류가 존재)
- Display format : 포맷 설정

그림 7.28에서 Finish 버튼을 누르면 그림 7.29와 같이 Calibration Interface가 Interfaces에 추가된 것을 Project Browser를 통해 확인할 수 있다.

그림 7.29 Project Browser를 통한 확인

7.3 시스템 설계

7.3.1 SAD(Software Architecture) 설계

시스템 설계에서 먼저 할 일은 소프트웨어 아키텍처를 설계하는 일이다.

- System에서 오른쪽 버튼 -> New -> SA 선택

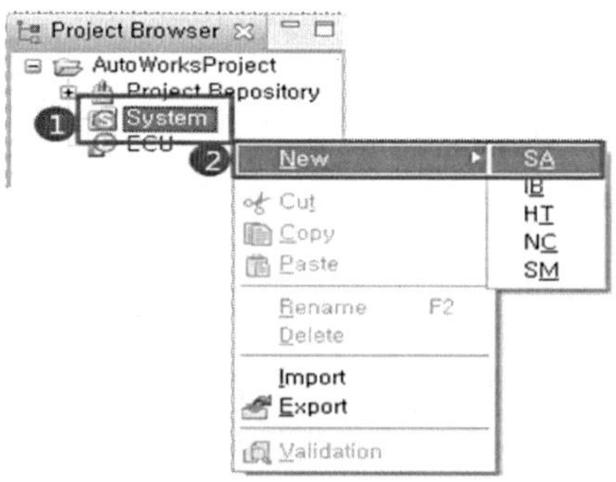

그림 7.30 SA 설계

생성된 SA를 더블 클릭한다.

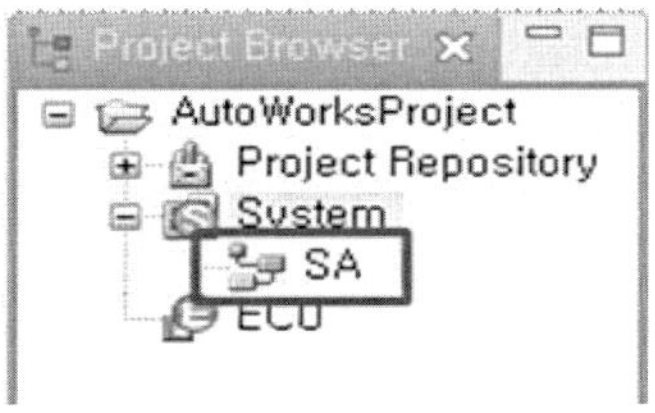

그림 7.31 생성된 SA

SA를 더블 클릭한 화면은 그림 7.32와 같다.

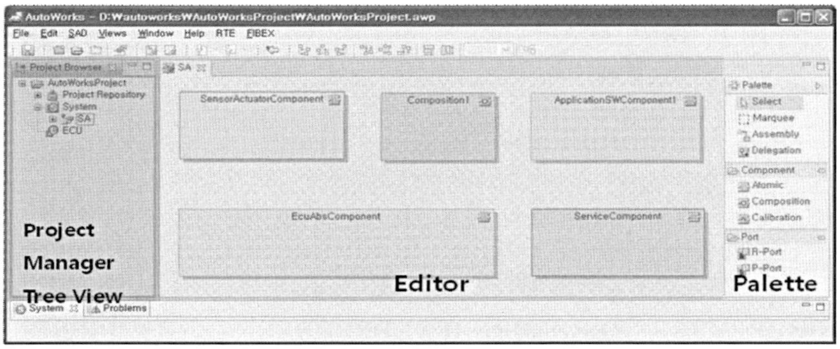

그림 7.32 SA 더블 클릭

시스템을 설계하는 화면은 크게 세 부분으로 구분된다.

- Project Manager Tree View 영역 : 현재 진행하고 있는 프로젝트의 구조를 보여주는 영역
- Editor 영역 : 소프트웨어를 구성하고 있는 컴포넌트를 디자인하는 영역
- Palette 영역 : 컴포넌트를 디자인하는 데 사용되는 아이콘이 위치한 영역이며 다음과 같은 아이콘이 존재한다.

표 7.1 메인 팔레트

Select	하나의 컴포넌트 또는 포트를 선택할 경우 사용됨
Marquee	다수의 컴포넌트 또는 포트를 선택할 경우 사용됨
Assembly	컴포넌트 간의 Assembly 연결을 할 경우 사용함
Delegation	컴포넌트 간의 Delegation 연결을 할 경우 사용함

표 7.2 컴포넌트 팔레트

컴포넌트	
Atomic	Atomic Software Component를 나타냄
Composition	Composition Component를 나타냄
Calibration	Calibration Component를 나타냄

표 7.3 포트 팔레트

포트	
R-Port	R-Port를 나타냄
P-Port	P-Port를 나타냄

표 7.4 인터페이스 팔레트

인터페이스	
Sender	SenderInterface를 나타냄
Receiver	ReceiverInterface를 나타냄
Server	ServerInterface를 나타냄
Client	ClientInteface를 나타냄
P-Calibration	P-CalprmInterface를 나타냄
R-Calibration	R-CalprmInterface를 나타냄

표 7.5 인터페이스 요소 팔레트

인터페이스 요소	
Data	DataElement를 나타냄
Operation	OperationElement를 나타냄
Calibration	CalprmElement를 나타냄

시스템 설계는 필요한 컴포넌트를 생성하고 외부와 통신할 수 있는 포트를 열고, 실제 송수신되는 오퍼레이션/데이터/Calprm 엘리먼트를 생성한 후, 실제 통신되는 포트를 연결해주는 일련의 작업이다. 이 순서대로 다음과 같이 설정한다.

7.3.1.1 컴포넌트 생성

표 7.6 Atomic Software의 종류

종류	설명	표현
SENSOR-ACTUTOR-COMPONENT	Sensor/Actuator의 소프트웨어적 표현과 ECU Resource Template에 의해서 제공되는 하드웨어 기술서(HW description)로 연결 가능성을 보여주는 컴포넌트 타입	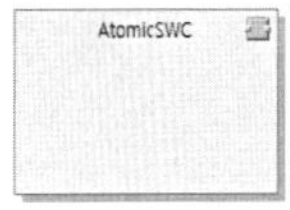
APPLICATION-SOFTWARE-COMPONENT	애플리케이션 소프트웨어를 표현하는 데 사용되는 컴포넌트 타입	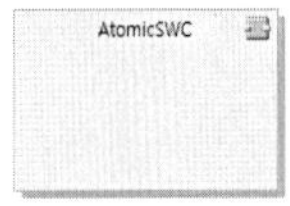
ECU-ABSTRACTION-COMPONENT	ECU periphery에 접근하기 원하는 컴포넌트와 Microcontroller Abstraction 사이에 있는 특수한 Atomic 소프트웨어 컴포넌트 타입	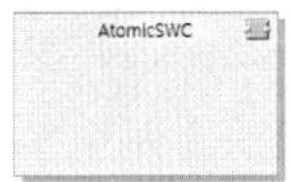
SERVICE-COMPONENT	서비스 컴포넌트는 주어진 ECU에 환경 설정된 서비스를 사용하는 컴포넌트 타입	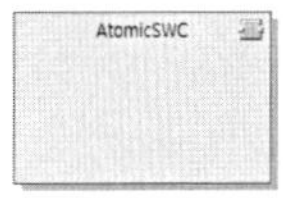

컴포넌트는 크게 Atomic Component와 Composition Component, Calibration Component로 구분된다. Atomic Component는 기본(최소) 컴포넌트 타입으로 표 7.6과 같이 4개의 종류로 구성되어 있다.

Composition Component는 ComponentPrototype을 유기적으로 그룹화하기 위해 필요한 컴포넌트이며 기본적으로 SoftwareComponent들의 구조로 구성되어 있다. 그림 7.33은 Composition Component를 나타내는 아이콘이다.

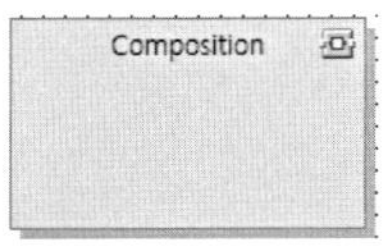

그림 7.33 Composition Component 아이콘

Calibration Component는 CalPrm Interface Elements를 표현하기 위한 특정 컴포넌트로 그림 7.34는 Calibration Component를 나타내는 아이콘이다.

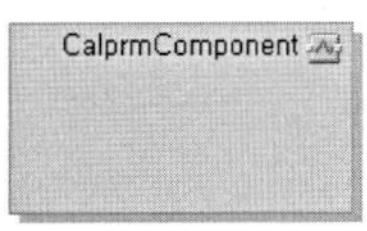

그림 7.34 Calibration Component 아이콘

컴포넌트를 생성하는 법은 크게 두 가지로 나눌 수 있다. 첫 번째는 위에서 생성한 Project Browser의 SA에서 오른쪽 버튼 클릭 -> New 클릭 -> Atomic SWC 클릭이 있고, 두 번째는 SA 에디터에 Palette를 이용하여 생성하는 방법이다.

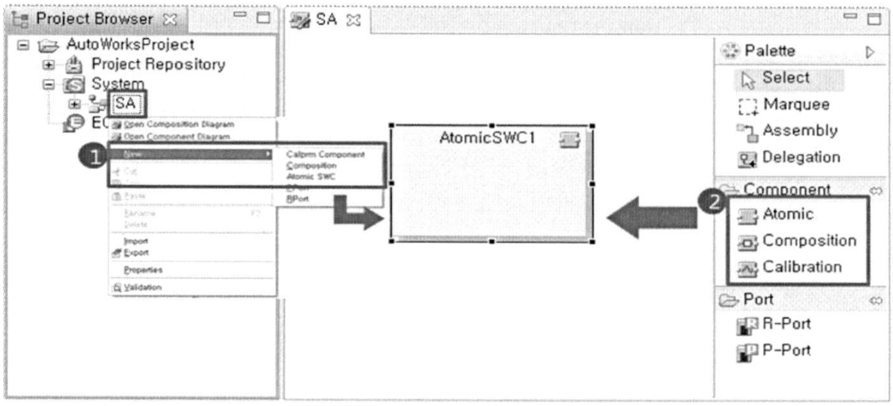

그림 7.35 컴포넌트 생성

우리가 지금 예제로 사용하고 있는 AutoWorksProject는 6개의 컴포넌트를 가지고 있으며 각각의 컴포넌트는 다음과 같다.

- Atomic 컴포넌트
  - SensorActuatorComponent1 : SENSOR-ACTUTOR-COMPONENT 타입
  - ApplicationSWComponent1 : APPLICATION-SOFTWARE-COMPONENT 타입
  - IoHwAbs : ECU-ABSTRACTION-COMPONENT 타입
  - ApplicationSWComponent2 : APPLICATION-SOFTWARE-COMPONENT 타입
- Composition 컴포넌트
  - Composition1 : Composition 타입
- Calibration 컴포넌트
  - CalprmComponent1 : CALIBRATION-COMPONENT 타입

그림 7.36은 AutoWorksProject가 가지고 있는 6개의 컴포넌트를 Editor 영역에 그린 것이다.

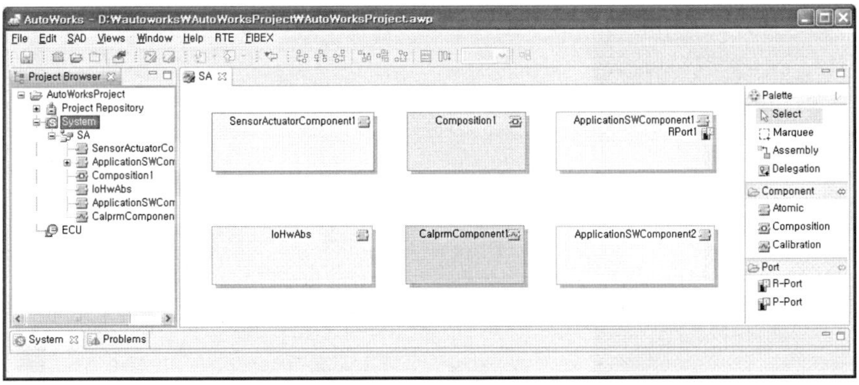

그림 7.36 Editor 영역에 컴포넌트 그리기

7.3.1.2 컴포넌트에 포트/인터페이스/오퍼레이션 or 데이터 타입 or Calprm 설정

컴포넌트에 설정할 수 있는 포트의 종류는 다음과 같다.

- P-Port(Provided Port) : 서비스 또는 데이터를 제공하는 포트
- R-Port(Requested Port) : 서비스 또는 데이터를 요구하는 포트

① 포트 생성

컴포넌트에 포트를 설정하는 방법은 다음과 같다.

- Project Browser에서 포트를 설정할 컴포넌트를 더블 클릭 -> Palette에서 사용할 포트 선택 -> 포트를 설정할 컴포넌트를 클릭

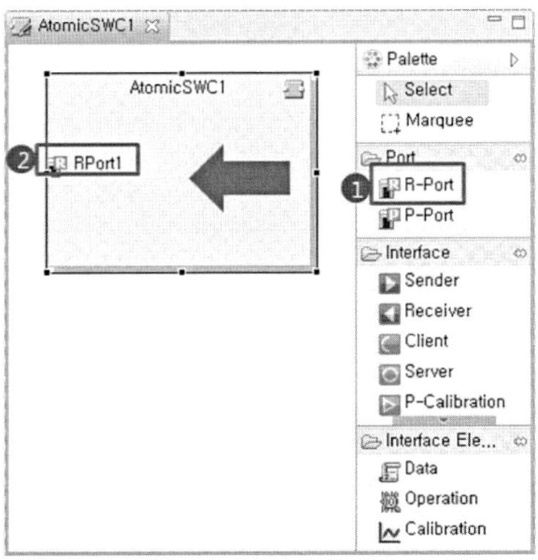

그림 7.37 컴포넌트에 포트 설정하기

컴포넌트에 포트를 설정하였다면 다음에 할 일은 포트의 속성을 설정하는 것이다. 포트의 속성을 설정하는 방법은 다음과 같다.

- 속성을 설정할 포트에서 오른쪽 버튼-> Properties 선택

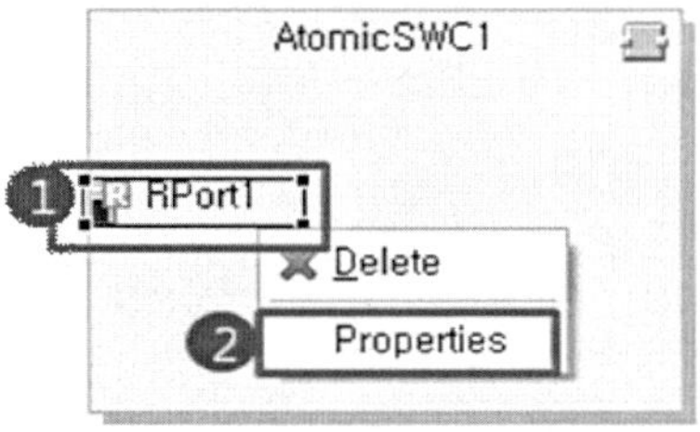

그림 7.38 포트의 속성 설정하기

포트에서 Properties를 선택하면 그림 7.39와 같은 다이얼로그 창이 뜬다.

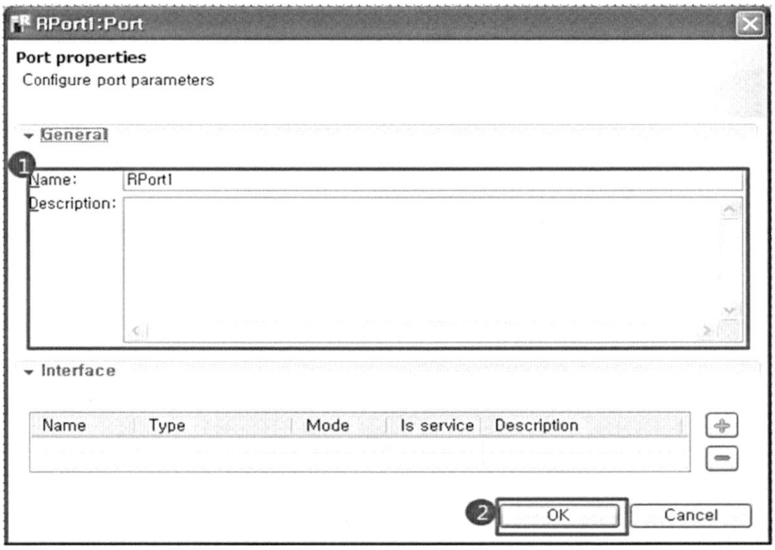

그림 7.39 포트 속성을 설정하는 창

General 탭에서 설정할 수 있는 항목은 다음과 같다.

- Name : 포트의 이름을 설정
- Description : 포트에 대한 설명

② 인터페이스 생성

포트가 생성되면 해당 포트에서 사용할 인터페이스를 설정할 수 있다. 앞 절에서 생성한

RPort1의 인터페이스를 생성하는 과정에 대해 설명할 것이다. 참고로 R_Port1은 R-Port이므로 설정할 수 있는 인터페이스 형태는 Receiver Interface 또는 Client Interface 또는 R-Calibration Interface만을 설정할 수 있다.

다음은 인터페이스를 각 포트에 설정하는 세 가지 방법이다.

- Project Browser의 Project Repository에서 생성한 interface를 드래그앤드롭을 이용하여 포트에 설정

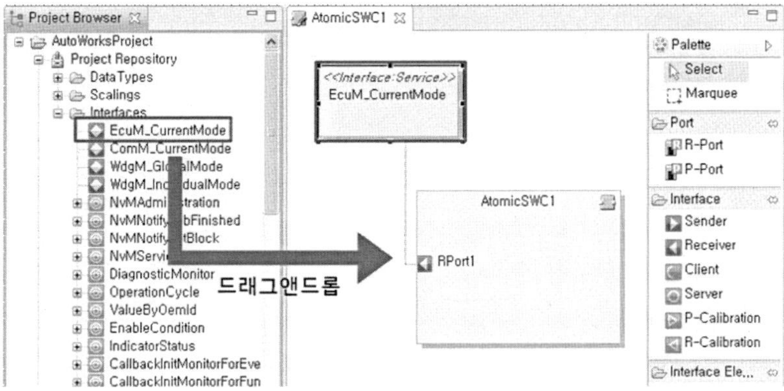

그림 7.40 인터페이스를 설정하는 방법 1

- interface 설정을 원하는 포트에서 오른쪽 클릭 -> properties 클릭 -> interface 탭 설정

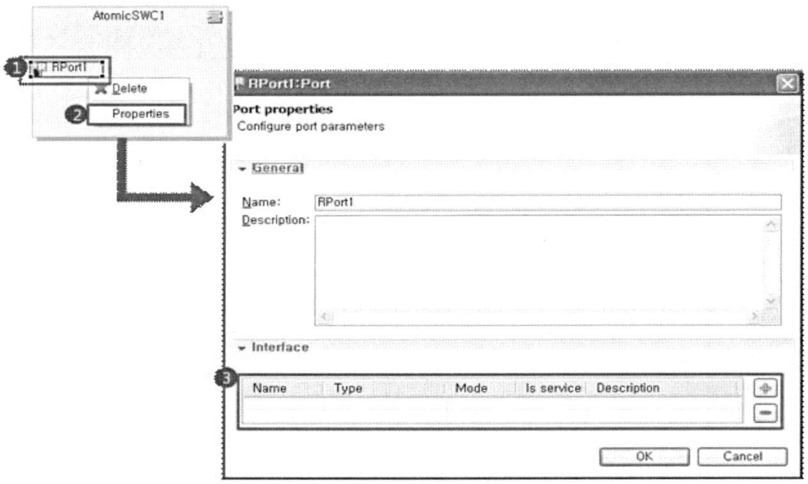

그림 7.41 인터페이스를 설정하는 방법 2

버튼을 이용하여 interface 추가가 가능하고, 버튼을 이용하여 interface 삭제가 가능하다. 버튼을 누르면 다음과 같은 다이얼로그 창이 호출된다.

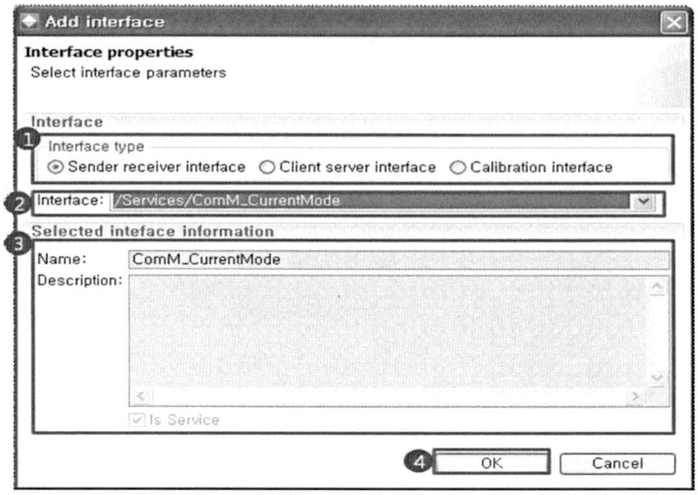

그림 7.42 인터페이스를 설정하는 방법 2 - Interface 추가

Interface 타입을 선택하고, 콤보박스를 이용하여 타입에 맞는 interface를 고르면 해당 interface 에 대한 정보를 볼 수 있다. Interface 선택이 끝나고 OK 버튼을 누르면 선택한 포트에 해당 interface의 설정 모습을 그림 7.43과 같이 확인할 수 있다.

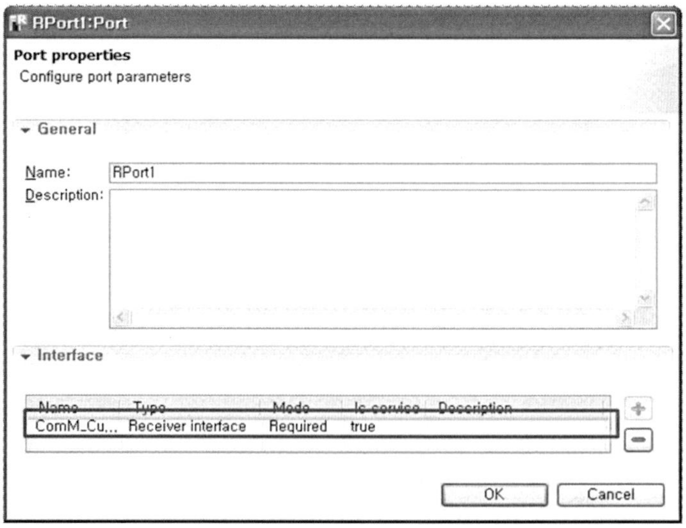

그림 7.43 인터페이스를 설정하는 방법 2 - 설정 확인

포트가 설정되면 포트 당 interface는 한 개만 설정이 가능하므로, 버튼이 비활성화로 바뀐다.

- Palette로부터 생성할 interface를 클릭 -> 설정할 포트를 클릭

  이 방법은 해당 interface가 생성됨과 동시에 해당 포트로 설정까지 동시에 이루어진다.

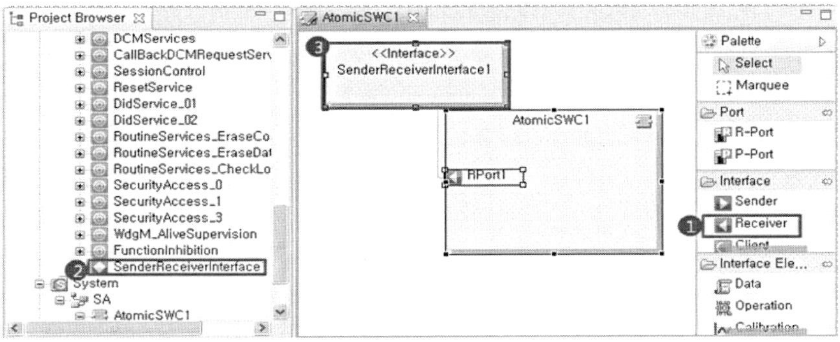

그림 7.44 인터페이스를 설정하는 방법 3

그림 7.45는 각 컴포넌트에 필요한 포트를 설정한 그림이다.

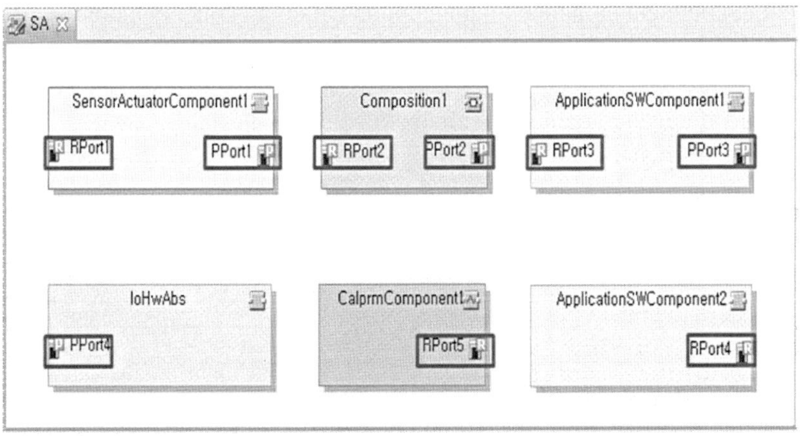

그림 7.45 각 컴포넌트에 필요한 포트를 설정한 그림

③ 데이터/오퍼레이션/Calprm 엘리먼트 생성

인터페이스가 생성되면 해당하는 오퍼레이션/데이터/Calprm 엘리먼트를 생성할 수 있다. Sender/Receiver Interface는 데이터 엘리먼트를, Client/Server Interface는 오퍼레이션을, P-Calibration/P-Calibration Interface는 Calprm 엘리먼트를 설정한다.

A. Data Element 설정

- Sender/Receiver Interface에서 오른쪽 버튼 -> Properties 선택

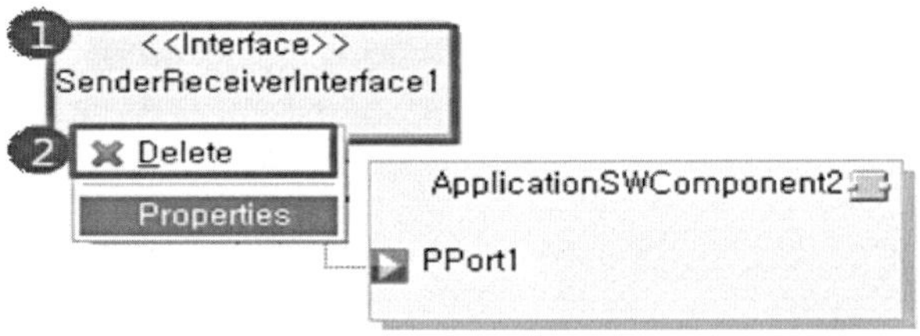

그림 7.46 Interface의 Properties를 선택

Properties를 선택하면 그림 7.47과 같은 다이얼로그 창이 뜨게 된다.

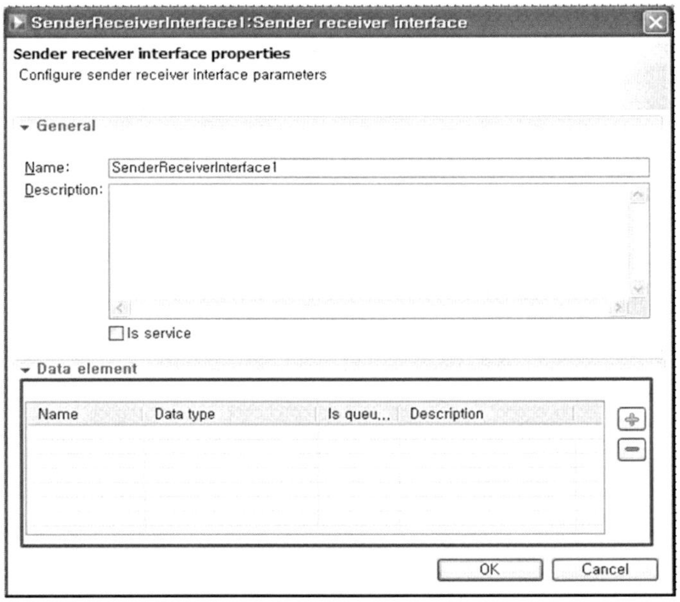

그림 7.47 Interface의 Property 설정 창

위 다이얼로그 창에서 Data Element 탭이 해당 Sender/Receiver Interface에 포함된 Data Element를 보여준다. Data Element의 추가, 삭제는 오른쪽의 [+], [−] 버튼을 이용해 이루어진다. Data Element의 추가를 위해 [+] 버튼 클릭 시 그림 7.48과 같은 Data Element 설정 창이 나타난다.

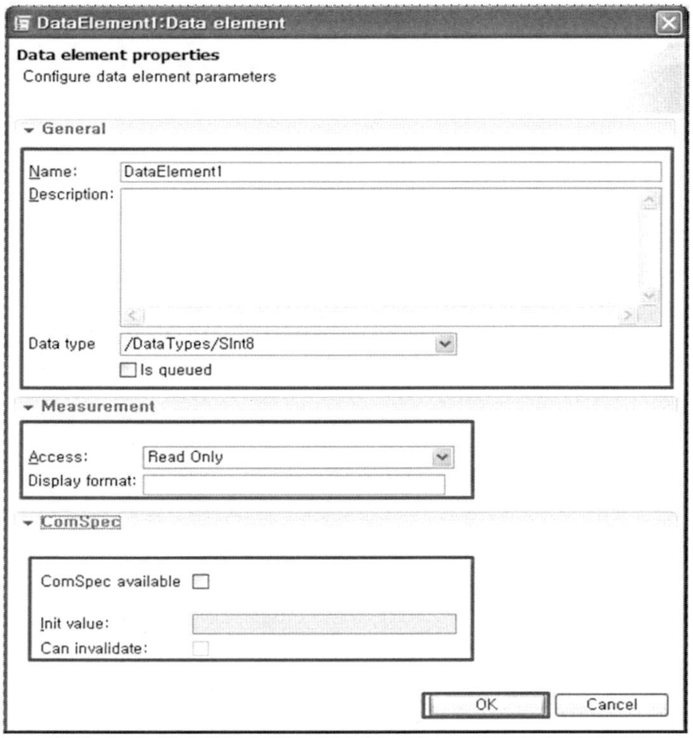

그림 7.48 Data Element 설정 창

Data Element Properties에서 설정할 수 있는 항목은 다음과 같다.

- Name : 데이터 요소의 이름을 설정
- Description : 데이터 요소에 대한 설명
- Data type : 데이터 요소의 데이터 타입을 설정
- Is queued : 데이터 요소가 큐에 저장될 때의 특성을 선택
- Access : 데이터 요소의 형식(Read Only, Not Accessibly, Read Write 세 종류가 존재)
- Display format : 포맷 설정
- ComSpec Available : ComSpec을 사용할 것인지를 설정
- Init value : 컴포넌트의 초기화가 완전히 끝나지 않은 상태에서 보낼 초깃값을 설정
- Can Invalidate : 데이터 무효화 기능 활성화 여부 설정

Default 값인 Name과 data type을 입력하면 OK 버튼이 활성화되고, OK 버튼을 누르면 그림 7.49와 같이 Data Element가 추가된 것을 확인할 수 있다.

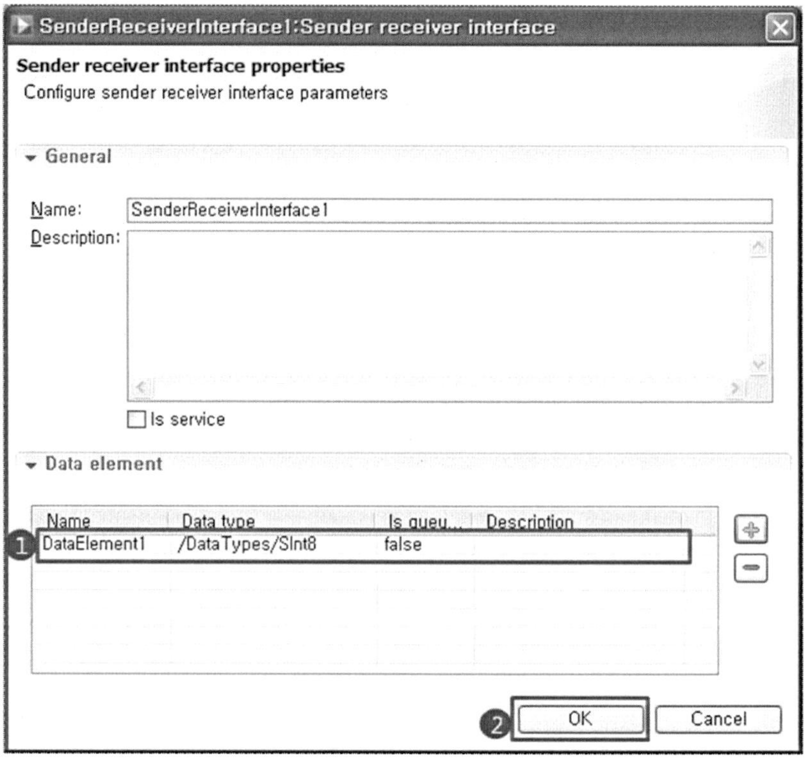

그림 7.49 Data Element 추가 확인

Sender/Receiver Interface 위저드에서 다시 OK 버튼을 클릭하면 ApplicationSWComponent2 Editor에서 그림 7.50과 같이 DataElement가 추가된 것을 확인할 수 있다.

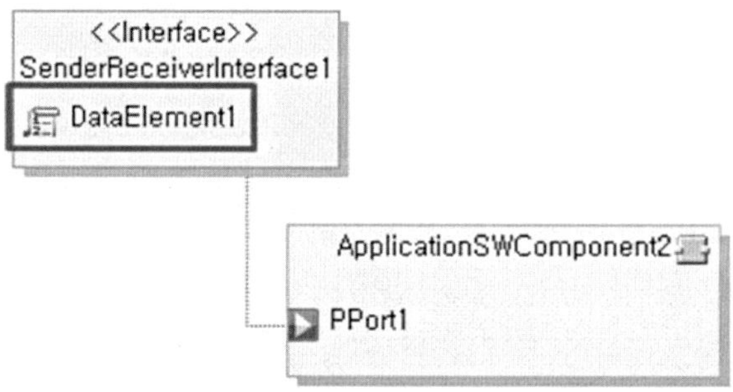

그림 7.50 Editor에서 Data Element 추가 확인

지금까지 Sender/Receiver Interface를 선택하고 그것의 속성 창 내에서 DataElement를 설정하는 방법을 살펴보았다. DataElement는 이외에 팔레트에서 끌어와 설정할 수도 있다.

• 팔레트에서 Data 선택 -> Editor 영역에서 DataElement를 추가하기 원하는 Sender/Receiver Interface를 클릭

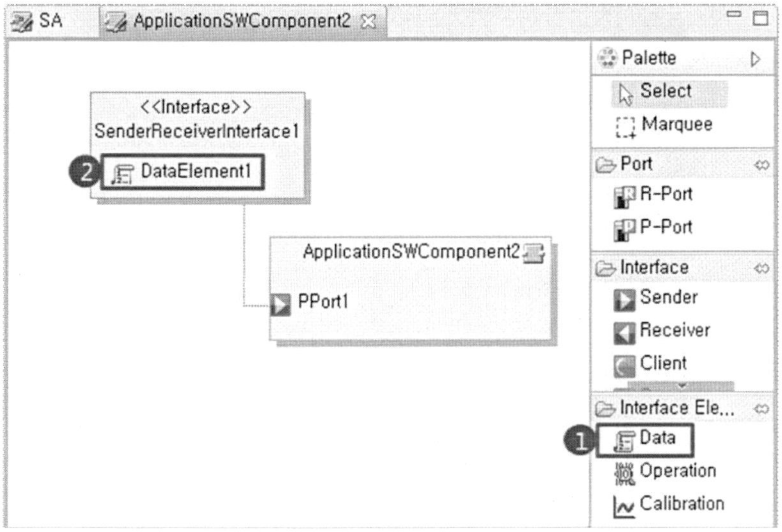

그림 7.51 Data Element를 팔레트에서 드래그앤드롭 설정

DataElement의 속성 정보를 설정하는 방법은 그림 7.52와 같다.

• DataElement1에서 오른쪽 버튼 ->Properties 선택

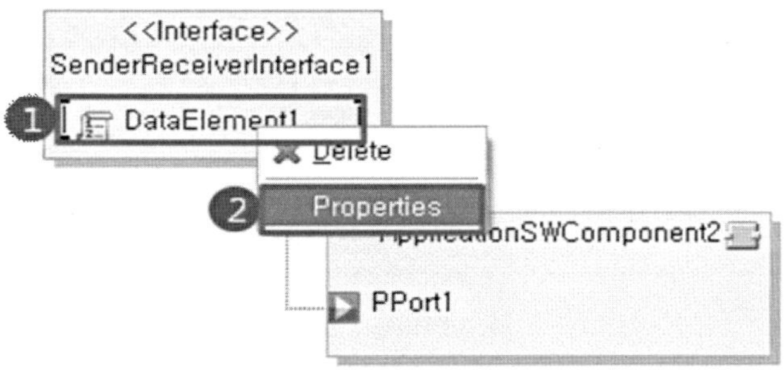

그림 7.52 Data Element의 속성을 설정하는 방법

나머지 설정 방법은 앞에서 설명한 인터페이스 상에서의 설정방법과 동일하다.

B. Operation Element 설정

• Client/ServerInterface에서 오른쪽 버튼 -> Properties 선택

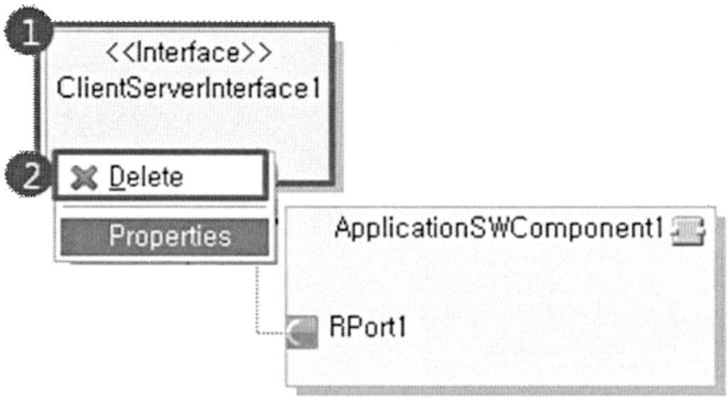

그림 7.53 Interface의 Properties 선택

Properties를 선택하면 그림 7.54와 같은 다이얼로그 창이 뜨게 된다.

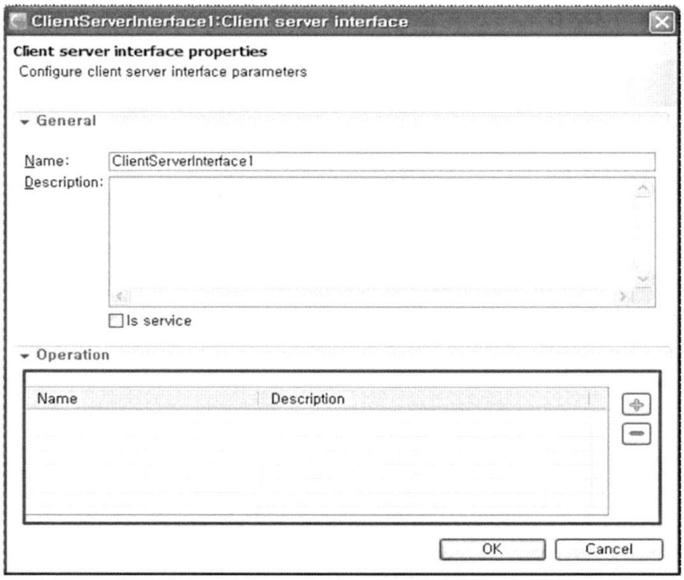

그림 7.54 Interface의 Property 설정

그림 7.54의 다이얼로그 창에서 Operation 탭이 해당 Client/Server Interface에 포함된 Operation을 포함한다. Operation의 추가, 삭제는 오른쪽의 [+], [−] 버튼을 이용한다. Operation의 추가를 위해 [+] 버튼 클릭 시 그림 7.55와 같은 Operation 설정 창이 호출된다.

General 탭에서 설정할 수 있는 항목은 다음과 같다.

– Name : 인터페이스의 이름을 설정

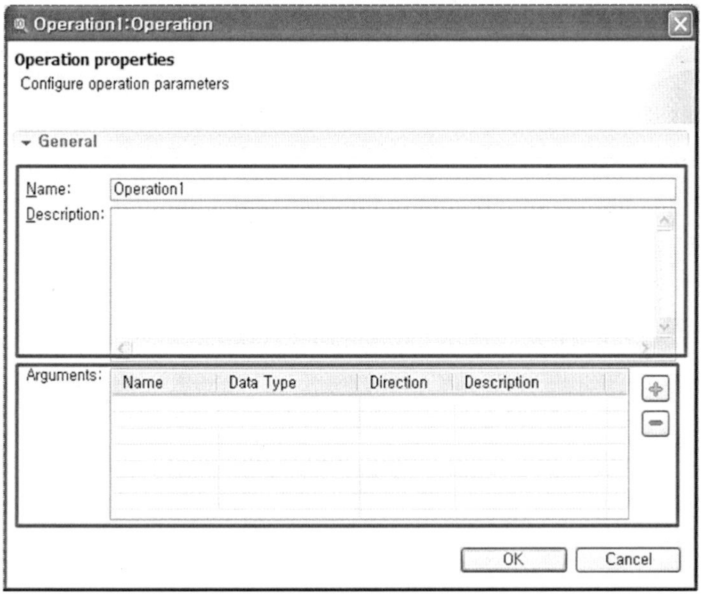

그림 7.55 Operation 설정 창

- Description : 인터페이스에 대한 설명
- Arguments : Operation에서 사용할 인자를 설정

Operation에서 사용할 인자 설정을 위해서 [+] 버튼을 누르면 그림 7.56과 같은 창이 호출된다.

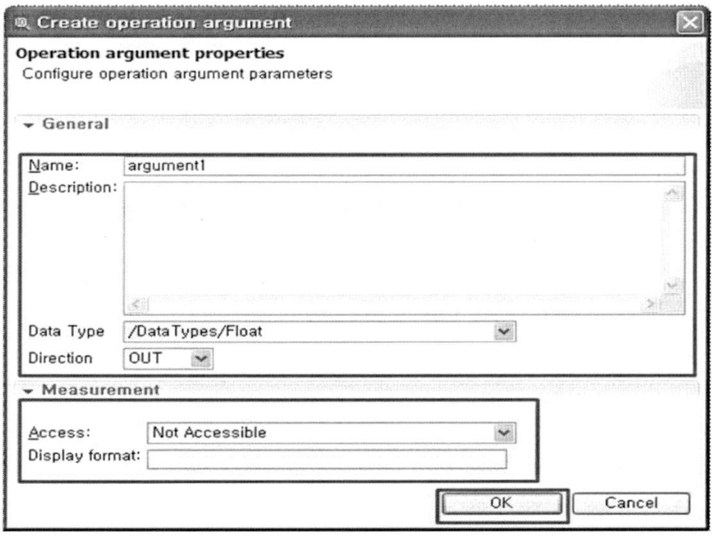

그림 7.56 Operation Argument Properties 추가

Operation Argument Properties에서 설정할 수 있는 항목은 다음과 같다.

- Name : 데이터 요소의 이름을 설정
- Description : 데이터 요소에 대한 설명
- Data type : 데이터 요소의 데이터 타입을 설정
- Direction : 데이터의 전달 방향
- Access : 데이터 요소의 형식(Read Only, Not Accessibly, Read Write 세 종류가 존재)
- Display format : 포맷 설정

Default 값인 Name과 data type을 입력하면 OK 버튼이 활성화되고, OK 버튼을 누르면 그림 7.57과 같이 Data Element가 추가된다.

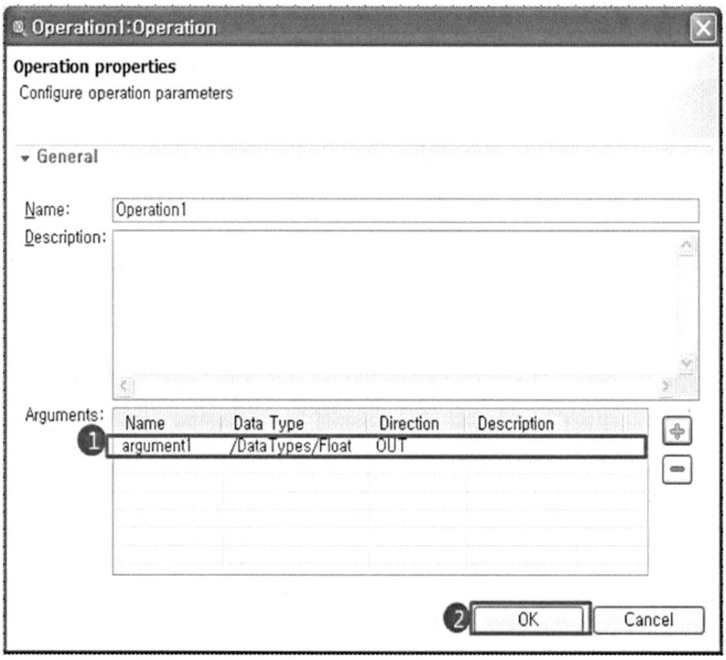

그림 7.57 Data Element 추가 확인

Operation properties 창에서 다시 OK 버튼을 클릭하면 Client Server Interface properties 창에서 그림 7.58과 같이 Operation이 추가된다.

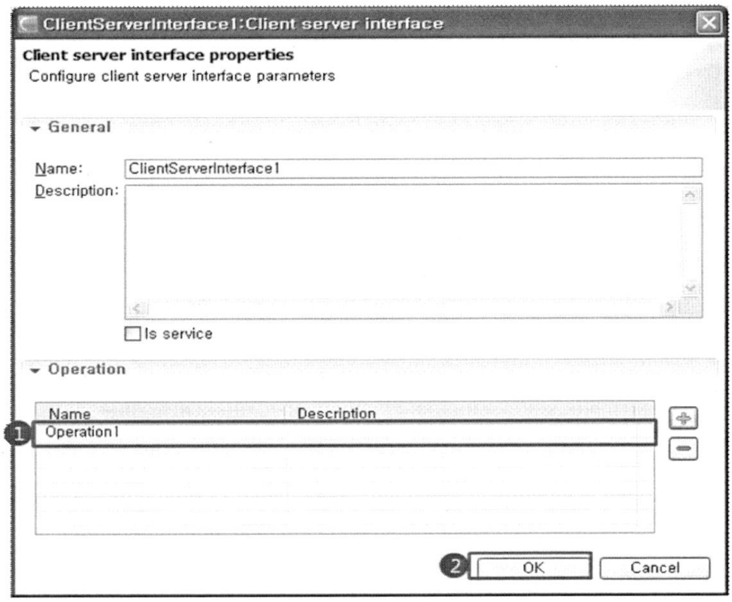

그림 7.58 Operation 추가 확인

Client Server Interface properties 창에서 다시 OK 버튼을 클릭하면 ApplicationSWComponent1 Editor에서 그림 7.59와 같이 Operation이 추가된다.

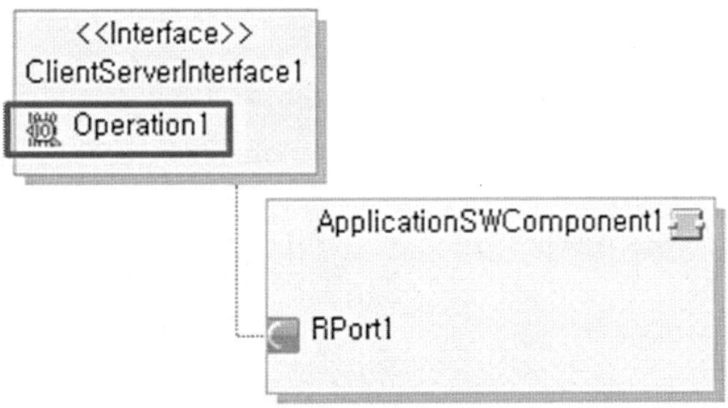

그림 7.59 Editor 창에서 확인

지금까지 Client/Server Interface를 선택하고 그것의 속성 창 내에서 Operation을 설정하는 방법을 살펴보았다. Operation은 이외에 팔레트에서 끌어와 설정할 수도 있다.

- 팔레트에서 Data 선택 -> Editor 영역에서 Operation을 추가하기 원하는 Client/Server Interface를 클릭

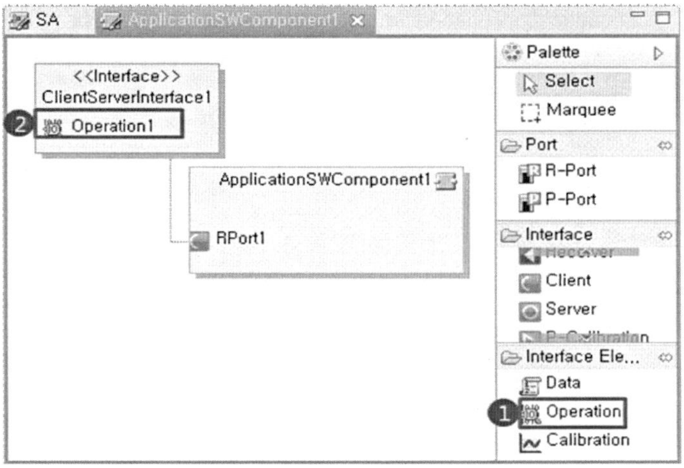

그림 7.60 팔레트에서 드래그앤드롭 후 Operation 설정

그림 7.60에서 Operation의 속성을 설정하는 방법은 Operation1에서 오른쪽 버튼을 눌러 Properties를 선택한다.

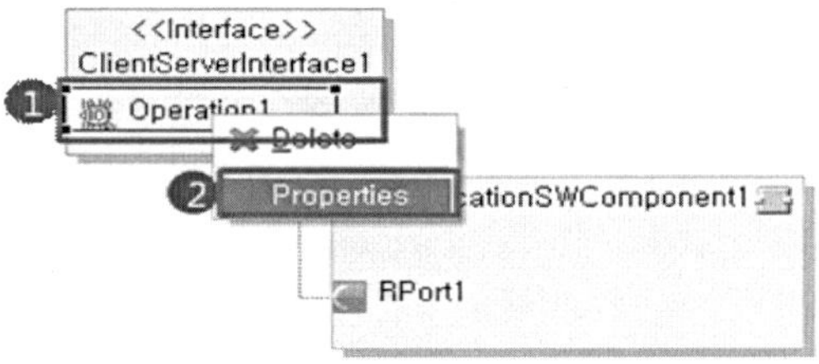

그림 7.61 Operation Properties 선택

나머지 설정 방법은 앞에서 설명한 인터페이스 상에서의 설정 방법과 동일하다.

C. Calibration Element 설정

- P-Calibration/R-Calibration Interface에서 오른쪽 버튼 -> Properties 선택

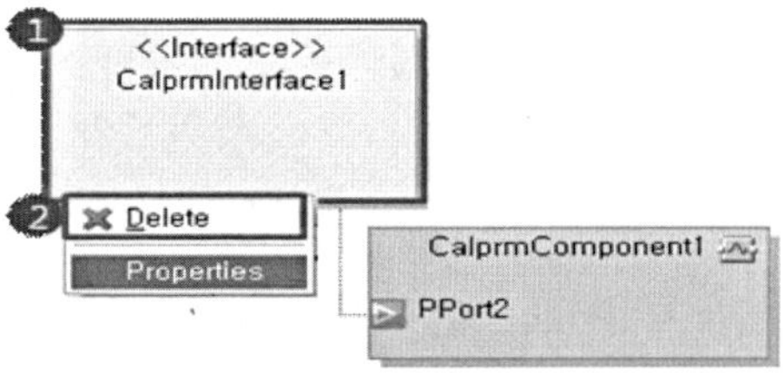

그림 7.62 Calibration 설정

• Properties를 선택하면 그림 7.63과 같은 다이얼로그 창이 호출된다.

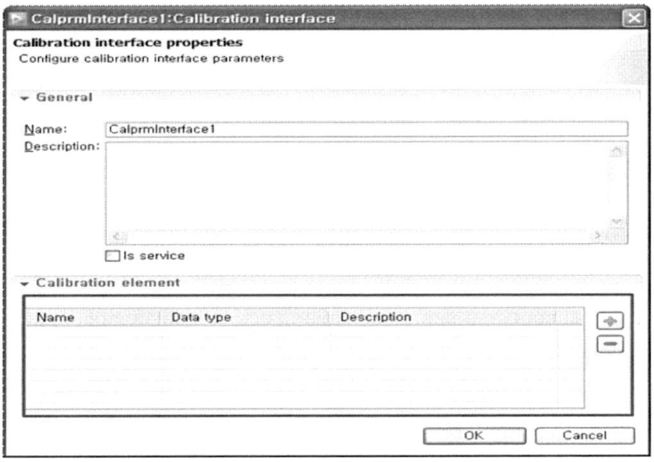

그림 7.63 Calibration Interface Property

다이얼로그 창에서 Calibration Element 탭이 해당 Calibration Interface에 포함된 Calibration Element를 보여준다. Calibration Element의 추가 삭제는 오른쪽의 , 버튼을 이용한다. Calibration Element의 추가를 위해 버튼 클릭 시 그림 7.64와 같은 Calibration Element 설정 창이 호출된다.

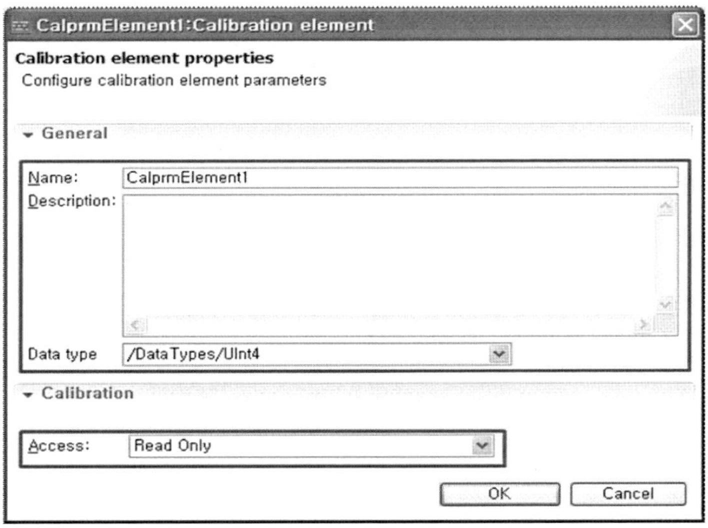

그림 7.64 Calibration Element 설정

Data Element Properties에서 설정할 수 있는 항목은 다음과 같다.

- Name : Calibration 요소의 이름을 설정
- Description : Calibration 요소에 대한 설명
- Data type : Calibration 요소의 데이터 타입을 설정
- Access : Calibration 요소의 형식(Read Only, Not Accessibly, Read Write 세 종류가 존재)

Default 값인 Name과 data type을 입력하면 OK 버튼이 활성화되고, OK 버튼을 누르면 그림 7.65와 같이 Calibration Element가 추가된 것을 확인할 수 있다.

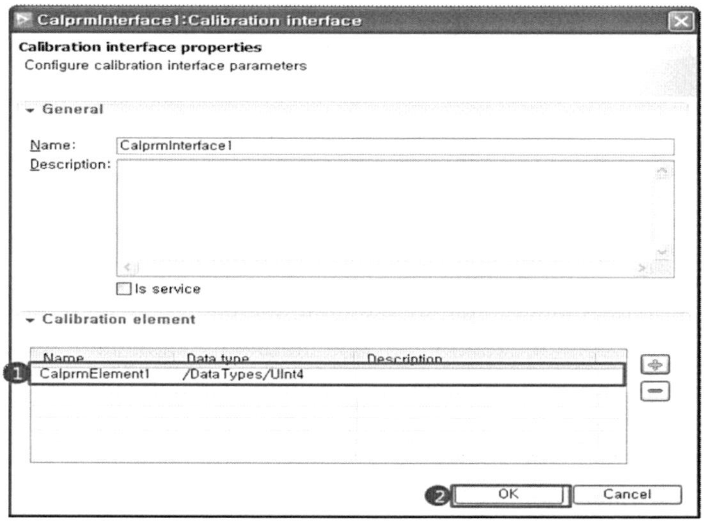

그림 7.65 Calibration Element 추가 확인

Calibration Interface 위저드에서 다시 OK 버튼을 클릭하면 CalprmComponent1 Editor에서 그림 7.66과 같이 CalprmElement1이 추가된 것을 확인할 수 있다.

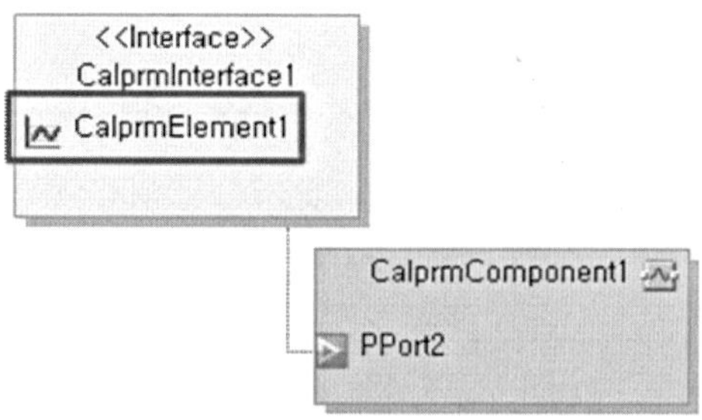

그림 7.66 Editor에서 확인

지금까지 Calibration Interface를 선택하고 그것의 속성 창 내에서 Calibration Element를 설정하는 방법을 살펴보았다. CalibrationElement는 이외에 팔레트에 끌어와 설정할 수도 있다.

- 팔레트에서 Data 선택 -> Editor 영역에서 Calibration Element를 추가하기 원하는 Calibration Interface를 클릭

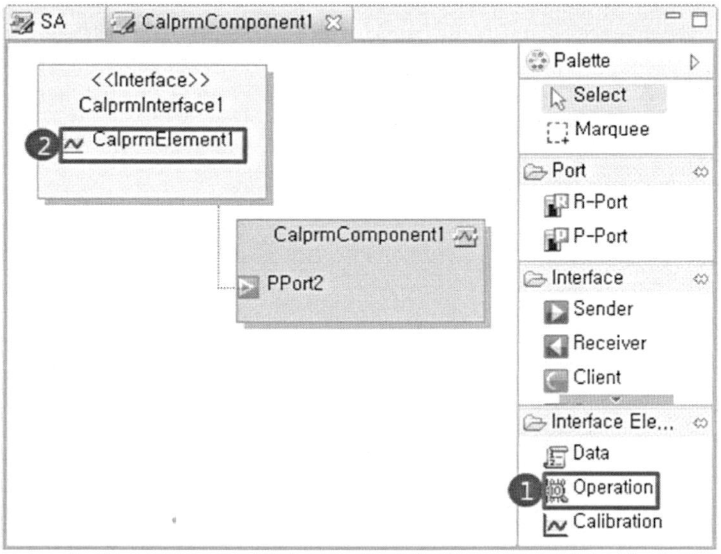

그림 7.67 팔레트에서 드래그앤드롭 후 설정

그림 7.67에서 CalibrationElement의 속성을 설정하는 방법은 CalprmElement1에서 오른쪽 버튼을 눌러 Properties를 선택한다.

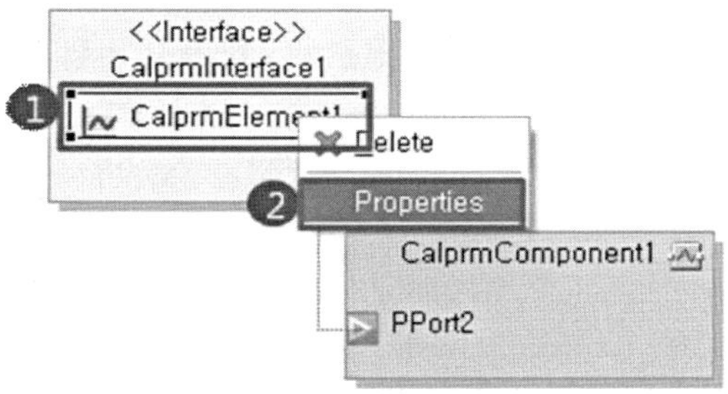

그림 7.68 CalprmElement의 Properties 선택

나머지 설정 방법은 앞에서 설명한 인터페이스 상에서의 설정 방법과 동일하다.

7.3.1.3 컴포넌트 연결

각 컴포넌트에 포트를 설정하였다면 다음에 할 일은 컴포넌트들을 연결하는 것이다. 이때 주의해야 할 점은 서로 다른 형태의 포트를 연결해야 한다는 점이다. 즉, P-Port의 경우 R-Port에 연결해야만 하며, 반대로 R-Port의 경우 P-Port에 연결해야만 한다. 이러한 연결에 사용할 수 있는 연결선의 종류는 Assembly Connection과 Delegation Connection이 있다.

Assembly Connection은 Atomic Component 간의 연결에 사용되며, Delegation Connection은 Composition Component 내부에서 포트의 위임을 표현하는 데 사용된다. 즉, Composition과 그 Composition에 포함되어 있는 Component 간의 연결에 사용된다.

사용자는 팔레트에서 적합한 연결을 선택하고 서로 다른 포트를 선택하여 클릭하면 자동으로 선이 그려진다. 그림 7.69는 Assembly Connection을 이용하여 컴포넌트가 가지고 있는 포트를 연결한 그림이다.

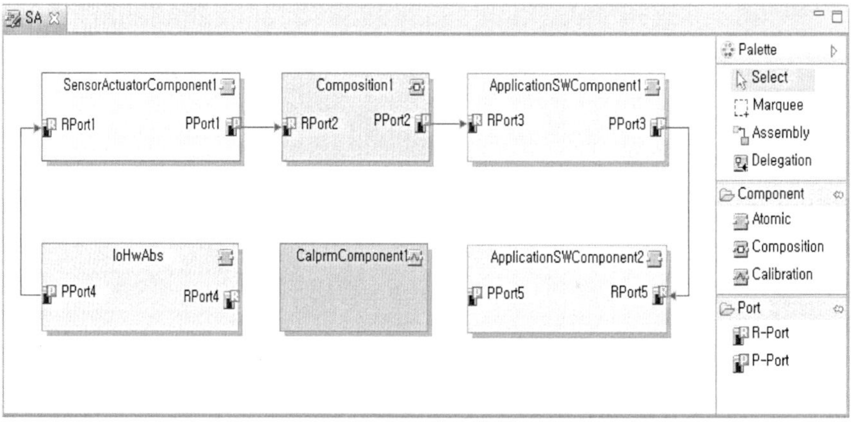

그림 7.69 Assembly Connection

위의 그림 7.69를 보면 선의 방향이 항상 P-PORT에서 R-PORT로 간다는 것을 알 수 있다. 이것은 서비스 또는 데이터가 P-PORT에서 나가서 R-PORT로 들어간다는 것을 의미한다.

7.3.1.4 메뉴 기능

SAD에는 각 컴포넌트 또는 컴포지션들과 Connector들의 위치 및 형태를 사용자가 보기 좋게 만들어주는 기능들이 있다. 평소에는 비활성화되어 있지만, 컴포넌트 또는 컴포지션을 두 개 이상 동시 선택했을 경우 해당 메뉴 아이콘들이 활성화되어 사용이 가능해진다.

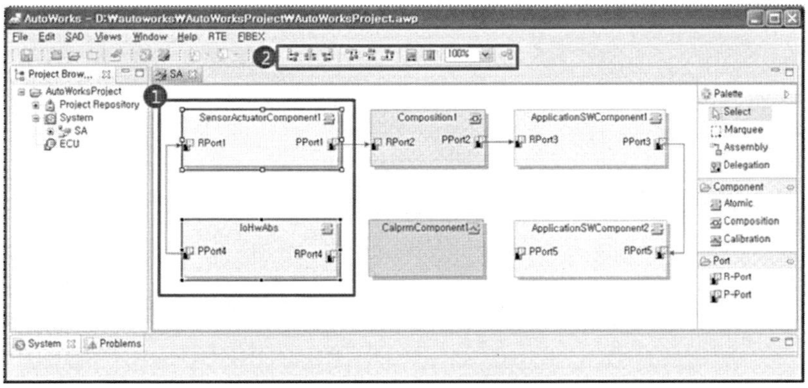

그림 7.70 메뉴 기능

각 메뉴 아이콘들의 사용 목적은 다음과 같다.

표 7.7 수직 정렬

수직 정렬	
	컴포넌트 또는 컴포지션들의 왼쪽 정렬
	컴포넌트 또는 컴포지션들의 수직 중앙선 정렬
	컴포넌트 또는 컴포지션들의 오른쪽 정렬

표 7.8 수평 정렬

수평 정렬	
	컴포넌트 또는 컴포지션들의 위쪽 정렬
	컴포넌트 또는 컴포지션들의 수평 중앙 정렬
	컴포넌트 또는 컴포지션들의 아래쪽 정렬

표 7.9 크기 조절

크기 조절	
	선택된 컴포넌트 또는 컴포지션들의 width를 같게 함
	선택된 컴포넌트 또는 컴포지션들의 height를 같게 함

표 7.10 기타

기타	
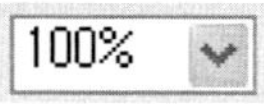	Editor 내의 모든 모델을 확대 또는 축소함
	Editor 내의 모든 모델들을 정렬함

7.3.1.5 기타 기능

① Validation

AutoWorks는 arxml 파일을 읽고 사용하는 데 처음부터 잘못된 arxml 파일을 읽어왔을 경우 AutoWorks 프로그램을 진행함에 있어 문제가 발생할 소지가 있다. 그래서 이러한 문제점을 미연에 방지 또는 찾아 처리를 목적으로 하는 validation 기능이 존재한다.

- Project Browser의 SA에서 오른쪽 버튼 -> validation 선택

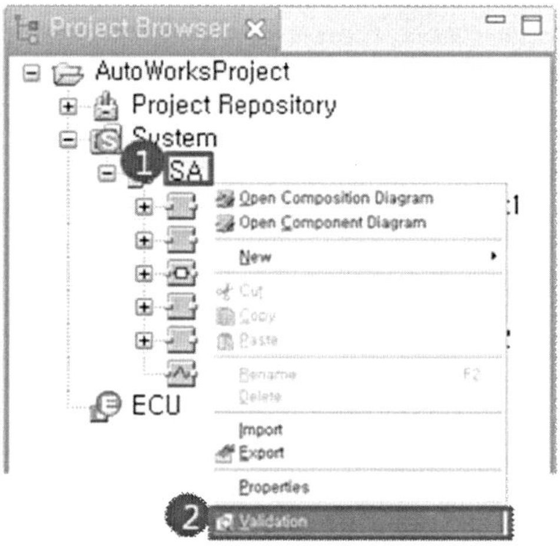

그림 7.71 SA Validation 기능

Validation을 선택함과 동시에 아래 그림 7.72와 같은 Progress Bar가 호출되고, 초록색 바가 올라감과 동시에 Resource Manager에 있는 instance와 레퍼런스를 체크한다.

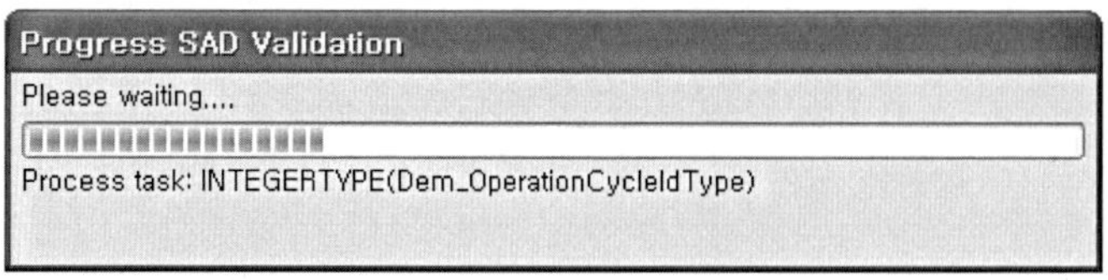

그림 7.72 Validation Progress Bar

Validation 체크가 끝나고 문제가 발생하지 않았을 때는 상관이 없지만, 문제가 있다면 그림 7.73의 Problem 뷰어에 해당 에러들의 정보가 보여진다.

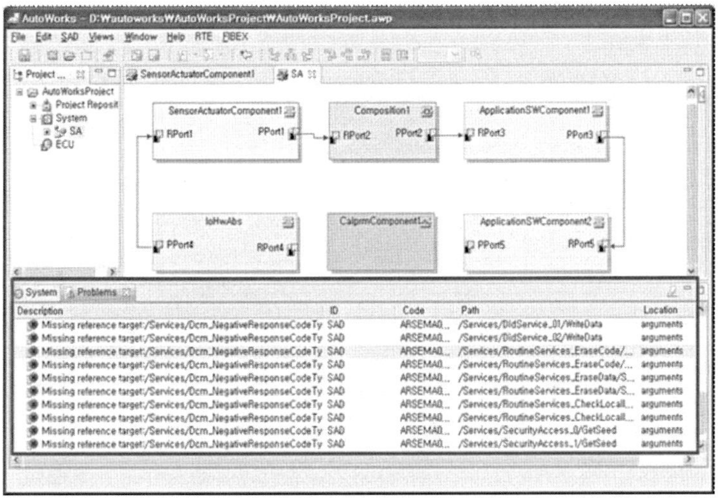

그림 7.73 Validation 결과

해당 에러를 마우스 클릭할 경우 그림 7.74와 같이 에러가 발생한 instance 정보를 보여 줌으로써 문제 해결이 가능하다.

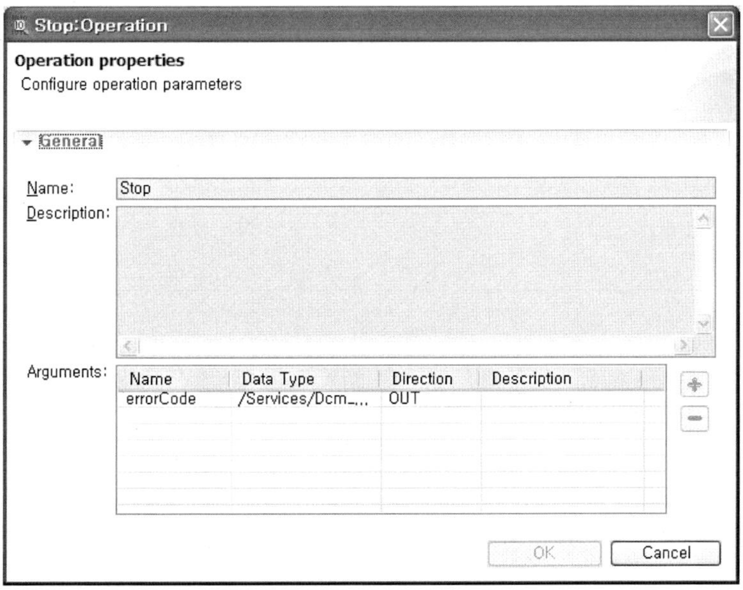

그림 7.74 에러가 발생한 Instance의 정보

7.3.2 IB(Internal Behavior) 환경 설정

다음 단계는 컴포넌트의 내부 행위(Internal Behavior; IB)를 설정해야 한다. 이 절에서 우리는 SensorActuatorComponent1 컴포넌트의 R_Port1 포트에 Timing Event를 설정하는 방법을 설명할 것이다.

- System에서 오른쪽 버튼 -> New -> IB 선택

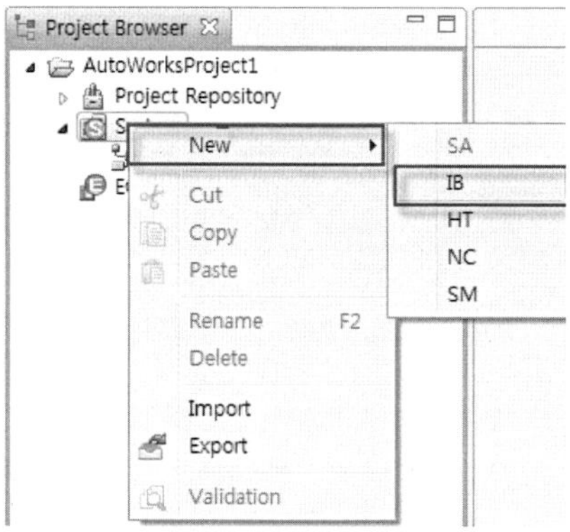

그림 7.75 IB 생성

- 생성된 IB에서 오른쪽 버튼 -> New -> Internal Behavior 선택

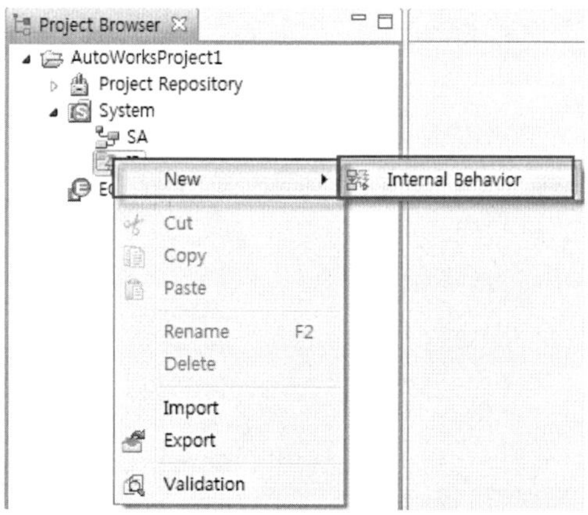

그림 7.76 Internal Behavior 생성

Internal Behavior를 클릭하면 그림 7.77과 같이 Internal Behavior의 이름을 설정하는 다이얼로그 창이 뜨게 된다. 이름을 입력하고 OK 버튼을 클릭한다.

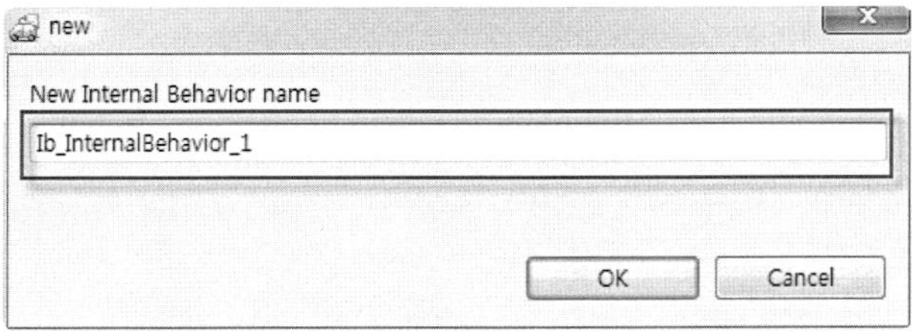

그림 7.77 Internal Behavior의 이름 입력

추가된 Internal Behavior를 Project Browser에서 볼 수 있다.

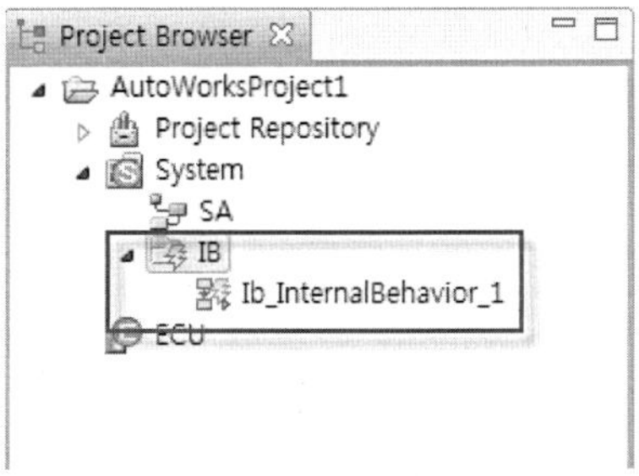

그림 7.78 Project Browser에서 확인

프로젝트 브라우저에서 앞에서 생성한 Internal Behavior를 클릭하면 그림 7.79와 같은 화면이 보이게 된다.

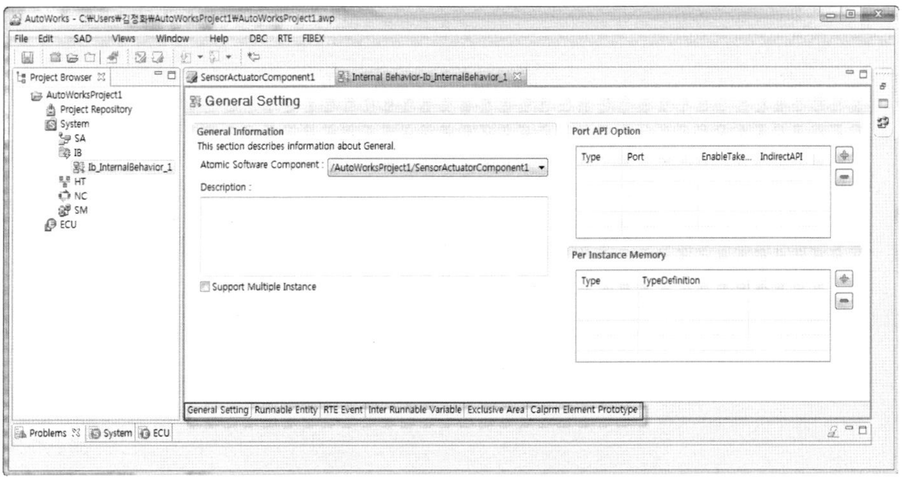

그림 7.79 Internal Behavior의 설정

각 탭의 기능은 다음과 같다.

- General Setting : Internal Behavior의 General 부분을 설정
- Runnable Entity : Runnable Entity 설정
- RTE Event : RTE Event 설정
- Inter Runnable Variable : Inter Runnable Variable 설정
- Exclusive Area : Exclusive Area 설정
- Calprm Element Prototype : Calprm Element Prototype 설정

7.3.2.1 Internal Behavior의 General 설정

가장 먼저 Internal Behavior의 General 부분을 설정한다.

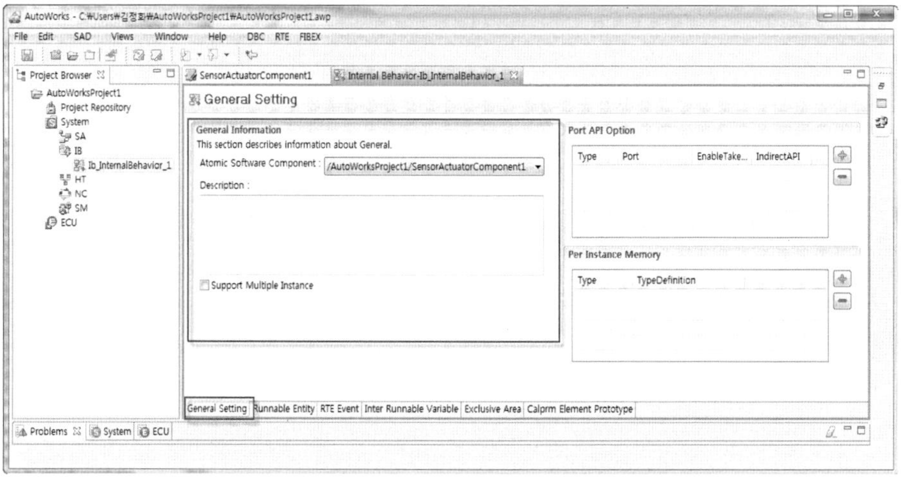

그림 7.80 Internal Behavior의 General 설정

Atomic Software Component : IB를 설정할 Atomic Software Component를 선택

- Description : 선택한 Atomic Software Component에 대한 설명
- Support Multiple Instance : 다중 인스턴스를 제공할 것인지 선택

7.3.2.2 Port API Option 설정

Port API Option을 등록하기 위해 Add 버튼을 클릭하여 Port API Option 정보를 설정한다.

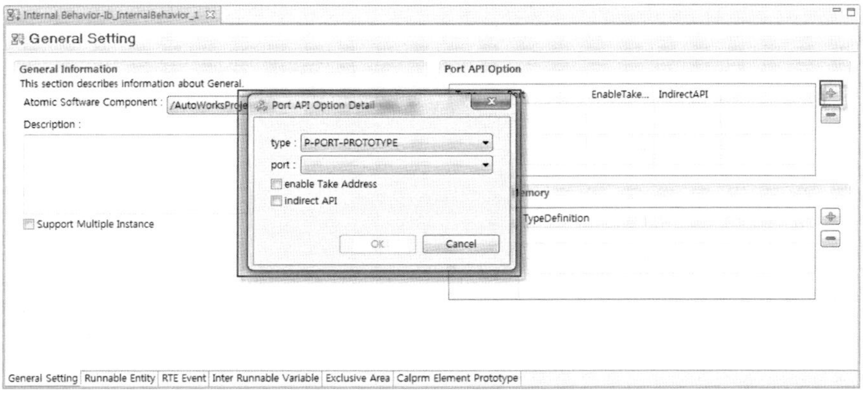

그림 7.81 Port API Option 설정

- type : Port-Prototype을 선택
- port : Port를 선택
- enable Take Address : API 참조할 것인지 선택
- indirect API : indirect API를 사용할 것인지 선택

7.3.2.3 Per Instance Memory 설정

Per Instance Memory를 등록하기 위해 Add 버튼을 클릭하여 Per Instance Memory 정보를 설정한다.

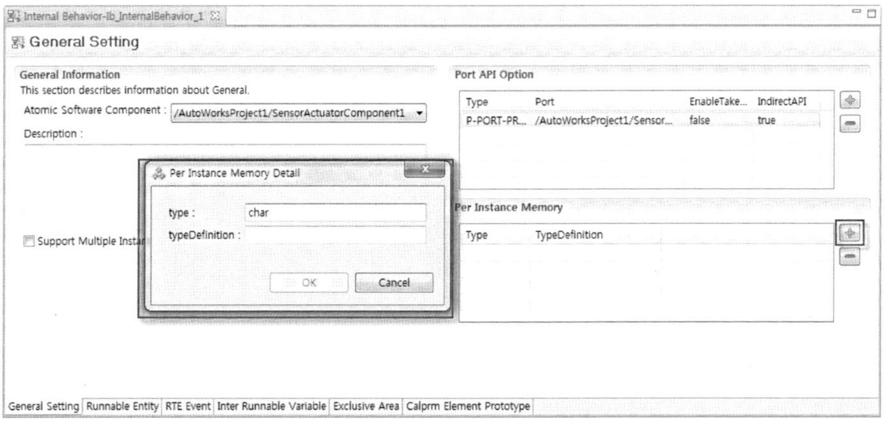

그림 7.82 Per Instance Memory 설정

- type : C-Type을 선택
- typeDefinition : type의 definition을 설정

7.3.2.4 RTE Event 설정

다음은 사용할 RTE Event를 설정한다. RTE Event를 설정하기 위해서는 먼저 RTE Event 탭을 클릭한 후, Add 버튼을 클릭한다.

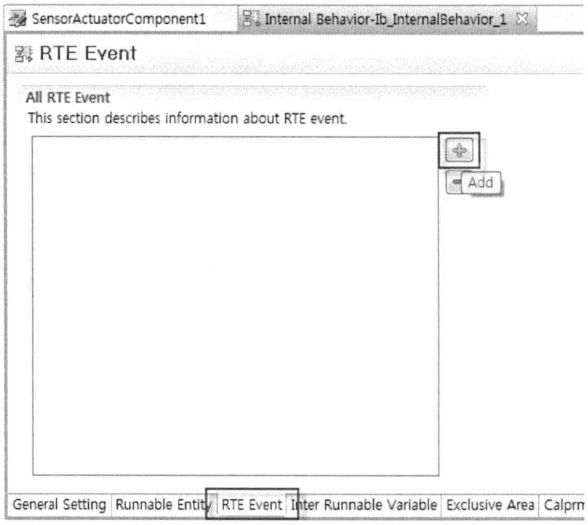

그림 7.83 RTE Event 설정

그림 7.83 RTE Event 설정의 Add 버튼을 누르면 선택 가능한 RTE Event를 보여주는 다이얼로그 창이 그림 7.84와 같이 뜬다.

그림 7.84 RTE Event 목록

각 이벤트의 사용 목적은 다음과 같다.

표 7.11 RTE 이벤트의 종류와 설명

종류	설명
AsynchronousServer-CallReturnsEvent	비동기적인 Client/Server 호출의 상태 정보와 결과를 얻는 데 사용하는 runnable entity를 작동시키는 이벤트
DataReceivedEvent	Sender/Receiver Interface에서 데이터 요소를 수신했을 때 이에 대한 처리를 위해 사용되는 runnable entity를 작동시키는 이벤트
DataReceiveErrorEvent	수신자 측면에서 isQueued = false의 의미를 포함하고 있는 데이터 요소의 에러 상태를 모으는데 사용되는 runnable entity를 작동시키는 이벤트
DataSendCompletedEvent	데이터 송신 완료 또는 전송 실패 알림을 위한 이벤트
ModeSwitchedAckEvent	mode manager의 모드 변경 완료를 mode user가 받았을 때 이 요청에 대한 runnable entity를 작동시키는 이벤트
ModeSwitchEvent	mode manager가 mode user로부터 모드 변경 요청을 받았을 때 이 요청에 대한 runnable entity를 작동시키는 이벤트
OperationInvokedEvent	서버가 클라이언트로부터 Operation실행을 위한 요청을 받았을 때 이 요청에 대한 runnable event를 작동시키는 이벤트
TimingEvent	소프트웨어 컴포넌트 기술서 내에 정의된 시간에 주기적으로 하나의 runnable entity를 작동시키는 이벤트

그림 7.85의 다이얼로그에서 필요한 RTE Event를 선택한 후, OK 버튼을 누르면 선택한 RTE Event가 테이블에 추가된다.

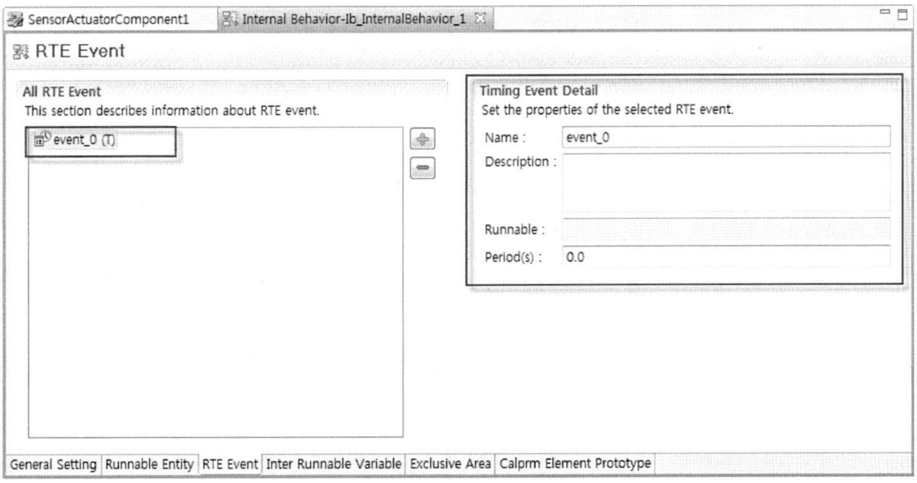

그림 7.85 RTE Event 추가

왼쪽에는 현재 추가된 RTE Event가 나열되며 오른쪽에는 테이블에서 클릭한 RTE Event에 대한 세부사항이 호출된다. 그림 7.85는 Timing Event 추가에 따른 Timing Event의 세부 사항을 보여 주고 있다(Timing Event의 경우 기동 주기).

7.3.2.5 Internal Runnable Variable 설정

RTE Event가 설정되면 Runnable에서 사용할 Inter Runnable Variable을 생성한다. Inter Runnable Variable을 생성하기 위해서는 Inter Runnable Variable 탭을 선택한다.

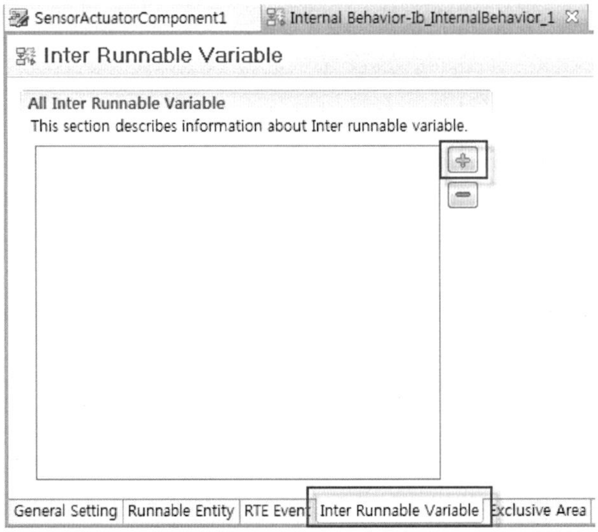

그림 7.86 Inter Runnable Variable 생성

새로운 Inter Runnable Variable을 생성하기 위해서 그림 7.86의 Add 버튼을 클릭하면 그림 7.87과 같이 Inter Runnable Variable의 이름을 설정하는 다이얼로그 창이 호출된다.

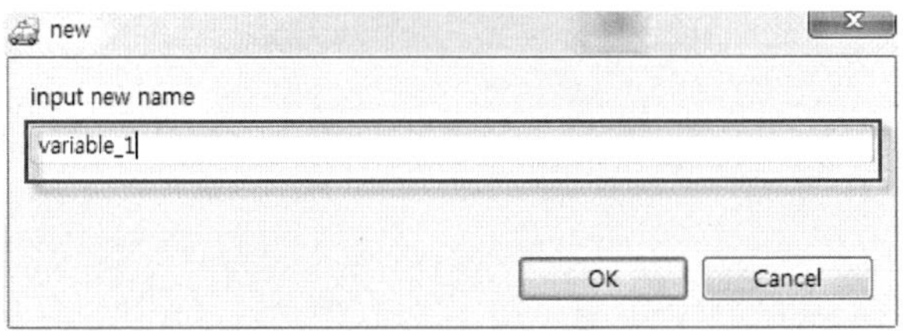

그림 7.87 Inter Runnable Variable의 이름 설정

이름을 설정하고 OK 버튼을 클릭하면 변수가 테이블에 추가되며 생성한 변수의 이름을 클릭하면 그림 7.88과 같은 화면이 호출되고 오른쪽 화면에는 해당 변수에 대한 세부사항

이 보이게 된다. 그림 7.88은 변수 variable_1의 Data Type을 Boolean으로 설정하였을 때의 모습이다. 선택하는 데이터 타입에 따라서 나오는 항목들은 약간씩 차이점을 가지고 있다.

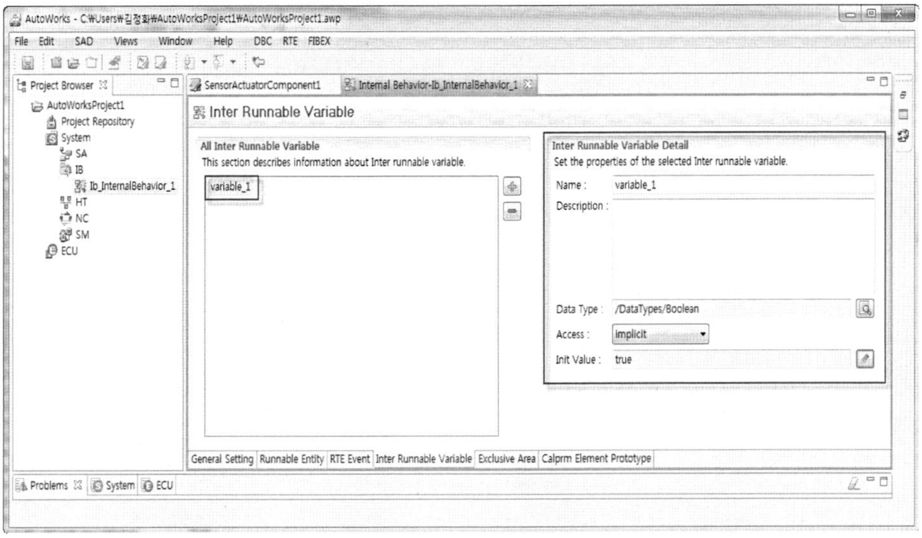

그림 7.88 Inter Runnable Variable의 세부 설정

7.3.2.6 Exclusive Area 설정

다음은 Exclusive Area를 생성한다. Exclusive Area를 생성하기 위해서는 Exclusive Area 탭을 누른다. 그림 7.89는 Exclusive Area 탭을 눌렀을 때 호출된다.

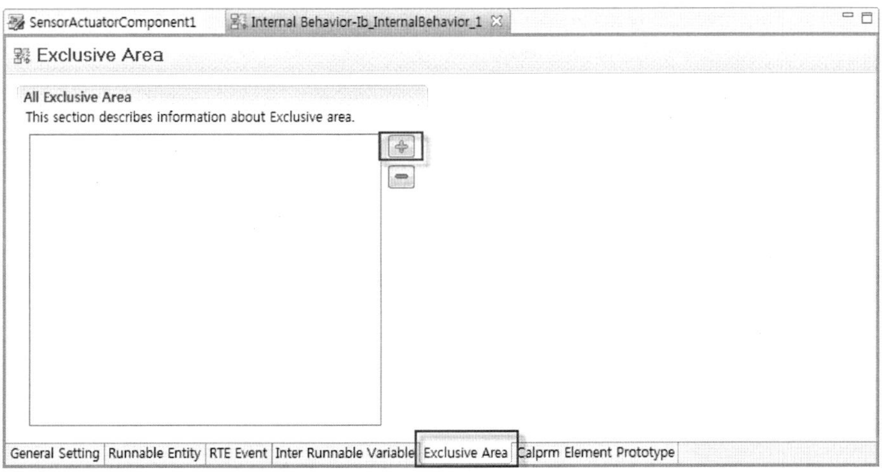

그림 7.89 Exclusive Area 설정

새로운 Exclusive Area를 생성하기 위해서 Add 버튼을 클릭해야 하며 그림 7.90은 Add 버튼을 눌렀을 때 호출되는 다이얼로그 창이다.

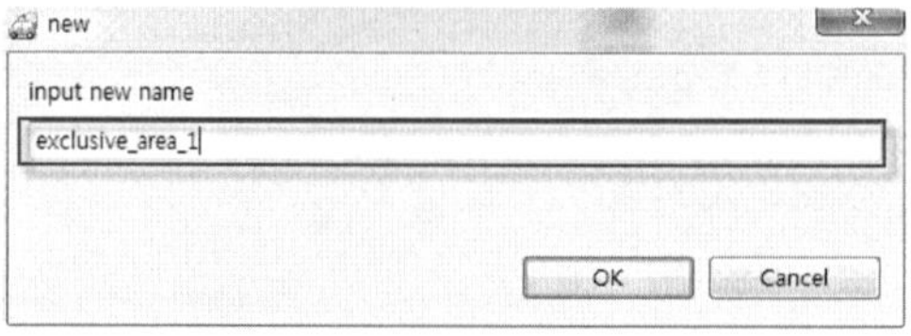

그림 7.90 Exclusive Area 추가

그림 7.90의 다이얼로그 창에 생성할 Exclusive Area의 이름을 입력한 후, OK 버튼을 클릭하면 새로운 Exclusive Area가 테이블에 추가되고 생성한 Exclusive Area 이름을 클릭하면 그림 7.91과 같은 화면이 뜨게 되며 오른쪽 화면에 해당 Exclusive Area에 대한 세부 사항이 보이게 된다.

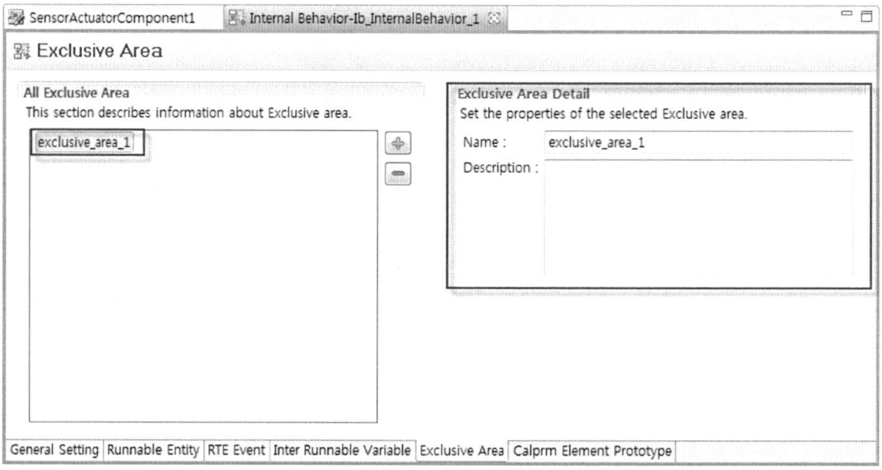

그림 7.91 Exclusive Area의 세부 설정

- Name : Exclusive Area의 이름을 보여줌(수정 가능)
- Description : Exclusive Area에 대한 설명

7.3.2.7 Calprm Element Prototype 생성

다음은 Calprm Element Prototype을 생성한다. Calprm Element Prototype을 생성하기 위해서는 Calprm Element Prototype 탭을 누른다. 그림 7.92는 Calprm Element Prototype 탭을 눌렀을 때 호출된다.

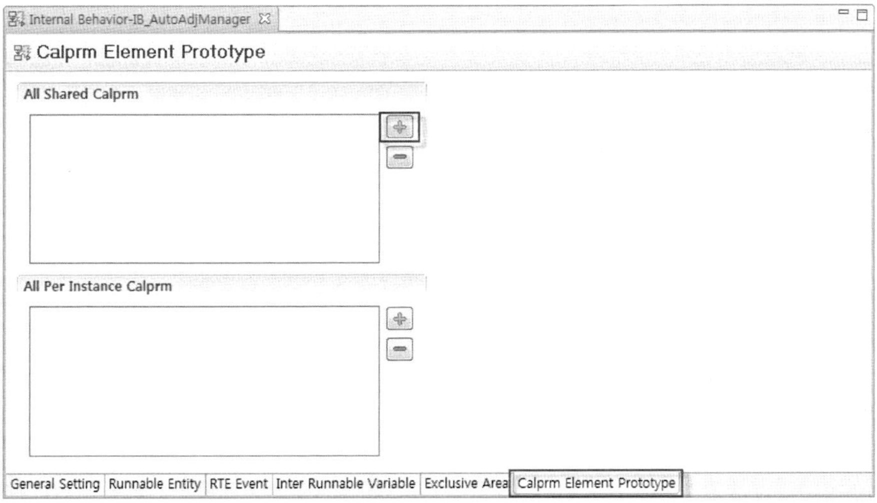

그림 7.92 Calprm Element Prototype 설정

Calprm Element Prototype은 2가지 타입이 존재한다. Shard Calprm과 Per Instance Calprm을 선택하여 생성할 수 있다. 그 중에 Shard Calprm을 생성한다.

새로운 Shard Calprm을 생성하기 위해서 Add 버튼을 클릭해야 하며 그림 7.93은 Add 버튼을 눌렀을 때 호출되는 다이얼로그 창이다.

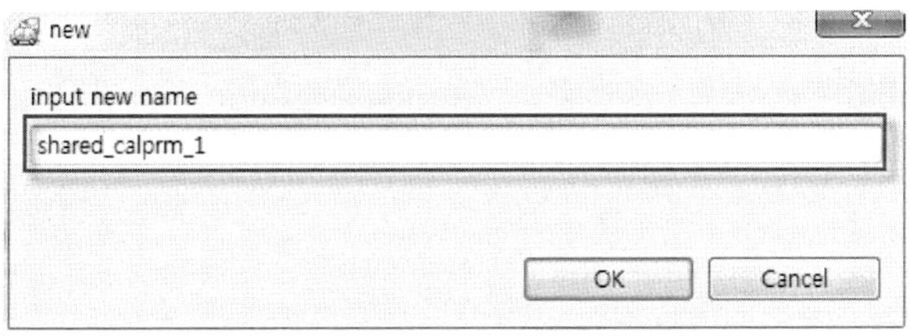

그림 7.93 Shard Calprm 추가

그림 7.93 다이얼로그 창에 생성할 Shard Calprm의 이름을 입력한 후, OK 버튼을 클릭하면 새로운 Shard Calprm이 테이블에 추가되고 생성한 Shard Calprm 이름을 클릭하면 그림 7.94와 같은 화면이 뜨게 되며 오른쪽 화면에 해당 Shard Calprm에 대한 세부사항이 보이게 된다.

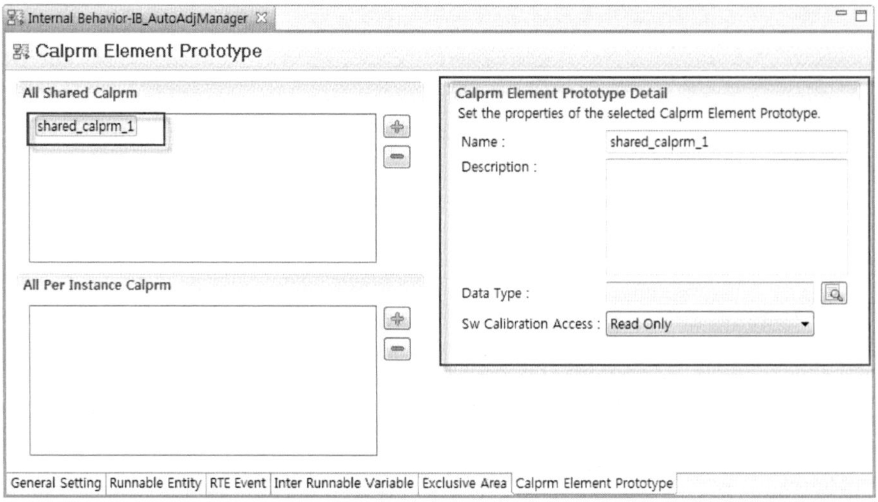

그림 7.94 Shard Calprm의 세부 설정

- Name : Shard Calprm의 이름을 보여줌(수정 가능)
- Description : Shard Calprm에 대한 설명
- Data Type : Data Type 선택
- Sw Calibration Access : Sw Calibration Access 방식을 선택

7.3.2.8 Runnable Entity 생성

다음은 Runnable Entity를 생성한다. Runnable Entity를 생성하기 위해서는 Runnable Entity 탭을 선택한다.

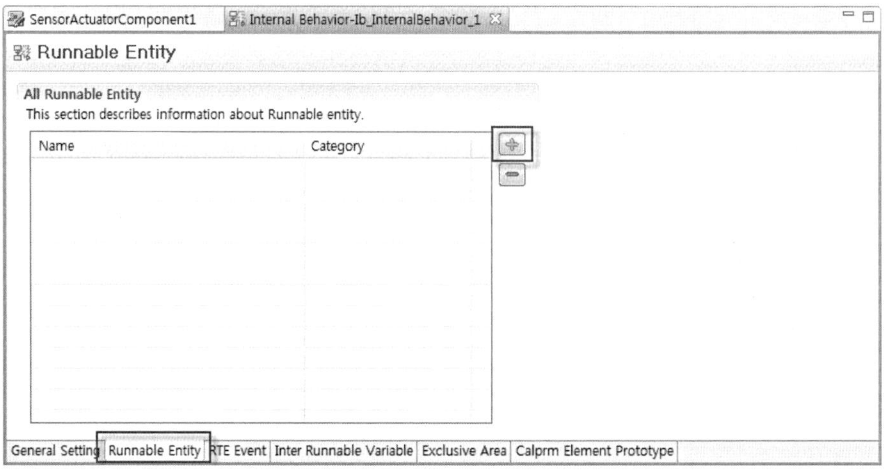

그림 7.95 Runnable Entity 설정

Add 버튼을 클릭하면 그림 7.96과 같은 다이얼로그 창이 호출된다.

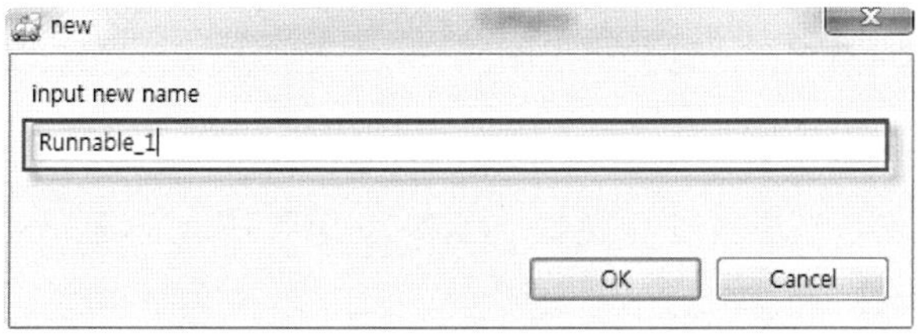

그림 7.96 Runnable Entity 추가

그림 7.96 다이얼로그 창에 생성할 Runnable Entity의 이름을 입력한 다음, OK 버튼을 누른다. OK 버튼을 누르면 그림 7.97과 같이 앞에서 생성한 Runnable Entity가 테이블에 추가되며, Runnable Entity의 이름을 더블 클릭하면 그림 7.98과 같은 화면이 호출된다.

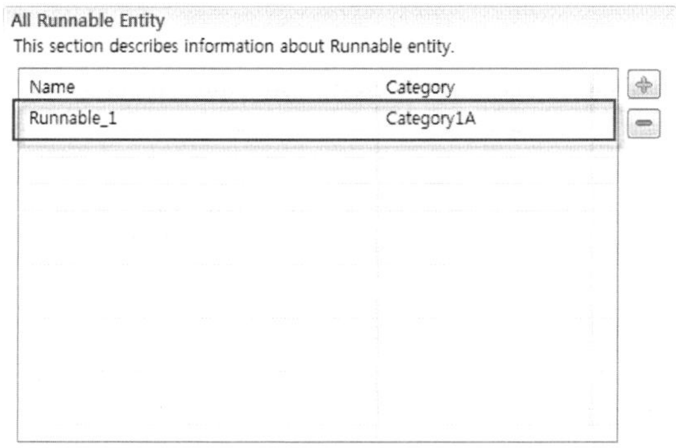

그림 7.97 Runnable Entity 추가 확인

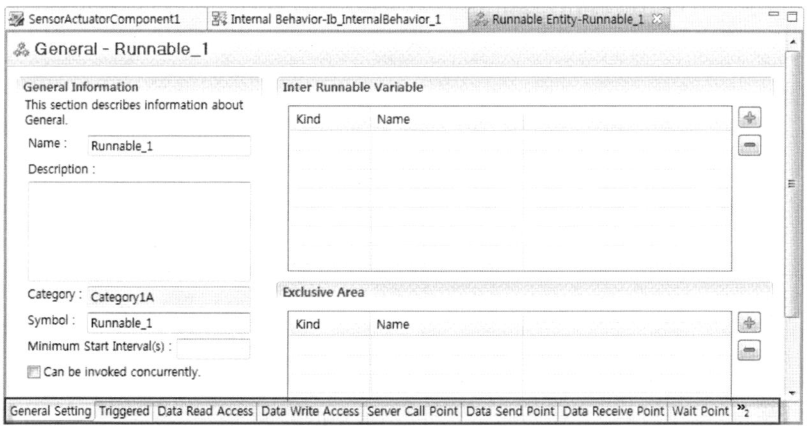

그림 7.98 Runnable Entity 세부 설정

Runnable Entity는 다시 General Setting, Triggering, Data Read Access, Data Write Access, Server Call Point, Data Send Point, Data Receive Point, Wait Point, Mode Switch Point, Calprm Access 값을 설정해야 하며 아래 방법을 따른다.

① General Setting

Runnable Entity의 일반적인 부분을 설정하는 영역이다. 그림 7.99는 General Setting 탭을 눌렀을 때의 화면을 보여준다.

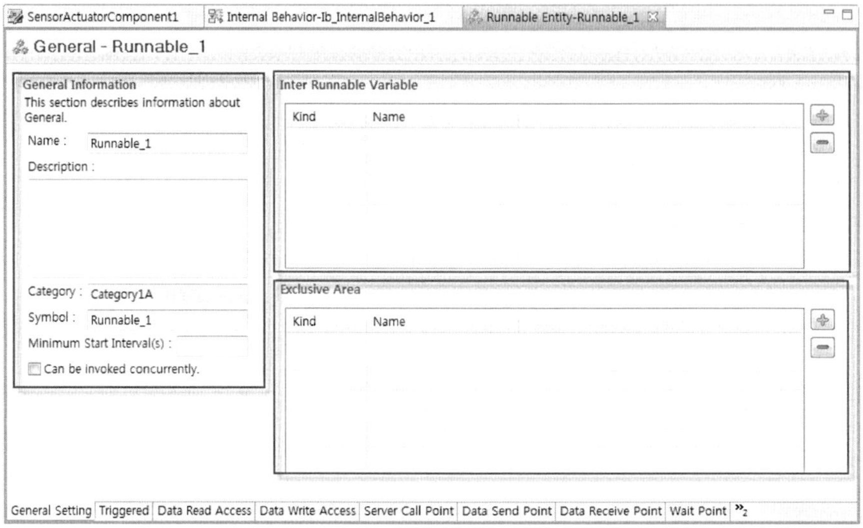

그림 7.99 Runnable Entity의 General Setting 설정

General Setting에 있는 각 항목은 다음과 같다.

- Name : Runnable Entity의 이름을 보여줌
- Description : Runnable Entity의 설명을 보여줌
- Category : Runnable Entity가 속하는 카테고리를 보여줌
- Symbol : Runnable Entity에 대한 심벌 설정
- Minimum Start Interval : Runnable Entity가 기동될 때 둬야 하는 최소 시간 간격을 설정
- Can be invoked concurrently : Runnable Entity가 동시적인 호출이 가능한지를 설정
- Inter Runnable Variable : Runnable Entity에서 사용할 Inter Runnable Variable을 설정
- Exclusive Area : Runnable Entity에서 사용할 Exclusive Area를 설정

Category는 세부적으로 세 종류로 분류되며 Runnable Entity가 해당 Category에 속할 조건은 다음과 같다.

표 7.12 Category의 종류와 설명

종류	설명	우선순위
Category 1A (기본 설정)	Wait Point를 가지고 있지 않다. DataReadAccess와 DataWriteAccess를 가지고 있다.	3
Category 1B	DataSendPoint와 DataReceivePoint를 가지고 있다. Explicit Inter Runnable Variable을 가지고 있다.	2
Category 2	Wait Point를 가지고 있다. ServerCallPoint에서 Synchronous한 ServerCallPoint를 가지고 있다.	1

따라서 생성되는 Runnable Entity는 Category 조건과 우선순위에 따라서 각각의 Category로 분류된다.

Inter Runnable Variable 항목 설정의 경우 앞에서 Inter Runnable Variable을 미리 설정해야만 이 항목을 설정할 수 있다. 마찬가지로 Exclusive Area 항목도 앞에서 Exclusive Area를 미리 설정해야만 이 항목을 설정할 수 있다. 그림 7.100은 위 항목에 대한 Runnable Entity의 설정을 보여준다.

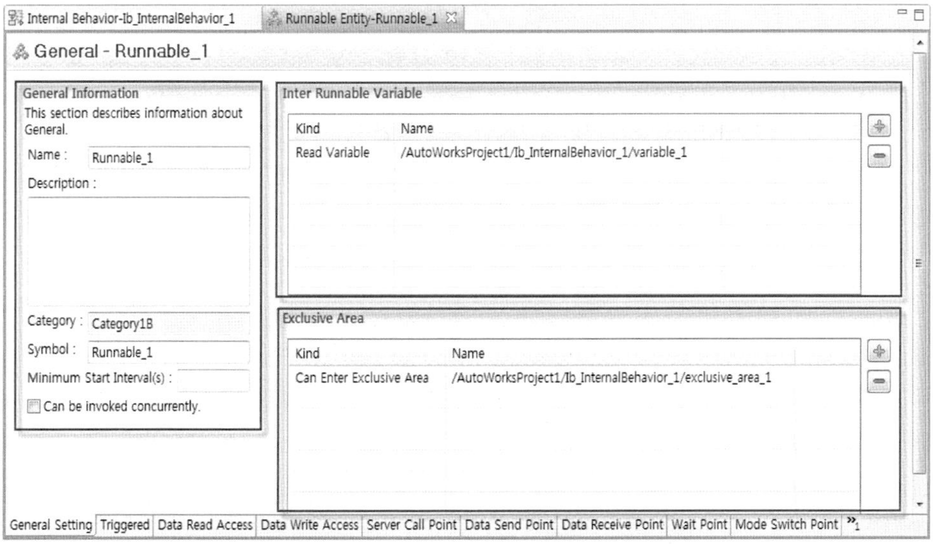

그림 7.100 Runnable Entity의 설정 보기

그림 7.100의 Category 항목을 살펴보면 Category 1A에서 Category 1B로 변경되었다는 것을 알 수 있다. 이것은 Runnable Entity에 Explicit Inter Runnable Variable의 추가에 따른 결과이다.

② Triggered

Runnable Entity에 Trigger를 설정하는 탭이다. Trigger 설정을 위해서는 앞에서 RTE Event를 미리 설정해야만 한다. 그림 7.101은 Triggered 탭을 눌렀을 때, 나오는 화면이다.

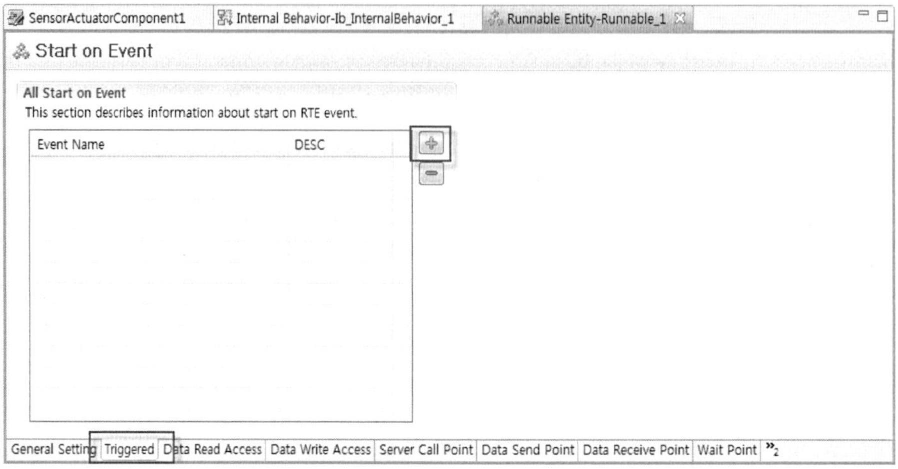

그림 7.101 Triggered 설정

그림 7.101의 화면에서 Add 버튼을 누르면 그림 7.102와 같은 다이얼로그 창이 호출된다.

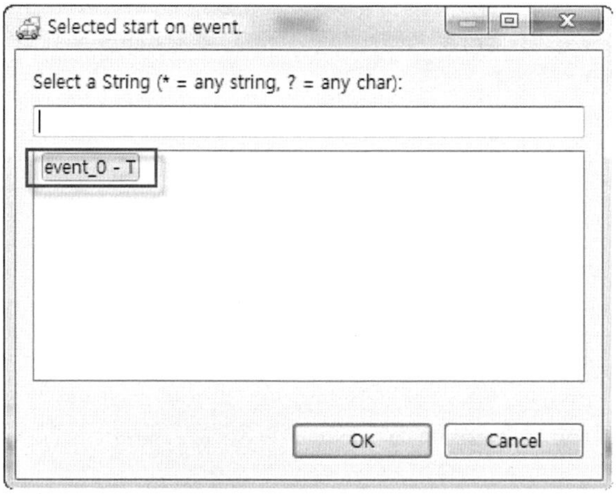

그림 7.102 Triggered 추가

사용자가 이 화면에서 앞에서 설정한 RTE Event 중에 이 Runnable Entity에서 사용할 RTE Event를 선택한 다음 OK 버튼을 누르면 그림 7.103과 같이 테이블에 선택한 RTE Event가 추가된다.

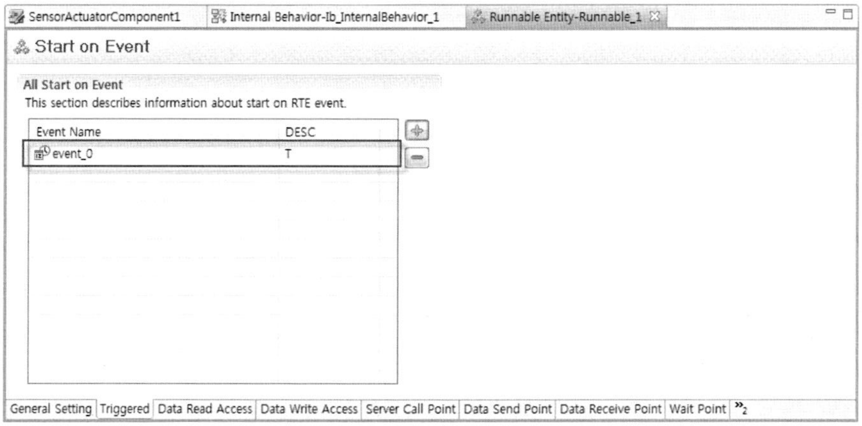

그림 7.103 Triggered에 RTE Event 추가

그림 7.103과 같이 Triggered 탭에서 RTE Event를 설정한 후, RTE Event 탭으로 돌아가면 그림 7.104와 같이 앞에서 설정한 Timing Event의 Runnable 항목에 값이 들어간 것을 확인할 수 있다.

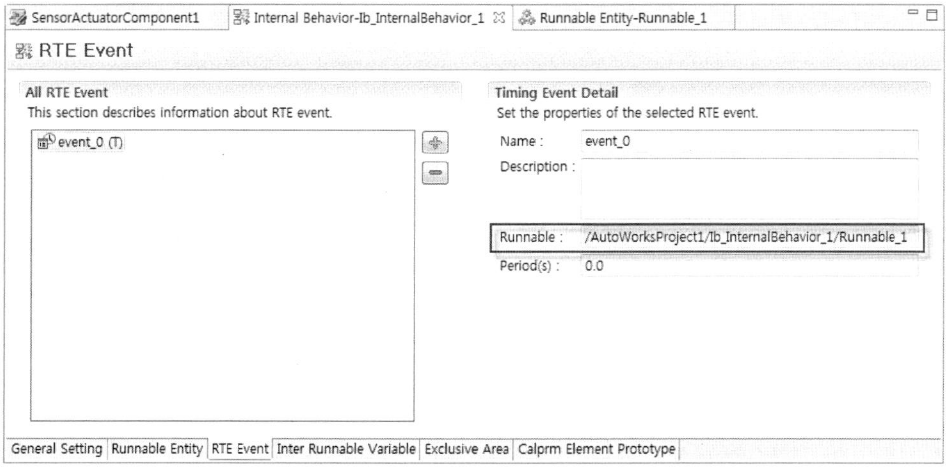

그림 7.104 Timing Event의 Runnable 확인

③ Data Read Access

Data Read Access 탭은 Runnable Entity의 데이터 읽기 액세스 행위를 설정하는 부분이다. 그림 7.105는 Data Read Access 탭을 눌렀을 때 호출되는 화면이다.

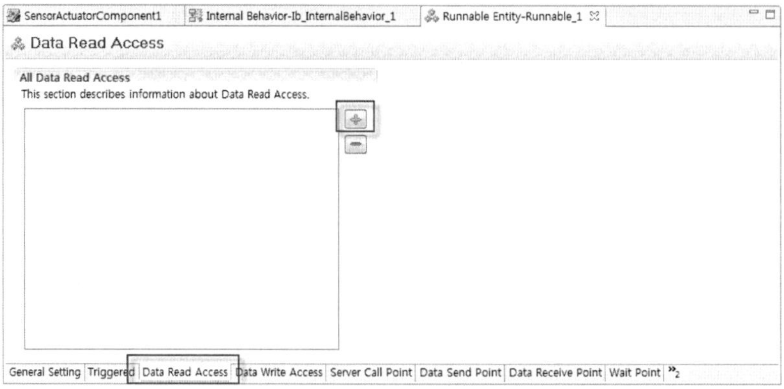

그림 7.105 Data Read Access 설정

그림 7.105 화면에서 Add 버튼을 클릭하면 그림 7.106과 같은 다이얼로그 창이 호출된다.

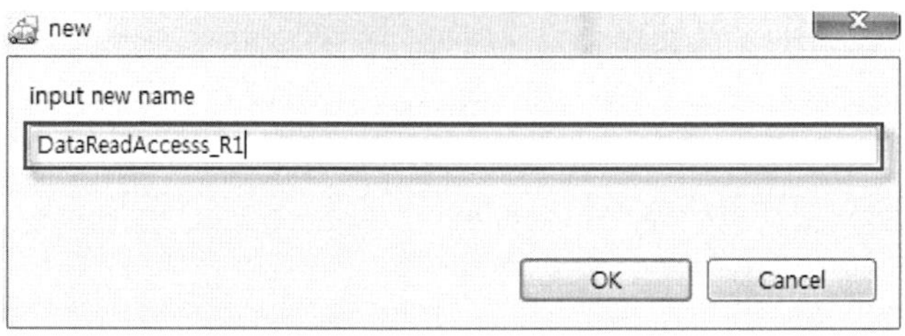

그림 7.106 Data Read Access 추가

이름을 입력한 후 OK 버튼을 클릭하면 테이블에 생성한 Data Read Access가 추가되며 테이블에서 생성한 Data Read Access를 클릭하면 오른쪽에 선택한 Data Read Access의 세부 항목들이 보이게 된다.

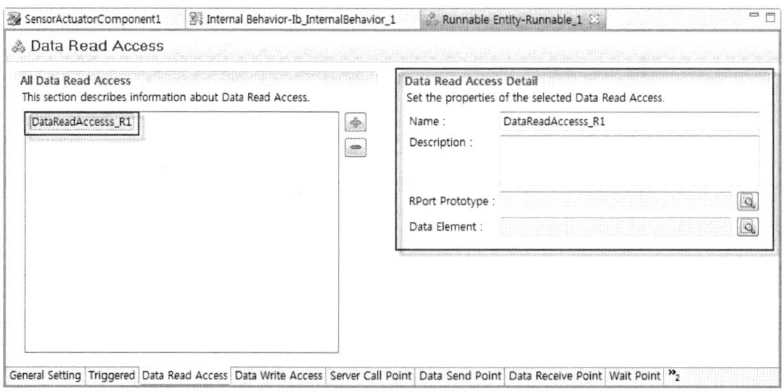

그림 7.107 Data Read Access 세부 설정

Data Read Access의 세부 항목은 다음과 같다.

- Name : Data Read Access의 이름을 보여줌
- Description : Data Read Access의 설명
- RPort Prototype : Data Read Access의 RPort Prototype을 설정
- Data Element : 앞에서 설정한 RPort Prototype이 가지고 있는 데이터 요소 중에서 한 가지를 선택하여 설정함

④ Data Write Access

Data Write Access 탭은 Runnable Entity의 데이터 쓰기 액세스 행위를 설정하는 부분이다. 그림 7.108은 Data Write Access 탭을 눌렀을 때 호출되는 화면이다.

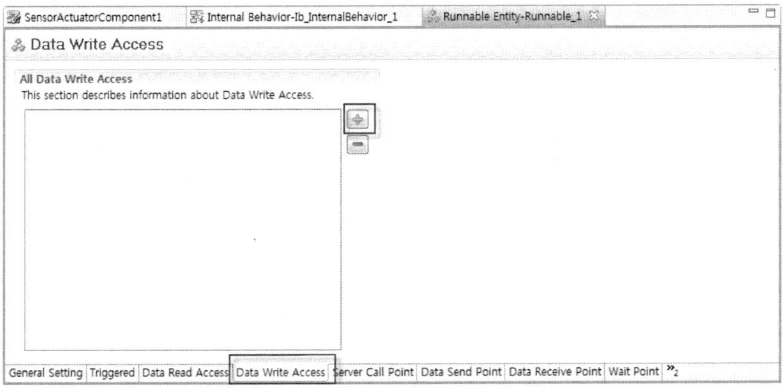

그림 7.108 Data Write Access 설정

그림 7.108의 화면에서 Add 버튼을 클릭하면 그림 7.109와 같은 다이얼로그 창이 호출된다.

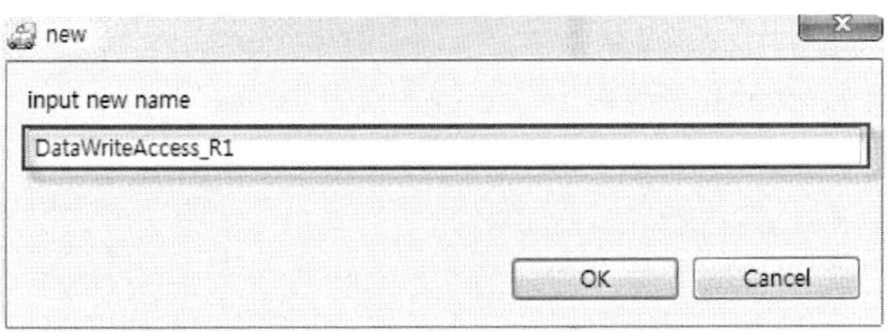

그림 7.109 Data Write Access 추가

이름을 입력한 후 OK 버튼을 클릭하면 테이블에 생성한 Data Write Access가 추가되며 테이블에서 생성한 Data Write Access를 클릭하면 오른쪽에 선택한 Data Write Access의

세부 항목들이 호출된다.

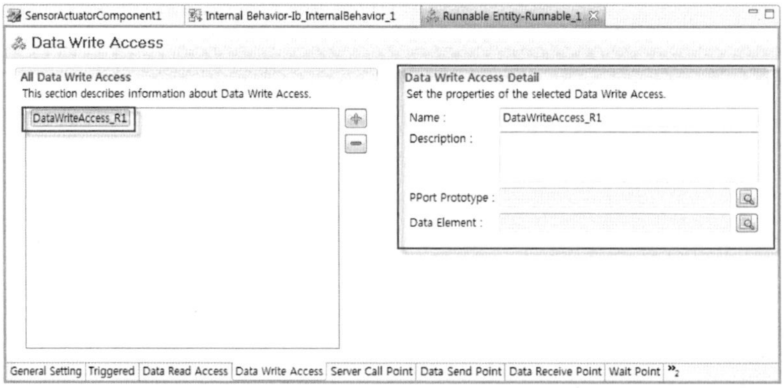

그림 7.110 Data Write Access의 세부 설정

Data Write Access의 세부 항목은 다음과 같다.

- Name : Data Write Access의 이름을 보여줌
- Description : Data WriteAccess의 설명
- PPort Prototype : Data Write Access의 PPort Prototype을 설정
- Data Element : 앞에서 설정한 PPort Prototype이 가지고 있는 데이터 요소 중에서 한 가지를 선택하여 설정함

⑤ Server Call Point

Server Call Point 탭은 Runnable Entity의 서버 호출 포인트를 설정하는 부분이다. 그림 7.111은 Server Call Point 탭을 눌렀을 때 호출되는 화면이다.

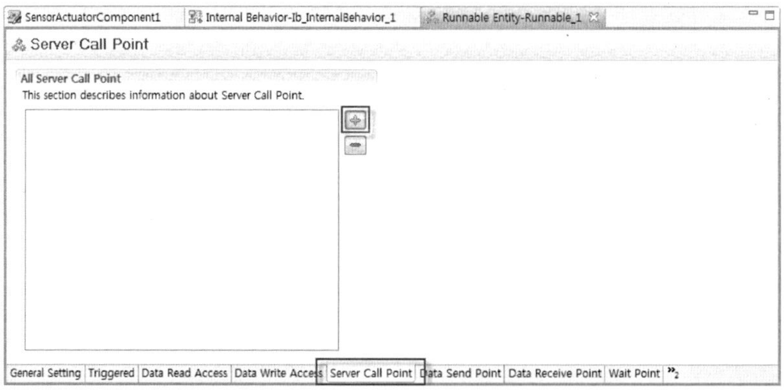

그림 7.111 Server Call Point 설정

그림 7.111 화면에서 Add 버튼을 클릭하면 그림 7.112와 같은 다이얼로그 창이 호출된다.

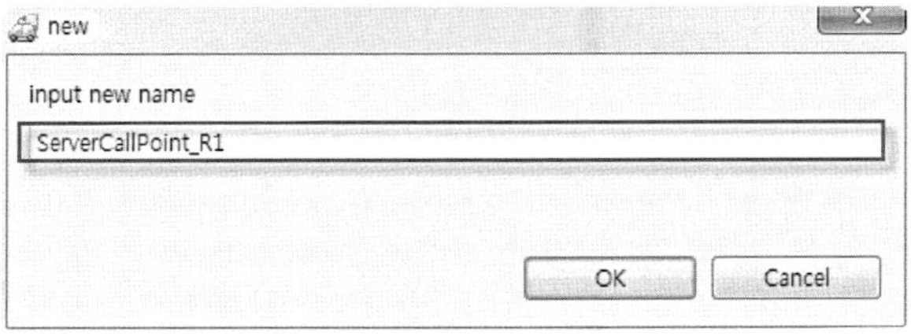

그림 7.112 Server Call Point 추가

이름을 입력하고 OK 버튼을 누르면 그림 7.113의 다이얼로그 창이 호출되고, 해당 다이얼로그에서 Server Call Point의 종류를 설정한다.

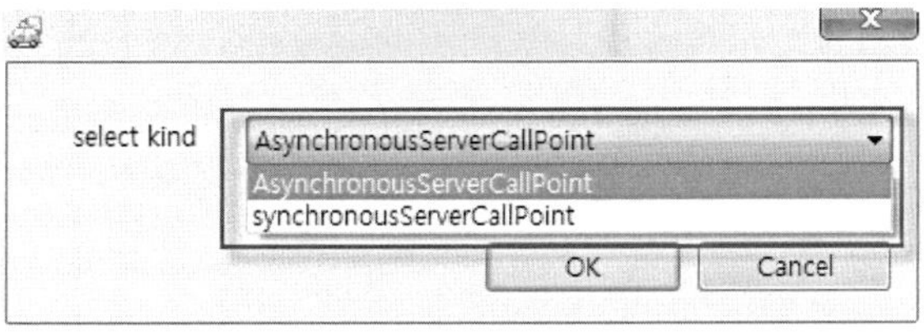

그림 7.113 Server Call Point 종류 설정

설정할 수 있는 Server Call Point의 종류는 아래와 같다.

- AsynchronousServerCallPoint : 비동기적 서버 호출 포인트 설정
- SynchronousServerCallPoint : 동기적 서버 호출 포인트 설정

그림 7.114는 SynchronousServerCallPoint가 설정된 경우를 보여주며 테이블에서 생성한 ServerCallPoint의 이름을 더블 클릭하면 오른쪽에 세부 항목이 호출된다.

SynchronousServerCallPoint의 세부 항목은 다음과 같다.

- Name : SynchronousServerCallPoint의 이름을 보여줌
- Description : SynchronousServerCallPoint의 설명
- RPort Prototype : SynchronousServerCallPoint의 RPort Prototype을 설정
- Operation : 앞에서 설정한 RPort Prototype이 가지고 있는 Operation 중에서 한 가지를 선택하여 설정함
- Timeout : 타임 아웃 시간을 설정

AsynchronousServerCallPoint의 세부 항목은 위에서 설명한 SynchronousServerCallPoint의 세부 항목과 동일하다. 그림 7.114는 Asynchronous ServerCallPoint의 세부 항목을 보여주는 그림이다.

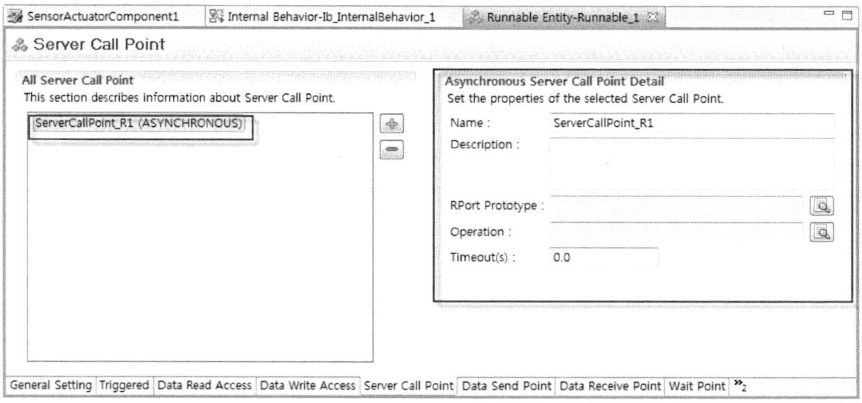

그림 7.114 AsynchronousServerCallPoint의 세부 설정

⑥ Data Send Point

Data Send Point 탭은 Runnable Entity의 데이터 전송 포인트를 설정하는 부분이다. 그림 7.115는 Data Send Point 탭을 눌렀을 때 호출되는 화면이다.

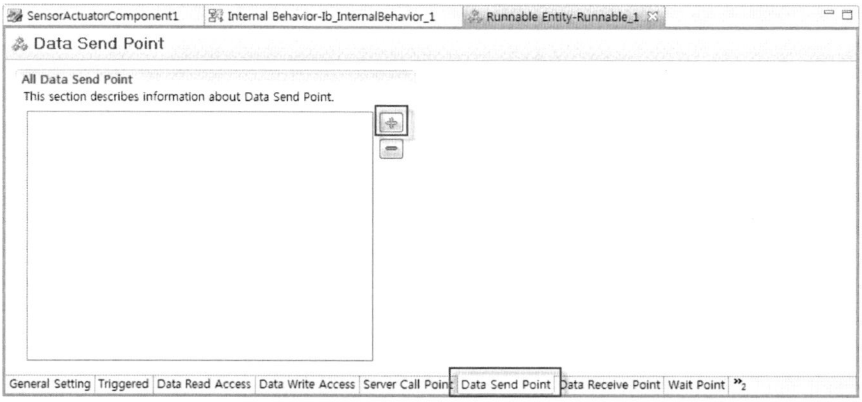

그림 7.115 Data Send Point 설정

그림 7.115 화면에서 Add 버튼을 클릭하면 그림 7.116과 같은 다이얼로그 창이 호출된다.

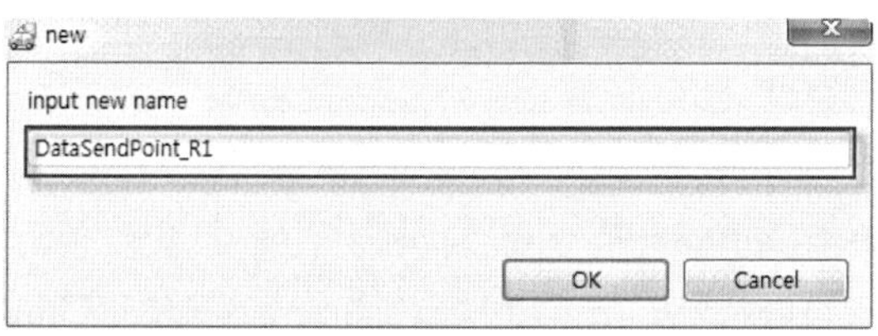

그림 7.116 Data Send Point 추가

이름을 입력한 후 OK 버튼을 클릭하면 테이블에 생성한 Data Send Point가 추가되며 테이블에서 생성한 Data Send Point를 클릭하면 오른쪽에 선택한 Data Send Point의 세부 항목들이 보이게 된다.

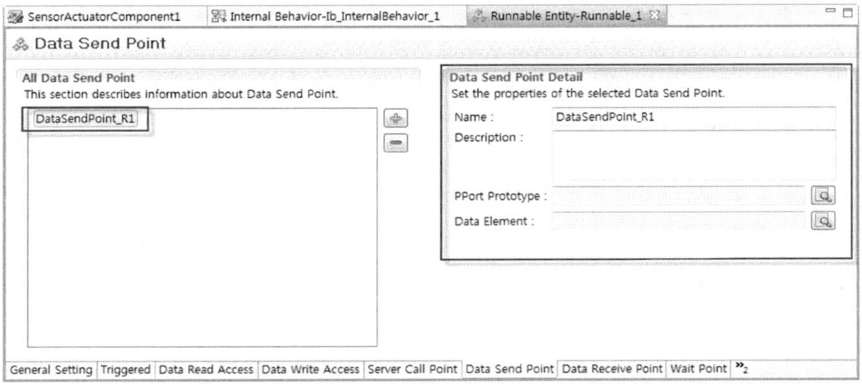

그림 7.117 Data Send Point 세부 설정

Data Send Point의 세부 항목은 다음과 같다.

- Name : Data Send Point의 이름을 보여줌
- Description : Data Send Point의 설명
- PPort Prototype : Data Send Point의 Port Prototype을 설정
- Data Element : 앞에서 설정한 PPort Prototype이 가지고 있는 데이터 요소 중에서 한 가지를 선택하여 설정

⑦ Data Receive Point

Data Receive Point 탭은 Runnable Entity의 데이터 수신 포인트를 설정하는 부분이다. 그림 7.118은 Data Receive Point 탭을 눌렀을 때 호출되는 화면이다.

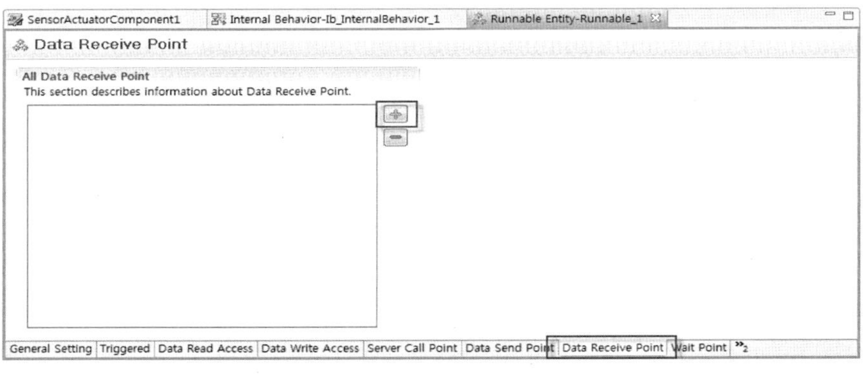

그림 7.118 Data Receive Point 설정

그림 7.118 화면에서 Add 버튼을 클릭하면 그림 7.119와 같은 다이얼로그 창이 호출된다.

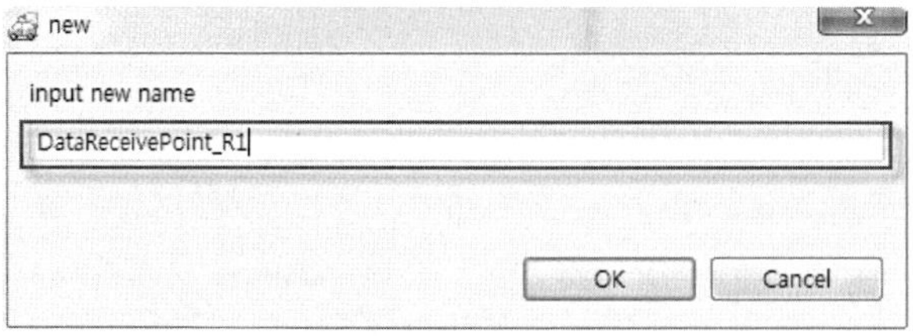

그림 7.119 Data Receive Point 추가

이름을 입력한 후 OK 버튼을 클릭하면 테이블에 생성한 Data Receive Point가 추가 되며 테이블에서 생성한 Data Receive Point를 클릭하면 오른쪽에 선택한 Data Receive Point의 세부 항목들이 호출된다.

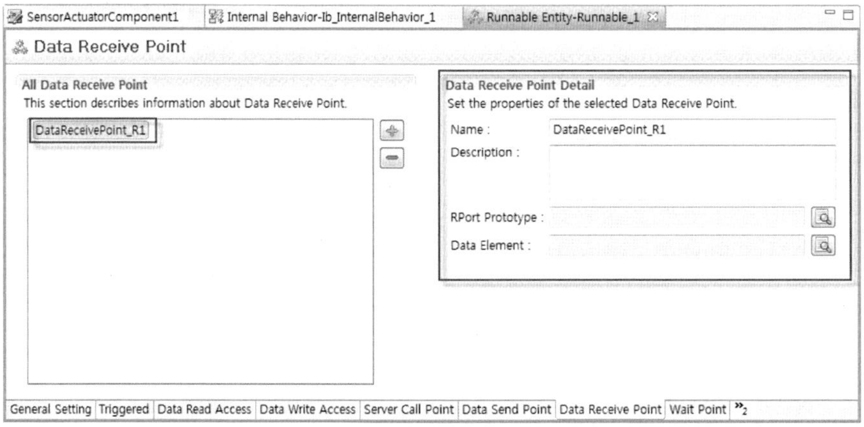

그림 7.120 Data Receive Point의 세부 설정

Data Receive Point의 세부 항목은 다음과 같다.

- Name : Data Receive Point의 이름을 보여줌
- Description : Data Receive Point의 설명
- RPort Prototype : Data Receive Point의 RPort Prototype을 설정
- Data Element : 앞에서 설정한 RPort Prototype이 가지고 있는 데이터 요소 중에서 한 가지를 선택하여 설정

⑧ Wait Point

Wait Point 탭은 Runnable Entity의 대기 포인트를 설정하는 부분이다. 그림 7.121은 Wait Point 탭을 눌렀을 때 호출되는 화면이다.

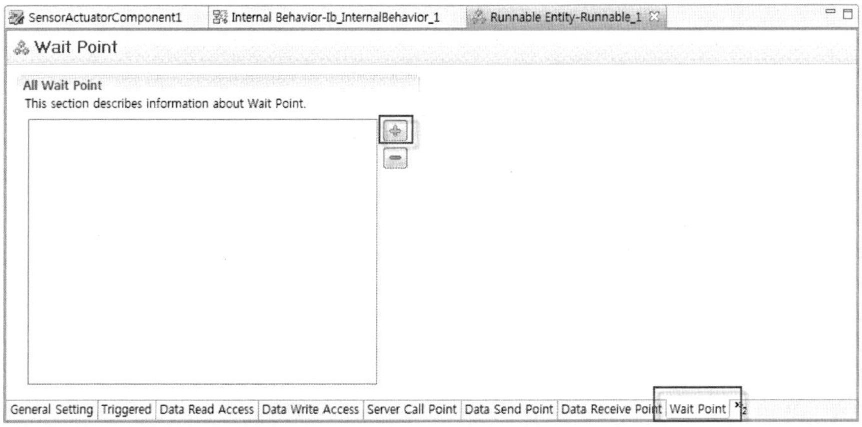

그림 7.121 Wait Point 설정

그림 7.121에서 Add 버튼을 클릭하면 그림 7.122와 같은 다이얼로그 창이 호출된다.

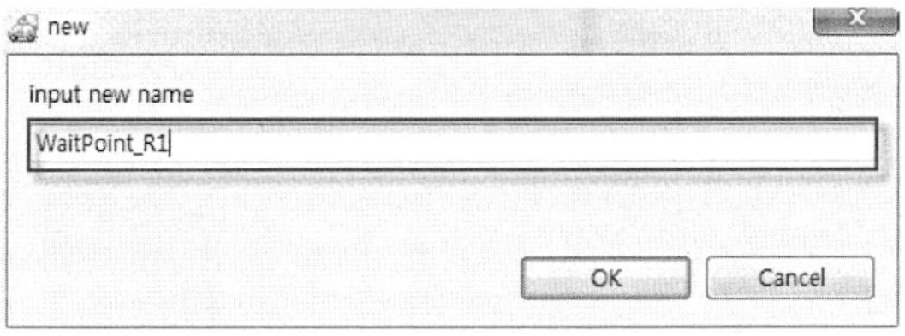

그림 7.122 Wait Point 추가

이름을 입력한 후 OK 버튼을 클릭하면 테이블에 생성한 Wait Point 추가되며 테이블에서 생성한 Wait Point를 클릭하면 오른쪽에 선택한 Wait Point의 세부 항목들이 보이게 된다.

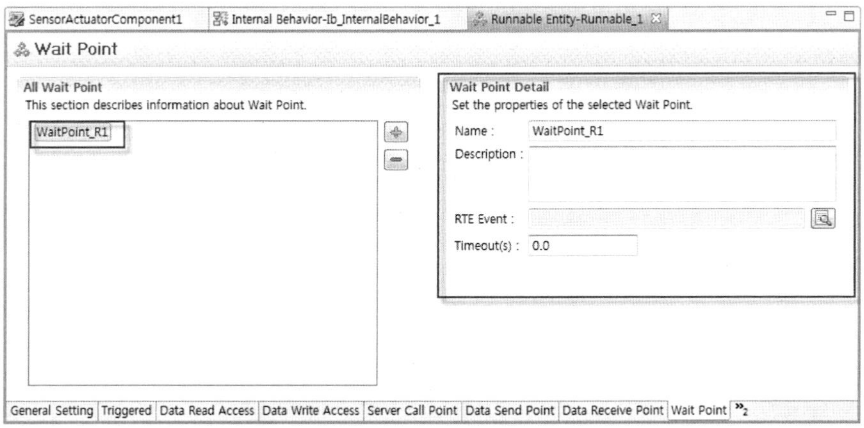

그림 7.123 Wait Point 세부 설정

Wait Point의 세부 항목은 다음과 같다.

- Name : Wait Point의 이름을 보여줌
- Description : Wait Point의 설명
- RTE Event : RTE Event를 설정(단, AsynchronousServerCallReturnsEvent 또는 DataSendCompletedEvent 또는 DataReceiveEvent만 지정 가능)
- Timeout : 타임 아웃 시간을 설정

⑨ Mode Switch Point

Mode Switch Point 탭은 Runnable Entity의 모드 스위치 포인트를 설정하는 부분이다. 그림 7.124는 Mode Switch Point 탭을 눌렀을 때 호출되는 화면이다.

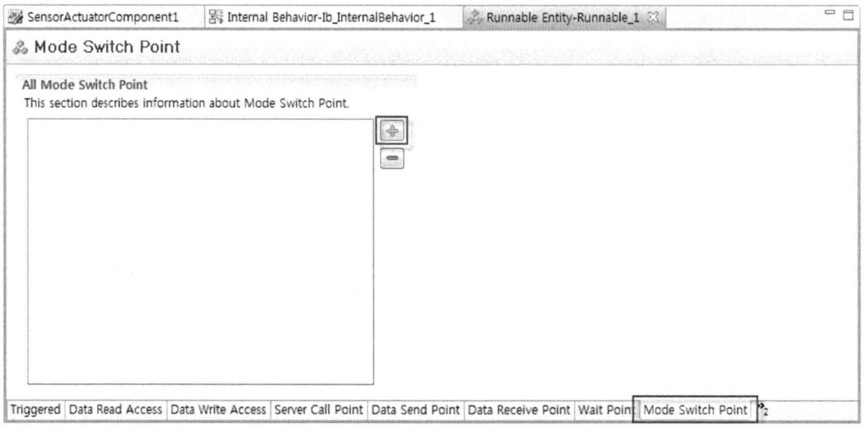

그림 7.124 Mode Switch Point 설정

그림 7.124 화면에서 Add 버튼을 클릭하면 아래와 같은 다이얼로그 창이 호출된다.

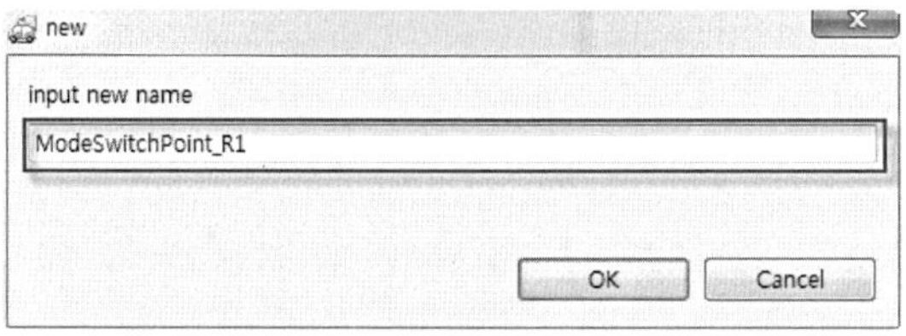

그림 7.125 Mode Switch Point 추가

이름을 입력한 후 OK 버튼을 클릭하면 테이블에 생성한 Mode Switch Point가 추가되며 테이블에서 생성한 Mode Switch Point를 클릭하면 오른쪽에 선택한 Mode Switch Point의 세부 항목들이 호출된다.

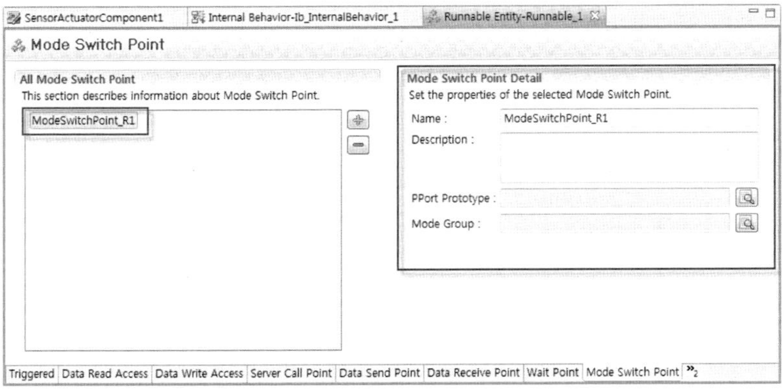

그림 7.126 Mode Switch Point의 세부 설정

Mode Switch Point의 세부 항목은 다음과 같다.

- Name : Mode Switch Point의 이름을 보여줌
- Description : Mode Switch Point의 설명
- PPort Prototype : Mode Switch Point의 PPort Prototype을 설정
- Mode Switch Point : 앞에서 설정한 PPort Prototype이 가지고 있는 데이터 요소 중에서 한 가지를 선택하여 설정

⑩ Calprm Access

Calprm Access 탭은 Runnable Entity의 모드 Calprm Element Prototype을 설정하는 부분이다. 아래 그림은 Calprm Access 탭을 눌렀을 때 호출되는 화면이다.

Calprm Access는 SW Component의 Calprm Access와 IB의 Calprm Access를 설정할 수 있다. 우선 SW Component의 Calprm Access 설정에 대해 설명한다.

A. SW Component의 Calprm Access

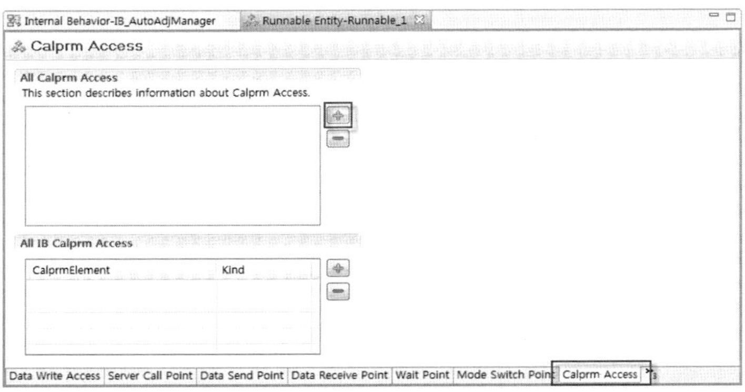

그림 7.127 SW Component의 Calprm Access 설정

All Calprm Access의 테이블의 Add 버튼을 클릭하면 그림 7.128과 같은 다이얼로그 창이 호출된다.

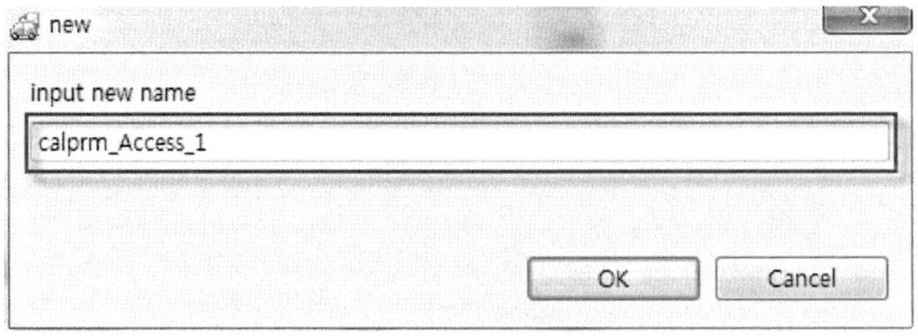

그림 7.128 Calprm Access 추가

이름을 입력한 후 OK 버튼을 클릭하면 테이블에 생성한 Calprm Access가 추가되며 테이블에서 생성한 Calprm Access를 클릭하면 오른쪽에 선택한 Calprm Access의 세부 항목들이 호출된다.

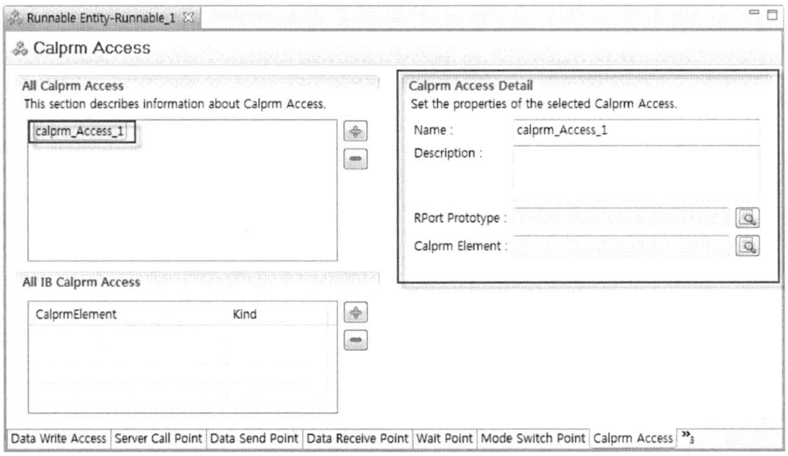

그림 7.129 Calprm Access 세부 설정

SW Component의 Calprm Access 세부 항목은 다음과 같다.

- Name : Calprm Access의 이름을 보여줌
- Description : Calprm Access의 설명
- RPort Prototype : R-Port Prototype을 설정
- Calprm Element : 앞에서 설정한 R-Port Prototype이 가지고 있는 Calprm Element 중에서 한 가지를 선택하여 설정

B. IB의 Calprm Access

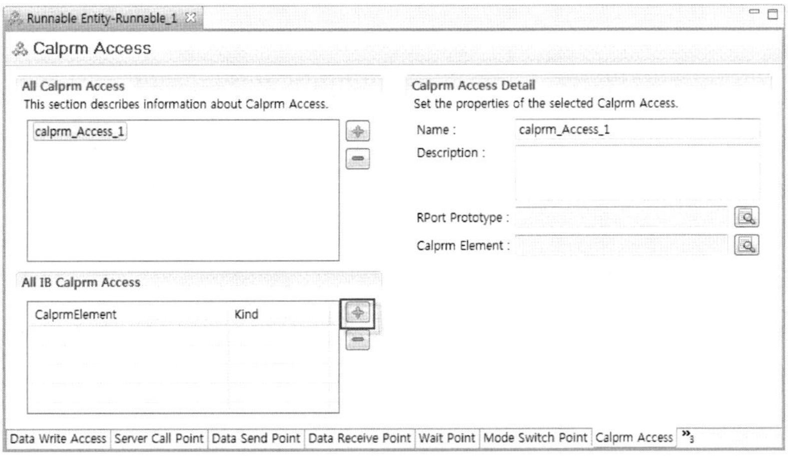

그림 7.130 IB의 Calprm Access 설정

All IB Calprm Access의 테이블의 Add 버튼을 클릭하면 그림 7.131과 같은 다이얼로그 창이 호출된다.

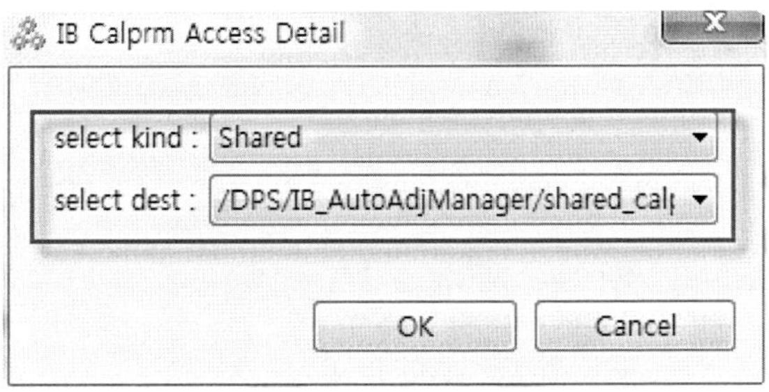

그림 7.131 IB Calprm Access 추가

Calprm의 타입을 선택한 후 Calprm Element Prototype을 선택한다. OK 버튼을 클릭하면 테이블에 생성한 Calprm Access가 추가되며 테이블에서 생성한 Calprm Access를 클릭하면 오른쪽에 선택한 Calprm Access의 세부 항목들이 보이게 된다.

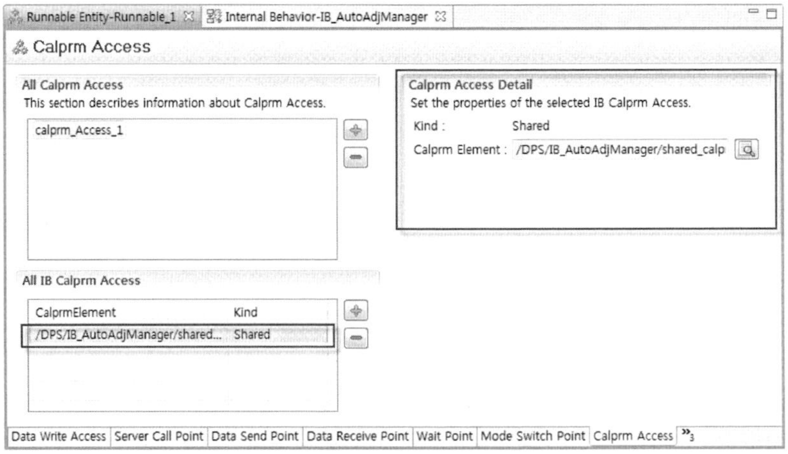

그림 7.132 Calprm Access의 세부 설정

IB의 Calprm Access 세부 항목은 다음과 같다.

- Kind : Calprm Element Prototype의 타입을 보여줌
- Calprm Element : 앞에서 설정한 Kind가 가지고 있는 Calprm Element 중에서 한 가지를 선택하여 설정

7.3.3 HT(Hardware Topology) 설정

다음에 할 일은 Hardware Topology를 설정하는 단계이다. HT 단계에서는 ECU Instance 및 Cluster를 생성하게 된다.

- System에서 오른쪽 버튼 -> New -> HT 선택

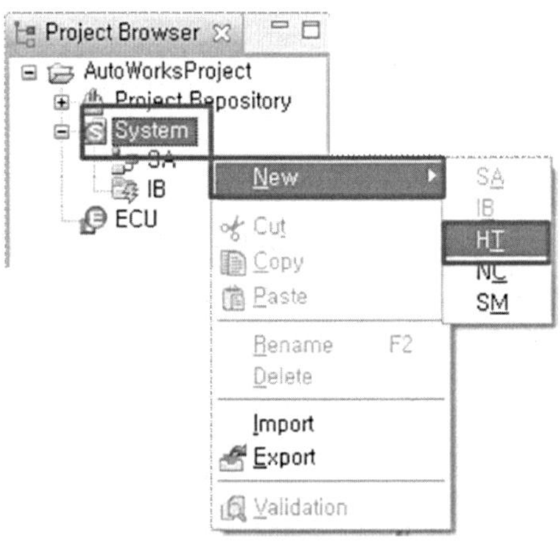

그림 7.133 Hardware Topology 설정

생성된 HT 항목을 펼치면 그림 7.134와 같다.

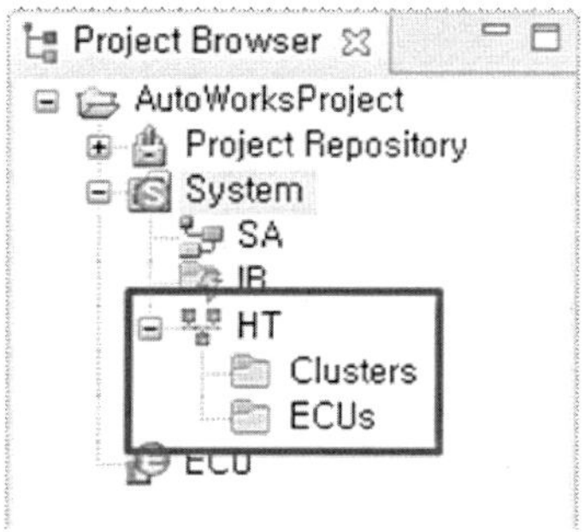

그림 7.134 Hardware Topology 항목

7.3.3.1 ECUs 설정

다음은 Hardware Topology에서 사용할 ECU를 설정하는 것이다. ECU를 설정하는 방법은 두 가지 방법이 있다.

- ECUs에서 오른쪽 버튼 -> New ECU 선택

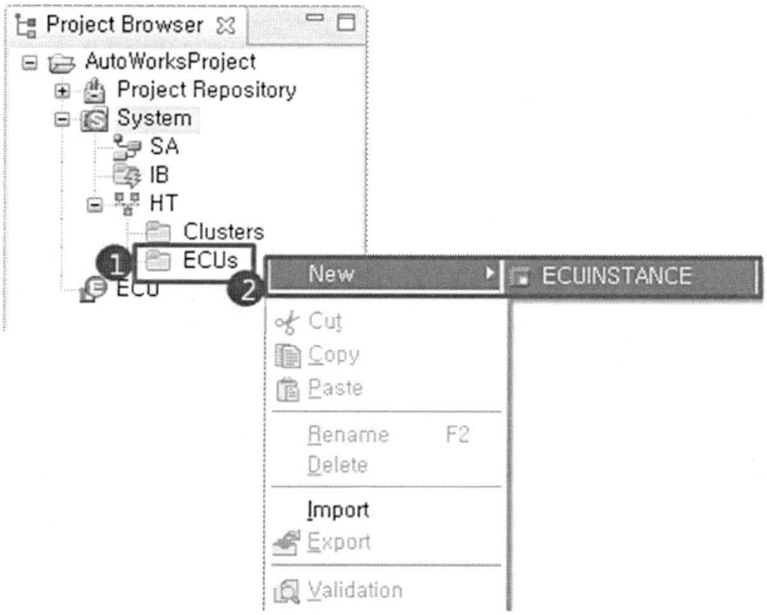

그림 7.135 Project Browser에서 ECU 추가

New ECU를 누르면 그림 7.136과 같은 다이얼로그 창이 호출된다.

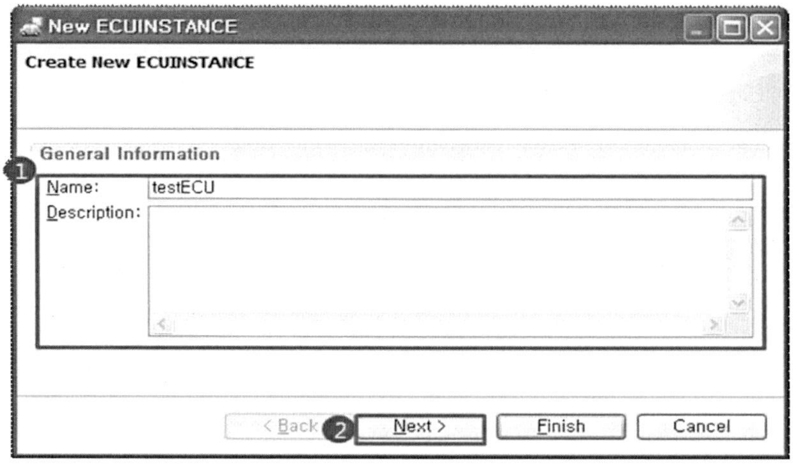

그림 7.136 ECU 추가

이름을 입력한 후 Next 버튼을 누르면 그림 7.137과 같은 다이얼로그 창이 호출되며 각 항목의 의미는 다음과 같다.

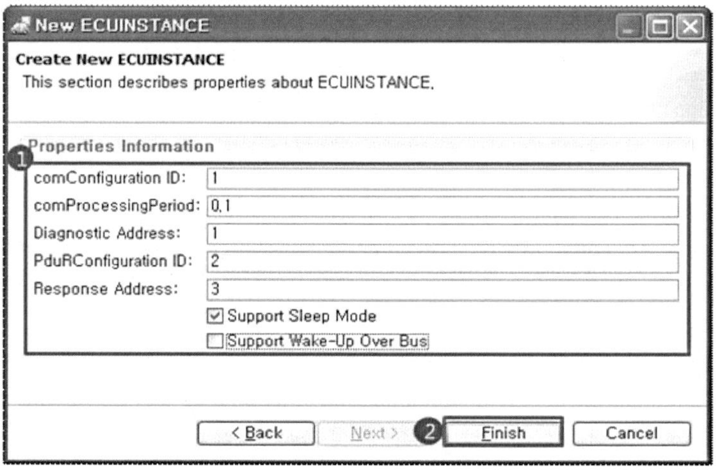

그림 7.137 ECU 세부 설정

- comConfiguration ID : Com_GetConfigurationId() 함수 호출에 의해서 반환되는 ID
- comProcessingPeriod : COM scheduling time이 worst case bus timing을 계산하는 데 사용되는 값

- Diagnostic Address : Diagnostic 루틴의 응답을 위한 ECU 특성 ID
- PduRConfiguration ID : 유일한 PDUconfiguration 인식자
- Response Address : 응답을 위한 ECU 특성 ID
- Support Sleep Mode : ECUInstance의 Sleep Mode 제공 여부 설정
- Support Wake-Up Over Bus : Bus 상에서 Wake-Up 제공 여부 설정

위 항목들을 설정한 후 Finish 버튼을 클릭하면 그림 7.138과 같이 ECUs List에 앞에서 생성한 testECU가 추가된 것을 확인할 수 있다.

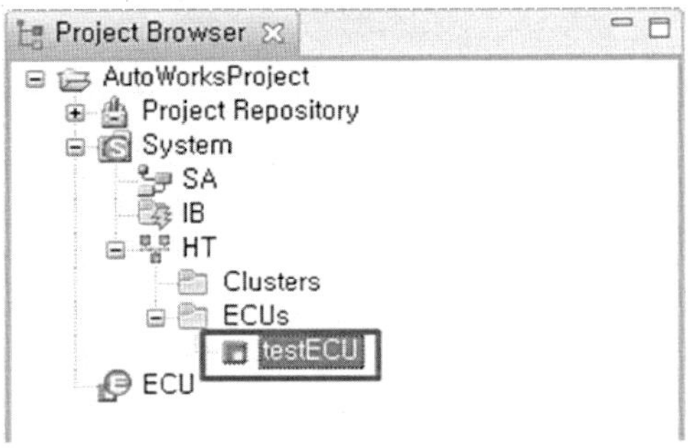

그림 7.138 ECU 추가 확인

ECUs List에서 ECUInstance의 이름을 더블 클릭하면 그림 7.139와 같은 화면이 호출된다.

그림 7.139 ECU 설정 확인

- 팔레트의 ECU-INSTANCE 클릭 -> Topology Editor 창에 마우스 클릭 또는 드래그앤 드롭

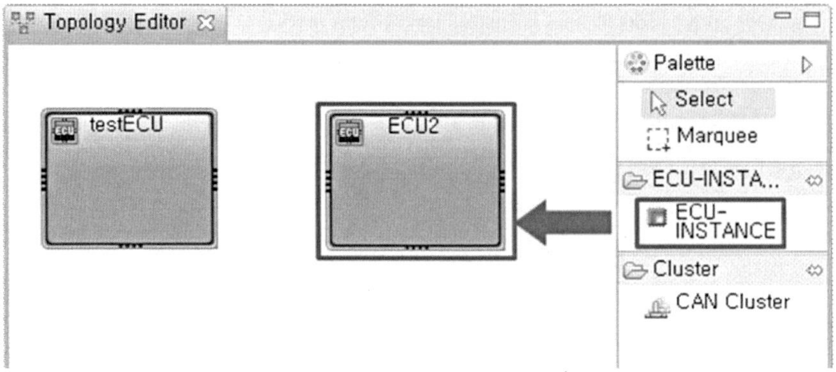

그림 7.140 팔레트에서 ECU 추가

Properties 창이 떠 있을 경우 Project Browser의 ECu-INSTANCE 이름 또는 Topology Editor 창의 ECU-INSTANCE 모델을 마우스 클릭하면 Properties 창에 해당 ECU-INSTANCE에 대한 정보가 호출된다. Properties 창에서 Name은 바로 수정이 가능하다.

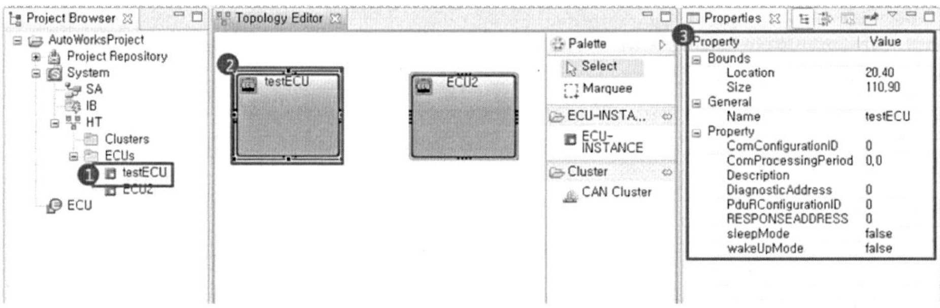

그림 7.141 ECU 추가 확인

7.3.3.2 Clusters 설정

다음은 Hardware Topology에서 사용할 Cluster를 설정하는 것이다.

- Clusters에서 오른쪽 버튼 -> New Cluster 선택

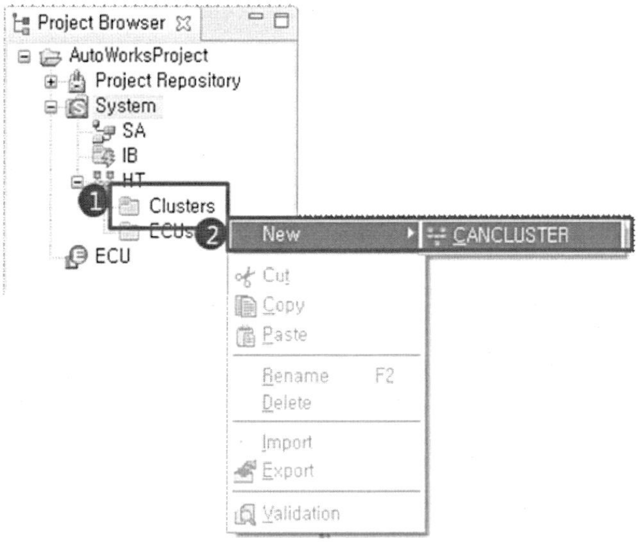

그림 7.142 Project Browser에서 Cluster 설정

New Cluster를 누르면 그림 7.143과 같은 다이얼로그 창이 호출된다.

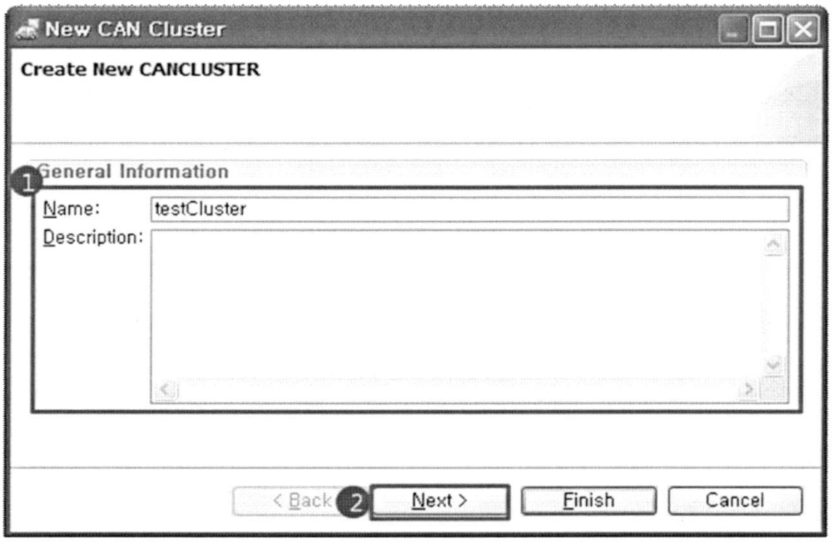

그림 7.143 Cluster 추가

이름을 입력한 후 Next 버튼을 누르면 그림 7.144와 같은 Communication Properties Information에 대한 다이얼로그 창이 호출되며 각 항목의 의미는 다음과 같다.

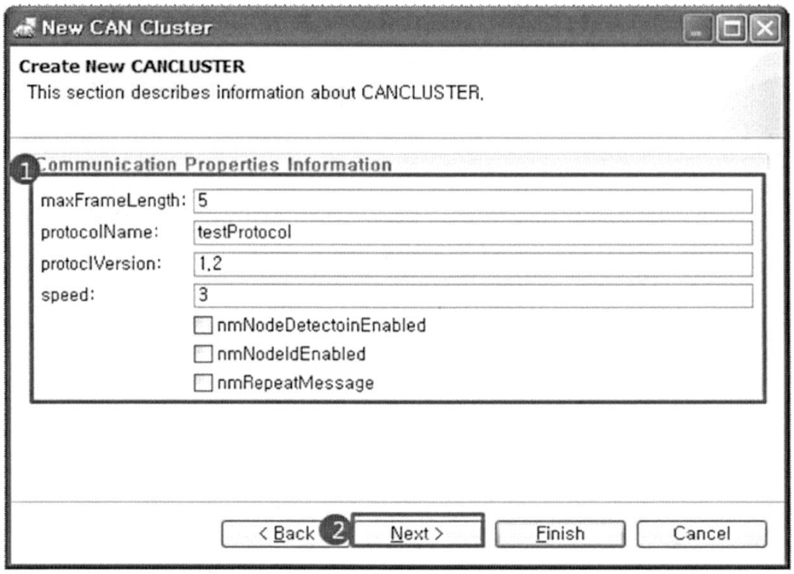

그림 7.144 Communication Properties Information 설정

- maxFrameLength : Cluster 내의 frame에 제공해 줄 수 있는 최대 길이(byte 단위)
- protocolName : 사용하는 Protocol의 이름 설정
- protocolVersion : 사용하는 Protocol의 버전 설정
- speed : 채널 속도 설정(bit per second)
- nmNodeDetectionEnabled : 노드 탐지 기능 활성화 여부 설정
- nmNodeIdEnabled : 소스(source) 노드 인식자 활성화 여부 설정
- nmRepeatMessage : 반복 메시지 제공 기능 활성화 여부 설정

Communication Properties Information을 입력한 후 Next 버튼을 누르면 그림 7.145와 같은 CANCLUSTER Properties Information에 대한 다이얼로그 창이 호출되며 각 항목의 의미는 다음과 같다.

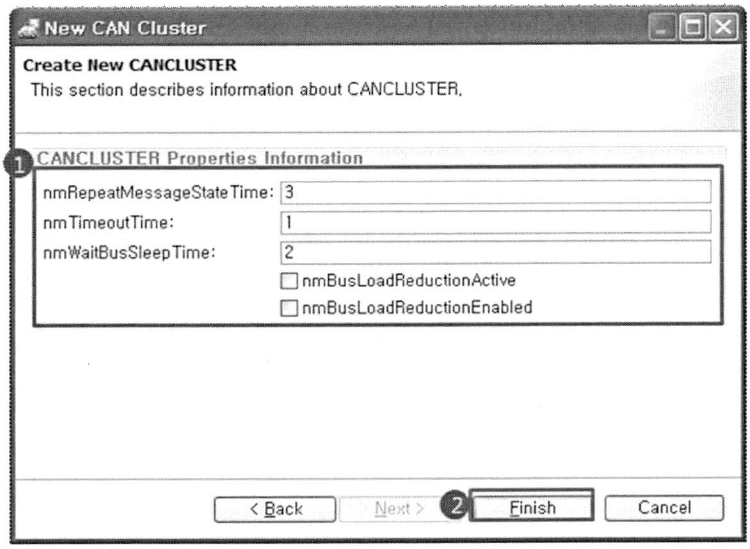

그림 7.145 CanCluster Properties Information 설정

- nmRepeatMessageStateTime : NM이 Repeat Message States에 얼마나 머물러 있을 것인지를 설정
- nmTimeoutTime : NM-Message에 대한 네트워크 타임아웃을 설정
- nmWaitBusSleepTime : Bus Calm Phase에서의 타임아웃을 설정
- nmBusLoadReductionActive : 각 NM 채널에 대한 Bus Load Reduction의 활성화/비활성화 여부 설정
- nmBusLoadReductionEnabled : Bus Load Reduction의 사용 여부 설정

CANCLUSTER Properties Information을 입력한 후 OK 버튼을 누르면 그림 7.146과 같이 Clusters 밑에 앞에서 설정한 Cluster가 추가된다.

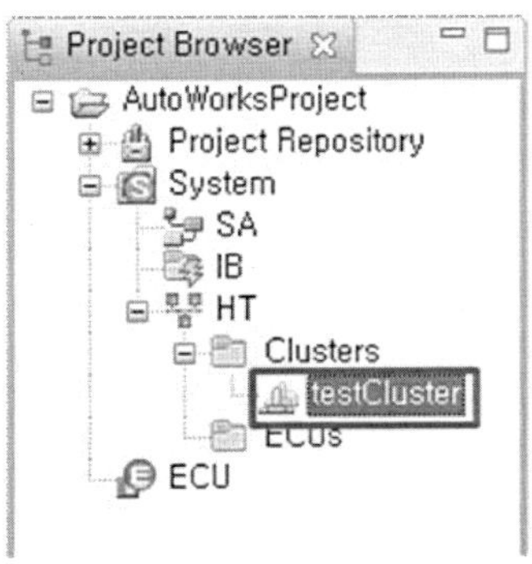

그림 7.146 Cluster 추가 확인

추가한 Cluster의 이름을 더블 클릭하면 그림 7.147과 같은 창이 호출된다.

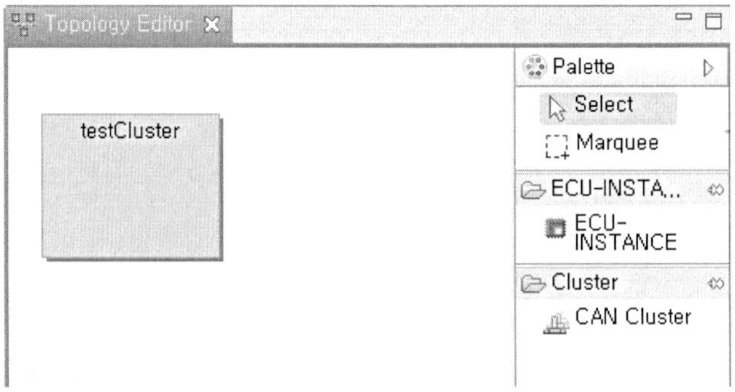

그림 7.147 Topology Editor에서 Cluster 확인

- 팔레트의 CAN Cluster 클릭 -> Topology Editor 창에 마우스 클릭 또는 드래그앤드롭

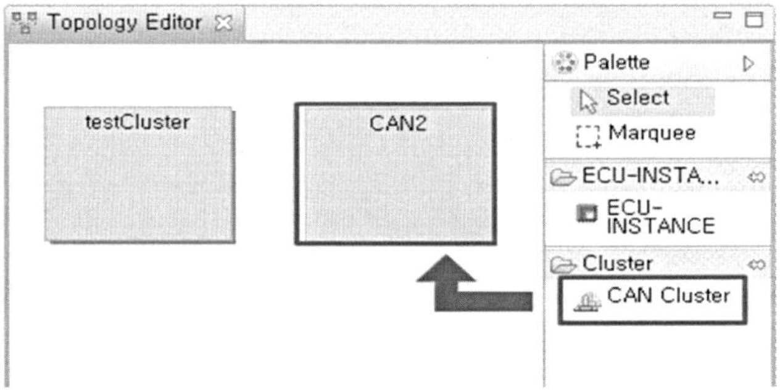

그림 7.148 Topology Editor에서 Cluster 추가

Properties 창이 떠 있을 경우 Project Browser의 Cluster 이름 또는 Topology Editor 창의 Cluster 모델을 마우스 클릭하면 Properties 창에 해당 Cluster에 대한 정보가 호출된다. Properties 창에서 Name은 바로 수정이 가능하다.

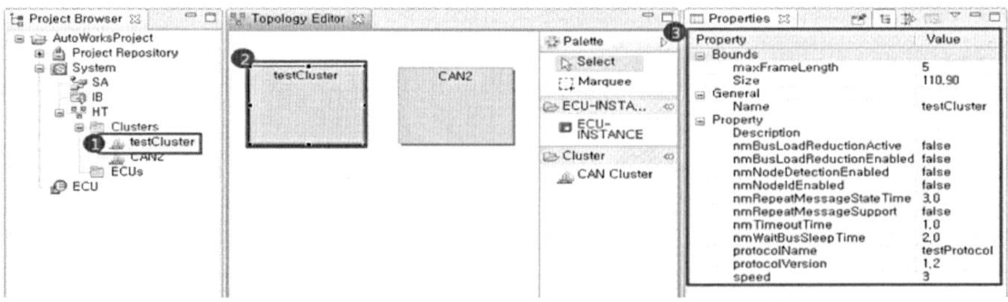

그림 7.149 Cluster 속성 수정

7.3.3.3 ECU, Cluster Mapping

다음은 위에서 생성한 ECU와 Cluster를 매핑하는 것이다.

- 생성한 ECU-INSTANCE 모델 또는 Cluster 위에서 마우스 오른쪽 버튼 -> Mapping 선택

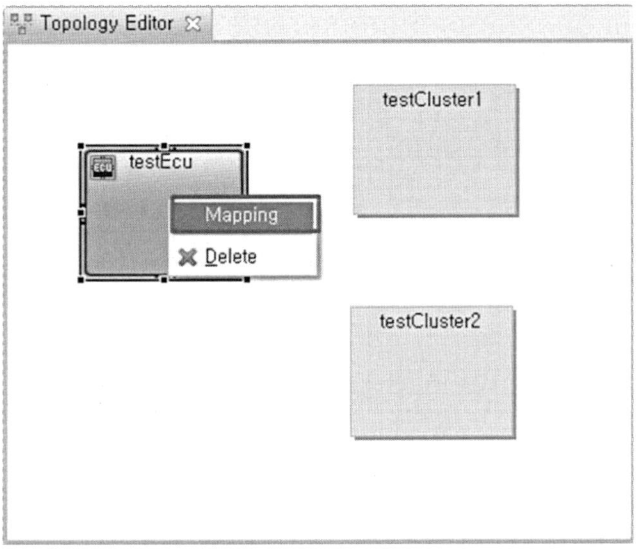

그림 7.150 Ecu, Cluster Mapping

Mapping을 누르면 그림 7.151과 같은 다이얼로그 창이 호출된다.

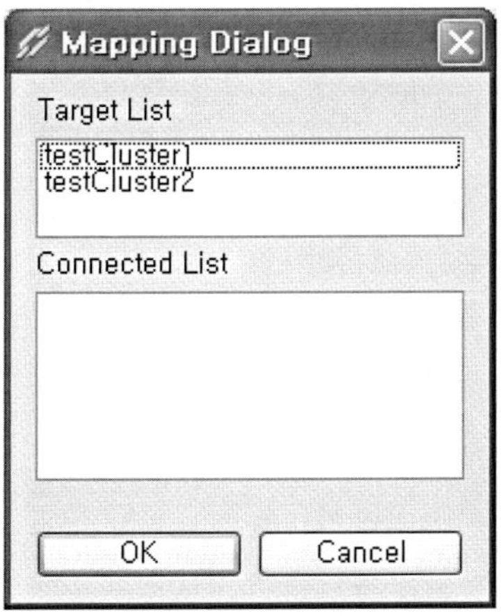

그림 7.151 Mapping 설정

매핑 다이얼로그에는 Target List와 Connected List가 있는데 Target List는 선택된 ECU 모델과 매핑을 할 수 있는 Cluster 모델 리스트를 호출하고, Connected List에는 선택된 ECU 모델과 매핑된 Cluster 모델 리스트가 호출된다. 선택된 ECU 모델과 Cluster를 매핑하고 싶으면 Target List에 보여지는 Cluster들 중 매핑할 Cluster 이름을 마우스 더블 클릭하면 해당 Cluster 이름이 Connected List 쪽으로 이동한다. 그 후 OK 버튼을 누르면 ECU와 Cluster 간의 매핑이 이루어진다.

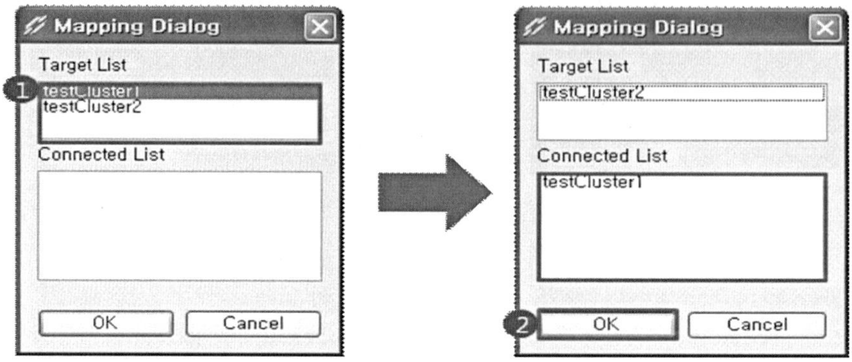

그림 7.152 Cluster와 매핑

ECU-INSTANCE와 Cluster 간의 매핑이 이루어지면 Topology Editor에서는 그림 7.153과 같이 표현된다.

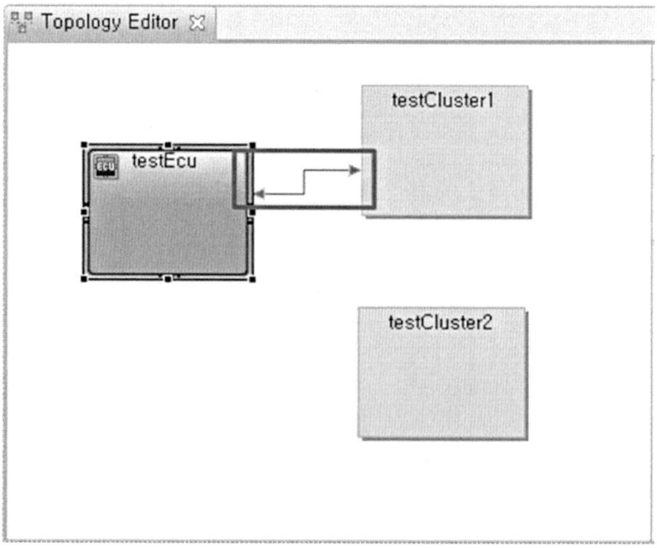

그림 7.153 Topology Editor에서의 매핑 확인

연결선을 클릭하면 해당 매핑에 관한 정보를 Properties 창에서 볼 수 있고 마찬가지로 ChannelName은 변경이 가능하다.

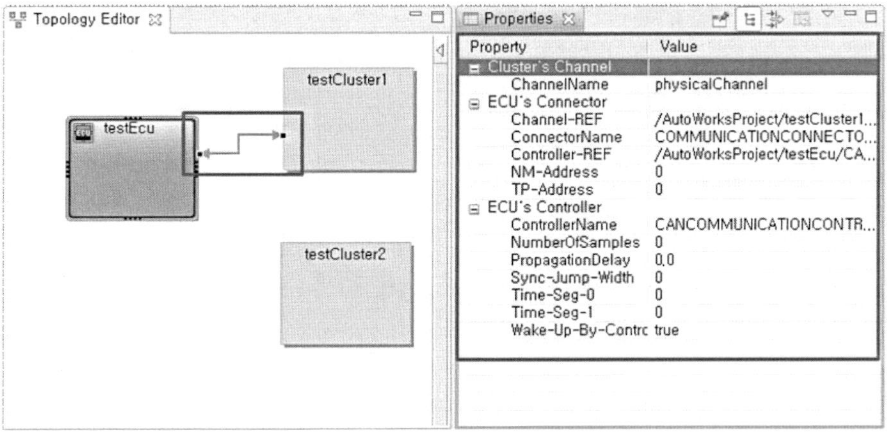

그림 7.154 Mapping의 속성

7.3.3.4 Gateway 설정

HT 기능 중 이 기종의 Cluster들을 연결하여 데이터의 송수신을 연결해 주는 Gateway를 설정해 주는 기능이 있다. 이 기능을 설정하기 위해서는 Gateway용 ECU가 다음과 같은 필요 조건을 충족시켜야 한다.

- 두 개 이상의 Cluster에 연결되어 있어야 한다.
- NC 단계에서 각 Cluster에서 사용할 Signal이 매핑된 PDU가 존재해야 한다.
- Signal이 매핑된 PDU를 사용하는 Frame이 존재해야 한다.
- 각 Frame을 사용하는 Frame Triggering 정보가 정확해야 한다.
  (예를 들어, 각각의 Frame들이 Gateway용 ECU에서 모두 OUT으로 사용될 경우 Gateway 매핑을 수행할 수 없다.)

① Gateway 생성

HT 단계에서 사용할 ECU를 2개의 CLUSTER에 연결시킨 후 다음의 순서대로 기능을 수행한다.

A. 연결된 ECU를 선택 -> 우-클릭 팝업 -> Gateway Manager를 클릭

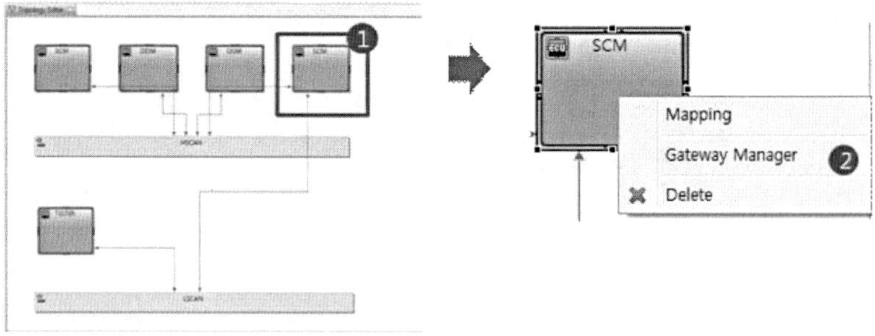

그림 7.155 Gateway 기능 실행

B. 테이블 -> 연결하고자 하는 PDU Row 더블 클릭 -> Target PDU 선택 -> 연결하고자 하는 Signal Row 선택-> Signal 선택

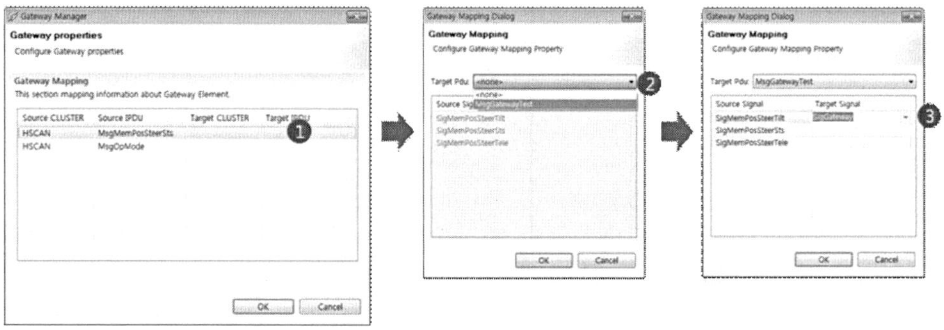

그림 7.156 Gateway 매핑

C. Gateway 연결 기능 완료

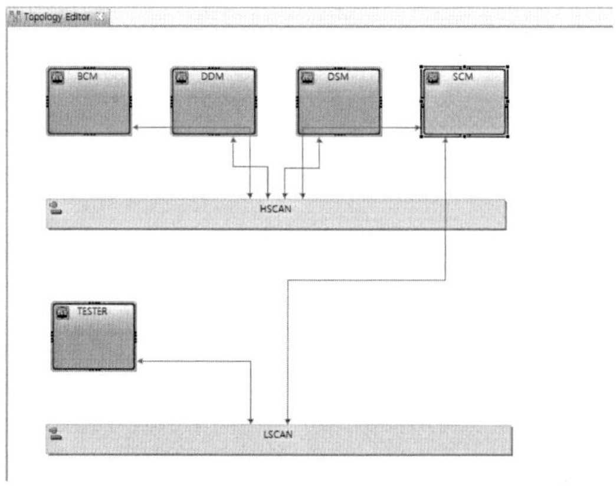

그림 7.157 Gateway 매핑

D. 만약 Frame의 Frame Triggering에서 Input/Output 정보가 정확하지 않을 경우 리스트들이 뜨지 않는다.

② Gateway 기능 해제

해당 ECU의 Gateway 기능을 해제하기 위해서는 다음과 같은 액션이 필요하다.

A. Mapping 기능에서 Cluster 연결을 1개로 변경한다.

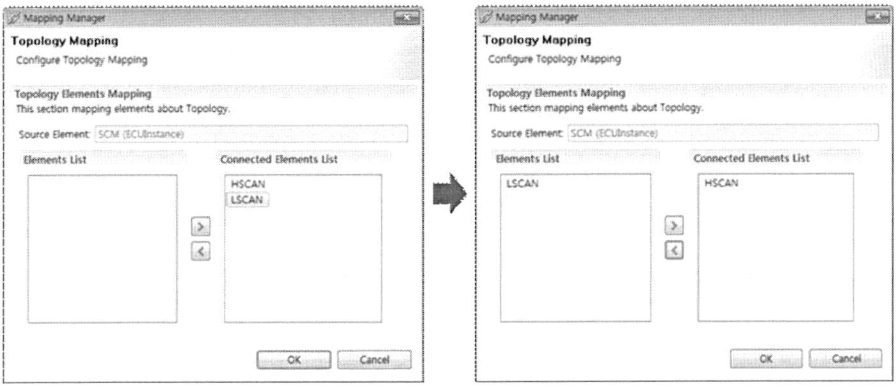

그림 7.158 Gateway 기능 해제

B. 또는, Gateway Manager 기능에서 모든 매핑 정보를 제거한다.

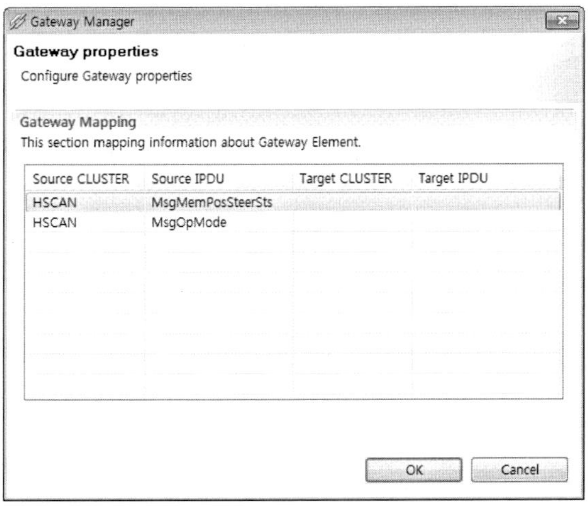

그림 7.159 Gateway 매핑 정보 해제

7.3.3.5 메뉴 기능

HT에는 각 ECU들과 CAN-Cluster들을 사용자가 보기 좋게 정렬시켜주는 기능이 있다. 바로 매뉴바에 있는 정렬 버튼이다. 해당 버튼을 클릭하면 Topology Editor 안의 모든 ECU와 CANCluster들은 자동으로 정렬이 이루어진다.

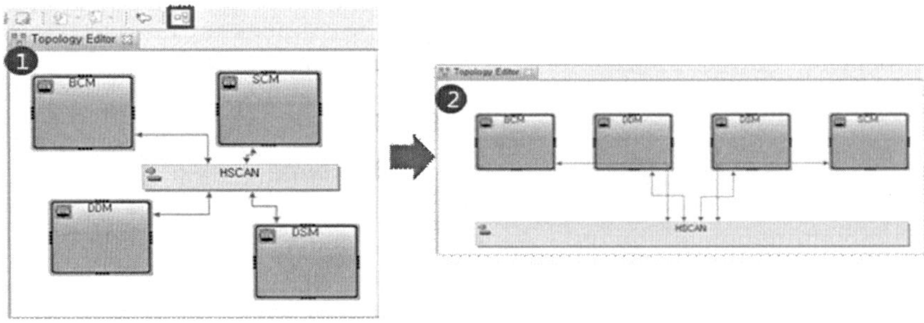

그림 7.160 정렬 기능

7.3.3.6 기타 기능

① Validation

AutoWorks는 arxml 파일을 읽고 사용하는 데 처음부터 잘못된 arxml 파일을 읽어왔을 경우 AutoWorks 프로그램을 진행함에 있어 문제가 발생할 소지가 있다. 그래서 이러한 문제점을 미연에 방지 또는 찾아 처리를 목적으로 하는 validation 기능이 존재한다.

- Project Browser의 HT에서 오른쪽 버튼 -> validation 선택

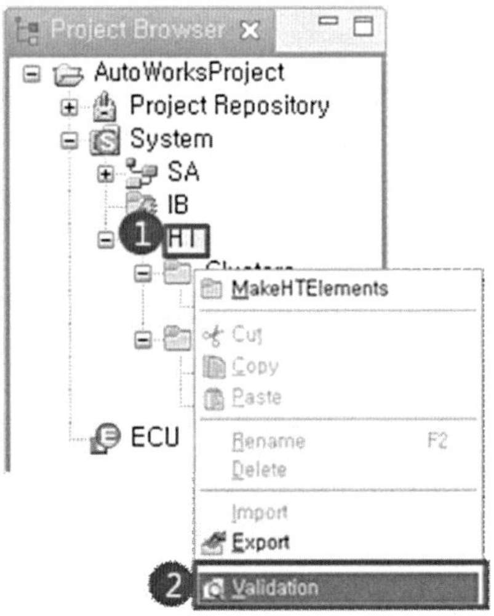

그림 7.161 HT Validation 기능

Validation을 선택함과 동시에 그림 7.162와 같은 ProgressBar가 보여지고, 초록색 바가 올라감과 동시에 Resource Manager에 있는 instance와 레퍼런스를 체크한다.

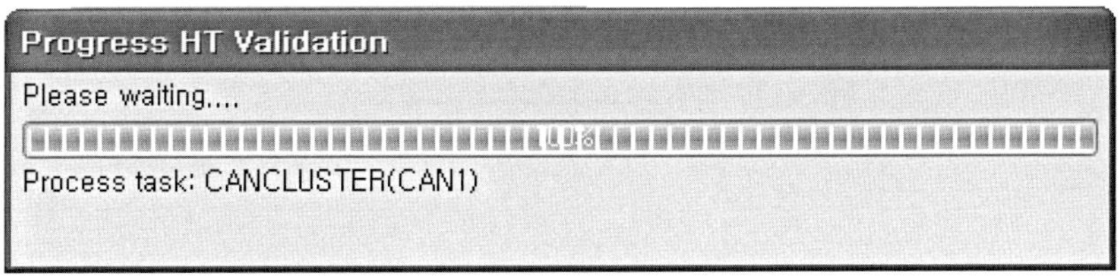

그림 7.162 HT Validation의 Progress Bar

Validation 체크가 끝나고 문제가 발생하지 않았을 때는 상관이 없지만, 문제가 있다면 Problem 뷰어에 해당 에러들의 정보가 호출된다.

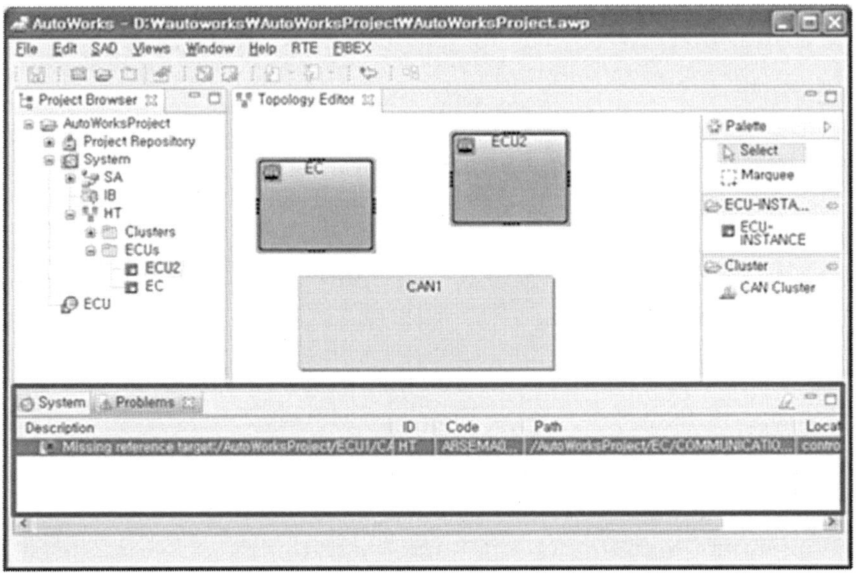

그림 7.163 HT Validation의 결과

해당 에러를 마우스 클릭할 경우 에러가 발생한 instance 정보를 보여줌으로써 문제 해결이 가능하다.

7.3.4 NC(Network Configuration) 설정

다음에 할 일은 시스템에서 사용할 네트워크를 설정하는 단계이다.

• System에서 오른쪽 버튼 -> New -> NC 선택

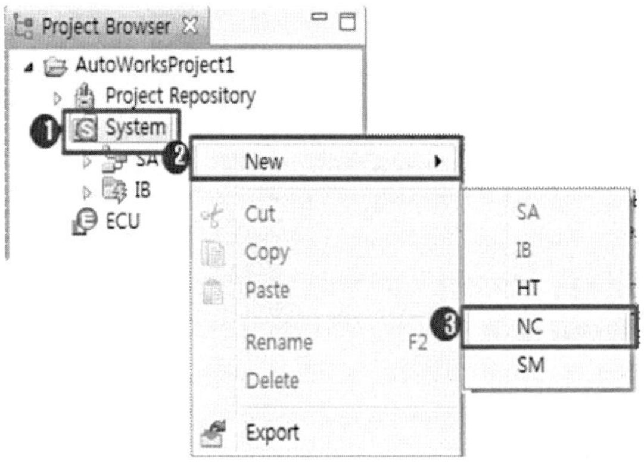

그림 7.164 NC 설정

생성된 NC 항목을 펼치면 그림 7.165와 같다.

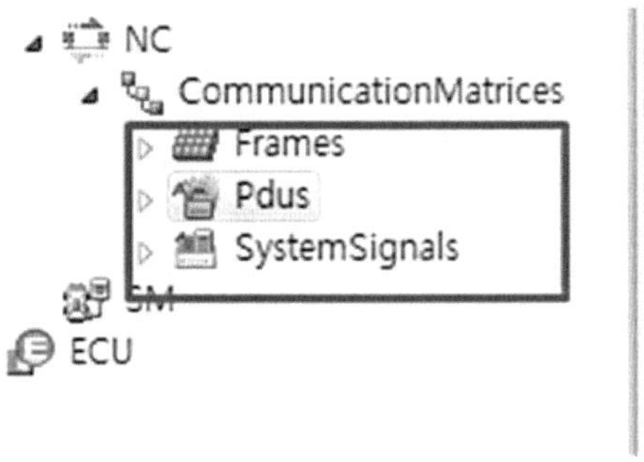

그림 7.165 NC 항목

NC에서는 네트워킹을 위하여 사용할 Signal, Pdu, Frame을 설정하고 이들의 관계를 매핑하는 것이 목적이며 아래와 같이 설정한다.

7.3.4.1 Signal 설정

시스템에서 사용할 수 있는 Signal의 형태는 Single Signal과 Signal Group으로 구분할 수 있다. 여기서 Single Signal은 하나의 단일 Signal을 말하며, Signal Group은 앞에서 여러 개의 Single Signal이 모인 형태를 말한다. AutoWorks에서 Single Signal의 경우 SystemSignal이라고 하며, Signal Group일 경우 SystemSignalGroup이라고 말한다.

① SystemSignal 설정

SystemSignal을 설정하는 방법은 두 가지가 있는데, 하나는 ① Project Broswer에서 추가하는 방법과 ② 열려진 편집 창에서 추가하는 방법이 있는데 먼저 ①의 방법은 그림 7.166과 같다.

A. SystemSignals에서 오른쪽 버튼 -> New SystemSignal 선택

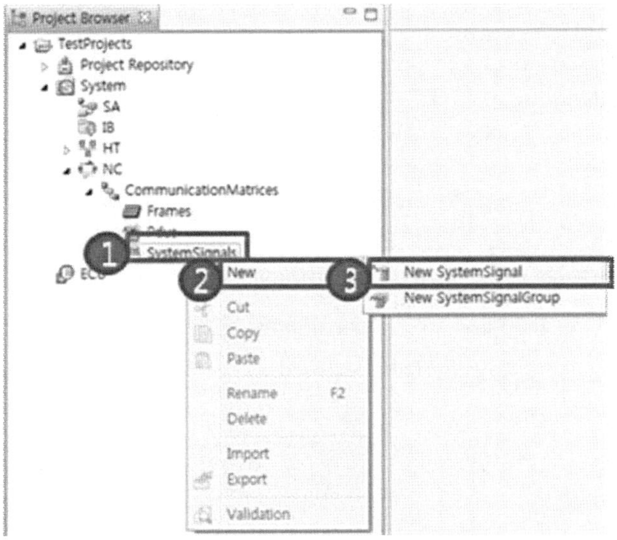

그림 7.166 SystemSignal 설정

New SystemSignal을 선택하면 그림 7.167과 같은 창이 뜨게 된다.

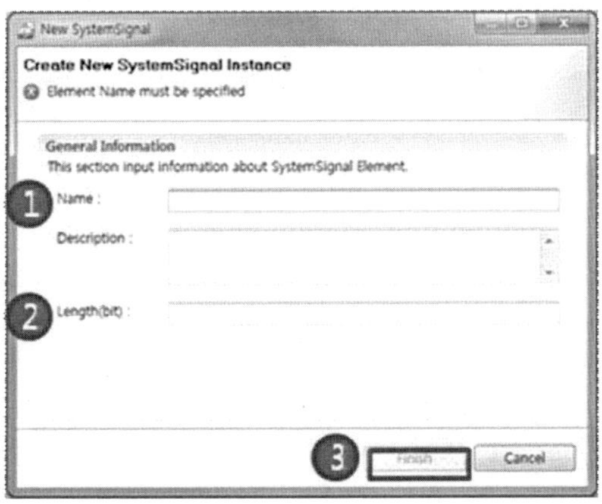

그림 7.167 SystemSignal 추가

그림 7.167 창에서 Signal의 이름과 설명을 입력한 후, Length 필드에서 Signal의 길이를 비트단위로 설정할 수 있다. 모두 입력 후 Finish 버튼을 누른다.

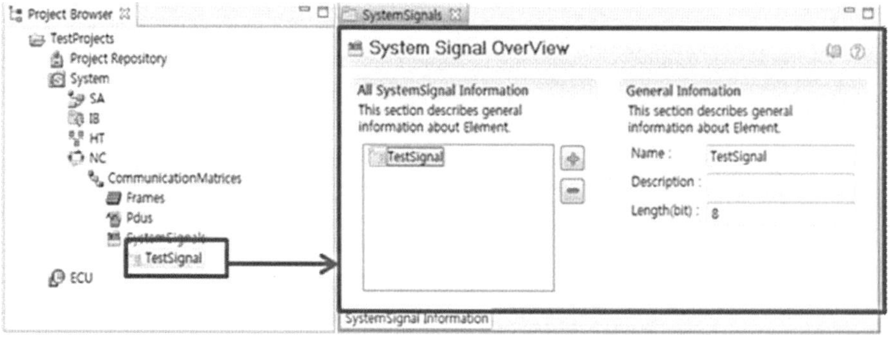

그림 7.168 SystemSignal 세부 설정

SystemSignal이 생성되면 왼쪽의 PM 트리에 해당 노드가 생성되고 생성된 Signal을 더블 클릭하면 오른쪽 화면에서 해당 SystemSignal에 대한 편집 창이 나타난다. 그림 7.168의 편집 창에서 사용자는 해당 Signal에 대해서 수정 작업을 할 수 있다.

B. 편집 창에서 SystemSignal을 추가하는 방법은 그림 7.169와 같다.

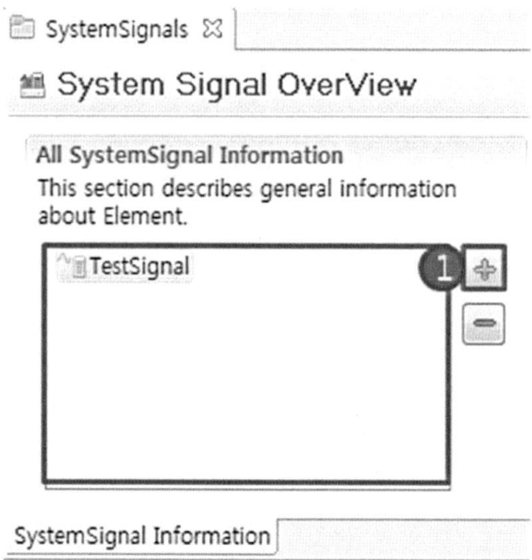

그림 7.169 편집 창에서 SystemSignal 추가

그림 7.170은 왼쪽 PM 트리에서 더블 클릭으로 열려진 편집 창이다. 편집 창의 왼쪽에는 PM 트리와 대응하는 Signal들의 정보를 뷰어에서 확인할 수 있고 뷰어 오른쪽 상단의 + 버튼을 클릭해서 Signal을 추가할 수 있다.

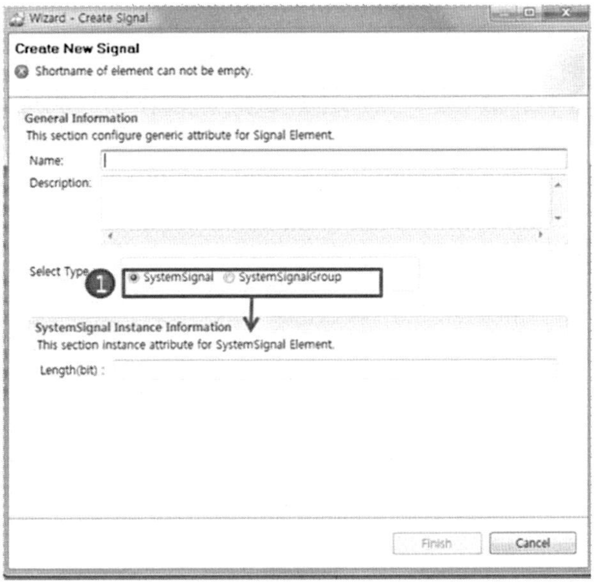

그림 7.170 SystemSignal 설정

그림 7.171 SystemSignalGroup 설정

+ 버튼을 클릭하면 그림 7.171과 같은 wizard 창이 열린다. 이 창에서 Signal의 타입을 설정하고 이름과 length 값을 입력 후 OK 버튼을 클릭하면 그림 7.171의 ①과 같이 라디오 버튼이 선택되어 있고 Signal의 length를 입력하면 SystemSignal이 생성된다. 이어서 그림 7.172의 ①과 같이 선택하면 SystemSignalGroup의 레퍼런스를 선택할 수 있는 섹션으로 변경되고 레퍼런스를 설정할 수 있다.

② SystemSignalGroup 설정

- SystemSignals에서 오른쪽 버튼 -> New SystemSignalGroup 선택

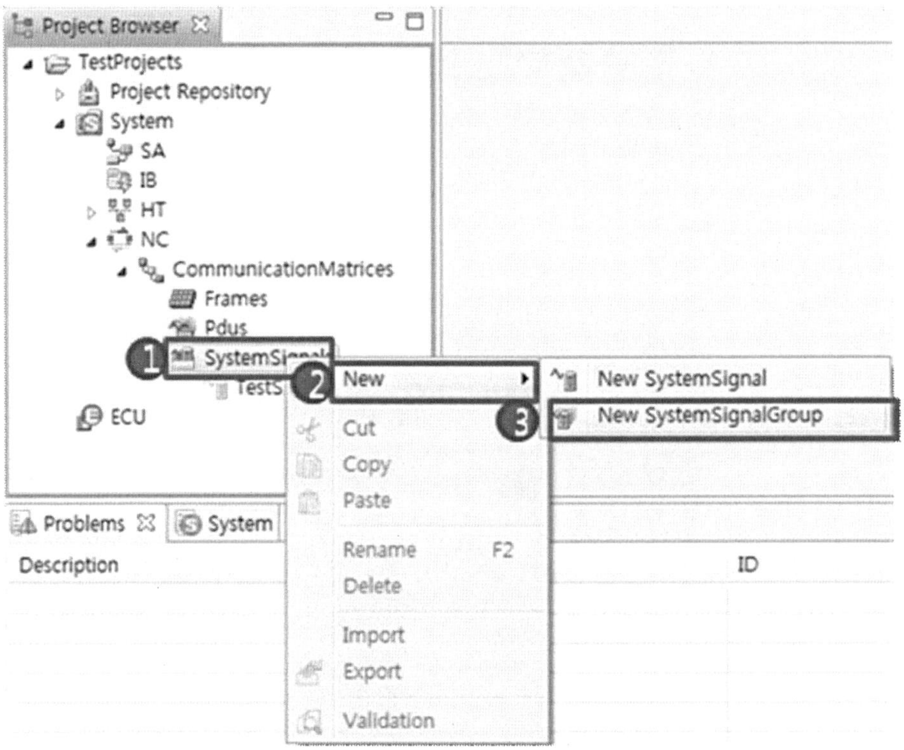

그림 7.172 SystemSignalGroup 설정

New SystemSignalGroup을 선택하면 그림 7.173과 같은 창이 호출된다.

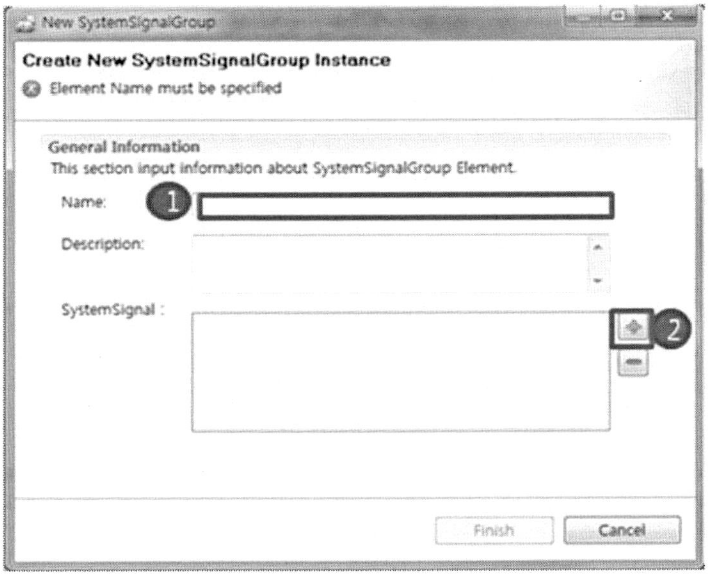

그림 7.173 SystemSignalGroup 추가

그림 7.173에서 SignalGroup의 이름과 설명을 입력한 후, 아래 + 버튼을 누르면 그림 7.174와 같은 창이 호출된다.

그림 7.174 SystemSignalGroup에 SystemSignal 추가

그림 7.174에서 SystemSignalGroup에 추가할 수 있는 SystemSignal, 즉 앞에서 설명한 SystemSignal 설정에서 생성한 SystemSignal들의 목록을 볼 수 있다. 여기에서 SystemSignalGroup에 추가할 SystemSignal을 선택하면 그림 7.175와 같이 뷰어에 추가된 것을 확인할 수 있다. 이 작업을 위해서 미리 사용자는 SystemSignal을 생성해야만 한다.

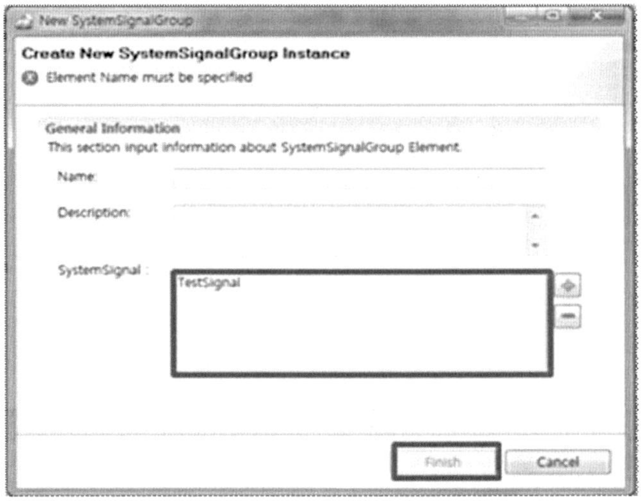

그림 7.175 SystemSignalGroup에 SystemSignal 추가

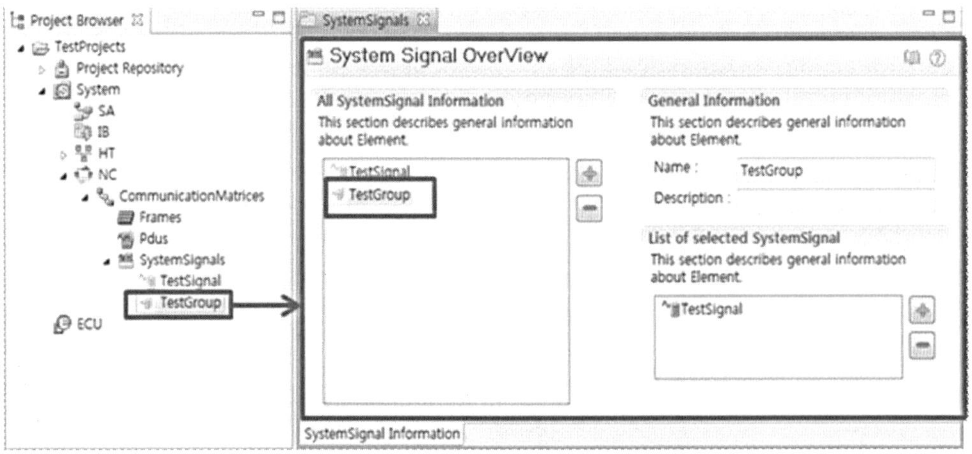

그림 7.176 SystemSignal 추가 확인

왼쪽의 PM 트리에서 생성된 SignalGroup을 더블 클릭하면 오른쪽 화면에 클릭한 SignalGroup에 대한 그림 7.176과 같은 편집 창이 호출된다. 이 편집 창에서 사용자는 해당 SignalGroup에 대해서 수정 작업을 할 수 있다.

7.3.4.2 Pdu 설정

다음에 할 일은 IPdu를 설정하는 것이다. 설정할 수 있는 IPdu의 종류는 NmPdu와 SingalIPdu가 있다.

- NmPdu : (Network Management)에서 생성된 IPdu
- SignalIPdu : AUTOSAR COM에서 생성된 IPdu

① NmPdu 생성

- Pdus에서 오른쪽 버튼 -> New NmPdu을 선택

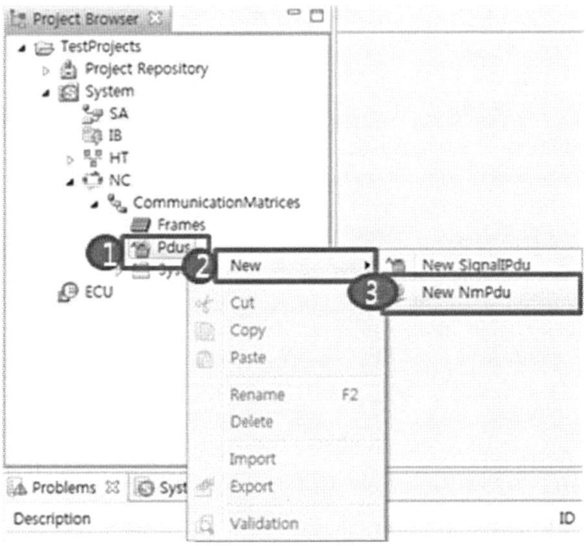

그림 7.177 NmPdu 설정

New NmPdu를 누르면 그림 7.178과 같은 창이 호출된다. 이 화면에서 생성할 NmPdu의 이름과 함께 간단한 설명을 적은 후 Next 버튼을 누른다.

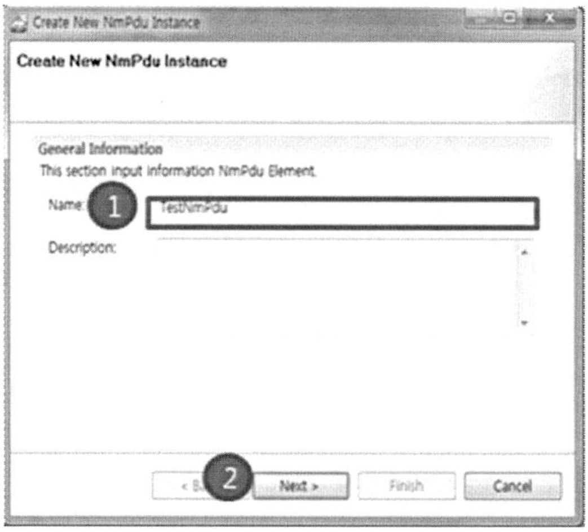

그림 7.178 NmPdu 추가

해당 NmPdu의 Length, unusedBitPattern 값을 입력한다.

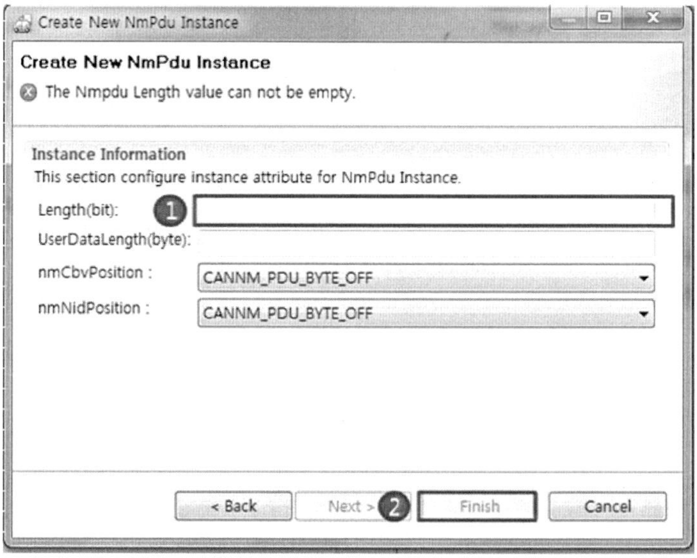

그림 7.179 NmPdu 속성 설정

- Length(Bit) : NmPdu의 길이 설정(필수 사항)
- UserDataLength(bit) : NmPdu에서 사용자 선택 길이(선택 사항)
- nmCbvPosition : 콤보박스로 사용 여부와 사용 바이트 지정
- nmNidPosition : 콤보박스로 사용 여부와 사용 바이트 지정

설정 후 Finish 버튼을 누르면 아래와 같이 Pdus 밑에 앞에서 설정한 NmPdu가 생성된다. 왼쪽의 트리에서 생성된 NmPdu를 더블 클릭하면 오른쪽 화면에 클릭한 NmPdu에 대한 편집 창이 나타난다. 그림 7.179 화면에서 사용자는 해당 NmPdu에 대한 수정 작업을 할 수 있다.

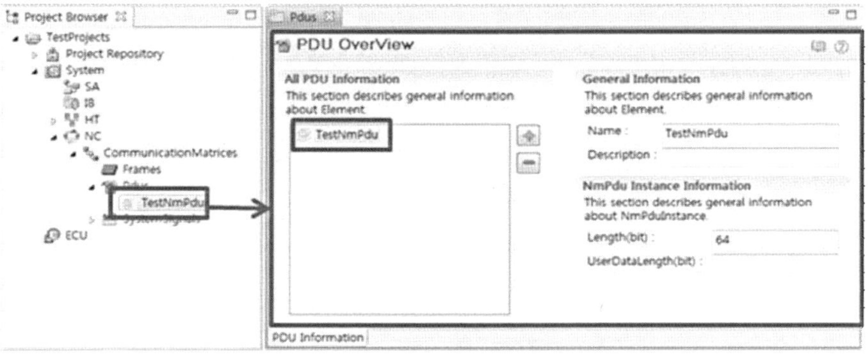

그림 7.180 NmPdu 속성 편집

– 편집 창에서 추가하는 방법은 Signal과 동일하다.

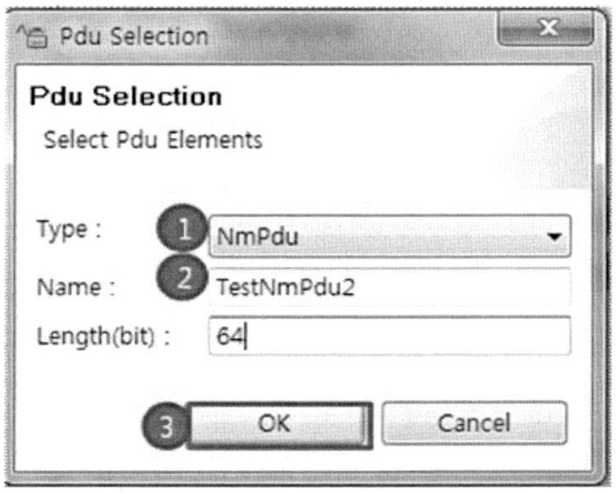

그림 7.181 편집 창에서 NmPdu 추가

② SignalIPdu 생성

- Pdus에서 오른쪽 버튼 -> New SignalIPdu를 선택

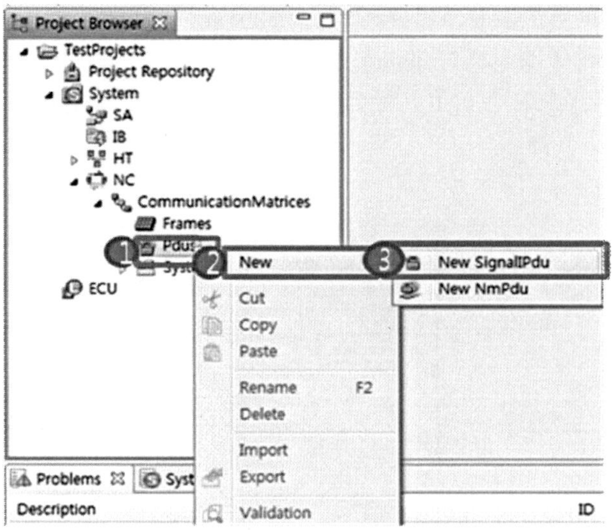

그림 7.182 SignalIPdu 설정

New SignalIPdu를 누르면 아래와 같은 창이 뜨게 된다. 생성할 SignalIPdu의 이름과 함께 간단한 설명을 적은 후 Next 버튼을 누른다.

그림 7.183 SignalIPdu 추가

그림 7.183 화면에서 SignalIPdu의 Length 값을 입력한다.

- Length(Bit) : SignalIPdu의 길이 최댓값은 64를 넘을 수 없고 필수 입력사항이다.

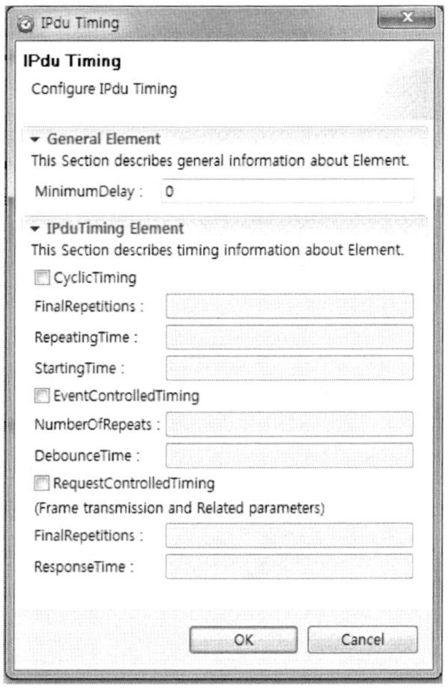

그림 7.184 IPdu Timing 설정

그림 7.184에서 timing 체크박스를 선택하면 열리는 다이얼로그 화면이다. 선택 값으로 timing을 입력할 수 있다. MinimumDelay는 default로 0이 입력되어 있다. 나머지 Timing Element들은 해당 체크박스를 선택하면 그림 7.185와 같이 텍스트 박스가 활성화되어 값을 입력할 수 있다.

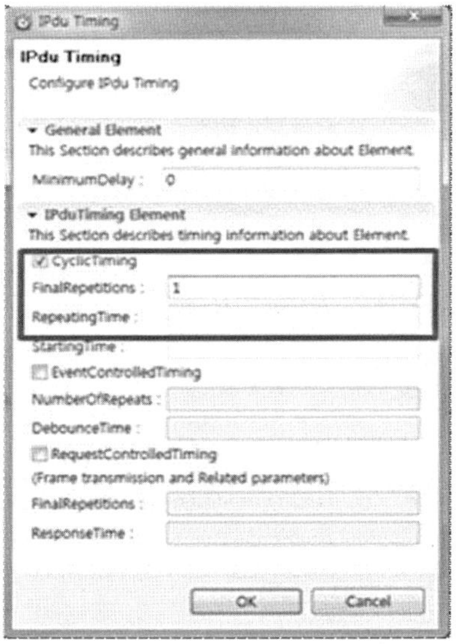

그림 7.185 IPdu Timing Element 설정

각 항목에 대한 의미는 다음과 같다.

- IPduTiming General
  - minimumDelay : Transmission Mode에 관계없이 해당 IPdu의 연속 전송에서의 최소 지연 시간 설정
- IPduTiming Element
  - CyclicTiming : CyclicTiming 사용 설정
  - inalRepetitions : 종료 조건에 도달했을 때 IPdu에 전송되는 반복 횟수 설정
  - epeatingTime : 사이클의 반복 횟수 설정
  - tartingTime : 시작 시간 설정
  - EventControlledTiming : EventControlledTiming 사용 설정
  - ebounceTime : IPdu가 다음 전송이 가능할 때까지 흘러간 시간 설정
  - umberOfRepeats : 전송 조건이 위반되었을 때 IPdu에 전송되는 반복 횟수 설정
  - RequestControlledTiming : RequestControlledTiming 사용 설정
  - inalRepetitions : Frame에 전송된 하나의 요청에 대한 반복 횟수 설정
  - esponseTime : Frame에 전송된 요청에 대한 응답 시간 설정

설정 후 Next 버튼을 누르면 생성한 SignalIPdu에 대한 Signal의 매핑을 설정할 수 있다.

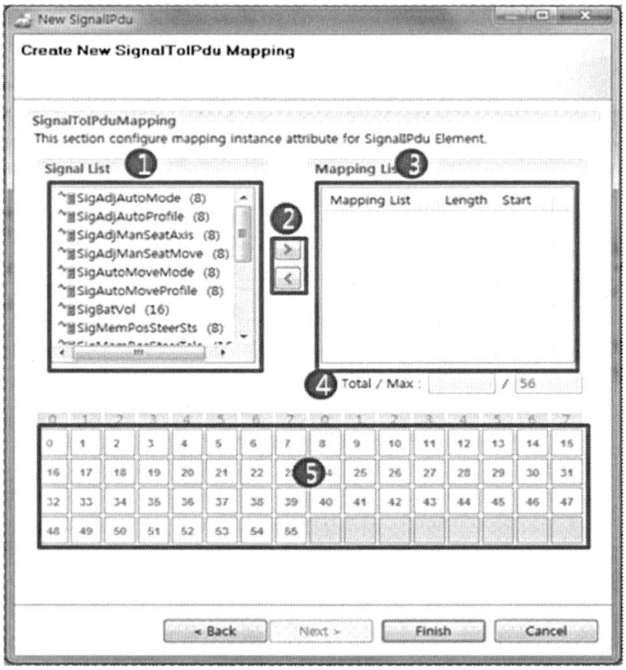

그림 7.186 SignalIPdu에 대한 Signal 매핑

Next 버튼을 클릭하여 열리는 SignalIPdu Mapping 다이얼로그에 대한 각각의 항목에 대한 설명은 다음과 같다.

- Signal List : 매핑 가능한 Signal 리스트 목록
- >, < 버튼 : 매핑 가능한 Signal 리스트에서 매핑 목록 리스트로 매핑을 수행하거나 반대로 매핑된 목록을 제거하는 버튼
- Mapping List : 앞서 생성한 Signalipdu에 매핑된 Signal들의 목록
- property 버튼 : 매핑을 수행한 후 매핑의 정보를 수정하기 다이얼로그를 여는 버튼으로 매핑의 StartPosition, packingByteOredr, UpdateIndicationBitPosition을 수정할 수 있다.
- Total/Max : Total 값은 매핑된 Signal들의 총 길이, Max 값은 앞서 생성한 Signalipdu의 길이를 표현하며 Total 값은 Max 값을 초과할 수 없다.
- 그래픽 영역 : 매핑 정보를 그래픽컬 하게 보여주는 영역으로 StartPosition 값을 드래그앤드롭으로 수정할 수 있다. 사각 박스 하나당 하나의 bit를 표현하며, 파란색으로 표현된 영역은 매핑 가능한 영역을 표현한다. Signalipdu의 길이에 따라 가변적으로 표현되며, 매핑할 수 없는 영역은 그림 7.187과 같이 하얀색의 사각형 영역으로 표현된다.

  더블 클릭 시 property 버튼과 같은 기능을 수행하여 매핑 정보 수정 다이얼로그가 열린다.

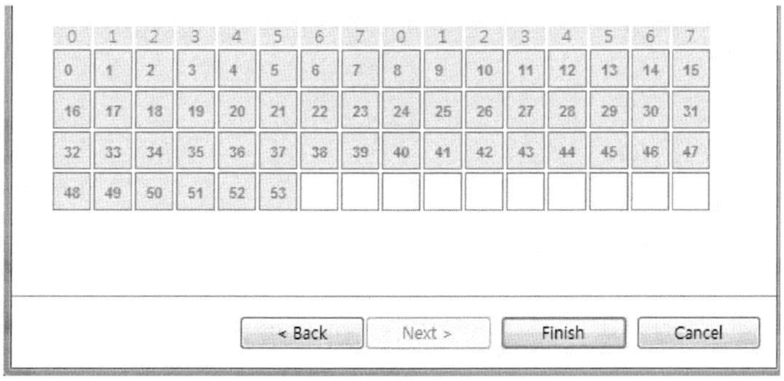

그림 7.187 SignalIPdu Mapping 정보

영역이 하얀색이고 숫자가 표현되어 있지 않는 영역은 매핑할 수 없는 영역으로 SignalIPdu의 길이에 따라서 가변적으로 표현된다.

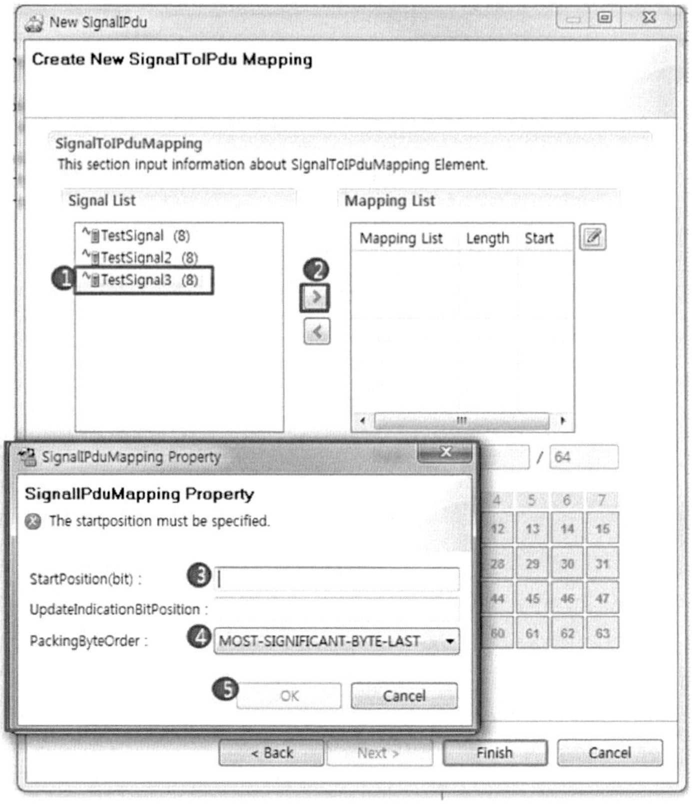

그림 7.188 SignalIPduMapping Property 설정

매핑의 수행 순서

- 왼쪽 Signal 테이블에서 하나의 Signal을 선택하고 > 버튼을 클릭하면 StartPosition, UpdateIndicationBitPosition, PackingByteOrder를 설정할 수 있는 다이얼로그 창이 열려진다. 여기에서 값을 설정하고 OK 버튼을 클릭하면 하나의 매핑이 완료된다.

팝업되는 편집 창의 항목의 각각 의미는 다음과 같다.

- StartPosition : SignalIPdu가 포함하고 있는 하나의 Signal에 대해서 비트 위치를 설정
- UpdateIndicationBitPosition : SignalIPdu가 포함하고 있는 업데이트 비트 위치를 설정
- PackingByteOrder : Signal을 이루고 있는 바이트들의 순서와 SignalIPdu로의 패킹 정의(Little Endian일 경우 MostSignificantByteLast를 선택, Big Endian일 경우 MostSignificantByteFirst를 선택)

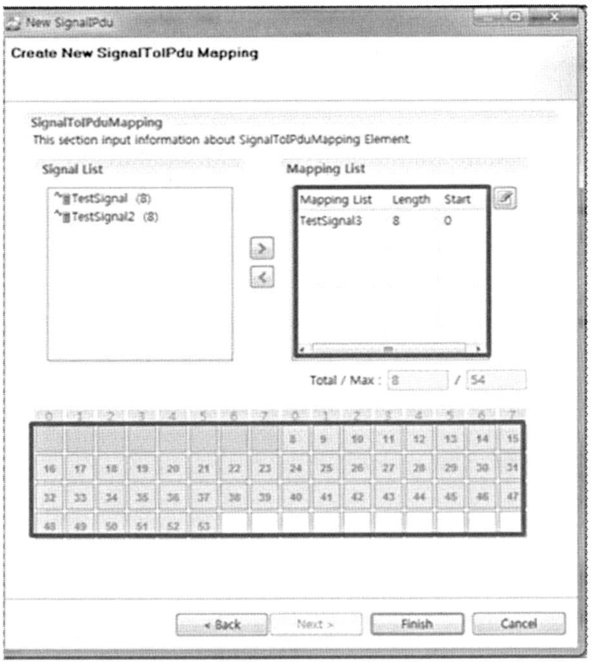

그림 7.189 완료된 매핑 확인

완료된 매핑은 그림 7.189와 같이 오른쪽 Mapping 테이블 항목에 표시되고, 아래 그래픽 영역에 하나의 색으로 매핑된 Signal의 길이만큼 칠해져 매핑의 StartPosition의 위치와 매핑된 Signal의 길이를 그래픽 영역에서 확인할 수 있다. 그리고 하나의 Signal은 한 번의 매핑만 가능하므로 매핑이 수행되면 매핑된 Signal은 Signal 목록에서 지워지게 된다.

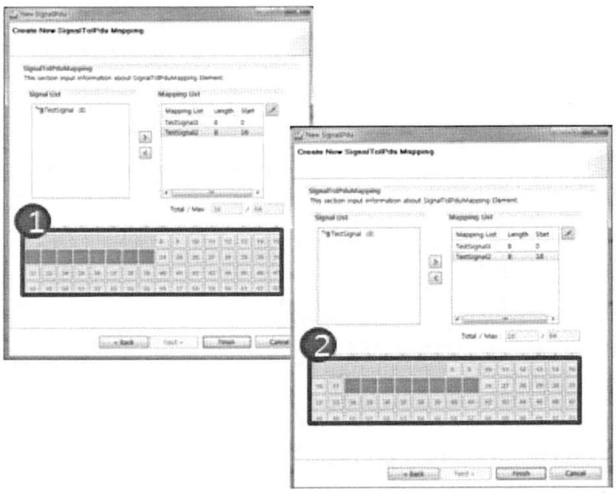

그림 7.190 매핑 속성 편집 창

StartPosition은 property 버튼을 열어 수정하는 방법 외에 그래픽 부분에서 변경하는 방법이 있다. 그래픽 부분에서 해당 모델을 선택 후 마우스를 드래그하여 위치를 변경해 StartPosition을 변경할 수 있다.

매핑을 모두 수행한 후 Finish 버튼을 클릭하면 SignalIPdu와 ISIGNALTOPDU 매핑이 생성되는데 ISIGNALTOPDU 매핑의 생성은 필수 항목은 아니다. SignalIPdu를 생성 후 Finish 버튼을 클릭해도 SignalIPdu는 생성되며, 매핑을 생성하고 싶을 경우에는 에디터 상에서 생성하거나 수정 가능하다.

Finish 버튼을 클릭하면 그림 7.191과 같이 Pdus 밑에 앞에서 설정한 SignalIPdu가 생성된다.

왼쪽의 PM 트리에서 생성된 SignalIPdu를 더블 클릭하면 오른쪽 화면에 클릭한 SignalIPdu에 대한 편집 창이 호출된다. 이 편집 창에서 사용자는 해당 SignalIPdu와 ISIGNALTOPDUMAPPING에 대한 수정 작업을 할 수 있다.

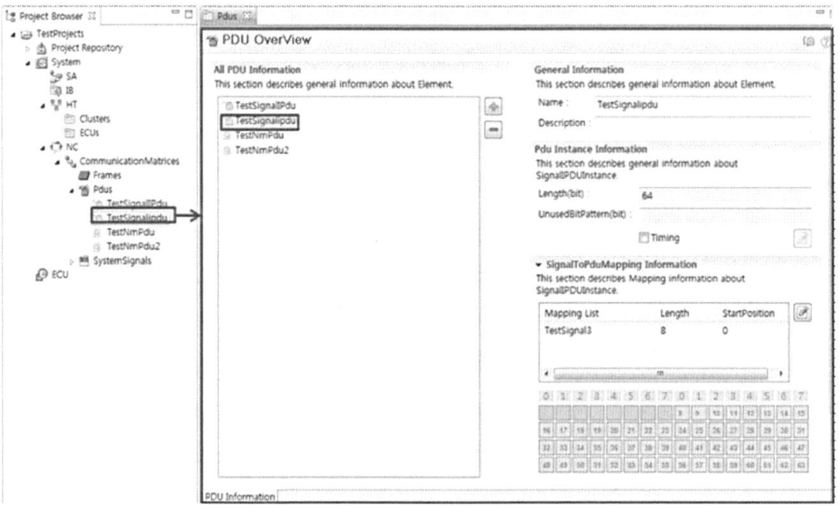

그림 7.191 SignalIPdu 생성 확인

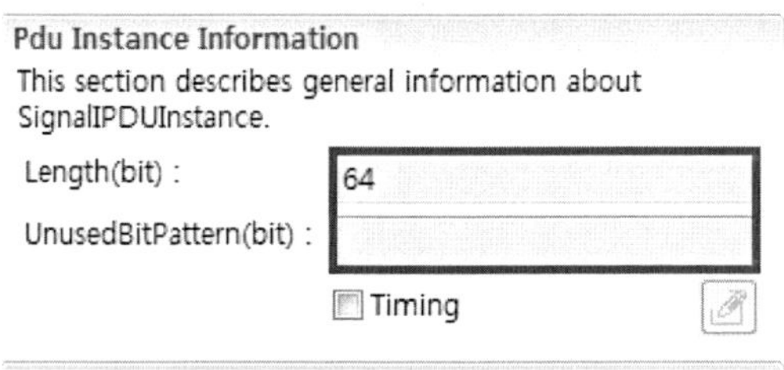

그림 7.192 Length 수정

Length 값의 수정은 해당 필드에 마우스나 커서를 대면 그림 7.192와 같은 Length를 수정하기 위한 편집 창이 팝업되고, 여기에서 Length와 UnusedBitPattern을 수정할 수 있다. Length는 선택된 SignalIPdu이 매핑이 존재할 경우 매핑 길이보다 작게 값을 입력할 수 없고, 매핑이 없을 경우에는 0보다 작을 수 없다. 또 최댓값은 64비트를 넘을 수 없다.

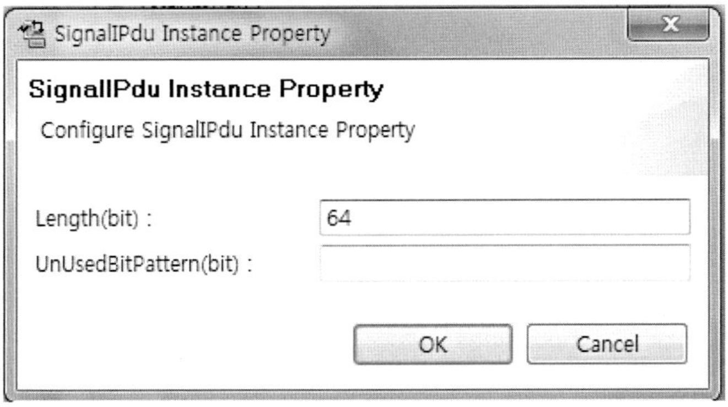

그림 7.193 Length의 허용 범위

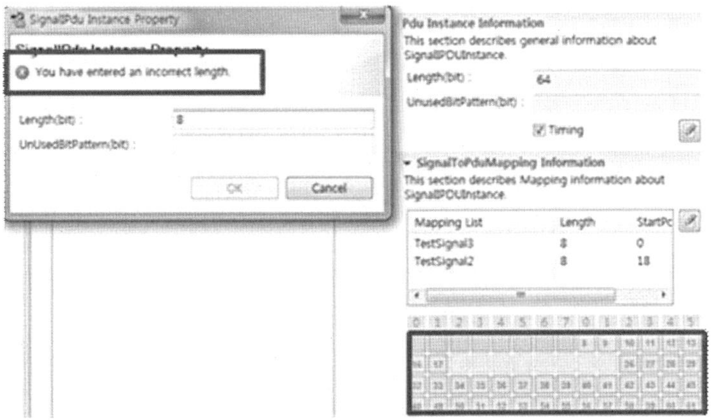

그림 7.194 잘못된 Length 입력 시 오류 처리

매핑의 길이가 27이고 변경할 SignalIPdu의 길이를 8로 입력할 경우 경고 메시지가 뜨고 편집 창의 OK 버튼이 비활성화 된다.

타이밍 값도 수정할 수 있는데, 처음 타이밍 값이 없을 경우에는 수정하기 위한 버튼이 그림 7.194와 같이 비활성화 되어 있고 체크박스 버튼이 비어 있다. Timing 체크박스를 클릭하면 그림 7.195와 같은 편집 창이 열리고 Timing 값을 생성할 수 있다.

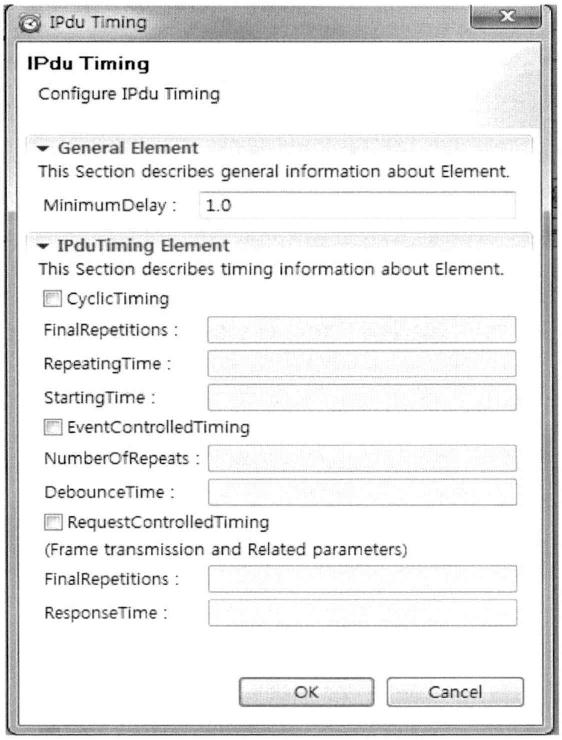

그림 7.195 Timing 설정

타이밍 값을 생성하면 그림 7.196과 같이 수정 버튼이 활성화되고 버튼을 클릭하여 해당 SignalIPdu의 타이밍 값을 수정할 수 있다.

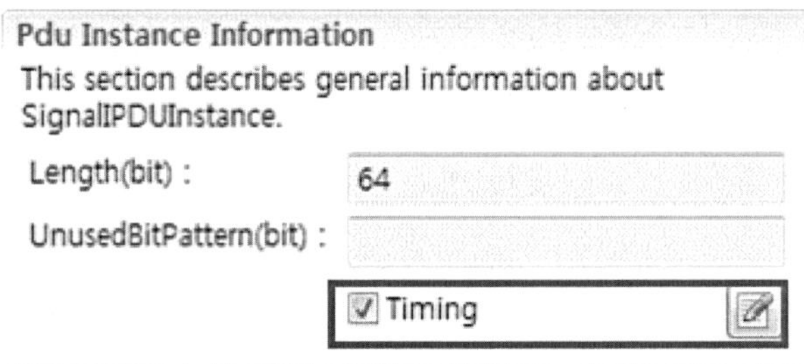

그림 7.196 Timing 값 수정

타이밍 값을 삭제할 수도 있는데, 체크되어 있는 타이밍 값을 다시 클릭하면 체크박스가 비활성화 되고 그림 7.197과 같은 경고 메시지 창이 열린다. OK 버튼을 클릭하면 해당 SignalIPdu에 대한 timing 값이 삭제된다.

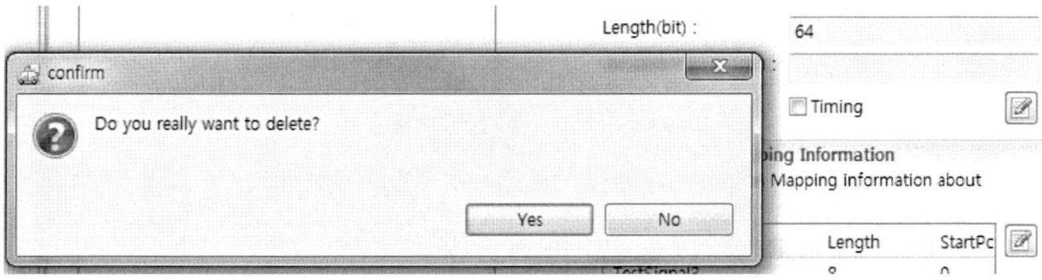

그림 7.197 Timing 값 삭제

그림 7.198과 같이 박스에 선택되어진 영역에서 매핑에 대한 정보도 수정하거나 생성, 삭제할 수 있다. 편집 창에서는 매핑에 대한 정보만 확인할 수 있고 실제 수정은 매핑 테이블 오른쪽 버튼을 통해서 열려지는 편집 창을 통해서 가능하다.

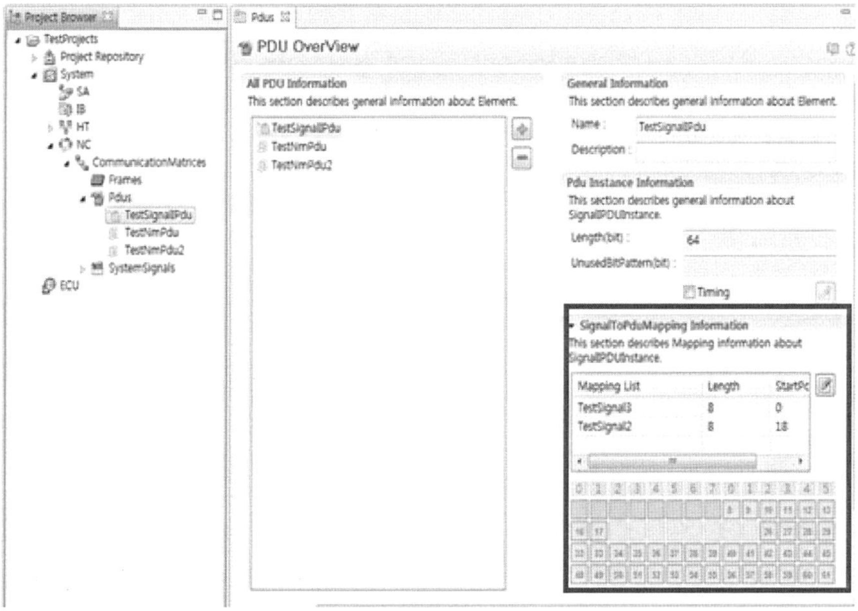

그림 7.198 매핑 정보 확인 후 수정

그림 7.199와 같이 호출되는 편집 창에서 해당 SignalIPdu에 대한 매핑을 수정하고, 삭제, 생성할 수 있다. 작업 순서는 앞서 설명한 생성 방법과 같으며 OK 버튼을 클릭해야 모든 작업이 완료되고 에디터 페이지에 적용된다.

그림 7.199 매핑의 수정, 삭제, 생성

7.3.4.3 Frame 생성

다음에 할 일은 Frame을 생성하는 것이다.

- Frame에서 오른쪽 버튼 -> New Frame 선택

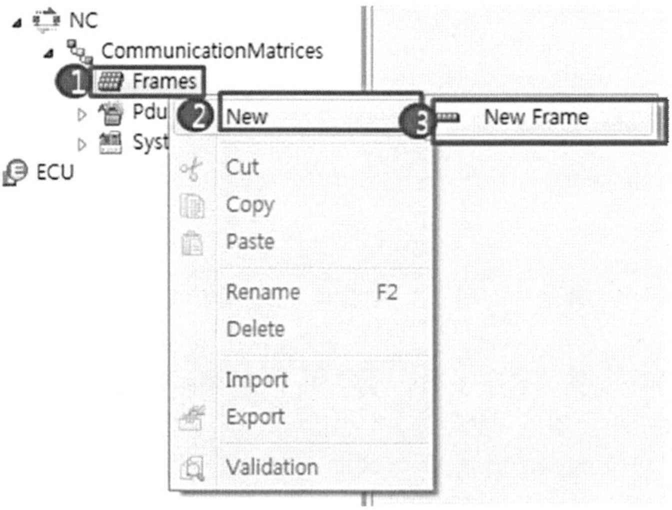

그림 7.200 Frame 설정

New Frame을 누르면 그림 7.201과 같은 다이얼로그 창이 호출된다.

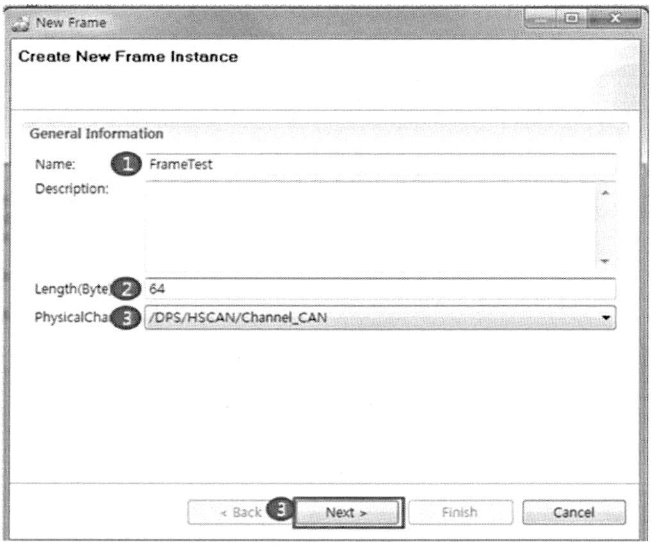

그림 7.201 Frame 추가

이름과 Length, PhysicalChannel 입력한 후 Next 버튼을 누르면 그림 7.202와 같은 PDUTOFRAMEMAPPING 다이얼로그 창이 뜬다. 여기에서 PhysicalChannel은 HT에서 설정한 Cluster이다.

다음 페이지에서 Frame에 대한 PDU의 매핑을 설정할 수 있다.

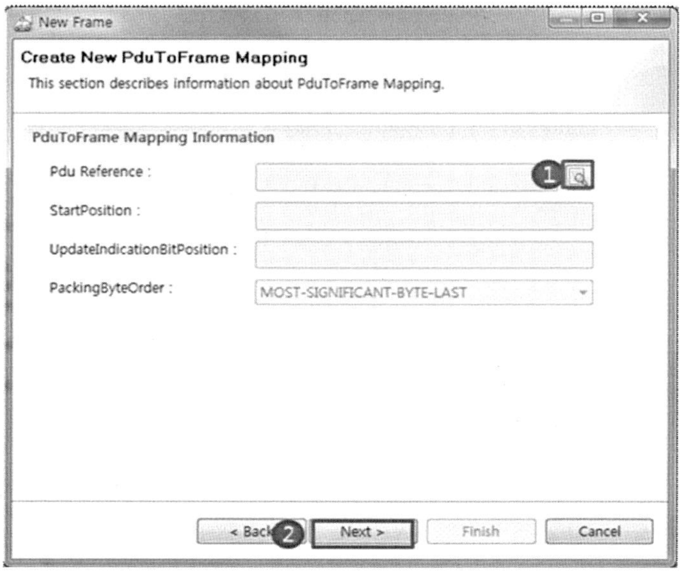

그림 7.202 Frame에 대한 PDU 매핑 설정

매핑 항목에 대한 의미는 다음과 같다.

- Pdu Reference : IPdus에서 매핑에 사용할 IPdu를 설정
- StartPosition : IPdu가 포함하고 있는 하나의 Signal에 대해서 비트 위치를 설정
- UpdateIndicationBitPosition : IPdu가 포함하고 있는 업데이트 비트 위치를 설정
- PackingByteOrder : Signal을 이루고 있는 바이트들의 순서와 IPdu로의 패킹 정의 (Little Endian일 경우 MostSignificantByteLast를 선택, Big Endian일 경우 MostSignificantByteFirst를 선택)

그림 7.202의 Pdu Reference 옆의 버튼을 클릭하면 그림 7.203과 같은 매핑 가능한 PDU 리스트를 선택할 수 있는 다이얼로그 창이 팝업되고 여기에서 하나의 항목을 선택하면 Pdu Reference에 값이 입력된다.

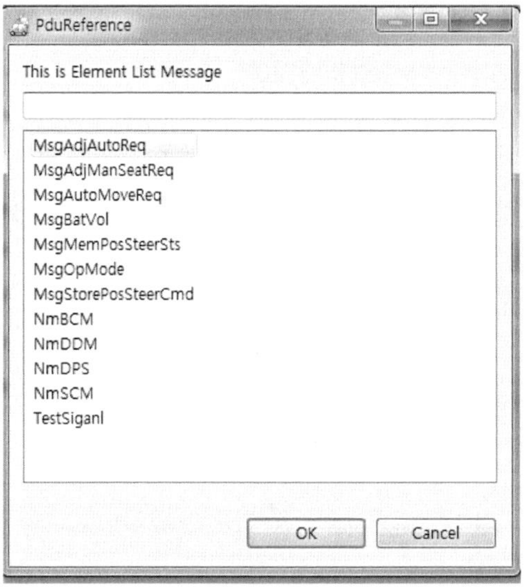

그림 7.203 Pdu Reference 설정

매핑 페이지에서 TP 조건에 해당하는 PDU가 선택될 경우 그림 7.204와 같은 TP 설정 화면이 추가로 오픈된다.

TPChannel 생성 조건은 8 Bytes보다 큰 DCMIPDU를 매핑하여 사용할 경우이며, 이에 해당하는 PDU를 매핑해서 사용할 경우 무조건 TPChannel을 설정해야만 사용할 수 있다.

TPChannel을 사용할 경우 자동으로 NPDU가 생성되며, useFlowControl을 체크할 경우 자동으로 FlowControl용 NPDU가 추가로 생성된다.

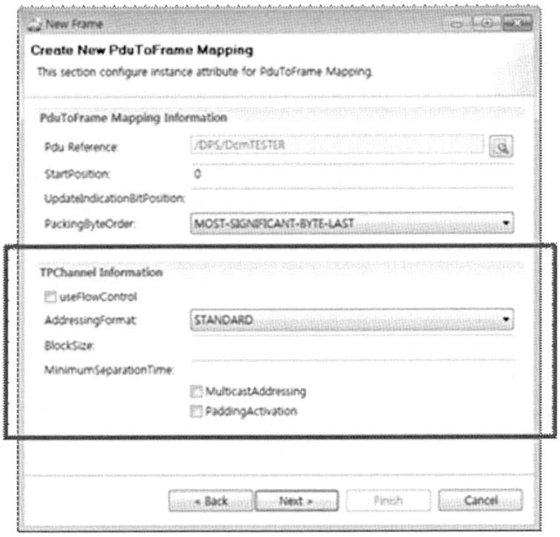

그림 7.204 TPChannel 설정

매핑 페이지에서 Next 버튼을 클릭하면 아래 그림 7.205와 같은 다이얼로그가 호출된다.

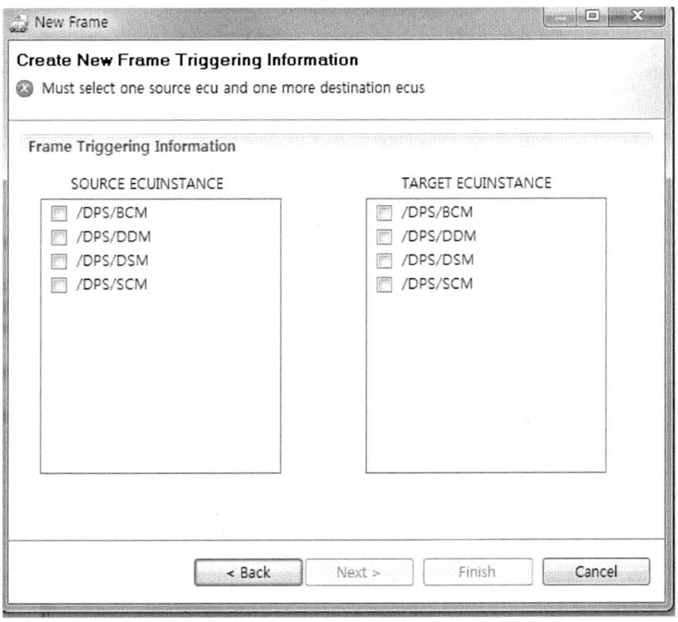

그림 7.205 Frame에 대한 트리거링 설정

앞의 다이얼로그에서는 Frame에 대한 트리거링을 설정할 수 있다. 먼저 SOURCE가 되는 ECUINSTANCE를 선택하고 TARGET ECUINSTANCE를 설정한다. SOURCE와 TARGET은 1대 N으로 매칭된다.

트리거링을 설정 후 Finish 버튼을 누르면 Project Browser에서 생성된 Frame을 확인할 수 있다. 생성된 프레임의 이름을 더블 클릭하면 그림 7.206과 같은 화면이 호출되고, 사용자는 앞에서 설정한 Frame, PDUTOFRAMEMAPPING, Frame Triggering에 대한 정보를 볼 수 있으며, 수정 또한 가능하다.

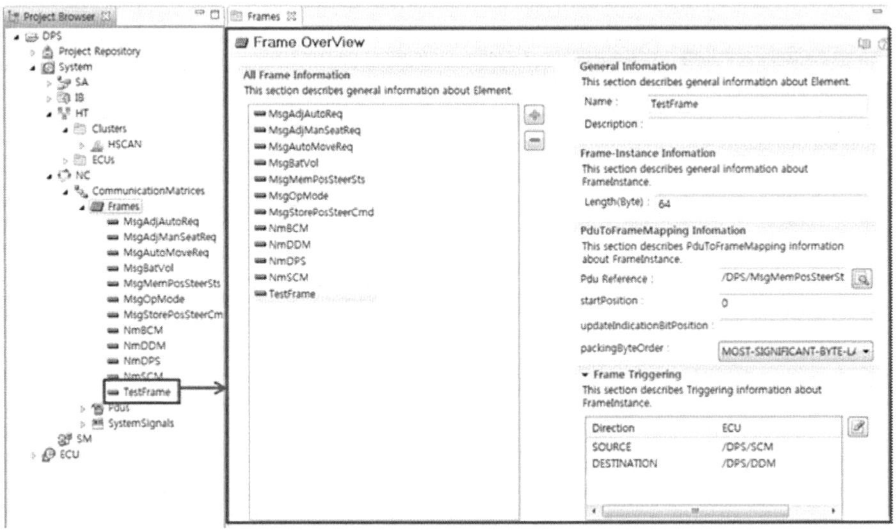

그림 7.206 생성된 Frame 확인

수정사항의 진행은 생성할 때와 같은 방향으로 진행되며 앞서 설명한 Signal, pdus와 같이 frame 또한 왼쪽의 테이블 뷰어 오른쪽 상단의 + 버튼을 클릭하여 생성 가능하고 - 버튼을 클릭하여 삭제 할 수 있다.

7.3.4.4 Signal 삭제

Signal의 삭제는 두 가지 방법으로 가능하다. SystemSignal, SystemSignalGroup 타입 모두 방법은 같으며, 첫 번째 방법은 왼쪽의 PM 트리노드에서 직접 삭제하는 방법이고, 두 번째 방법은 노드를 더블 클릭하여 열리는 편집 창의 뷰어에서 삭제하는 방법이 있다.

첫 번째 방법은 그림 7.207과 같다.

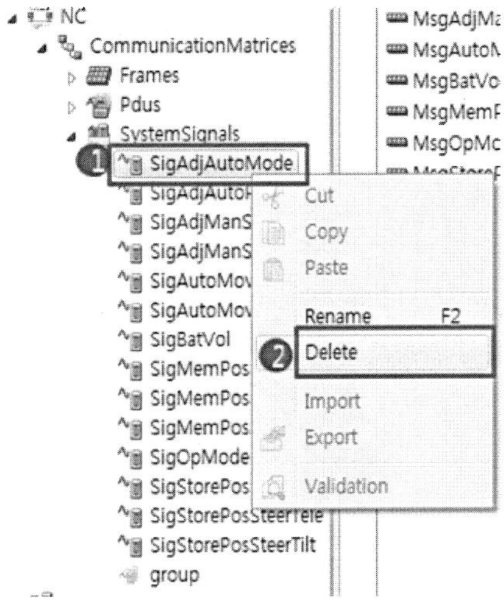

그림 7.207　Signal을 PM 트리 노드에서 삭제하는 방법

그림 7.207과 같이 PM 트리 노드에서 해당하는 Signal의 노드를 선택 후 삭제하는 방법이다.

두 번째 방법은 그림 7.208과 같다.

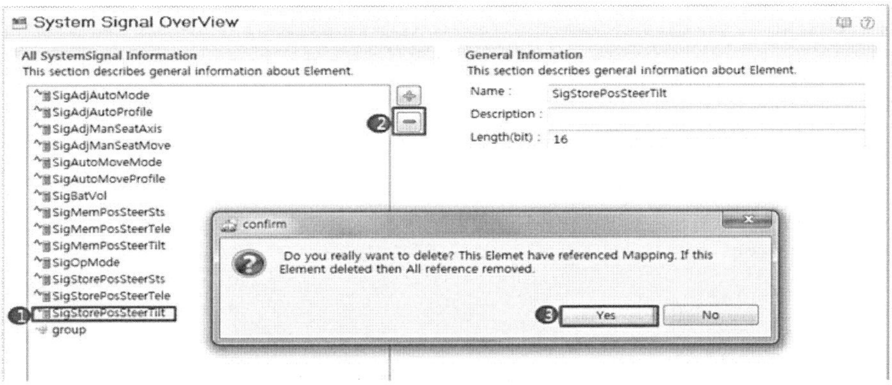

그림 7.208　Signal을 테이블 뷰어에서 삭제하는 방법

그림 7.208과 같이 왼쪽의 테이블 뷰어에서 삭제하고자 하는 Signal을 선택한 후 뷰어의 오른쪽 상단에 위치한 " - " 버튼을 클릭해서 지우는 방법이다. 만약 해당 Signal이 Pdu에 매핑되어 있을 경우에는 경고 메시지가 팝업되고 삭제할 수 없다.

7.3.4.5　Pdu 삭제

Pdu의 삭제 또한 Signal의 삭제 방법과 동일하다. 예로 SignalIPdu의 삭제 방법을 보면 아래와 같다.

첫 번째 방법은 [그림 7.209]와 같다.

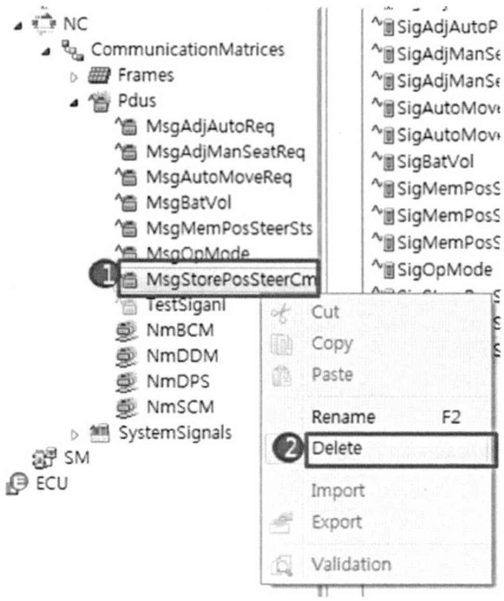

그림 7.209 Pdu를 PM 트리 노드에서 삭제하는 방법

그림 7.209와 같이 PM 트리 노드에서 삭제하고자 하는 SignalIPdu를 선택 한 후 마우스 우 클릭하여 팝업되는 메뉴에서 Delete를 선택하여 삭제한다.

두 번째 방법은 그림 7.210과 같다.

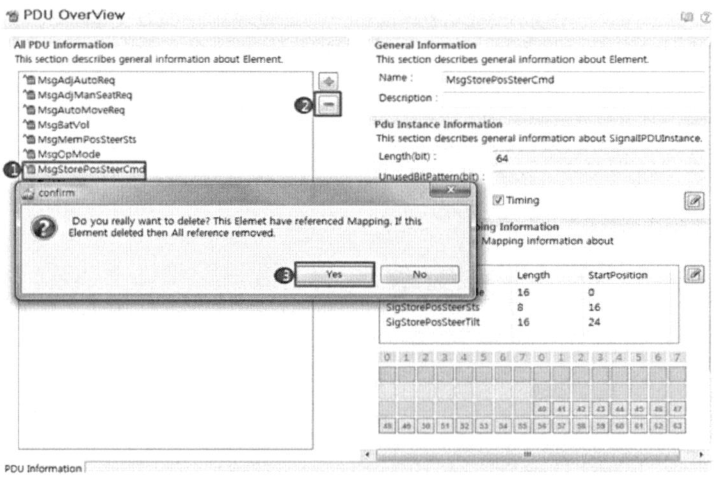

그림 7.210 Pdu를 테이블 뷰어에서 삭제하는 방법

왼쪽의 테이블 뷰어에서 삭제하고자 하는 SignalPdu를 선택한 후 뷰어의 오른쪽 상단에 위치한 " - " 버튼을 클릭해서 지우는 방법이다. 만약 해당 Pdu가 Frame에 매핑되어 있을 경우에는 경고 메시지가 팝업되고 삭제할 수 없다.

7.3.4.6 Frame 삭제

Frame의 삭제 또한 Signal의 삭제 방법과 동일하다. 자세한 방법을 살펴보면 다음과 같다.

첫 번째 방법은 그림 7.211과 같다.

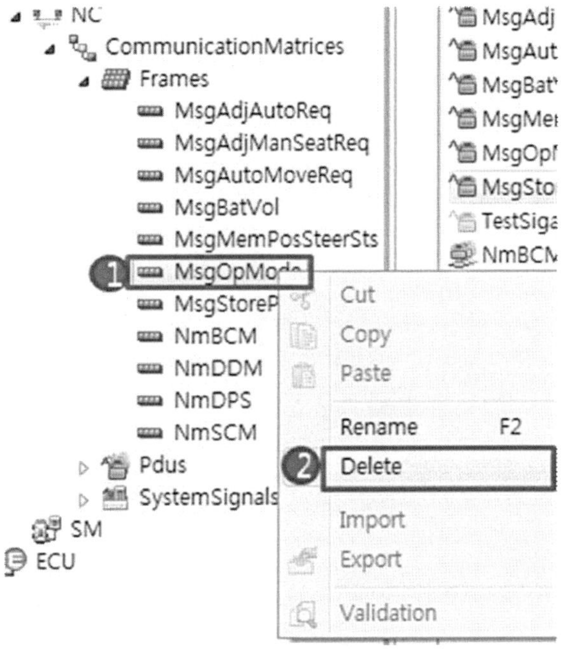

그림 7.211 Frame을 PM 트리 노드에서 삭제하는 방법

PM 트리 노드에서 삭제하고자 하는 Frame을 선택한 후 마우스 우 클릭하여 팝업되는 메뉴에서 Delete를 선택하여 삭제한다.

두 번째 방법은 그림 7.212와 같다.

왼쪽의 테이블 뷰어에서 삭제하고자 하는 Frame를 선택한 후 뷰어의 오른쪽 상단에 위치한 " - " 버튼을 클릭해서 지우는 방법이다.

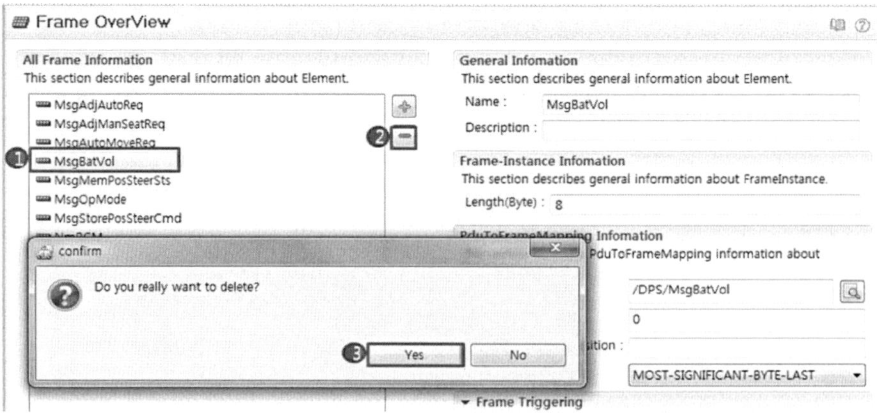

그림 7.212 Frame을 테이블 뷰어에서 삭제하는 방법

7.3.4.7 기타 기능

① Validation

AutoWorks는 arxml 파일을 읽고 사용하는 데 처음부터 잘못된 arxml 파일을 읽어왔을 경우 AutoWorks 프로그램을 진행함에 있어 문제가 발생할 소지가 있다. 그래서 이러한 문제점을 미연에 방지 또는 찾아 처리를 목적으로 하는 validation 기능이 존재한다.

- Project Browser의 NC에서 오른쪽 버튼-> validation 선택

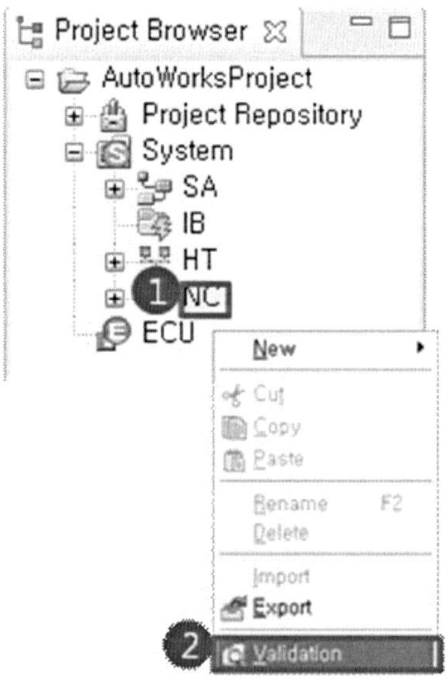

그림 7.213 NC Validation 기능

Validation을 선택함과 동시에 그림 7.214와 같은 ProgressBar가 보여지고 초록색 바가 올라감과 동시에 Resource Manager에 있는 instance와 레퍼런스를 체크한다

그림 7.214 NC Validation 기능 Progress BAR

Validation 체크가 끝나고 문제가 발생하지 않았을 때는 상관이 없지만, 문제가 있다면 아래의 Problem 뷰어에 해당 에러들의 정보가 호출된다.

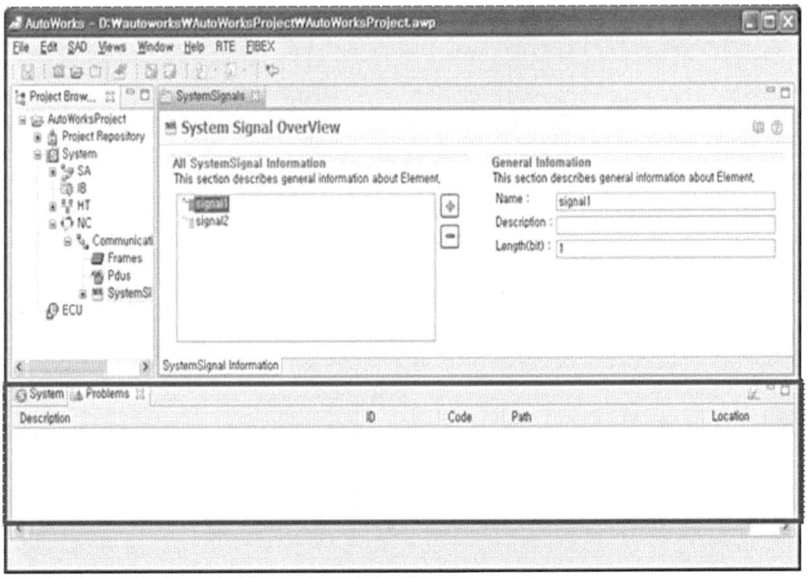

그림 7.215 NC Validation의 결과

해당 에러를 마우스 클릭할 경우 에러가 발생한 instance 정보를 보여줌으로써 문제 해결이 가능하다.

7.3.5 SM(System Mapping) 설정

시스템 설계에서 마지막으로 해야 할 일은 System Mapping을 설정하는 것이다.

- System에서 오른쪽 버튼 -> New -> SM 선택

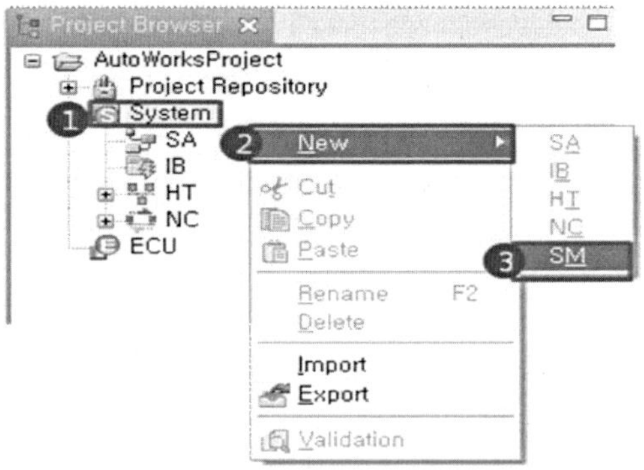

그림 7.216 SM 설정

생성된 SM을 더블 클릭을 한다.

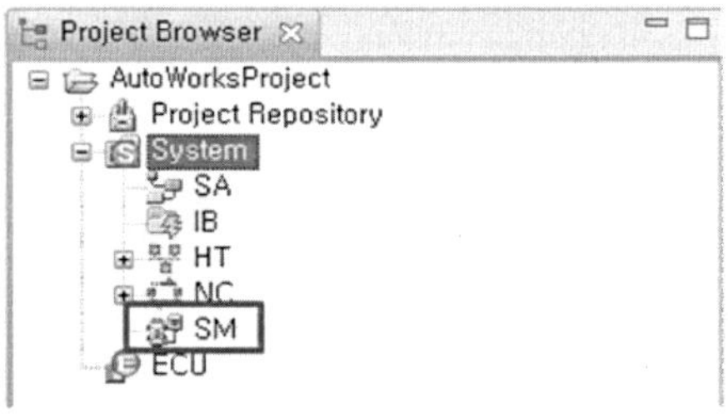

그림 7.217 SM 생성 확인

SM을 더블 클릭하면 그림 7.218과 같은 화면이 호출된다.

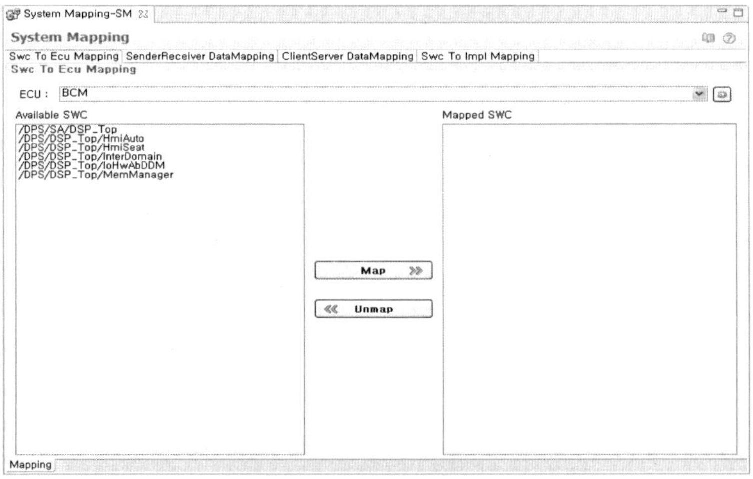

그림 7.218 SM 속성 설정

SM에서는 Software Component To Ecu Mapping, SenderReceiver DataMapping, ClientServer Mapping, Swc To Impl Mapping의 작업을 수행한다.

7.3.5.1 Swc To Ecu Mapping

Swc To Ecu Mapping은 선택된 ECU에 필요한 SW Component를 구성하는 작업이며 Swc To Ecu Mapping 탭에서 이 작업을 수행한다. Swc To Ecu Mapping 탭에서 사용자는 먼저 ECU를 선택한 후 컴포넌트 리스트에서 앞에서 선택한 ECU에 필요한 컴포넌트들을 Map 버튼과 Unmap 버튼을 이용하여 매핑 작업을 수행한다. 그림 7.219는 Swc To Ecu Mapping 탭을 클릭했을 때 호출되는 화면이다.

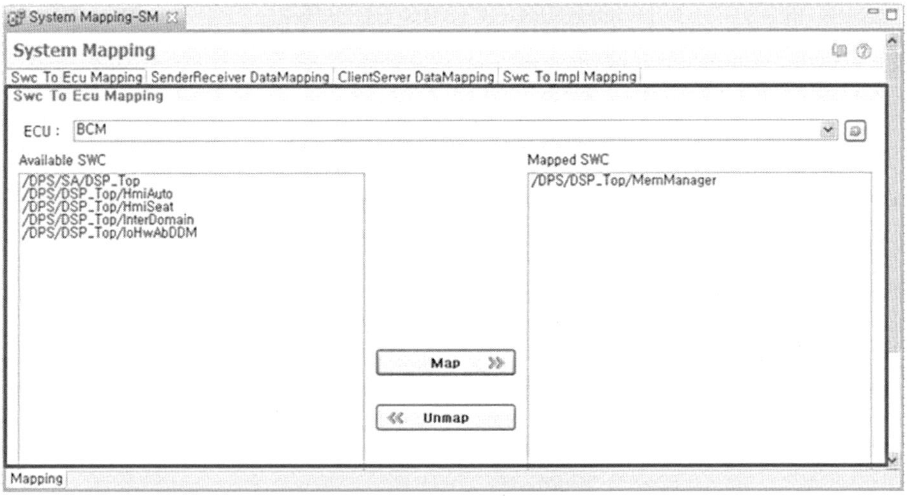

그림 7.219 Swc To Ecu Mapping 설정

각 항목의 의미는 다음과 같다.

- ECU : 컴포넌트들을 매핑할 ECU
- Available SWC : 현재 매핑 가능한 컴포넌트 리스트
- Mapped SWC : 현재 ECU 에 매핑 된 컴포넌트 리스트

7.3.5.2 SenderReceiver DataMapping

SenderReceiver DataMapping은 Sender-Receiver Communication의 매핑이며 각각의 SW Component의 DataElementPrototype에 SystemSignal을 매핑하는 작업으로 Sender Receiver DataMapping 탭에서 이 작업이 이루어진다. 그림 7.220은 SenderReceiver DataMapping 탭을 클릭했을 때 호출되는 화면이다.

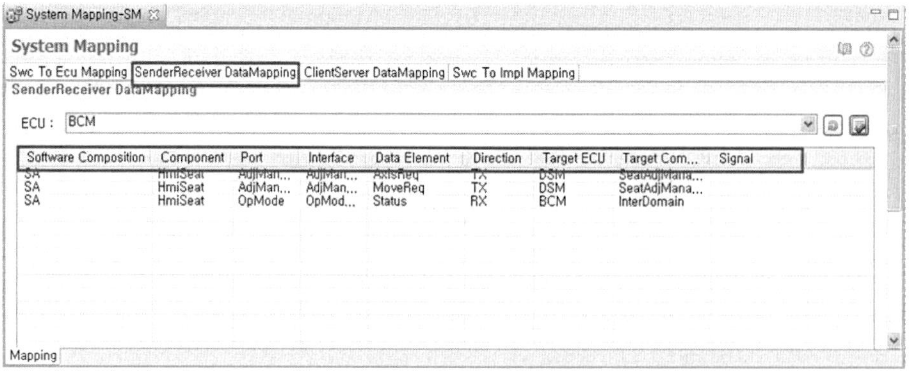

그림 7.220 SenderReceiver DataMapping 설정

그림 7.221에서는 해당 ECU와 매핑된 컴포넌트의 세부 정보 및 통신을 위해서 컴포넌트가 가지고 있는 포트에 대해 Signal을 설정할 수 있다.

Signal을 설정하기 위해서는 아래 화면의 빨간 선 부분을 선택하면 된다. 빨간색으로 표시된 부분을 선택하면 Signal을 수정할 수 있는 콤보박스가 나타나고, NC 부분에서 설정한 Signal 리스트가 보이게 되며 사용자는 이 리스트에서 Signal을 선택하고 상단의 아이콘을 클릭하면 된다.

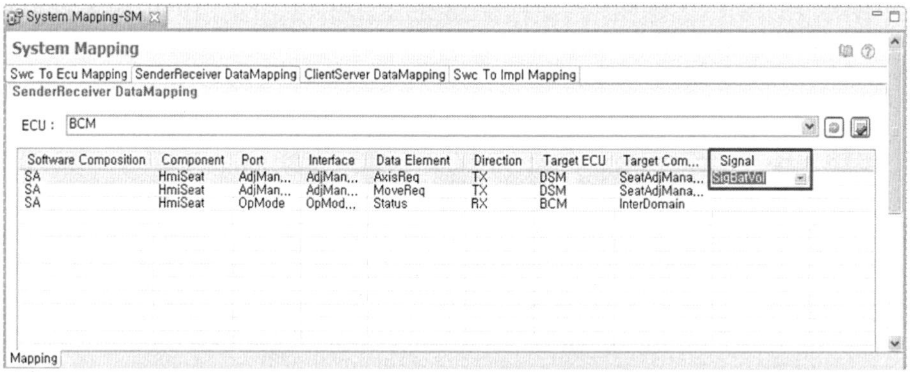

그림 7.221 컴포넌트가 가지고 있는 포트에 대해 Signal 설정

7.3.5.3 ClientServer DataMapping

ClientServer DataMapping은 Client-Server Communication의 매핑이며 각각의 SW Component의 OperationPrototype에 SystemSignal을 매핑하는 작업으로 ClientServer DataMapping 탭에서 이 작업이 이루어진다. 그림 7.222 화면은 ClientServer DataMapping 탭을 클릭했을 때 호출되는 화면이다

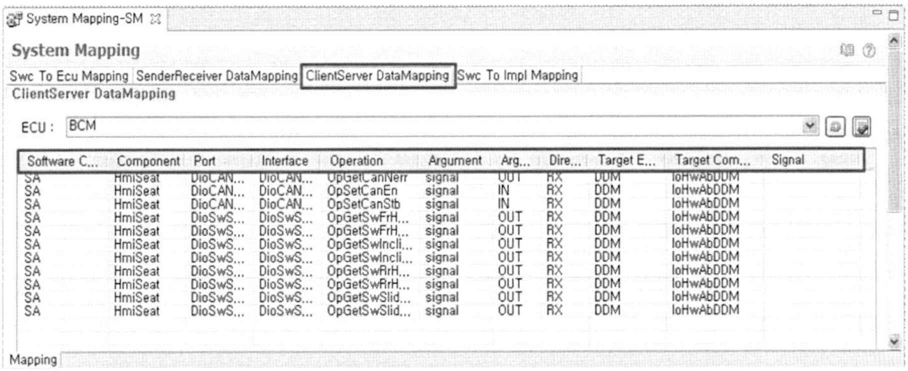

그림 7.222 ClientServer DataMapping 설정

그림 7.223 화면에서는 해당 ECU와 매핑된 컴포넌트의 세부 정보 및 통신을 위해서 컴포넌트가 가지고 있는 포트에 대해 Signal을 설정할 수 있다.

Signal을 설정하기 위해서는 아래 화면의 빨간 선 부분을 선택하면 된다. 빨간색으로 표시된 부분을 선택하면 Signal을 수정할 수 있는 콤보박스가 나타나고, NC 부분에서 설정한 Signal 리스트가 보이게 되며 사용자는 이 리스트에서 Signal을 선택하고 상단의  아이콘을 클릭하면 된다.

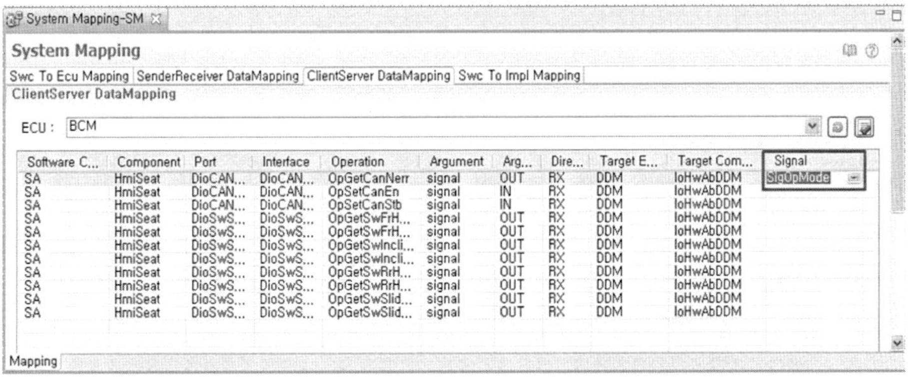

그림 7.223 컴포넌트가 가지고 있는 포트에 대해 Signal 설정

7.3.5.4 Swc To Impl Mapping

Swc To Impl Mapping은 Implementation의 매핑이며 각각의 Implementation과 Internal Behavior의 Software Component를 매핑하는 작업으로 Swc To Impl Mapping 탭에서 이 작업이 이루어진다. 그림 7.224 화면은 Swc To Impl Mapping 탭을 클릭했을 때 호출되는 화면이다.

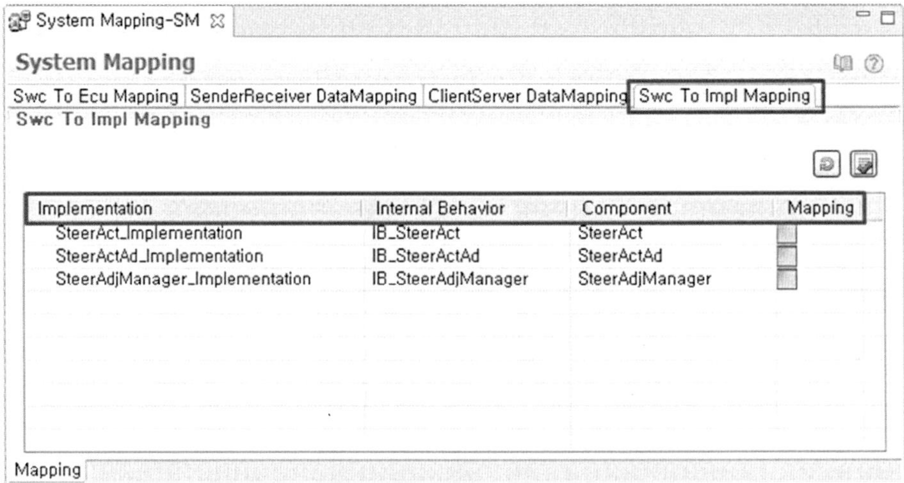

그림 7.224 Swc To Impl Mapping 설정

위 화면에서는 명시된 각 Implementation과 매핑 가능한 한 개의 Component들이 나열되어 있다. 해당 Implementation 과 Component들을 매핑하기 위해선 Mapping 부분인 빨간선 안의 체크박스들을 마우스 클릭으로 체크해 주면 된다. 매핑이 되었으면 체크된 박스 모양, 매핑이 되지 않았으면 빈 체크 박스 모양이 호출된다. 매핑을 한 후에는 상단의  아이콘을 클릭하면 된다.

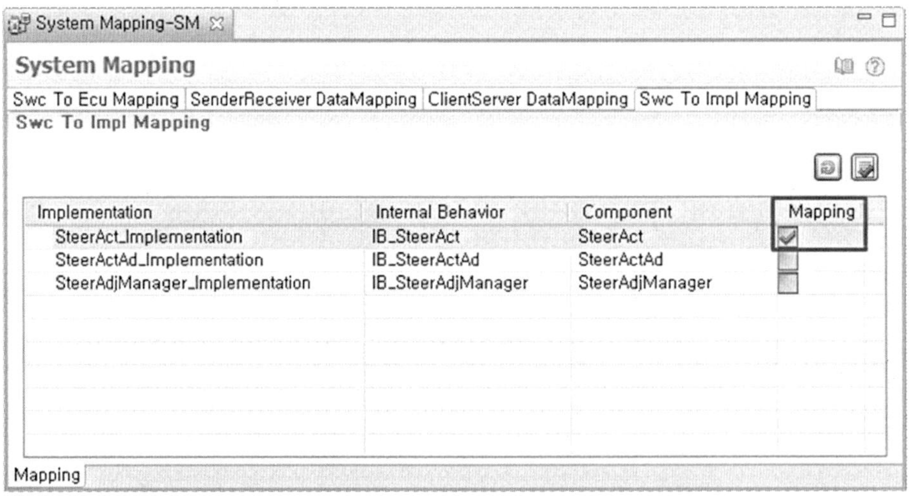

그림 7.225 Swc To Impl Mapping 속성 설정

7.3.5.5 기타 기능

① Validation

AutoWorks는 arxml 파일을 읽고 사용하는 데 처음부터 잘못된 arxml 파일을 읽어왔을 경우 AutoWorks 프로그램을 진행함에 있어 문제가 발생할 소지가 있다. 그래서 이러한 문제점을 미연에 방지 또는 찾아 처리를 목적으로 하는 validation 기능이 존재한다.

- Project Browser의 SM에서 오른쪽 버튼 -> validation 선택

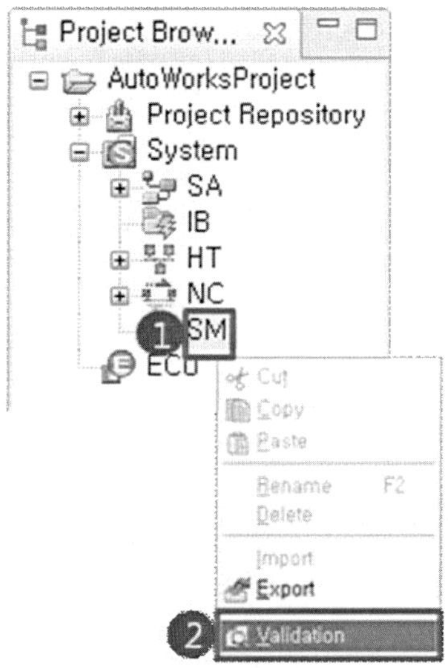

그림 7.226 SM Validation 기능

Validation을 선택함과 동시에 그림 7.227과 같은 ProgressBar가 호출되고 초록색 바가 올라감과 동시에 Resource Manager에 있는 instance와 레퍼런스를 체크한다.

그림 7.227 SM Validation Progress Bar

Validation 체크가 끝나고 문제가 발생하지 않았을 때는 상관이 없지만, 문제가 있다면 그림 7.228의 Problem 뷰어에 해당 에러들의 정보가 호출된다.

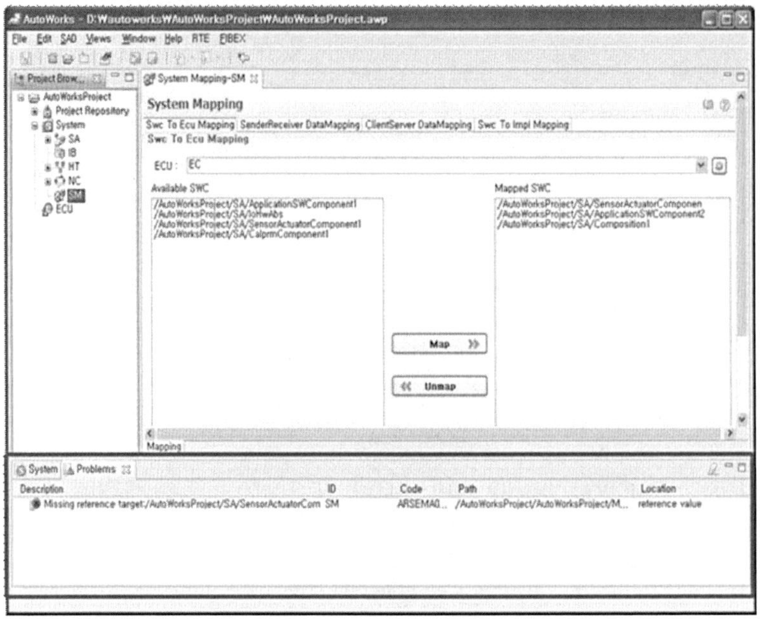

그림 7.228 SM Validation 결과

해당 에러를 마우스 클릭할 경우 그림 7.229와 같이 에러가 발생한 instance 정보를 보여줌으로써 문제 해결이 가능하다.

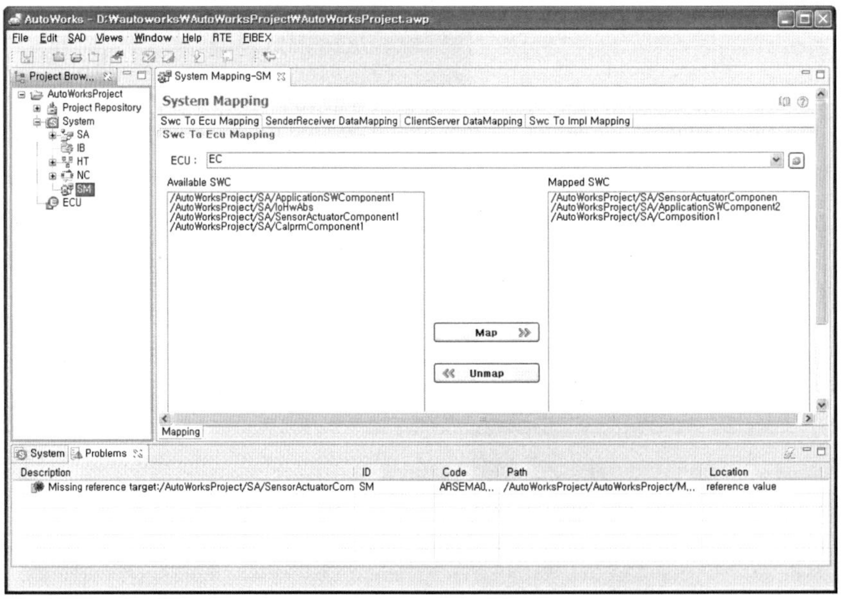

그림 7.229 에러가 발생한 Instance의 정보

7.3.6 FIBEX Importer

FIBEX는 ASAM 협회에서 개발한 자동차에 이용되는 네트워크에 근거한 대표적인 표준 체재이다. 그리하여 AutoWorks에서도 FIBEX로 이루어진 파일들을 import할 수 있는 기능을 제공하기 위해 만들어진 부분이 FIBEX Importer이다.

- AutoWorks의 메뉴 바의 FIBEX 클릭 -> FIBEX Import 클릭

FIBEX는 네트워크 통신 체계이므로 반드시 HT와 NC가 존재해야 한다. 만약 HT와 NC가 Project Browser에 존재하지 않는다면 그림 7.230과 같은 메시지가 호출된다.

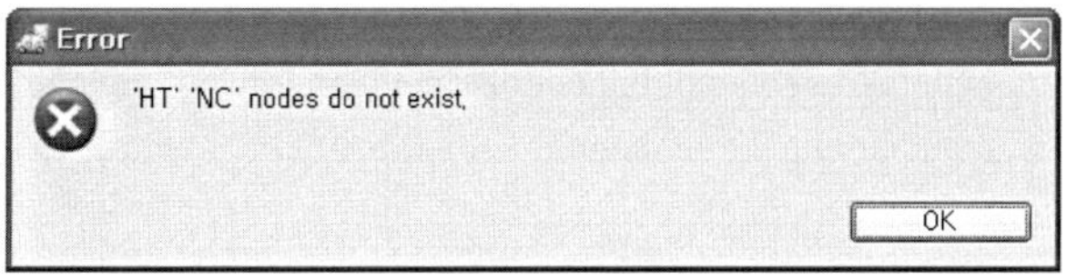

그림 7.230 HT와 NC가 없을 경우 에러 메시지

Project Browser에 HT와 NC가 존재한다면 그림 7.231과 같은 다이얼로그 창이 호출된다.

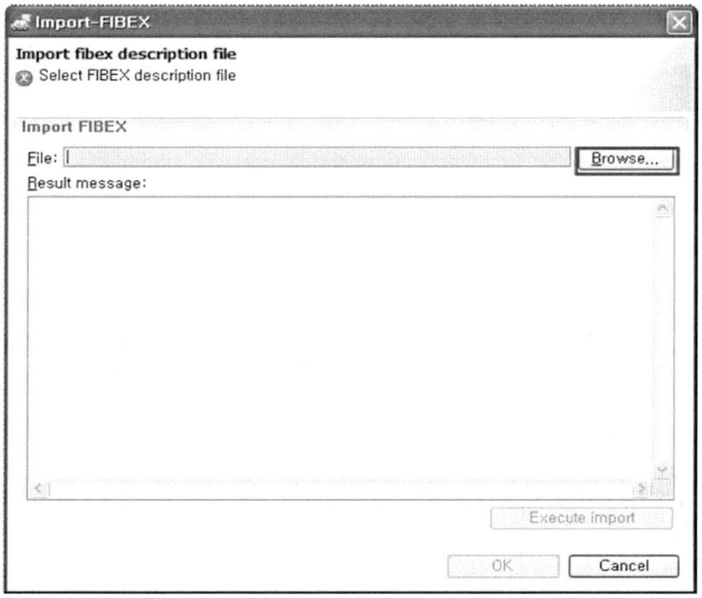

그림 7.231 Import Fibex 기능

FIBEX 파일을 찾기 위해 Browse... 버튼을 클릭하고 xml로 만들어진 FIBEX 파일을 선택하면 해당 파일 정보가 보여지고, 비활성화 상태였던 Excute Import 버튼이 활성화된 것

을 그림 7.232와 같이 확인할 수 있다.

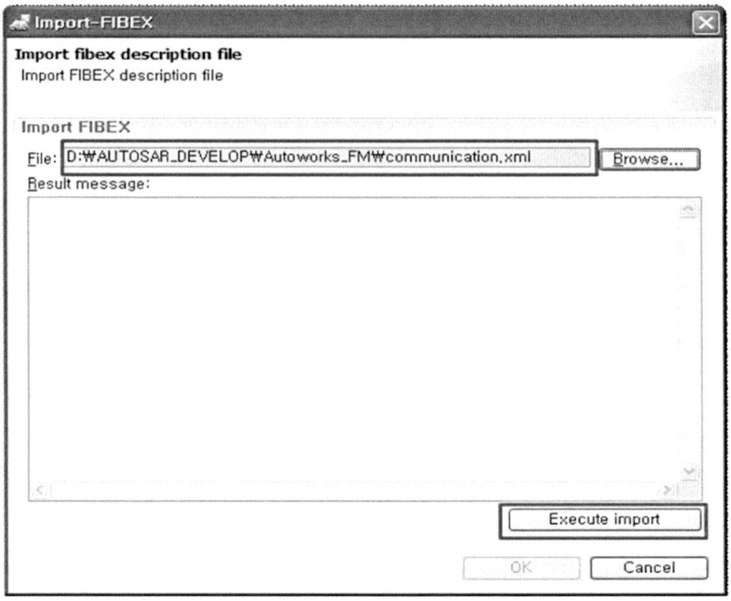

그림 7.232 FIBEX 파일 선택

Execute Import 버튼을 클릭하면 해당 FIBEX 파일의 내용을 읽어온다.

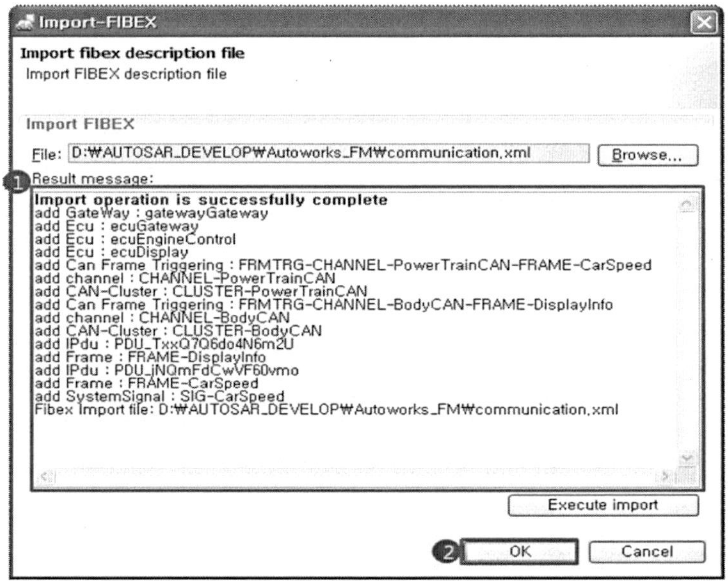

그림 7.233 FIBEX 파일 읽어오기

OK 버튼을 누르면 읽어온 FIBEX 파일의 내용을 HT와 NC에 Import하고 Cancel 버튼을 누르면 Import가 취소된다. 그림 7.234는 Import가 이루어진 후, HT와 NC에 Import된 내용이 적용된 Project Browser의 모습이다.

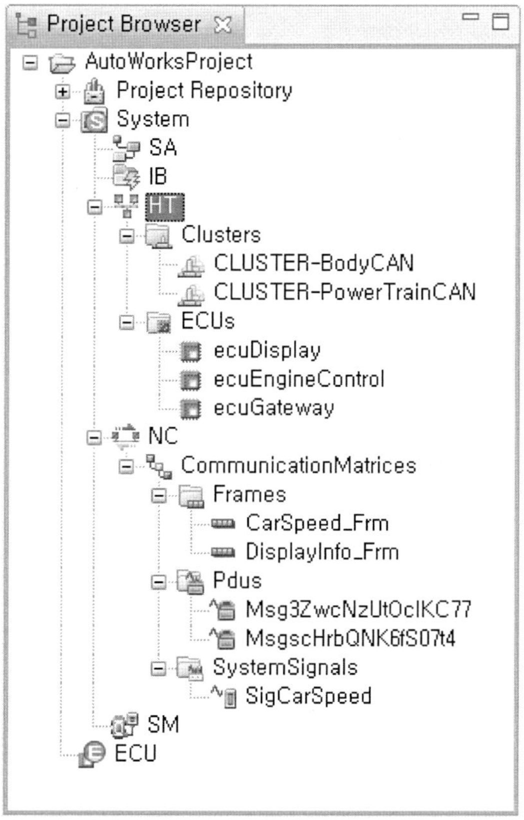

그림 7.234 FIBEX Import 결과 확인

7.4 ECU 설계

7.4.1 ECU 추출

System Design이 끝났다면 다음에 할 일은 ECU를 추출하는 작업을 수행해야 한다.

- ECU에서 오른쪽 버튼 -> ECU EXTRACT

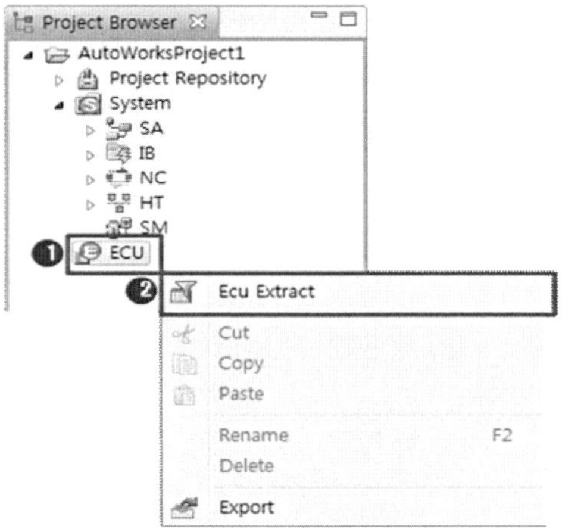

그림 7.235 ECU 추출 기능

ECU Extract를 클릭하면 그림 7.236과 같은 다이얼로그 창이 호출된다.

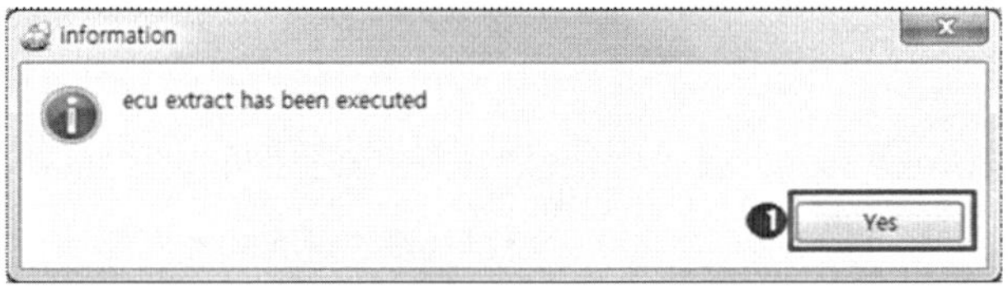

그림 7.236 ECU 추출 기능 수행 결과

Yes 버튼을 누른 후 ECU 부분을 확장하면 시스템 설계의 HT에서 생성한 ECU가 추출된 것을 확인할 수 있다.

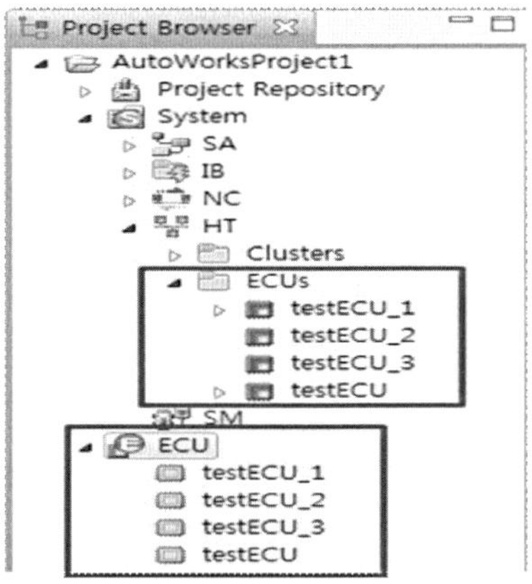

그림 7.237 ECU 추출 결과 확인

7.4.2 ECU Basic Software(BSW) 모듈 설정

ECU 추출이 끝났다면 다음에 할 일은 추출한 ECU에서 사용할 BSW 모듈을 설정하는 것이다.

- 설정할 ECU에서 오른쪽 버튼 -> Basic Configurator 클릭

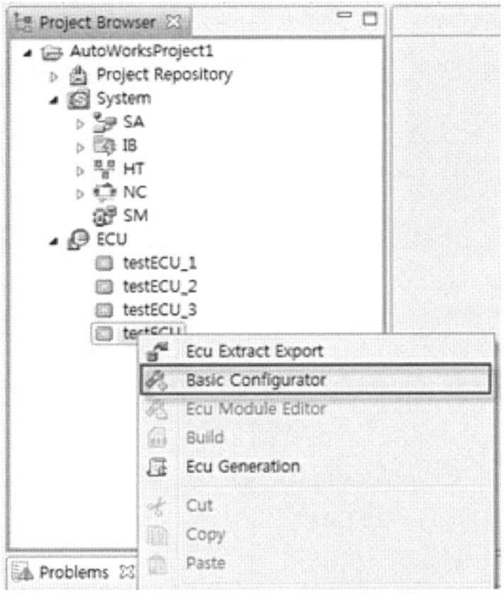

그림 7.238 Basic Configurator 실행

Basic Configurator를 클릭하면 아래와 같이 ECU 밑에 Basic Configurator가 추가된다.

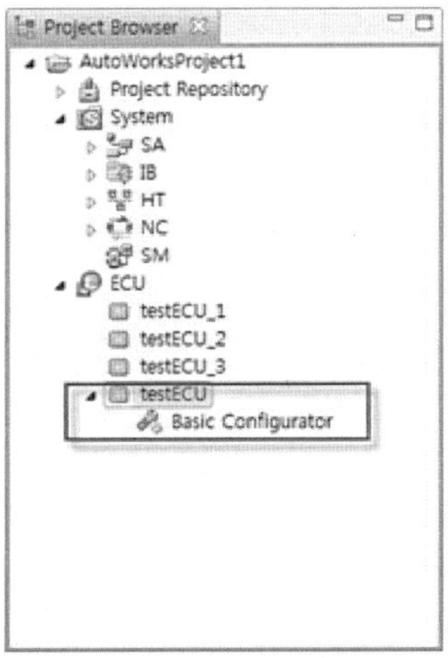

그림 7.239 Basic Configurator 추가 확인

Basic Configurator를 더블 클릭하면 그림 7.240과 같은 Tree Table 뷰 에디터가 뜨는데 테이블 컬럼 중에 Service PortName 필드를 입력하여 서비스 모듈에서 응용 SWC에 제공된 포트이름을 명시한 후, 우측 상단의 버튼을 눌러 BSW service와 응용 SWC 간의 커넥터를 생성한다.

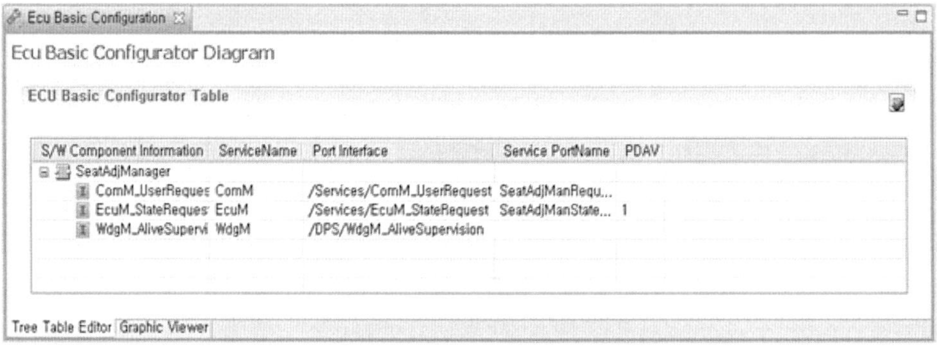

그림 7.240 Basic Configurator 에디터 실행

생성된 커넥션 정보는 Graphic Viewer 탭으로 확인 가능하여 BSW service와 응용 SWC 간의 연관관계를 직관적으로 보여준다.

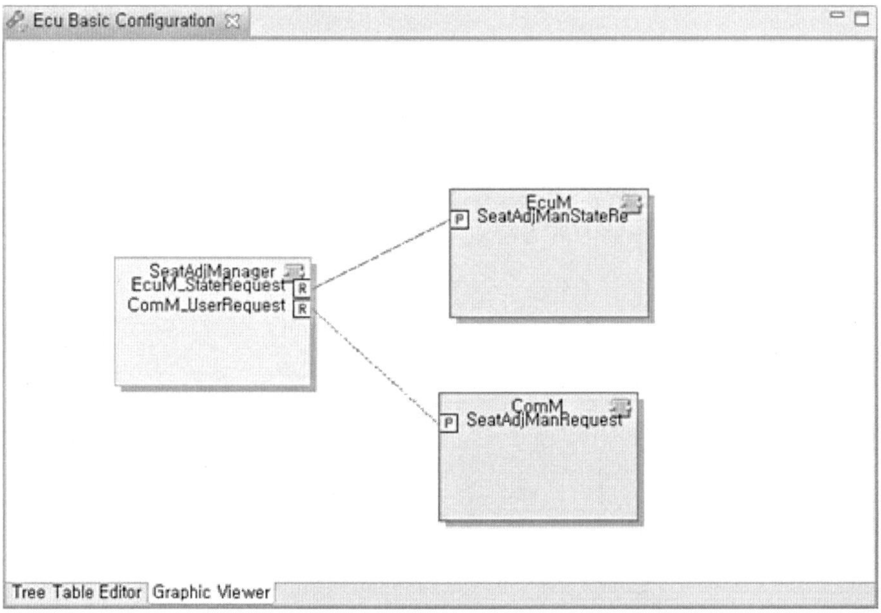

그림 7.241 Basic Configurator Graphic Viewer 실행

Basic Configurator 설정이 끝나면 앞에서 선택한 ECU에서 오른쪽 버튼 -> Ecu Module Editor 선택하여 ECU 모듈을 선택하는 단계로 넘어간다.

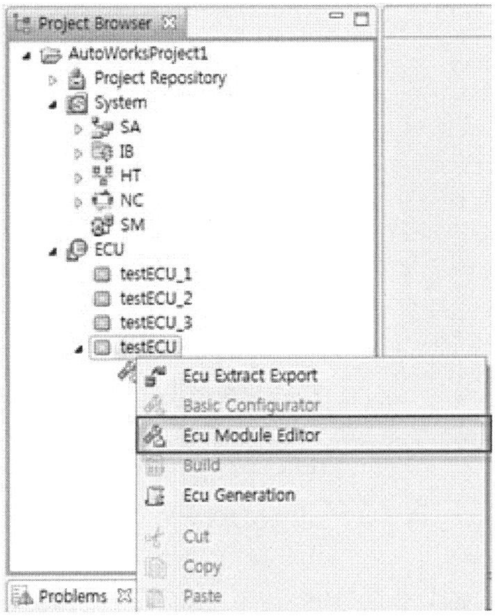

그림 7.242 Ecu Module Editor 선택

Ecu Module Editor를 클릭하면 그림 7.243과 같이 Basic Configurator 밑에 Ecu Module Editor가 추가되며 EcuC(ECU Configuration) 모듈이 자동으로 추가된다.

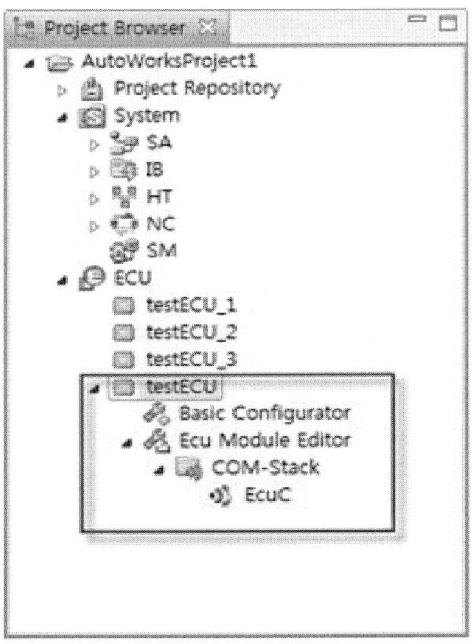

그림 7.243 Ecu Module Editor 추가 확인

- Ecu Module Editor에서 오른쪽 버튼 -> Module Configurations 클릭

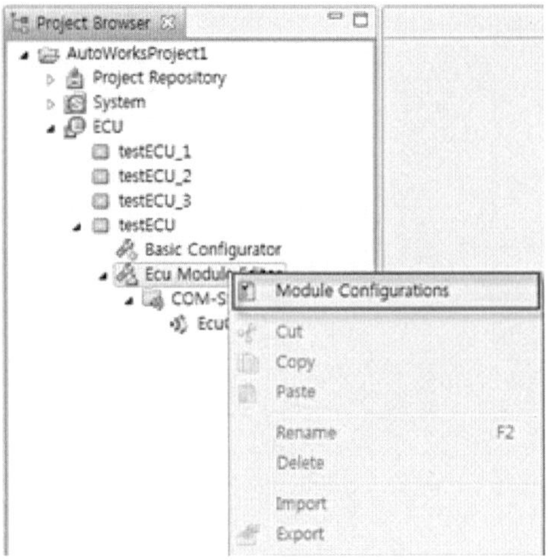

그림 7.244 Module Configuration 선택

Module Configurations을 클릭하면 그림 7.245와 같이 ECU에 설정할 수 있는 BSW 모듈 리스트가 호출된다

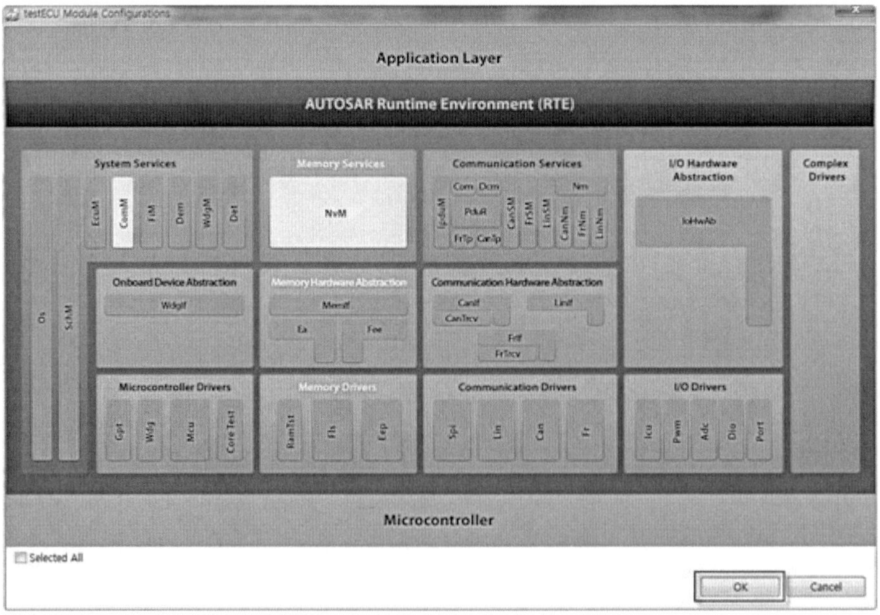

그림 7.245 BSW 모듈 리스트

사용자는 ECU에서 사용할 BSW를 선택하여 설정할 수 있다. 그림 7.246은 Memory 그룹에 속하는 NvM(NVRAM Manager module)과 System 그룹에 속하는 ComM(Communication Manager module)을 선택한 화면이다.

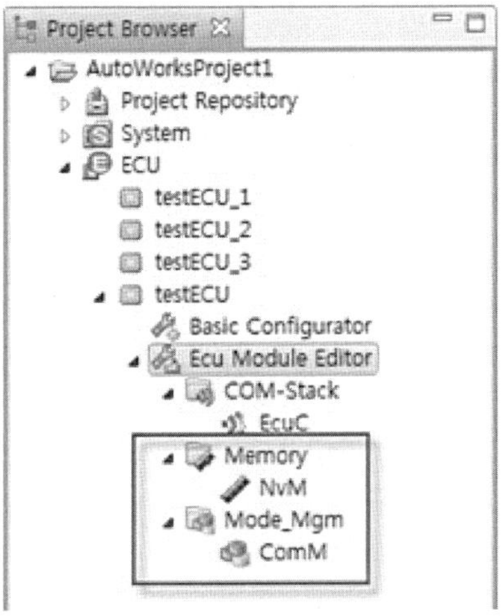

그림 7.246 ECU에서 사용할 BSW 선택

앞에서 선택한 BSW 모듈을 설정하기 위해서는 추가된 BSW 모듈을 더블 클릭해야 한다. 그림 7.247은 ComM 모듈을 더블 클릭했을 때 호출된 화면이다.

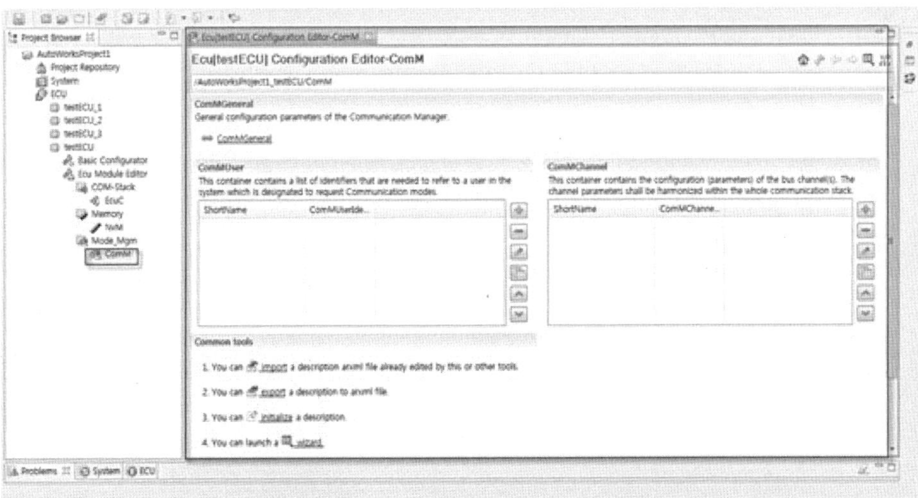

그림 7.247 BSW 모듈 세부 설정 창

사용자는 그림 7.247의 오른쪽 영역에서 해당 BSW 모듈을 설정할 수 있다. 또한, 그림 7.248에 있는 Wizard 아이콘 또는 Common tools에 있는 Wizard를 선택하면 해당 모듈의 Wizard를 실행할 수 있으며 이를 통해 사용자는 좀 더 쉽게 해당 BSW 모듈을 설정할 수 있다.

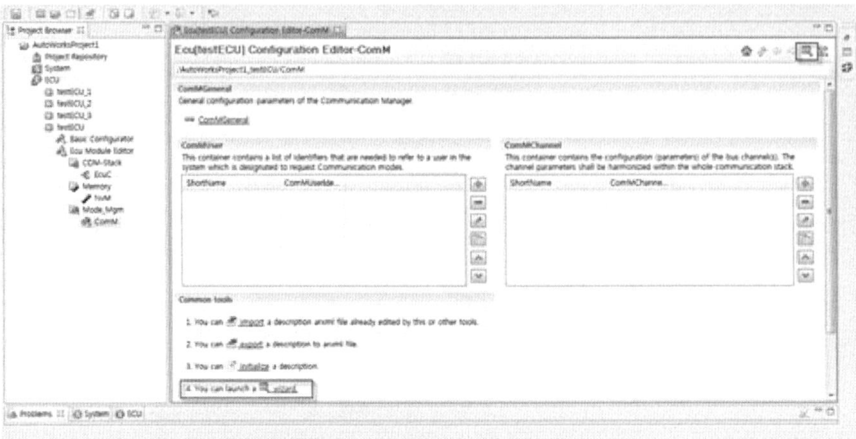

그림 7.248 BSW 모듈 Wizard

그림 7.249는 ComM 모듈의 Wizard를 실행한 화면이다.

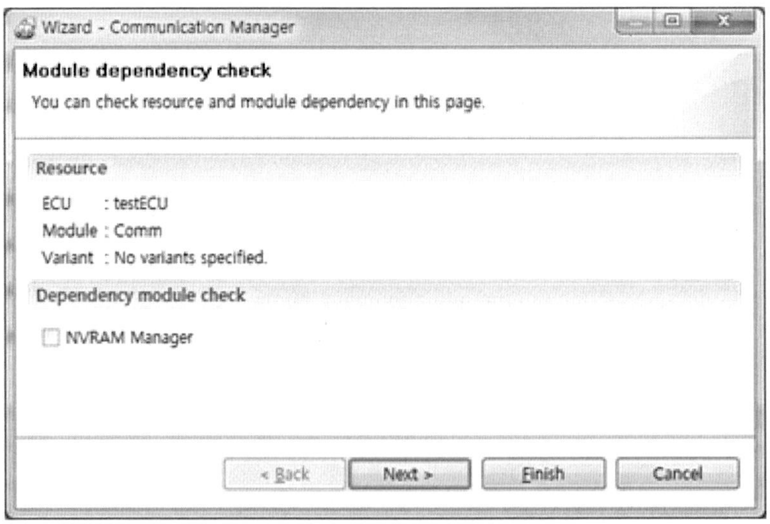

그림 7.249 ComM Wizard 실행 창

BSW 모듈 설정 및 Wizard 사용 방법에 대해서는 각각의 BSW 모듈을 설명하는 부분에서 좀 더 자세히 설명할 예정이다.

사용자는 BSW 모듈의 설정을 완료한 후 Build를 사용하여 Make 파일을 생성할 수 있다. ECU에서 오른쪽 버튼 -> Build 클릭한다.

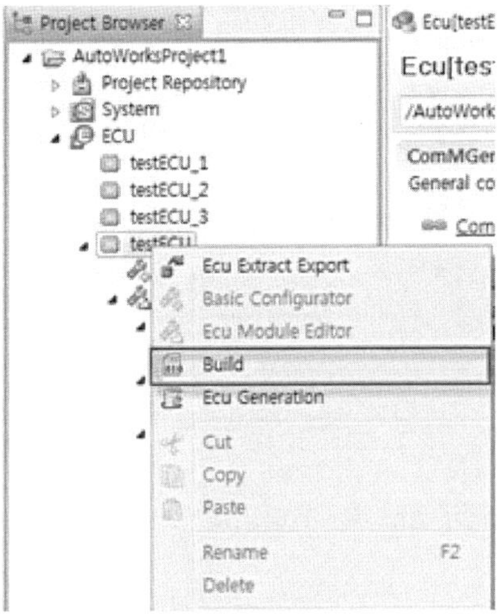

그림 7.250 Build 기능

Build를 클릭하면 그림 7.251과 같이 ECU 밑에 Build가 추가된다.

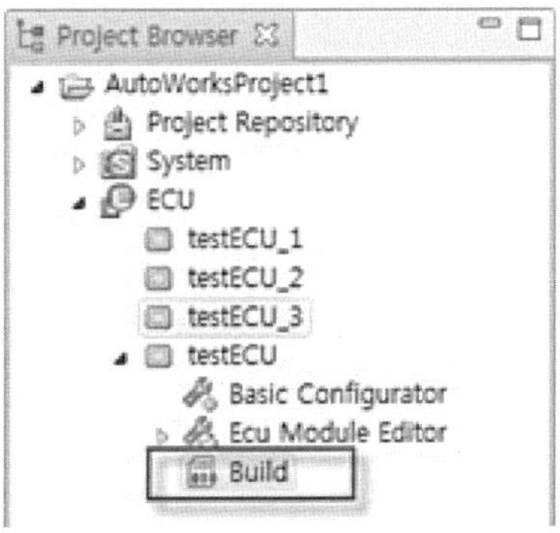

그림 7.251 Build 추가 확인

사용자는 Build를 수행하기 위하여 Build의 오른쪽 마우스 클릭 -> Ecu Generation을 실행한다.

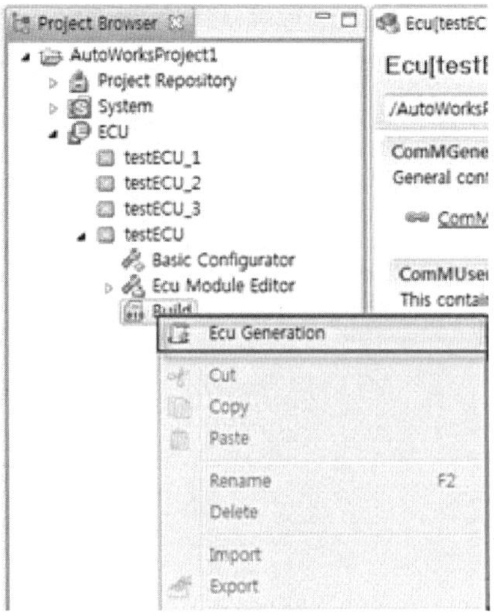

그림 7.252 Ecu Generation 기능

그림 7.253은 실행이 완료되면 활성화되는 다이얼로그다. Details를 클릭하면 세부 내용을 확인할 수 있다.

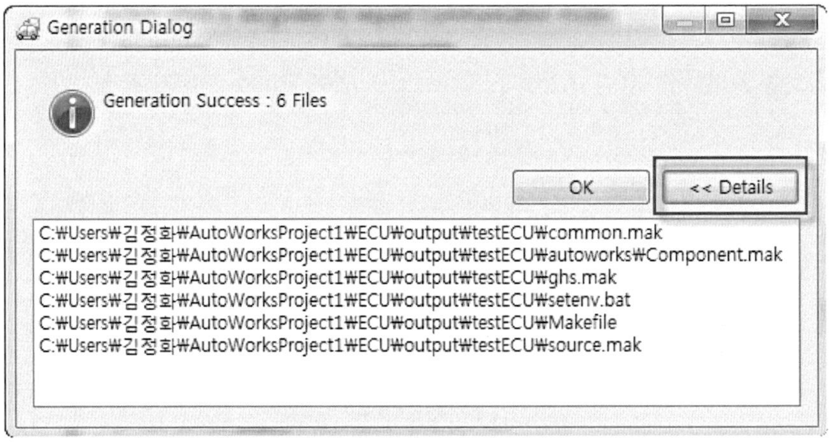

그림 7.253 Ecu Generation 결과

08 WAVE 응용을 위한 AUTOSAR SWC 개발

8.1 CAN의 개요

자동차의 편리한 운행을 위하여 여러 가지 다양한 전자장비들이 차량 내부에 도입되게 되었다. 엔진과 동력계통뿐만 아니라 섀시와 각종 편의 장치들에는 많은 마이크로컨트롤러(microcontroller)를 사용하여 각 장치들을 모니터링하고 제어하고 있다. 각 장치 및 센서들의 정보를 입력받아 하나의 제어기로 처리하기 위해서는 배선의 수가 증가하게 되어 차량 내부에서 선로의 배치설계에 많은 문제점이 발생하고 연비나 접촉 불량과 같은 자동차 성능의 신뢰성 저하 및 각종 고장을 일으키는 직접적인 원인을 제공하기도 한다. 이러한 문제를 개선하기 위하여 MOST, FlexRay, CAN, LIN과 같은 차량 내 센서 네트워크 시스템을 활용할 수 있다.

8.1.1 CAN이란?

CAN(Controller Area Network)은 초기에 자동차 산업(automotive industry) 분야에 적용하기 위해 고안된 고속의 직렬 네트워크 방식의 통신 프로토콜 표준이다. 그림 8.1은 차량 내부의 CAN 네트워크 방식을 간략하게 나타내었다. Bus wiring 방식은 Point-to-Point와 비교하여 여러 장점들을 가지고 있다. Bus wiring 방식을 사용하면 차량 내 배선을 감소시킬 수 있기 때문에 차량 중량의 감소와 이에 따른 연비를 증가시킬 수 있다. 또한, 생산 공정 단순화 및 다양한 차종의 설계 및 네트워크 기반의 고장 진단이 용이하다. 그러나 하나의 ECU에서 네트워크가 중단될 경우 네트워크를 사용하는 전체 기능이 중지되고, 네트워크 내에서 동시에 송신/수신이 불가능하다는 단점을 가지고 있다. CAN은 1993년에 ISO 11898(1 Mbps 이상의 고속 통신)과 ISO 11519(125 Kbps까지의 통신)로 표준화가 되었다. CAN의 최대 데이터 전송률은 1 Mbps로 빠른 데이터 전송 속도와 전기적인 잡음 환경에서

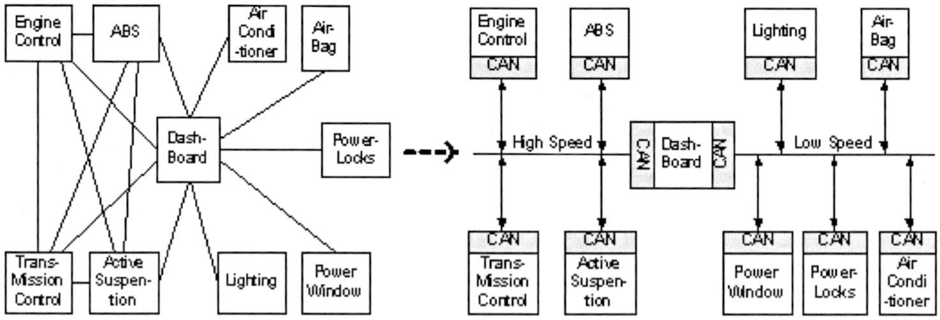

그림 8.1 Point-to-Point 방식과 Bus wiring 방식

의 높은 면역성, 그리고 뛰어난 오류 검출과 보정 기능, 다중 마스터 통신방식, 저 비용의 전송매체 등의 특징을 가지고 있다. 그 결과, 현재 CAN은 자동차 산업분야를 포함하여 항공 우주 산업, 의료 산업과 제조 산업들에서도 폭넓게 응용되고 있다.

8.1.2 CAN의 특징

차량 내부에서 사용되는 CAN 버스는 각각의 마이크로컨트롤러 사이에서 통신망을 형성하며, 2가닥의 꼬임선(Twist pair wire)으로 연결되며 반이중 통신(Half duplex) 방식으로 메시지를 주고받을 수 있다. CAN 메시지에 있는 식별자(ID : Identifier)의 길이에 따른 두 가지 모드로 구분하게 된다.

- 표준 CAN(버전 2.0A) : 11비트 식별자 기반 노드 구별
- 확장 CAN(버전 2.0B) : 29비트 식별자 기반 노드 구별

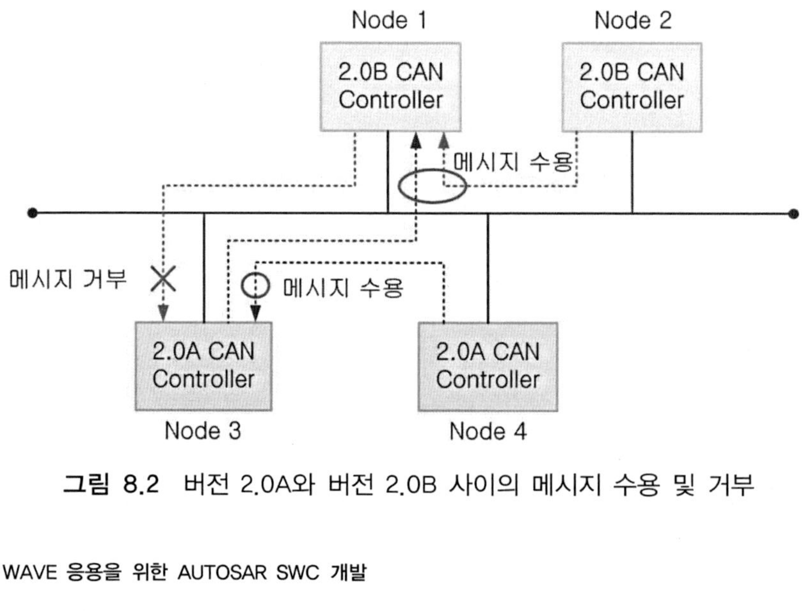

그림 8.2 버전 2.0A와 버전 2.0B 사이의 메시지 수용 및 거부

그림 8.2는 표준 CAN(버전 2.0A)과 확장 CAN(버전 2.0B) 사이의 메시지 수용 및 거부 관계를 보여준다. 표준 CAN(버전 2.0A)은 오직 표준 CAN 포맷 방식의 메시지만 전송 및 수신이 가능하며, 확장 CAN(버전 2.0B)의 메시지를 수신하게 되면 그 데이터는 무시하게 된다. 그러나 확장 CAN(버전 2.0B) 포맷 방식은 양쪽 모두의 메시지 포맷을 모두 송수신 가능하다.

CAN 통신 프로토콜은 OSI 7계층 중 물리 계층(Physical layer), 데이터 링크 계층(Data link layer), 응용 계층(Application layer)으로 정의할 수 있다.

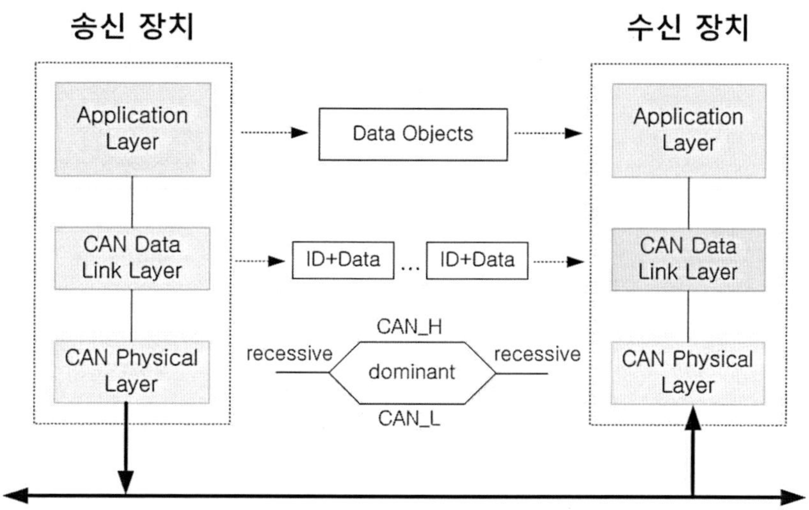

그림 8.3 OSI 통신 계층 간의 데이터와 신호 변환

그림 8.3은 CAN 통신 프로토콜이 OSI 통신 계층 간의 데이터와 신호의 변환을 보여주고 있다. CAN은 논리적으로 '1'로 표현되는 열성(Recessive)과 논리적으로 '0'으로 표현되는 우성(Dominant)의 두 가지 버스 상태를 규정하고 있다. 열성과 우성의 상태를 구현하기 위해 차동전압(DV : Differental Voltage)을 정의하고 있다.

8.1.3 CAN의 원리

그림 8.4는 CAN bus의 중재를 나타낸 것으로 동시에 여러 개의 노드에서 데이터를 전송하고자 할 때 버스 레벨이 0 V일 때 우선권이 주어지고, 5 V일 때 버스 사용권을 양보하게 된다. 이와 같이 여러 개의 node에서 발생된 identifier의 값이 0 bit를 많이 가지고 있는 노드가 생존하게 되고 결국 버스 사용권을 획득하게 되어 정보를 전송하게 된다.

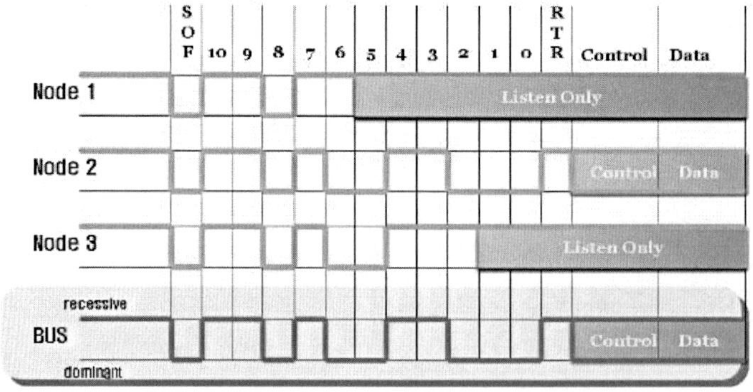

그림 8.4 CSMA/CA 방식의 CAN bus 중재 과정

CAN 노드는 일반적으로 마이크로컨트롤러와 CAN controller 그리고 CAN transceiver로 구성된다. CAN transceiver는 버스에 직접 연결되는 물리 계층 소자이고 수신된 신호를 CAN controller에 전달하며, 역으로 CAN controller에서 전달받은 신호를 물리 계층의 조건에 맞게 변환한 후 버스에 실어 다른 노드로 전송한다. CAN controller는 CAN transceiver에서 받은 신호를 이용하여 동기를 맞춘 후 데이터 포맷에 따른 프로토콜의 분석 절차에 의해 버스 사용권 조정획득 여부를 결정하고 Host processor와 연동하여 데이터를 전송한다.

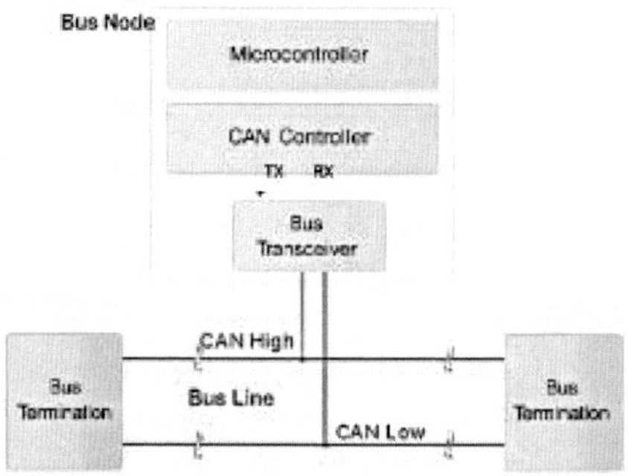

그림 8.5 CAN 하드웨어 구성

8.2 CAN 통신 구성

CAN 통신은 1985년 자동차 업체인 벤츠의 요구에 의하여 자동차 부품 업체인 독일의 Bosch 사에서 차량 네트워크용으로 최초 개발되었다고 한다. 이후에 유사한 구조를 가지

는 선박, 중장비 차량, 열차, 산업 자동화 등에서 널리 적용되고 있는 필드 버스 방식의 하나이다.

초기에 자동차 제조업체들은 일대일(Point-to-Point) 통신 시스템을 사용하여 차량 내 전자장치를 연결하였다. 하지만 차량 내에 탑재되는 전자장치들이 많아짐에 따라 배선 장치는 공간 및 무게로 인한 비용이 증가하게 되었고, 서로 다른 세 개의 전자장치 사이의 통신을 위해서는 일대일 통신 방식이 적합하지 않아 다중통신(Multi Master Communication) 방식이 필요하게 되어 CAN이 탄생하게 되었다. 이에 따라 업체들은 배선의 비용, 배선의 복잡성, 배선의 공간 그리고 무게를 경감시킬 수 있었다. 그 후 최초로 집적화된 CAN 부품은 1987년 인텔에 의해 생산되었다.

지속적인 개발로 인하여 현재는 CAN Controller가 내장된 많은 프로세서가 출시되고 있고, 그 중에서 AT90CAN128은 가장 널리 사용된다.

8.2.1 AT90CAN128의 CAN 특징

AT90CAN32/64/128 CAN 제어기는 CAN 규격 2.0 Part A와 Part B에 대하여 완전하게 호환된다. 다음과 같이 ISO/OSI 기준 모델에 따라 CAN버스 프로토콜이 구현된다.

- 데이터 링크 계층(Data Link Layer)
  - 논리적인 연결제어(LLC, logical link control) 서브 레이어
  - 매체 접근 제어(MAC, medium access control) 서브 레이어
- 물리 계층(Physical Layer)
  - 물리적 신호(PLS, physical signalling) 서브 레이어
  - 물리적 매체 공격(PMA, physical medium attack)을 지원하지 않음
  - 매체 의존적인 인터페이스(MDI, medium dependent interface)를 지원하지 않음

CAN 제어기(CAN Controller)는 모든 형태의 프레임(데이터, 원격제어, 오류, 오버로드)을 1 Mbps의 전송 속도로 처리할 수 있다. AT90CAN128의 CAN 특징을 정리하면 다음과 같다.

- 완전한 CAN Controller
- CAN 표준 버전 2.0A와 버전 2.0B 호환
- 15MOb(Message Object)
- CAN 표준 2.0A 버전, 11비트 식별 태그
- CAN 표준 2.0B 버전, 29비트 식별 태그
- 8바이트 데이터 버퍼
- Tx, Rx 프레임 버퍼 혹은 자동 응답 구성
- 최대전송속도 : 8 MHz에서 1 Mbits/sec 전송

8.2.1.1 CAN controller 구조

AT90CAN32/64/128의 CAN 제어기는 CAN 2.0B 능동형으로 구현되어 있다. AT90CAN128의 Full CAN 제어기는 편리한 수신 필터링과 메시지 관리를 위한 전반적인 하드웨어 환경을 제공한다. 송신 혹은 수신되어야 할 각 메시지에 대하여 CAN 제어기 모듈은 메시지에 관련된 모든 정보(ID, 데이터, 바이트)를 저장하는 메시지 객체(Message object)라는 것을 포함하고 있다.

Full CAN 제어기의 구성은 CAN 데이터 버퍼, 메시지 객체, 그리고 CAN 채널로 구성된다.

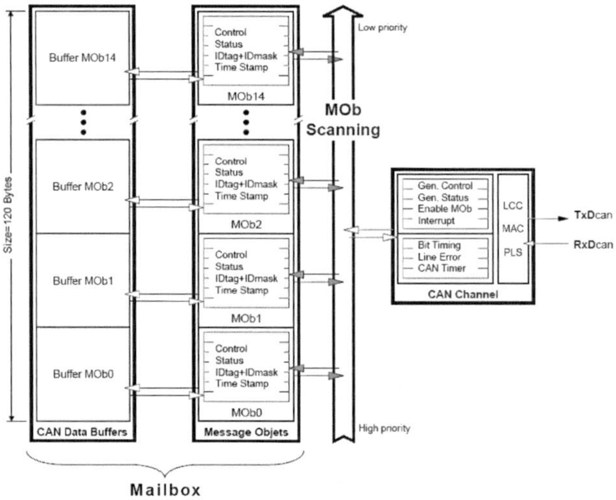

그림 8.6 CAN Controller 구조

8.2.1.2 CAN 채널(Channel)

AT90CAN128의 CAN 채널 모드는 다음과 같다.

- 허용 모드(Enabled Mode)
  - CAN 채널(내부 TxCAN과 RxCAN)이 허용됨
  - 입력 클록이 가능함
- 대기 모드(Standby Mode)
  - 송신기가 지속적으로 낮은 레벨을 공급하고 수신기를 사용할 수 없음
  - 입력 클록은 가능
  - 레지스터와 페이지는 접근가능
- Listening 모드

- 내부 RxCAN에 대하여 내부 TxCAN 하드웨어 루프백이 가능
- TxCAN 출력 핀에 낮은 레벨을 제공
- RxCAN 입력 핀을 사용 못하게 할 수 없음
- REC와 REC 오류 카운터를 발생시키지 않음

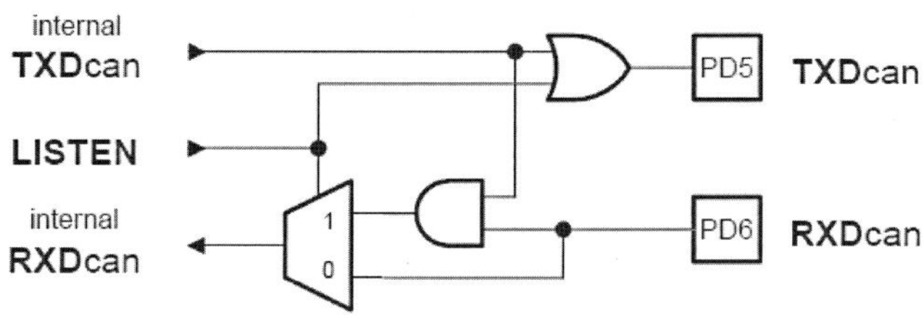

그림 8.7 Listening 모드

8.2.1.3 Message Object

MOb는 CAN 프레임의 서술자(descriptor)이다. MOb는 프레임을 처리하기 위한 모든 정보를 포함한다.

- 불가모드(Disable mode)
- 송신모드(Transmit mode)
- 수신모드(Receiver mode)
- 자동응답모드(Automatic reply)
- 프레임버퍼 수신 모드(Frame buffer receive mode)

모든 MOb들은 각각 동작모드를 결정하는 필드에 의하여 설정된다. MOb 동작모드는 CONMOB 레지스터에 의하여 결정된다.

표 8.1 MOb의 구성

MOb 설정		유효 응답	RTR Tag	동작모드
0	0	X	X	disable(비활성화)
0	1	X	0	Tx 데이터 프레임
		X	1	Tx 원격 프레임
1	0	X	0	Rx 데이터 프레임
		0	1	Rx 원격 프레임
		1		Rx 원격 프레임,Tx 데이터 프레임
1	1	X	X	프레임 버퍼 수신모드

8.2.1.4 CAN 레지스터

AT90CAN128은 Atmel 사의 확장된 CAN 기능을 가진 8비트 AVR Flash 마이크로컨트롤러로 16 MIPS의 연산 속도와 풍부한 기능을 결합하고 있다. AT90CAN128은 단일칩에 기존의 mega128의 기능과 V2.0A/V2.0B CAN 제어기를 통합하고 있다. 이 CAN 제어기는 15개의 독립된 메시지 객체를 고속으로 프로그램 할 수 있다. 이 제어기는 16개의 MIPS AVR RISC 엔진, 128 KB Flash 프로그램 메모리, 4 KB의 RAM과 온칩 EEPROM을 구비하고 있다.

8.2.1.4.1 CANGCON (CAN General Control Register)

- CAN 통신의 동작을 설정하는 기능을 수행

7	6	5	4	3	2	1	0
ABRQ	OVRQ	TTC	SYNTTC	LISTEN	TEST	ENA/STB	

– 비트 7 : ABRQ(Abort Request)
– 비트 6 : OVRQ(Overload Frame Request)
– 비트 5 : TTC(Time Trigger Communication)
– 비트 4 : SYNTTC(Synchronization of TTC)
– 비트 3 : LISTEN(Listening Mode)
– 비트 2 : TEST(Test Mode)
– 비트 1 : ENA/STB(Enable/Standby Mode)
– 비트 0 : SWRES(Software Reset Request)

8.2.1.4.2 CANGSTA (CAN General Status Register)

- CAN Controller의 상태를 나타내는 기능을 수행

7	6	5	4	3	2	1	0
–	OVRG	–	TXBSY	RXBSY	ENFG	BOFF	ERRP

– 비트 7, 5 : 예약된 비트
– 비트 6 : OVRG(Overload Frame Flag)
– 비트 4 : TXBSY(Transmitter Busy)
– 비트 3 : RXBSY(Receiver Busy)
– 비트 2 : ENFG(Enable Flag)
– 비트 1 : BOFF(Bus Off Mode)
– 비트 0 : ERRP(Error Passive Mode)

8.2.1.4.3 CANGIT (CAN General Interrupt Register)

- CAN 통신의 인터럽트 동작을 나타내는 기능을 수행

7	6	5	4	3	2	1	0
CANIT	BOFFIT	OVERTIM	BKOK	SREG	CERG	FERG	AERGP

- 비트 7 : CANIT(General Interrupt Flag)
- 비트 6 : BOFFIT(Bus Off Interrupt Flag)
- 비트 5 : OVRTIM(Overrun CAN Timer)
- 비트 4 : BKOK(Frame Buffer Receive Interrupt)
- 비트 3 : SERG(Stuff Error Gerenal)
- 비트 2 : CERG(CRC Error General)
- 비트 1 : FERG(Form Error General)
- 비트 0 : AERG(Acknowledgment Error General)

8.2.1.4.4 CANGIE (CAN General Interrupt Enable Register)

- CAN 통신의 인터럽트 동작을 허용하는 기능을 수행

7	6	5	4	3	2	1	0
ENIT	ENBOFF	ENRX	ENTX	ENERR	ENBX	ENERG	ENOVRT

- 비트 7 : ENIT(Enable all Interrupts)
- 비트 6 : ENBOFF(Enable Bus Off Interrupt)
- 비트 5 : ENRX(Enable Receive Interrupt)
- 비트 4 : ENTX(Enable Transmit Interrupt)
- 비트 3 : ENERR(Enable MOb Errors Interrupt)
- 비트 2 : ENBX(Enable General Errors Interrupt)
- 비트 1 : ENERG(Enable General Errors Interrupt)
- 비트 0 : ENOVRT(Enable CAN Timer Overrun Interrupt)

8.2.1.4.5 CANEN2/1 (CAN Enable MOb Registers)

- CAN MOb의 사용 상태를 나타내는 기능을 수행

7	6	5	4	3	2	1	0	
ENMOB7	ENMOB6	ENMOB5	ENMOB4	ENMOB3	ENMOB2	ENMOB1	ENMOB0	CANEN2
15	14	13	12	11	10	9	8	
–	ENMOB14	ENMOB13	ENMOB12	ENMOB11	ENMOB10	ENMOB9	ENMOB8	CANEN1

– 비트 14~0 : ENMOB[14:0] (Enable MOb)

8.2.1.4.6 CANIE2/1 (CAN Enable Interrupt MOb Registers)

- CAN MOb의 사용 상태를 나타내는 기능을 수행

7	6	5	4	3	2	1	0	
IEMOB7	IEMOB6	IEMOB5	IEMOB4	IEMOB3	IEMOB2	IEMOB1	IEMOB0	CANIE2
15	14	13	12	11	10	9	8	
–	IEMOB14	IEMOB13	IEMOB12	IEMOB11	IEMOB10	IEMOB9	IEMOB8	CANIE1

– 비트 14~0 : IEMOB[14:0] (Interrupt Enable by MOb)

8.2.1.4.7 CANSIT2/1 (CAN Status Interrupt Mob Registers)

- CAN MOb의 인터럽트 상태를 나타내는 기능을 수행

7	6	5	4	3	2	1	0	
SIT7	SIT6	SIT5	SIT4	SIT3	SIT2	SIT1	SIT0	CANSIT2
15	14	13	12	11	10	9	8	
–	SIT14	SIT13	SIT12	SIT11	SIT10	SIT9	SIT8	CANSIT1

– 비트 14~0 : SIT[14:0] (Status of Interrupt by MOb)

8.2.1.4.8 CANBT1 (CAN Bit Timing Register 1)

- CAN 통신의 Bit Timing을 설정하는 기능을 수행

7	6	5	4	3	2	1	0
–	BRP5	BRP4	BRP3	BRP2	BRP1	BRP0	–

– 비트 7, 0 : 예약된 비트

– 비트 6:1 : BRP5:0(Baud Rate Prescaler)

$$T_{scl} = \frac{BRP[5:0]+1}{clk_{IO} frequency}$$

8.2.1.4.9 CANBT2 (CAN Bit Timing Register 2)

- CAN 통신의 Bit Timing을 설정하는 기능을 수행

7	6	5	4	3	2	1	0
–	SJW1	SJW0	–	PRS2	PRS1	PRS0	–

– 비트 7, 4, 3 : 예약된 비트

– 비트 6:5 : SJW1:0(Re-Synchronization)

$$T_{sjw} = T_{scl} \times (SJW[1:0]+1)$$

– 비트 3:1 : PRS2:0(Propagation Time Segment)

$$T_{prs} = T_{scl} \times (PRS[2:0]+1)$$

8.2.1.4.10 CANBT3 (CAN Bit Timing Register 3)

- CAN 통신의 Bit Timing을 설정하는 기능을 수행

7	6	5	4	3	2	1	0
–	PHS22	PHS21	PHS20	PHS12	PHS11	PHS10	SMP

– 비트 7 : 예약된 비트

– 비트 6:4 : PSH22:0(Phase Segment 2)

$$T_{phs2} = T_{scl} \times (PHS[2:0]+1), \qquad 1 \le PHS2[2:0] \le PHS1[2:0]$$

– 비트 3:1 : PSH12:0(Phase Segment 1)

$$T_{prs1} = T_{scl} \times (PHS1[2:0]+1)$$

– 비트 0 : SMP(Sample Point)

표 8.2 CANBT1~3에 의한 CAN Baud Rate 설정표(16 MHz)

Baud Rate (Kbps)	Description			Segment				Registers		
	Sampling Point	TQ (us)	Tbit (us)	Tprs (us)	Tprs (us)	Tph1 (us)	Tsjw (us)	CANBT1	CANBT2	CANBT3
1000	69%	0.0625	16	7	4	4	1	0x00	0x0C	0x36
	75%	0.125	8	3	2	2	1	0x02	0x04	0x13
500	75%	0.125	16	7	4	4	1	0x02	0x0C	0x37
	75%	0.250	8	3	2	2	1	0x06	0x04	0x13
250	75%	0.250	16	7	4	4	1	0x06	0x0C	0x37
	75%	0.500	8	3	2	2	1	0x0E	0x04	0x13
200	75%	0.3125	16	7	4	4	1	0x08	0x0C	0x37
	75%	0.625	8	3	2	2	1	0x12	0x04	0x13
125	75%	0.500	16	7	4	4	1	0x0E	0x0C	0x37
	75%	1.000	8	3	2	2	1	0x1E	0x04	0x13
100	75%	0.625	16	7	4	4	1	0x12	0x0C	0x37
	75%	1.250	8	3	2	2	1	0x26	0x04	0x13

8.2.1.4.11 CANPAGE (CAN Page MOb Register)

- CAN 통신의 MOb를 설정하는 기능을 수행

7	6	5	4	3	2	1	0
MOBNB3	MOBNB2	MOBNB1	MOBNB0	AINC	INDX2	INDX1	INDX0

- 비트 7:4 : MOBNB3:0(MOb Number)
- 비트 3 : AINC(Auto Increment of the FIFO CAN DATA Buffer Index)
- 비트 2:0 : INDX2:0(FIFO CAN DATA Buffer Index)

8.2.1.5 MOb 레지스터

8.2.1.5.1 CANSTMOB (CAN MOb Status Register)

- CAN 통신의 MOb 상태를 나타내는 기능을 수행

7	6	5	4	3	2	1	0
DLCW	TXOK	RXOK	BERR	SERR	CERR	FERR	AERR

- 비트 7 : DLCW(Data Length Code Warning)
- 비트 6 : TXOK(Transmit OK)
- 비트 5 : RXOK(Receive OK)
- 비트 4 : BERR(Bit Error(Only in Transmission))
- 비트 3 : SERR(Stuff Error)
- 비트 2 : CERR(CRC Error)
- 비트 1 : FERR(Form Error)
- 비트 0 : AERR(Acknowledgment Error)

8.2.1.5.2 CANCDMOB (CAN MOb Control and DLC Register)

- CAN 통신의 MOb 제어 및 DLC 길이를 나타내는 기능을 수행

7	6	5	4	3	2	1	0
CONMOB1	CONMOB0	RPLV	IDE	DLC3	DLC2	DLC1	DLC0

- 비트 7:6 : CONMOB1:0(Configuration of Message Object)
  00 : 비활성화(통신불가)
  01 : 송신 활성화
  10 : 수신 활성화

11 : 프레임 버퍼 수신 활성화

– 비트 5 : RPLV(Reply Valid)

– 비트 4 : IDE(Identifier Extention)

– 비트 3:0 : DLC3:0(Data Length Code)

8.2.1.5.3 CANIDT1~4 (CAN Identifier Tag Register 1~4)

- CAN 통신의 ID Tag를 설정하는 기능을 수행
  - V2.0 partA

7	6	5	4	3	2	1	0	
–	–	–	–	–	RTRTAG	–	RB0TAG	CANID4
15	14	13	12	11	10	9	8	
–	–	–	–	–	–	–	–	CANID3
23	22	21	20	19	18	17	16	
IDT2	IDT1	IDT0	–	–	–	–	–	CANID2
31	30	29	28	27	26	25	24	
IDT10	IDT9	IDT8	IDT7	IDT6	IDT5	IDT4	IDT3	CANID1

  - V2.0 partB

7	6	5	4	3	2	1	0	
IDT4	IDT3	IDT2	IDT1	IDT0	RTRTAG	RB1TAG	RB0TAG	CANID4
15	14	13	12	11	10	9	8	
IDT12	IDT11	IDT10	IDT9	IDT8	IDT7	IDT6	IDT5	CANID3
23	22	21	20	19	18	17	16	
IDT20	IDT19	IDT18	IDT17	IDT16	IDT15	IDT14	IDT13	CANID2
31	30	29	28	27	26	25	24	
IDT28	IDT27	IDT26	IDT25	IDT24	IDT23	IDT22	IDT21	CANID1

  - 비트 31:3 : IDT28:0(Identifier Tag)
  - 비트 2 : RTRTAG(Remote Transmission Request Tag)
  - 비트 1:0 : RB1:0TAG(Reserved Bit 1:0 Tag)

8.2.1.5.4 CANIDM1~4(CAN Identifier Mask Register 1~4)

- CAN 통신의 메시지 수신 시 ID Tag를 비교 검사하는 기능을 수행
  - V2.0 partA

7	6	5	4	3	2	1	0	
–	–	–	–	–	RTRMSK	–	IDEMSK	CANIDM4
15	14	13	12	11	10	9	8	
–	–	–	–	–	–	–	–	CANIDM3
23	22	21	20	19	18	17	16	
IDMSK2	IDMSK1	IDMSK0	–	–	–	–	–	CANIDM2
31	30	29	28	27	26	25	24	
IDMSK10	IDMSK9	IDMSK8	IDMSK7	IDMSK6	IDMSK5	IDMSK4	IDMSK3	CANIDM1

– V2.0 partB

7	6	5	4	3	2	1	0	
IDMSK4	IDMSK3	IDMSK2	IDMSK1	IDMSK0	RTRMSK	–	IDEMSK	CANIDM4
15	14	13	12	11	10	9	8	
IDMSK12	IDMSK11	IDMSK10	IDMSK9	IDMSK8	IDMSK7	IDMSK6	IDMSK5	CANIDM3
23	22	21	20	19	18	17	16	
IDMSK20	IDMSK19	IDMSK18	IDMSK17	IDMSK16	IDMSK15	IDMSK14	IDMSK13	CANIDM2
31	30	29	28	27	26	25	24	
IDMSK28	IDMSK27	IDMSK26	IDMSK25	IDMSK24	IDMSK23	IDMSK22	IDMSK21	CANIDM1

– 비트 31:3 : IDMSK28:0(Identifier Mask)

– 비트 2 : RTRMSK(Remote Transmission Request Mask)

– 비트 1:0 : IDETAG(Identifier Extension Mask)

8.2.1.5.5 CANMSG (CAN Data Message Register)

• CAN 통신의 Message data를 설정하는 기능을 수행

7	6	5	4	3	2	1	0
MSG7	MSG6	MSG5	MSG4	MSG3	MSG2	MSG1	MSG0

– 비트 7:0 : MSG7:0(Message Data)

8.2.2 하드웨어 구성

CAN 통신을 구성하기 위해서는 기본적으로 CAN Transceiver, CAN Controller, Voltage Regulator, Micro Controller 등이 필요하다. 널리 사용되는 Atmel 사의 AT90CAN128은 CAN Controller가 내장되어 있기 때문에 동일 회사의 ATA6660을 CAN Transceiver로 사

용하게 되면 기본적인 CAN 통신을 구성할 수 있다.

8.2.2.1 CAN Controller & CAN Transceiver

AT90CAN128은 기본적으로 ATmega128 기능에 CAN Controller 기능이 추가된 Intergrated Type이다. CAN Controller의 기능으로는 CAN data의 송수신, Message filtering, Stuffing bit의 삽입과 삭제, Error의 발견과 핸들링을 담당한다. AT90CAN128은 A~F 포트까지 총 53개의 GPIO(General Purpose Input Output)핀을 가지고 있다. 또한, 8 bit의 코어 사이즈를 가지고 있으며 16 MHz의 동작주파수를 가진다. 1채널 CAN 인터페이스를 지원하며 JTAG, SPI, UART 등의 지원 가능한 인터페이스를 가지고 있다. CAN Controller는 Data link layer에 해당된다.

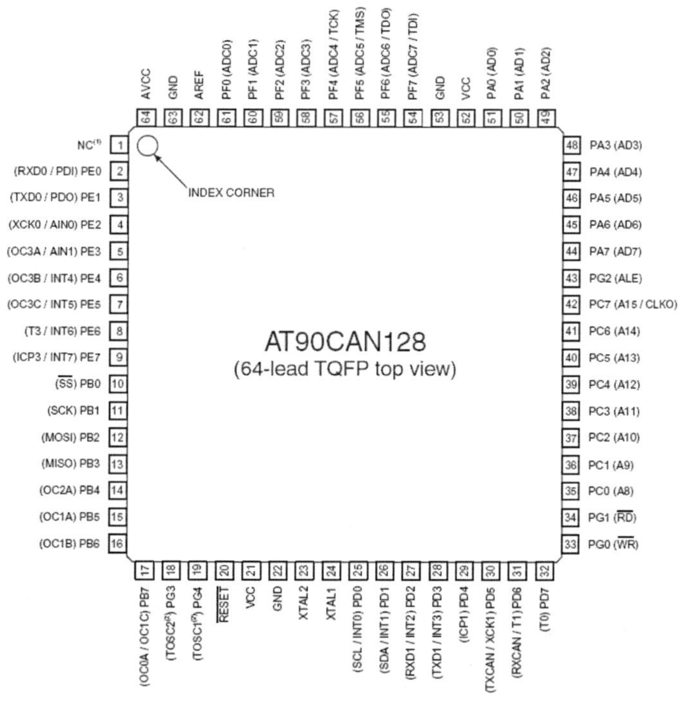

그림 8.8 AT90CAN128 pinout

CAN Transceiver란 ISO 11898 표준 규격에 따라 CAN serial communication physical layer에서 사용되고 있는데 최대 1Mbps의 속도로 데이터를 주고 받을 수 있다. 물리 계층(Physical layer)에서 사용되는 Transceiver는 8개의 핀으로 구성되어 있다. Transceiver 고유의 Vcc와 GND을 가지고 있으며 CANH/CANL는 HIGH/LOW 버스의 출력, TXD/RXD는 드라이버 송수신 기능을 수행한다.

Vref는 Reference output이고 Rs는 통해서 Operation mode를 설정할 수 있다. 3가지 Operation mode로는 High speed mode, Slope control mode, Low power mode가 있다.

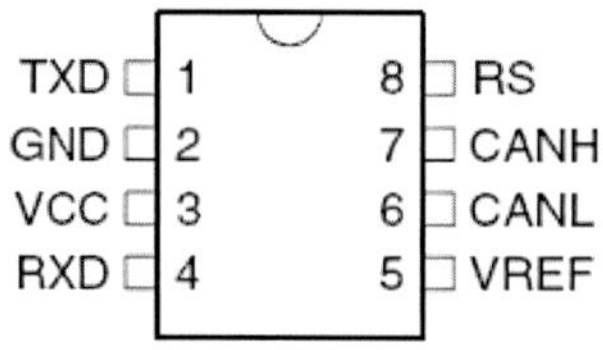

그림 8.9 ATA6660 pinout

종단저항이란 전송기기가 특정 저항 값에 가까울 때 단말 또는 분단점이 반사 현상을 피하기 위해서 종단시키는 저항으로, 반사파로 인한 신호의 지연이나 노이즈를 감소시켜 주는 역할을 한다. Low speed CAN의 경우에는 노드 수에 종단 저항 값을 결정하고, High speed CAN은 보통 양 끝단에 120옴을 사용한다.

8.2.2.2 CAN 통신 하드웨어 구성

하드웨어를 구성할 때 직접 PCB를 제작한다면 주의해야 될 사항들이 있다. CAN High line과 CAN Low line을 같은 길이로 설계하고 가능하면 짧게 설계하는 것이 좋다. 또한, 서로 교차되지 않도록 설계하고 안정적인 Ground를 설계하도록 하여야 한다.

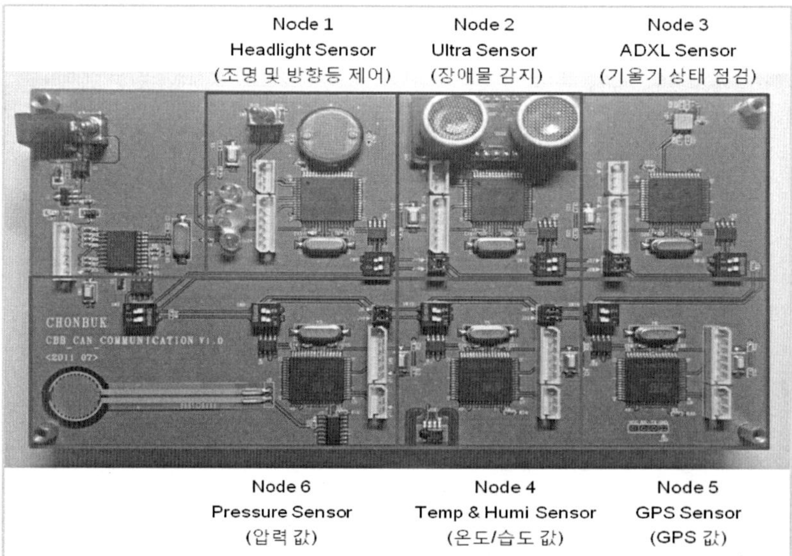

그림 8.10 제작된 AT90CAN128 보드

그림 8.10은 기본적인 CAN 통신을 위하여 제작된 AT90CAN128 보드이다. CAN 통신을 위해서 AT90CAN128 프로세서를 사용한 6개의 노드와 1개의 MCP2515 프로세서로 구성되어 있다. CAN 통신에서는 Master/Slave의 개념이 없기 때문에 MCP2515를 Master로 구성하였다. MCP2515는 CAN 인터페이스뿐만 아니라 SPI(Serial Peripheral Interface)인터페이스를 가지고 있기 때문에 SPI를 이용하여 다른 프로세서와 연결이 용이하게 된다. 차후에 OS(Operation System)가 탑재된 프로세서와 연동하여 제어하게 될 것이다.

현재 각각의 노드에서 송수신된 데이터는 UART(Universal Asynchronous Receiver Transmitter)를 통하여 PC에서 확인할 수 있다.

8.2.3 CAN 통신 실습

AT90CAN128 통신 실습을 하기 위해서는 개발환경 소프트웨어 툴이 필요하다. 여기에서는 여러 소프트웨어 툴 중에서 HP Info Tech 사의 CodeVisionAVR을 사용하였다. CodeVisionAVR은 코드 작성, 컴파일, 다운로드 등 많은 기능을 제공하는 강력한 AVR 소프트웨어 툴로 널리 사용된다.

8.2.3.1 CAN Message Format

8.2.3.1.1 표준 CAN 2.0A 메시지 구조

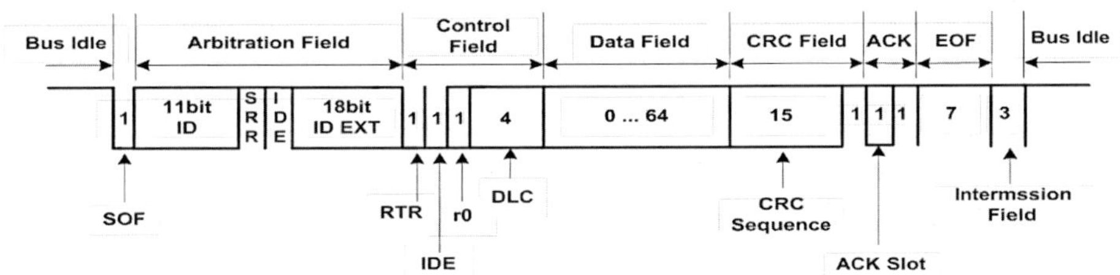

그림 8.11 표준 CAN 2.0A의 데이터 프레임(Data Frame)

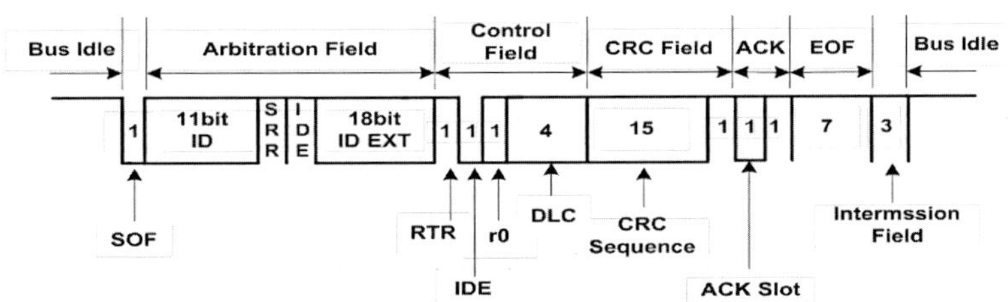

그림 8.12 표준 CAN 2.0A의 원격 프레임(Remote Frame)

데이터 프레임은 7개의 필드로 구성되어 있다.

- 데이터 프레임(Data Frame)
  - 프레임의 시작(SOF: Start of Frame) : 메시지의 시작을 표시하며 디폴트 '0'의 값을 가진다.
  - 중재 필드(Arbitration Field) : 11비트의 Identifier는 메시지의 우선순위를 가린다. 2진 값이 낮을수록 높은 우선순위를 갖는다. RTR(Remote Transmission Request)비트는 '0'일 때 데이터 프레임, '1'일 때 원격 프레임을 의미한다.
  - 제어 필드(Control Field) : IDE(IDentifier Extension)비트가 '0'이면 표준 CAN 식별자를 전송하고, '1'이면 확장 CAN 식별자 전송을 의미한다. r0는 예약된 비트이고 DLC(Data Length Code)는 데이터 필드의 바이트 수를 의미한다.
  - 데이터 필드(Data Field) : 전송 데이터, 8 byte(= 64 bit)
  - CRC 필드(CRC:Cyclic Redundancy Check) : 17비트의 주기적 중복확인 CRC코드를 가지며 데이터 필드의 끝을 알리는 '1'의 값을 가지는 비트가 이어진다.
  - ACK 필드(ACKnowledge Field) : 2비트로 구성되며 첫 번째 비트는 '0'값을 가지는 Slot비트이고, 두 번째 비트는 '1'의 값을 가진다.
  - 프레임 종료 필드(EOF : End of Frame Field) : 7비트 모두 '1'의 값을 갖는다. EOF 필드 다음에 중단필드(Intermission Field)가 이어지며, 이후에 버스라인은 자유상태로 인식된다.
- 원격 프레임(RemoteFrame)

원격 프레임은 데이터 프레임에서 RTR비트가 '0'상태이고, 데이터 영역이 없는 형태를 취한다.

8.2.3.1.2 확장 CAN 2.0B 메시지 구조

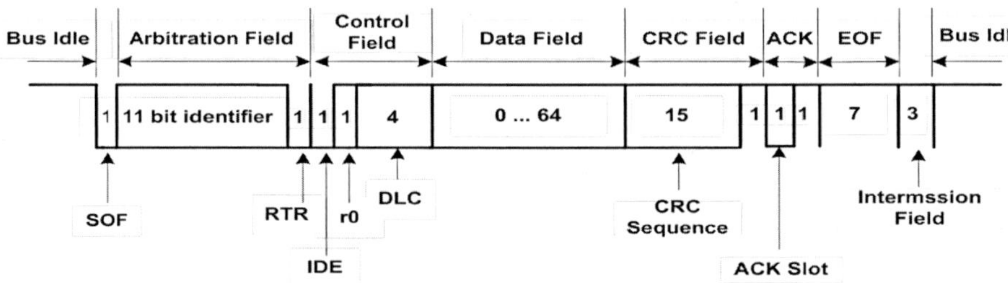

그림 8.13 확장 CAN 2.0B의 데이터 프레임(Data Frame)

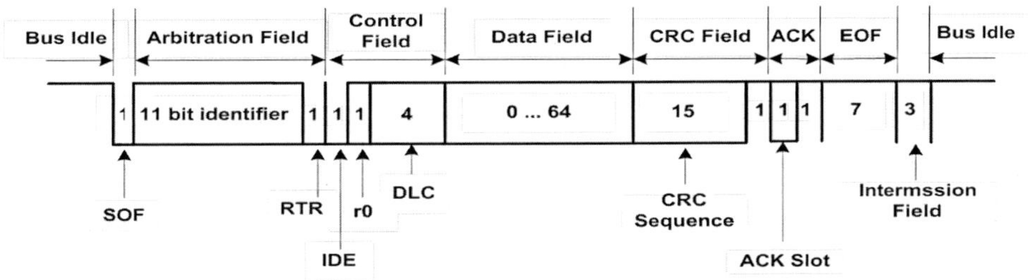

그림 8.14 확장 CAN 2.0B의 원격 프레임(Remote Frame)

확장 CAN 프레임 포맷은 기본적으로 표준 CAN 프레임 포맷과 일치하고 사용하는 식별자의 길이만 다르다. 두 개의 식별자 사이에 IDE(IDentifier Extension)가 있어서 두 개의 ID필드를 구분한다.

SRS(Substitute Remote Request) 비트는 중재 필드에 포함되어 있으며 표준 데이터 프레임과 확장 데이터 프레임을 중재하여야 하는 경우를 대비하여 항상 '1'의 값을 전송한다. 두 데이터 프레임이 같은 11비트의 ID를 갖게 되면 표준 데이터 프레임이 높은 우선순위를 갖는다.

8.2.3.2 CAN Library Function

CAN 통신용 Library Function들은 다음과 같다.

- INIT_CAN : CAN 통신을 초기화하는 함수
- can_transmit : CAN 메시지를 송신하는 함수
- can_RXmsg_set : CAN 수신용 메시지 설정 함수
- can_receive : CAN 메시지를 수신하는 함수

```
void INIT_CAN(void)
{
        char num_channel, num_data;
        CANGCON |= 0x03;
        CANTCON = 0;
        for(num_channel=0;num_channel<15;num_channel++) {
            CANPAGE  = num_channel<<4;
            CANSTMOB = 0;
            CANCDMOB = 0;
            CANIDT1  = 0;
            CANIDT2  = 0;
            CANIDT3  = 0;
```

```
            CANIDT4  = 0;
            CANIDM1  = 0;
            CANIDM2  = 0;
            CANIDM3  = 0;
            CANIDM4  = 0;
            for(num_data=0;num_data<8;num_data++)
                CANMSG = 0;
        }
        CANBT1 = 0x00;
        CANBT2 = 0x0c;
        CANBT3 = 0x37;
        CANGCON |= 0x02;
}
void can_transmit(unsigned char object, Msg_object *T, char rtr)
{
        BYTE send_result = _SEND_FAIL;
        unsigned long can_id;
        unsigned int i;

        can_id = T->id;
        CANPAGE  = object<<4;
        CANSTMOB = 0x00;
        CANCDMOB = 0x00;

        if(T->ide == STD) {
            CANIDT1 = (unsigned char)(can_id>>3);
            CANIDT2 = (unsigned char)(can_id<<5);
            CANCDMOB &= ~0x10;
        }
        else
        {
            CANIDT1 = (unsigned char)(can_id>>21);
            CANIDT2 = (unsigned char)(can_id>>13);
            CANIDT3 = (unsigned char)(can_id>>5);
            CANIDT4 = (unsigned char)(can_id<<3);

            CANCDMOB |= 0x10;
        }

        CANIDT4 |= (rtr & 0x04);
```

```
        CANIDT4 &= ~0x02;
        CANIDT4 &= ~0x01;

        for(i=0;i<T->length;i++)
            CANMSG = T->data[i];

        CANCDMOB |= T->length;
        CANCDMOB |= 0x40;

        for(i=0 ;i<100;i++){
            if((CANSTMOB & 0x40) != 0x00){
                send_result = _SEND_OK;
                break;
            }
            delay_ms(1);
        }
        CANCDMOB = 0x00;
}
void can_RXmsg_set(char object, char STD_EXT, unsigned long msg_id, unsigned
long mask_id, unsigned long rtrIdemask)
{
        CANPAGE  = object<<4;
        CANSTMOB  = 0x00;

        if(STD_EXT == STD) {
            CANCDMOB = 0x00;
            CANIDT1 = (unsigned char)(msg_id>>3);
            CANIDT2 = (unsigned char)(msg_id<<5);

            CANIDM1 = (unsigned char)(mask_id>>3);
            CANIDM2 = (unsigned char)(mask_id<<5);
            CANIDM4 = 0;
        }
        else {
            CANCDMOB = 0x10;
            CANIDT1 = (unsigned char)(msg_id>>21);
            CANIDT2 = (unsigned char)(msg_id>>13);
            CANIDT3 = (unsigned char)(msg_id>>5);
            CANIDT4 = (unsigned char)(msg_id<<3);

            CANIDM1 = (unsigned char)(mask_id>>21);
```

```
            CANIDM2 = (unsigned char)(mask_id>>13);
            CANIDM3 = (unsigned char)(mask_id>>5);
            CANIDM4 = (unsigned char)(mask_id<<3);
        }

          CANIDM4 |= (unsigned char)(rtrIdemask & 0x07);

        CANIDT4 &= ~0x04;
        CANIDM4 &= ~0x04;

        CANCDMOB |= 0x80;

        if(object < 8)
            CANIE2 |= (1<<object);

        else
            CANIE1 |= (1<<(object-8));
}
BYTE can_receive(unsigned char object, Msg_object *R)
{
        BYTE receive_result = _RECEIVE_FAIL;
        unsigned long can_id = 0;
        int i;

        CANPAGE = object<<4;

         while((CANGSTA & 0x80));
        if((CANSTMOB & 0x20) != 0)
         {
            if((CANCDMOB & 0x10) == 0x00)
            {
                R->ide = STD;
                can_id  = ((unsigned long)CANIDT1)<<8;
                can_id |= ((unsigned long)CANIDT2);
                can_id >>= 5;
            }

            else
            {
                R->ide = EXT;
                can_id  = ((unsigned long)CANIDT1)<<24;
```

```
            can_id |= ((unsigned long)CANIDT2)<<16;
            can_id |= ((unsigned long)CANIDT3)<<8;
            can_id |= ((unsigned long)CANIDT4);
            can_id >>= 3;
        }

        R->id = can_id;
        R->rtr = CANIDT4 & 0x04;
        R->length = CANCDMOB & 0x0F;
        for(i=0;i<R->length;i++)
            R->data[i] = CANMSG;

        receive_result = _RECEIVE_OK;
    }
    CANSTMOB = 0x00;

    if((CANCDMOB & 0x10) == 0x00)
    {
        CANCDMOB  = 0x00;
    }
    else
        CANCDMOB  = 0x10;

    CANCDMOB  |= 0x88;
    return(receive_result);
}
```

8.2.3.3 인터럽트 & 폴링 방식

can_RXmsg_set 함수에서는 수신된 데이터를 설정하게 된다. 가장 먼저 저장공간을 확보하기 위한 MOb를 선택하게 되고, 수신 ID와 ID MASK를 설정하게 된다. RTR과 IDE MASK를 설정해 준 후, DLC 설정 및 수신 모드를 설정하게 된다. 여기까지의 단계는 인터럽트와 폴링 방식이 동일하다. CANGIE 레지스터를 통해서 CAN 통신의 송수신 인터럽트에 대한 처리와 수신 인터럽트를 활성화시켜준다. CANIE1과 CANIE2 레지스터는 해당 MOb에 의해서 인터럽트가 활성화된다.

(1) CANGIE (General Interrupt Enable Register)

7	6	5	4	3	2	1	0
ENIT	ENBOFF	ENRX	ENTX	ENERR	ENBX	ENERG	ENOVRT

- 비트 7 : ENIT(Enable all Interrupt)
- 비트 6 : ENBOFF(Enable Bus Off Interrupt)
- 비트 5 : ENRX(Enable Receive Interrupt)
- 비트 4 : ENTX(Enable Trensmit Interrupt)
- 비트 5 : ENERR(Enable MOb Error Interrupt)
- 비트 2 : ENBX(Enable Frame Buffer Interrupt)
- 비트 1 : ENERG(Enable General Errors Intterrupt)
- 비트 0 : ENOVRT(Enable CAN Timer Overrun)

7	6	5	4	3	2	1	0	
IEMOB7	IEMOB6	IEMOB5	IEMOB4	IEMOB3	IEMOB2	IEMOB1	IEMOB0	CANIE2
15	14	13	12	11	10	9	8	
–	IEMOB14	IEMOB13	IEMOB12	IEMOB12	IEMOB11	IEMOB10	IEMOB9	CANIE1

- 비트 14~0 : IEMOB[14:0](Interrupt Enable by MOb)
- 비트 15 : 예약된 비트

8.2.3.4 Message Filtering

수신 히트(즉, 수신된 ID + RTR + RBn + IDE와 비교 마스크를 고려하여 설정한 IDT + RTRTAG + RBnTAG + IDE가 일치)가 되면 IDT + RTRTAG + RBnTAG + IDE가 MOb에서 갱신된다.

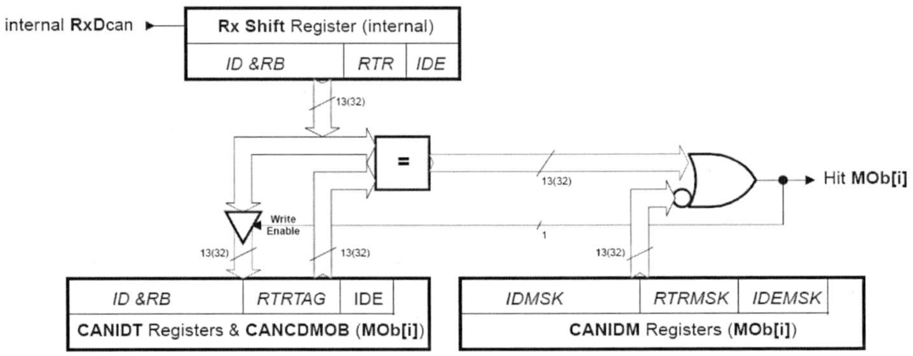

Note: Examples:

To accept only ID = 0x317 in part A.
```
- ID MSK = 111 1111 1111 b
- ID TAG = 011 0001 0111 b
```

To accept ID from 0x310 up to 0x317 in part A.
```
- ID MSK = 111 1111 1000 b
- ID TAG = 011 0001 0xxx b
```

그림 8.15 Acceptance Filter Block Diagram

앞의 Examples에서 오직 0x317의 ID만을 수용하기 위해서는 Mask와 TAG를 각각 앞과 같이 설정하고, 이를 '전체 필터링'이라 한다. 특정한 범위를 갖는 ID를 수용하는 것을 '부분 필터링'이라 하는데, 예를 들어 0x310~0x317사이의 ID를 갖는 모든 데이터를 수용하기 위해서는 앞의 오른쪽 Example과 같이 Mask와 TAG를 설정해 주면 된다. Mask를 모두 '0'으로 설정해 주면 모든 ID의 데이터를 수용하게 되는데 이는 '필터링 없음' 이라고 한다.

8.2.3.5 Remote Frame

CAN message format에서 데이터 프레임을 RTR비트가 '1'일 경우에 데이터 프레임, '0'일 경우는 원격 프레임으로 전송된다고 설명하였다. 원격 프레임의 경우에도 Messsage filtering은 데이터 프레임과 동일하게 적용된다. Acceptance filtering과 Remote Frame을 설정하기 위해서는 can_RXmsg_set 함수의 ID TAG와 ID MASK의 값을 변경해 주면 된다.

그림 8.16은 ID : 0x01에서 ID : 0x02, 0x37에게 각각 원격 프레임을 전송하게 된다. 원격 프레임을 수신한 ID : 0x02, 0x37에서는 ID : 0x01에게 각각의 데이터를 전송하게 된다. ID : 0x01의 ID TAG(0x00)와 ID MASK(0x00)는 '필터링 없음'이므로 ID : 0x02, 0x37로부터 전송되는 모든 데이터를 수신한다.

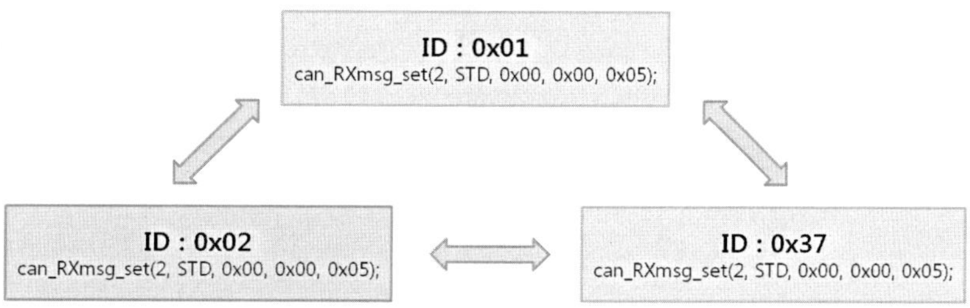

그림 8.16 Acceptance filtering과 Remote frame #1(필터링 없음)

위와 같은 방법으로 그림 8.17은 전체 필터링을 설명할 수 있다. ID : 0x02, 0x37에서 각각 데이터를 전송하지만, ID : 0x01의 ID TAG(0x37)와 ID MASK(0xff)가 '전체 필터링'이므로 ID : 0x37로부터 전송되는 데이터만 수신 가능하다.

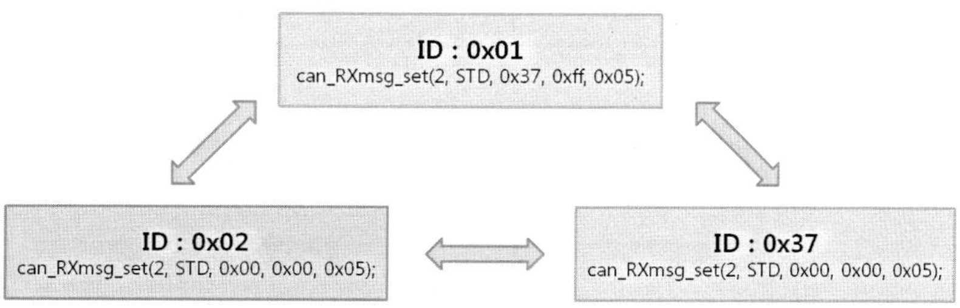

그림 8.17 Acceptance filtering과 Remote frame #2(전체 필터링)

마찬가지로 그림 8.18은 '부분 필터링'을 설명하기 위한 그림이다. ID : 0x30~0x37사이의 모든 데이터를 수신할 수 있기 때문에 결국 ID : 0x37의 데이터만 수신이 가능하게 된다.

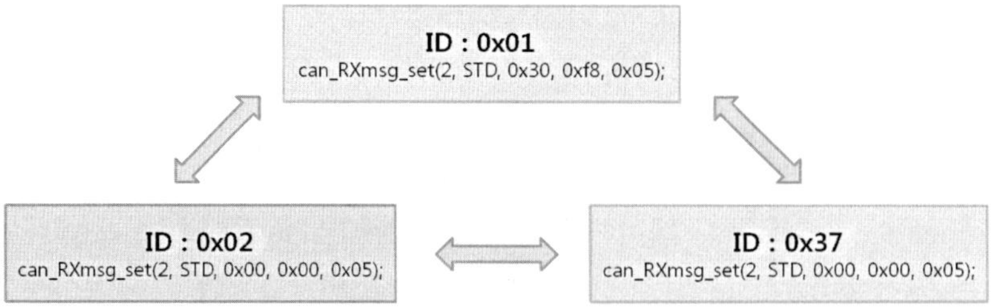

그림 8.18 Acceptance filtering과 Remote frame #3(부분 필터링)

8.3 AUTOSAR 응용

초기의 ECU Software 개발의 문제점은 하드웨어에 의존적인 코드 개발을 통하여 서비스들이 개발됨에 따라서 개발 기간의 장기화 및 재사용성의 어려움 및 통일화된 플랫폼으로 진행하기가 어려웠다. 최근 ECU Software 개발에서 요구되는 사항으로는 시장 선점을 위해 짧아진 개발 사이클에 따른 개발 기간 단축 및 오류가 적은 소프트웨어 개발의 중요

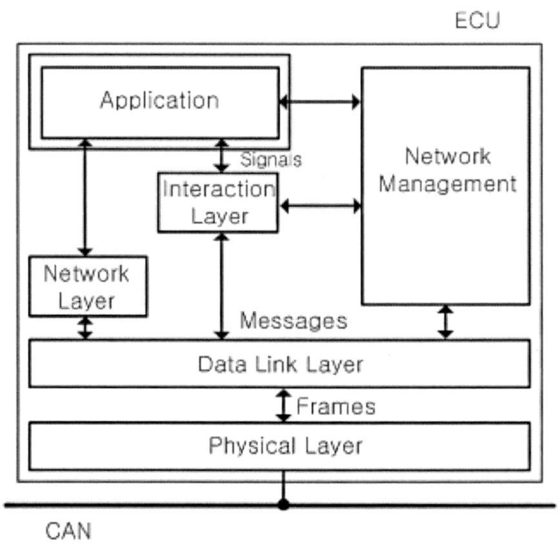

그림 8.19 AUTOSAR 기반으로 구현한 차량용 ECU Software

성이 필요하다. 이에 따라서 Software 개발의 간소화를 위한 표준화가 점차 부각되고 있다. 대표적으로 간소화를 위한 표준화는 OSEK/VDX, AUTOSAR, MISRA-C 등이 있다. OSEK/VDX는 응용 프로그램에 표준화된 개발 플랫폼을 제공하고 플랫폼 간의 이식성을 높여주는 특징을 가지고 있다. AUTOSAR의 특징으로는 하드웨어와 소프트웨어의 분리를 통하여 소프트웨어의 재사용성, 확장성 등을 향상시켜 복잡한 소프트웨어를 모델 기반으로 개발할 수 있다. MISRA-C는 의도하지 않은 부작용과 모호한 코드 작성 방지를 위해 코드 작성 시 구문 및 구조의 규제가 가능하다.

8.4 OFDM 기반 Cognitive Radio 시스템

8.4.1 Cognitive Radio 시스템 개요

Cognitive Radio 기술은 시간적과 공간적으로 사용이 적은 주파수를 감지한 후, 이를 바탕으로 채널상태를 추정하고 채널 용량을 예측하여 스펙트럼의 효율적 이용을 위한 전력, 주파수, 변조방식, 기타 여러 매개변수를 변화시키며 통신을 한다. CR 기술은 공간, 주파수 및 시간별로 스펙트럼을 주파수를 할당 받은 사용자 IU(Incumbent User)에게 간섭을 주지 않는 조건에서 다차원적으로 재사용할 수 있기 때문에 이 기술을 통해 무선기술의 장해물이 되는 주파수 부족문제를 해결하고 이를 효과적으로 이용할 수 있는 기술로 대두되고 있다.

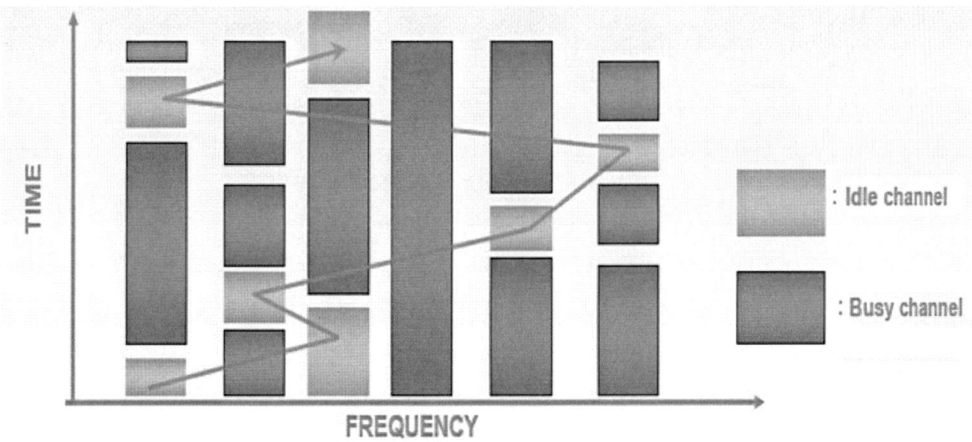

그림 8.20 Cognitive Radio 시스템에서 주파수대역 선택 상황

그림 8.20은 시간에 따라 주파수 사용상황이 변하는 것을 보여 준다. 밝은 색으로 된 부분이 사용하고 있지 않는, 즉 비어있는 주파수 대역이고 어두운 색으로 되어 있는 부분이 다른 사용자에 의하여 사용되고 있는 주파수 대역이다. Cognitive Radio시스템은 이러한 시간에 따라 변화되는 주파수 사용상황을 spectrum sensing을 통하여 감지하고 주파수 면허권자나 우선자에게 간섭을 주지 않기 위하여 그림에서처럼 비어 있는 주파수 대역에 신호를 할당하게 된다. 이러한 비어 있는 주파수 대역을 효율적으로, 또한 우선사용자에게 간섭을 주지 않는 전제하에서 사용하기 위하여 OFDM 전송방식이 Cognitive Radio시스템의 기저 전송방법으로 제안되고 있다.

8.4.2 Cognitive Radio 시스템에서의 OFDM 전송방식

최근 많은 광대역 유무선 통신 응용 분야에서 OFDM(Orthogonal Frequency Division Multiplexing) 방식을 표준기술로 채택하고 있다. OFDM 전송방식은 직렬로 입력되는 데이터 열을 N개의 병렬 데이터 열로 변환하여 각각 분리된 부반송파에 실어 전송함으로써 다중경로 채널에 강한 심벌을 생성한다. OFDM 전송방식에서 일부 부반송파들을 0으로 할 수 있는 특성 등 여러 가지 좋은 점 때문에 Cognitive Radio 시스템에도 제안되고 있다.

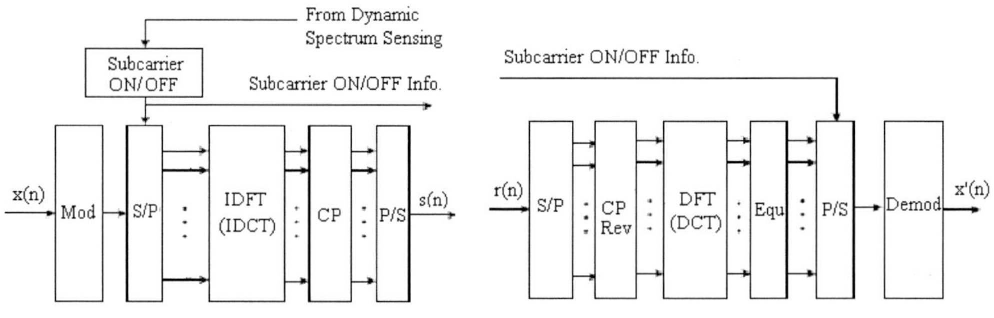

(a) 송신측 (b) 수신측

그림 8.21 OFDM 전송방식의 구조도

그림 8.21은 OFDM 전송방식의 송신측과 수신측의 간단한 블록도이다. 그림 8.21의 송신측에서 데이터 $x(n)$이 들어오게 되면 우선 변조과정을 거치게 되고 이 변조된 직렬로 된 데이터 열은 serial-to-parallel(S/P) 전환기에 의하여 병렬 데이터 열로 변환되어 각각 분리된 부반송파에 실리게 되는데 이 과정은 IFFT를 통하여 실현된다. 이렇게 변조된 신호들은 cyclic prefix(CP) 블록에 들어가는데 이 과정에서 신호들에 guard interval을 주어 Inter symbol interference(ISI)영향을 완화시킨다. 그다음 다시 parallel-to-serial(P/S) 과정을 거쳐 병렬 데이터를 직렬 데이터로 변환하여 전송한다. 수신측은 송신측과 상반되는 과정을 거쳐 데이터를 복구시킨다.

OFDM 전송방식의 송수신단에서 신호의 변조/복조하는 과정을 맡아하는 IFFT/FFT 프로세서는 OFDM 전송방식의 물리 계층에서 가장 큰 면적과 전력을 소모하는 것으로 알려져 있다. 따라서 OFDM 기반 Cognitive Radio 시스템의 특성에 적합한 저전력 및 고성능의 IFFT/FFT 프로세서가 크게 요구된다.

일반적인 IFFT/FFT 프로세서는 모든 입출력을 다루도록 디자인되어 있다. 그러나 OFDM 기반 Cognitive Radio 시스템의 특성 때문에 IFFT/FFT의 상당한 양의 입출력들이 0으로 된다.

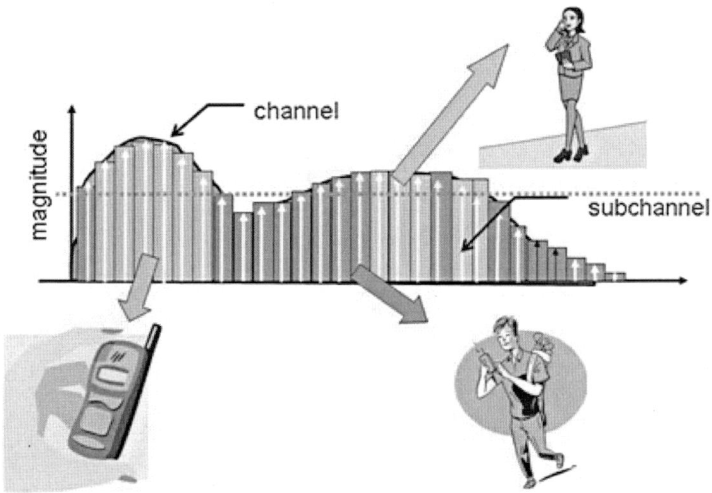

그림 8.22 OFDM 기반 Cognitive Radio 시스템에서의 반송파 상황

그림 8.22에서 컬러로 된 sub-channel들을 사용 중인 주파수 대역이라고 가정하면 Cognitive Radio 시스템은 검은색으로 된 부분만 사용하게 된다. 따라서 OFDM에서 컬러로 된 부분의 부반송파들은 0으로 되고 검은색으로 된 부분들만 유효화 된다. 때문에 OFDM 시스템에서 0으로 된 부반송파들과 대응되는 IFFT/FFT의 입력/출력들이 0으로 된다. 하여 모든 입출력들을 다루는 일반적인 IFFT/FFT는 더 이상 효율적이지 못하며 이러한 경우에 적합한 IFFT/FFT 프로세서의 개발이 필요하다.

8.5 관련 연구

IFFT/FFT 연산과정에서 많은 양의 입출력이 0으로 될 때 IFFT/FFT의 회전인자를 곱하는 과정에서 생기는 복소곱셈의 개수를 줄이기 위한 종래의 알고리즘들로는 Markel의

Radix-2 decimation in frequency(DIF) FFT 기반의 Pruning 알고리즘과 Skinner의 Radix-2 decimation in time(DIF) FFT 기반의 Pruning 알고리즘과 Sorensen의 Transform decomposition 기법이 있다.

8.5.1 Markel의 FFT Pruning 기법

1971년에 Markel은 Cooley Tukey standard Radix-2(CTR2) DIF FFT 기반의 Pruning 알고리즘을 제안하였다.

그림 8.23는 16-포인트 Radix-2 DIF FFT에서 출력 $X(0)$과 $X(1)$만 구하려하고 나머지 출력들 $X(2)$~$X(15)$은 0일 때의 Markel의 FFT pruning 구조도를 보여준다. 그림에서처럼 $X(0)$과 $X(1)$을 구하기 위하여서는 1~4번째 스테이지의 연산과정에서 이 두 출력들과만 연관된 실선으로 표시된 부분만 연산하고 허선으로 표시된 $X(2)$~$X(15)$들을 구하는데 필요한 부분들은 연산하지 않는다. 따라서 그림 8.23에서 볼 수 있듯이 많은 양의 회전인자들의 곱셈과정을 피하게 되어 연산량을 대폭 감소시킬 수 있다.

Radix-2 DIF FFT의 N개의 출력 중에서 처음 L개의 0이 아닌 출력들만 고려하고 $L=2^d$, $L<N=2^r$이라고 가정하면 Markel의 FFT pruning 알고리즘은 처음 d개의 단계들을 그대로 두고 남은 $(r-d)$개의 단계들을 개변시켜 $(N-L)$개의 0인 출력을 구하는 데 필요

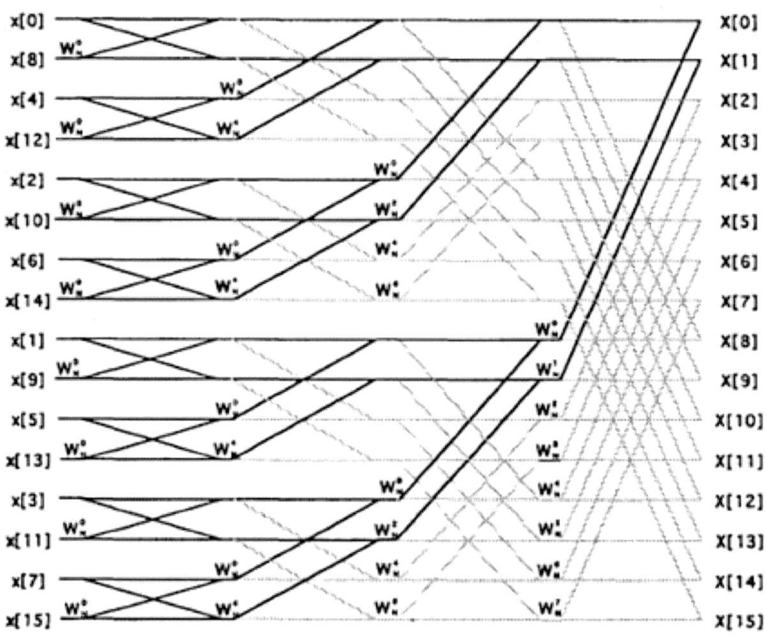

그림 8.23 Markel의 Radix-2 DIF FFT pruning

한 계산을 피하도록 하였다. i번째 단계는 $2^{r-i}L$개의 half-butterfly를 갖게 되며 매개의 half-butterfly는 4개의 실수 곱셈(M_r)과 4개의 실수 덧셈(A_r)이 필요하게 된다. 여기서 i는 $d+1$부터 r까지의 값을 가질 수 있다.

Radix-2 DIF FFT의 N개의 출력 중에서 처음 L개의 0이 아닌 출력들만 고려하고 $L=2^d$, $L<N=2^r$이라고 가정하면 Markel의 FFT pruning 알고리즘은 처음 d개의 단계들을 그대로 두고 남은 $(r-d)$개의 단계들을 개변시켜 $(N-L)$개의 0인 출력을 구하는데 필요한 계산을 피하도록 하였다. i번째 단계는 $2^{r-i}L$개의 half-butterfly를 갖게 되며 매개의 half-butterfly는 4개의 실수 곱셈(M_r)과 4개의 실수 덧셈(A_r)이 필요하게 된다. 여기서 i는 $d+1$부터 r까지의 값을 가질 수 있다.

8.5.2 Skinner의 FFT pruning 기법

1975년에 Skinner는 Markel의 Cooley-Tukey radix-2 DIF FFT [9] 기반의 Pruning 알고리즘을 radix-2 DIT FFT 기반으로 확장하면 더 적은 연산량을 얻을 수 있다고 제시하였다.

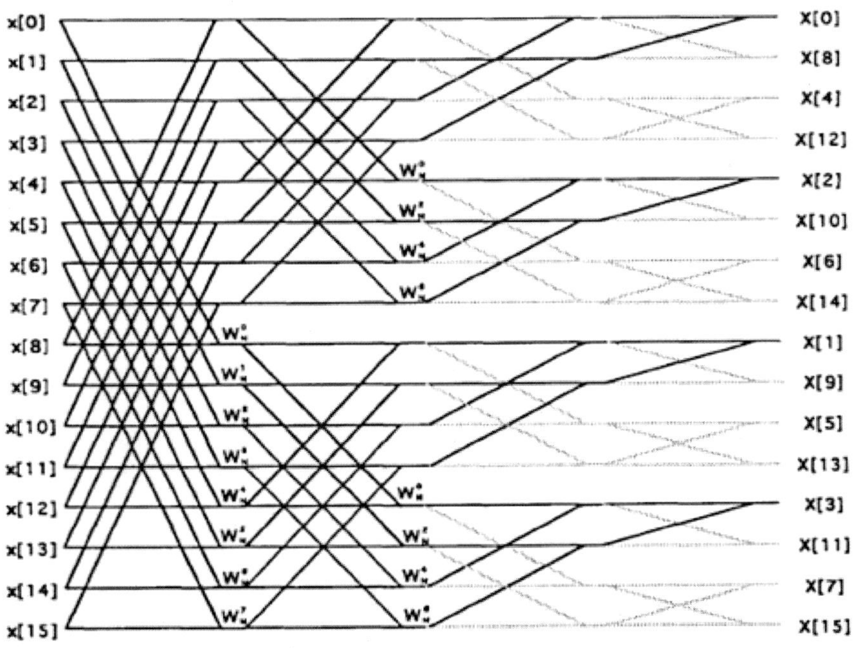

그림 8.24 Skinner의 Radix-2 DIT FFT pruning

그림 8.24는 16-포인트 Radix-2 DIT FFT에서 출력 $X(0)$~$X(3)$들을 구하려하고 나머지 출력들 $X(4)$~$X(15)$은 0일 때의 Markel의 FFT pruning 구조도를 보여준다. 그림에서처럼

$X(0)$~$X(3)$들을 구하기 위하여서는 1~4번째 스테이지의 연산과정에서 이 두 출력들과만 연관된 실선으로 표시된 부분만 연산하고 허선으로 표시된 $X(4)$~$X(15)$들을 구하는데 필요한 부분들은 연산하지 않는다. Radix-2 FFT의 butterfly 구조에서 회전인자는 밑에 있으므로 L의 크기가 작을수록 DIT FFT 구조를 기반으로 하는 Skinner의 pruning 알고리즘은 DIF FFT를 기반으로 하는 Markel의 pruning 알고리즘보다 연산량이 적다.

Radix-2 DIT FFT의 N개의 출력 중에서 처음 L개의 0이 아닌 출력들만 고려하고 $L=2^d$, $L<N=2^r$이라고 가정하면 Skinner의 알고리즘은 처음 d개의 단계들을 그대로 두고 남은 $(r-d)$개의 단계들을 개변시켰으며 회전인자의 곱셈과정을 피하였으며 오로지 덧셈과정만 한다. i번째 단계는 실수 곱셈은 없고 오로지 $2^{r-i+1}L$개의 실수 덧셈(Ar)이 필요하게 된다. 여기서 i는 $d+1$부터 r까지의 값을 가질 수 있다.

Markel이나 Skinner의 pruning 알고리즘들은 IFFT/FFT 연산과정에서 많은 양의 입출력이 0으로 될 때 일반적인 IFFT/FFT보다 연산량을 많이 줄일 수 있다. 하지만 하드웨어 구현의 용이성 때문에 one-butterfly 구조를 갖고 있는 심플한 Radix-2 FFT에만 적용하였으며 처음부터 시작되는 연속적인 0이 아닌 출력들을 계산하는 경우에만 적용하였다.

8.5.3 Transform decomposition 기법

1993년에 Sorensen이 Transform decomposition을 제하였다. 이 기법은 하드웨어 디자인이 규칙적이므로 Radix-2FFT 보다 더욱 효율적인 FFT를 사용할 수 있으며 0이 아닌 출력들의 위치가 불규칙적인 경우에도 적용된다.

1) Transform Decomposition 원리

DFT는 다음과 같이 정의되었다.

$$X(k)=\sum_{n=0}^{N-1} x(n)\,W_N^{nk} \qquad k=0,1,....,N-1 \tag{8-1}$$

여기서 $W_N^{nk}=e^{\frac{-j2\pi nk}{N}}$.

L개의 출력들을 계산하려고 하고 $N=N_1N_2$, 즉 N이 N_1과 N_2로 분해된다고 가정하면

$$N=N_2n_1+n_2 \qquad \begin{matrix} n_1=0,1,....,N_1-1 \\ n_2=0,1,....,N_2-1 \end{matrix} \tag{8-2}$$

식 (8-2)를 식 (8-1)에 대입하면

$$X(k) = \sum_{n_2=0}^{N_2-1}\sum_{n_1=0}^{N_1-1} x(N_2 n_1 + n_2)\, W_N^{(N_2 n_1 + n_2)k_N} \tag{8-3}$$

$$= \sum_{n_2=0}^{N_2-1}[\sum_{n_1=0}^{N_1-1} x(N_2 n_1 + n_2)\, W_N^{N_2 n_1 k}]\, W_N^{n_2 k}$$

여기서

$$X_{n_2}(< k >_{N_1}) = \sum_{n_1=0}^{N_1-1} x(N_2 n_1 + n_2)\, W_{N_1}^{n_1 k} \tag{8-4}$$

$$= \sum_{n_1=0}^{N_1-1} x_{n_2}(n_1)\, W_{N_1}^{n_1 k} \tag{8-5}$$

라고 정의하면 식 (8-3)은 다음과 같이 표현된다.

$$X(k) = \sum_{n_2=0}^{N_2-1} X_{n_2}(< k >_{N_1})\, W_N^{n_2 k} \tag{8-6}$$

원래의 N-point DFT를 N_2개의 식 (8-5)와 같은 N_1-point DFT로 표시할 수 있으며 이 sub-transform 과정에 Split-Radix FFT와 같은 고급적인 FFT 알고리즘을 사용할 수 있으며 마지막 과정에 Goerzel의 알고리즘[8]을 적용하여 임의의 0이 아닌 출력을 식 (8-6)에 의하여 구할 수 있다.

그림 8.25는 8-point Transform decomposition 기법으로 출력$X(3)$, $X(4)$와 $X(7)$을 구하는 과정을 보여주는 블록도이다. 우선 $N=8$ 포인트 DFT를 $N_2=2$개의 $N_1=4$ 포인트 DFT로 나누고 매개의 $N_1=4$ 포인트 sub-transform들은 split-radix FFT와 같은 효율적인 FFT 알고리즘을 적용하여 계산한다. 다음 그림의 마지막 단계에서처럼 구하려는 출력과 연관된 sub-transform들의 결과 값을 이용하여 최종 출력을 구한다.

8.5.4 Transform decomposition의 장점과 단점

Transform decomposition은 하드웨어 구현의 어려움으로 인해 Radix-2 FFT에만 적용된 pruning 기법과 달리 sub-transform 과정에 고급적인 FFT 알고리즘을 적용할 수 있도록 규칙적인 구조를 갖고 있어 연산량을 대폭 감소할 수 있으며 또한 0이 아닌 출력들의 위치가 불규칙적인 경우에도 적용된다.

그러나 Transform decomposition 기법은 그림 8.25와 식 (8-6)으로부터 알 수 있듯이 특정된 값 $X(k)$를 계산하기 위하여 실제상 N_1-point sub-transform의 모든 값들을 구하는 것이 아니라 그 중에서 $X(k)$와 연관된 값들만 필요하다. 그림 8.25에서 출력$X(3)$, $X(4)$와 $X(7)$을 구하기 위하여 이들과 연관된 첫 번째 sub-transform의 출력 값들 중에서

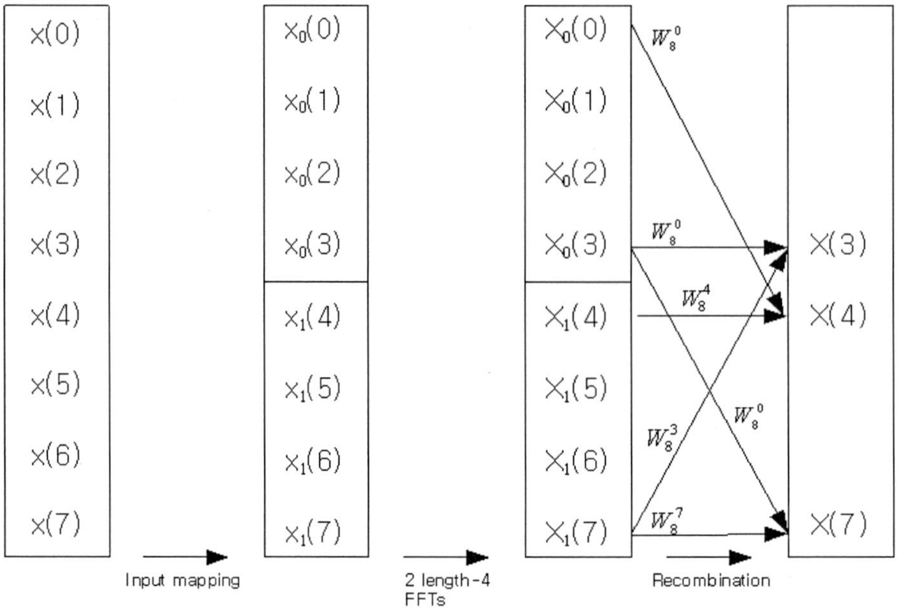

그림 8.25 3개의 출력을 계산하는 8포인트 표준 transform decomposition의 구조

$X_0(0)$과 $X_0(3)$, 두 번째 sub-transform의 출력 값들 중에서 $X_1(4)$과 $X_1(7)$만 필요하고 다른 sub-transform의 출력 값들은 필요 없다. 그러나 Transform decomposition은 이러한 불필요한 sub-transform의 출력들을 모두 구한다.

8.6 Split-radix FFT Pruning 기법과 파이프라인 구조

IFFT/FFT 연산과정에서 많은 양의 입출력이 0으로 될 때 IFFT/FFT의 회전인자를 곱하는 과정에서 생기는 복소곱셈의 개수를 줄이기 위한 종래의 알고리즘들보다 더욱 효율적인 Split-Radix FFT pruning기법을 소개한다.

8.6.1 Split-radix FFT Pruning 기법

8.6.1.1 Split-radix FFT 개요

DIF split-radix FFT는 DFT의 정의 식을 다음과 같이 전개한다.

$$X(2k) = \sum_{n=0}^{\frac{N}{2}-1} [x(n) + x(n+\frac{N}{2})] W_N^{2nk} \tag{8-7}$$

$$\begin{aligned} X(4k+1) = &\sum_{n=0}^{\frac{N}{4}-1} [x(n) - x(n+\frac{N}{2})] \\ &- j[x(n+\frac{N}{4}) - x(n+\frac{3N}{4})] W_N^{n} W_N^{4nk} \end{aligned} \tag{8-8}$$

$$\begin{aligned} X(4k+3) = &\sum_{n=0}^{\frac{N}{4}-1} [x(n) - x(n+\frac{N}{2})] \\ &+ j[x(n+\frac{N}{4}) - x(n+\frac{3N}{4})] W_N^{3n} W_N^{4nk} \end{aligned} \tag{8-9}$$

Split-radix FFT 알고리즘은 크기가 N인 DFT는 하나의 크기가 $\frac{N}{2}$인 DFT와 두 개의 크기가 $\frac{N}{4}$인 DFT들로 나뉘게 된다. 위의 과정을 Radix-2 Cooley Tukey FFT 알고리즘처럼 스칼라 결과가 나올 때까지 반복한다.

위의 수식들에 근거하여 split-radix FFT를 그려 보면 그림 8.26의 (a)와 같다.

Split-radix FFT 알고리즘의 구조도 그림 8.26로부터 볼 수 있는 바와 같이 회전인자 개수가 다른 알고리즘보다 훨씬 적으므로 그만큼 효율적이다.

k번째 단계의 회전인자 블록의 개수는 다음과 같다.

$$N_B(k) = \frac{2^{k-1} + (-1)^k}{3} \tag{8-10}$$

k번째 단계에서 매개 블록에 있는 회전인자들의 개수는 다음과 같다.

$$N_W(k) = 2(2^{r-k} - 1) \qquad \text{여기서} \quad r = \log_2 N \tag{8-11}$$

따라서 split-radix FFT의 총 복소 곱셈의 개수는 다음과 같이 표현된다.

$$\begin{aligned} N_{SRFFT} &= \sum_{k-1}^{r} [N_B(k) N_W(k)] \\ &= \frac{N}{3}\log_2(N) - \frac{8}{9}(N-1) \end{aligned} \tag{8-12}$$

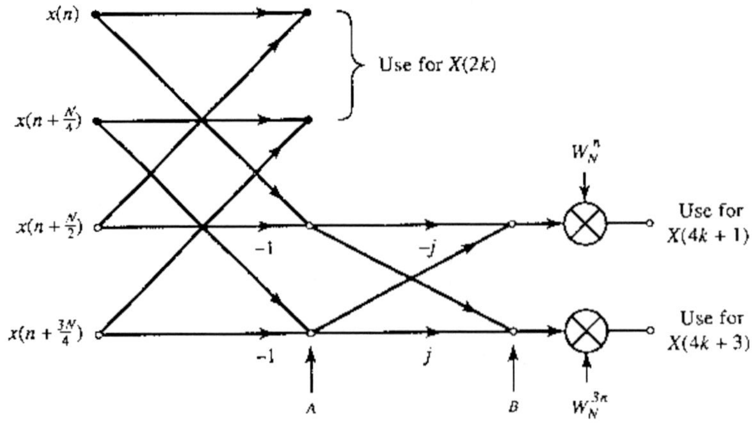

(a) Split-radix FFT butterfly 구조

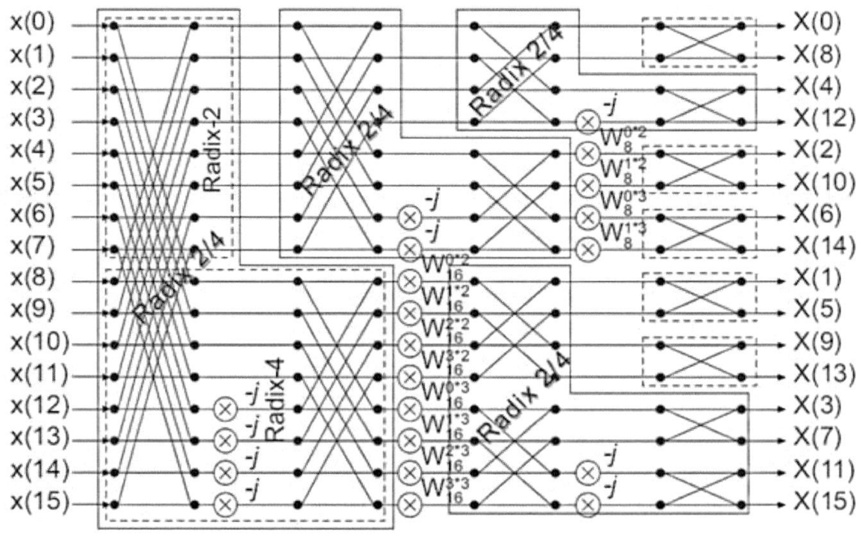

(b) 16-point Split-radix FFT 구조

그림 8.26 DIF Split-radix FFT 구조

8.6.1.2 Split-radix FFT pruning 개요

Split-radix FFT pruning 기법은 연산량이 적은 split-radix FFT 구조에서 최종 단계의 출력 $X(k)$를 구하기 위하여 그 전 단계들에서 $X(k)$를 구하는 데 필요한 값들만 연산하고 불필요한 연산들은 하지 않는다.

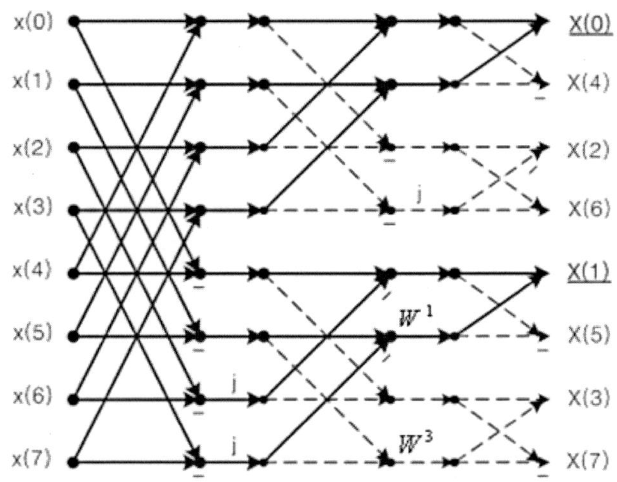

그림 8.27 8-point Split-Radix FFT pruning 구조

그림 8.27에서처럼 $X(0)$과 $X(1)$만 구하려고 할 split-radix FFT pruning은 실선으로 된 부분의 연산과정만 하고, $X(2)$~$X(7)$의 값들을 구하는 데 필요한 점선으로 된 부분의 연산과정은 하지 않는다.

Split-radix FFT의 N개의 출력 중에서 0이 아닌 임의의 L개의 0이 아닌 출력들만 구하려하고 $L=2^d, L<N=2^r$이라고 가정하면 split-radix FFT pruning 알고리즘은 처음 d개의 단계들을 그대로 두고 남은 $(r-d)$개의 단계들을 개변시켜 $(N-L)$개의 0인 입력에 의하여 생기는 불필요한 계산을 피하도록 한다. 개변시킨 $(r-d)$개의 단계들에서 필요한 복소 곱의 개수를 식 (8-10)과 식 (8-11)을 이용하여 $\frac{1}{2}N_B(d+1)N_W(d+1)$으로 표시할 수 있다. 따라서 L개의 연속적인 0이 아닌 출력을 계산하는 데 필요한 복소 곱셈의 개수는 다음과 같이 표시할 수 있다.

$$\begin{aligned} N_{SRFFT\ pruning_{conti}} &= \frac{1}{2}N_B(d+1)N_W(d+1) \\ &\quad + \sum_{k=1}^{d}[N_B(k)N_W(k)] \\ &= \frac{N}{18}\left(\frac{1}{L}+6\log_2 L-1\right)-L+1 \end{aligned} \tag{8-13}$$

8.6.1.3 Pruning matrix

Split-radix FFT에 pruning을 사용하기 위하여 본 논문에서는 Pruning matrix을 사용하였으며 Pruning matrix의 효율적인 하드웨어 설계를 통하여 split-radix FFT pruning를 구현한다.

크기가 $N(N=2^r)$인 split-radix FFT라면 $N\times r$인 pruning matrix (M_i)를 만든다. 이 행렬의 개개의 원소들은 split-radix FFT 플러우 그래프의 매개 노드들과 연관되며 매개 노드에서 회전인자를 곱하기 전에 대응되는 행렬의 원소 값을 체크하여 그 노드에서 회전인자를 곱할 것인가 곱하지 않을 것인가를 결정한다.

Pruning matrix (M_i)는 0이 아닌 FFT의 0이 아닌 출력 값들의 위치에 의하여 만들어진다. Pruning matrix의 마지막 열은 출력 값들과 연관되며 만약 출력 값이 0이 아니면 상응하는 마지막 열의 원소 값을 1로 하고 그렇지 않으면 0으로 한다. 이렇게 마지막 열, 즉 r번째 열을 결정하고 이 r번째 열로부터 $(r-1)$번째 열을 구하는데 먼저 마지막 열의 원소들을 2개씩 $\frac{N}{2}$개의 그룹으로 묶고 매개 그룹의 원소 중에 값이 1인 원소가 있으면 $(r-1)$번째 열의 상응하는 두 원소들을 1로 하고 아니면 0으로 한다. 이와 같이 $(r-k)$번째 열을 생성하려면 $(r-k+1)$ 번째 열의 원소들을 2^k개씩 $\frac{N}{2^k}$개의 그룹으로 묶고 매개 그룹 원소들 중에 1이 있으면 $(r-k)$번째 열의 상응하는 2^k개의 원소들을 1로하고 아니면 0으로 하여 행렬 M을 만들며 이 행렬을 pruning matrix라고 한다.

M_i는 그림 8.27에서 $X(0)$과 $X(1)$만 구할 때 split-radix FFT pruning 구조에 상응 pruning matrix이다.

$$M_i=\begin{bmatrix}1&1&1\\1&1&0\\1&0&0\\1&0&0\\1&1&1\\1&1&0\\1&0&0\\1&0&0\end{bmatrix} \tag{8-14}$$

8.6.1.4 Split-radix FFT pruning의 파이프라인 구조

그림 8.28은 8-point split-radix FFT pruning 기법의 Single-Path Delay Feedback(SDF) 구조도이다. Pruning matrix 생성기의 입력은 구하려는 출력의 상태에 의하여 결정되며 이 값들에 의해 pruning matrix의 두 번째 열의 원소들을 생성하고, 두 번째 열의 원소들로 첫 번째 열의 원소들을 생성한다.

이렇게 생성된 pruning matrix 원소들로 매개 노드에서 회전인자의 곱셈과정을 실행하는가를 결정하는 데 이 과정을 AND 게이트를 통하여 구현하였다. 만약 pruning matrix의 원소 값이 1이면 AND 게이트의 출력 값은 회전인자 값으로 되고, pruning matrix의 원소

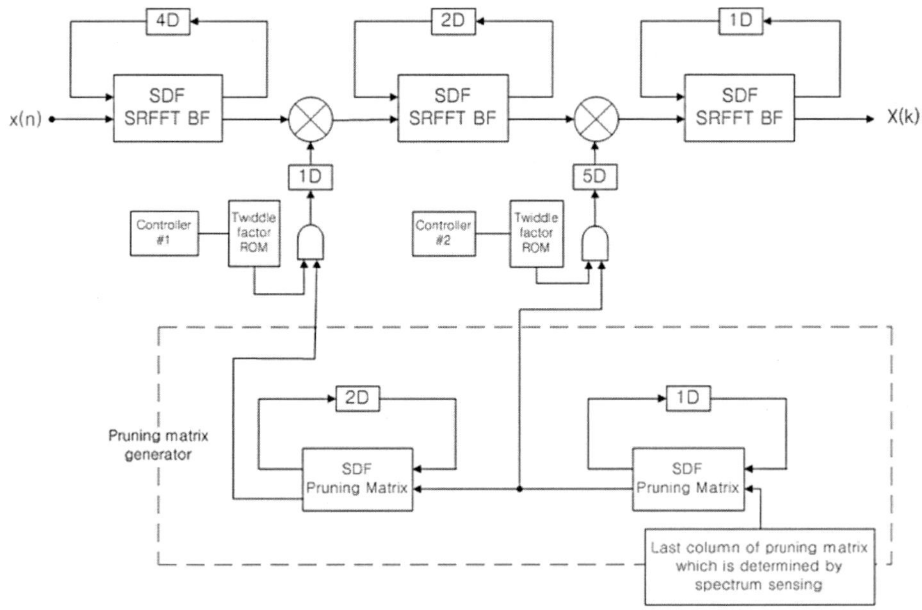

그림 8.28 8-point Split-Radix FFT의 구조

값이 0이면 AND 게이트의 출력 값은 0으로 되어 회전인자의 곱셈과정을 생략하게 된다.

처리된 회전인자 값들은 split-radix FFT butterfly 연산 결과와 곱하게 되는데 클록을 맞춰주기 위하여 delay를 넣어주어야 한다.

8.6.1.4.1 Pruning matrix의 Single-Path Delay Feedback(SDF) 구조

그림 8.29는 8-point split-radix FFT를 pruning하기 위한 pruning matrix를 생성하는 SDF 구조이다. FFT의 출력 상황에 따라 pruning matrix의 마지막 열이 결정되고 이 열은 pruning matrix 생성기의 입력이 되어 두 번째 열 SPM1_OUT을 생성하고 두 번째 열의 원소 값들에 의하여 첫 번째 열 SPM2_OUT을 생성한다.

두 번째 열의 원소들을 생성하기 위하여 마지막 열을 2개 원소씩 그룹으로 묶고 매개 그룹의 원소 중에 1이 존재하면 상응하는 두 번째 열의 2개 원소 값들은 1로 되고 아니면 0으로 된다. 그림 8.29에서 1개의 delay를 주어 딜레이된 원소 값과 새로 입력된 원소 값이 만나 SDF pruning matrix 블록에 들어가게 되는데 이는 입력을 2개 원소씩 그룹으로 묶는 역할을 하게 되고, 그림 8.30의 SDF pruning matrix 블록도는 매개 그룹의 원소들 중에 1이 존재하는가를 판단하고, 만약 1이 있으면 상응하는 두 번째 열의 2개 원소 값들을 1로 만들어 주는 역할을 한다.

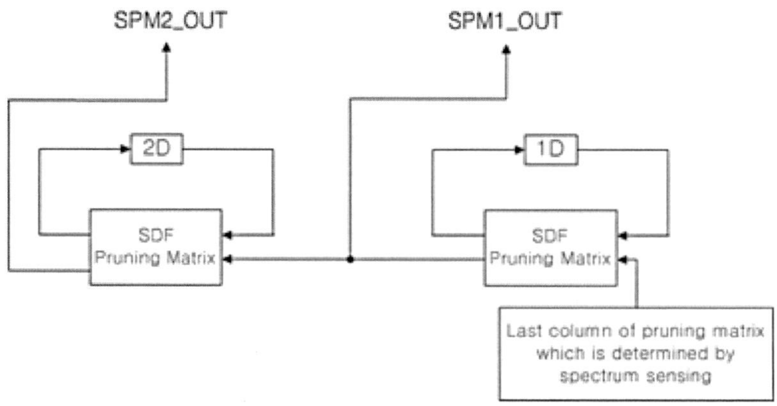

그림 8.29 8×3 pruning matrix 생성기의 SDF 구조

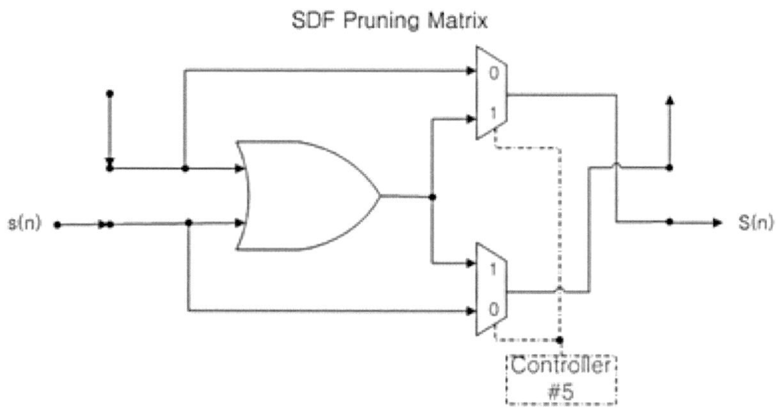

그림 8.30 pruning matrix 생성기의 SDF pruning matrix 구조

첫 번째 열의 원소들을 생성하기 위하여 두 번째 열을 4개 원소씩 그룹으로 묶고 매개 그룹의 원소 중에 1이 존재하면 상응하는 첫 번째 열의 4개 원소 값들은 1로 되고 아니면 0으로 된다. 그림 8.29에서 2개의 delay를 주어 딜레이된 원소 값과 새로 입력된 원소 값이 만나 SDF pruning matrix 블록에 들어가게 되는데 이는 입력을 4개 원소씩 그룹으로 묶는 역할을 하게 되고, 그림 8.30의 SDF pruning matrix 블록도는 매개 그룹의 원소들 중에 1이 존재하는가를 판단하고 만약 1이 있으면 상응하는 첫 번째 열의 4개 원소 값들을 1로 만들어 주는 역할을 한다.

그림 8.31은 그림 8.26에서 8-point split-Radix FFT에서 $X(0)$과 $X(1)$만 구할 때의 식 (8-12)와 같은 pruning matrix 생성하는 과정을 verilog HDL로 시뮬레이션한 결과이다. SPM1_OUT는 두 번째 열의 원소 값이며 한 개 클록만큼 지연되어 나오게 되고 SPM2_

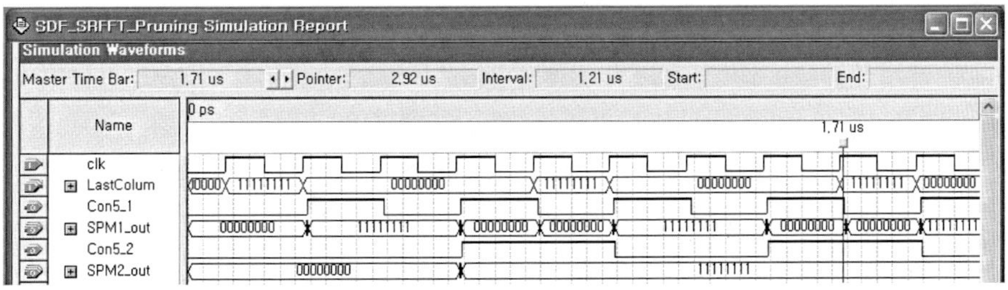

그림 8.31 SDF pruning matrix 생성기의 verilog HDL 시뮬레이션 결과

OUT는 첫 번째 열의 원소 값이며 3클록만큼 지연되어 나오며 그 출력 값들은 식 (8-12)의 pruning matrix 원소 값들과 일치하다.

8.6.1.4.2 Pruning matrix 값에 의한 회전인자 처리 과정

Split-radix FFT pruning 기법은 split-radix FFT 구조의 매개 스테이지에서 회전인자의 곱셈 과정을 진행하기 전에 pruning matrix의 원소 값을 체크하고 그 원소 값이 1일 경우에만 곱셈과정을 진행하고 아니면 곱셈과정을 하지 않는다.

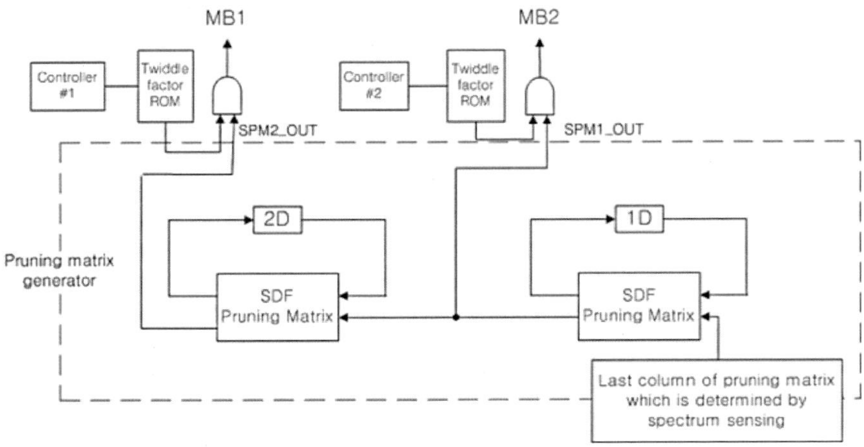

그림 8.32 Pruning matrix에 의한 회전인자 처리

그림 8.32에서 pruning matrix generator에 의하여 생성된 pruning matrix의 두 번째 열의 값 SPM1_OUT과 첫 번째 열의 값 SPM2_OUT은 각각 split-radix FFT의 두 번째 단계의 회전인자와 첫 번째 단계의 회전인자들과 AND 논리연산을 통하여 pruning matrix의 원소 값이 1이면 회전인자 값이 그대로 출력되어 split-Radix FFT butterfly 연산 결과 값과 곱셈 과정을 거치게 되고, pruning matrix의 원소 값이 0이면 회전인자 값이 0으로 출력되어 회

전인자를 곱하지 않게 된다.

그림 8.33은 그림 8.26에서처럼 $X(0)$과 $X(1)$ 값을 구하기 위하여 split-radix FFT를 pruning했을 때 pruning matrix에 의하여 처리된 회전인자 값들이 처리되는 과정을 시뮬레이션한 결과이다. Pruning matrix의 매개 열의 원소 값들은 식 (8-12)와 동일하게 나왔으며 처리된 Split-radix FFT의 두 번째 단계의 회전인자 값 MB2와 첫 번째 단계의 회전인자 값 MB1은 pruning matrix의 원소 값이 1일 때 회전인자 값 그대로 나오고 그렇지 않으면 0으로 되었다는 것을 확인할 수 있다.

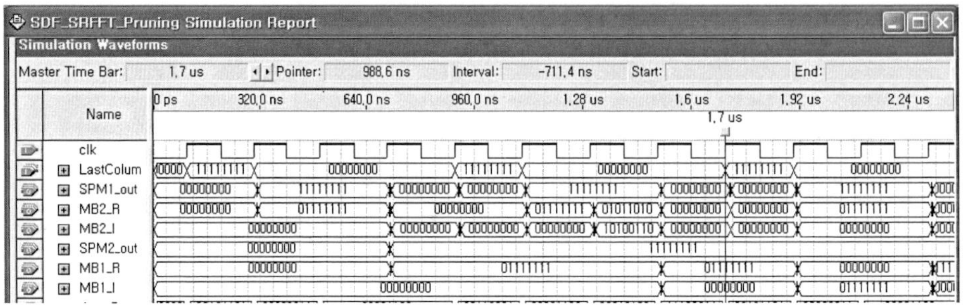

그림 8.33 Pruning matrix에 의한 회전인자 처리의 Verilog HDL 시뮬레이션

8.6.1.4 개조된 SDF Split-radix FFT butterfly 구조

그림 8.34는 Radix-2 FFT의 SDF구조에서 radix-2 FFT butterfly 대신 split-radix FFT butterfly 구조를 넣은 8-point SDF split-radix FFT 구조이다. 이 구조에 pruning matrix에 의하여 처리된 회전인자 MB1과 MB2를 곱하므로 split-radix FFT를 pruning할 수 있다.

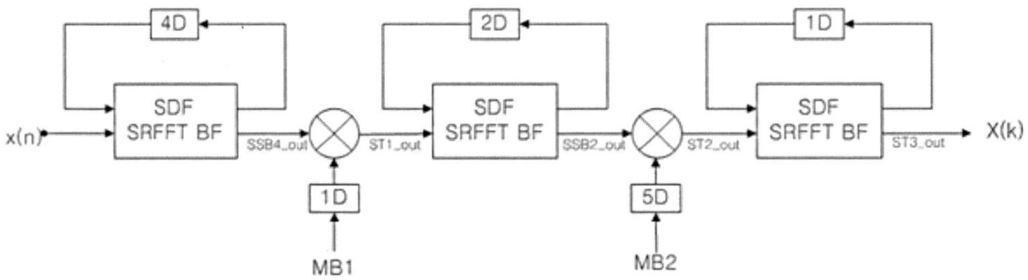

그림 8.34 pruning matrix에 의해 처리된 회전인자를 곱하는 8-point SDF SRFFT 구조

Split-radix FFT의 butterfly 구조는 그림 8.25의 (a)와 같으며 Radix-2 FFT처럼 단순한 one butterfly 구조가 반복되는 것이 아니다. 하여 그림 8.35에서처럼 butterfly 형태를 개변할 수 있도록 하는 제어회로를 사용하여 split-radix FFT butterfly 구조를 구현하였다.

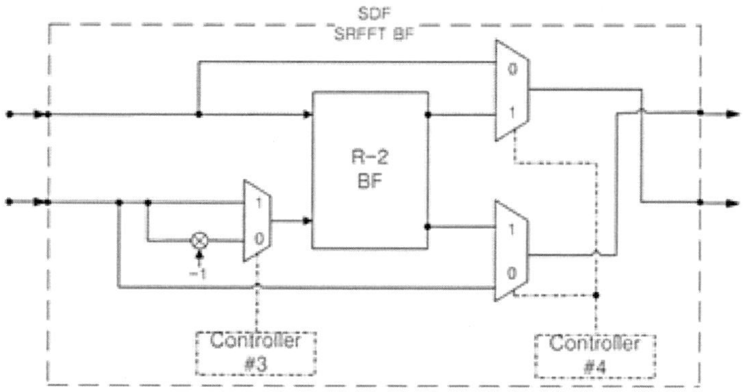

그림 8.35 SDF SRFFT butterfly 구조

그림 8.36은 Split-radix FFT의 첫 번째 스테이지에서 split-radix FFT butterfly 연산을 거친 결과 값 SSB4_out과 pruning matrix에 의하여 처리된 회전인자 MB1을 곱하는 과정을 시뮬레이션한 결과이다. 그림 8.34에서 첫 번째 스테이지는 pruning matrix의 원소들이 모두 1이므로 모든 회전인자의 곱셈과정을 하게 되며 그 출력 값은 ST1_out이다.

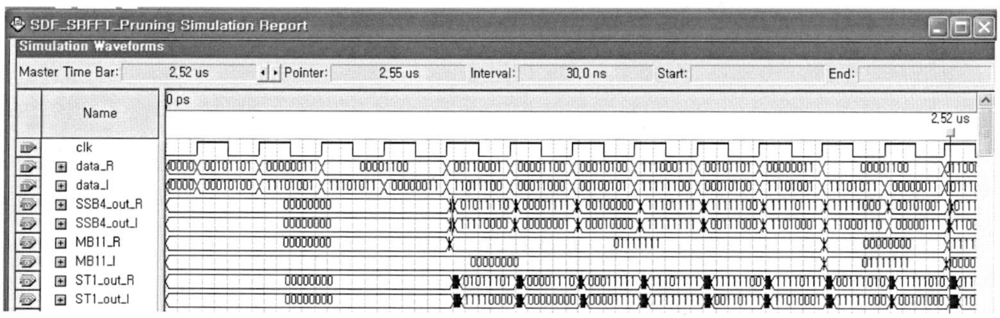

그림 8.36 SRFFT butterfly 결과 값과 pruning matrix에 의해 처리된 회전인자와의 처리과정을 시뮬레이션 한 결과

8.7 Split-radix FFT pruning의 ASIC 설계

8.7.1 Synthesise

그림 8.37은 64-point Spit-Radix FFT pruning 블록도이며 RTL에서 검증이 끝나면 합성을 수행한다.

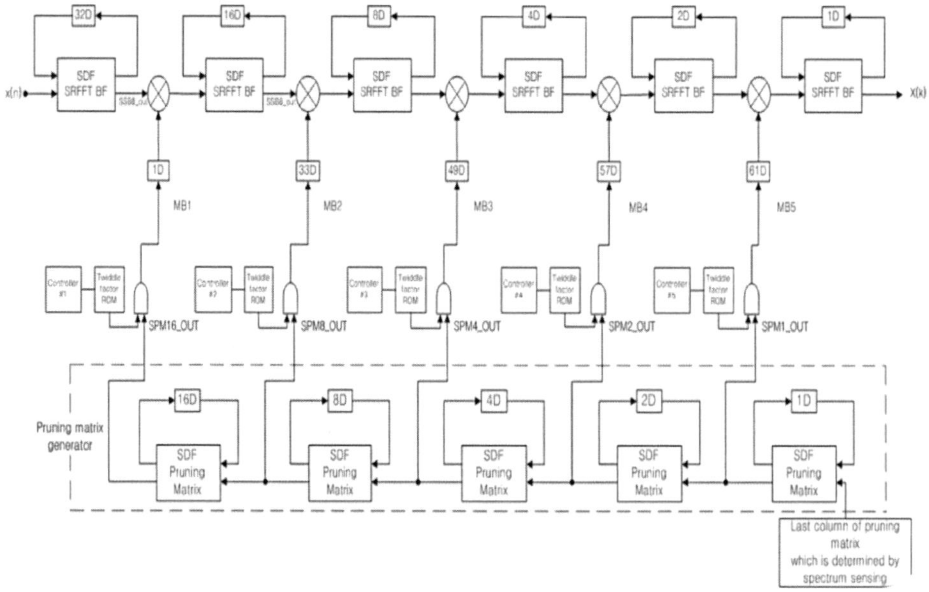

그림 8.37 64-point Split-Radix FFT의 구조

합성에서는 컴퓨터가 회로를 해석할 수 있도록 코드를 Gate로 해석하여 netlist 파일로 추출하는 과정이다.

합성 툴은 Design vision을 사용하였고 사용된 라이브러리는 삼성 STD150E 라이브러리를 사용하였다.

Setup/Hold time, Clock latency, transition time, in/out delay etc.. 필요한 딜레이 정보를 설정을 하고 합성 툴에서 회로를 변환시킨다.

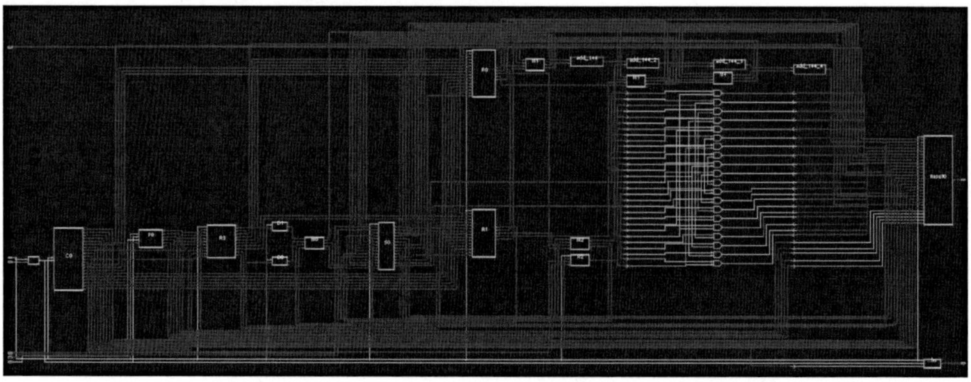

그림 8.38 STD150E 라이브러리 적용 후 TOP 블록

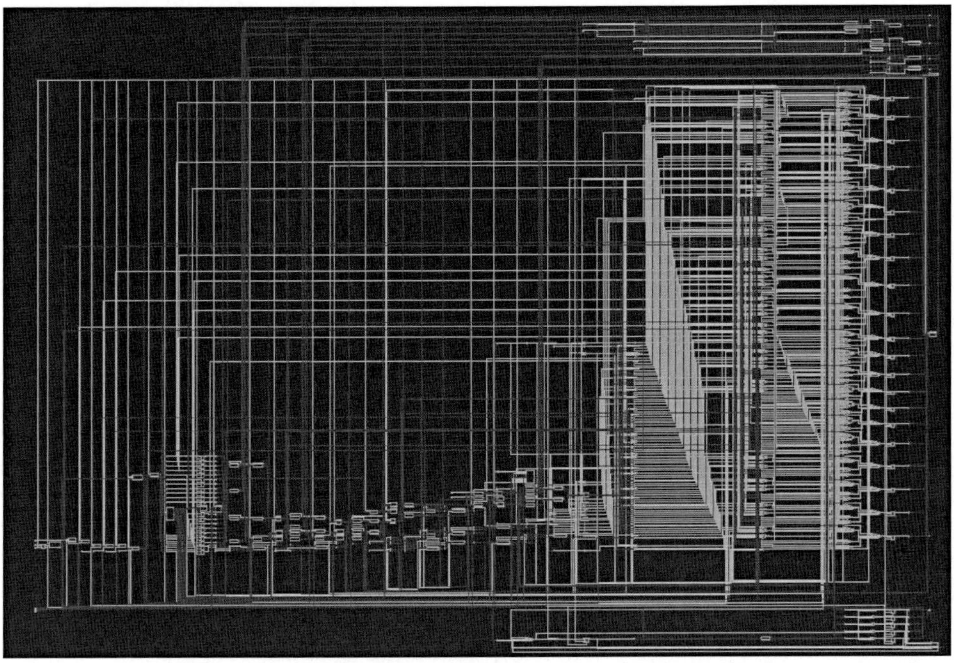

그림 8.39 합성 툴에서 Optimization한 후의 netlist

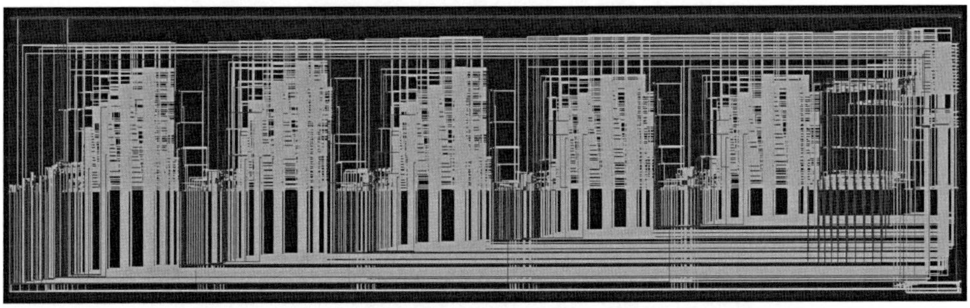

그림 8.40 합성 툴에서 Optimization한 후 ungroup

Gate Level로 된 Netlist 파일을 추출한 후에는 Pad를 삽입하는 과정이 있다.

Pad는 실제 칩에서 각 pin의 기능을 할당해 주는 과정으로 각 핀의 Vcc, Vdd, 입/출력 등을 할당하게 된다.

이렇게 Pad를 삽입하여 CubicWare를 통하여 회로를 검사하고 Layout 파일과 SDF (Simulation Delay File)을 추출해낸다.

또한, 이렇게 Pad까지 삽입된 netlist 파일을 Layout하기 전에 Timing 정보와 함께 시뮬레이션하게 되는데 이것을 Pre-Simulation이라 한다.

CubicWare에서 에러의 이상 유무를 통과하고 Pre-Simulation 결과, 원하는 결과 값을 도출해 내었다면 다음 Layout 단계로 넘어가게 된다.

8.7.2 Layout

Layout을 하기 위한 툴로서 Astro를 사용하였고 라이브러리는 삼성 STD150E를 사용하였다.

Layout에서는 실체 칩에 들어가는 게이트를 배치하고 배선하는 과정을 수행한다.

Layout에서는 각각 Placement, CTS(Clock Tree Synthesise), Route 이렇게 3단계로 나뉘어져 수행된다.

Layout 파일을 불러오면 Macro Cell과 Standard Cell 그리고 코어가 있는데, 이때 코어에 전압/그라운드 링을 설정하고 패드-코어 전압을 연결해주고 Macro Cell과 Standard Cell 배치하는 단계를 Placement라고 한다.

이렇게 Cell들 간의 배치가 끝난 후에 각 Cell 간의 Clock Skew를 검사하고 Buffer를 삽입하는 단계를 CTS라고 한다.

그리고나서 전체적으로 전압/그라운드를 배선하는 Route 단계이다.

그림 8.41은 64-Point SRFFT Pruning을 Layout한 그림이다.

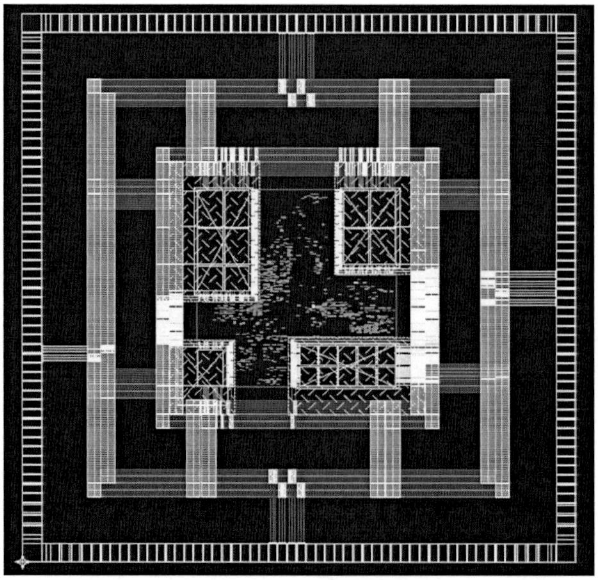

그림 8.41 64-Point SRFFT Pruning의 Layout

이렇게 Layout을 마친 후에 마지막으로 에러검사를 하여 에러가 없을 경우에 결과파일을 SDF 파일과 함께 netlist 파일로 추출하여 시뮬레이션을 하게 되는데, 이때 하는 시뮬레이션을 Post-Simulation이라고 한다.

Post-Simulation에서 원하는 결과를 확인하였다면 ASIC의 설계부분을 마치게 된다.

8.8 종래의 알고리즘과의 계산량 비교

Split-radix FFT pruning 알고리즘과 종래의 관련 FFT 알고리즘들과의 복소 곱셈의 개수를 비교하는 것을 통하여 연산량 비교를 해보았다. 표 8.3은 여러 FFT 알고리즘의 복소 곱셈의 개수를 표현하는 식들이다.

그림 8.42는 표 8.3의 여러 1024-point FFT 알고리즘 간의 복소 곱셈의 개수 비교 그래프이다. 이 그림에서 횡축은 0이 아닌 출력의 개수를 표시하고 종축은 복소 곱셈의 개수를 표시한다. L의 개수가 적을수록 모든 Pruning 알고리즘이나 Transform decomposition 알고리즘은 일반적인 FFT 알고리즘보다 연산량이 훨씬 적고, 제안하는 split-radix FFT pruning 기법이 다른 알고리즘보다 연산량이 적다는 것을 볼 수 있다.

또한, 이 그래프로부터 radix-2 FFT pruning 기법은 radix-2 FFT를 sub-transform에 적용한 transform decomposition 보다 연산량이 적다는 것을 볼 수 있다. 때문에 이 그래프에는 비록 split-radix FFT pruning의 복소 곱셈의 개수가 평균값으로 그려져 있지만 split-radix FFT pruning은 split-radix FFT를 sub-transform에 사용한 transform decomposition보다 계산량이 적다는 것을 알 수 있다.

표 8.3 여러 FFT 알고리즘들의 복소 곱셈의 개수

FFT algorithms	Complex multiplications	
Radix-2 FFT	$N/2 \times \log_2(N)$	
SRFFT	$N/3 \times \log_2(N) - 8/9 \times (N-1)$	
Markel's FFT pruning	$N/2 \times \log_2(L) + N - L$	
Skinner's FFT pruning	$N/2 \times \log_2(L)$	
Transfom Decomposition	Based on radix-2	$N/2 \times \log_2(P) + L \times (N/P-1)$
	Based on SRFFT	$N/3 \times \log_2(P) - 8/9 \times N \times (1-1/P) + L \times (N/P-1)$
SRFFT pruning	continuos L	$N/18 \times (1/L+6 \times \log_2(L)-1) - L+1$, where $L<N$, L is power of 4
	arbitrary L	$L/N \times (N/3 \times \log_2(N) - 8/9 \times (N-1))$

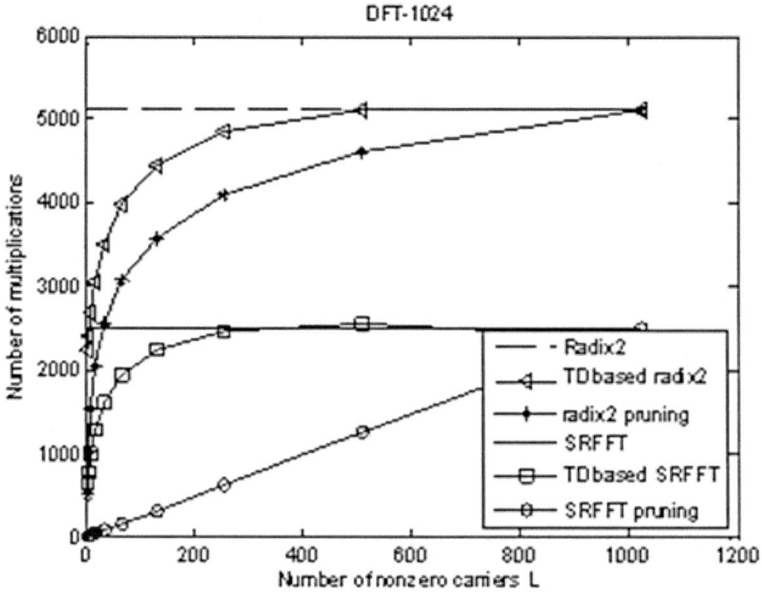

그림 8.42 여러 FFT 알고리즘들의 복소 곱셈 개수의 비교

09 차량 네트워크(In-Vehicle Network)

9.1 자동차 기술동향과 In-Vehicle Network

9.1.1 자동차 기술동향

최근 자동차 산업의 환경은 급격히 변화하고 있으며 변화에 가장 큰 영향을 미치는 요인들로 화석연료 고갈, 환경규제 심화, 안전규제 강화, 차량지능화 요구 등을 들 수 있다. 화석연료의 고갈 및 환경오염 문제로 인해 대체연료엔진기술, 전기자동차기술 등에 대한 연구가 활발히 진행되고 있다. 유럽연합(EU)은 교토의정서 발효 이후 CO_2 배출저감 목표(2008년 140 g/km, 2012년 130 g/km)를 강화하고 있으며, 연비 향상을 위한 중요 정책들을 시행하고 있다. 우리나라는 CO_2 배출량이 세계 6위로서 조만간 의무감축대상국에 포함될 것으로 보이며 향후 중국, 인도, 한국 등 CO_2 배출량이 많은 신흥개도국에 대한 감축의무대상국 추가와 미국의 교토의정서 참여여부에 귀추가 주목되고 있는 실정이다. 미국 CARB의 경우도 단계적으로 CO_2 규제를 강화할 계획이다. 차량전복 규제, 보행자 보호, 충돌시험 확대, 안전부품 장착 의무화 등의 안전규제 강화와 아울러 운전자의 편의성 증대, 자동차안전도 강화, 자동차의 정보화 등과 같은 차량의 지능화에 대한 요구도 강화되고 있다.

자동차 산업의 환경이 변화함에 따라 자동차 기술의 패러다임이 변하고 있으며, 대표적으로 친환경 자동차 기술, 고안전 자동차 기술, 편리한 자동차 기술 등이 있다. 친환경 자동차 기술의 대표적인 예로서 2가지 이상의 동력원을 사용하는 하이브리드 자동차를 들 수 있다. 하이브리드 자동차는 주로 기존의 엔진 동력원에 모터 동력원을 추가함으로써 연비의 효율을 향상시킬 수 있는 기술이다.

전기자동차는 내연기관 엔진 대신 배터리로부터 얻은 에너지로 전기모터를 작동시켜 구동력을 발생시키며 전기모터는 인버터(Inverter)에 의해 운전자가 가속 페달을 밟는 양에 따라 그 출력이 조절된다. 가솔린을 연료로 사용하고 효율 향상을 위해 배터리와 모터를 혼용하는 하이브리드차와 달리 전기자동차는 전기로만 구동된다. 기존의 전기자동차는 제한된 주행범위, 재충전 시간 및 소량 생산에 의한 높은 차량 가격 등으로 널리 보급되지 못하였으나 화석연료의 고갈, 이산화탄소 배출 규제 및 배터리 기술의 비약적 발전으로 주요 자동차업체에서 활발히 개발 중에 있다.

고안전 자동차 기술은 기계공학 중심으로 개발되어 온 자동차에 전자, 제어공학을 접목하여 주행 안전성과 편의성을 향상시키는 기술이다. 자동차에 레이더, 카메라, 레이저 센서 등의 각종 주변감지 센서를 장착하고, 이를 이용하여 자동차사고를 미연에 방지할 수 있는 각종 지능형 안전기술을 적용함으로써, 운전자의 주행 안전성과 편의성을 극대화시킨 기술이다. 주요 기능 및 시스템으로는 완전자동주차기능, 통합충돌안전시스템, 섀시제어시스템, 야간투시기능, 외장에어백, 추돌예방레이더, 탈선경보시스템 등이 있다.

자동차의 전자제어화는 해마다 진보하고 있다. 현재 자동차에 탑재된 ECU(Electronic Control Unit) 수는 1대당 70개 이상으로 알려져 있으며 향후 고급차종의 경우 ECU가 250개 이상 탑재될 것으로 예상되고 있다. 차량용 센서는 차량 전자화 시스템의 제어를 위해 요구되는 관련 정보를 수집하는 장치이며, 액추에이터는 전자제어 장치로부터 지시되는 정보에 의해 원하는 동작을 수행하는 구동 장치이다. 차량용 센서는 정보 수집의 대상 및 응용목적에 따라 형상 및 입출력 인터페이스 형태가 다양화 되어 있다. 주요 액추에이터로는 전동 조향 액추에이터, 브레이크 액추에이터, 엔진 조절 액추에이터, 소형 모터, 솔레노이드 등이 있다. 이 외에도 스마트 에어백시스템, 온도 및 습도 조절 등을 위한 공조시스템 등이 활발히 연구되고 있다.

9.1.2 In-Vehicle Network

자동차 산업 환경의 변화에 따라 기계적인 제어가 전자적인 제어로 전환되고 차량에 탑재되는 전자제어장치(ECU)의 수가 급증할 뿐 아니라 집중제어방식이 분산제어방식으로 변화하고 있다. 자동차 전자화 시스템은 차량용 센서와 전자제어장치(ECU), 액추에이터로 이루어진다. 센서에 의해 차량 내외부의 정보를 습득하고, 전자제어장치에서 이를 가공/처리하여 정보를 생성시킨 후 액추에이터에 전달하여 구동시킨다. 따라서 전자화가 진행됨에 따라 차량 내 와이어의 수가 기하급수적으로 증가하게 된다. 차량 네트워크(IVN)는 이러한 환경에 효율적으로 대응하기 위해 개발되었다. IVN 기반 자동차배선에서는 개별적인 와이어를 이용하여 디바이스 간을 연결하는 대신 그림 9.1과 같이 공통의 버스라인에 디바이스들을 연결하고 통신프로토콜을 이용하여 통신을 제어한다. 차량 네트워크를 이용함으로써 와이어링 관련(Wiring Harness) 비용의 대폭 감소뿐 아니라 차량 중량감소로 인한 차량 연비증가, 설계변경 용이, 유지보수기능 향상, 다양한 기능 구현 등이 용이하게 된다.

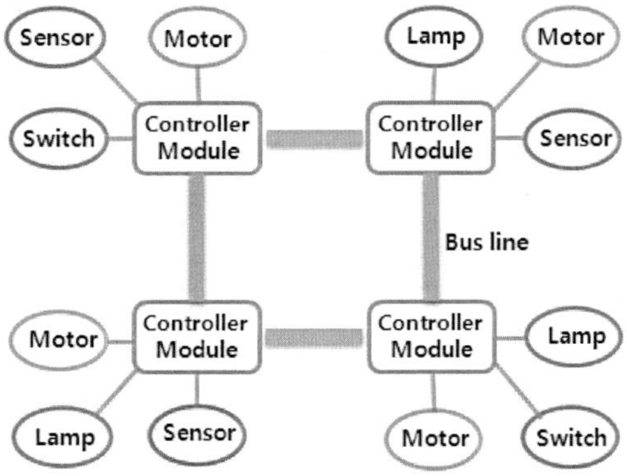

그림 9.1 IVN 기반 자동차 배선

속도에 따라 IVN을 구분하면 표 9.1과 같이 Class A, Class B, Class C로 구분할 수 있다. 분야별로 IVN을 구분하면 표 9.2와 같다. 차량 네트워크 전송속도에 따른 지역별 적용 현황은 그림 9.2와 같다.

표 9.1 속도에 따른 차량 네트워크 분류

	속도	목적	응용 분야
Class A	저속(up to 10 Kbaud)	배선 수 감소	door, seat, climate control
Class B	중속(10 to 250 Kbaud)	sensor/actuator 공유	body electronics
Class C	고속(250K to 1 Mbaud)	실시간 데이터 송수신	power train, safety

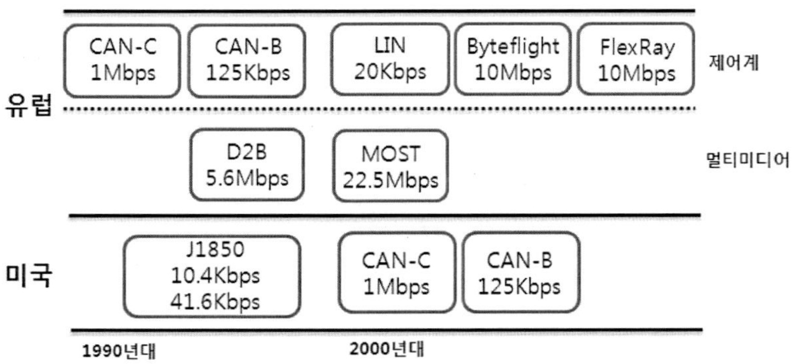

그림 9.2 차량 네트워크의 지역별 사용 현황

표 9.2 분야에 따른 차량 네트워크 분류

분야	통신 방식	주요 내용
Multimedia	D2B	Digital Data Bus, 11.2 Mbps, Jaguar, Benz
	MOST	Media Oriented System Transport, 24.8Mbps
	IDB1394	Intelligent Transport System Data Bus, S100, S200, S400, S800
Body Control & Safety	CAN	Controller Area Network, 500kbps(또는 1Mbps)
	LIN	Local Interconnect Network, 20Kbps
	FlexRay	X-by-wire
	TTP(Time-Triggered Protocol)	Fault Tolerant and Safety Critical System
Wireless	Bluetooth/Zigbee	Wireless application
	Wireless LAN(802.11)	Wireless application
	CDMA/GSM/GPS	Wireless application

9.2 CAN 통신 시뮬레이션

CAN 통신 시뮬레이션이란 CAN 통신 시스템의 요구 분석을 하고, 각각의 네트워크 노드들을 기능별로 설계하며 가상의 시스템을 구현하여 통신 시뮬레이션을 수행하는 것을 말한다. CAN 버스 시스템을 분석하고 테스트하기 위한 통합개발 환경으로서 시스템 개발과 통신 환경 분석이 용이한 CANoe(CAN open environment)가 널리 사용된다.

9.2.1 CAN 버스 시스템 개발 절차

9.2.1.1 1단계

시스템 설계에 앞서 구성하고자 하는 시스템의 요구 분석(Requirement Analysis)을 하고, 각각의 네트워크 노드(또는 module)들을 기능별로 설계하며, 이때 메시지 및 버스의 통신 속도도 설정한다.

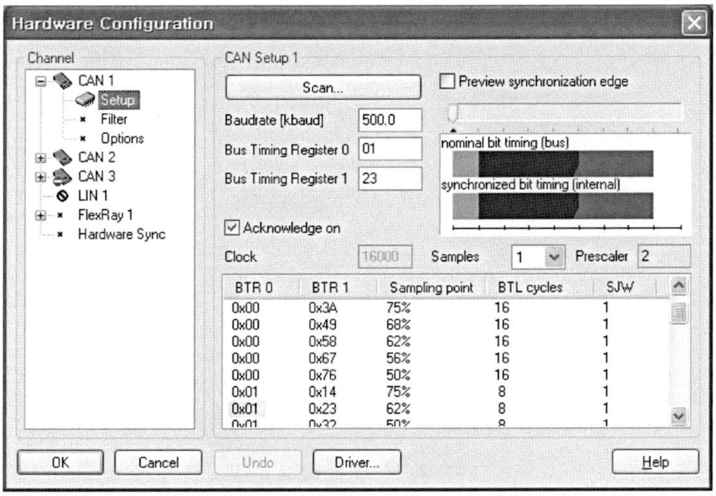

BTR 0	BTR 1	Sampling point	BTL cycles	SJW
0x00	0x3A	75%	16	1
0x00	0x49	68%	16	1
0x00	0x58	62%	16	1
0x00	0x67	56%	16	1
0x00	0x76	50%	16	1
0x01	0x14	75%	8	1
0x01	0x23	62%	8	1

그림 9.3 CAN 통신속도 설정

원하는 메시지만 입력 받기 위해서 메시지 마스크를 설정한다.

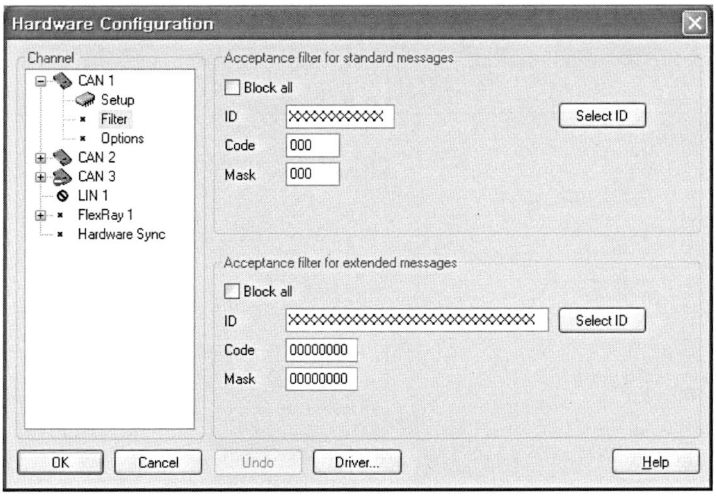

그림 9.4 메시지 마스크 설정

Bus에 연결될 ECU를 파악하고 그와 동일한 노드로 버스를 구성한다.

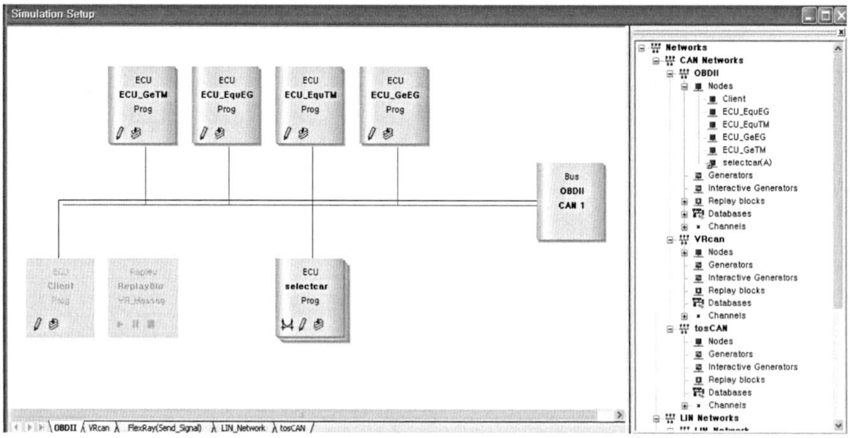

그림 9.5 네트워크 노드 구성

9.2.1.2 2단계

2단계는 구성 요소 개발 과정으로서 노드들의 기능을 C언어 기반의 CAPL을 이용하여 프로그래밍한다.

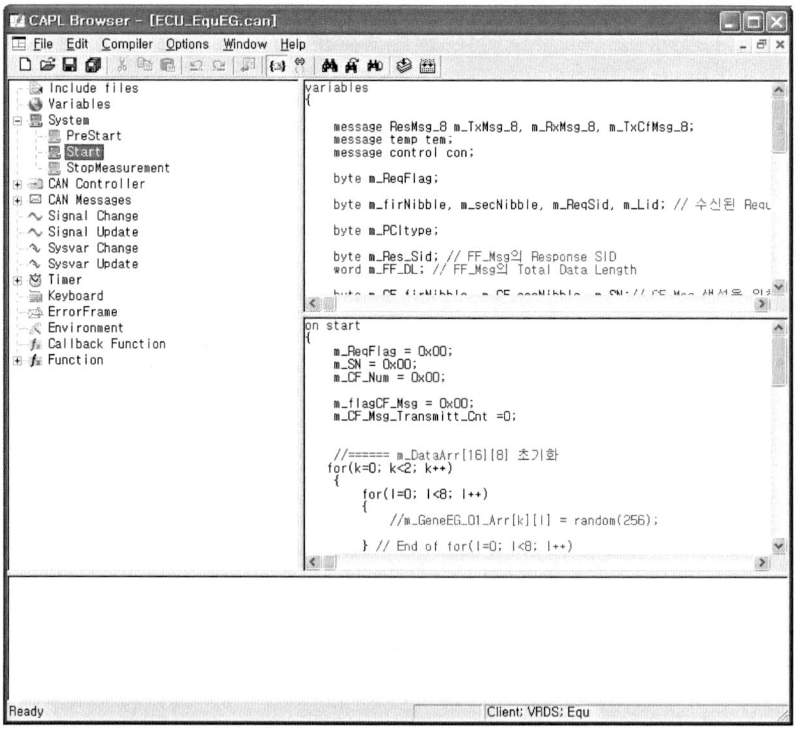

그림 9.6 CAPL을 이용한 노드 기능 정의

9.2.1.3 3단계

3단계는 전체 시스템을 통합하는 과정으로 기능이 정의된 노드와 gateway 노드 등 구성하고자 하는 시스템과 연관된 노드를 버스에 연결하여 전체 시스템을 통합한다. Gateway 노드는 bus를 서로 공유할 수 있다.

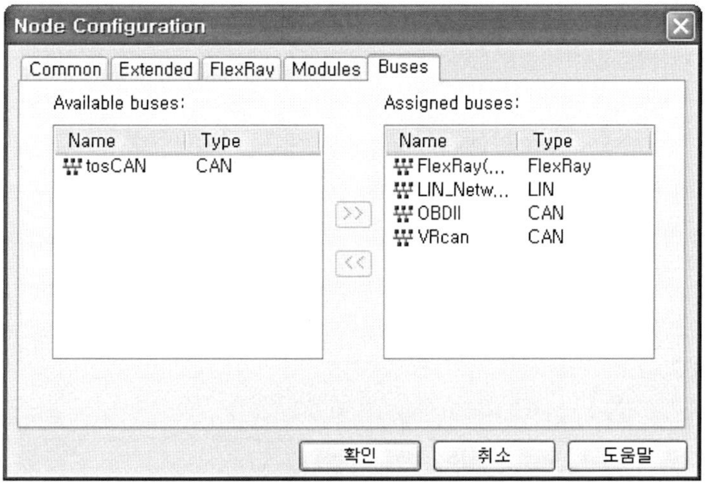

그림 9.7 노드의 게이트웨이 설정

9.2.2 CANoe 시스템 및 구성 요소

9.2.2.1 CANoe 메인 프로그램

데이터 분석 및 저장, 임의의 데이터 전송, 단일 노드 또는 전체 네트워크 시뮬레이션을 설정함으로써 CAN 시스템을 분석하거나 시뮬레이션 및 테스트할 때 사용된다.

9.2.2.2 CAN DB 에디터

데이터베이스를 생성 및 관리하여 데이터베이스(*.dbc) 파일을 생성 및 수정할 수 있도록 한다.

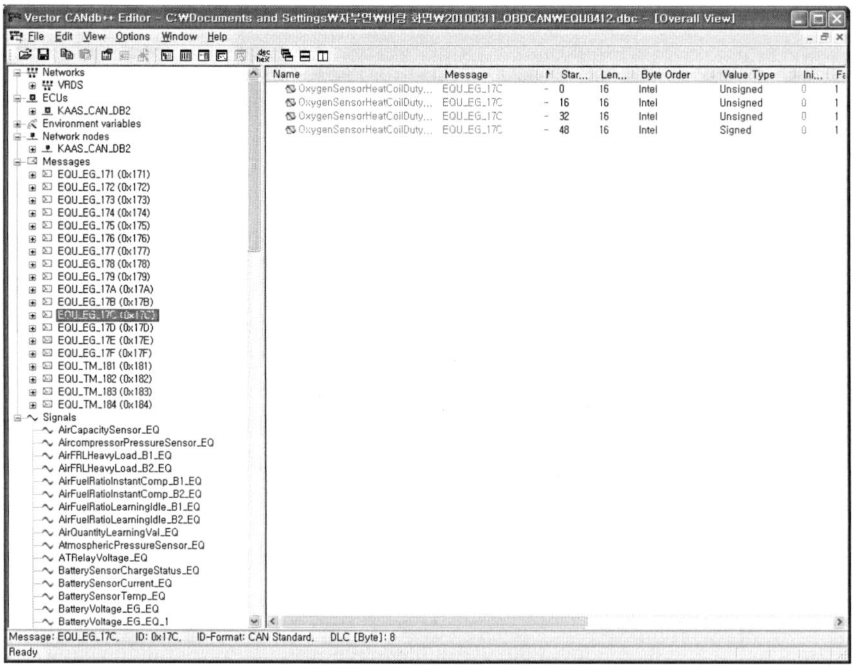

그림 9.8 DB 에디터 프로그램 화면

노드 메시지, 시그널 또는 환경 변수 등이 데이터베이스 파일에 정의된다.

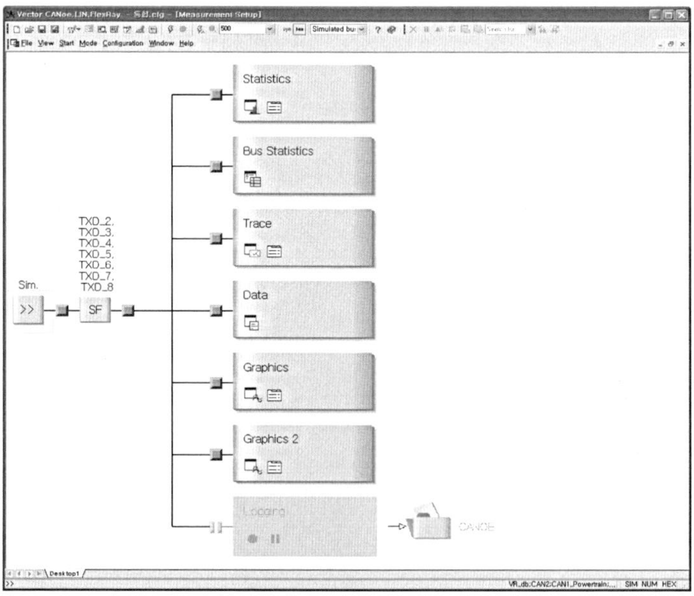

그림 9.9 시뮬레이션 노드 설정

9.2.2.3 CAPL browser

사용자 임의의 기능을 프로그래밍할 때 사용하는 프로그램으로서, 데이터베이스를 이용하면 메시지 ID와 데이터 byte의 값을 직접 사용하는 대신에 기호적인 이름으로 프로그램할 수 있다.

9.2.2.4 Panel Editor

CANoe에 연결되어 작동되는 panel을 생성하는 프로그램으로, 이 panel들은 CANoe의 시뮬레이션된 네트워크 노드들과 사용자 간의 입출력 인터페이스가 가능하다. Panel editor에서는 기본 버튼 및 스위치 외에 디스플레이 또는 컨트롤의 요소로서 비트맵이 사용될 수 있다. 디스플레이되거나 컨트롤 할 수 있는 요소들은 데이터베이스 내의 환경변수와 연결된다.

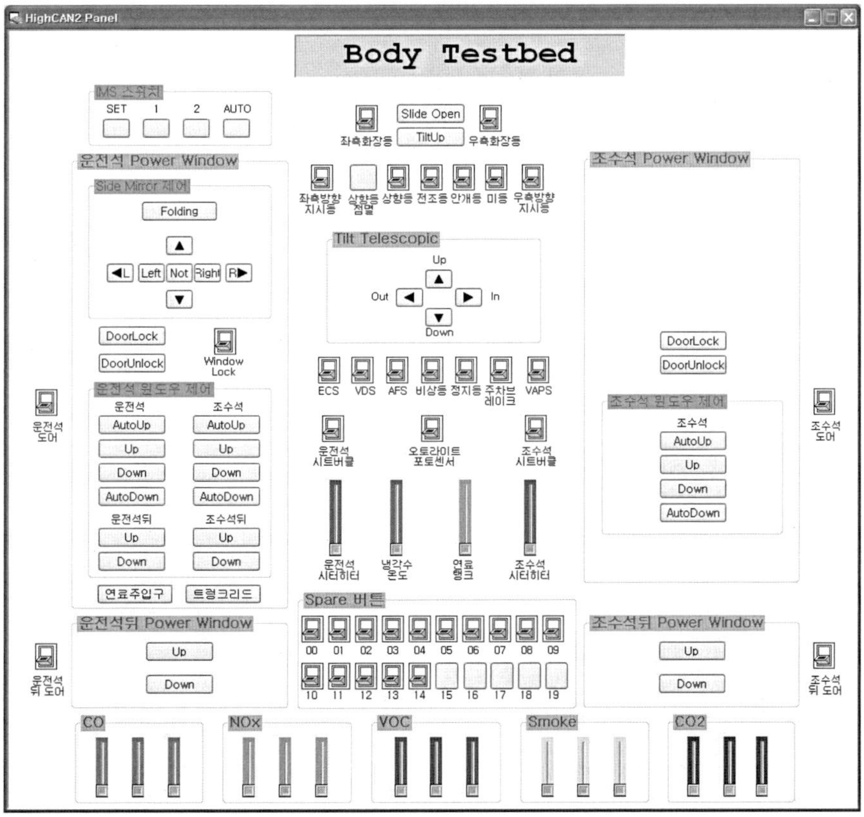

그림 9.10 Panel 프로그램을 이용하여 작성된 예

9.2.2.5 IO Generator

임의의 신호를 생성하여 bus에 인가한다.

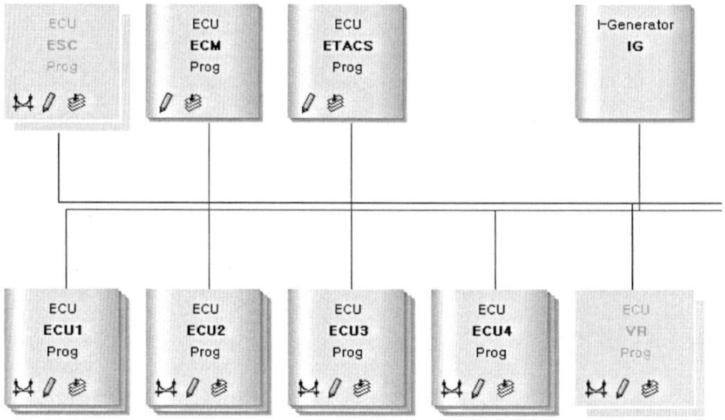

그림 9.11 Bus에 연결되어있는 IG

9.2.3 CAN 통신 시뮬레이션 시스템 개발

9.2.3.1 CANoe를 이용한 CAN 통신 시스템

9.2.3.1.1 네트워크 환경생성

CAN, LIN, MOST 또는 FlexRay를 사용할 것인지를 선택하고 주어진 탬플릿 파일을 이용하여 네트워크 환경을 구성한다.

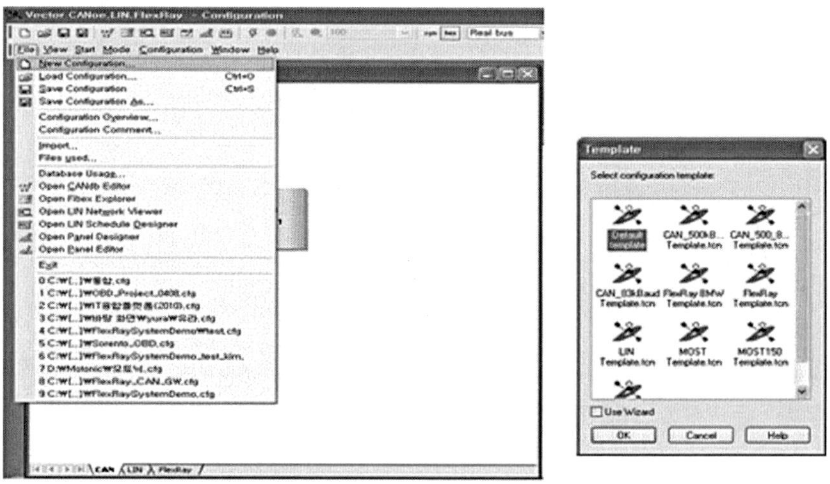

그림 9.12 네트워크 환경 생성

9.2.3.1.2 채널, 통신 속도 및 필터 설정

채널 설정은 실제 CAN 하드웨어의 포트를 정하는 것으로 표준 통신 속도는 [33.3, 50, 83.3, 100, 125, 250, 500, 1000]으로 설정할 수 있으며 500 Kbps 이상은 High speed CAN 이다. 필터 설정은 설계자가 원하는 ID에 대한 데이터를 받아들이기 위한 것이다.

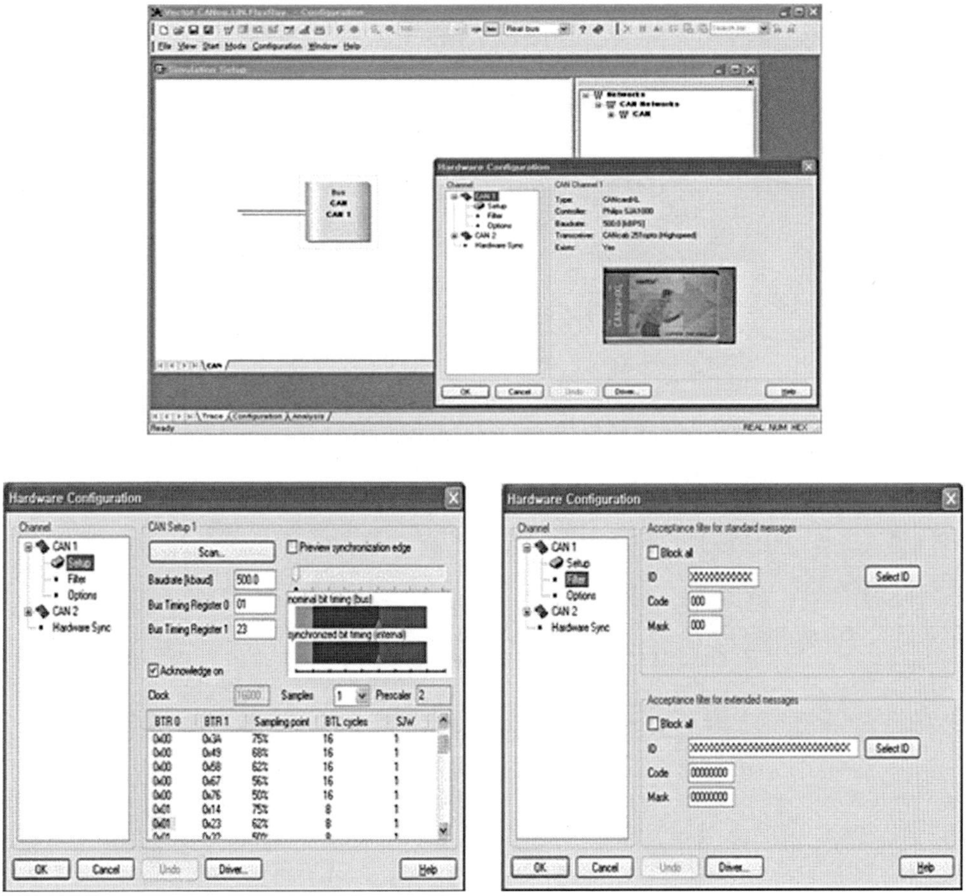

그림 9.13 통신속도 및 필터 설정

Measurement Setup 윈도우는 Hot-spot이라고 부르는 검은 정사각형들이 각각의 분석 윈도우 왼쪽에 존재하며 추가적인 기능 블록들은 이 위치에 삽입가능하다. Filter(PF/SF)는 Identifier, and/or 연산을 통해서 원하는 데이터만을 통과시킴으로써 데이터 양을 줄일 수 있다. Error 프레임을 추가할 수 있으며, 이 경우 Overload 프레임은 Error 프레임으로 처리된다. 내부의 Node Filter는 데이터베이스에서 한 노드와 연결되어 있는 메시지 모두를 여과할 때 사용된다.

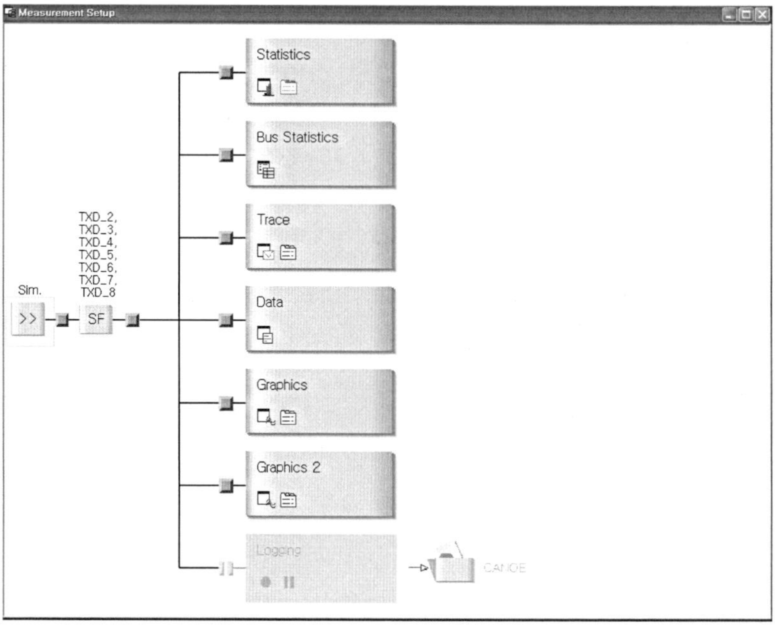

그림 9.14 Measurement 설정

9.2.3.1.3 ECU 노드 생성

Bus에 연결된 ECU 노드 또는 Replay Block CAN, Generator Block 등을 생성한다. ECU 노드는 개발하려는 ECU에 대한 기능을 정의하고 C를 이용하여 구현한다.

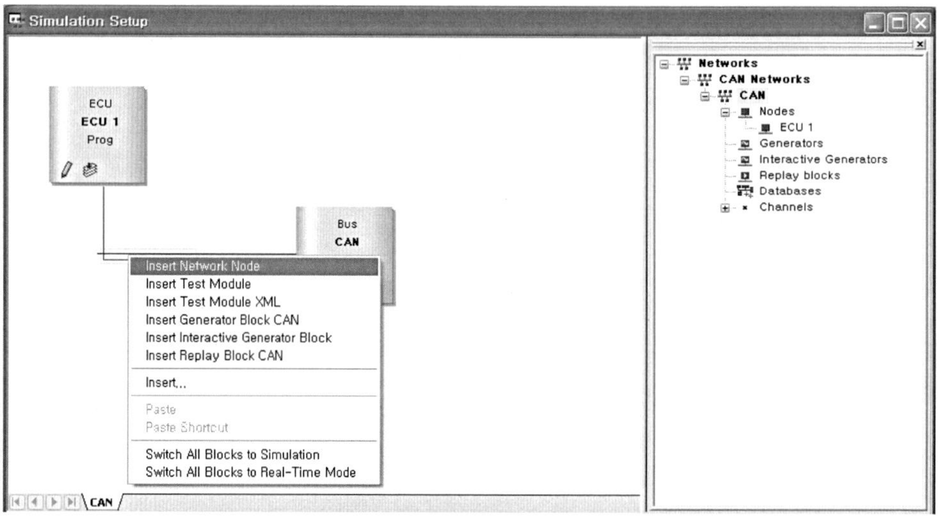

그림 9.15 ECU 노드 생성

9.2.3.1.4 테스트 신호 및 노드 생성

ECU를 디버깅하기 위해서 임의의 신호를 발생시키거나 인가할 수 있는 노드인 Generator 노드를 아래와 같이 설정하여 bus에 연결할 수 있다.

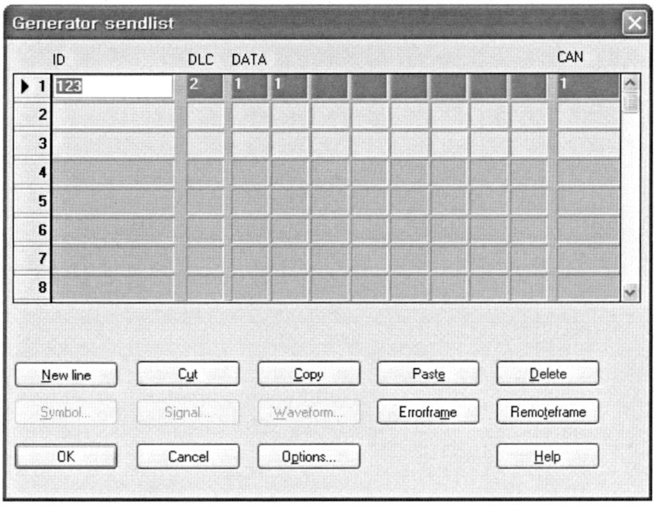

그림 9.16 테스트 벡터 노드 생성

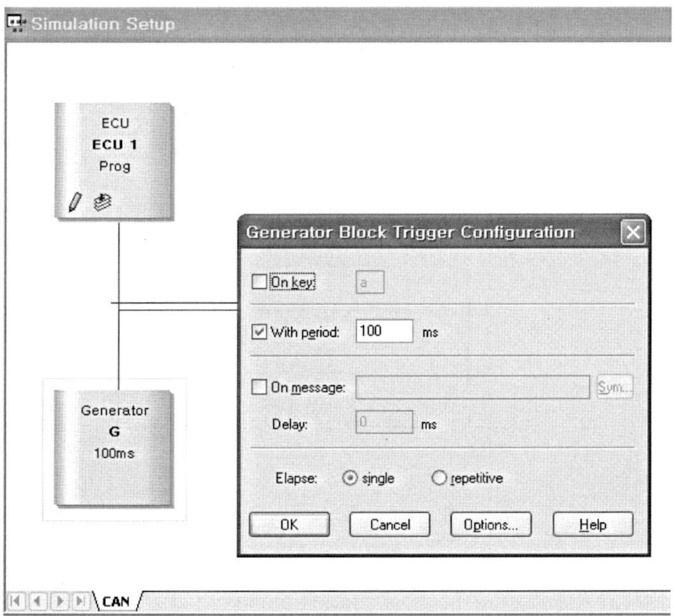

그림 9.17 테스트 신호 Generator 노드 생성

9.2.3.1.5 Replay 노드 생성

Replay 노드는 ECU 디버깅을 용이하게 하기 위해 생성한다.

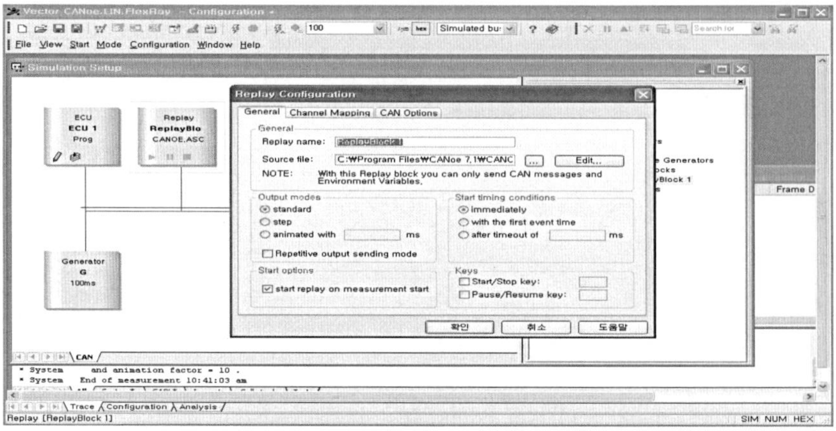

그림 9.18 Replay 노드 생성

9.2.3.1.6 DB 생성

CAN 메시지는 총 8 byte까지 선언 가능하며 각각의 변수의 비트 길이를 다르게 할 수 있다. 신호는 Intel과 Motorola 메시지 형식으로 구분되며 Signed 또는 Unsigned, Length 등을 정의한다. Factor는 신호에 곱해질 값, Offset은 더해질 값을 정하며 Minimum과 Maximun 값은 변수에 입력될 값의 범위를 정하는 파라미터이다.

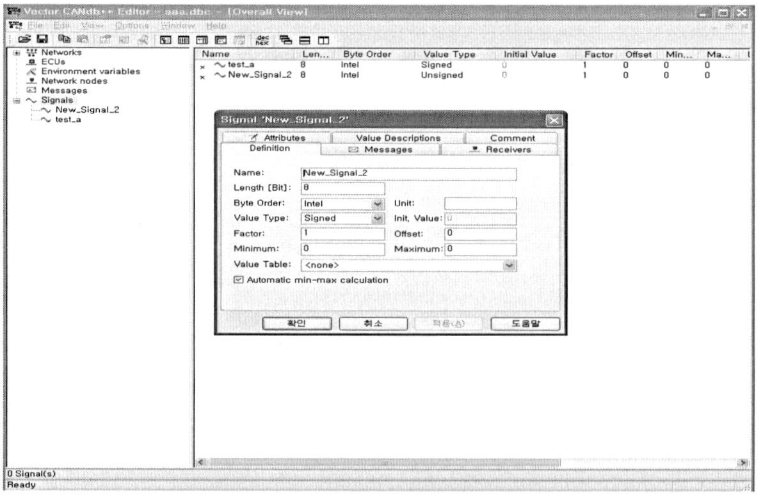

그림 9.19 DB 시그널 생성

DB 에디터에서 메시지를 생성하여 ID를 설정하고 DLC를 설정할 수 있다.

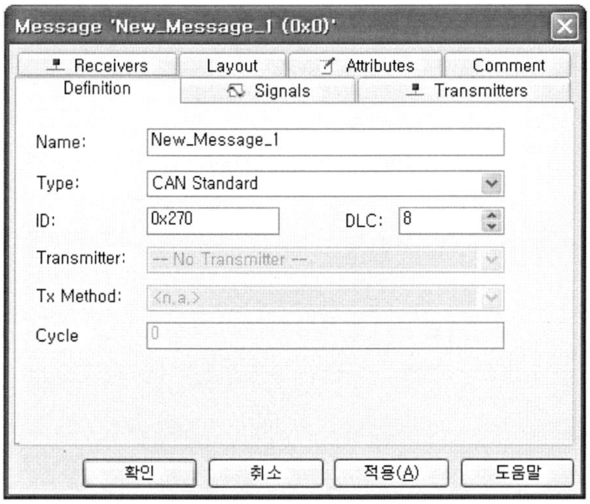

그림 9.20 메시지 생성

생성된 메시지에 신호를 구성하면 최종 데이터 구조가 생성된다.

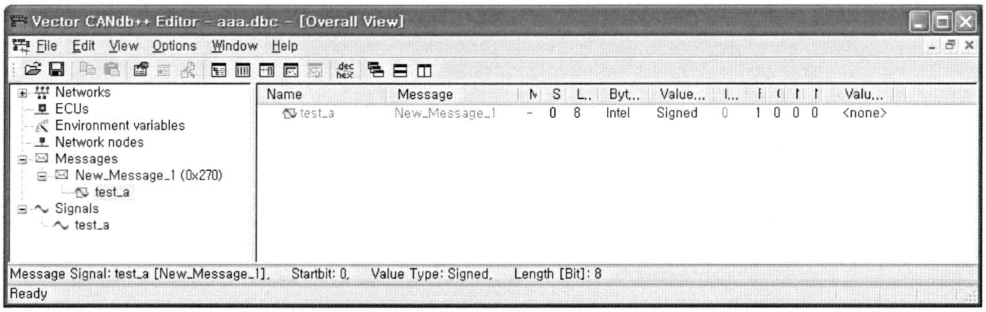

그림 9.21 메시지에 신호를 포함

9.2.3.1.7 CAPL을 이용한 ECU 개발

CAPL은 C에 기반한 프로그래밍 언어로서 DB 파일에서 정의한 메시지 구조를 구조체 message로 정의하여 선언하고 timer 함수에 주기를 설정한다. ON 메시지 함수를 이용하여 특정 메시지가 발생했을 때 처리루틴을 구현할 수 있으며 ON Timer 함수를 이용하여 일정 주기로 신호를 출력할 수 있다. ON Key 함수를 이용하여 특정 이벤트를 PC 키를 이용하여 발생시킬 수 있다.

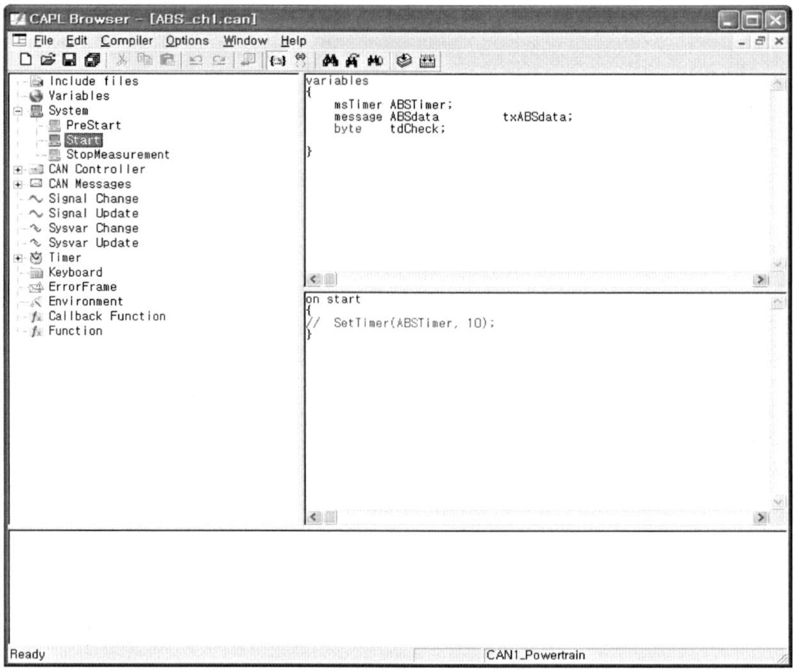

그림 9.22 CAPL 프로그램

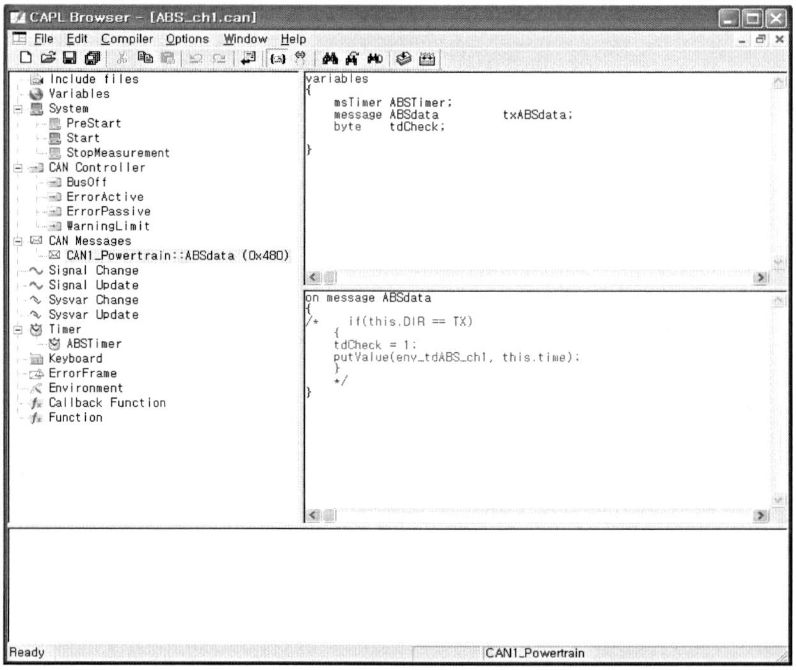

그림 9.23 특정 메시지가 발생했을 때 이벤트 함수

9.2.3.2 CANoe를 이용한 CAN 통신 시스템 분석

9.2.3.2.1 Trace

CAN bus에서 발생되는 데이터를 시간 정보와 함께 윈도우에 출력한다.

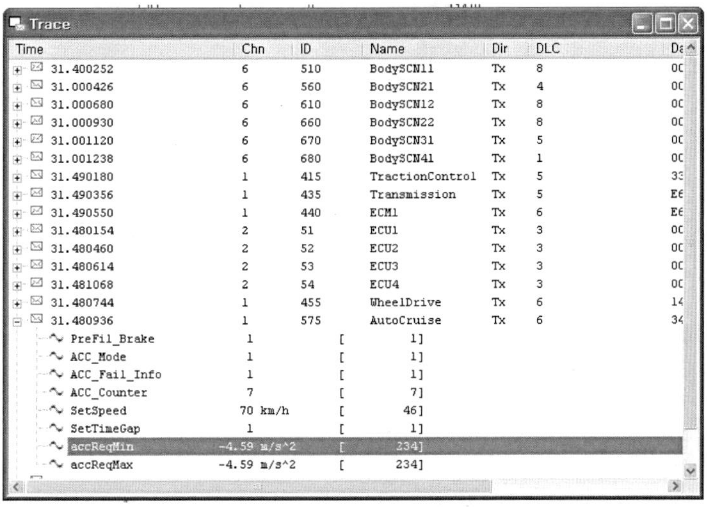

그림 9.24 Trace 모니터링 툴

9.2.3.2.2 Statistics

각 Identifier에 해당하는 메시지의 단위 시간당 발생 개수를 막대그래프 형태로 표시하며 bus 로드뿐만 아니라 데이터, 리모트/에러 프레임 개수도 표시한다. Statistics 윈도우는 발생되는 메시지 빈도에 관한 정보를 수집하며 평균 메시지 비율이 측정하는 도중에 statistics 윈도우에 표시된다. 가로축에는 메시지 Identifier가 표시되고, 세로축에는 그에 해당하는 메시지의 빈도가 표시되며 각각의 메시지는 채널 및 Rx/Tx별로 원하는 색상으로 설정 가능하다.

Statistics 윈도우의 확장 기능으로 Statistics report 및 Histogram 분석이 있으며 "statistics window configuration"에서 "Active"와 "Automatic output of statistic report"를 체크하면, 완료된 1회 측정에 관한 정보(메시지 개수, 평균 시간 간격, 표준편차, 최소간격, 최대간격)가 표시된다.

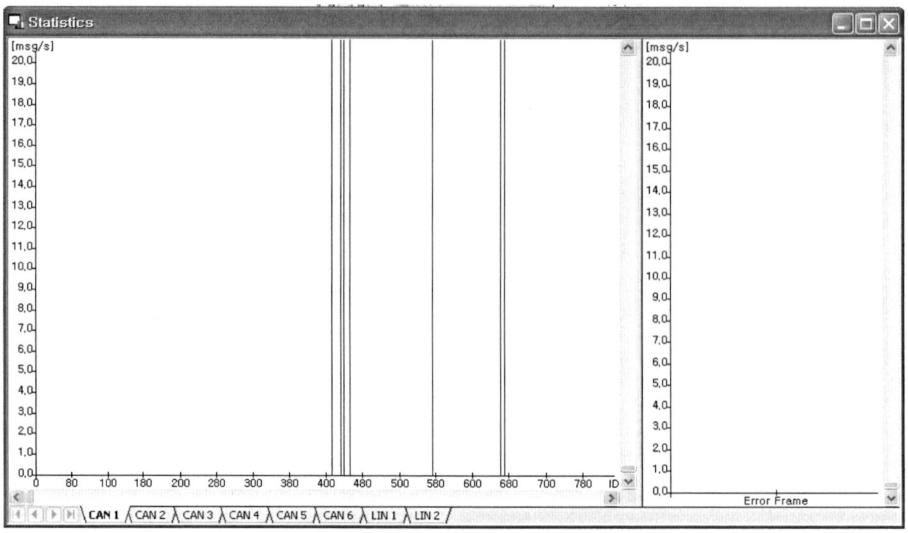

그림 9.25 Statistics 윈도우

9.2.3.2.3 Graphics

Graphics 윈도우는 시간에 따른 신호를 그래프로 표현하여 주며 x축은 시간, y축은 그 값을 표시한다. Graphics 윈도우 내에 있는 다양한 아이콘을 이용하여 각 신호들의 표시를 원하는 위치로 이동 시킬 수 있으며 스케일 조정이 가능하므로 정교한 분석이 가능하다. Measurement Marker와 Difference Marker는 값들을 계산 및 분석할 수 있도록 한다.

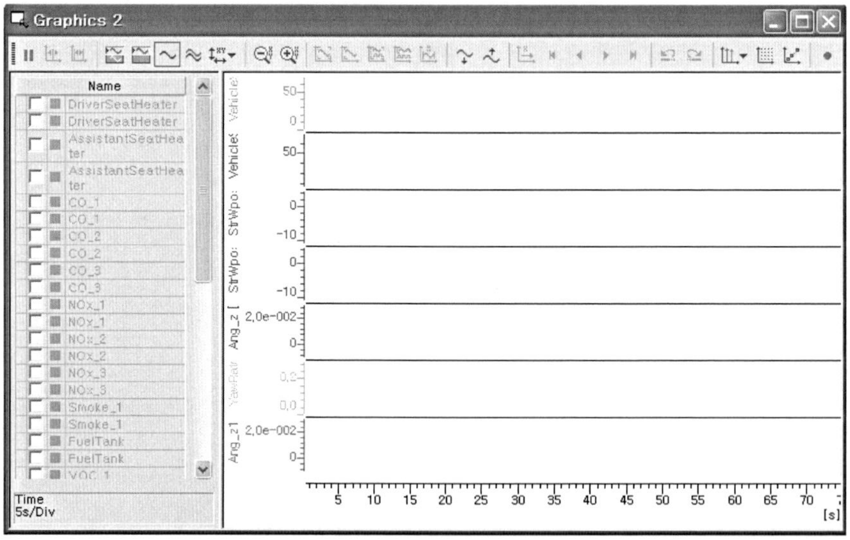

그림 9.26 Graphics 윈도우

9.2.3.2.4 Write 윈도우

측정과 관계된 시스템 메시지 및 CAPL 프로그램의 write() 함수에 의한 메시지를 표시한다. Measurement 시작/정지, Baud_rate, Triggering, 로드 변화, Rx buffer 과다, 통계보고서 등의 정보, CAPL runtime 보고서, write() 함수의 출력이 가능하다.

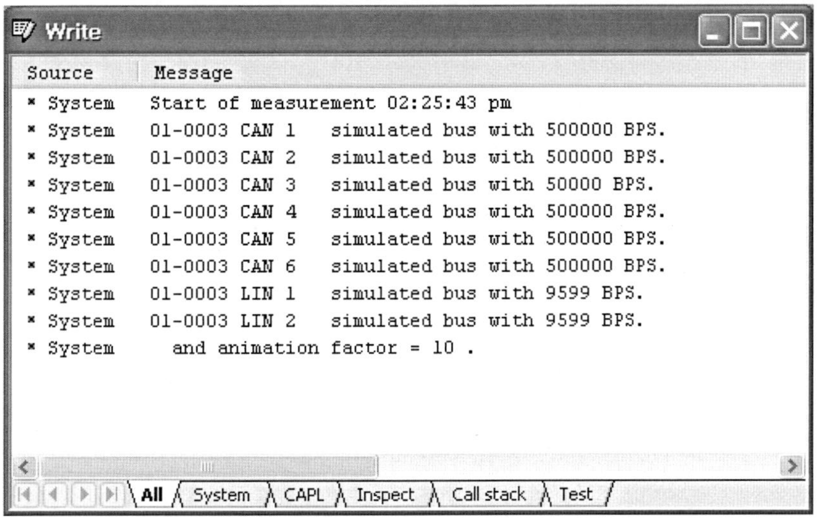

그림 9.27 Write 윈도우

9.2.3.2.5 Panel 프로그램

스위치로 테스트되거나 display element를 통하여 분석되어야 하는 모든 기능들은 DB에서 작성된 환경 변수로부터 기인한다. Panel 동작과 표시는 Panel editor에 의하여 생성되고 일련의 표준 Control이 이용가능하며 Control에서 표시되는 Bitmap을 삽입하는 것이 가능하다.

9.3 MOST (Media Oriented Systems Transport) 통신기술

9.3.1 MOST 협회

1980년대 후반, 디바이스를 제어하고 다중 신호를 도선 하나로 전달하는 최초의 자동차 네트워크가 구현되었으며, 자동차 회사들은 이러한 기술을 통해 자사 제품을 타사 제품과 차별화하기 위한 시스템을 구축하기 시작하였다. 메르세데스(Mercedes)는 CAN 시스템을 개발했으며 PSA(푸조 시트로앵)과 르노는 VAN(Vehicle Area Network)을 통해 자동차 하부 네트워크 장치를 제어했다. 미국은 자국 실정에 맞는 J1850 표준을 개발했으며, BMW는 I-bus라는 독자적인 네트워크를 선보였다. 유사한 듯이 보이지만 기능이 제각각인 전송 기술 개발을 위해 자동차 제조사들은 많은 돈과 시간을 투자해야 했다. 오늘날 거의 모든 자동차가 사용하는 CAN 네트워크가 받아들여지기까지는 거의 20년이란 시간이 소요되었다. 그리고 또 다른 네트워크 기술을 개발하려는 노력이 점차 싹을 틔우고 있었지만, 1980년대에는 이러한 결론을 내릴 만큼 시기가 무르익지 않았다.

1996년 베커(현재 하만/베커)와 오아시스실리콘시스템즈(오늘날 SMSC)는 BMW에서 상용화에 성공한 D2B 시스템을 기반으로 MOST 표준안을 논의하기 시작했다. 그리고 그 성과를 다른 자동차 제조사와도 공유하기로 결정했다. 1998년 MOST 협회는 BMW, 다임러-벤츠(Daimler Benz), 베커(Becker), 오아시스실리콘시스템즈(OASIS Silicon Systems)에 의해 제휴회사(GbR) 형태로 설립되었으며 아우디(Audi)도 창립 그룹에 합류했다. MOST 협회가 알려지면서 회원사는 곧 80개 사로 늘었으며 전 세계 거의 모든 자동차 제조사와 인포테인먼트 디바이스, 컴포넌트 제조사들이 추가로 합류했다.

MOST 협회는 MOST 기술 개발과 관련 명세 작성은 물론, 자동차 분야에서 멀티미디어 네트워크를 위한 전 세계 표준화를 위해 기술 홍보에 초점을 맞추고 있다. MOST 협회는 이 목표를 달성하기 위해 미국, 유럽, 아시아에서 개최되는 전시회와 학회, 상업적인 쇼 행사에 참여하고 있으며, 협회 소속 회사들 또한 상당히 많은 전시회에 참여하고 있다.

9.3.2 자동차 애플리케이션의 네트워크 아키텍처

MOST 기술을 소개하기 전에 차량에서의 네트워크 아키텍처를 먼저 고려할 필요가 있다. 자동차 업계에는 자동차에 들어가는 네트워크 구조와 관련해서 상당히 폭넓은 요구사항이 존재한다. 이러한 요구는 플랫폼 전략과 다양한 제품군, 그리고 회사 이미지와 등록 상표로부터 생기며, 애프터 마켓에 대한 네트워크 유연성과 컴포넌트 교체성이라는 고차원적인 요구사항을 이끌어 낸다. 특히, 고급 자동차에 대해 요구사항이 많은 이유는 고급 자동차 회사가 새로운 기술을 처음으로 구현했다는 명예를 아주 중요하게 여기기 때문이다. 이 분야에서는 라이트 비전 장비와 같은 구체적이고 아주 복잡한 기능을 요구한다. 충족해야 할 품질 표준 또한 높게 설정되어 있다. 예를 들어, 오디오 시스템이 제공하는 음향 수준을 생각해 보자. 이러한 기능 이외에도 장비의 외양과 느낌 역시 중요한 역할을 한다.

개별 기능에 대한 요구사항은 아주 다르다. 안전과 관련 있는 애플리케이션은 매우 안정적인 실시간 시스템을 요구하며, 인포테인먼트 애플리케이션은 아주 높은 데이터 전송률을 요구한다. 차체에 탑재된 센서 네트워크와 액추에이터는 최소배선 비용과 함께 높은 가격 대비 성능의 시스템을 요구한다.

케이블과 와이어링 하니스 규모, 연결개수, 그리고 무게와 비용을 줄이려는 기대가 개발을 주도하고 있다. 1990년대 초기에 CAN 버스가 엔진제어 장치를 연결하기 위한 목적으로 처음 등장하여 현재 거의 모든 자동차에서 사용되는 통신 시스템으로 자리 잡게 되었다. 또한, CAN을 바탕으로 통신 시스템이 없다면 생각조차 하기 어려운 ESP(Electronic Stabilizing Program)와 같은 가격 대비 성능이 높으면서 새롭고 좀 더 효율적이며 복잡한 기능을 갖춘 장치들의 개발이 지속적으로 이루어지게 되었다.

통신 시스템을 분류하는 다양한 방법 중 첫 번째 방법은 자동차 애플리케이션과 관련한 요구사항을 다루는 것이며, 두 번째 방법은 기능 중심으로 요구사항을 다루는 것이다.

9.3.2.1 자동차 애플리케이션

자동차 애플리케이션은 다음과 같이 몇 가지 형태로 구분된다.

- X-by-Wire 애플리케이션
- 수동안전(Passive safety) 시스템
- 섀시(Chassis) 애플리케이션
- 파워트레인(Powertrain) 애플리케이션
- 차체(Car body) 애플리케이션
- 인포테인먼트 애플리케이션

X-by-Wire 애플리케이션은 기계 또는 유압으로 제어하는 시스템이 아닌 전자식 브레이크(Brake-by-Wire)나 전자식 스티어링(Steer-by-Wire)을 포함한다. 이러한 애플리케이션이 고 가용성, 오류 포용성(error tolerant), 강 결정적(strictly deterministic) 시스템을 요구하는 이유는 전장 시스템에서 발생한 오류는 전자-유압 브레이크와 같은 유압식으로 해결이 불가능하기 때문이다. 에어백을 포함한 수동 안전 시스템에도 동일한 내용이 적용된다.

엔진이나 변속기와 같은 섀시 애플리케이션과 파워트레인 애플리케이션은 높은 대역폭과 높은 전송 안정성을 특징으로 하는 결정적(deterministic) 시스템을 요구한다.

에어컨, 도어, 의자에 들어가는 바디 전장 시스템은 통신을 많이 요구하지 않는 센서와 액추에이터를 포함하는데, 이것은 제어 장치와 연결될 필요가 있다. 이 점에서는 노드 당 저가격, 저배선 비용으로 시스템을 꾸미더라도 충분하다. 하지만 인포테인먼트와 멀티미디어 시스템은 높은 대역폭과 PnP(Plug-and-Play) 기능을 요구한다. 앞으로 살펴보겠지만, 통신 시스템에 대한 요구사항은 일부 개별 애플리케이션에 대한 요구사항과 중첩되며, 이러한 문제를 해결하기 위해 기능위주(function-oriented) 접근방법이 나타나게 되었다.

9.3.2.2 기능위주 접근방법

기능위주 접근방법은 자동차에 있어 5가지 기능영역에서 시작한다.

- 개방형 루프제어
- 폐쇄형 루프제어

- 진단과 서비스
- 인포테인먼트/멀티미디어
- 텔레매틱스

9.3.2.2.1 개방형 루프제어

개방형 루프제어의 핵심 특성은 열린 행동경로(open action path)이다. 입력신호가 한 개 이상 들어오며 시스템 특성으로 인해 출력신호 한 개 이상에 영향을 미친다. 또한 닫힌 행동경로(closed action path)로 구현한 개방형 루프제어는 폐쇄형 루프제어와 달리 출력 신호를 세트 포인트와 비교하지 않는다. 개방형 루프 제어 기능은 조명이나 스위치를 켜고/끄는 등의 간단한 작업을 포함한다.

그림 9.28 개방형 루프제어 시스템

9.3.2.2.2 폐쇄형 루프 제어 기능

폐쇄형 루프 제어에서 핵심특성은 닫힌 행동흐름이다. 통제변수 x는 주기적으로 지정된 값과 비교해서 세트포인트 w값으로 향해간다. 세트포인트 w값 변화나 방해변수 z효과로 인해 변화가 일어난다.

폐쇄형 루프제어 함수는 엔진, 섀시, 파워트레인과 같은 자동차의 기계부를 제어한다. 또한, ABS(Anti-lock Braking System)나 ESP(Electronic Steering Program) 등의 동적인 차량 제어와 같은 비교적 새로운 기능을 포함한다.

자동차 제조사는 좀 더 편의성이 높은 시스템과 좀 더 효과적인 능동 안전 시스템을 자동차에 통합하기를 원하며 이러한 바람을 비용 대비 성능이 높게 가져가려면, 이른바 X-by-Wire 시스템을 도입해야 한다. Steering-by-Wire(전자 스티어링), Brake-by-Wire(전자 브레이크 시스템)와 같은 시스템들은 기계나 유압 장치를 완전히 대체할 목적으로 개발되었다. 이러한 시스템이 등장하면서 기계나 유압 보조 시스템은 불필요하게 되었으며 사용되는 통신 시스템과 관련해서 대단히 높은 고가용성 요구사항이 등장하게 되었다.

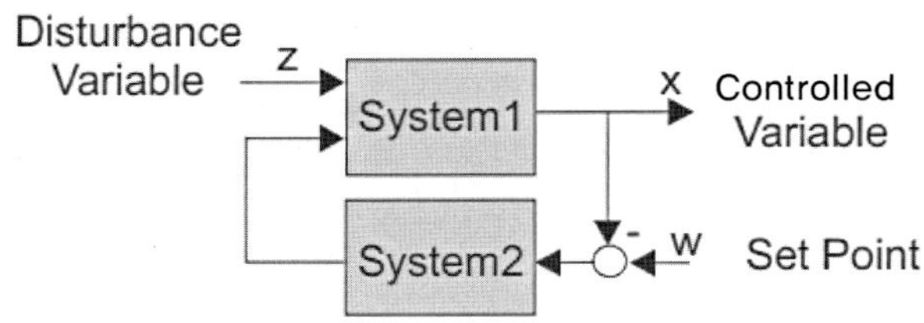

그림 9.29 폐쇄형 루프제어 회로

9.3.2.2.3 진단과 서비스 기능

진단은 센서, 액추에이터, 그리고 제어 장치와 같은 내장 전자 컴포넌트의 자가진단(self-diagnosis) 기능과 OBD(On-Board-Diagnosis)라는 통제 대상 컴포넌트 진단 기능을 포함한다. OBDⅡ는 촉매변환기, 람다 프로브, 연료 분사 시스템을 관리하기 위한 진단 플러그와 프로토콜(ISO 14230과 ISO 14229)을 표준화했다. OBDⅡ는 배기가스와 가솔린 소비를 줄이기 위한 목적으로 주로 법적인 요구에 따라 만들어졌다. 서비스 기능은 개별 버전 통제에 다른 제어 장치의 소프트웨어 업그레이드를 포함한다.

9.3.2.2.4 인포테인먼트/멀티미디어

인포테인먼트는 정보(information)와 오락(entertainment)을 합쳐 만든 신조어이다. 인포테인먼트와 멀티미디어 기능은 안락함을 추구하는 기능에 속해 있으며 오디오, 내비게이션 시스템, 휴대전화, 게임콘솔, 인터넷 연결 등을 포함한다. 안전을 보장하는 기능에 영향을 미치지 않는 상태에서 높은 대역폭, 컴포넌트의 동기화, 가전제품을 자동차 인포테인먼트 시스템으로 통합하는 인터페이스 등이 커다란 도전이 되고 있다.

9.3.2.2.5 텔레매틱스

텔레매틱스 시스템은 자동차를 외부 세상과 연결하는 통신 시스템을 포함한다. 이는 자동차군을 관리하는 시스템과 사고 발생 시 자동긴급 호출을 포함한다.

Car2Car라는 용어는 자동차 사이에 통신을 가능케 하는 시스템 개발과 관계가 있다. 예를 들어 교통체증이나 사고가 발생했을 경우, 운전자에게 경보를 준다. 그림 9.30은 전방에 사고가 발생하였을 경우 다른 차량에 경보를 전달하는 상황을 보여준다.

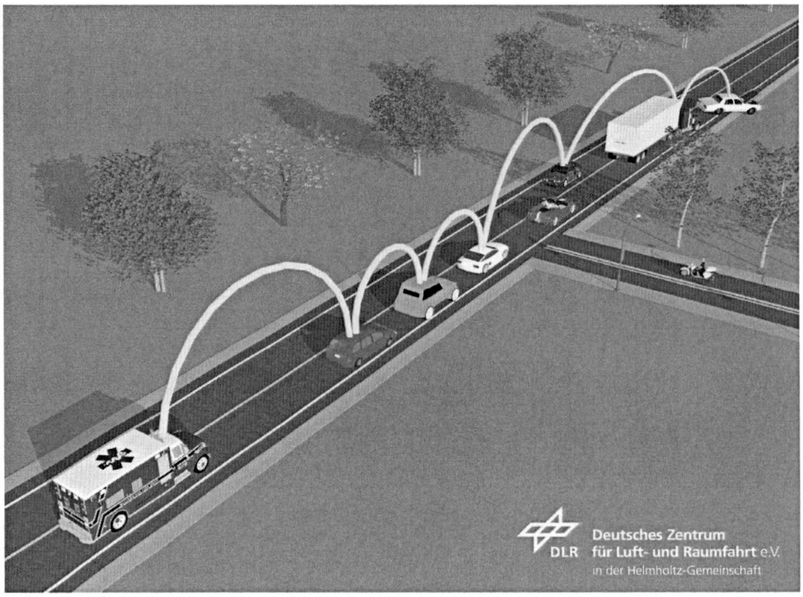

그림 9.30 Car2Car 통신 예

9.3.3 MOST 통신시스템

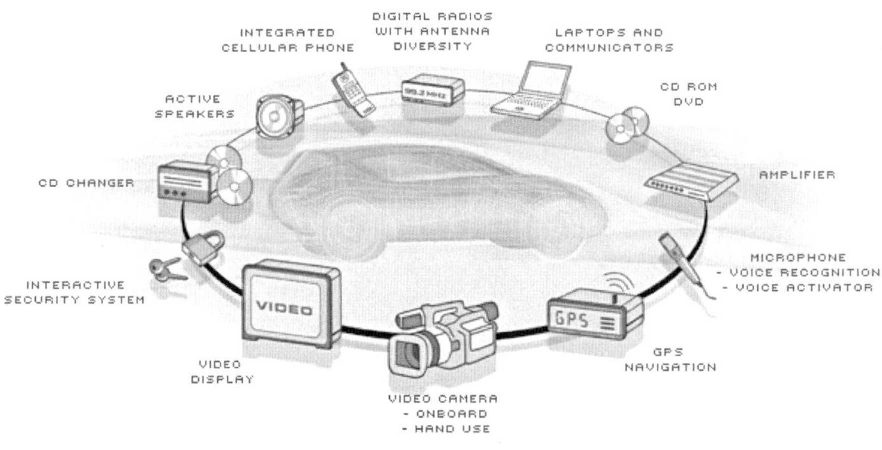

그림 9.31 MOST 네트워크 시스템

지난 몇 년 동안 점점 더 많은 멀티미디어와 텔레매틱스 애플리케이션이 고급 자동차에 통합되면서 차량 내부 네트워크의 복잡성이 급격하게 높아졌으며 높은 대역폭을 요구하기 시작하였다. 이러한 고화질과 대용량의 정보를 원활하게 주고받기 위해 MOST 통신 시스템이 개발되었다.

MOST 시스템은 오디오와 비디오 데이터의 동기화 전송을 제공할 뿐만 아니라, 복잡성을 처리하기 위해 아주 높은 추상화 단계에서 인포테인먼트 시스템의 인터페이스와 기능을 정의하는 애플리케이션 프레임워크를 제공한다. 또한, MOST는 다양한 멀티미디어 컴포넌트를 링(ring) 하나로 결합한다.

9.3.3.1 MOST 계층 모델

MOST 시스템을 개발할 때, 자동차 제조사는 인포테인먼트 버스 시스템의 기능과 관련해서 두 가지 기본 요구사항을 정의했다.

9.3.3.1.1 기능 위주 관점에서 단순한 시스템 설계

두 가지 기본 요구사항 중 첫 번째는 기능 블록(function block)을 핵심 부분으로 삼아 MOST 프레임워크를 개발하도록 설계한 부분이다. 기능 블록은(CD 체인저 등) MOST 디바이스에 속한 제어를 위한 모든 속성(properties)과 메서드(methods)를 포함한다. 이러한 기능 블록과의 통신은 애플리케이션 프로토콜 상에서 이루어지며, MOST 디바이스의 주소 정보를 필요치 않게 한다. 이러한 이유 때문에 인포테인먼트 분야에서 간단하고 빠른 시스템 설계가 아주 높은 추상화 수준에서 가능하게 된다.

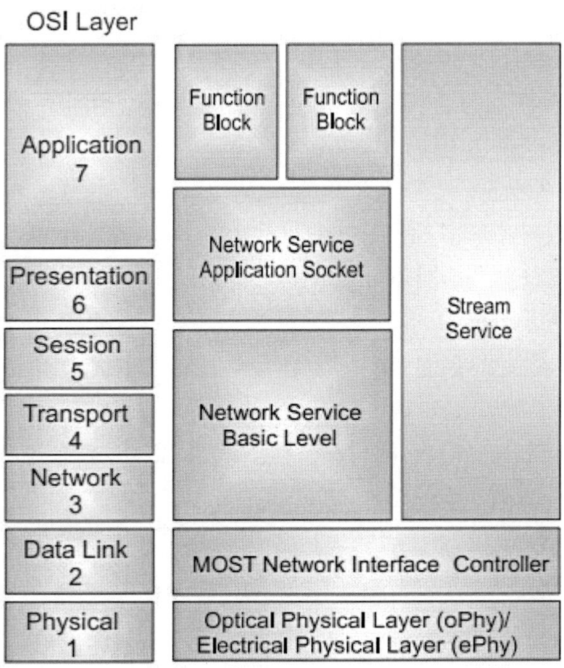

그림 9.32 MOST ISO/OST 7계층

기능 블록은 애플리케이션에 대한 인터페이스를 구성하므로 ISO/OSI 모델의 7계층에 속한다. 그림 9.32는 ISO/OSI 7계층에서 바라본 MOST 계층을 보여준다.

9.3.3.1.2 제어정보 및 스트리밍 데이터와 패킷 데이터 전송

MOST 네트워크는 프레임 구조를 통해 비동기식으로 멀티미디어 데이터를 전송하고 동기식 전송에 영향을 미치지 않으면서 후 순위로 많은 양의 데이터를 전송할 수 있다. 또한, 애플리케이션 프로토콜과 같은 제어명령과 생태 메시지를 위한 제어 채널을 제공한다.

데이터 링크 계층은 데이터 프레임을 동기적으로 전송하는 기능에 기반하며, MOST Network Interface Controller(NIC)를 통해 이루어진다.

3계층부터 7계층 까지는 NetService라는 SMSC가 사용하는 고유의 네트워크 서비스 미들웨어가 위치한다. NetService는 MOST 시스템을 위한 드라이버 소프트웨어 기능 블록과 데이터 링크 계층 사이를 관리한다.

또한, MOST 시스템은 오디오와 비디오 데이터를 동기적으로 전송하기 위한 스트리밍 서비스가 존재한다. 그림 9.32에서는 스트리밍 서비스를 표현하였지만, 실제로 스트리밍 서비스는 OSI 모델에 속하지는 않는다.

9.3.3.2 애플리케이션 프레임워크

애플리케이션 프레임워크의 핵심 구성 요소는 위에서 언급한 기능 블록과 동적인 행동 양식이다. 기능 블록은 MOST 네트워크에서 세부기능을 제어하는 객체다. CD 체인저나 오디오 앰프와 같은 애플리케이션을 제어하는 기능 블록이 있으며 네트워크 관리를 위한 기능 블록도 있다. 기능 블록은 복잡한 오디오 기능을 구현하기 위한 포괄적인 도구를 제공한다. 이러한 기능 블록은 애플리케이션 디자인 엔지니어가 고도로 추상화된 수준에서 분산 오디오 애플리케이션을 상대적으로 쉽게 만들도록 도와준다. 기능 블록은 제어할 대상 애플리케이션 인터페이스를 제공한다. 이 기능 블록은 속성과 메서드를 포함한다. 속성은 제어 대상 기능 조건을 기술하거나 바꾸며, 메서드는 특정 시간이 지난 다음에 결과를 얻기 위해 작업을 수행한다. MOST 명세에서 "기능(function)"은 속성과 메서드를 모두 포함한다. 그림 9.33은 CD 플레이어의 기능 블록에 들어 있는 속성과 메서드를 간단히 보여주고 있다.

MOST 명세는 다음과 같은 세 가지 기능 블록의 상호작용을 보여준다.

- HMI
- 컨트롤러
- 슬레이브

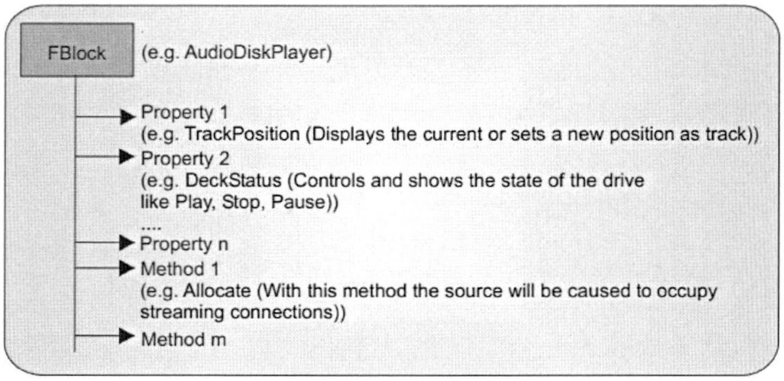

그림 9.33 CD플레이어를 위한 기능 블록

9.3.3.2.1 슬레이브(slave)

슬레이브는 MOST 디바이스로, 컨트롤러가 통제하는 대상이다. 슬레이브는 기능 블록에 들어있는 속성과 메서드를 사용하여 기능을 제공한다. 슬레이브에는 시스템 관련 내용이 들어있지 않다. 다시 말해 다른 디바이스에 대한 정보가 저장되어 있지 않으므로 슬레이브는 다른 슬레이브를 제어하지 못한다. 슬레이브는 MOST 시스템에서 쉽게 추가되고 제거될 수 있으며, 이러한 과정에서 별도의 소프트웨어 변경이 필요하지 않고, 다른 슬레이브에 영향을 미치지도 않는다. 실제로 이것은 CD 체인저나 앰프를 슬레이브로 구현했을 경우에 다양한 자동차 플랫폼에 쉽게 적용할 수 있음을 의미한다.

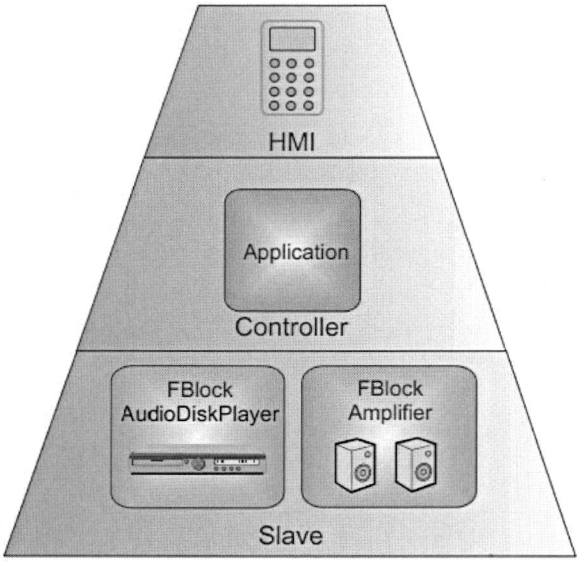

그림 9.34 MOST 시스템 계층구조

9.3.3.2.2 컨트롤러 (controller)

컨트롤러는 MOST 시스템의 기능 부분을 관리하는 애플리케이션으로, 하나 이상의 슬레이브 기능 블록을 제어한다. 예를 들어 튜너는 연결된 앰프를 제어할 수 있다. 이러한 목적을 위해 컨트롤러는 일부 시스템 정보를 요구한다. 이는 제어 대상 기능 블록을 반드시 알고 있어야함을 의미한다. 또한, 컨트롤러는 독자적인 기능 블록을 가질 수 있다.

9.3.3.2.3 HMI (Human Machine Interface)

HMI는 MOST 시스템 사용자에 대한 인터페이스로 아주 높은 추상화 수준에서 시스템 기능을 제공하며, 다양한 컨트롤러를 조정한다. 기능 블록 제어를 위해 컨트롤러는 애플리케이션 프로토콜을 사용하며, 애플리케이션 프로토콜은 제어 채널이나 비동기식 영역에서 MOST 하이프로토콜(MOST High Protocol)을 통해 전송된다. MOST에서는 네트워크 서비스에서 대상 기능 블록대상의 주소를 확정하기 때문에 추가적인 디바이스의 주소를 알고 있을 필요가 없다.

9.3.3.3 네트워크 서비스

네트워크 서비스는 MOST를 위한 표준화된 프로토콜 스택으로, OSI 모델에서 3계층부터 7계층 사이를 포함한다. 네트워크 서비스는 일반적으로 두 계층으로 나뉜다. 또한, 네트워크 서비스는 전송 프로토콜인 MOST High 프로토콜과 TCP/IP 스택을 MOST에서 사용하기 위한 계층인 MAMAC을 포함한다.

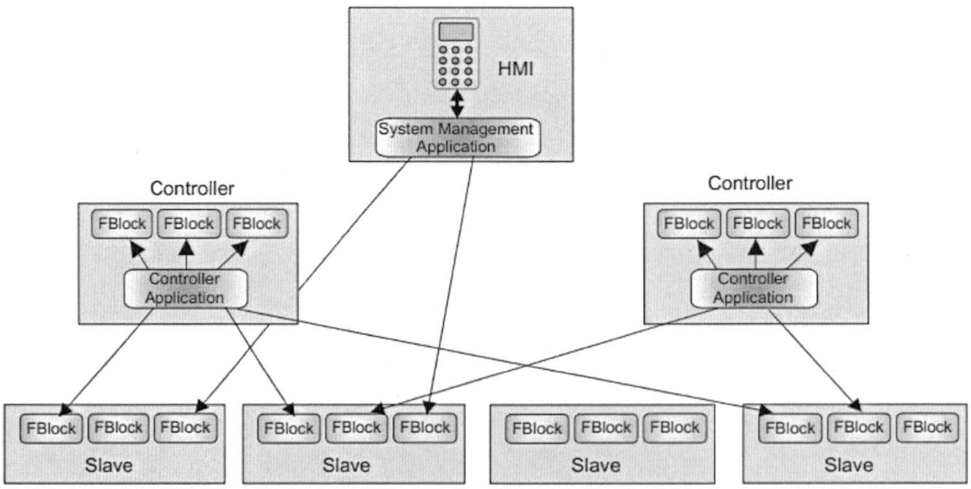

그림 9.35 MOST 계층 구조의 상호작용

네트워크 서비스는 MOST 네트워크 인터페이스 컨트롤러 위에 위치하며 애플리케이션을 위한 프로그래밍 인터페이스를 제공한다. 애플리케이션은 기본적으로 기능 블록으로 이루어져 있다. 네트워크 서비스는 비동기식 모드에서 패킷 데이터를 전송하는 모듈과 제어 채널을 통해 네트워크를 통제하는 모듈을 포함한다. 네트워크 서비스는 EHC(External Host Controller)에서 구현한다. 동기식 채널 제어 또한 네트워크 서비스의 일부이다. 하지만 동기식 데이터 전송은 네트워크 서비스의 일부가 아니다.

9.3.3.4 MOST 데이터 링크 계층

데이터 링크 계층은 MOST 버스에 대한 기본 전송 메커니즘을 정의한다. 이 계층은 타이밍 마스터와 타이밍 슬레이브가 제공하는 기능은 물론, 데이터 프레임의 구조 정의를 포함한다.

9.3.3.4.1 MOST 프레임

MOST 시스템의 두 번째 요구사항인 멀티미디어 데이터의 동기식 전송은 프레임 구조에 직접 설계되어 있다. 프레임은 스트리밍 데이터의 동기식 전송을 위한 영역, 패킷 데이터의 비동기식 전송을 위한 영역, 그리고 제어 데이터의 전송을 위한 영역으로 구성된다. 동기식 영역에서 시작지점(streaming source)과 여러 완료지점(streaming sinks) 사이에 이뤄지는 연결은 최대 48 kHz의 샘플링 주파수까지 생성할 수 있으며, 오늘날 대다수 차량은 44.1 kHz를 사용한다.

연결 설정과 해제를 제어하고 기능 블록을 위한 제어 메시지를 교환하는 작업은 제어 채널을 통해 영향을 받는다. 제어 채널을 통해 전송된 명령은 여러 연속된 프레임으로 분산된다. MOST25에서는 이러한 목적으로 각 프레임에 2바이트를 할당한다.

비동기식 영역에서 내비게이션 시스템의 환경 설정 동안에 만들어지는 패킷 데이터는 동기식 데이터 전송에 전혀 영향을 주지 않으면서 전달된다. 데이터 링크 계층 프로토콜은 이러한 목적으로 사용되며 비동기식 영역을 담당한다. 동기식과 비동기식 영역 사이를 가르는 경계는 경계기술자(boundary descriptor)를 사용해서 설정한다.

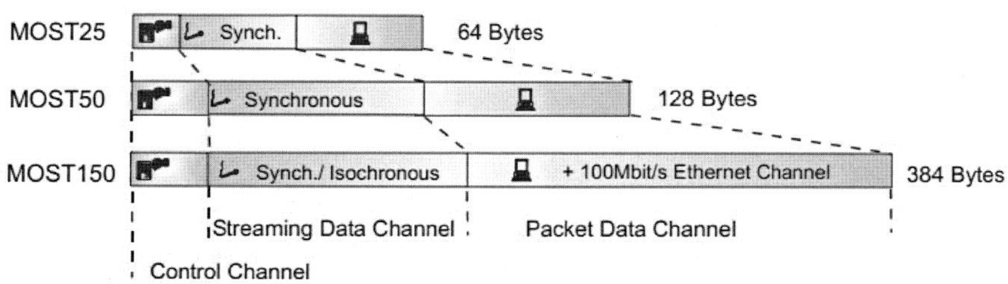

그림 9.36 MOST 프레임 기본 구조

9.3.3.4.2 타이밍 마스터, 타이밍 슬레이브

MOST는 한 지점에서 여러 지점으로 데이터가 이동하는 시스템으로, 모든 디바이스는 데이터 스트림에서 유도한 공통 시스템 클록펄스를 공유한다. 그렇기 때문에 각각에 대한 단계가 나뉘며 모든 데이터를 동기적으로 전송할 수 있다. 즉, 신호 버퍼링과 신호처리 이중화를 위한 메커니즘으로 쓰인다.

시스템 클록은 노드 중 하나에 통합된 타이밍 마스터가 생성한다. 자동차에서 일반적으로 타이밍 마스터는 인포테인먼트 시스템에 장착된 HMI에 위치하며, 다른 모든 노드는 PLL 연결 수단으로 이러한 시스템 클록 펄스에 동기화되어야 하므로 타이밍 슬레이브라고 부른다.

타이밍 마스터가 링 끝에서 다시 한 번 프레임을 받으며, PLL 연결 수단을 사용해서 신호를 회수하고 계속해서 다음 프레임을 생성한다.

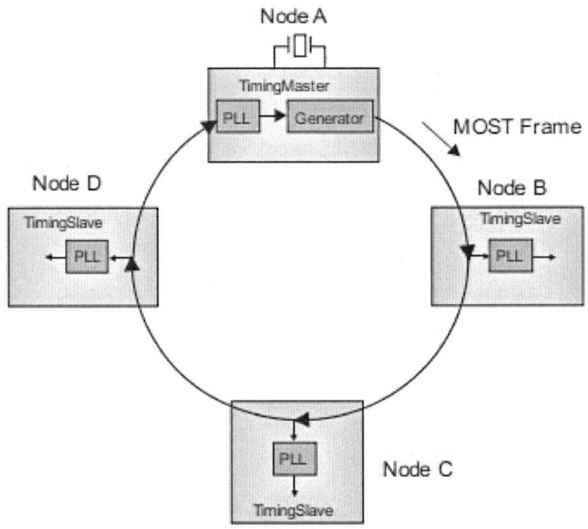

그림 9.37 타이밍 마스터와 타이밍 슬레이브

9.3.3.4.2.1 잠금/잠금 해제

타이밍 슬레이브는 PLL로 동기화를 할 수 있는 입력 신호를 받으면 잠금 상태(lock state)가 된다. 그렇지 않으면 잠금 해제 상태(unlock state)가 된다. 타이밍 마스터는 링 끝부분에서 신호를 받아 프레임을 다시 생성하면 잠금 상태가 되며, 광 물리 계층 관점에서 잠금 상태는 링에 광신호가 들어왔음을 의미한다.

9.3.3.5 물리 계층

표 9.3은 물리 계층에서 가장 중요한 매개변수를 정의한다. MOST25는 약 25 Mbit/s의 데이터 스트림 보오율(baud rate)을 제공하며 광 물리 계층을 사용한다. 정확한 데이터 전송 속도는 시스템의 샘플링 주파수에 따라 달라진다. 샘플링 주파수로 44.1 kHz를 사용하면, 프레임은 초당 44,100번 전송되므로 프레임 길이가 512비트라면 22.58 Mbit/s의 데이터 전송속도가 얻어진다. 이러한 내용은 MOST50에도 그대로 적용된다. 여기서 프레임 길이는 1,024비트이므로 동일한 샘플링 주파수에서 데이터 전송속도는 두 배가 된다. MOST50에서는 전기 물리 계층(Electrical Physical Layer)을 추가로 규정하고 있다.

1세대 NIC(Network Interface Controller)는 MOST25에서만 사용할 수 있다. 2세대 INIC(Intelligent Network Interface Controller)는 MOST25, MOST50 및 MOST150에서 모두 사용이 가능하다.

표 9.3 MOST 네트워크 별 물리 계층 매개변수

	MOST25	MOST50	MOST150
Bit rate	25 Mbit/s	50 Mbit/s	150 Mbit/s
물리 계층	광	전기, 광	전기, 광
NIC	OS8104; OS8104A	-	-
INIC	OS81050; OS81060	OS81082; OS81092	OS81110; OS81120

9.3.3.5.1 광 물리 계층

MOST는 물리적인 전송매체로 플라스틱 광섬유(POF, Plastic Optical Fiber)를 사용하므로 EMC 특성이 아주 좋다.

MOST 네트워크의 기본 구조는 논리 링 구조이며, 데이터를 한 디바이스에서 다른 디바이스로 전송한다. 논리 링 구조는 일반적으로 물리 링으로 구현한다. 하지만, 이것은 필수 조건은 아니다. 예를 들어, 결합 링 토폴로지와 스타 토폴로지는 허브 하나로 구현이 가능하다. 스타 토폴로지 노드는 나머지 네트워크에 영향을 주지 않고 간단하게 추가나 제거가 가능하며 시스템 안정성을 높일 수 있다. 스타 토폴로지가 되었거나 아니면 링 구조와 스타 구조를 혼합했어도 데이터 스트림을 특정 노드에서 다음 노드로 전송하는 원칙은 항상 지켜야 한다.

오류 상황에서도 MOST에 고가용성을 부여하기 위해 이중 링(double ring) 구조를 사용할 수 있다. 이러한 목적을 위해 각 노드는 광 송신기와 광 수신기를 각각 갖춰야 하며, 두 노드 사이에 문제가 생기면, 링이 닫히며 이중(redundant) 세그먼트를 경유할 수 있다.

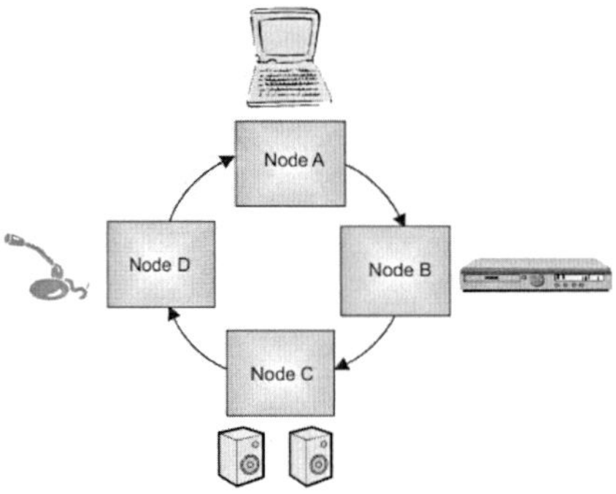

그림 9.38 MOST 링 구조

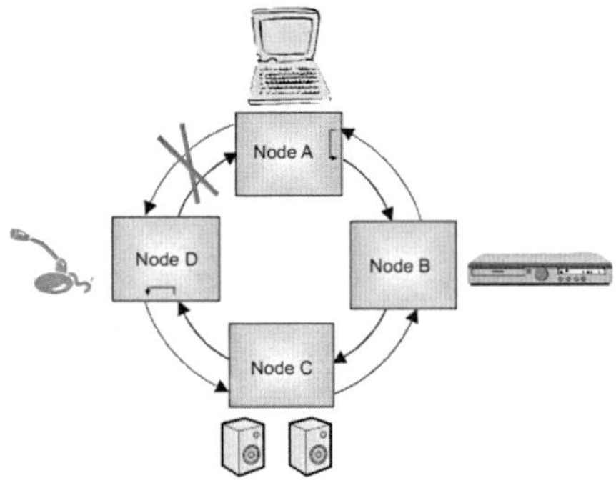

그림 9.39 MOST 이중 링 구조

9.3.3.6 MOST 디바이스

MOST 디바이스의 기본 아키텍처는 그림 9.40과 같다. 이 그림에서는 광 물리 계층(oPhy)으로 연결된 디바이스를 보여주는데, FOR(Fiber Optic Receiver)는 광 신호를 전기 신호로 변환하며 인터페이스 컨트롤러에 Rx 입력으로 전송된다. 컨트롤러에서 나온 Tx 신호는 FOX(Fiber Optic Transmitter)가 광 신호로 변환한다. 명세는 물리 인터페이스나 FOT(Fiber Optic Transceivers)로 송신기와 수신기를 일률적으로 지정한다.

데이터 링크 계층은 MOST 네트워크 인터페이스 컨트롤러로 구현하며 세 가지 다른 영역에 대한 접근을 제어한다. 네트워크 서비스와 기능 블록은 마이크로 컨트롤러로 구현하며, EHC(External Host Controller)로 부른다. EHC에서 비동기식 영역이나 제어 채널로 접근하려면 MOST 네트워크 인터페이스 컨트롤러의 CP(Control Point)를 통해야 한다.

스트리밍 서비스를 위해, 간단한 경우라면 프로세서에 중립적인 코덱을 사용하지만, 고품질의 데이터를 전송하기 위해서는 전용 신호처리 프로세서를 사용한다. MOST 네트워크 인터페이스 컨트롤러에 대한 인터페이스는 SP(Source Port, NIC의 경우) 또는 스트리밍 포트(Streaming Port, INIC 경우)이다. 여기에 INIC는 모든 채널 주소를 지정할 수 있는 MediaLB를 통해 효율적인 범용 인터페이스를 제공한다.

MOST 네트워크 인터페이스 컨트롤러는 통합된 all-bypass(단락 보호를 위한 바이패스) 기능이 있다. 컨트롤러가 정상 운영 모드가 아닐 경우 닫히거나 닫힌 상태로 남아 있으며 수신되는 데이터 스트림을 거의 지연 없이 Tx를 통해 다시 생성해서 보낸다. 이는 디바이스가 시작할 때나 오류가 발생한 경우에 동작한다.

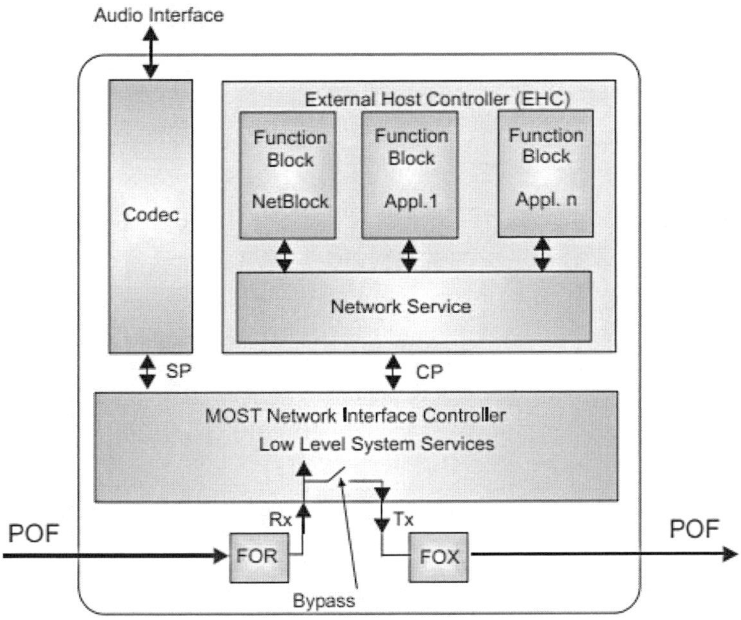

그림 9.40 MOST 디바이스 모델

9.3.3.7 네트워크 관리

애플리케이션 기능(CD 체인저나 튜너 등)을 위한 기능 블록은 물론 NetBlock, PowerMaster, NetworkMaster, ConnectionMaster와 같은 네트워크 관리 기능을 위한 여러 가지 기능 블록도 있다.

NetBlock은 모든 디바이스에서 반드시 구현되어 있어야 한다. 네트워크 관리를 위한 다른 기능 블록은 시스템에 한 번만 등장한다. 명세는 이러한 기능을 어떤 디바이스에 구현해야 할지 규정하고 있지 않다. 시스템에 분산되어 있어도 무방하지만 대부분 HMI단에 함께 묶여 있다.

9.3.3.7.1 NetBlock

NetBlock은 디바이스 관리 책임을 맡고 있다. 예를 들어, 디바이스에 구현되어 있는 모든 기능 블록 목록을 담고 있으며 디바이스의 모든 주소(물리주소, 논리주소, 그룹주소)를 관리한다.

9.3.3.7.2 PowerMaster

PowerMaster는 MOST 네트워크에서 선택된 디바이스의 기능을 정의하며 MOST 네트워크 시작과 종료를 책임지고 전원 공급 상태를 관리한다. 독자적인 기능 블록 명세는 없지만 디바이스를 인식하기 위한 기능 블록 식별자는 존재한다. 네트워크는 어떤 노드도 깨울 수 있으며 PowerMaster에 의해 시작하지 않은 깨우기 작업은 슬레이브 웨이크 업(Slave Wake UP)으로 부른다.

9.3.3.7.3 Network Master, Network Slave

Network Master는 시스템을 시작하고 중앙 레지스트리(Central Registry)와 마찬가지로 네트워크 상태를 관리한다. 중앙 레지스트리는 네트워크에 존재하는 모든 기능 블록과 기능 블록을 구현한 각 디바이스의 주소를 나열한다.

링에 있는 모든 다른 디바이스는 Network Slave라고 부른다. 중앙 레지스트리의 부분집합인 분산 레지스트리(Decentralized Registry)를 갖추고 있을 수도 있으며, 디바이스의 통신 파트너 기능 블록을 포함한다.

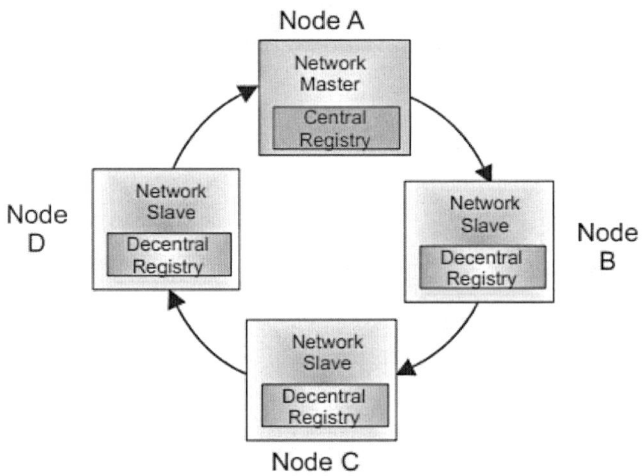

그림 9.41 Network Master와 Network Slave

9.3.3.7.4 ConnectionMaster

ConnectionMaster는 연결 설정과 동기식 채널 해제를 맡고 있으며 선택적으로 구현이 가능하다. 그림 9.42는 ConnectionMaster의 기본 운영 모드를 보여준다. 초기자(initiator)는 ConnectionMaster에게 연결을 확립하라는 명령을 내린다. 그후 동기식 영역에 필요한 대역폭을 확보하고 데이터 시작 디바이스(source device)와 완료 디바이스(sink device)의 채널 번호를 보고한다. 연결해제도 연결과 유사하게 진행된다.

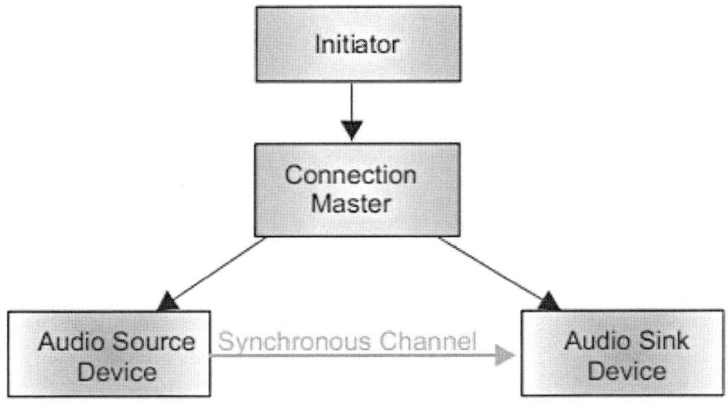

그림 9.42 ConnectionMaster 기본 동작과정

9.3.3.8 멀티미디어 데이터 전송

동기식 채널에서 내용을 전송하려면 코딩 절차를 정의하고, 특히 저작권으로 보호되는 내용을 전송할 경우 복사 방지를 확인해야 한다.

MOST는 PCM이나 MPEG과 같은 현존하는 코딩 절차를 사용하며, 각 코딩 절차 구현은 MOST Specification for Stream Transmission[Stream 1.2]에서 찾을 수 있다.

MOST는 저작권으로 보호되는 내용을 전송하기 위해 DTCP(Digital Transmission Content Protection) 표준을 따른다. 이 기술은 인텔, 마쓰시타, 도시바, 소니, 히타치 등 부품 제조 5개사가 협력하는 5C 그룹에서 나왔다. 이 표준은 DTLA(Digital Transmission Licensing Administrator) 웹 사이트인 www.dtcp.com에서 구할 수 있다. DTCP는 셋톱박스에서 DVD 비디오 레코더로 신호를 안전하게 전송하기 위해 개발되었다. 유명한 할리우드 스튜디오인 Sony와 Warner 역시 이 보호 기법을 사용해서 디지털 네트워크를 통해 영화를 전송한다.

MOST Content Protection Scheme DTCP Implementation[Cont-Prot 2.1]에서 이러한 기술을 활용하기 위해 필요한 기능과 서비스를 정의한다.

9.3.4 애플리케이션 프레임워크

MOST 표준은 기본 데이터 전송을 제공하는 좀 더 하위 계층은 물론, 블루투스 표준이 제공하는 프로파일과 유사한 애플리케이션 계층에 접근하는 기능을 위한 프로토콜과 인터페이스를 정의한다. MOST 애플리케이션 프레임워크는 재사용 가능하고 상호 운용성이 뛰어난 애플리케이션을 개발하기 위한 전제 조건을 제공한다. 특히, 애플리케이션 프레임워크는 MOST 시스템과 상호작용하는 디바이스와 애플리케이션의 특별한 구현에 무관한 애플리케이션 제작을 허용한다. 예를 들어, 라디오 튜너를 위한 제어 패널을 구현하는 애플리케이션은 수신기와 같은 인터페이스를 제공하는 어떤 디바이스라도 함께 사용할 수 있다. 다양한 제조사가 만든 디바이스는 필요한 인터페이스만 포함한다면 시스템 하나에 함께 사용할 수 있다.

9.3.4.1 디바이스 모델

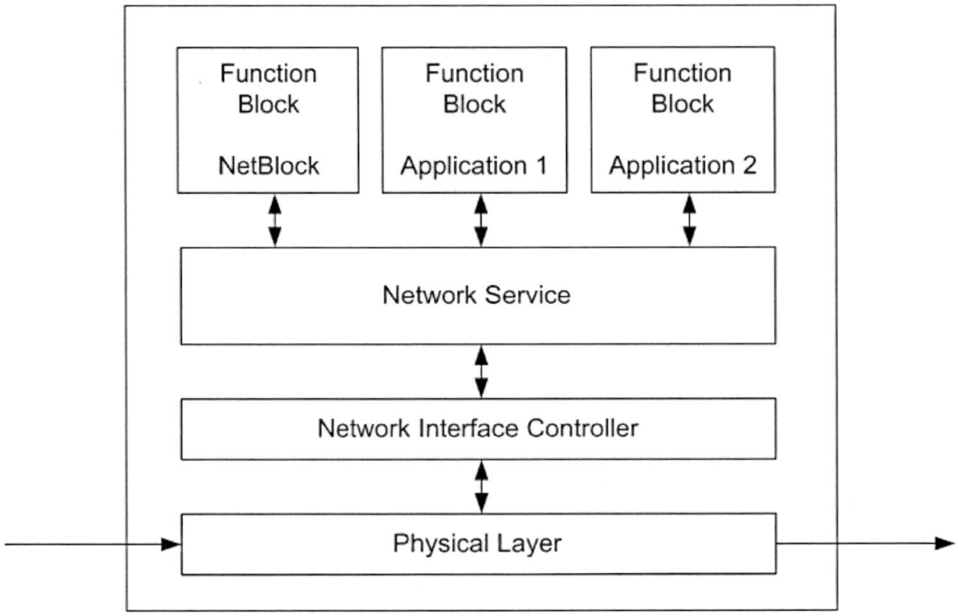

그림 9.43 MOST 디바이스 모델

그림 9.43은 MOST 명세에 사용된 MOST 디바이스 모델을 나타낸다. 하드웨어 수준에서 디바이스는 MOST 네트워크 인터페이스 컨트롤러(NIC)를 통해 물리 전송 층에 접근한다. 중첩된 네트워크 서비스는 인터페이스 컨트롤러 칩인 MOST NIC에 접근 통제용 드라이버 층을 구현하며, 이 서비스는 애플리케이션이 메시지를 송수신하도록 기본적인 기능을 수행한다. 네트워크를 통해 특정 기능을 제공하는 애플리케이션 인터페이스는 MOST에서 기능 블록이라고 부른다(간단히 FBlock). 각 디바이스는 최소한 NetBlock이라는 FBlcok하나를 구현해야 하며, 이 블록은 MOST 네트워크 내부에서 관리 작업을 위해 쓰인다. 추가적으로 각 디바이스는 유형에 따라 해당 애플리케이션 기능을 위한 FBlock을 하나 이상 구현할 수 있다. 디바이스가 앰프 기능을 제공하는 동시에 라디오 튜너기능을 제공하는 경우도 가능하다. 여기서 각 기능은 네트워크에서 대응하는 FBlock으로 표현된다. MOST 네트워크 내부에서 FBlock은 기능주소(function address)를 통해 접근이 가능하다. 이렇게 하면 구현의 물리적인 위치에 무관하게 기능에 접근할 수 있게 된다. FBlock의 기능은 애플

리케이션에 의해 제어되고 사용된다. 이러한 관계에서는 슬레이브로 부르고, 애플리케이션이 FBlcok의 기능을 사용하는 관계에서는 컨트롤러라고 부른다.

FBlock 내부를 보면, 개별 기능 사이에서 차이점이 생긴다. 이는 FBlock의 구체적인 속성을 기술하는 속성(현재 라디오 튜너 주파수)이거나, 행동을 유발하는 메서드(라디오 방송국 탐색)를 말한다. 컨트롤러는 슬레이브 FBlock의 속성을 읽고 슬레이브가 허용하면 변경도 가능하다. 추가적으로 MOST 표준은 통지(notification) 메커니즘을 정의하는데, 컨트롤러가 슬레이브의 특정 속성을 관심 목록으로 등록해 놓고 이러한 속성에 변경이 있을 경우 결과를 슬레이브가 통지하도록 만들 수 있다. 메서드는 컨트롤러가 호출하며, 슬레이브가 제공하는 대응행동을 유발한다. 메서드 수행이 끝나면 슬레이브는 컨트롤러에게 수행 결과를 돌려준다.

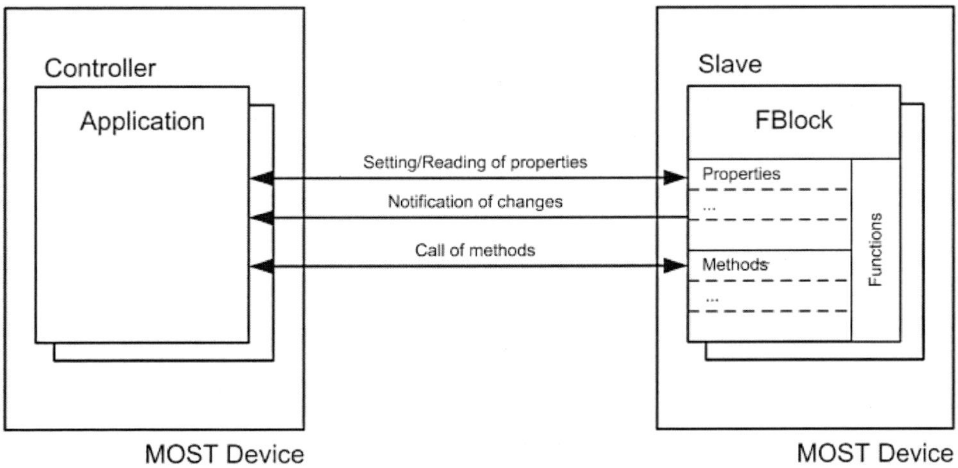

그림 9.44 기능 블록에 대한 접근

9.3.4.2 애플리케이션 프로토콜

MOST 표준은 MOST 시스템의 애플리케이션 사이에 일어나는 상호작용을 위한 통신 프로토콜을 정의한다. 통신 프로토콜은 하부 층에 기반하며, 일반적으로 MOST 제어채널을 통해 전송되며, 또한 비동기식 채널로 연결해서 쓸 수도 있다.

MOST 애플리케이션 프로토콜은 MOST 시스템에서 애플리케이션이 제공하는 서비스에 접근하는 방법을 결정한다. 또한, 메시지 교환을 위해 메시지를 위한 데이터 형식을 기술한다. MOST 애플리케이션 프로토콜은 통지 메커니즘 활용법은 물론이고 운영순서와 FBlock의 속성 및 메서드에 읽기와 쓰기 접근을 위한 조건을 기술한다.

9.3.4.2.1 데이터 형식

$$[DeviceId.]FBlockId.InstId.FktId.OPType.Length(Data)$$

데이터 형식은 기본적으로 세 부분으로 나뉘어지며 각각의 내용은 다음과 같다.

1. 옵션 디바이스 주소(DeviceID), 주소를 설정한 FBlock 식별자(FBlockID), 인스턴스 식별자(InstID)를 포함하는 주소 영역
2. 기능 식별자(FktID), 기능에 적용될 연산(OPType)을 포함하는 주소를 지정한 기능
3. 길이 지시자(Lenght)와 기능에 넘길 매개변수를 위한 데이터 영역(Data)을 포함한 데이터 필드

표 9.4 MOST 애플리케이션 프로토콜의 요소

요 소	비트 크기	설 명
DeviceID	16비트	디바이스 주소
FBlockID	8비트	FBlock 식별자
InstID	8비트	FBlock 인스턴스
FktID	12비트	기능 식별자
OPType	4비트	Operation
Length	16비트	데이터 필드 길이
Data	0~65535바이트	데이터 필드

9.3.4.2.1.1 디바이스 주소(DeviceId)

디바이스 주소는 크기가 16비트이며, 맥락(context)에 따라 메시지를 받는 수신자나 수신자 그룹 또는 메시지를 보낸 송신자를 기술한다. 개별 디바이스 주소를 지정할 때, 물리주소와 논리주소 사이를 구분해야 하며, 추가적으로 그룹주소를 이용하여 MOST 네트워크에 존재하는 여러 디바이스를 동시에 지정할 수도 있다.

9.3.4.2.1.2 FBlock 식별자(FBlockID)

MOST 시스템에 특정 타입을 가리키는 여러 FBlock이 존재하므로, InstID를 통해 각 인스턴스를 구분해야 한다. 예를 들어, 통합 CD 플레이어가 장착되어 있는데, 외장 CD 체인저가 추가로 존재하는 경우가 발생할 경우에 필요하다.

InstID와 FBlockID를 묶어서 FBlock의 기능주소(functional address)라고 부른다. FBlock과 InstID 조합은 시스템 전반에 걸쳐 유일해야 한다. FBlock에 대해 디바이스 자체에서

적절한 InstID 할당에 책임을 져야 한다. 예를 들어, 0x01로 시작해서 오름차순 숫자 순서로 배열하는 방식이 있다. 이러한 상황에서 네트워크 마스터는 시스템 전반에 걸쳐 기능 주소를 유일하게 지정해야 하는 책임이 있다. 만약 충돌이 일어날 경우, 네트워크 마스터는 필요에 따라 InstID를 다시 설정해야 한다. 예를 들어, 두 가지 다른 물리 디바이스가 CD 플레이어를 FBlcok AudioDiskPlayer(FBlock 0xe31)로 구현했는데, 각 디바이스가 InstID를 0x01fh로 초기화한 경우를 생각해 보자. 이렇게 되면 기능 주소인 0x31.0x01이 두 개 존재하게된다. 이에 대한 대안으로 InstID는 시스템 통합자가 정적으로 미리 설정할 수도 있다.

InstID가 0x00이거나 0xFF로 지정되면, 디바이스가 특정 유형으로, 여러 FBlock을 구현했을 경우에 와일드카드라는 특수한 기능을 수행한다. 0x00은 디바이스에 존재하는 대응 FBlcok의 모든 인스턴스 주소를 지정하며(don't care), 0xFF는 모든 인스턴스 주소를 지정한다(broadcast). 하지만 FBlock의 올바른 InstID를 대답(response)에 포함해야 하며, 여기서 와일드카드는 허용하지 않는다.

시스템 FBlock의 InstID는 다르게 취급한다. 각 디바이스가 반드시 구현해야 하는 FBlock(ex. NetBlock, nhancedTestability)에 대해서는 InstID가 링 위치에 대응해야 한다. 타이밍 마스터를 위해 0x00부터 시작해서 링 위치에 따라 각 디바이스 마다 InstID값이 1씩 증가한다.

FBlock NetworkMaster는 InstID 기본값을 0x01로 정의한다. 여기서 InstID 0x00도 허용하는데, 이 경우에는 요청할 때 반드시 와일드카드 0x00을 사용해야 한다.

9.3.4.2.1.3 기능 식별자(FktID)

FBlock의 개별 기능은 FktID로 구분이 가능하며 크기는 12비트이다. 기능은 속성이거나 메서드가 될 수 있으며, 각 기능이 속성인지 메서드인지 또는 어떤 연산을 지원하는지에 따른 내용은 표 9.5에 정리하였다.

표 9.5 FktID 영역 구조

이 름	FktID 영역	설명
Coordination	0x000~0x1FF	MOST 협회가 조정하는 FBlock 내부에서 관리 목적을 위한 기능
Mandatory	0x200~0x3FF	FBlock 응용을 위해 필수적인 기능
Extensions	0x400~0x9FF	선택 기능
Unique	0xA00~0xBFF	전체 시스템에서 유일하게 정의된 기능
시스템 고유	0xC00~0xEFF	시스템 통합자가 사용하는 기능
제공자 고유	0xF00~0xFFE	디바이스 제조사가 사용하는 기능

9.3.4.2.1.4 연산 유형 (OPType)

기능유형에 따라(속성이나 메서드), 다양한 기본 연산을 함수에 적용할 수 있다. 연산은 애플리케이션 프로토콜이 정의한 속성과 메서드를 위한 상호작용 패턴이라는 기본 요소이다.

표 9.6 연산 유형

	속성을 위한 OPType	메소드를 위한 OPType	OPType
명령어	Set	Start	0x0
	Get	Abort	0x1
	SetGet	StartResult	0x2
	Increment	Reserved	0x3
	Decrement	Reserved	0x4
	GetInterface	GetInterface	0x5
	–	StartResultAck	0x6
	–	AbortAck	0x7
	–	StartAck	0x8
보고	–	ErrorAck	0x9
	–	ProcessingAck	0xA
	Reservced	Proccessing	0xB
	Status	Result	0xC
	–	ResultAck	0xD
	Interface	Interface	0xE
	Error	Error	0xF

표 9.6은 전체 연산 유형 16개를 보여준다. 각 연산은 기능이 FBlock의 속성인지 메서드인지에 따라 의미가 달라진다. 첫 9개 연산은 기능 요청(request)을 기술하므로, 요청을 목적지로 보내는 메시지에 쓰인다. 나머지 7개 연산은 FBlock의 대답(answer)을 기술하며 대응하는 대답 메시지에 쓰인다.

9.3.4.2.1.5 데이터 영역 길이 (Length)

Length 요소는 바이트 단위로 다음에 오는 데이터 크기를 지정하며 자신의 크기는 16비트이다. 따라서 데이터는 최대 65,535 바이트까지 가능하며, 길이 0은 비어 있는 데이터 필드를 의미한다. Lengh는 직접 전송되는 대신에 기반 프로토콜 층이 사용한 프로토콜에 따라 계산으로 구해야 한다. 예를 들어, 제어 채널을 사용했다면, 길이는 개별 텔레그램 숫자와 길이를 사용해서 계산해야 한다.

9.3.4.2.1.6 데이터(Data)와 매개변수 유형

기능에 매개변수가 하나 이상 부가될 경우, 대응하는 매개변수 값은 Data라는 필드에 담겨 전송된다. 유형과 매개변수 순서는 FBlock 명세에서 기능 인터페이스 명세에 미리 정의되어 있다.

표 9.7 MOST 애플리케이션 프로토콜 매개변수

매개변수	크기	설명
Boolean	1바이트	부울변수(참 또는 거짓)
BitField	1,2,4 바이트	비트필드(마스크와 함께 지정)
Enum	1바이트	열거형
Unsigned Byte	1바이트	부호없는 정수(8비트)
Signed Byte	1바이트	부호없는 정수(8비트)
Unsigned Word	2바이트	부호없는 정수(16비트)
Unsigned Word	2바이트	부호없는 정수(16비트)
Unsigned Long	4바이트	부호없는 정수(32비트)
Signed Long	4바이트	부호없는 정수(32비트)
String	가변	Null로 끝나는 문자열
Stream	가변	임의 데이터 스트림
Classified Stream	가변	스트림(유형정보 포함)
Short Stream	가변(255바이트까지)	짧은 스트림(길이정보 포함)

9.3.5 MOST Optolyzer Suite를 이용한 MOST 실습

① 초기 기본 화면

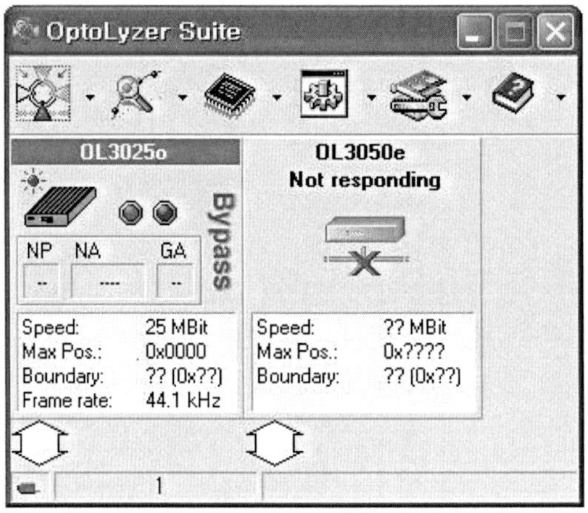

② MOST optolyzer는 부팅 시에 기본적으로 Bypass 모드로 동작

- MOST optolyzer는 MOST 슈퍼프레임을 바이패스 시킴

③ 메인 화면에서 마우스 오른쪽 버튼 클릭 후 “MI Control” 메뉴를 선택

- MOST 인터페이스 제어 가능

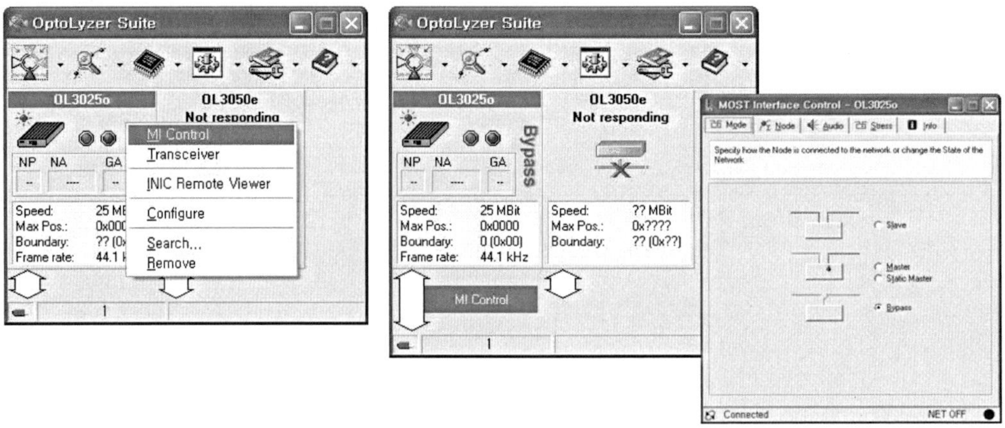

④ “MOST Interface control” 창에서 optolyzer 모드 선택

- Slave : 네트워크 내에 다른 마스터가 존재하는 경우 Slave 모드로 설정
- Master/Static Master : optolyzer를 네트워크 내의 마스터로 동작시킴
- Bypass : 링으로 전달되는 패킷을 바이패스시킴

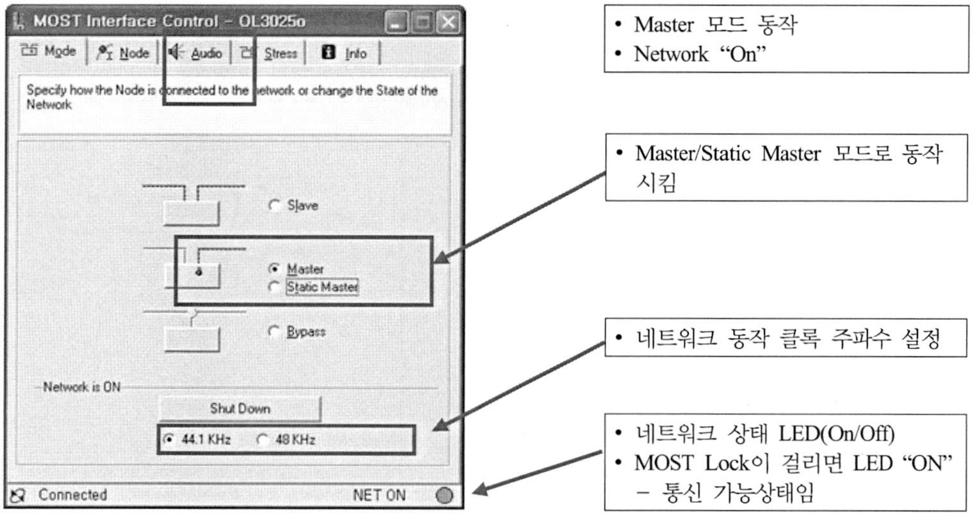

⑤ 링 토폴로지 레이아웃

– Optolyzer를 포함한 MOST 네트워크 내의 노드들의 위치 및 토폴로지 분석 가능

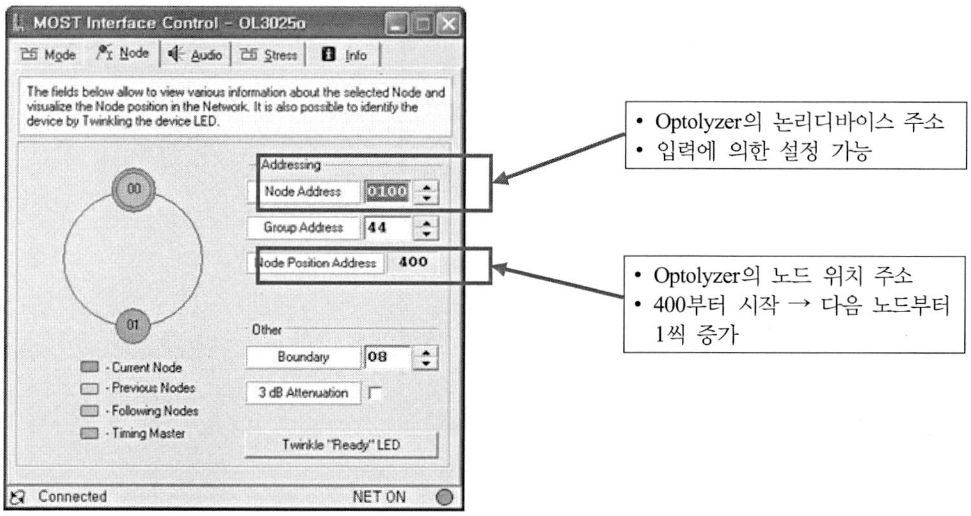

⑥ Optolyzer의 Master 모드 설정 완료

– MOST 네트워크 구성 완료

– 슈퍼프레임 전송 시작

⑦ MOST Lock이 걸리면 Optolyzer 전면의 녹색 LED가 켜짐

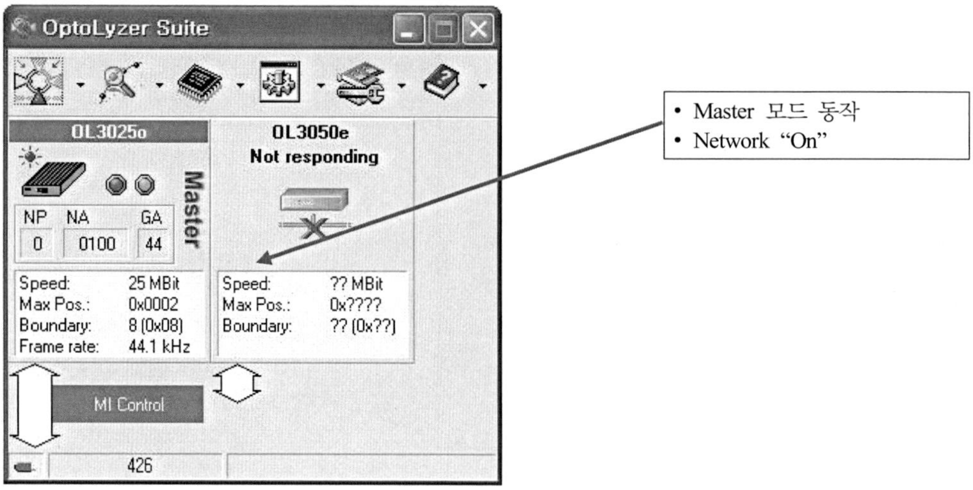

⑧ Optolyzer Spy모드 설정

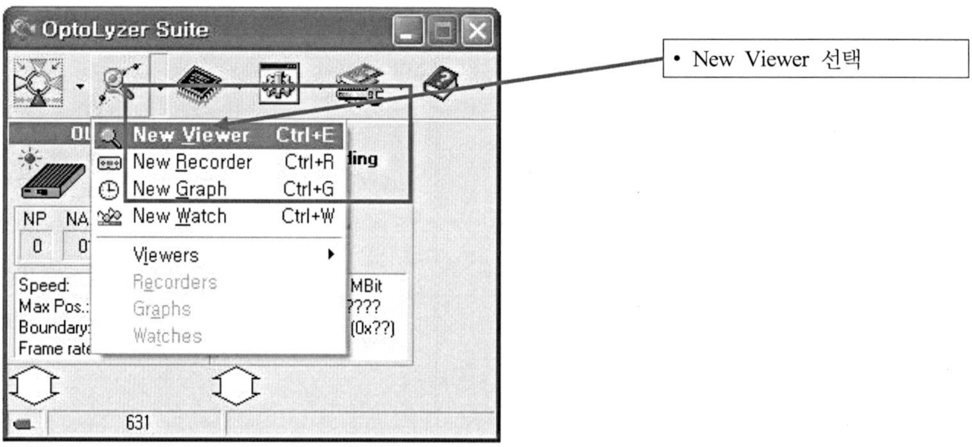

⑨ MOST Spy 동작

- 링 네트워크 내에 전달되는 프레임을 캡처하여 분석 가능
- DVD 제어 프레임을 전송/수집하여 분석

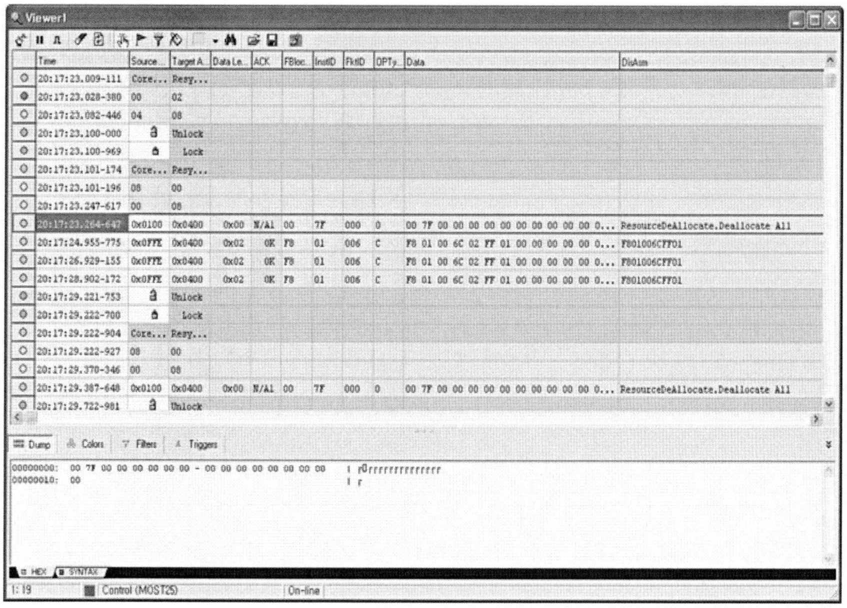

⑩ MOST transceiver 설정

- 메인 화면에서 마우스 오른쪽 버튼 클릭하여 Transceiver 메뉴 선택
  · MOST 패킷을 임의로 생성하여 전송 가능

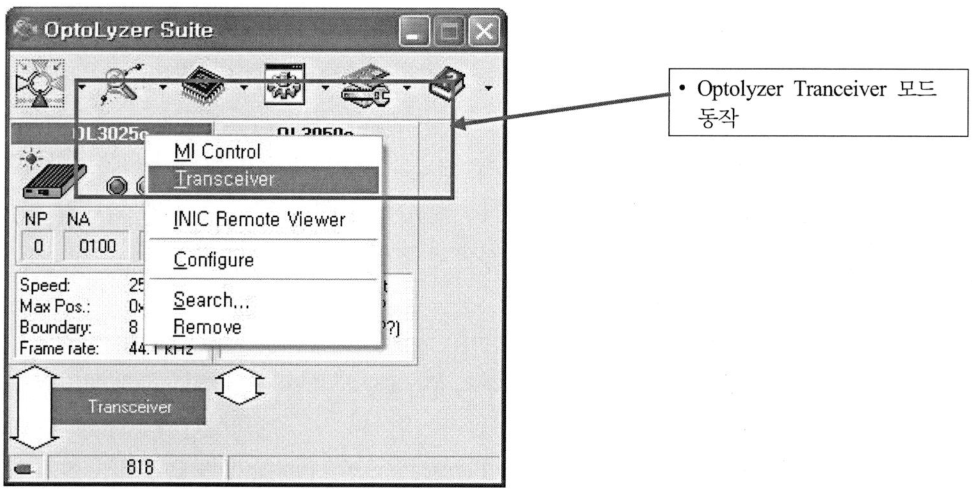

⑪ Tranceiver 윈도우 구조

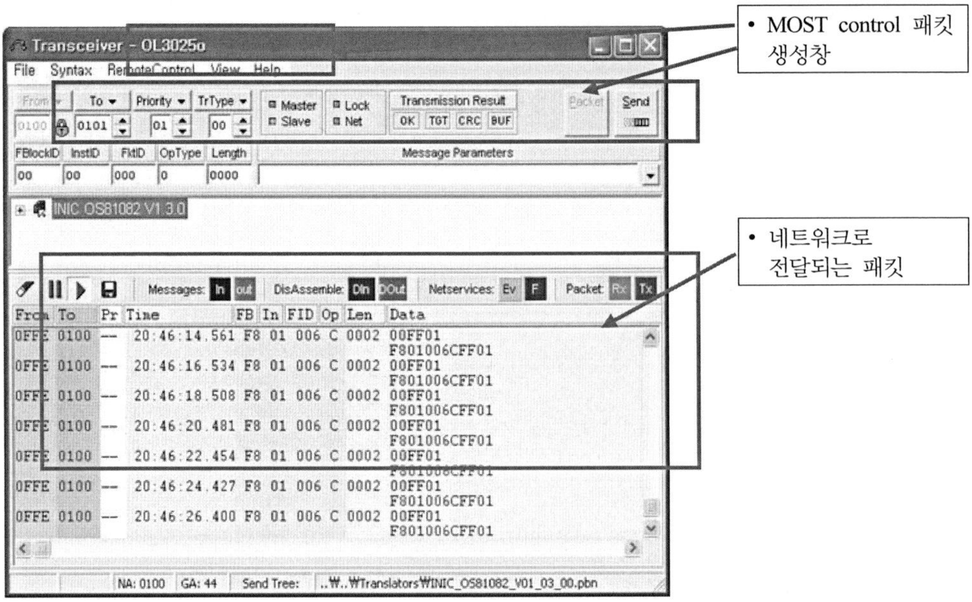

9.4 FlexRay 통신기술

9.4.1 개요

차량에 전자제어 장치의 탑재가 증가함에 따라서 차량 내 네트워크에 사용되고 있는 통신장치에 대한 많은 연구가 진행되고 있다. 기존에 널리 알려진 CAN은 1 Mbps의 속도로 데이터를 전송하지만 FlexRay는 두 개의 채널로 구성되어 있으며 매 채널에서 최대 10 Mbps의 속도로 데이터를 전송할 수 있다. 따라서 두 개의 채널을 모두 사용할 경우 최대 20 Mbps의 속도로 데이터를 전송하게 되며 차량의 고속제어 분야를 위한 통신 인프라를 제공하게 된다.

BMW, DaimlerChrysler, Motorola, Philips 등에 의해 2000년도에 설립된 컨소시엄에 의해 개발된 FlexRay는 현재 Bosch, Freescale, Philips, Motorola, Honda, Toyota, Hyundai-Kia Motors 등 전 세계에서 150여개의 자동차 회사와 반도체회사가 FlexRay Consortium Membership을 구성하였다. 2006년 말에 Freescale Semiconductor가 BMW의 신형 X5 SUV에 업계 최초로 FlexRay 기술을 적용하였다. CAN은 우선순위에 기반해서 버스사용권한을 제공하는 방식임에 비해 FlexRay의 핵심개념은 시간슬롯에 기반해 버스사용을 할 수 있는 방식(time-triggered approach)을 제공한다는 데 있다. 즉, FlexRay 시스템은 정적 윈도우

(time-triggered window)와 동적 윈도우(event-triggered window)를 동시에 제공한다.

본 절에서는 FlexRay의 시스템 구조 및 원리에 대해서 간략히 설명한 후 FlexRay 네트워크 구성 예를 제시한다.

9.4.2 FlexRay 시스템 아키텍처

9.4.2.1 버스구성 (BUS CONFIGURATION)

FlexRay 채널은 기본적으로 두 개의 채널로 구성되며 각 노드와 노드 사이의 데이터 전송은 두 개의 채널을 모두 사용할 수도 있고 하나의 채널만 사용할 수도 있다. 두 채널은 보통 이중화(redundant)를 위해 사용되므로 fault-tolerant한 메시지전송을 위해 쓰이지만 서로 다른 메시지를 전송할 수도 있으며 이 경우 데이터 전송률은 두 배가 된다.

그림 9.45는 듀얼채널버스(bus) 구성을 보이며 노드 A와 노드 D의 듀얼버스는 채널 A와 채널 B에 각각 연결되어 있고, 노드 B는 채널 B에만, 노드 C는 채널 A에만 연결되어 있으며 채널의 끝단부분에 90~100 Ohm의 종단 저항을 연결하게 된다.

FlexRay에서는 싱글버스를 사용할 수도 있으며 이 경우 모든 노드는 싱글버스에 연결된다. 또한, 스타(star) 토폴로지를 사용할 수도 있으며 버스와 스타의 다양한 하이브리드 네트워크를 구성하여 사용할 수도 있다.

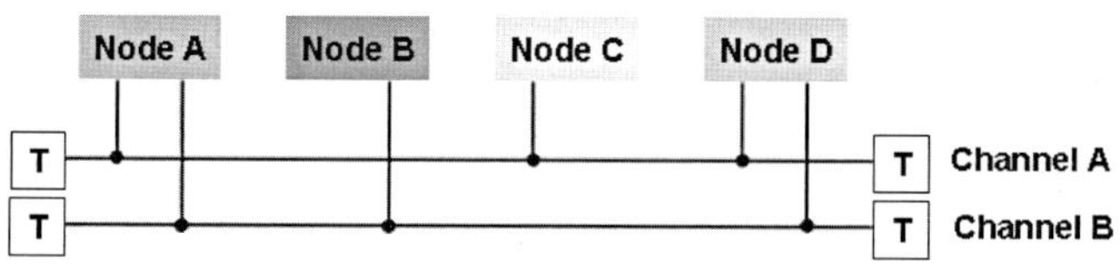

그림 9.45 Dual Channel Bus Configuration

9.4.2.2 액세스방식 (MEDIA ACCESS SCHEME)

FlexRay를 사용한 통신방식은 정기적으로 순환되는 통신사이클(communication cycle)로 구성된다. 하나의 통신사이클 내에서는 정적인(static) 시분할 다중접속(TDMA) 방식과 동적인(dynamic) 미니슬롯(minislot) 기반 방식을 제공한다. 통신사이클은 그림 9.46과 같이 최대 64개의 사이클로 구성되는데 매 사이클은 통신사이클, arbitration grid, macrotick, microtick 레벨의 4계층으로 나눌 수 있다.

하나의 통신사이클은 정적세그먼트(static segment), 동적세그먼트(dynamic segment), 심벌윈도우(symbol window), network idle time(NIT)으로 구성된다. 정적세그먼트에서는 TDMA 방식을 이용하고, 동적세그먼트에서는 동적인 미니슬롯 기반 방식에 따라서 데이터의 전송이 이루어진다. 정기적 데이터 전송이 중요한(또는 time-critical) 메시지는 정적세그먼트에 할당하여 안정된 전송이 이루어지게 하며, 이벤트(event)에 의해 생성되는 메시지

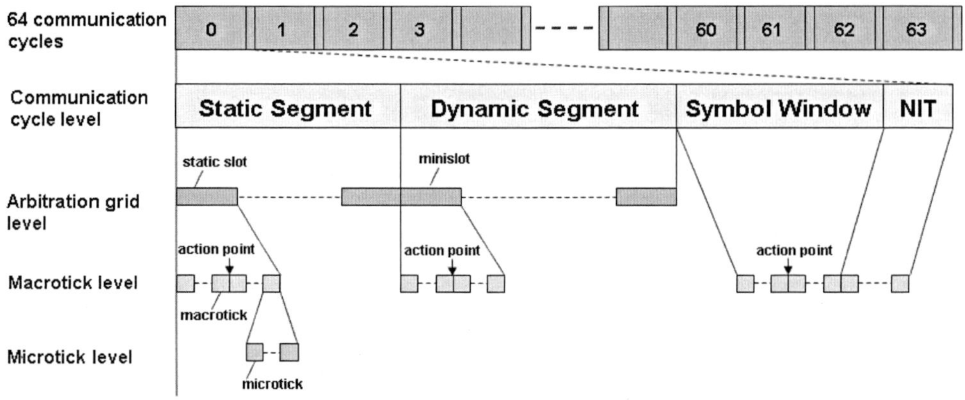

그림 9.46 FlexRay Timing Hierarchy

나 지연 특성이 중요하지 않은 메시지는 동적세그먼트에 할당하여 대역폭이 실제로 필요한 경우에만 사용되게 함으로써 버스대역폭을 최대로 활용한다.

심벌윈도우에서는 미리 정의된 symbol 세트 중 하나의 symbol이 전송되어 테스트 목적 등에 사용될 수 있다. NIT는 비어있는 통신주기로서 클록의 보정 등에 사용한다.

Arbitration grid 레벨에서 정적세그먼트는 정적슬롯(static slot)으로 정의된 연속적인 시간구간으로 grid가 구성되고 동적세그먼트는 미니슬롯으로 정의된 연속적인 시간구간으로 grid가 구성된다. 시간 슬롯은 미니슬롯 내에서 버스 액세스가 발생할 때 요구되는 시간에 의해서만 확장되므로 대역폭은 실제로 필요할 경우에만 사용된다.

Macrotick 레벨은 macrotick으로 구성되고 정적세그먼트, 동적세그먼트 및 심벌윈도우에서 'action point'라고 불리는 경계선을 가지고 있다. 정적세그먼트와 심벌윈도우에서 action point는 프레임의 시작을 알려주고 동적세그먼트에서는 프레임의 시작과 끝을 알려준다.

Microtick 레벨은 'microtick'이라는 시간단위로 구성되는데, microtick은 컨트롤러의 오실레이터 클록으로부터 prescaler 등을 이용하여 유도되는 시간단위이고, 컨트롤러마다 서로 다른 주기를 갖는 microtick을 정의할 수 있다.

9.4.2.3 FlexRay 프레임 형식(FRAME FORMAT)

FlexRay 프레임 형식은 그림 9.47과 같이 header, payload, trailer 세그먼트 등 3개의 세그먼트로 나누어진다. Header 세그먼트는 5바이트로 구성되며 전송할 메시지의 길이, 우선순위, 네트워크와의 연결 상태 등 전송할 메시지의 기본 정보를 포함하고 있다.

Reserved 비트는 추후 사용할 용도로 예약한 비트이며 송신 노드에서는 '0'으로 세트하고 수신노드에서는 무시한다. Payload preamble indicator가 '1'이면 정적세그먼트에서는 network management 벡터가 payload의 첫 부분에 있음을 나타내며, 동적세그먼트에서는

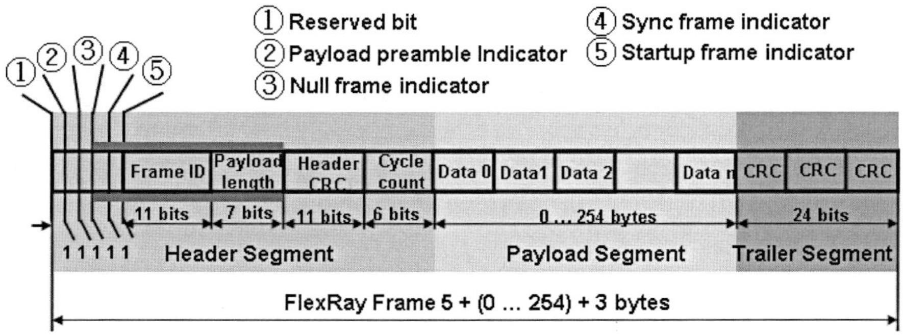

그림 9.47 FlexRay Frame Format

payload의 첫 부분에 메시지 ID가 포함되어 있음을 나타낸다. 메시지 ID는 수신 데이터의 필터링에 사용된다. Null frame indicator는 송신 프레임의 payload 상에 유용한 데이터의 유무를 표시한다. Sync frame indicator는 그 프레임이 sync 프레임인지 아닌지를 나타낸다(Sync 프레임은 시스템 전체의 동기를 위한 목적으로 사용되는 프레임이다). Startup frame indicator는 그 프레임이 startup 프레임이라는 것을 표시하며, startup 프레임은 startup 절차에서 특정한 역할을 수행한다.

프레임 ID(11 bits)는 1부터 2047사이의 정수로 구성되어 그림 9.48에서와 같이 프레임이 전송될 슬롯번호를 지정한다. 각 슬롯은 고유한 번호를 지정받기 때문에, 한 통신사이클 내에서 동일한 프레임 ID는 한 번밖에 사용될 수 없다. 정적세그먼트에서는 그림 9.48에 보인 바와 같이 모든 정적슬롯 및 프레임의 길이가 각각 동일하기 때문에 각 프레임은 항상 정해진 슬롯에 데이터의 송신을 보장받는다.

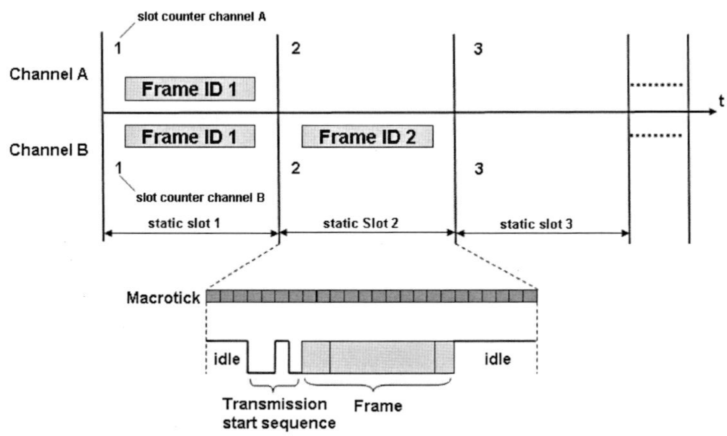

그림 9.48 정적세그먼트의 구조

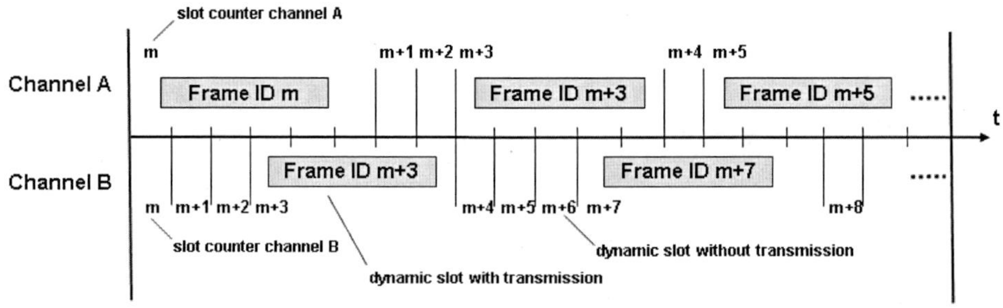

그림 9.49 동적세그먼트의 구조

반면, 동적세그먼트에서는 그림 9.49에 보인 바와 같이 동적슬롯 및 프레임의 길이가 각각 다르다. 송신 대기 중인 메시지가 있는 노드는 프레임 ID가 슬롯카운터의 번호와 일치하면 전송을 시작한다. 전송중인 노드가 없을 경우, 모든 노드에서 정확히 1 미니슬롯 동안 대기한 후 카운터를 증가시킨다. 카운터값이 증가된 후 프레임 ID가 카운터값과 일치하는 메시지가 있을 경우 해당 노드에서 메시지를 전송한다. 모든 노드는 메시지 수신이 완료된 후 카운터를 증가시킨다. 따라서 메시지의 길이가 길면 그림 9.49에 보인 바와 같이 슬롯카운터의 값이 더 서서히 증가한다. 동적세그먼트의 끝에 이를 때까지 이 과정이 반복되기 때문에 높은 프레임 ID를 가진 노드의 경우 데이터를 전송하려는 노드들이 많으면 그 통신 사이클에서 메시지전송이 불가능할 수도 있다. 즉, 낮은 프레임 ID를 가진 프레임들이 우선순위를 가지게 되므로 메시지의 전송확률을 높이려면 낮은 프레임 ID를 할당해야 한다.

Payload length(7 bits)는 payload 세그먼트의 길이를 결정하고 payload length×2의 값이 payload의 데이터 바이트 수를 나타낸다. Header CRC(cyclic redundancy check code)는 11 bit로서 헤더부분에서 에러를 검출할 때 사용하는데 sync frame indicator, startup frame indicator, 프레임 ID, payload length에 걸쳐서 계산된다. Cycle count(6 bits)는 현재 프레임이 전송될 때의 사이클 카운터의 값을 나타낸다.

Payload 세그먼트(0~254 bytes)는 전송하려는 메시지를 포함한 부분이다. Payload의 데이터는 두 개의 바이트로 조합되어 최대 254바이트를 127개의 two-byte words로 구성한다.

Trailer 세그먼트(24 bits)는 header 세그먼트와 payload 세그먼트를 포함한 CRC를 나타낸다.

9.4.2.4 FlexRay 노드 아키텍처(NODE ARCHITECTURE)

FlexRay 노드 아키텍처는 그림 9.50과 같이 communication controller(CC), host, bus guardian(BG) 및 bus driver(BD)로 구성된다. CC의 주요 기능은 그림 9.51과 같으며 FlexRay 프로토콜 구현의 핵심부분이다. Host는 payload 데이터, 제어 및 기타 상태 데이터를 CC와 송수신한다. BG는 버스 액세스(access)를 감시하는 역할을 하며, BD는 노드를 채

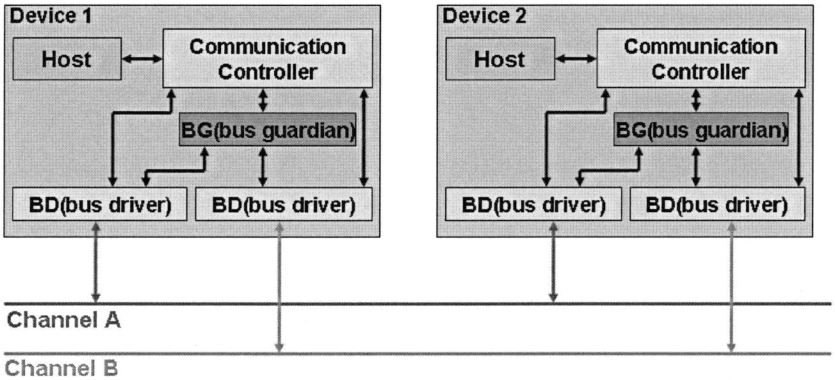

그림 9.50 FlexRay 노드 아키텍처

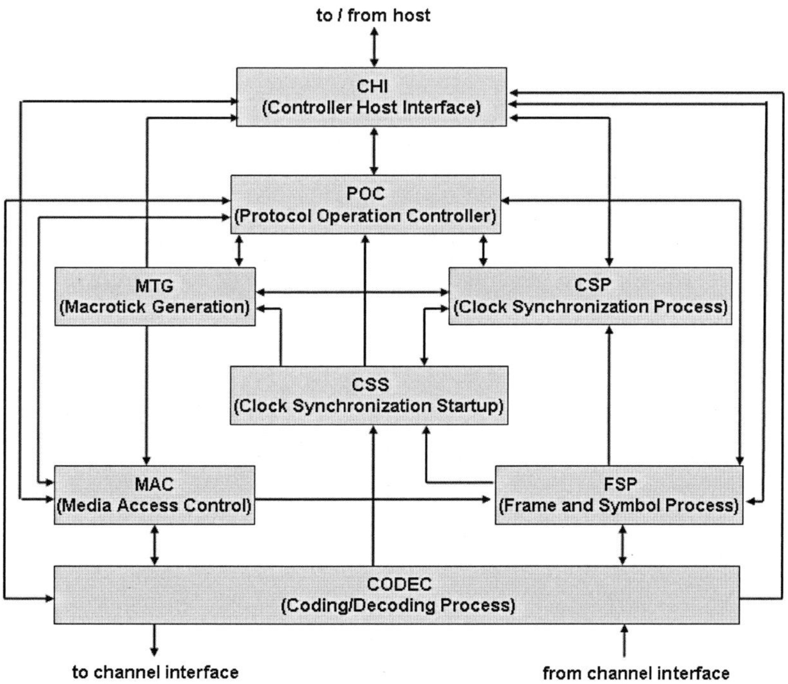

그림 9.51 FlexRay Communication Controller

널에 연결시키는 역할을 담당한다.

표 9.8은 전형적인 FlexRay 클러스터 파라미터의 예를 보인다.

표 9.8 전형적인 FlexRay Cluster 파라미터

Parameter	Value
Oscillator clock	160 MHz
Microtick [μT] duration	0.0125 μs
Bit duration	1 μT/bit
Bus-speed	80 Mb/s
Cycle length	100 μs
Macroticks [MT] per cycle	1000
Duration of one MT	0.1 μs
Macrotick-length	8 μT
No. of static slots	12
Static payload	4 byte
No. of dynamic ID's	48
Max dynamic payload	16 byte

9.4.2.5 FlexRay 프로토콜 규정(PROTOCOL SPECIFICATION)

FlexRay 프로토콜은 SDL(Specification and Description Language) 프로그램 언어로 구현되어있으며 FlexRay 컨소시엄 홈페이지에서 다운받을 수 있다. SDL 프로그램은 그래픽 다이어그램으로 구현되어 있어 구조 및 원리를 알아보기 쉽고, 소스를 쉽게 수정 및 변화시킬 수 있는 장점을 가지고 있다. 또한, SDL로부터 C나 C++, JAVA 등 언어로 자동변환 툴이 포함되어 있어 사용자의 의도 및 목적에 따라 변환 가능하다. SDL 구조는 그림 9.52와 같이 system, block, process로 구성되며 block은 system 내에 포함되고 process는 block 내에 포함된다.

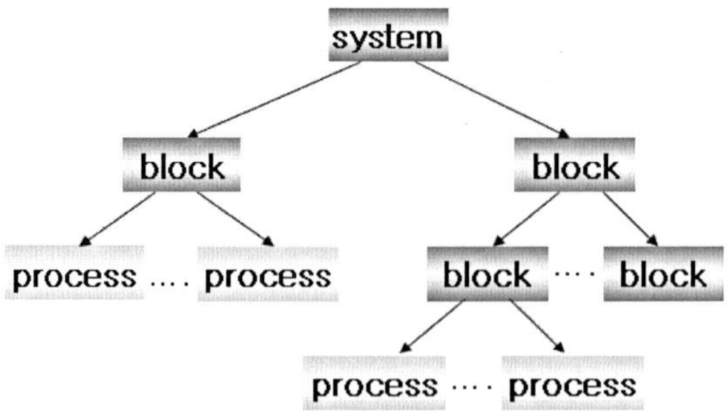

그림 9.52 SDL Structure

그림 9.53은 SDL을 이용하여 FlexRay CC를 구현한 예이며, 그림 9.54는 디자인한 SDL 프로그램의 MSC 시뮬레이션 과정을 보인다.

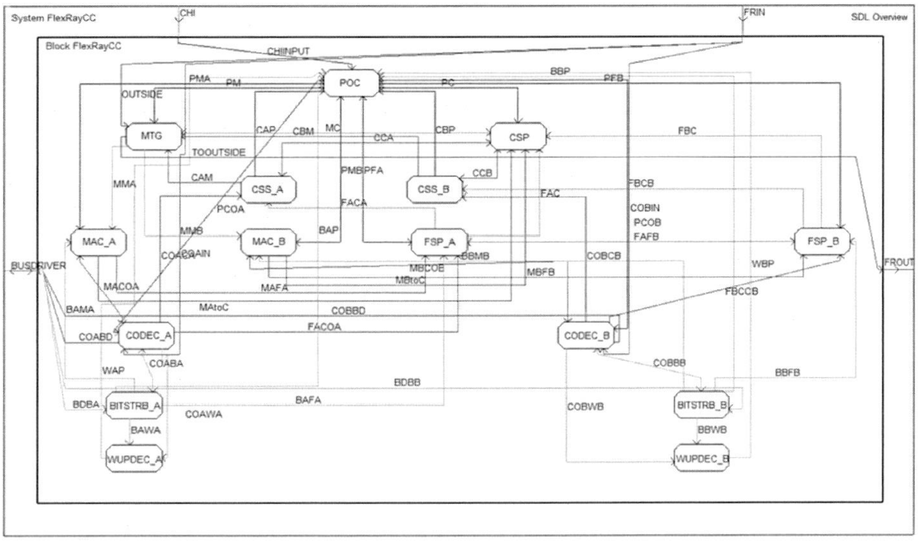

그림 9.53 SDL을 이용한 FlexRay CC의 구현 예

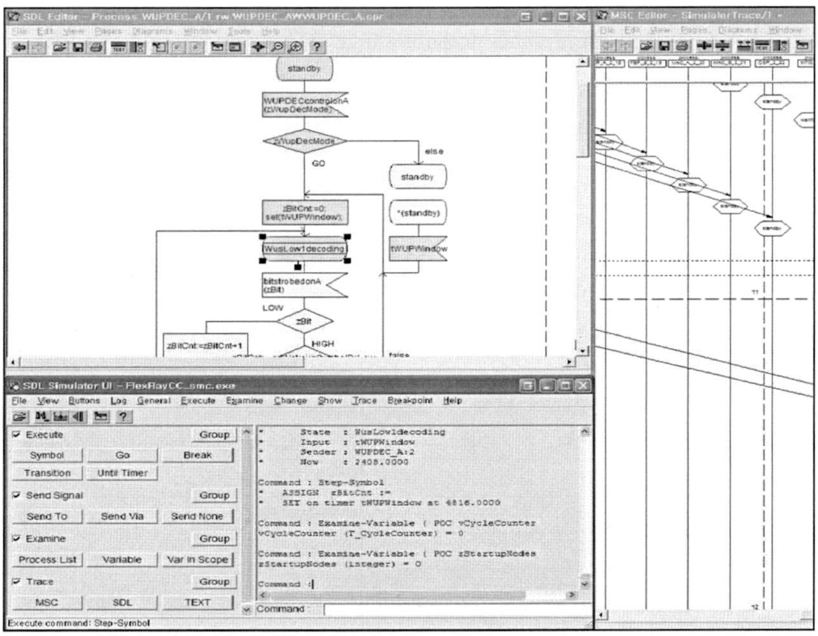

그림 9.54 SDL 프로그램의 MSC 시뮬레이션 과정

9.4.3 FlexRay 네트워크 구성 예

다음 그림 9.55는 DECOMSYS GmbH 사의 FlexRay StarterKit를 사용하여 FlexRay 네트워크를 구성한 예이다.

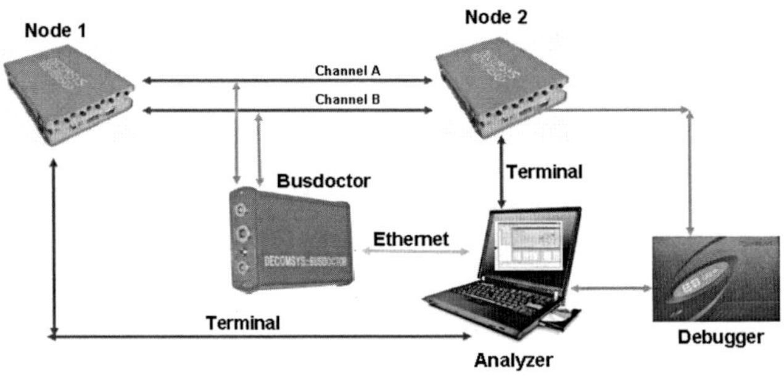

그림 9.55 FlexRay 네트워크의 구성 예

표 9.9 FlexRay Cluster Configuration

Parameter name	Value	Unit	Parameter name	Value	Unit
gdMacrotick	1	us	gNetworkManagementVectorLength	2	bytes
gMacroPerCycle	1000		gMaxWithoutClockCorrectionFatal	2	
gNumberOfStaticSlots	20		gdBit	0.1	us
gdStaticSlot	31	MacroTicks	gdMaxMicrotick	0.025	us
gPayloadLengthStatic	4	16bit words	gdWakeupSymbolRxIdle	59	bitDuration
gNumberOfMinislots	42		gdWakeupSymbolRxLow	55	bitDuration
gdMinislot	6	MacroTicks	gdWakeupSymbolRxWindow	301	bitDuration
gdSymbolWindow	0	MacroTicks	gdWakeupSymbolTxIdle	180	bitDuration
gdNIT	125	MacroTicks	gdWakeupSymbolTxLow	60	bitDuration
gdActionPointOffset	6	MacroTicks	gdCASRxLowMax	81	bitDuration
gdMinislotActionPointOffset	3	MacroTicks	gAssumedPrecision	2.23	us
gdSampleClockPeriod	0.0125		gdTSSTransmitter	6	bitDuration
gdCycle	100	us	gdDynamicSlotIdlePhase	1	Minislots
gSyncNodeMax	15		gdMaxInitializationError	0.490075	us
gChannels	Channel A&B		gOffsetCorrectionStart	987	MacroTicks
gdMaxPropagationDelay	0.44	us	gOffsetCorrectionMax	6.449	us
gdMinPropagationDelay	0	us	dStarTruncation	0.45	us
gColdStartAttempts	10		nStarPathMax	0	
gClusterDrifgDamping	1		dpdStar	0.25	us
gListenNoise	2		line_lengthMax	24	m
gMaxWithoutClockCorrectionPassive	2				

표 9.9와 9.10은 FlexRay의 통신사이클을 디자인한 예이다. 이 표들과 같이 프로토콜에 필요한 파라미터를 입력하면 FlexRay 통신사이클을 구성할 수 있는데, 그림 9.56에 보인 것처럼 처음 620 μs 동안에는 정적세그먼트에서 20개의 정적슬롯이 할당되고, 255 μs 동안에는 동적세그먼트에서 42개의 미니슬롯이 할당되며, 나머지 125 μs 동안에는 network idle time(NIT)과 symbol window가 할당되어 하나의 FlexRay 통신사이클을 구성한다.

그림 9.57은 실시간으로 데이터 흐름을 모니터링하는 과정을 표현한 그림이다. 여기에서 'Bus'는 FlexRay Bus(FR) 혹은 CAN Bus(CAN)를 나타내는데, 여기에서 FlexRay만 사용했기 때문에 'FR'로 표시된다. 'ID'는 프레임 ID를 표시하고, 'Channel'은 데이터가 채널 A 와 B 중에서 어느 채널을 사용하는가를 나타낸다. 'Time'은 모니터링 할 때의 시간을 표시하고 25 ns의 시간단위로 모니터링한다. 'Sync'는 동기화 모드를 나타내고, '1'은 동기화 모드, '0'은 비동기화 모드를 표시한다. 'Cycle'은 프레임의 사이클카운터를 나타낸다. 'Data'는 프레임에서 payload 세그먼트에 해당된다. 'Valid'는 FlexRay 프레임이 유효한지의 여부를 나타내며 'Status'는 수신 프레임의 상태를 나타낸다. 'NFI'에서 '0'은 비어있는 프레임을 표시하고 '1'은 프레임에 데이터가 있음을 표시한다. 'SUP'에서 '1'은 startup 프레임을 표시한다. 이러한 모니터링 과정을 거쳐 얻은 데이터로부터 시스템의 성능을 평가할 수 있다.

표 9.10 FlexRay Node Configuration

Parameter name	Value	Unit	Parameter name	Value	Unit
pPayloadLengthDynMax	16	16 bit words	pdMaxDrift	121	Micro Ticks
pKeySlotUsedForStartup	1		pdListenTimeout	80242	Micro Ticks
pKeySlotUsedForSync	1		pExternOffsetCorrection	0	Micro Ticks
pKeySlot	9		pExternRateCorrection	0	Micro Ticks
pSamplesPerMicrotick	2		pMicroInitialOffsetA	34	Micro Ticks
pChannels	Channel A & B		pMicroInitialOffsetB	34	Micro Ticks
pSingleSlotEnable	0		pLastestTx	34	Minislots
pWakeupChannel	Channel A		pClusterDriftDamping	1	Micro Ticks
pWakeupPattern	63		pOffsetCorrectionOut	258	Micro Ticks
pAllowHaltDueToClock	1		pdAcceptedStartupRange	109	Micro Ticks
pAllowPassiveToActive	0		pDecodingCorrection	36	Micro Ticks
pDelayCompensationA	10	Micro Ticks	pMacroInitialOffsetA	8	Macro Ticks
pDelayCompensationB	10	Micro Ticks	pMacroInitialOffseB	8	Macro Ticks
pdMicrotick	0.025	us	dpdTrasmitter	0.1	us
pMicroPerCycle	40000		dBDRxENai	0.4	us
pMicroPerMacroNom	40		dBDRxENia	0.45	us
pRateCorrectionOut	121	Micro Ticks			

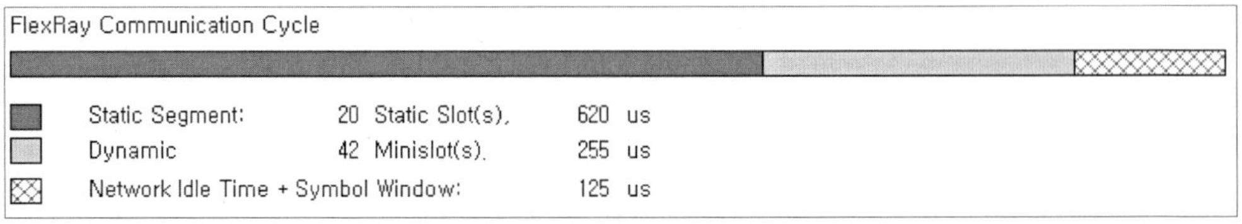

그림 9.56 FlexRay 통신사이클

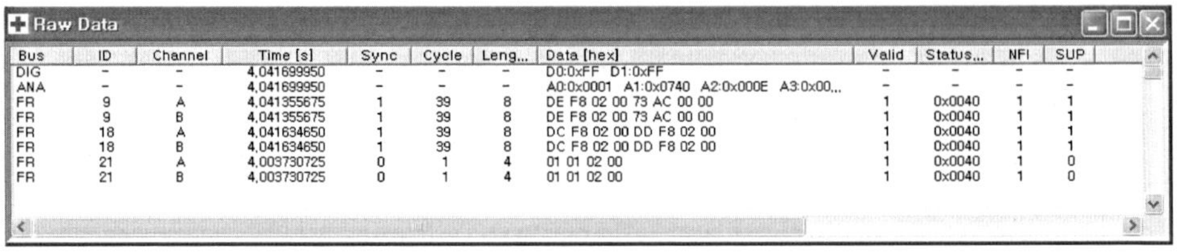
Raw Data

Bus	ID	Channel	Time [s]	Sync	Cycle	Leng...	Data [hex]	Valid	Status...	NFI	SUP
DIG	-	-	4,041699950	-	-	-	D0:0xFF D1:0xFF	-	-	-	-
ANA	-	-	4,041699950	-	-	-	A0:0x0001 A1:0x0740 A2:0x000E A3:0x00...	-	-	-	-
FR	9	A	4,041355675	1	39	8	DE F8 02 00 73 AC 00 00	1	0x0040	1	1
FR	9	B	4,041355675	1	39	8	DE F8 02 00 73 AC 00 00	1	0x0040	1	1
FR	18	A	4,041634650	1	39	8	DC F8 02 00 DD F8 02 00	1	0x0040	1	1
FR	18	B	4,041634650	1	39	8	DC F8 02 00 DD F8 02 00	1	0x0040	1	1
FR	21	A	4,003730725	0	1	4	01 01 02 00	1	0x0040	1	0
FR	21	B	4,003730725	0	1	4	01 01 02 00	1	0x0040	1	0

그림 9.57 FlexRay Data 모니터링

찾아보기

D

E

F

G

H

I

R

S

T

U

V

W

X

Z

기타

ㄱ

ㄴ

ㄷ

ㄹ

ㅁ

ㅂ

ㅅ

[저자약력]

이종열(李宗烈)

1993　한국과학기술원 전기 및 전자공학 공학사
1996　한국과학기술원 전기 및 전자공학 공학석사
2002　한국과학기술원 전기 및 전자공학 공학박사
현재　전북대학교 전자공학부 부교수
http://soclab.jbnu.ac.kr

김재동(金在桐)

2002　한국기술교육대학교 디자인공학과 공학사
2005~현재　㈜굿소프트웨어랩 개발3사업부 근무 책임연구원

우균(禹均)

1991　KAIST 전산학과 공학사
1993　KAIST 전산학과 공학석사
2000　KAIST 전산학과 공학박사(컴파일러 전공)
현재　부산대학교 정보컴퓨터공학부 교수(프로그래밍언어론 전공)
http://pl.pusan.ac.kr/~woogyun/

임명섭(林明燮)

1980　연세대학교 전자공학과 공학사
1982　연세대학교대학원 전자공학과 공학석사
1990　연세대학교대학원 전기공학과 공학박사
현재　전북대학교 전자공학부 교수(이동통신공학 전공)

정진균(鄭鎭均)

1984　전북대학교 전자공학과 공학사
1991　미네소타대학교 전자공학과 공학석사
1994　미네소타대학교 전기공학과 공학박사
현재　전북대학교 전자공학부 교수(VLSI신호처리전공)
http://home.jbnu.ac.kr/vlsi

조민택(趙玟澤)

2007　경기대학교 대학원 전자계산학과 이학석사
2007　㈜굿소프트웨어랩 입사 주임연구원
현재　경기대학교 대학원 컴퓨터과학과 박사(수료)
　　　㈜굿소프트웨어랩 개발3사업부 근무 선임연구원
http://www.goodsw.com

조정훈(趙正熏)

1996　한국과학기술원(KAIST) 전기및전자공학과 공학사
1998　한국과학기술원(KAIST) 전자전산학과 공학석사
2003　한국과학기술원(KAIST) 전자전산학과 공학박사
현재　경북대학교 전자공학부 교수
http://espl.knu.ac.kr

본 교재는 2011년~2012년 지식경제부 시스템 반도체 설계인력 양성 사업의 지원으로 IDEC Platform Center(한양대학교)에서 수행된 결과물입니다.

정가 35,000원

차량용 임베디드 시스템 플랫폼

2012년 11월 20일 초판 인쇄
2012년 11월 30일 초판 발행

저 자 : 이종열 · 김재동 · 우균 · 임명섭 · 정진균 · 조민택 · 조정훈
발행자 : 우명찬 · 송 준
발행처 : 홍릉과학출판사
주 소 : ㉾142-885 서울시 강북구 인수동 455-60
등 록 : 1976년 10월 21일 제5-66호
전 화 : 999-2274~5, 996-8341, 903-7037
팩 스 : 905-6729
ISBN : 978-89-97570-48-5

저자와의 협의하에 인지생략

hongpub@hongpub.co.kr
www.hongpub.co.kr